유변학

유변학

김종엽 · 박승준

Rheology

KU PRESS
고려대학교
출판문화원

머리말

유동변형학의 준말인 유변학(rheology)은 물질의 유동과 변형에 관한 학문이다. 유변학은 기초학문으로서 역학(mechanics)으로 분류되지만, 물질을 다룬다는 면에서 물리, 화학, 생물, 지구과학, 공학, 식품, 의·치학 등 여러 다른 학문 분야와 관련을 갖고 있는 학제 간(interdisciplinary) 학문이다. 유변학은 기초학문을 주로 하는 학계만이 아니라 산업계에서도 중요성과 필요성을 인식하고 있다. 제품과 공정의 설계, 개발, 생산 단계에서도 유변학적 지식이 필요하기 때문이다. 그럼에도 불구하고 유변학은 아직도 '어려운 학문'이며, 접근하기 쉽지 않은 학문으로 인식되고 있는 것 같다. 수학적으로 복잡한 면과 함께 기본개념을 정확히 알아야 하는 역학의 문제를 여러 다른 학문 분야에서 이해하고 활용하는 데 여러 어려움이 있기 때문일 것이다. 이 책에서는 이러한 문제 해결에 도움이 되도록 유변학의 원리부터, 다양한 종류의 물질이 갖는 유변학적 특성을 광범위하게, 기초부터 비교적 전문적인 내용까지 다루었고, 유변학의 실제적인 활용을 위한 여러 접근법 등을 소개하였다.

최근에 발전하고 있는 몇몇 학문들과 비교해 보면 유변학의 학문적인 발전 속도는 매우 느린 편이다. 많은 역학 분야가 그렇듯이 이미 중요한 식들이 발견되었고, 새로운 물질의 발견 속도도 그렇게 빠르지 않을 뿐만 아니라, 새로운 물질이 발견된다 하더라도 역학적인 특성은 기존의 이론으로 대부분 설명이 되기 때문에 학문적인 관심을 끌기에는 한계가 있기 때문이다. 그렇다 보니 유변학을 주 전공으로 하는 사람의 숫자는 점점 줄어들게 되었고, 기본적인 내용을 충실하게, 물리적인 의미를 확실하게 전달하지 못하고 있다는 느낌이 있는 것도 사실이다. 따라서 학생들뿐만 아니라 유변학적 지식을 필요로 하지만 전문가로부터 직접 교육을 받지 못하는 사람들을 위해서도 이론적 개념과 물질의 특성을 잘 정리한 교과서와 같이 사용할 수 있는 우리말 책이 있다면 큰 도움이 될 것으로 생각하여 이 책을 집필하게 되었다.

학문의 발전이 더디다고 해서 학문 자체의 가치가 없는 것은 아니다. 요즘 유클리드 기하학을 연구하는 사람은 거의 없지만 그 가치는 말로 할 수 없을 정도이다. 유변학은 물질의 역학적인 특성을 다루는 주요한 학문 분야로서 그 필요성에는 전혀 의심의 여지가 없다. 특히 제품의 설계 단계에서부터, 생산공정 단계까지 유변학적 지식이 바탕이 되는 경우는 헤아릴 수 없을 정도이며, 특히 고분자, 전자, 식품, 화장품, 배터리, 건설, 의·치학 재료 관련 산업에서 유변학은 제품설계와 공정설계의 주요 고려 대상이 되고 있다. 이 책은 이러한 점을 염두에 두고 쓴 책이다. 즉 실제 산업에서의 다양한 예를 통해서 제품 또는 공정 설계 단계에서 유변학적 이론이 어떻게 쓰일 수 있는가를 설명함으로써 문제를 접근하는 방법을 이해하도록 하였다. 유변학에 대한 입문서로서 유변학을 처음 접하는 이과계 대학과정, 혹은 대학원 과정 학생들을 위한 교과서로 만들었지만, 대학이나 대학원에서 유변학을 접하지 못했던 연구원이나 산업계 종사자들도 충분히 읽을 수 있도록 하였으며, 물리적인 내용을 설명하는 데 많은 지면을 할애하였다. 유변학을 수식 없이 기술할 수는 없어 일부 내용에 수식이 들어 있지만 점도, 점탄성, 수직 스트레스 차이, 신장 점도 등 유변 물성의 정의에 관한 제6장까지는 정의를 하기 위해 필요한 필수적인 내용을 제외하고는 텐서(tensor)를 거의 쓰지 않았다. 제7장 구성방정식은 유변학을 좀더 이론적으로 접근하는 것이 필요한 독자들을 위한 내용으로 수학적인 지식, 특히 텐서를 바탕으로 하고 있어 깊은 이론적인 내용이 바로 필요하지 않은 경우에는 건너뛰어도 다음 장들을 읽는 데는 크게 문제가 없이 되어 있다. 제8장, 제9장, 제10장은 고분자, 현탁액, 유탁액의 유변학에 대한 내용으로 물질의 종류에 따라 다르게 나타나는 현상들에 대해 다루었다. 각 장의 앞부분은 비교적 기초적인 내용을 다루어 강의 시간에 다룰 수 있게 하였고, 뒷부분에서는 전문적인 내용도 일부 포함시켜 연구에 필요한 논문을 읽는 데 도움이 될 수 있도록 하였다. 물론 교과서적 내용으로서 여러 학자들에 의하여 검증된 내용만 포함시켰다. 제11장은 유변 물성 측정에 대하여 비교적 전문적인 내용과 함께 실제 물성 측정 시 주의하여야 할 것들에 대하여 기술하였다. 제11장은 유체역학에 대한 지식이 있으면 비교적 쉽게 접근할 수 있을 것이다.

아쉽게도 광유변학, 전기 및 자기 유변학과 같이 광학, 전자기학 등의 지식이 필요한 내용과 통계역학 이론을 바탕으로 하는 키네틱 이론에 기반한 유변학적 문제에 대해서는 이 책에서 다루지 못했다. 물질의 구조를 이해하는 데 널리 사용되고 있지만 산란이론의 기초지식에 대한 설명이 필요한 광산란 및 중성자산란과 유변학적 특성의 관계에 대한 내용도 다루지 못하였다. 이러한 내용에 대해서는 유변학에 대한 지식을 가진 후 각 분야에 대해 전문적인 책이나 논문을 읽는 것이 더 좋은 방법이라 생각한다.

이 책을 교과서로 사용한다면 제1장부터 제6장까지를 7 내지 8주에 끝을 내고, 제8장부터는 주제별로 필요하다고 생각하는 부분을 선택하여 강의하는 방법을 권하고 싶다. 내용이 적지 않아서 한 학기에 모든 내용을 끝내기에는 어려울 수 있을 것으로 생각하기 때문이다. 제7장과 제11장은 대학원 과정에서 필요한 경우 강의에 포함시키면 좋을 것이다. 학기를 끝낸 학생들은 관심도에 따라 필요한 부분을 더 읽기를 권한다. 특히 제8장 이후의 내용은 각 종류의 물질의 유변학에 대한 기초지식뿐만 아니라 유변학 관련 논문을 읽는 데 필요한 여러 가지 내용들에 대한 기본적인 이론을 설명한 것도 포함하고 있으므로 학업이나 연구에 도움이 될 것이다. 우리말로 쓰여 있어 필요한 부분만을 스스로 읽는 경우에도 부담이 크지 않을 것으로 생각한다.

제3장부터 제6장까지에는 실제 상황과 관계된 내용과 함께 주변에서 자주 볼 수 있는 문제들을 포함시켰다. 이러한 방법은 유변학을 좀더 쉽게 이해하고, 관련 공정에서 유변학적 내용을 파악하고 적용하는 데 큰 도움이 될 것으로 기대하고 있다. 긴 지문들이 때로는 지루하게 느껴질 수도 있겠지만, 물리적인 의미를 이해하기 위해서 꼭 필요하므로 꼼꼼하게 읽기를 권한다. 정의와 수식만을 보고 넘어가지 말고, 지문들이 말하는 물리적인 현상을 바로 이해하여야 필요할 때 적절히 사용할 수 있을 것이다. 제8장 이후 필요한 수식들은 대부분 유도과정 없이 결과만 제시하였다. 이러한 수식들의 자세한 유도과정 등이 필요한 경우에는 각 장의

마지막에 정리한 참고 문헌을 직접 읽기를 권한다.

유변학에서 사용하는 변수의 수가 워낙 많아서 다양한 그리스 및 로마 문자를 사용하므로 하나의 기호가 여러 의미로 사용될 수밖에 없다. 혼돈을 피하기 위해서 각 장에서 사용하는 기호는 같은 의미를 가지도록 하였다. 또한 필요한 경우에는 다시 정의하여 사용하였다.

대부분 영어로 만들어진 학문적인 내용을 우리말로 쓰는 데 많은 어려움이 있었다. 요즈음 한자를 거의 사용하지 않아서 전문적인 용어를 한자어로 번역하여 써도 잘 이해가 되지 않기 때문이다. 예를 들어서 유변학에서 자주 사용하는 'shear thinning'이라는 용어는 일본에서 '전단박화(剪斷薄化)' 혹은 '전단담화(剪斷淡化)'라고 번역이 되어 사용되기도 하는데, 이를 한자로 쓰면 대부분 사람들은 읽기조차 어렵고, 한자를 쓰지 않고 한자어로 쓰면 글자 자체만으로는 무슨 뜻인지 알기가 어려울 것이다. 또한 실제 필요로 하는 전문적인 논문이나 특허 등의 문헌은 대부분 영어로 되어 있어서 한자어로 된 책으로 전문용어를 배운 후 영어 문헌을 읽을 때는 어려움이 많이 있다. 따라서 아직까지 번역이 자연스럽게 되어 일상적으로 사용되지 않는 물리적인 현상을 나타내는 전문용어는 영어 단어를 그대로 우리말 어순으로 쓰는 것이 현재로서는 '가장 자연스럽게 의미를 정확히 전달할 수 있는 방법'이라 생각하여 영어 단어를 우리말로 번역하지 않고 'shear thinning'은 '시어 시닝'과 같이 영어를 외래어표기법에 따라 표기하였다. 실제로 이 분야 전문가들이 대화할 때도 국영 혼용으로 하고 있다는 것을 생각하면 의미의 전달은 이 방법이 가장 적절한 방법이라 생각한다. 우리말로 바꾸어 써야 한다고 주장하는 사람들도 있다는 것을 물론 알고 있다. 그러나 우리의 한자어도 과거 중국어 단어가 우리나라로 들어오고, 그 단어를 계속 쓰다가 우리말화 한 것이라고 생각하면 여기서 선택한 방법은 우리말 어휘를 늘리는 과정이며, 이 방법의 장점도 매우 크다고 생각한다. 예를 들어 '소프트웨어'는 한때 '무른모'라고 번역되기도 했지만 그 의미를 잘 전달할 수가 없어서 영어로 계속 썼고, 지금은 자연스럽게 우리말화하여 쓰고 있는 단어이다. 우리말로 바꾼 전문용어는 가능한 대로 처음 사용할 때 영어 용어를 괄호 안에 넣었고, 각 장에서 새로 쓸 때도 반복하여 넣었다.

우리 주위에는 유변학적으로 복잡한 유체들이 많이 있으며, 자연과학 및 공학 분야에서의 연구와, 이를 바탕으로 한 제품의 개발과 생산에는 유변학적 지식이 필요하다. 이 책이 사물의 이치를 이해하고, 나아가 여러 생산활동을 보다 효율적으로 개선하는 데 기여하기를 바란다.

2023년 10월

저자들 씀

차례

유변학

Rheology

제1장

서론

유변학은 유동변형학을 줄인 단어이다. 영어로는 'rheology'라 하는데, 1920년 미국 라파엣 대학(Lafayette College)의 유진 빙엄(Eugene Bingham) 교수가 흐름을 의미하는 그리스어를 영어로 표기한 'rheo'에 학문을 뜻하는 '-logy'를 합성하여 만들고, 유동과 변형의 과학(The science of flow and deformation)이라 정의하였다. 정의대로 하면 유변학은 유동을 다루는 유체역학과 변형을 다루는 재료역학을 모두 포함함으로써 폭이 대단히 넓은 학문같이 보이지만, 실제로 유변학에서는 고전적인 유체역학과 재료역학의 문제는 다루지 않는다. 오히려 두 학문의 사이에 있다는 것이 더 적절할 것이다. 즉 유체역학은 유체의 유동의 문제만을 다루고, 재료역학은 기본적으로 고체 물질의 변형을 다룬다면, 유변학에서는 그 유동과 변형 특성이 유체의 유동 혹은 고체의 변형만으로는 설명될 수 없는 물질, 즉 유체와 고체의 성질을 모두 갖고 있는 물질의 역학적인 문제를 중심으로 다룬다. 따라서 유체역학과 재료역학에서 사용하는 많은 방법론을 유변학에서 사용하고 있다.

유변학은 기본적으로 '유체와 고체의 성질을 모두 갖고 있는 물질이 어떻게 변형되고 흐르는가'를 다루는 학문이다. 그렇다면 어떻게 한가지 물질이 유체와 고체의 성질을 모두 갖고 있을 수 있을까? 이 문제에 답하기 위해서는 먼저 유체와 고체를 구분 짓는 흐름과 변형의 차이에 대하여 정확히 알고 있어야 한다. 흐른다는 것은 어떤 물질에 힘이 가해지고 있는 동안 시간이 지남에 따라 그 물질의 모양이 계속 바뀌는 것, 즉 변형이 계속되는 것을 말하며, 이러한 특성을 보이는 물질을 우리는 유체라 한다. 공기와 같은 기체나 물과 같은 액체는 대표적인 유체이다. 고체는 어느 정도 범위 안에서 힘을 가하고 있는 동안에는 변형이 생기지만, 그 힘을 제거하면 다시 원래의 모양을 되찾는 물질이다. 금속이나 세라믹 같은 것이 이에 해당한다. 만약 힘이 너무 크면 고체도 영구변형이 생길 수 있지만 변형이 유체와 같이 계속되지는 않는다.

유체의 성질과 고체의 성질을 동시에 갖고 있다는 것을 이해하기 위해 우리가 매일 사용하는 치약을 생각해 보자. 튜브에 들어 있는 치약을 쓰기 위해 손으로 집어 들 때 튜브 속에 들어 있는 치약은 위치는 바뀌었지만 흘렀다고 하지는 않는다. 같이 집어 든 '고체' 칫솔과 같이 위치만 바뀌었고, 흐른 것이 아니다. 즉 튜브 안의 치약을 가상적으로 여러 개의 작은 부분(element)으로 나누었을 때 각각의 작은 부분들의 위치는 치약 튜브가 움직임에 따라 연속적으로 바뀌지만 튜브를 쥐고 누르지 않는 한 안에 들어 있는 작은 부분 간의 상대적인 위치는 그대로이다. 즉 작은 부분의 위치는 모두 바뀌었지만 안에 들어 있는 치약은 마치 고체 한 덩어리처럼 움직였다. 이런 움직임은 유동이라고 하지 않는다. 즉 유동은 물질 안의 유체 각 부분 간의 상호 위치가 거시적으로 바뀌는 현상이다.

치약을 쓰기 위해서 튜브의 어느 부분을 강하게 누르면 치약이 흘러나오는데, 이때는 튜브속의 치약을 가상적으로 여러 개의 작은 덩어리로 나누었을 때 이 작은 부분들 간의 상대적인 위치가 바뀌는 것이며, 누르는 힘을 빼도 다시 원위치로 돌아가지 않으므로 치약이 흐른다고 한다. 따라서 치약은 흐르는 물질, 즉 유체이다. 치약의 예에서 보듯이 유체는 힘을 가하면 모양이 바뀌는데, 이때 가하는 힘을 제거해도 다시 원래의 형태로 돌아가지 않는다. 그러면 치약은 순수한 유체일까? 치약을 짜서 칫솔 위에 짜서 놓아두면 흘러내리지 않고 그 모양을 그대로 유지할 뿐만 아니라 작은 힘으로 살짝 건드리면 모양이 변했다가 다시 제자리로 돌아온다. 이 경우 치약은 마치 고체의 거동을 보인다. 즉 우리가 스프링을 잡아 늘였다가 힘을 빼면 다시 원래의 모양으로 돌아가는 것과 같다. 이와 같이 어떤 종류의 물질은 작은 힘을 작용할 때는 마치 고체와 같은 성질을 나타내다가, 큰 힘을 작용할 때에는 유체와 같이 흐르는 특성을 보인다.

치약과는 전혀 다른 종류의 유체인 고분자 용융체(melt)나 고분자 용액과 같이 힘을 가했을 때 짧은 시간 동안은 고체의 성질을 보이다가, 시간이 오래 흐르면 결국 유체와 같이 흐르는 특성이 있는 물질도 있다. 이러한 특성을 점탄성이라 부르는데, 물같이 흐르기만 하는 유체와 유변학적으로 복잡한 유체를 나누는 가장 대표적인 성질이다. 고분자 물질들은 점탄성뿐만 아니라 수직 스트레스 차이가 0이 아닌 특성이 있어서 액체가 회전하는 막대를 타고 오르는 현상(rod climbing), 흐르던 유체가 탄성에 의하여 되돌아오는 현상(elastic recoil), 액체가 다이 밖으로 빠져나올 때 단면이 팽창하는 현상(die swell) 등 물과 같은 뉴턴성 유체에서는 나타나지 않는 현상들이 관찰되며, 공정에 큰 영향을 미치기도 한다. 이러한 현상들의 동영상은 인터넷을 검색하면 쉽게 볼 수 있다. 점탄성이나 0이 아닌 수직 스트레스 차이는 앞으로 다룰 물질이 갖는 중요한 유변학적 현상이다.

이렇게 유동과 변형이 복잡한 물질들의 문제를 다루는 이유는 물론 우리 주위에 많은 물질이 복잡한 거동을 보이기 때문이다. 이러한 복잡한 거동을 보이는 유체를 비뉴턴성 유체라고 부른다. 비뉴턴성 유체로는 앞에서 예를 든 유체만이 아니라 흐름 특성이 또 다른 종류의 유체들도 많이 있다. 고분자나 페인트같이 산업적으로 쓰이는 많은 물질 들, 식품, 동물의 피 등과 같이 생물이나 의학 분야와 연관된 물질 중에서 다양한 물질이 비뉴턴성 거동을 나타내는 것으로 알려져 있다. 따라서 전통적인 기계, 화학, 고분자, 전자, 건설 분야만이 아니라 의학, 치의학 분야 등 유체를 다루는 모든 분야에서 유변학적 지식을 필요로 하고 있다.

유변학이 처음 시작된 1920년대에는 우리가 현재 사용하고 있는 고분자 플라스틱은 존재하지 않았다. 당시에는 열을 가해도 흐르지 않는 열경화성 수지(thermosetting polymer)만이 상용화되어 있었다. 따라서 초기에는 액체에 입자가 분산되어 복잡한 유동현상을 보이는 물질만이 고려의 대상이었다. 1930년대 들어서 폴리스타이렌과 폴리에틸렌이 상용화되었고, 이후 다른 여러 고분자 물질이 출현하였으며, 특히 1950년대는 폴리올레핀(polyolefin)이 지글러-나타(Ziegler-Natta) 촉매로 합성이 되면서 고분자의 변형과 흐름은 유변학의 중요한 대상이 되었고, 이후 유변학의 많은 발전도 고분자 분야를 중심으로 이루어졌다. 근래에는 전자산업이나 배터리 제조 산업 등 여러 산업에서 입자가 분산된 액체를 사용하면서 다시 입자계 분야의 유변학에 관심이 쏠리고 있다. 그렇지만 고분자, 특히 용융체를 다루는 분야에서 유변학의 중요성은 아무리 강조해도 지나치지 않는다. 공정 자체에서도 필요하고, 품질관리 등 보조적인 분야에서도 유변학이 사용되고 있기 때문이다. 요즈음에는 코팅, 잉크젯 프린팅 등의 공정생산성 향상을 위해 유동의 형태나 변형의 속도와 크기가 매우 넓은 범위를 갖는 문제들을 고려하게 되었고, 이러한 공정의 설계와 운용을 위해 각각의 공정 조건에서의 물질의 거동에 대한 지식을 필요로 하고 있다.

제품의 설계에서도 유변학을 필요로 하고 있다. 예를 들어 아이스크림의 제조에도 유변학의 역할이 있다. 아이스크림은 상품 종류에 따라 그 굳기가 많이 다르다. 아이스크림은 기본적으로 단맛과 향이 들어 있는 액체 안에 공기 방울과 얼음 입자가 분산되어 있는 혼합물로서, 가만히 놔두었을 때는 고체와 같이 흐르지 않지만, 먹을 때는 적절히 흐르는 특성이 있어야 먹기에 좋다. 즉 아이스크림이 녹아서 흐르는 것이 아니라, 혀나 입술로 힘을 가할 때 흘러야 한다. 이러한 흐름 특성은 아이스크림을 먹을 때 느끼는 중요한 요소이다. 먹는 온도에서 너무 고체 같아서도 안 되며, 너무 흘러도 안 될 것이다. 즉 유변학적 성질을 적절히 선택하여야 한다. 이때 흐르는 특성은 우유 또는 크림 안의 기름 방울, 넣어 주는 공기 방울 및 얼음 결정의 크기와 양으로 아이스크림의 미세구조를 바꿈으로써 조절할 수 있고, 이러한 미세구조와 흐름 특성의 관계는 유변 특성의 측정을 통하여 알 수 있으며, 결국 이 자료들을 이용하여 아이스크림의 제조 공정과 '느끼는 맛'을 관리할 수 있다.

유변학이 널리 필요한 또 다른 이유 중의 하나는 물질의 구조와 유동변형 특성이 깊은 관계를 갖고 있기 때문에 물질의 유동변형 특성을 관찰함으로써 물질의 미세구조에 관한 정보를 얻을 수 있기 때문이다. 현재까지 많은 물질의 미세구조를 탐침(probe)하는 물리적인 기술이 발전되어 왔다. 전자현미경, 광 산란법, 중성자 산란법, 자기공명영상(MRI), X선 단층촬영법(CT) 등이 대표적인 예이다. 각각의 방법은 독립적으로 물질의 미세구조를 탐침할 수 있지만, 유변학적 측정을 포함한 모든 방법은 미세구조의 크기, 시료의 준비 방법, 시료의 빛이나 전자기장과 같은 여러 외력에 대한 반응 특성 등의 이유 때문에 측정에 제한을 받을 수밖에 없다. 유변학적 방법은 독립적으로, 또는 이들 방법들과 상호 보완적으로 물질의 미세구조를 탐침하는 기술의 하나로서, 자연현상에 대한 이해, 물질 및 제품의 설계 등에 사용될 수 있다. 이러한 내용에 대해서는 앞으로 좀더 자세히 다룰 것이다.

제2장

고체, 유체, 스트레스

2.1 고체와 유체

물질의 유동과 변형을 해석하려면 다음과 같이 가장 간단한 상황에서 시작하는 것이 좋다. 그림 2.1과 같이 면적이 A인 두 개의 평행한 평판 사이에 들어 있는 물질을 생각하자. 두 개의 판은 모두 중력방향에 대하여 수직이고 고정되어 있어 안에 들어 있는 물질은 움직이지 않는다. 판 사이의 거리는 d이고, 평판의 한 변의 길이보다 충분히 작다. 이 경우 안에 들어 있는 물질은 종류에 관계없이 중력과 압력만을 받고 있으며, 두 힘이 평형을 이루며 정지되어 있다. 즉 힘의 합력이 0이고, 표면이 정지되어 있으므로 이 물질은 전체적으로도 움직이지 않는다.

다음으로 아래 판은 그대로 고정된 상태로 두고, 위 판에 x 방향으로 F의 힘을 주면서 안에 들어 있는 물질이 어떻게 반응하는가를 보자. 이때 물질과 두 판 사이에는 강한 접착력이 작용하여 미끄러지지 않는 경우만을 생각한다.

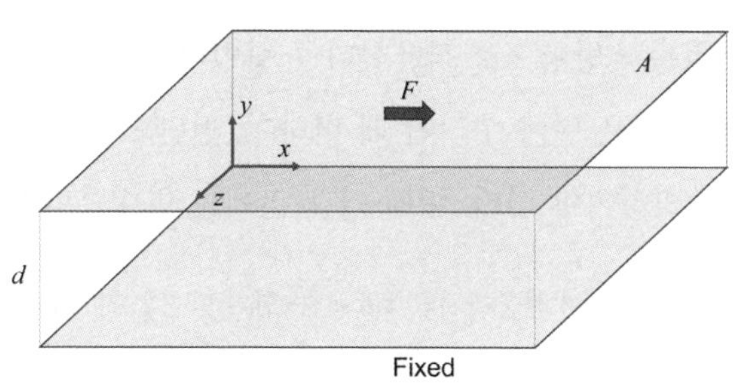

그림 2.1 두 개의 평행한 평판 사이에 물질을 채우고 윗면을 움직일 때의 상황. 간격 d는 $\sqrt{A}$ 에 비하여 충분히 작아 말단에서의 차이(end effect)는 무시할 수 있다고 가정한다

2.1.1 고체

첫 번째 생각할 수 있는 결과는 힘이 가해졌을 때 그림 2.2(a)와 같이 위 판이 무시할 만큼 짧은 시간 안에 거리 L만큼 움직인 후 정지하는 것이다. 힘을 그대로 유지하면 움직인 거리 L도 그대로 유지된다. 만약 힘을 제거하면 위 판은 다시 무시할 만큼 짧은 시간 안에 원래 자리로 돌아간다. 즉 이 물질은 과거의 상태에 대하여 완전한 기억을 가지고 있다. 이러한 거동을 보이는 물질을 고체(solid)라고 부른다. 길이 L이 충분히 작을 때 평판의 단위면적당 작용해 주어야 하는 힘과 움직인 거리 간에는 비례관계, 두 판 사이의 거리에는 반비례하는 다음 식으로 표시할 수 있는데 이러한 물질을 후크 고체(Hookean solid)라고 부른다.

$$\frac{F}{A} = \tau_{yx} \propto \frac{L}{d} = \gamma \tag{2.1-1}$$

즉

$$\tau_{yx} = G\gamma \tag{2.1-2}$$

의 관계가 있다. τ_{yx}는 윗면에 단위면적당 작용하는 x 방향의 힘으로서 전단 스트레스(shear stress)[1]라고 부르며, γ는 전단 스트레인(shear strain)[2]이라 부른다. 전단 스트레스는 압력과 같은 Pascal(Pa, N/m²), 전단 스트레인은 무차원, G는 강성률(rigidity modulus)로 Pa의 단위를 가진다. G는 물질에 따라 다른 값을 갖는다. 전단 스트레스는 τ_{yx}로 복잡한 기호를 쓰는데, 힘이 작용되는 면(여기서는 위 판)의 수직방향이 y 방향이고, 힘은 x 방향으로 작용한다는 뜻이다. 전단 스트레스는 압력과 같은 단위를 갖지만, 압력은 면에 수직인 데 비하여, 전단 스트레스는 면에 평행하게 작용하는 힘임에 주의하여야 한다. 이때 아래 판에는 반대방향의 힘을 작용하여야

1 대부분 전단응력이라 번역하여 사용하지만 'stress'는 힘의 단위를 가지고 있지 않으며, 응력은 가해 준 힘에 대응하여 나타나는 것으로서 전단 스트레스와는 부호가 반대이므로 혼돈의 여지가 있어 이 책에서는 전단 스트레스로 쓴다.

2 전단 변형이라고 번역되기도 하지만 'deformation'과 혼돈될 수 있어서 이 책에서는 전단 스트레인으로 쓴다. 전단 스트레인은 전단 변형의 크기를 나타낸다.

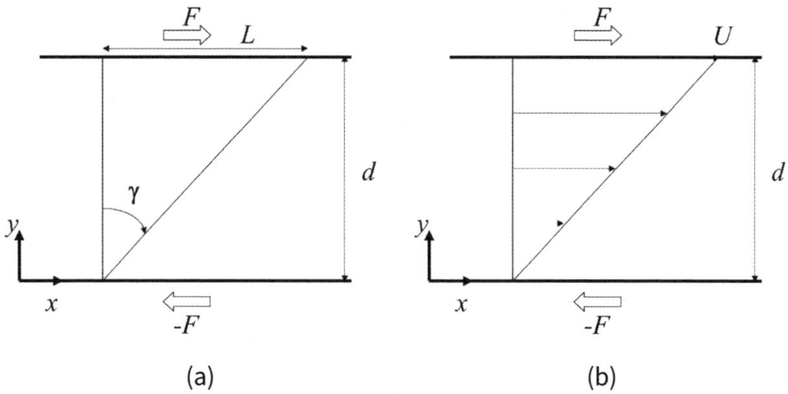

그림 2.2 (a) 고체. L만큼 움직인 후 정지됨 (b) 액체. 같은 속도 U로 계속 움직임

정지 상태가 유지되며, 이 경우 전체적으로 힘의 합력은 0이다. 따라서 두 판 사이의 물체는 가속도 운동을 하지 않고, 정지되어 있다. 여기서 의문이 생길 수 있다. 위의 전단 스트레스와 전단 스트레인 간의 관계는 왜 그렇게 나타날까 하는 것인데, 일반적으로 유변학에서는 이러한 '왜'에 대해서는 생각하지 않는다. 오히려 이러한 관계를 따르는 물질이 '실험적으로 관찰'될 때, 이러한 관계를 따르는 물질을 고체라고 '정의'한다.

2.1.2 유체

다음으로 생각할 수 있는 결과는 힘이 작용되는 시간 동안에는 위 판이 일정 속도 U로 계속 움직이는 것이다. 정지 상태로부터 속도 U에 도달하는 시간은 충분히 짧고, 힘을 제거하면 위 판은 그 자리에서 바로 정지한다. 즉 이러한 물질은 변형에 대하여 과거 상태를 전혀 기억하지 못한다. 이러한 과정을 보이는 물질을 유체(fluid)라고 부른다. 속도 U가 충분히 작을 때에는 단위면적당 작용하는 힘과 속도 기울기 간에 다음과 같은 비례관계가 있고, 이러한 유체를 뉴턴성 유체라 한다(뉴턴성 유체의 좀더 엄밀한 정의는 6.5절에서 할 예정이다).

$$\frac{F}{A} = \tau_{yx} \propto \frac{U}{d} = \dot{\gamma} \tag{2.1-3}$$

즉

$$\tau_{yx} = \eta\dot{\gamma} \tag{2.1-4}$$

의 관계가 있다. 앞의 고체의 경우와 마찬가지로 τ_{yx}는 전단 스트레스다. $\dot{\gamma}$은 전단율(shear rate)이라 부르며, 단위는 s^{-1}이 된다. 전단 스트레스와 전단율의 비인 η는 점도계수(coefficient of viscosity), 또는 간단히 점도(viscosity)라 부르며, 단위는 Pa.s이고, 물질마다 다른 값을 갖는다. 고체의 경우와 마찬가지로 아래 판은 반대방향으로 F의 힘을 작용해 주어야 고정되며, 힘의 합력은 0으로 안에 들어 있는 물질의 각 부분은 등속도 운동을 한다. 즉 가속도 운동을 하지 않는다. 두 판 사이의 유체는 그림 2.2(b)와 같은 속도 분포를 갖고 있는데 이와 같은 속도 분포의 유동을 단순 전단 유동(simple shear flow)이라고 한다. 이러한 현상을 나타내는 물질이 '실험적으로 관찰'되며, 위의 관계를 따르는 물질을 '유체'라 정의한다.

앞의 두 가지 종류의 물질, 즉 고체와 유체와는 달리 전혀 다른 반응을 보이는 물질도 있다. 앞의 실험에서 정지 상태로부터 힘 F를 가하는 경우 고분자 용융체 같은 물질은 처음에는 작은 변형만 생기고 거의 움직이지 않지만 시간이 지나면서 점차 속도가 생겨 유체와 같이 등속도로 움직이는 특성을 보인다(이때 움직임이 지연되는 것은 관성에 의한 것은 아니다. 관성의 문제는 변형 단계에서도 관계되지만 여기서는 관성의 역할이 무시할 정도로 작은 경우만 생각한다). 한편 치약과 같은 물질은 힘 F가 어떤 경계값보다 작으면 고체와 같이 변형만 되고 흐르지 않지만, 경곗값보다 큰 힘을 가하면 유체와 같이 흐르는 특성을 보인다.

유변학에서는 이와 같이 고체와 유체로 정의되는 물질과는 다른 거동을 보이는 물질의 유동과 변형에 대한 문제를 다룬다. 이러한 물질들은 가해지는 힘이나 변형의 크기, 시간 등에 따라 다른 특성을 나타내는 물질들로서, 사실 유체와 고체는 이러한 물질들 중에서 양쪽 극한에 있는 물질로 간주할 수 있다. 이 책에서는 순수한 고체의 문제는 거의 다루지 않고, 흐를 수 있는 물질의 문제를 중심으로 다룰 것이다.

2.2 스트레스 텐서

물질의 변형과 유동은 물질에 작용되는 힘에 의하여 일어난다. 물질, 또는 물질의 작은 부분에 작용하는 힘은 크게 질량 자체에 작용하는 힘(body force)과 그 물질의 표면에 작용하는 표면 힘(surface force)으로 나눌 수 있다. 이 중 유동과 변형은 물질에 작용되는 표면 힘에 의하여 일어난다. 단순 전단 유동의 경우 그림에서 흐르기 전에 사각형 ABCD로 표시되는 일정한 두께를 갖는 유체 덩어리는 어느 시간 동안 흐른 후 A′BCD′로 변형이 된다. 즉 유체 덩어리는 회전된 것을 제외하면 그림 2.3에 나타낸 바와 같이 얇고 길어진 형태가 되는데 이는 화살표로 나타낸 ABCD 표면에 작용하는 힘의 작용에 의하여 생길 것이다. 즉 표면 AD와 BC에서는 유체를 잡아 늘이는 힘이, 표면 AB와 CD에는 누르는 힘이 작용하여 변형이 이루어질 것임을 알 수 있다. 이와 같이 표면 힘은 물질의 표면에 작용하여 물질을 변형시키며, 이러한 변형이 시간에 따라 계속될 때 유동이라고 한다.

일반적으로 유체가 차지하는 공간에서의 유동과 변형은 위의 단순 전단 유동과 같이 변형이나 힘의 방향이 좌표 축과 일치되어 간단히 표시될 수는 없다. 일반적인 3차원 공간에서의 힘과 변형의 관계를 알기 위해서는 어떤 위치에서 임의의 방향을 갖는 면에 작용하는 힘을 구하여야 한다. 즉 그림 2.4에 나타낸 바와 같이 어떤 위치에서 임의의 방향 $\mathbf{n}$을 향하는 작은 면(ΔABC)에 작용하는 힘 $\mathbf{f}_n$을 찾아 유체 내에서 임의의 어느 작은 부분에 어떠한 힘이 작용하는가를 알아야 한다.

힘을 이해하기 전에 먼저 면벡터에 대하여 알아 둘 필요가 있다. 어떤 평면에 수직인 단위 벡터를 그 면의 법선 벡터(normal vector)라고 부른다. 그림 2.4에서 삼각

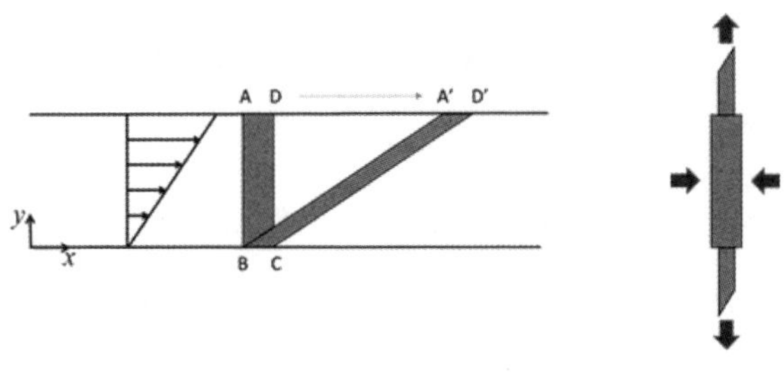

그림 2.3 전단 유동에서 유체 작은 부분의 변형

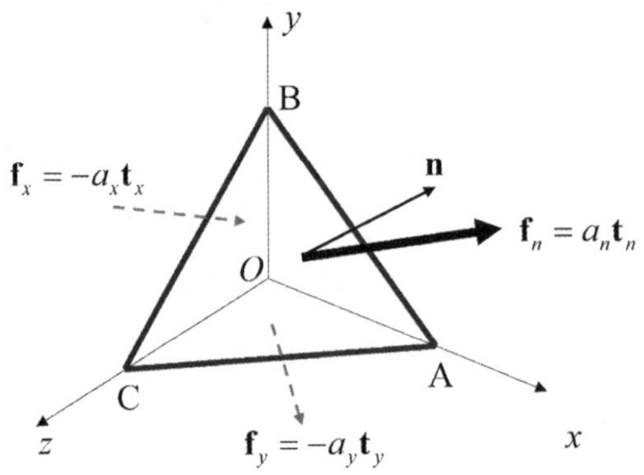

그림 2.4 임의의 방향을 향하는 면과 관계된 힘들

뿔은 4개의 평면으로 구성되어 있다. 각 평면에 대한 법선 벡터 중 입체 밖으로 향하는 벡터를 밖으로 향하는 법선 벡터(unit outward normal)라고 부르며, x, y, z 및 경사면 방향으로는 각각 **-i**, **-j**, **-k**와 **n**이다. 각 면의 크기를 a_x, a_y, a_z, 및 a_n이라고 하면 정사영에 관한 이론으로부터

$$a_x = a_n \mathbf{n} \cdot \mathbf{i},\ a_y = a_n \mathbf{n} \cdot \mathbf{j},\ a_z = a_n \mathbf{n} \cdot \mathbf{k} \tag{2.2-1}$$

의 관계가 성립한다. 한편 경사면의 방향 **n**은 OA, OB 또는 OC의 크기를 바꾸면 어떤 방향이든 향하게 할 수 있다. 임의의 **n**을 갖는 면에 작용하는 힘을 안다는 것은 모든 방향의 힘을 안다는 뜻이 되며, 임의의 **n**을 갖는 면에 작용하는 힘은 다음과 같은 방법으로 구한다. 그림 2.4의 삼각뿔에 작용하는 힘은 삼각뿔의 질량 m에 작용하는 중력 mg와 표면에 작용하는 표면 힘으로 구성되어 있으며 삼각뿔이 충분히 작아지면 이 힘들의 총합은 다음과 같이 **0**이 되어야 한다.

$$m\mathbf{a} = \mathbf{f}_n + \mathbf{f}_x + \mathbf{f}_y + \mathbf{f}_z + m\mathbf{g} = \mathbf{0} \tag{2.2-2}$$

위 식에서 **a**는 가속도를 나타낸다. 여기서 삼각뿔이 **0**이 아닌 값의 유한한 가속도 운동을 하는 경우에도 다음과 같은 이유로 힘의 합력은 **0**이 되어야 한다. 즉 삼각뿔의 크기를 나타내는 3방향의 크기가 모두 Δh 규모의 작은 크기를 갖게 될 때 부

피는 $(\Delta h)^3$에 비례하며, 따라서 중력은 $\rho(\Delta h)^3 g$에 비례하게 된다(ρ는 물질의 밀도). 표면에 작용하는 힘은 면적에 비례하므로 $(\Delta h)^2$에 비례하지만, 중력은 질량, 즉 $(\Delta h)^3$에 비례하므로 Δh가 충분히 작아지면 표면에 작용하는 힘들은 중력에 비하여 $1/\Delta h$의 크기로 커지게 된다. 따라서 Δh가 충분히 작아지는 경우에, 즉 충분히 작은 부분만 생각하면 중력은 이 식에서 무시될 수 있다. 또한 식 (2.2-2)의 좌변은 질량에 비례하므로 $(\Delta h)^3$에 비례하지만 우변은 면적에 작용하는 힘으로 $(\Delta h)^2$에 비례한다. Δh가 충분히 작아질 때 만약 이 힘들의 합이 $\mathbf{0}$이 되지 않으면 가속도 $\mathbf{a}$가 무한히 커지는 되는 상황이 되는데 이는 자연계에서 일어날 수 없다. 따라서 질량 m이 유한한 가속도 운동을 하더라도 힘의 합력은 $\mathbf{0}$이 되어야 한다(여기서 0은 정수에서 나오는 0이 아니라 충분히 0에 가까워지는 극한의 개념에서 생각하여야 한다). 즉

$$\mathbf{f}_n + \mathbf{f}_x + \mathbf{f}_y + \mathbf{f}_z = \mathbf{0} \tag{2.2-3}$$

이 된다

각 면에 작용되는 단위면적당 힘을 $\mathbf{t}$로 표시하되 x, y, z 방향의 힘은 편의상 반대편인 안쪽에 작용하는 힘을 사용하여 표시하면, 바깥쪽과 안쪽에 작용하는 힘은 크기가 같고 방향은 서로 반대여야 하므로

$$\mathbf{f}_n = a_n \mathbf{t}_n,\ \ \mathbf{f}_x = -a_x \mathbf{t}_x, \mathbf{f}_y = -a_y \mathbf{t}_y, \mathbf{f}_z = -a_z \mathbf{t}_z \tag{2.2-4}$$

와 같이 쓸 수 있다. 따라서 식 (2.2-1)을 이용하면

$$a_n \mathbf{t}_n = a_x \mathbf{t}_x + a_y \mathbf{t}_y + a_z \mathbf{t}_z = a_n (\mathbf{n}\cdot\mathbf{i})\mathbf{t}_x + a_n (\mathbf{n}\cdot\mathbf{j})\mathbf{t}_y + a_n (\mathbf{n}\cdot\mathbf{k})\mathbf{t}_z \tag{2.2-5}$$

즉

$$\mathbf{t}_n = (\mathbf{n}\cdot\mathbf{i})\mathbf{t}_x + (\mathbf{n}\cdot\mathbf{j})\mathbf{t}_y + (\mathbf{n}\cdot\mathbf{k})\mathbf{t}_z \tag{2.2-6}$$

이 되어 “경사면에 작용하는 단위면적당 작용하는 힘은 좌표축의 양의 방향에 수

직한 면에 단위면적당 작용하는 힘과 경사면의 방향으로부터 구할 수 있다."

각 면에 단위면적당 작용하는 힘은 벡터이므로 x 방향의 경우

$$\mathbf{t}_x = T_{xx}\mathbf{i} + T_{xy}\mathbf{j} + T_{xz}\mathbf{k} \tag{2.2-7}$$

로 표시할 수 있고, y 및 z 방향도 같은 방법으로 쓸 수 있다. 이때 T의 처음 첨자 x는 x 방향에 수직한 면에 작용되는 힘을 나타내며, 두 번째 첨자는 힘의 방향을 나타낸다. 이 방법을 쓰면

$$\begin{aligned} \mathbf{t}_n &= \mathbf{n}\cdot[\mathbf{i}\mathbf{t}_x + \mathbf{j}\mathbf{t}_y + \mathbf{k}\mathbf{t}_z] \\ &= \mathbf{n}\cdot\begin{bmatrix} \mathbf{ii}T_{xx} + \mathbf{ij}T_{xy} + \mathbf{ik}T_{xz} \\ +\mathbf{ji}T_{yx} + \mathbf{jj}T_{yy} + \mathbf{jk}T_{yz} \\ +\mathbf{ki}T_{zx} + \mathbf{kj}T_{zy} + \mathbf{kk}T_{zz} \end{bmatrix} \end{aligned} \tag{2.2-8}$$

으로 정리된다. 위 식에 보면 단위 벡터 2개를 옆으로 나란히 쓴(juxtaposition) 항이 9가지가 있는데 이는 벡터의 내적도, 외적도 아니며 다이애드(dyad)라고 부른다. 다이애드는 행렬과 같으며, 텐서의 한 형태이다. 예를 들어 **ij**는 첫 번째 행의 2번째 성분만 1이고 나머지는 모두 0인 3×3 행렬이며, 다른 항들도 이와 같은 방법으로 되어있다. 따라서 9개의 항을 모두 합하면 다음 식과 같은 하나의 행렬로 표시된다.

$$\mathbf{t}_n = \mathbf{n}\cdot\mathbf{T} = (n_x\ n_y\ n_z)\begin{bmatrix} T_{xx} & T_{xy} & T_{xz} \\ T_{yx} & T_{yy} & T_{yz} \\ T_{zx} & T_{zy} & T_{zz} \end{bmatrix} \tag{2.2-9}$$

T는 스트레스 텐서 또는 간단히 스트레스라고 부른다. 위 식은 "수직 방향 단위 벡터가 **n**인 유체 내의 면에 작용되는 단위면적당 힘은 **n**과 그 점에서의 스트레스 텐서 **T**의 행렬 곱으로 표시될 수 있다"는 것을 말한다. 따라서 어느 한 점에서의 스트레스 텐서를 알면 그 점에서 임의의 방향으로 작용하는 힘을 구할 수 있다. 식 (2.2-2)에서 충분히 작은 부피에 대하여 $m\mathbf{a}=0$이 되는 것과 같이 모멘트(moment)

의 합도 **0**이 되어야 하는데, 이 결과로부터 스트레스 텐서는 행과 열을 바꾸어도 같은 값을 갖는 특성을 가짐을 증명할 수 있다. 즉 스트레스 텐서는 대칭성을 갖고 있으며 다음 식으로 표시된다.

$$\mathbf{T} = \mathbf{T}^T \tag{2.2-10}$$

위 식에서 위 첨자 T는 텐서의 전치(transpose: 행과 열을 바꿈)를 나타낸다. 스트레스 텐서가 대칭이라는 것은 $T_{xy} = T_{yx}$, $T_{yz} = T_{zy}$, $T_{zx} = T_{xz}$의 관계가 성립하는 것이다. 따라서 9개의 성분 중에서 대각선 및 그 위의 3개의 성분, 즉 6개의 성분만 알면 스트레스의 모든 성분을 아는 것이다.

이상에서 유도한 바와 같이 스트레스 텐서란 좌표축에 양(+)의 방향으로 수직한 면에 작용되는 3개의 단위면적당 힘을 세로로 배열한 것이다. 즉 첫 번째 행 $[T_{xx}T_{xy}T_{xz}]$은 3성분의 첫 번째 첨자가 x로 x 방향에 수직한 면에 작용하는 힘을 의미하며, 두 번째 첨자는 x, y, z 순서로 되어 있고, 각각 힘의 방향을 가리킨다. 두 번째, 세 번째 행은 각각 y 및 z 방향에 수직인 면에 작용하는 힘을 의미한다. 2차원 이상의 복잡한 유동을 다루지 않는 한 텐서와 관계된 수학식들을 알 필요는 거의 없으며, 대개의 경우 몇 개의 성분 값이 갖는 의미를 이해하면 충분하다.

물질 내에는 압력이 존재하므로 유체가 정지해 있어도 스트레스 텐서의 모든 성분이 0이 되지는 않는다. 액체는 압력에 따라 부피가 거의 변하지 않으므로(비압축성 유체라고 한다), 압력은 물질의 변형에는 관계하지 않는다. 압력은 유체 작은 부분의 안쪽을 향하여 누르는 힘이므로 x 방향으로 수직한 면에는 $-x$ 방향으로 압력 p가 작용한다. 이때 압력은 모든 방향으로 같은 값을 가지며, 유동이나 변형이 없는 상태에서의 스트레스 텐서는 다음과 같이 표시할 수 있다. 유동이나 변형이 없는 상태를 휴식상태(rest state)라 부른다.

$$\mathbf{T} = \begin{bmatrix} -p & 0 & 0 \\ 0 & -p & 0 \\ 0 & 0 & -p \end{bmatrix} = -p\mathbf{I} \tag{2.2-11}$$

위 식에서 $\mathbf{I}$는 단위행렬(대각선은 1, 나머지 항들은 0인 행렬)이다. 외부에서 힘이 가해지면 변형이나 유동이 생겨 스트레스 텐서는 휴식상태에서의 값과 다른 값을 갖게 된다. 이 경우에도 압력이 존재하므로 물질의 변형에 의한 부분을 전체 스트레스 텐서($\mathbf{T}$)에서 분리하여 다루는 것이 더 편리하다. 이렇게 분리된 부분을 엑스트라(extra) 스트레스 텐서라 부른다. 식으로는 다음과 같이 쓸 수 있다.

$$\mathbf{T} = -p\mathbf{I} + \boldsymbol{\tau} \tag{2.2-12}$$

성분으로 풀어 쓰면

$$\mathbf{T} = \begin{bmatrix} T_{xx} & T_{xy} & T_{xz} \\ T_{yx} & T_{yy} & T_{yz} \\ T_{zx} & T_{zy} & T_{zz} \end{bmatrix} = \begin{bmatrix} -p+\tau_{xx} & \tau_{xy} & \tau_{xz} \\ \tau_{yx} & -p+\tau_{yy} & \tau_{yz} \\ \tau_{zx} & \tau_{zy} & -p+\tau_{zz} \end{bmatrix} \tag{2.2-13}$$

가 된다. 이러한 스트레스는 물질을 변형시킨다. 우리가 어떤 물체에 힘을 가하면 내부로 전달되면서 물체 내부에는 스트레스 분포가 생기며, 각 지점에서의 스트레스에 의하여 물질의 부분부분이, 즉 작은 부분이 변형이 되고, 이런 작은 부분의 변형이 합쳐져 물체의 전체적인 모양이 변하게 된다.

2.3 전단 유동에서 정의되는 유변학적 물질 함수

앞에서 고체나 유체를 정의하는 과정에서는 하나의 힘 성분, 즉 y 방향에 수직한 면에 작용하는 x 방향의 힘만을 고려하였지만, 한 점에서의 엑스트라 스트레스 텐서는 9가지 성분으로 되어 있고, 대칭성을 고려하면 일반적으로 6개의 성분이 있다. 유동의 형태에 따라, 물질의 종류에 따라 6개의 성분이 다르게 변하게 되므로 다음에는 먼저 앞에서 생각했던 가장 간단한 단순 전단 유동의 경우에 유동에 대한 변수와 6개의 스트레스 성분이 어떻게 연관되는가에 대해 살펴본다. 다른 형태의 유동이나 비정상상태(unsteady state)에서의 유동에 대한 변수와 스트레스 성분의 관계에 대해서는 관계된 다음 장들에서 정의하여 다룰 것이다.

단순 전단 유동의 경우 유체의 어떤 위치에서도 스트레스는 같은 값을 갖는다는 것이 증명되어 있으므로, 일단 물리적인 현상으로 받아들이면 되며, 자세한 증명은 유체역학 책을 참조하길 바란다.[3] 단순 전단 유동의 경우에 같은 모양의 유체 입자(element)는 모두 같은 힘을 받으며, 같은 변형을 한다. 따라서 어떤 부피를 떼어내서 생각해도 되지만, 스트레스가 좌표축에 수직인 면에 작용하는 힘이라는 점을 고려하여 그림 2.5에 나타낸 바와 같은 직육면체에 작용되는 힘을 생각하자. 이때 유체는 x 방향으로 흐르며, 속도는 y 방향으로 변하고, z 방향은 중립 방향이다. 이러한 유동에 의하여 생기는 엑스트라 스트레스 텐서의 성분 중 0이 아닌 성분은 다음에 보인 5개인 것을 증명할 수 있으며, 이러한 내용은 물질에 따라 달라지지 않는다.

$$\boldsymbol{\tau} = \begin{bmatrix} \tau_{xx} & \tau_{xy} & 0 \\ \tau_{yx} & \tau_{yy} & 0 \\ 0 & 0 & \tau_{zz} \end{bmatrix} \tag{2.3-1}$$

위 식에서 $\tau_{yx} = \tau_{xy}$이고, 전단 스트레스라고 부른다. 즉 층이 밀리면서 나타나는 스트레스라는 뜻이다. 앞에서 전단 스트레스가 전단율에 비례하는 유체를 뉴턴성 유체라 정의한 바 있다. 일반적으로 유변학에서 다루는 유체는 이 비례관계가 성립하지 않으며, 다음과 같이 쓸 수 있다. 즉 점도 η는 상수가 아니며, 전단율의 함수이다.

$$\tau_{yx} = \eta(\dot{\gamma})\dot{\gamma} \tag{2.3-2}$$

대각선상에 있는 성분들(τ_{xx}, τ_{yy}, τ_{zz})은 면에 수직으로 작용하기 때문에 수직 스

3 컨트롤 부피(control volume)를 정하고 정상상태에서 힘의 균형에 대한 식을 세워 풀면 스트레스는 어디서나 같다는 결과를 얻을 수 있다.

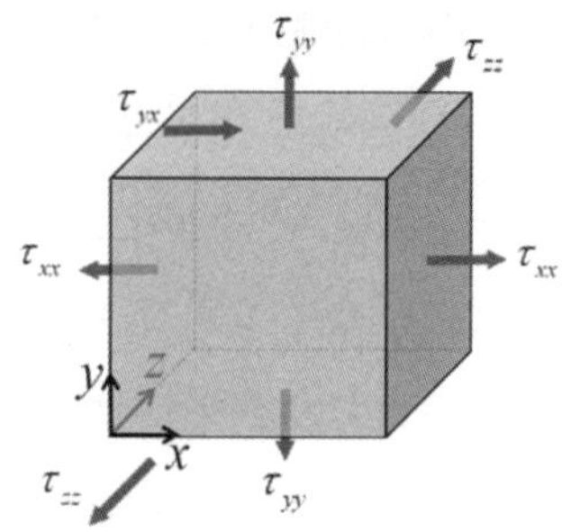

그림 2.5. 직육면체형 유체 입자에 작용하는 스트레스 성분(보이는 부분만 표시)

트레스라 불린다. 이 성분들은 이론적으로는 생각할 수 있지만, 실제로는 압력의 항이 언제나 같이 따라다니기 때문에 우리가 독립적으로 측정할 수 있는 물리량이 아니다. 따라서 압력의 항을 제외하고 유동에 의하여 생기는 성분만을 생각하기 위해서 인접하는 두 성분 간의 차이를 내고, 이들을 각각 제1 수직 스트레스 차이(N_1), 제2 수직 스트레스 차이(N_2)라고 정의한다. N_1, N_2 모두 전단율의 함수이며, $\dot{\gamma}$이 충분히 작을 때에는 $\dot{\gamma}^2$에 비례하는 것이 알려져 있어서 다음 식과 같은 방법으로 Ψ_1, Ψ_2, 즉 제1 수직 스트레스 차이 계수, 제2 수직 스트레스 차이 계수를 전단율의 함수로 정의하여 쓴다. Ψ_1, Ψ_2는 Pa.s^{2}의 단위를 가지며 물질에 따라 다른 값을 갖는다.

$$\begin{aligned} N_1 &= \tau_{xx} - \tau_{yy} = T_{xx} - T_{yy} = \Psi_1(\dot{\gamma})\dot{\gamma}^2 \\ N_2 &= \tau_{yy} - \tau_{zz} = T_{yy} - T_{zz} = \Psi_2(\dot{\gamma})\dot{\gamma}^2 \end{aligned} \tag{2.3-3}$$

물과 같은 뉴턴성 유체는 실험적으로 수직 스트레스 차이 값이 0으로 관찰된다. 반면 유변학에서 다루는 유체들은 일반적으로 0이 아니다. 앞으로 더 자세히 다루겠지만, 고분자 용융체의 경우 $N_1 > 0$, $N_2 < 0$의 관계가 관찰된다. 현탁액(suspension)의 경우에는 입자의 크기나, 분산매에 따라 $N_1 < 0$이 관찰되기도 하고, $N_1 > 0$이 관찰되기도 한다. 어떤 물질의 수직 스트레스 차이가 0이 아니면 매우 복잡한 유동 현상을 보이게 할 수 있어, 유변학과 비뉴턴성 유체역학의 주요 연구 대상이 된다.

제3장

점도

앞 장에서 전단 스트레스(τ_{yx})와 전단율($\dot{\gamma}$)을 연결시켜 주는 물성으로 점도 η를 다음과 같이 정의하였다.

$$\tau_{yx} = \eta(\dot{\gamma})\dot{\gamma} \tag{2.3-2}$$

점도는 물질이 갖고 있는 유변학적 물성 중에서 가장 중요한 것이다. 두 손가락 사이에 글리세린과 같은 물질을 넣고 비볐을 때 손가락에 힘이 들어가며, 물의 경우에도 우리가 잘 느끼지는 못하지만 작은 힘이 들어가는데 이는 글리세린이나 물이 점도를 갖고 있기 때문이다. 기체를 포함하여 모든 유체는 점도를 갖고 있으며, 이런 점도에 의하여 벽에 붙는 성질을 갖는다. 즉 유체는 점도에 의하여 벽에서 미끄러지지 않는다.[1] 유체가 고체면에 달라붙은 상태에서 두 면이 서로 다른 속도로 움직이게 되면 두 면 사이에 유체는 속도 기울기를 가질 수밖에 없다. 속도 기울기가 생기면 어떤 가상의 면을 사이에 두고 속도가 빠른 쪽의 유체는 속도가 느린 쪽의 유체를 끌고 가려고 하며, 느린 쪽의 유체는 끌려가는 것에 저항한다. 이런 과정에서 빠른 쪽의 큰 운동량은 속도가 작은 쪽으로 전달된다. 점도가 있는 물질을 속도 기울기를 갖고 움직이게 하려면 힘을 가해야 하며, 어느 거리를 움직이려면 일을 하여 주어야 한다. 가해 준 일은 유체 내에서 열로 발생되어, 유체의 온도를 올리는 역할을 한다.

---

1 이러한 상황이 성립하지 않는 경우에 벽면 미끄러짐(wall slip)이 있다고 하며 제8장, 제11장 등에서 다룬다.

3.1 유체의 점도

유체는 기체와 액체로 나뉜다. 모든 유체는 점도를 가지지만, 이 점도가 생기는 원인은 기체와 액체가 서로 다르다. 기체의 점도는 전단율에 따라 변하지 않으므로 유변학에서는 기체의 점도에 대해서 다루지 않지만, 점도가 갖는 물리적 의미를 좀더 명확하게 이해하고, 액체의 경우와 비교하기 위해 기체의 점도가 나타나는 과정을 생각해 보자. 기체의 경우 기본적으로 분자 간에 인력이 매우 약하고, 공간 내에서 자유롭게 움직인다. 전단 유동에 의하여 기체 내에 속도 기울기가 생기면 기체 분자의 자유로운 운동 과정에서 빠른 속도를 갖는 유체층의 분자가 느린 속도의 유체층으로 가면서 느린 속도층의 속도를 올려 주고, 느린 속도의 유체층의 분자가 빠른 속도 층으로 가면 빠른 유체층의 속도를 늦추어 주는 현상이 생긴다. 즉 앞에서 이야기한 대로 운동량이 속도가 빠른 쪽에서 느린 쪽으로 이동하고, 그 결과가 점도로 나타난다. 기체 분자 운동론을 이용하여 점도를 구하여 보면 이상 기체의 경우 점도(η)는

$$\eta = \frac{2}{3\pi}\frac{\sqrt{\pi mkT}}{\pi d_m^2} \tag{3.1-1}$$

가 된다(Bird et al., 2002). 위 식에서 m은 기체 분자의 질량, k는 볼츠만 상수, d_m은 기체 분자의 직경을 나타낸다. 위 식에서 보면 점도는 온도 $T^{1/2}$에 비례하며, 온도가 올라가면 이상 기체의 점도도 커진다. 실존 기체는 입자 간의 인력을 무시할 수 없으므로 위 식에서 벗어나지만 점도가 생기는 기본적인 메커니즘은 같다.

액체 안에서는 액체 분자가 자유롭게 움직일 공간이 거의 없다. 액체가 흐른다는 것은 분자의 상호 위치가 변하는 것으로, 흐르기 위해서 분자가 한 자리에 있다가 다른 자리로 뛰어 건너야(hoping) 하는데 분자 간에 인력이 강하게 작용하므로 뛰어넘으려면 에너지 벽(barrier)을 넘어야 한다. 일반적으로 분자는 앞 또는 뒤로 움직이지만 전단 스트레스가 가해지면 가해지는 방향에 일을 해 줌으로써 이 방향으로 벽을 넘기가 쉬워지며, 따라서 스트레스를 가해 주는 방향으로 움직이게 된다. 물질에 따라 분자 간의 인력은 매우 다르고, 따라서 점도 차이가 상당히 크게

표 1. 몇 가지 액체의 점돗값의 규모

유체	점도 (Pa.s)
녹은 유리(약 500°C)	10^{12}
녹은 폴리에틸렌(약 200°C)	1000
물엿	100
글리세린	1
에틸렌글리콜	0.02
물	0.001
공기	10^{-5}

나타난다. 일반적으로 온도가 올라가면 이 에너지 벽을 넘기가 쉬워지고, 따라서 점도도 감소한다. 물론 이러한 이론은 작은 분자로 이루어진 액체의 점도에만 적용된다. 예를 들어 입자가 분산된 현탁액이나, 고분자 사슬이 엉킨(entangle) 고분자의 점도는 전혀 다른 메커니즘들에 의하여 점도가 나타나게 되는데, 이러한 물질들의 점도에 대해서는 앞으로 나오는 장들에서 다룰 것이다.

〈표 1〉에는 참고적으로 몇 가지 물질의 상온에서의 점돗값의 규모(scale)를 보였다. 점도는 물질에 따라 상당히 넓은 범위의 값을 갖는 것을 볼 수 있다. 한 물질의 점도는 온도, 압력에 따라 변할 뿐만 아니라 전단율에 따라서도 변한다. 다음 절들에서는 각 변수에 따라 점도가 어떻게 변하는지 살펴보고, 점도와 관련된 물리적 현상들 및 점도의 측정에 대하여 다룰 것이다. 또한 물질 설계에서 점도를 어떻게 고려해야 하는가에 대한 몇 가지 예를 제시하여 점도에 대한 이해를 높이도록 하였다.

3.2 점도에 영향을 주는 변수

3.2.1 전단율

물이나 알코올 같은 작은 분자로 이루어진 액체의 점도는 전단율에 따라 변하지

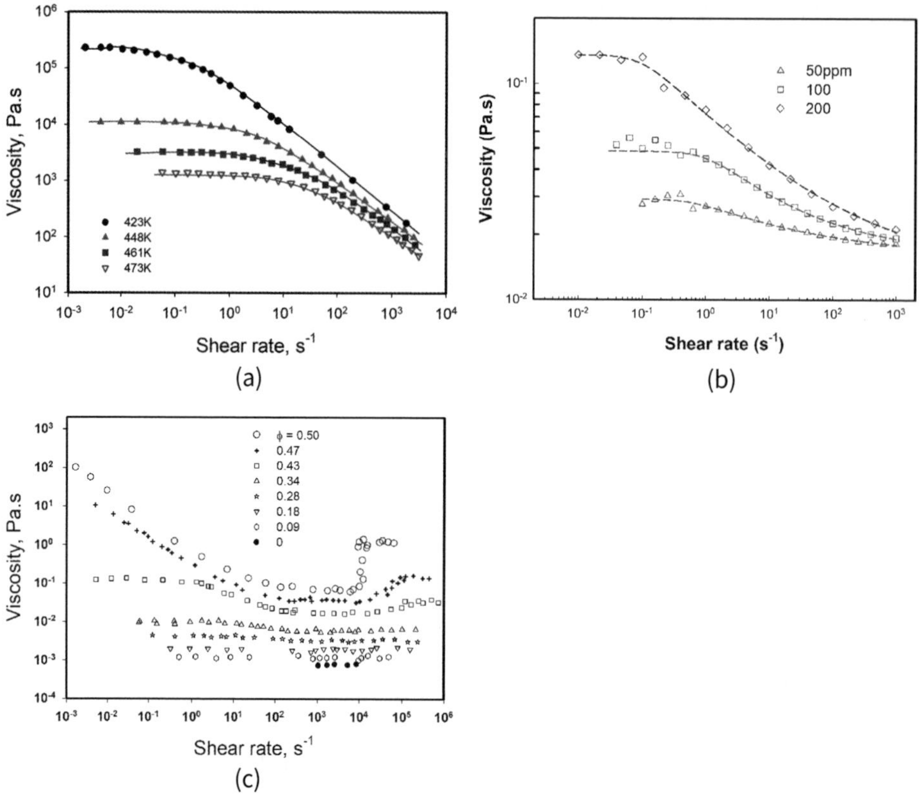

그림 3.1 세 가지 다른 물질의 점도와 전단율의 관계 (a) 폴리스타이렌 용융체. 곽 등(Kwag et al., 1999)의 그림의 데이터를 이용하여 그리고 맞춤 (b) 68% 글리세린과 32% 물 혼합물에 잔탄검(xanthan gum)을 녹인 고분자 용액. 유와 김(Yoo and Kim, 2013) 그림의 데이터를 다시 그림 (c) 직경 250nm의 폴리(스타이렌-아크릴레이트)(styrene-acrylate) 공중합체를 물에 분산하고, pH를 6.2-6.5로 조절한 현탁액. ϕ는 입자의 부피분율. 라운(Laun, 1984)의 데이터를 이용하여 다시 그림

않고 일정하다. 그러나 고분자 용액, 고분자 용융체, 입자가 분산된 현탁액과 같은 액체의 점도는 등온에서 전단율에 따라 변한다. 그림 3.1(a)-(c)에는 점도가 전단율에 따라 변하는 전형적인 예를 도시하였다. 그림 3.1(a)를 보면 폴리스타이렌 용융체의 경우 온도 423K에서는 전단율이 대략 $10^{-2}s^{-1}$에 이를 때까지, 온도 473K에서는 전단율이 대략 $1s^{-1}$에 이를 때까지 점도는 일정한 값을 갖는데, 이와 같이 전단율이 충분히 작을 때 갖는 일정한 점도를 영점(전단율) 점도(zero shear viscosity)라고 하고 η_0로 쓴다. 전단율이 커지면 점도는 로그-로그(log-log) 그래프에서 거의 직선적으로 감소한다. 이러한 경향은 다른 온도에서도 관찰되며, 다른 많은 고분자 물

질, 현탁액, 유탁액(emulsion) 등에서도 관찰된다. 점도가 전단율이 커지면서 줄어들 때 '시어 시닝(shear thinning)'[2]하다고 한다. 즉 전단율이 커지면서 유동에 필요한 힘이 전단율에 비례하여 커지는 것이 아니라 점점 묽어지는 것같기 때문이다. 그림 3.1(b)에서는 고분자 용액의 점도 변화를 볼 수 있다. 고분자 용융체의 점도와 같이 보이지만, 전단율이 커지면 점도의 감소비율이 현저히 줄면서 상숫값으로 수렴해 가는 것을 볼 수 있다. 이때 수렴해 가는 값을 무한(전단율) 점도(infinite shear viscosity)라고 부르고 η_∞로 쓴다. 현탁액의 경우에는 좀더 변화의 양상이 복잡하다. 그림 3.1(c)에서 보면 입자 농도가 0.18에서는 점도가 일정한 값을 보이지만, 입자 농도가 0.43일 때와 같이 영점 전단율 점도가 나타나다가 점도가 감소하는 경우도 있고, 입자 농도가 0.5일 때와 같이 전단율이 0에 접근함에 따라 계속 증가하는 경우도 있다. 전단율이 커지면 점도가 다시 커지는 현상도 보이는데 이러한 현상을 '시어 시크닝(shear thickening)' 현상이라고 한다.

이와 같이 유체의 점도는 일반적으로 일정한 것이 아니며 전단율에 따라 변한다. 물질에 따라서도 여러 복잡한 형태를 보일 수 있는데, 이러한 현상을 보이는 물리적인 원인에 대해서는 고분자, 현탁액, 계면활성제 용액 및 유탁액의 유변학에 관한 다음 장들에서 설명할 것이다. 물질이 흐르는 공정은 매우 다양하며, 공정에 따라 전단율도 크게 달라질 수 있다. 표 2에는 몇 가지 공정에서 대표 전단율을 나열하였다.

고분자물질이나 농도가 낮은 현탁액의 경우 점도 변화의 형태는 일반적으로 그림 3.2와 같다고 할 수 있으며, 다음과 같은 함수 형태에 맞출 수 있다.

$$\frac{\eta-\eta_\infty}{\eta_0-\eta_\infty}=\left[1+\left(K\dot{\gamma}\right)^2\right]^{(n-1)/2} \tag{3.2-1}$$

이러한 점도 함수를 카로(Carreau) 모델이라고 한다. 그림에서 점도가 직선적으로 감소하는 기울기는 n에 따라 달라지는데, 이 n 값을 멱 법칙 지수(power law index)

---

2 전단박화 또는 전단담화라고 번역되기도 하지만 한자를 쓰지 않고는 의미를 정확히 파악하기 힘들 수 있다. 이 책에서는 의미를 더 전달할 수 있도록 영어 단어를 그대로 한글로 표기하도록 한다. 영어의 한글 표기는 표준국어대사전과 외래어표기법을 따른다.

표 2. 몇 가지 공정의 대표 전단율

공정의 종류	전단율, s^{-1}
페인트 내 색소의 침강	10^{-6}
페인트 처짐	10^{-4}
표면장력에 의한 액체 평탄화	10^{-2}
압출	10^{0} - 10^{2}
파이프 유동	10^{0} - 10^{3}
스프레이	10^{3} - 10^{4}
잉크젯 액적 생성	10^{5}
엔진 윤활막 흐름	10^{3} - 10^{7}

라고 부른다. n은 0에서 1 사이의 값을 가질 수 있다. n이 0에 가까울수록 전단율이 증가함에 따라 전단 스트레스가 증가하는 비율이 작아지며, 따라서 강한 점도 감소 현상을 보인다. n이 1이면 점도가 일정한 값(η_0)을 갖는다. K 값이 변하면 η_0로부터 벗어나는 전단율 값이 변하며 이때 전단율 값은 대략 $1/K$이 된다. 무한전단율 점도는 그림에 보인 것과 같이 대부분 고분자 용액이나 묽은 현탁액의 경우에 나타나는데 측정장치의 기계적 한계나 고분자의 경우 높은 스트레스하에서 퇴화, 유동안정성 문제 등으로 쉽게 측정되지는 않을 수 있다. 식 (3.2-1)의 카로 모델 이외에도 이의 변형인 크로스(Cross) 모델, 카로-야수다(Carreau-Yasuda) 모델 등이 있으나 이들 모델들 간의 차이는 크지 않다. 많은 경우 멱 법칙(power law)을 보이는 구간만을 고려하여

$$\eta = K\dot{\gamma}^{n-1} \tag{3.2-2}$$

으로 쓰기도 한다(위 식의 K는 식 (3.2-1)의 K와 다른 상수이다). 이 모델을 쓰면 수학적으로 비교적 간단하지만 $\dot{\gamma} \rightarrow 0$일 때 실험 결과에 맞지 않을 뿐만 아니라 수학적으로 점도가 무한히 커지는 문제가 있다. 그러나 고분자 가공 시 두 개의 판 사이나 관 내에서의 압력손실을 구하는 문제 같은 경우, 전단율이 낮은 영역이 작아 압력손실

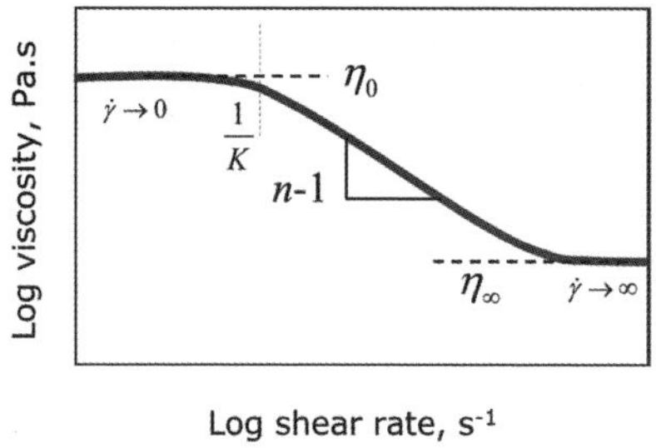

그림 3.2 점도와 전단율의 함수관계의 일반적인 형태

이나 벽에서의 스트레스 값도 비교적 정확히 해석적인 해를 구할 수 있어 편리한 장점이 있다.

물질의 점도가 전단율에 따라 감소하는 영역에 있는지는 식 (3.2-1)의 카로 모델의 경우 $K\dot{\gamma}$ 값으로부터 알 수 있다. $K\dot{\gamma}$ 값이 1보다 충분히 작으면 점도는 $\dot{\gamma}$에 관계없이 일정하며, 1보다 크면 점도가 감소하는 영역에 있다. Wi = $K\dot{\gamma}$는 와이젠버그 수(Weissenberg number)라고 불리는 무차원 수로서 유변학적인 현상에서 선형성의 영역을 판단하는 기준으로 사용한다. 와이젠버그 수를 정의하기 위한 K 값은 카로 모델의 값을 써야만 하는 것이 아니며, 물질과 관계된 여러 다른 종류의 시간상수가 사용될 수 있다. 따라서 비선형성의 경계가 정확히 Wi = 1인 것은 아니지만 Wi가 클수록 비선형성은 더 크게 된다.

지금까지 전단율의 함수로 나타낸 점도는 전단 스트레스의 함수로도 나타낼 수 있다. 즉

$$\eta = \eta(\eta(\dot{\gamma})\dot{\gamma}) = \eta(\tau) \tag{3.2-3}$$

으로 쓸 수 있다. 그림 3.3에는 그림 3.1의 점도를 전단 스트레스의 함수로 도시하였다. 고분자 용융체나 고분자 용액의 경우에는 함수 모양이 거의 유사하여 점도의 특성에서 멱 법칙이 적용되는 구간에서의 기울기가 커지는 것 이외에는 특이한 점이 더 발견되지는 않는다. 그러나 농도가 0.5인 현탁액의 경우 스트레스 값이 약 0.03Pa 이하로는 작아지지 않으며, 점도가 거의 무한히 커지는 현상이 나타난다. 이 값의 물리적 의미를 보면 이 임계 스트레스 이하에서는 점도가 무한히 커지면

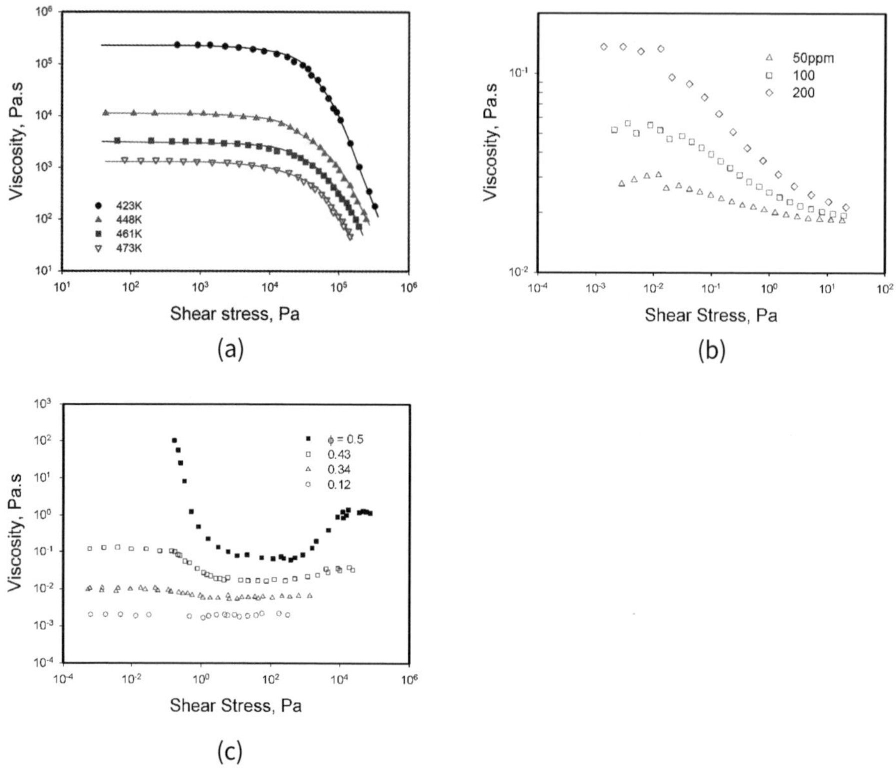

그림 3.3 세 가지 다른 물질의 점도와 전단 스트레스의 관계. 그림 3.1의 데이터를 다시 그림. (a) 폴리스타이렌 용융체 (b) 잔탄검을 용액 (c) 직경 250nm의 폴리(스타이렌-아크릴레이트). 정성적인 특성을 보기 위하여 몇 가지 곡선만을 그림

서 흐르지 않으며, 고체의 거동을 보인다. 이러한 임계 스트레스를 항복 스트레스(yield stress)라고 한다.

항복 스트레스를 보이는 물질은 주위에서 흔히 볼 수 있다. 앞 장에서 예를 든 치약, 케익의 크림, 마요네즈, 토마토 케첩, 린스 등은 모두 항복 스트레스를 가지고 있다. 예를 들어 마요네즈를 숟가락에 얹고 기울여도 흘러내리지 않지만, 빵에는 쉽게 바를 수 있으며, 케익의 크림은 원래 장식된 형태로 그대로 보관할 수 있지만, 쉽게 먹을 수 있다. 항복 스트레스보다 더 큰 스트레스가 가해져서 흐르는 상태가 되면 점도가 크지 않기 때문이다. 항복 스트레스를 갖는 물질 안에는 일반적으로 2개 이상의 상이 존재한다. 예를 들어 마요네즈나 린스에는 기본적으로 기름방울이 물 안에 분산되어 있으며, 치약의 경우에는 고체인 실리카 입자 등이 물에 분산되어 있는 것이다. 이때 입자나 기름 방울의 부피분율이 어느 임곗값 이상이 되어야 항복 스트레스가 나타난다. 이러한 물질의 스트레스와 유동장의 관계는 제9장 현탁액에서 자세히 다룰 것이다.

3.2.2 식소트로피(Thixotropy)

물질을 구성하는 분자는 평형상태에서도 끊임없이 움직이고 있다. 작은 분자로만 이루어진 물질은 이러한 움직임에 의하여 외부에서 힘이 가해져도 평형상태의 구조를 그대로 유지한다. 따라서 힘, 즉 큰 전단 스트레스를 받아도 전단 스트레스를 받지 않을 때와 비교할 때 점도와 같은 물성이 변하지 않는다. 유변학에서 다루는 물질은 고분자와 같이 분자량이 크고 분자의 형태가 긴 물질이거나, 분자보다는 운동이 훨씬 느린 입자가 액체에 분산된 것들이 대부분이다. 이러한 물질에 전단 스트레스를 가하면 전단 스트레스의 크기에 따라 다른 미세구조가 생길 수 있다. 앞에서 다룬 점도가 전단율에 따라 감소하거나 증가하는 현상은 이러한 전단 스트레스에 따른 미세구조의 변화에 의하여 생긴다.

물질에 가해지는 전단 스트레스 값이 바뀔 때 물질 내부의 미세구조가 새로운 전단 스트레스에서의 상태로 바뀌는 데는 유한한 시간이 필요하다. 고분자와 같이 길이가 긴 물질 또는 액체분자보다 훨씬 큰 입자는 작은 액체 분자에 비하여 움직이는 데 긴 시간이 필요하기 때문이다. 따라서 이러한 물질에 갑자기 새로운 값의 전단 스트레스를 가하는 경우 점도는 바로 새로운 전단 스트레스에서의 값으로 변할 수가 없으며, 서서히 새로운 값으로 접근해 간다. 즉 점도는 시간의 함수가 된다.

식소트로피는 정지 상태에서 갑자기 물질에 스트레스를 가하는 경우 서서히 미세구조가 형성되면서 점도가 낮아졌다가, 스트레스를 제거하면 다시 천천히 원래 값을 회복하는 현상을 말하며 점도가 전단율에 따라 감소하는 유체에서 나타난다. 반대로 스트레스에 의하여 점도가 점점 커졌다가 스트레스가 제거되면 다시 원래 상태로 돌아가는 현상을 앤티-식소트로피(anti-thixotropy)라고 부른다.

그림 3.4에는 식소트로피를 보이는 물질에 가하는 스트레스가 단계적으로 변할 때 점도가 변화하는 과정을 도시하였다. 전단 변형을 가하기 전, 즉 평형상태에서는 임의구조(random structure)를 가지며 점도도 높다. 그러나 전단율이 0이므로 전

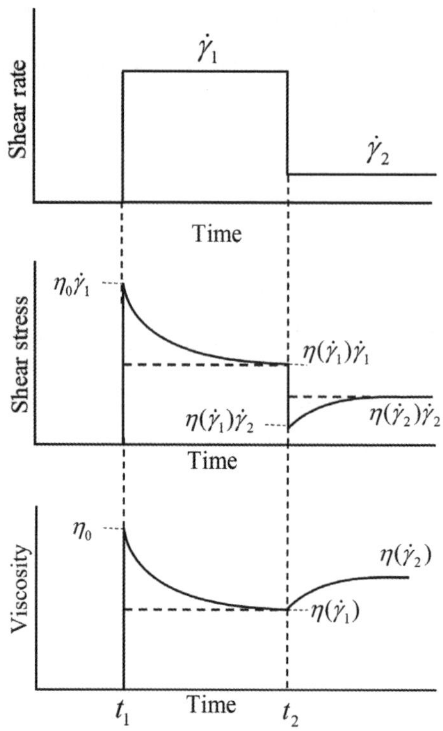

그림 3.4 식소트로피를 갖는 물질에 계단형의 전단율을 가했을 때 전단 스트레스와 점도가 시간에 따라 변하는 경향

단 스트레스도 0이다. $t = t_1$에서 갑자기 $\dot{\gamma}_1$의 큰 전단율을 가하면 임의 구조에서의 높은 점도에 큰 전단율이 곱해져서 큰 전단 스트레스를 보인다. 전단율이 큰 상태로 유체가 계속 흐르면 점차 높은 전단율에서의 미세구조를 갖도록 내부에서 구조변화가 생기면서 점도는 낮아지고 스트레스도 줄어든다. 새로운 평형에 도달 후 갑자기 전단율을 $\dot{\gamma}_2$로 낮추면 낮아진 점도에서의 점도에 낮은 전단율이 곱해져 스트레스는 낮은 값을 보이지만 시간이 지나면서 $\dot{\gamma}_2$에서의 평형구조에 도달하며 점도가 증가되고 스트레스도 같은 과정을 따른다.

이러한 과정의 실험을 통해 내부에 구조가 형성되는 시간의 규모, 즉 시간상수(time constant)를 예측할 수 있다. 시간상수는 구성하는 물질이나 입자의 크기에 따라 다르며, 자세한 내용은 다음 장들에서 다룬다. 식소트로피가 갖는 중요한 물리적 의미는 유동특성에 시간의 문제, 즉 유체가 흘러온 이력(history)이 중요한 역할

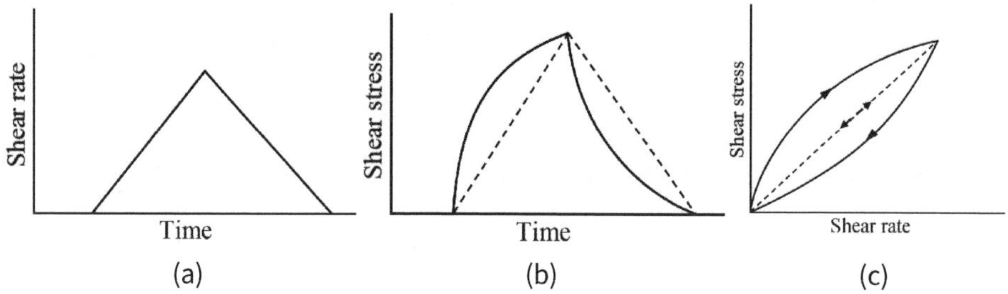

그림 3.5 식소트로피를 보이는 물질의 루프 실험법. (a) 전단율을 시간에 따라 직선적으로 올리고 같은 비율로 내리는 과정 (b) 시간에 따른 스트레스의 변화 (c) 가로축을 전단율로 세로축을 전단 스트레스로 하여 그린 그림. 화살표 방향은 시간이 흐르는 방향임. 점선은 뉴턴성 유체의 변화과정을 나타냄

을 한다는 점이다.

식소트로피 특성을 관찰하는 다른 방법으로 루프 실험법(loop test)이 있다. 그림 3.5(a)에 보인 것과 같이 시간에 비례하여 전단율을 올리다가 다시 같은 비율로 전단율을 0까지 내리면서 스트레스를 측정하면 그림 3.5(b)와 같은 결과를 얻을 수 있다. 가로축을 전단율로 세로축을 전단 스트레스로 하여 그림을 다시 그리면 그림 3.5(c)와 같은 형태의 닫힌 도형(loop)이 나온다. 이때 생기는 도형 내부의 넓이가 클수록 강한 식소트로피를 보인다고 말한다. 식소트로피가 나타나지 않는 뉴턴성 유체의 경우에는 직선적으로 올라갔다가 바로 같은 직선을 따라 내려온다.

3.2.3 온도 및 압력의 영향

점도는 온도에 민감한 함수이다. 앞의 그림 3.1에서 고분자 용융체의 경우 50K의 온도 차이에서 점도(η_0)가 거의 160배가 차이가 남을 볼 수 있다. 온도 1K가 올라가면 점도가 약 10%씩 감소하는 수준이다. 물의 경우에도 상온에서 온도 1K가 상승함에 따라 점도가 3-4%씩 감소한다. 일반적인 액체의 경우 온도가 상승함에 따라 점도가 감소하는 경향은 다음과 같은 지수식으로 표시할 수 있다. 열역학이나 반응속도론에서 쓰는 아레니우스(Arrhenius) 온도 의존성과 비슷하지만 지수의 부호가 '+'인 것이 특징이다.

$$\eta = Ae^{E/T} \tag{3.2-4}$$

위 식에서 A와 E는 물질마다 다른 상수이다. 고분자의 경우에는 WLF 식이라고 하는 좀더 정밀한 식이 제시되어 있는데 제8장 고분자의 유변학에서 다룰 예정이다.

점도는 온도에 민감하기 때문에 점도 측정 시 매우 주의하여야 한다. 점도를 측정하는 장치에서 온도가 일정하게 유지되는 것같이 보여도 실제로는 시료 내에는 의미 있는 온도 차이가 있을 수 있다. 3.4절과 제11장에서 다루는 레오미터와 같이 정밀기기인 경우에도 전단율이 크면 시료 내에서 열이 많이 발생되고, 이 열이 밖으로 충분히 빠져나가지 못하면 온도를 측정하는 위치에서의 온도와 실제 내부 온도는 상당히 다를 수 있다. 이러한 경우 점도가 낮게 측정됨으로써 뉴턴성 유체의 경우 전단율에 따라 점도가 감소하는 현상이 있는 것같이 보이거나, 원래 점도 감소 현상이 있는 유체의 경우 점도감소가 더 큰 것같이 나타나게 된다.

집에서 오래된 꿀병의 뚜껑이 잘 안 열릴 때가 있다. 나사 부분에 남아 있던 꿀에서 물이 증발하여 점도가 커졌기 때문이다. 이때 뚜껑 부분을 가열하면 비교적 쉽게 열 수 있다. 온도가 높아지면 꿀의 점도가 낮아지기 때문에 가능한 것이다.

압력도 점도에 영향을 미칠 수 있지만 상압 부근에서는 무시하는 것이 보통이다. 그러나 석유시추 환경이나 고분자 가공같이 고압이 생기는 경우에는 점도 차이가 상당히 나는 것으로 알려져 있다(Barnes et al., 1989). 고분자 용융체의 점도와 압력에 관해서는 뮌스테트(Muenstedt, 2020)의 총설 논문에 잘 정리되어 있다.

3.3 열발생비율

전단 유동 안에서 유동에 의해서 열이 발생하는 것에 대해서는 앞에서 이야기한 바 있다. 여기서는 발생하는 열을 단순 전단 유동을 대상으로 계산하자. 그림 3.6과 같이 길이 D, 너비 W, 간격 d를 갖는 두 개의 평행 평판 사이에 점도 η의 유체가 채워져 있다. 아래 판은 정지되어 있으며, 위 판은 U의 속도로 움직인다. 유체 내에는 속도분포가 생겨, 전단율은 $\dot{\gamma} = U/d$로 일정하다. 길이 L만큼 위 판이 움직일 때까지 한 일은 $F \times L$이며, 힘 F는 전단 스트레스 $(\eta U/D)$에 판의 면적을 곱하면 얻을 수 있다. 한편 L만큼 움직이는 동안 걸린 시간은 L/U가 된다. 힘을 가하여도

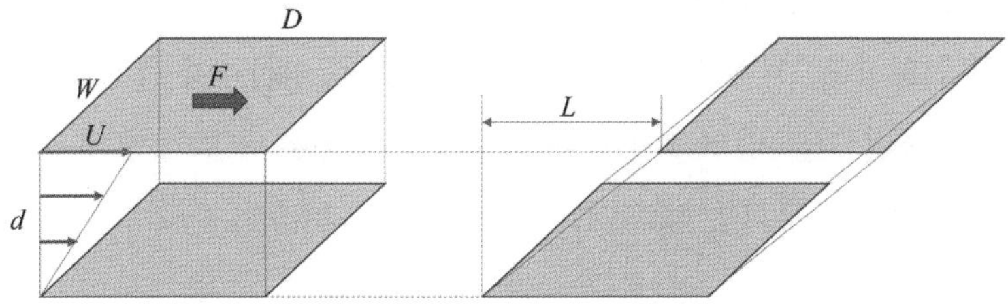

그림 3.6 단순 전단 유동에서 위 판이 U의 속도로 L/U시간 동안 움직인 상황

유체는 등속도 운동을 하므로 운동에너지가 증가되지 않고, 가한 일은 모두 열로 전환이 된다. 따라서 유체 단위부피당, 단위시간당 발생되는 열은 다음 식으로부터 구할 수 있다.

$$\frac{Power}{Volume} = \frac{Work}{Volume \times time} = \frac{FL}{(DWd)(L/U)}$$

$$= \eta\left(\frac{U}{d}\right) DW \times L/(DWd)(L/U) = \eta\left(\frac{U}{d}\right)^2 = \eta\dot{\gamma}^2 \tag{3.3-1}$$

즉 단위부피당 발생되는 열은 점도에 비례하고, 전단율의 제곱에 비례한다. 발생되는 열은 유체의 온도를 올린다. 유체의 밀도를 ρ, 열용량(heat capacity)을 C_p라고 하면, Δt초 동안 단위부피당 발생되는 열에 의한 온도 상승 ΔT는 다음 식으로부터 구할 수 있다.

$$\eta\dot{\gamma}^2 \Delta t = \rho C_p \Delta T \tag{3.3-2}$$

점도 1mPa.s, 밀도 1000kg/m^3, 열용량 4200J/kg.K의 물이 전단율 100s^{-1}의 단순 전단 유동으로 흐를 경우 1초 동안 온도 상승은 2.4×10^{-6}K로 충분히 작은 값이다. 그러나 점도가 1000Pa.s, 밀도 1000kg/m^3, 열용량 2000J/kg.K인 고분자 용융체의 경우 같은 조건에서 온도 상승은 5K 정도이다. 이 정도 온도 차이가 나면 내부 온도가 일정하지 않게 되며, 온도에 따라 점도도 상당히 달라지기 때문에 속도 분포도 변하게 된다. 따라서 점도가 작은 물질이 짧은 시간 동안 흐르는 경우에는 발생하는 열이 문제가 되지 않지만, 점도가 큰 물질이 오랜 시간 동안 흐르게 되면 전혀 다른 물리적 현상이 나타날 수 있음에 주의하여야 한다. 예를 들어 점도가 높은 물질의 점도 측정 시 발생되는 열은 고분자의 온도를 높여 측정값에 문제가 생길 수 있다. 한편 고분자 압출기 내에서 발생되는 열은 고분자 펠릿을 녹이고, 점도를 낮추는 역할을 하기도 한다.

3.4 점도의 측정

점도를 측정하는 장치는 모두 점도계(viscometer)라 부를 수 있지만, 일반적으로 점도계는 상온에서 액체 상태인 물질의 점도를 비교적 작은 전단율 범위에서 측정하는 장치를 말하며, 넓은 범위의 전단율과 온도 영역에서 점도를 측정하는 장치는 레오미터(rheometer, 유변 물성 측정 장치)라고 부른다. 레오미터는 크게 모세관형과 회전형으로 나뉜다. 회전형 레오미터는 다음 장에서 다룰 점탄성을 측정하는 장치로도 사용한다. 레오미터는 정밀 측정 장치로서 품질관리용 등으로는 오히려 사용에 적합하지 않다. 많은 경우 점돗값을 직접 측정할 필요가 없으므로 점도를 지수(index)화하여 쓰기도 한다. 다음 절에는 점도 측정 기기에 대해 간단히 소개하였다. 점도가 전단율에 따라 변하는 경우 모세관 점도계의 측정원리는 간단하지 않다. 또한 회전형 레오미터는 점도만이 아니라 점탄성, 수직 스트레스 차이 등을 측정하는 장치로서 이들의 측정원리에 대해서는 전단 유동 물성 측정법에 관한 제11장에서 설명하였다.

3.4.1 모세관 점도계

모세관 점도계는 모세관 내를 흐르는 유체의 압력손실이 점도의 함수가 되는 원리를 이용하여 점도를 측정한다. 점도가 높은 고분자 용융체용과, 상온에서 액체이며 점도가 낮은 용액용으로 크게 나눌 수 있다. 고분자 용융체의 점도를 측정하는 장치는 상업적인 제품의 경우 모세관 레오미터(capillary rheometer)라고 부른다. 그림 3.7(a)와 같이 일정 온도를 유지하는 원통형 실린더(barrel)에 고분자 용융체를 채우고 피스톤으로 일정 속도로 밀면서 모세관 유동에 의하여 발생되는 압력을 측

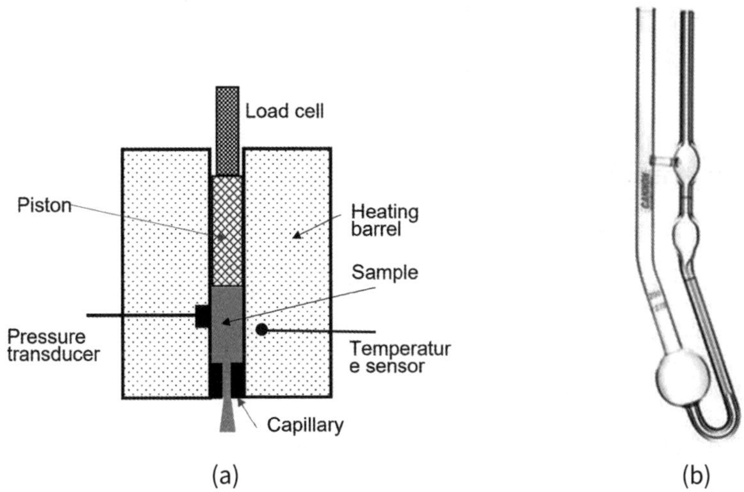

그림 3.7 (a) 모세관 점도계의 개략도. 피스톤의 직경은 약 10mm, 모세관 직경은 1mm 내외임. 각 부분을 비례하여 그린 것 아님 (b) 캐논-펜스케 모세관 점도계(cannoninstrument.com)

정한다. 배럴의 끝에는 직경 1mm 내외, 10mm 내외의 길이를 갖는 모세관이 연결되어 있다. 유량은 피스톤의 속도로부터 계산한다. 모세관 내에서 평균 전단율은 일반적으로 매우 크기 때문에 주로 전단율이 100s^{-1} 이상에서의 점도를 측정하는 데 사용한다.

상온에서의 점도가 물 점도의 대략 100배 이내이고, 점도가 전단율에 따라 변하지 않은 액체의 점도는 유리로 만든 점도계로 동적점도 ($v = \eta/\rho$)를 정밀하게 측정하여 구할 수 있다. 이 경우 점도를 구하려면 밀도를 정확히 알아야 한다. 예를 들어 그림 3.7(b)에 보인 캐논-펜스케(Canon-Fenske) 점도계에는 액체를 채우는 구형 용기 부분과 모세관으로 구성되어 있는데, 필요한 위치에 표시를 해 놓아 정확한 양의 시료를 채워 넣을 수 있어 정밀 측정이 가능하다. 제작자가 미리 보정한 값을 이용하여 흘러내리는 시간을 측정함으로써 점도를 계산한다. 액체를 채우고 시간을 측정하는 과정이 자동화된 장치가 시판되어 있으며, 캐논-펜스케형이 아닌 우벨로드(Ubbelhode)형 등을 사용하기도 한다. ASTM D445, 446 등에 자세한 절차가 나와 있으며, 이 과정을 그대로 따르면서 측정하여야 한다.

모세관 점도계의 모세관은 매우 가늘기 때문에 입자가 들어 있는 현탁액의 점도를 측정하는 데에는 문제가 있을 수 있다. 입자가 엉겨서 모세관을 막는 문제도 있지만, 잘 분산된 경우에도 모세관 내에서 입자의 농도가 일정하지 않고, 반경방향의 분포가 생길 수 있기 때문이다.

3.4.2 회전형 점도계

회전형 점도계(rotational rheometer)는 그림 3.8에 개략도를 보인 것과 같이 두 개의 동심 원통(Couette), 두 평행원판(parallel plate), 또는 원뿔과 원판(cone-and-plate) 사이에 시료를 채우고 원통, 원판 또는 원뿔 중 하나를 돌릴 때 필요한 토크(torque)로부터 힘을 계산하여 점도를 측정하는 장치이다. 원통의 크기는 직경이 3cm, 간격이 1mm, 높이 3cm 정도이며, 원판의 직경은 5cm, 간격은 1mm 정도 된다. 원뿔의 각도는 89도, 즉 공간의 사이각은 1도 정도이며, 원뿔의 꼭짓점이 원판의 중앙에 닿도록 조절하는데, 실제로는 기계적인 마찰을 줄이기 위해 원뿔의 끝을 50마이크로미터 정도 크기로 깎은 원뿔(truncated cone)을 쓴다. 원판과 원판, 혹은 원뿔사이의 간격이 작기 때문에 원판의 가장자리에서 액체는 표면장력이나 점도에 의하여 흘러내리지 않는다.

회전형 레오미터에는 회전하는 데 필요한 토크를 가하면서 회전하는 속도를 측정함으로써 점도를 전단율의 함수로 점도를 구하는 스트레스 레오미터와, 하나의 축을 지정한 속도로 돌릴 때 필요한 토크를 측정하여 점도를 구하는 스트레인 레오미터의 두 가지가 있으며, 상업용으로도 두 가지 모두 시판되고 있다. 회전형 점도계는 전단율이 0.001 – 100s^{-1} 정도의 범위에서 점도를 측정할 수 있다.

쿠엣(Couette) 장치로는 고분자 용융체의 점도를 측정할 수는 없다. 용융체는 작은 간격의 원통 사이에 채워 넣을 수 없기 때문이다. 고분자 용융체는 미리 원판 모양의 시료를 핫프레스(hot press) 등을 이용하여 만들어 평행원판 또는 원뿔과 원판 사이에 넣고 가열하여 녹인 후 측정한다. 원판이나 원뿔은 위로 올리고 내릴 수 있다. 가열 오븐으로 측정 부분을 두르고, 높은 온도에서 고분자의 산화가 일어나지 않도록 질소 분위기에서 측정을 한다. 액체의 경우에는 시료를 아래 판에 놓고 위 판이나 원뿔 사이 간격을 조정하여 측정한다. 전기적으로 온도를 조절하는 펠티어(peltier), 또는 항온조와 연결된 아래 판으로 온도를 일정하게 유지한다. 쿠엣 장치도 펠티어 혹은 항온조와 연결되어 온도를 조절한다.

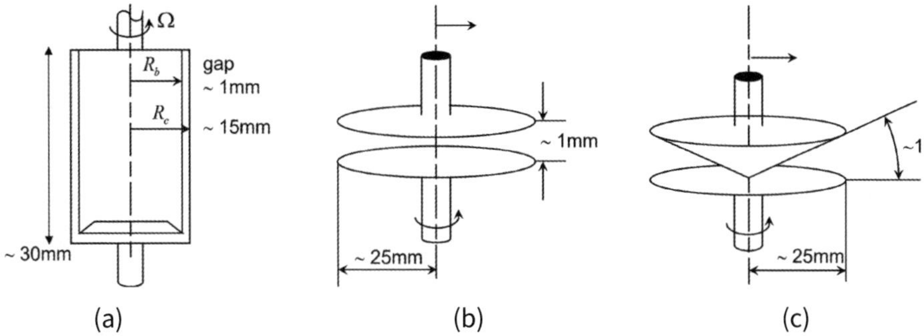

그림 3.8 원통형 점도계의 개략도 (a) 쿠엣(Couette) 장치. 컵 바닥은 공기를 채워 밑면의 영향을 줄임 (b) 평행원판 (c) 원뿔과 원판

3.4.3 점도 지수 측정기

레오미터는 일반적으로 정밀기기로서 고가이고, 측정에 많은 시간과 전문적인 지식이 필요한 기기이다. 따라서 레오미터로 측정하는 수준의 정밀성이 필요하지 않거나, 빠른 측정이 필요할 때는 점도를 지수화하여 쓰는 것이 더욱 편리하기도 하다. 다음에는 고분자 용융체, 고무, 상온에서 액체 물질의 점도를 간접적으로 측정하는 장치를 소개하였다(그림 3.9 참고). 여기 소개한 방법 이외에도 하강구 점도계(falling ball viscometer), 마이크로플루이딕스(microfluidics)를 이용한 점도계 등 많은 종류의 점도계가 상용화되어 있거나 연구실에서 직접 제작하여 사용하고 있다.

• 용융지수 측정장치(Melt indexer)

용융지수 측정장치는 열가소성 고분자(thermoplastic polymer)의 흐름성을 측정하는 장치로서, 구체적인 측정 방법은 ASTM D1238(ISO1133)을 따라야 한다. 원통형 배럴에 고분자를 넣고 녹인 후, 일정한 온도를 유지한 상태로 정해진 무게의 추를 이용하여 피스톤을 누르면서 짧은 모세관을 통하여 일정 시간 밀어낼 때 10분간 흘러나오는 고분자의 질량을 측정하고, 이를 용융지수(MFI, melt flow index)라고 부른다. 예를 들어 폴리에틸렌의 경우 ASTM D1238의 조건 E를 사용하여 온도 190°C, 추의 무게 2.16kg의 조건에서 10분간 3.2g이 흘러나오는 경우 MFI를 3.2라고 한다. MFI는 비교적 낮은 전단율에서의 점도를 대표하므로 사출공정 등 높

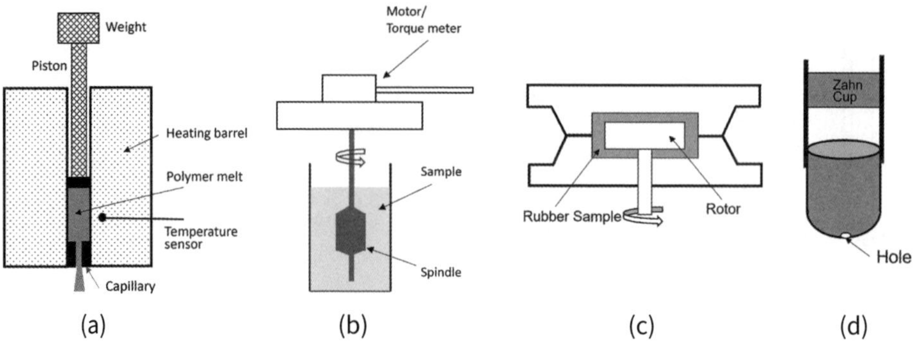

그림 3.9 몇 가지 점도 인덱서들 (a) 용융지수측정장치 (b) 싱크로렉트릭 점도계 (c) 무니 점도계 (d) 잔컵

은 전단율에서의 공정에는 잘 맞지 않을 수 있으나, 고분자의 분자량과 깊은 관계가 있는 등의 이유로 현장에서 고분자의 품질관리 부문에서 널리 쓰인다.

• 싱크로렉트릭 점도계(Synchrolectric viscometer)

상품명으로 브룩필드(Brookfield) 점도계라고 알려져 있는 싱크로렉트릭 점도계는 고분자 용액이나 현탁액 등과 같이 상온에서 액체인 유체의 점도를 측정하는 장치이다. 기본적으로 회전형 점도계로서 원통형 혹은 원판형의 스핀들(spindle)을 시료에 담근 후 회전하면서 토크를 재어 점도를 측정한다. 시료는 비커와 같이 스핀들의 직경보다 충분히 큰 용기에 담겨 있으면 된다. 뉴턴성 유체의 경우에는 비교적 정확한 점도를 측정할 수 있다. 스핀들을 돌리는 각 속도를 조절하면 전단율에 따른 점도도 측정할 수 있으나, 레오미터 수준의 정밀한 값을 측정하기에는 한계가 있다. 일정 온도의 유지 등이 문제되고, 스핀들의 모양 때문에 단순 전단 유동에서 측정하는 것이 아니기 때문이다. 대부분은 점도가 수십 mPa.s 이상의 시료에 적합하고, 스핀들을 잘 선택하면 점도가 매우 큰 물질도 측정할 수 있다. 소량 측정용 어댑터(Small sample adapter), UL 어댑터 등을 이용하면 적은 양의 시료로 비교적 낮은 점도의 액체도 전단율의 함수로 측정할 수 있다.

• 무니 점도계

무니 점도계(Mooney viscometer)는 유변학의 선구자 중의 한 사람인 무니(M. Mooney)

가 처음 제시하였으며, 고무의 점도를 측정하는 장치로서, ASTM D1646에 의한 표준 방법을 사용한다. 원판형 스핀들을 원판형 공간 안에 설치하고 돌리면서 내부에 채운 고무 혼합물의 점도를 측정하며, 무니 단위로 표시한다. 시간이 지나면서 가황(vulcanization)이 되는 정도, 스트레스 완화 등을 측정하는 데 사용하기도 한다.

• 잔컵

잔컵(Zahn cup)은 페인트 산업에서 널리 쓰이는 점도 측정 장치이며, 바닥에 작은 구멍이 뚫려 있는 스테인리스 재질의 컵으로, 측정 방법은 ASTM D4212에 규정되어 있다. 정량의 액체가 바닥의 구멍으로 연속적으로 흘러나오다가 방울방울 떨어지는 형태로 바뀔 때까지의 시간을 유출시간(efflux time)이라고 하며, 이 시간으로부터 보정식을 이용하여 점도를 계산한다. 컵 용량은 44cc로, 점도에 따라 바닥의 구멍의 크기가 다른 5가지 종류의 컵을 사용한다.

3.5 제품설계와 점도

여러 산업적인 제품만이 아니라 식품, 화장품 등 일상에서 사용하는 많은 제품도 점도를 고려한 제품설계를 한다. 음식의 점도는 식감과 밀접한 관계가 있어서 여러 첨가제를 사용하여 점도를 조절하기도 한다. 단순히 물을 첨가하여 점도를 낮추기도 하지만, 잔탄검과 같은 식용 고분자를 첨가하여 점도를 올리기도 하는데, 이런 물질을 증점제라고 부른다. 샴푸나 린스와 같은 물질에는 기본적으로 물과 계면활성제가 들어 있는데, 사용하는 조건에서 계면활성제의 농도가 높지 않아 그대로는 점도가 충분히 커지지 않는다. 점도가 너무 낮으면 소비자들은 소위 바디(body)감이 없다고 생각하기 때문에 여러 종류의 염이나 다른 계면활성제를 첨가해 점도를 높여서 제품을 생산한다. 한편 첨가하는 염의 양이 많아지면 점도가 다시 내려가기도 하므로 적정량이 첨가되어야 한다. 계면활성제의 유변학에 대해서는 제8장에서 다룰 예정이다. 여기서는 우선 구체적으로 물질을 지정하지 않고 다

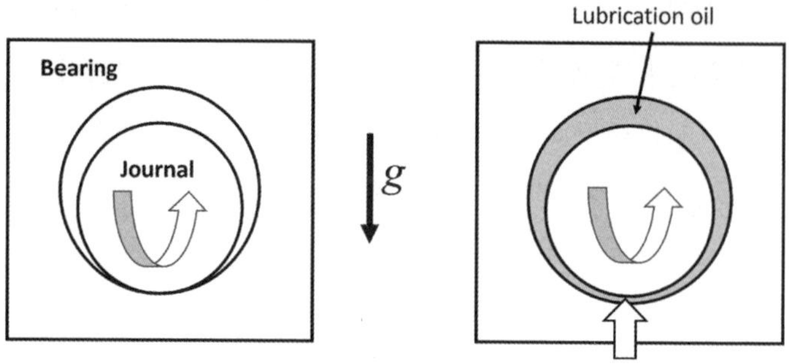

그림 3.10 저널과 베어링 (a) 윤활유가 없이 도는 상황 (b) 적절한 윤활유가 채워져 있을 때 상황

음과 같은 유변학적인 문제를 고려한다.

윤활유는 점도가 중요한 대표적인 제품의 하나로서, 제품의 설계에서 여러 유변학적인 요소를 고려하여야 한다. 자동차 엔진의 경우 0.1Pa.s 정도의 점도를 갖는 윤활유가 사용되지만, 크고 무거운 기계에는 점도가 상당히 큰 윤활유가 사용된다. 예를 들어 자동차 문을 여닫을 때 나는 '끼익' 소리를 없애기 위해 경첩에 밀어 넣는 그리스(grease)는 상온에서 거의 흐르지 않는다. 네덜란드의 풍차는 현대식 그리스가 보급되기 전 돼지 기름을 윤활제로 사용하였다.

기계 제품 중에는 그림 3.10에 보인 것과 같이 회전하는 축이 케이스에 싸여서 돌아가는 것들이 있다. 그림에서 돌아가는 축을 저널, 저널을 싸고 있는 케이스를 베어링이라고 한다. 저널과 베어링 사이의 실제 간격은 그림보다 훨씬 작고, 안에 윤활유를 채워 저널의 회전을 용이하게 한다. 저널과 베어링 사이에 윤활유가 없으면 저널은 중력에 의하여 베어링과 닿아 회전 시 마찰력에 의하여 손상되며, 회전하는 데 많은 에너지를 소모한다. 윤활유가 저널과 베어링 사이에 채워지면 저널이 회전할 때 그림과 같이 저널의 중심이 베어링의 중심보다 약간 아래쪽에 위치되도록 압력 분포가 발생하여 저널을 떠받치게 된다. 즉 저널이 돌면 간격이 넓은 위쪽에서 윤활제를 끌어 간격이 좁은 아래쪽으로 밀어 넣으면서 압력이 발생하는데 올라가던 압력은 밑 쪽의 좁은 간격을 지난 후 낮아지게 된다. 이때 저널이 돌아가는 방향으로 형성된 압력 기울기에 의하여 추가 유동이 발생함으로써 윤활유의 속도는 두 벽면 사이 거의 중간 지점에서 최대가 된다(이러한 유동을 윤활유동

[lubrication flow]이라고 하며, 압력 분포에 대한 자세한 유도는 이 책의 범위를 넘어가므로 여기서는 생략한다. 윤활유동의 간단한 해석은 덴[Denn, 1980]을 참조할 수 있다. 실제 저널과 베어링 계의 자세한 해석은 조머펠트[Sommerfeld, 1950]를 참고하기 바란다). 이때 떠받치는 힘은 점도에 비례하고, 돌아가는 각속도에 비례하므로 점도가 충분히 커야 원하는 회전속도에서 최소한 저널의 무게보다 큰 힘으로 저널을 지지할 수 있다. 또한 표면은 수학적으로 완전한 원이 아니며 미세한 요철이 있으므로 회전 시에 최소한 양쪽 면의 요철을 고려하여 이 두께 이상을 유지할 수 있어야 한다. 한편 회전하는 저널이 좁은 간격에서 윤활유를 끌며 회전할 때 베어링과의 사이에 강한 전단 유동이 생기므로 저널을 돌리는 데 토크가 필요하고, 에너지를 소모한다. 전단 유동에서 토크는 점도에 비례하므로 지지하는 힘을 얻기 위해 점도가 높은 윤활유를 쓰면 점도에 비례하여 많은 에너지를 소모하게 된다. 전단 유동을 유지하는 데 공급된 에너지는 결국 열로 발생되어 윤활유의 온도를 상승시키고, 온도가 올라가면 점도가 감소된다. 또한 윤활유가 전단율에 따라 점도가 감소하는 특징을 갖고 있으면 높은 전단율에서 점도가 감소하여 받치는 힘이 약해 윤활이 제대로 되지 않는다. 따라서 윤활유의 제품설계에서는 정지 시 점도의 크기, 점도 변화 특성, 온도에 따른 점돗값의 변화에 대한 고려가 있어야 한다.

자동차 엔진의 경우 바로 이런 점들을 고려하여 윤활유를 선택한다. 특히 추운 날 정지 상태에서 시동을 걸 때 점도가 너무 크면 힘이 많이 걸릴 뿐만 아니라 엔진의 피스톤과 실린더 사이(마이크로미터 규모이다)로 윤활유가 제대로 공급되지 않아 시동이 잘 걸리지 않고, 점도가 낮으면 엔진이 높은 온도에서 고속 회전 시 충분한 윤활 작용을 하지 못하는 문제가 있다. 여름에 온도가 높을 때 점도가 너무 낮아도 문제가 된다. SAE(Society of Automotive Engineers)에서는 이러한 점들을 고려하여 겨울과 여름의 특성에 따라 10W-40와 같은 숫자로 표시하여 윤활유의 특성을 표준화하고 있다.

윤활유에는 많은 종류의 첨가제가 들어 있다. 이 중에는 낮은 온도와 높은 온도에서 서로 다른 상으로 존재함으로써 낮은 온도에서는 점도가 낮지만, 온도가 올라가면서 첨가제의 상이 바뀌면서 점도가 증가하여 온도가 높아짐에 따른 점도 감소를 보상하는 방법을 쓰기도 한다.

현탁액의 점도가 전단율에 따라 증가하는 현상(shear thickening)을 이용하는 예도 있다. 섬유를 이용한 방탄 조끼를 개선하여 옷 안에 옥수수 전분 가루를 분산한 현탁액을 넣으면 입고 있을 때는 섬유만을 이용한 방탄 옷과 비교하여 착용감이 많이 개선되는데, 칼이나 총알이 뚫고 들어오는 순간의 높은 전단율 상태에서는 점도가 급격히 증가해 거의 고체같이 됨으로써 칼이나 총알이 뚫지 못하고, 위험을 피할 수 있는 방법이 개발되어 있다(Wagner and Brady, 2009).

3.6 3차원 유동의 문제[3]

점도는 전단율의 함수이다. 단순 전단 유동의 경우 전단율은 U/d로 간단히 쓸 수 있으나, 복잡한 유동에서는 더 이상 이 방법을 쓸 수가 없다. 유동은 3차원 공간의 문제이므로 스트레스와 유동장 간의 관계가 필요하며, 3차원에서의 전단율을 구하고 이를 바탕으로 점도를 구할 수 있어야 한다. 스트레스와 유동장 혹은 변형 간의 관계를 구성방정식(constitutive equation)이라 한다. 구성방정식에 대해서는 제7장에서 좀더 자세히 다룬다. 구성방정식은 방정식이라고 부르지만 사실은 스트레스와 변형, 또는 시간에 따라 변하는 변형 간의 관계식이다. 이 구성방정식을 코시(Cauchy)의 운동량 방정식(momentum equation)에 대입하면 속도장을 풀 수 있다. 비압축성 뉴턴성 유체의 경우 구성방정식은

$$\mathbf{T} = -p\mathbf{I} + \eta\left[\nabla\mathbf{v} + (\nabla\mathbf{v})^T\right] = -p\mathbf{I} + \eta(2\mathbf{D}) \tag{3.6-1}$$

$$\nabla\mathbf{v} = \begin{bmatrix} \frac{\partial v_x}{\partial x} & \frac{\partial v_y}{\partial x} & \frac{\partial v_z}{\partial x} \\ \frac{\partial v_x}{\partial y} & \frac{\partial v_y}{\partial y} & \frac{\partial v_z}{\partial y} \\ \frac{\partial v_x}{\partial z} & \frac{\partial v_y}{\partial z} & \frac{\partial v_z}{\partial z} \end{bmatrix}, \quad 2\mathbf{D} = \nabla\mathbf{v} + (\nabla\mathbf{v})^T = \begin{bmatrix} 2\frac{\partial v_x}{\partial x} & \frac{\partial v_y}{\partial x} + \frac{\partial v_x}{\partial y} & \frac{\partial v_z}{\partial x} + \frac{\partial v_x}{\partial z} \\ \frac{\partial v_x}{\partial y} + \frac{\partial v_y}{\partial x} & 2\frac{\partial v_y}{\partial y} & \frac{\partial v_z}{\partial y} + \frac{\partial v_y}{\partial z} \\ \frac{\partial v_x}{\partial z} + \frac{\partial v_z}{\partial x} & \frac{\partial v_y}{\partial z} + \frac{\partial v_z}{\partial y} & 2\frac{\partial v_z}{\partial z} \end{bmatrix} \tag{3.6-2}$$

으로 알려져 있다. 이때 (**2D**)를 변형률 텐서(rate of deformation tensor)라 부른다. 단순 전단 유동의 경우에는 $v_x = \dot{\gamma}y,\ v_y = v_z = 0$이므로

$$2\mathbf{D} = \begin{bmatrix} 0 & \dot{\gamma} & 0 \\ \dot{\gamma} & 0 & 0 \\ 0 & 0 & 0 \end{bmatrix} \tag{3.6-3}$$

가 되어, 전단 스트레스 중 $\tau_{yx} = \tau_{xy} = \eta\dot{\gamma}$이 되고 나머지 항들은 모두 0이 됨을 알 수 있다.

일반적인 3차원 유동의 경우에는 다음의 방법을 쓴다. 위의 식은 xyz 좌표를 써서 나타낸 식이다. 위의 식은 원통 좌표계나, 구면 좌표계, 혹은 다른 어떤 좌표식으로도 나타낼 수 있는데, 이 경우 전단율은 매우 복잡한 함수가 될 것이 예상된다. 한편 점도는 스칼라 양임을 주의할 필요가 있다. 스칼라 함수는 좌표계에 따라 함숫값이 변하지 않아야 하므로 어떤 좌표계를 써도 전단율이 같아야 하고, 점돗값도 같아야 한다. 이것이 의미하는 것은 서로 다른 좌표계를 쓰면 **2D**의 항들의 식의 형태는 달라지더라도, 어떤 좌표계에서나 같은 전단율 값을 가져야 한다는 것이다. 서로 다른 좌표계에서 같은 물리량을 나타내는 행렬 또는 텐서는 다음의 예와 같이 3개의 좌표와 관계없는 일정한 값이 존재하는데 이를 불변값(invariant)이라고 부른다.

$$\begin{aligned} I_{2D} &= \mathrm{tr}(2\mathbf{D}) \\ II_{2D} &= \frac{1}{2}\left[{I_{2D}}^2 - \mathrm{tr}(2\mathbf{D})^2 \right] \\ III_{2D} &= \det(2\mathbf{D}) \end{aligned} \tag{3.6-4}$$

위 식에서 tr은 트레이스(trace)라고 하며, 텐서의 대각선의 3항을 합한 값이다. I_{2D}는 비압축성 유체의 경우 연속방정식

3 이 절은 유동에 관한 문제 해석에만 필요하므로 물성으로서의 점도에만 관심이 있는 경우 읽지 않아도 다음에 나오는 내용을 이해하는 데 거의 문제가 없다.

$$\frac{\partial v_x}{\partial x}+\frac{\partial v_y}{\partial y}+\frac{\partial v_z}{\partial z}=0 \tag{3.6-5}$$

으로부터 항상 0이어야 한다. 따라서 점도가 유동의 함수이면서 스칼라 양이 되려면 점도는

$$\eta=(II_{2D}, III_{2D}) \tag{3.6-6}$$

로 표시되어야 한다. 그러나 실험적으로는

$$\eta=\eta(II_{2D}) \tag{3.6-7}$$

임이 알려져 있다. 즉 III_{2D}는 점도에 영향을 미치지 않는다. 따라서 일반적인 3차원 유동에서 점도는 식 (3.6-7)에 의하여 구하여야 한다. 단순 전단 유동의 경우

$$II_{2D}=\dot{\gamma}^2 \tag{3.6-8}$$

이므로

$$\eta=\eta(\dot{\gamma}) \tag{3.6-9}$$

가 되는 것을 알 수 있다. 즉 식 (3.6-9)는 일반적인 식 (3.6-7)의 단순 전단 유동의 경우에 xyz 좌표계에서 간단해진 결과이다.

참고 문헌

Barnes HA, JF Hutton and K Walters, 1989, An Introduction to Rheology, Elsevier, Amsterdam

Bird RB, WE Stewart and EN Lightfoot, 2002, Transpot Phenomena, 2nd ed., Wiley, New York

Denn MM, 1980, Process Fluid Mechanics, Prentice Hall, Englewood Cliffs

Kwag C, CW Manke and E Gulari, 1999, "Rheology of Molten Polystyrene with Dissolved Supercritical and Near-Critical Gases," *J. Polym. Sci. Part B: Polym. Phys*. **37**, 2771-2781

Laun HM, 1984, "Rheological properties of aqueous polymer dispersions," *Angew. Makomol. Chem.* **123**, 335-359

Muenstedt H, 2020, "Influence of hydrostatic pressure on rheological properties of polymer melts – A review," *J. Rheol*. **64**, 751-774

Sommerfeld A, 1950, Mechanics of Deformable Bodies, Academic Press, London

Wagner NJ and JF Brady, 2009, "Shear thickening in colloidal dispersions," *Phys. Today* **62(10)**, 27-32

Yoo H and C Kim, 2013, "Generation of inkjet droplet of non-Newtonian fluid," *Rheol. Acta* **52**, 313-325

제4장

점탄성

4.1 점탄성 거동

점탄성(viscoelasticity)은 유변학에서 가장 핵심이 되는 개념의 하나이다. 점탄성 물질은 점성과 탄성을 모두 갖고 있는 물질로서, 스트레스를 받을 때 시간에 따라 탄성과 점성의 역할이 다르게 나타나는 물질이다. 즉 하나의 물질이 갖는 고체특성과 유체특성이 시간에 따라 변하는 물질이다. 어떤 물질이 갖는 고체와 유체의 성질이 시간에 따라 변하는 현상을 구체적으로 설명하기 위해 제2장에서 고체와 유체의 차이를 보이는 실험을 약간 변형하여 실시하여 보자. 그림 2.1과 같이 평행한 두 평판 사이에 물질을 넣고, 위 판을 x 방향으로 길이 L만큼 '순간적'으로 움직인 후 이 길이 L을 유지할 때, x 방향으로 작용하여야 할 힘 F를 시간의 함수로 표현하면 물질의 종류마다 다른 특성을 나타낸다. 위 판을 길이 L만큼 움직였을 때 변형은 $\gamma = L/d$이다. γ가 충분히 작은 경우 고체의 전단 스트레스는 제2장에서 다룬 대로

$$\tau_{yx} = F / A = G\gamma \tag{4.1-1}$$

가 되며, G가 상수이고, F도 상수이다. 액체의 경우에는 이미 일어난 변형은 힘을 더 이상 작용하지 않고, 따라서

$$\tau_{yx} = 0 \tag{4.1-2}$$

이 된다. 즉 고체와 액체의 경우 힘은 시간에 따라 변하지 않는 상수이다. 이에 비하여 어떤 물질의 경우에는 힘이 시간의 함수로서, 특히 시간에 따라 감소하는 함수다. 이러한 물질을 점탄성 물질이라고 한다. 즉 일반적으로는

$$\tau_{yx} = G(t, \gamma)\gamma \tag{4.1-3}$$

가 된다. 즉 스트레스는 변형의 크기와 시간의 함수로 나타난다. 한편 변형 γ가 충분히 작은 경우에는 G가 변형에 무관한 시간 t만의 함수로 관찰된다.

$$\lim_{\gamma \to 0} G(\gamma, t) = G(t) \tag{4.1-4}$$

이러한 영역에서의 점탄성을 선형 점탄성(linear viscoelasticity)이라고 하며, $G(t)$는 완화 모듈러스(relaxation modulus)라고 부른다. 즉 물질이 변형이 된 후 시간이 지남에 따라 스트레스를 완화하는, 즉 스트레스가 점점 줄어들다 결국 없어지는 과정을 나타내는 함수라는 의미이다. 그림 4.1에 보인 바와 같이 점탄성 물질은 변형이 가해지면 짧은 시간 동안은 고체와 같이 반응하면서 고체와 같은 스트레스를 나타낸다. 그러나 시간이 지나면서 차츰 스트레스가 감소하여 결국에는 유체와 같이 스트레스를 보이지 않게 된다. 즉 점탄성 물질은 변형의 초기에는 고체와 같은 성질을 갖지만, 점차 변형에 대한 과거의 기억, 즉 고체의 성질을 잊어버리면서 유체의 성질을 나타낸다. 여기서 주의할 것은 고체의 성질을 기억하는 시간이다. 기억은 서서히 없어지므로(이런 현상을 서서히 사라지는 기억[fading memory]이라고 한다) 완전히 없어지는 시간을 구체적으로 정할 수는 없다. 따라서 반만큼의 기억을 잊어버리는 시간과 같은 개념으로 물질이 기억하는 시간을 정할 수 있다. 이러한 시간은 대개 반감기(half-life)라고 부르지만, 유변학에서는 물질시간(material time) 또는 이완시간(relaxation time)이라 부른다. 물질시간은 물질마다 큰 차이를 보일 수 있으며, 고체는 이론적으로 무한대, 탄성이 없는 액체는 0, 점탄성 물질은 그 사이의 값을 갖는다. 예를 들어 분자량이 큰 고분자 용융체의 경우에는 수 분 정도가 되기도 하며, 묽은 고분자 용액의 경우에는 1ms 이하가 되는 경우도 있다. 48,500bp를 갖는

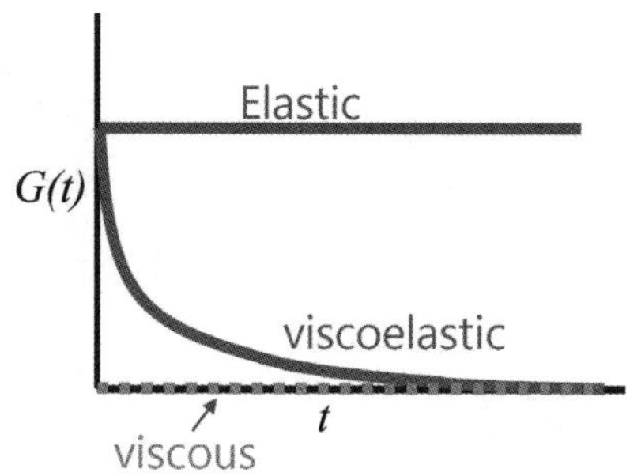

그림 4.1 탄성만 있는 물질, 점성만 있는 물질, 및 점탄성 물질의 시간에 따른 $G(t)$ 값의 변화

λ-파지(phage) DNA는 1mPa.s의 완충 용액에서 0.1s, 60mPa.s의 완충용액에서는 5.6 s의 값을 가진다(Fang et al., 2005).

점탄성의 물리적인 의미를 이해하기 위해 앞의 실험에서 변형을 '순식간에 가했을 때'라는 조건이 왜 필요한가를 생각해 보자. '순식간에'라는 의미는 즉 변형이 가해지는 시간이 물질시간보다 충분히 짧은 시간 동안에 가해진다는 의미이다. 이 경우 변형 초기에는 변형을 거의 잊지 않고 있으므로 고체와 같은 스트레스를 나타내다가, 시간이 지나면 기억이 점점 사라지면서 스트레스 값이 연속적으로 감소한다. 반면 변형을 물질시간보다 충분히 긴 시간 동안 천천히 조금씩 가하면 각각의 작은 변형에 의하여 생긴 작은 스트레스는 새로운 작은 변형이 더 가해지기 전에 대부분 사라지면서 스트레스는 계속 낮은 값을 유지하며, 거의 유체와 같은 거동을 보인다. 유변학에서 자주 사용하는 데보라 수(Deborah number, De)는 충분히 짧은 시간, 또는 긴 시간 같은 시간 기준을 정량적으로 나타내는 무차원 수로 다음과 같이 정의된다.

$$\mathrm{De} = \lambda / T \tag{4.1-5}$$

위 식에서 λ는 물질시간, T는 공정시간이다. 공정시간이란 실제 어떤 변화가 일어나는 시간의 규모를 말한다. 따라서 충분히 천천히라는 것은 T가 λ보다 충분히 크다는 의미이며, 충분히 짧은 시간이란 T가 λ보다 충분히 작다는 뜻이다. 따라서 De에 따라서 물질의 변형을 다음과 같이 분류할 수 있다.

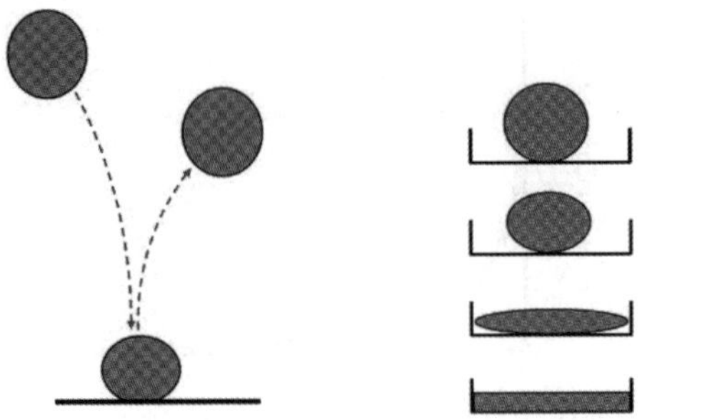

그림 4.2 실리퍼티의 변형. 변형시간이 짧은 경우 고체와 같이 튀어 오르지만, 변형시간이 긴 경우 액체와 같이 흘러 버림

빠른 공정: De → ∞; 고체와 같은 거동

느린 공정: De → 0; 액체와 같은 거동

De = 1이면 탄성이 상당히 중요한 변형으로 알려져 있다.

점탄성 거동을 볼 수 있는 예로 실리퍼티(silly putty)를 들 수 있다. 실리퍼티는 폴리보로사이록세인(polyborosiloxane)으로 만든 장난감으로 적당히 만지면서 모양을 만들 수 있는 마치 고무 찰흙과 같은 물질이며, 물질시간은 대략 0.1초 정도이다. 그림 4.2에 보인 것과 같이 실리퍼티를 동그랗게 빚은 후 단단한 바닥에 강제로 세게 내려치면 마치 고무덩어리로 만든 공처럼 튀어 오른다. 반면 실리퍼티를 용기에 넣고 하룻밤 자고 나면 점도가 높은 유체와 같이 천천히 흘러서 용기 모양에 딱 맞추어지고 윗면이 거의 평평해진다. 바닥에 치는 경우에는 짧은 시간 동안 바닥과 접촉하면서 변형이 되었지만 원래 모양을 기억하고 있어서 고체와 같이 다시 튀어 오르는 것이다. 이 경우 변형시간, 즉 공정시간은 1초보다 훨씬 짧으며, 따라서 De의 크기 규모(order of magnitude)는 대략 1 정도 된다. 용기에 넣어 놓고 기다리는 경우에는 중력에 의하여 천천히 변형이 일어나고 과거의 기억을 잊어버리면서 흐르는 현상이 나타나게 된다. 이 경우 공정시간은 10000초의 규모를 가지며, 따라서 De = 10^{-5}로 매우 작다. 점탄성에 관한 또 다른 예로 접착용 핫멜트로 할 수 있는 실험도 있다. 핫멜트를 적당한 길이만큼 가열하여 뽑은 다음 잠깐 식히

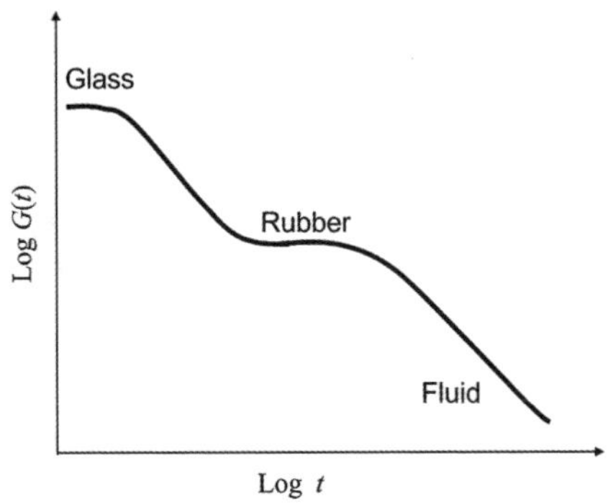

그림 4.3 고분자 용융체의 전형적인 완화 모듈러스. 고분자는 유리, 고무, 유체의 상태를 거치며 스트레스를 완화함

고 나서 칼로 빠른 시간 내에 자르면 마치 고체처럼 단면이 나오게 잘리지만, 천천히 칼로 누르면 단면이 찌그러진 형태로 잘라진다. 빠르게 자르는 경우 변형이 되었다가 변형 전 기억 속의 모양으로 다시 돌아오는 데 반해, 천천히 자르면 과거를 잊어버리면서 거의 누르는 모양대로 흐르기 때문이다.

고분자는 점탄성을 보이는 대표적인 물질이다. 그림 4.3에는 고분자 용융체가 보이는 전형적인 $G(t)$의 형태를 도시하였다. 로그-로그 그림에서 $G(t)$는 시간에 따라 감소하는데 단계별로 감소하는 형태가 다르다. 이러한 이유에 대해서는 고분자 유변학에서 다룰 것이다. 마이크로미터 이하의 작은 입자를 분산한 현탁액(suspension)도 점탄성을 보인다. 그러나 그림 4.3과는 전혀 다른 특성을 보인다. 진한 계면활성제 용액도 점탄성을 보이는데, 고분자나 현탁액의 점탄성 특성과 역시 다르다. 즉 물질에 따라 $G(t)$가 갖는 형태가 다르게 나타난다. 이 장에서는 어떤 특정 물질을 대상으로 하지 않고 물질의 점탄성의 물리적인 특성과 이를 표현하는 방법에 대하여 주로 다룰 것이다.

4.2 엔탈피 탄성과 엔트로피 탄성

탄성이란 어떤 물질이 스트레스를 받아 변형되었다가 스트레스를 제거하면 과거

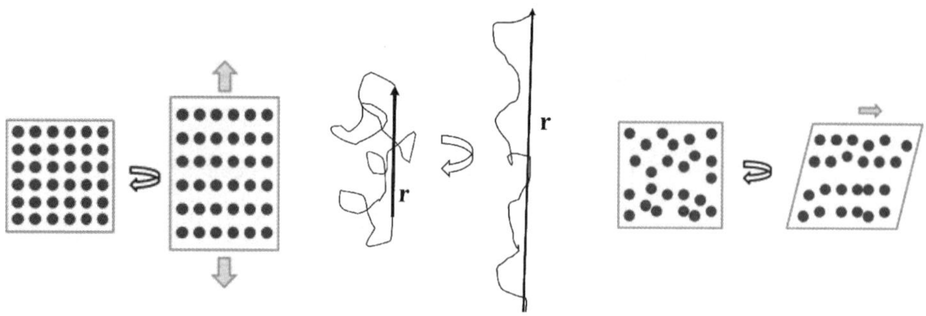

그림 4.4 (a) 금속결정의 엔탈피 탄성. 입자 간 거리만 약간 늘어날 수 있음 (b) 고분자의 엔트로피 탄성. 탄소원자 간 화학결합의 회전으로 변형이 커질 수 있음 (c) 콜로이드 입자의 엔트로피 탄성. 유체가 흐르면서 평형상태와는 다른 미세구조를 형성할 수 있으며, 브라운 운동은 무작위상태로 돌아가게 함으로써 탄성을 가짐

의 변형상태를 기억하여 변형되기 전 상태로 돌아가는 것이다. 탄성은 2가지 원인으로 나타난다. 엔탈피 탄성과 엔트로피 탄성이다.

그림 4.4a에 보인 바와 같이 엔탈피 탄성(enthalpy elasticity)은 외력에 의하여 물질 내의 분자 간의 거리가 변하였다가 힘이 제거되면 다시 원래 상태로 돌아가는 것이다. 이 경우 분자 간의 상대적인 배치는 변하지 않는다. 금속, 결정성 고분자, 유리전이온도 이하의 고분자 등이 나타내는 탄성은 엔탈피 탄성이다. 엔탈피 탄성은 작은 변형에 국한되며, 변형이 커지면 대개 영구변형이 일어나 다시 제자리로 돌아오지 않는다.

엔트로피 탄성은 전혀 다른 물리적인 현상이다. 긴 고분자 사슬은 끊임없이 열운동(thermal motion)을 하고 있으며, 개별 원자 간의 상대적인 위치는 사슬이 연결된 점을 제외하고는 끊임없이 변하고 있다. 이러한 열운동은 사슬을 가장 무질서한 상태로 만드는 경향, 즉 엔트로피를 최대화하려는 경향이 있다. 열운동은 고분자 사슬의 연결 부분에서 화학결합을 회전하게 한다. 외력이 가해지면 회전하면서 고분자 사슬은 그림 4.4b와 같이 늘어나게 되고, 사슬이 늘어나면 사슬 내 원자 간의 배치 방법의 경우의 수가 줄면서 엔트로피가 줄어든다. 힘을 제거하면 열운동은 다시 엔트로피를 최대화하는 방향으로 물질을 변형시킨다. 변형전의 상태와 변형 후 다시 원래 형태로 돌아갔을 때의 상태는 통계적으로 같다. 큰 힘이 가해지면 사슬 연결 부분의 회전에 의하여 변형이 평형길이의 수배까지 크게 나타날 수 있으며, 이 경우에도 사슬이 끊어지지 않는 한 통계적으로 같은 원래 상태로 돌아간다.

길이 L의 어떤 물질을 늘일 때 생기는 엔트로피 탄성에 의한 탄성력 f_s는 다음과 같이 열역학적인 해석으로부터 얻을 수 있다(Rubinstein and Colby, 2003).

$$f_s = -T\left(\frac{\partial S}{\partial L}\right)_{T,V} \tag{4.2-1}$$

위 식에서 T는 온도, S는 엔트로피, L은 길이를 나타낸다. 엔트로피 탄성의 경우 변형이 커짐에 따라, 즉 길이가 늘어남에 따라 엔트로피가 감소하므로 힘은 + 값을 갖는 것을 볼 수 있다.

대개 1마이크로미터 크기 이하의 입자, 예를 들어 나노 입자가 분산된 현탁액 내의 입자도 열운동을 한다. 그림 4.4c에 보인 바와 같이 이 경우에는 고분자와 달리 입자 간 위치에 대한 제한이 없다. 유동장 안에서 입자는 대개 수력학적 힘이나 정전기적 힘 등이 균형을 이루며 미세구조를 형성하지만, 유동이 없어지면, 즉 외력이 없어지면 열운동에 의하여 다시 무질서한 상태로 돌아간다. 즉 엔트로피 탄성을 나타낸다. 비구형입자는 회전 열운동도 보이며, 이에 의한 탄성도 나타난다. 한편 입자가 크면 열운동이 약하므로 탄성이 나타나지 않는다.

유변학에서 다루는 탄성은 엔트로피 탄성이다. 분자, 입자, 분자나 입자의 집합체 등이 작으면 열운동이 강해서 탄성을 나타내는데, 이는 유변학의 주요 관심의 대상이다. 고분자, 현탁액, 계면활성제 및 에멀전의 유변학에서는 이러한 물질들이 갖는 미세구조와 유변학적 물성의 관계에 대해서 다룰 것이다

4.3 선형 점탄성

어떤 물질에 가해지는 변형이 충분히 작을 때 완화 모듈러스 G는 변형 γ에 무관하고 시간 t만의 함수로 표시될 수 있으며, 이를 선형 점탄성이라고 하였다. 즉

$$\sigma(t) = G(t)\gamma \tag{4.3-1}$$

이다. 선형 점탄성 영역에서는 다음과 같이 중첩의 원리가 성립한다. 완화 모듈러스가 $G(t)$인 물질에 가한 변형 γ_1에 대한 스트레스가 $\tau_1(t)=G(t)\gamma_1$이고, 변형 γ_2에 대한 스트레스가 $\tau_2(t)=G(t)\gamma_2$일 때, 변형 $\gamma=\gamma_1+\gamma_2$에 대한 스트레스는 다음과 같이 각각의 변형에 대한 스트레스를 합한 것과 같다:

$$\tau(t) = \tau_1 + \tau_2 = G(t)\gamma_1 + G(t)\gamma_2 = G(t)\gamma \tag{4.3-2}$$

또한 변형의 크기가 k배가 되어 $k\gamma$가 되면 스트레스도 k배가 된다:

$$\tau(t) = G(t)k\gamma = kG(t)\gamma \tag{4.3-3}$$

선형 점탄성 영역에서는 완화 모듈러스 $G(t)$를 알고 있으면 수학의 선형계 이론(linear system theory)에 의하여 많은 정보를 얻을 수 있다. 선형 점탄성은 물리적으로도 중요한 의미를 갖는다. 물질의 변형이 작으면 변형이 생기기 전후의 내부 미세구조가 거의 같다. 변형전의 구조는 평형상태에서의 구조이므로, 선형 점탄성 영역 안에서 물질의 구조는 평형상태에 있다고 할 수 있다. 즉 선형 점탄성은 물질의 평형상태의 구조를 나타내는 물리적 성질이다. 유체의 유동이 있을 때에도 전단율이 충분히 작으면, 물질 내부 구조는 물질이 흐르면서 변형이 커져도 계속 새로운 평형에 도달하게 된다. 따라서 전단율이 충분히 작은 경우도 선형 점탄성 영역이라고 한다. 변형이 커지거나 전단율이 커지면 평형에서 벗어나므로 평형상태와는 전혀 다른 성질을 보일 수가 있는데, 이러한 영역에서의 점탄성을 비선형 점탄성(nonlinear viscoelasticity)이라고 한다. 비선형 영역에서는 중첩의 원리가 성립하지 않기 때문에 수학적 어려움이 있을 뿐만 아니라 물리적으로도 비평형상태에서의 측정에는 많은 제약이 있다. 비선형 영역에서의 점탄성에 대해서는 4.8절에서 다루었다.

선형 점탄성 영역에서 스트레스와 스트레인, 즉 변형의 관계는 각각 점성과 탄성을 갖는 2개의 요소의 조합으로 표현할 수 있다. 다음에는 먼저 이 두 요소들이 갖는 특징을 설명하고, 맥스웰 모델(Maxwell model)과 켈빈 모델(Kelvin model)로 대표되는 여러 점탄성 모델들에 대하여 다루었다.

4.3.1 대시포트와 스프링

대시포트(dashpot)는 그림 4.5a에 보인 바와 같이 점도 η의 유체가 들어 있는 긴 원통 안에서 한쪽 끝에 원판을 붙인 막대가 원통의 축방향으로 움직이는 장치이다. 유체는 점성만을 갖고 있고, 탄성이 없다. 힘을 막대의 축방향으로 가하면 방향에 따라 위 또는 아래로 움직이며, 이때 작용하는 힘은 유체가 좁은 간격을 빠져나가면서 발생하는 마찰에 의한 힘으로서 원판이 움직이는 속도에 비례한다. 원판과 용기 벽 간의 거리가 일정하므로 속도는 전단율에 비례한다고 할 수 있다. 따라서 대시포트에 의한 스트레스 σ는

$$\sigma_{dashpot} = \eta\dot{\gamma} = \eta\frac{d\gamma}{dt} \tag{4.3-4}$$

로 쓸 수 있다. 이러한 대시포트의 길이를 거리 d만큼 일정 속도로 움직인 후 정지하는 경우 움직이는 도중에 작용해 주어야 하는 힘 F는 점도와 전단율에 비례한다. 정지 후에는 힘이 작용하지 않으며, 움직이는 동안 Fd만큼의 일을 해 주어야 한다. 또한 거리 d만큼 움직이는 데는 유한한 시간이 필요하다. 따라서 대시포트는 기억을 완전히 잊어버리는 유체의 성질을 나타낸다.

그림 4.5b의 스프링은 힘 F를 가하면 바로 늘어나며, 힘을 가하고 있는 동안 계속 늘어나 있다가 힘을 제거하면 다시 원래의 길이로 돌아간다. 힘의 크기는 늘이는 길이에 비례하여 스프링 상수를 k라고 할 때 길이 x만큼 늘일 때 필요한 힘은 kx가 되는데 이를 전단 변형에서의 강성률 G와 스트레인 γ로 표시하면

$$\sigma_{spring} = G\gamma \tag{4.3-5}$$

가 된다. 힘을 가하면서 변위가 커지므로 일(work), 즉 에너지를 가하여야 하며, 이

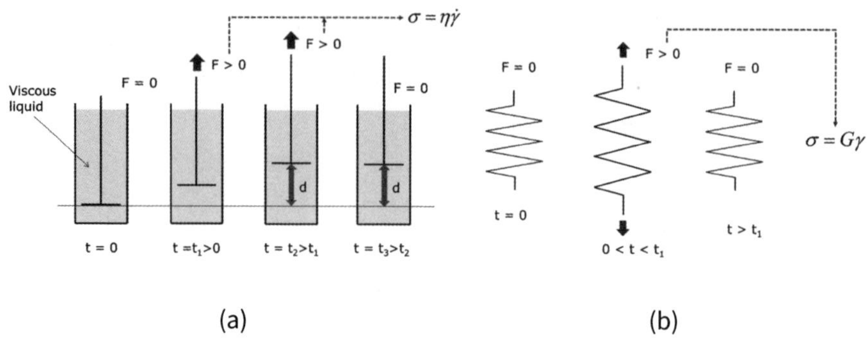

그림 4.5 (a) 대시포트 (b) 스프링

에너지는 스프링이 탄성에너지로 가지고 있다가 힘을 제거할 때 밖으로 내놓는다(힘을 제거할 때는 변위와 힘의 방향이 서로 반대 방향으로 음[minus]의 일을 해 주어야 한다). 이러한 과정은 시간이 소요되지 않으며 바로(instantaneously) 일어난다. 스프링은 따라서 탄성이 있는, 즉 완전한 기억을 갖는 고체의 성질을 나타낸다. 대시포트나 스프링의 변형은 지금까지 고려한 전단 변형이 아니라 잡아 늘이고 압축하는 신장변형이지만 선형 점탄성 영역에서는 전단 변형에서 나타나는 점성과 탄성의 비가 신장변형에서 나타나는 점성과 탄성의 비와 같으므로, 다음에서는 개념적 설명을 위해 신장변형과 전단 변형을 서로 같은 것으로 간주하고 선형 점탄성을 설명한다. 신장변형에 대해서는 제6장에서 좀더 자세히 다루었다.

이상의 2가지 요소들을 조합하여 다음과 같은 물질의 점탄성 모델을 생각하자. 여기서 대시포트의 경우 힘이 속도에 비례하는 영역, 즉 선형성이 성립하는 영역에 있으며, 스프링의 경우에도 힘이 변형의 크기에 비례하는 선형성이 유지되는 영역에 있다. 따라서 이러한 요소들을 조합하는 경우 선형성이 유지된다.

4.3.2 선형 점탄성 모델

그림 4.6과 같이 대시포트와 스프링을 병렬로 연결한 모델을 켈빈 모델 또는 포크트 모델(Voigt model)이라고 한다. 그림에서 스프링이 늘어난 길이와 대시포트가 늘어난 길이는 같으며 시간의 함수이다. 이 두 요소를 늘이는 데 필요한 힘도 시간의 함수이며, 일부는 스프링을 늘이는 데, 나머지는 대시포트를 늘이는 데 써야 함을 알 수 있다. 즉 다음과 같은 식들로 표현된다.

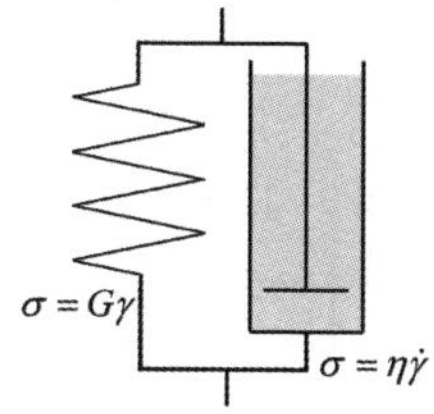

그림 4.6 켈빈 모델(포크트 모델). 점성을 갖는 고체를 표현하기에 적당함

$$\gamma_{spring} = \gamma_{dashpot} = \gamma(t) \tag{4.3-6}$$

$$\sigma(t) = \sigma_{spring} + \sigma_{dashpot} \tag{4.3-7}$$

따라서 전체 스트레스는 다음과 같다.

$$\sigma = G\gamma + \eta\dot{\gamma} \tag{4.3-8}$$

켈빈 모델에 유한한 힘을 가하는 경우, 시간이 충분히 지나도 스프링에 의하여 유한한 길이만큼 늘어나고 더 이상은 늘어나지 않는다. 따라서 켈빈 모델은 변형 시 점성을 보이는 고체를 표현하는 데 적합하다. 이상적인 고체에 일정한 스트레스 $\bar{\sigma}$를 가하면 바로 늘어나지만 켈빈 모델로 표시되는 고체는 대시포트에 의하여 바로 늘어나지 못하고 시간이 지연되어 늘어난다. 일부 스트레스는 대시포트를 늘이는 데 사용되기 때문이다. 그림 4.7a에는 켈빈 모델로 표현되는 물질이 변형되는 과정을 도시하였다.

이러한 과정은 다음과 같은 식으로 표시된다. 즉 식 (4.3-8)을 $\gamma(t)$에 관한 미분방정식 형으로 정리하면

$$\frac{d\gamma}{dt} + \frac{1}{\tau_K}\gamma = \frac{1}{G\tau_K}\bar{\sigma}, \quad \tau_K = \frac{\eta}{G} \tag{4.3-9}$$

가 된다. 초기 조건을 스트레스 $\bar{\sigma}$가 가해진 순간, 즉 $t = 0$에서 변형이 0으로 하여 위 식을 풀면

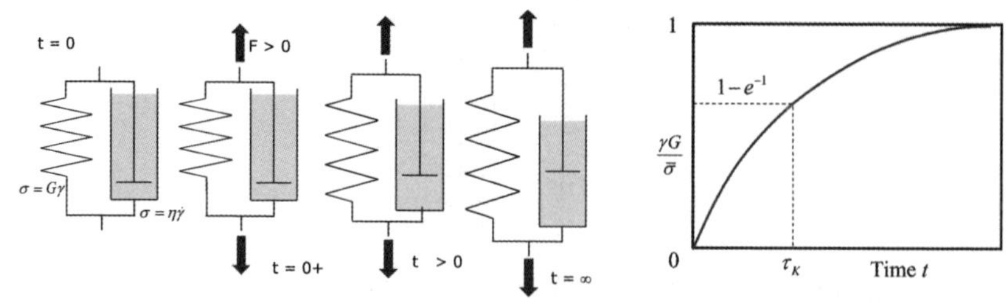

(a) (b)

그림 4.7 (a) 켈빈 모델을 일정한 스트레스로 잡아당길 때 시간에 따른 길이의 변화. 스프링에 의해서 늘어나는 길이는 유한함 (b) 변형(길이)의 시간에 따른 변화

$$\gamma(t) = \frac{\bar{\sigma}}{G}\left[1 - e^{-t/\tau_K}\right] \tag{4.3-10}$$

를 얻는다. 이를 그래프로 그리면 그림 4.7b와 같다. 그림에서 변형은 바로 일어나지 않으며, 시간이 지연된다. 늦어지는 시간 중 $1/e$만큼의 변화까지 걸리는 시간은 τ_K로 이를 지연 시간(retardation time)이라 부른다. 고체의 경우 τ_K가 0이고, 식 (4.3-10)의 지수함수 부분은 0이 되어 바로 늘어난다. τ_K가 크면 지수함수 부분이 오랫동안 영향을 미치며 서서히 늘어난다.

그림 4.8과 같이 스프링과 대시포트를 직렬로 연결한 점탄성 모델을 맥스웰 모델이라 한다. 그림에서 전체 늘어나는 길이는 스프링이 늘어나는 길이와 대시포트가 늘어나는 길이의 합이다. 반면 작용하는 힘은 두 요소가 직렬로 연결되어 있으므로 같다. 따라서 다음의 관계가 성립한다:

$$\gamma = \gamma_{spring} + \gamma_{dashpot} \tag{4.3-11}$$

$$\sigma_{spring} = \sigma_{dashpot} = \sigma \tag{4.3-12}$$

식 (4.3-11)의 양변을 시간에 대하여 미분하면

$$\dot{\gamma} = \dot{\gamma}_{spring} + \dot{\gamma}_{dashpot} = \frac{\sigma}{\eta} + \frac{\dot{\sigma}}{G} \tag{4.3-13}$$

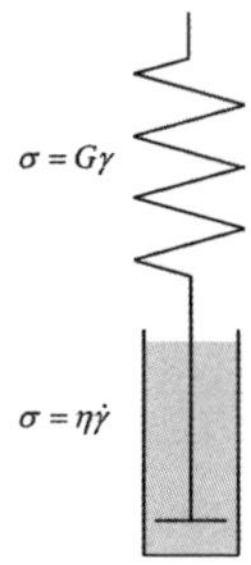

그림 4.8 맥스웰 모델. 탄성이 있는 유체를 표현하기에 적당함

이므로

$$\eta\dot{\gamma} = \sigma + \frac{\eta}{G}\dot{\sigma} = \sigma + \tau_M\dot{\sigma}, \quad \frac{\eta}{G} = \tau_M \tag{4.3-14}$$

을 얻는다. 위 식은

$$\tau_M \frac{d\sigma}{dt} + \sigma = \eta\dot{\gamma} \tag{4.3-15}$$

로 σ에 관한 미분방정식이 된다.

맥스웰 모델에 정지 상태에서 일정한 스트레스 $\bar{\sigma}$를 가하면 처음에는 바로 스프링이 늘어나고, 시간이 지나면 스프링은 같은 길이로 늘어나 있는 상태로 유지되면서 대시포트가 계속 늘어나게 된다. 따라서 맥스웰 모델은 탄성이 있는 유체를 표현하는 데 적합한 모델이다.

변형이 없는 상태에 있던 맥스웰 모델 유체를 $t = 0$에 $\bar{\gamma}$의 변형을 가하면 늘어나는 데 시간이 필요한 대시포트는 바로 반응하지 못하고 스프링만 바로 반응하여 늘어난다. 즉 이 물질은 변형의 초기에 변형에 바로 반응하는 고체의 성질을 보인다. 시간이 지나면서 늘어난 스프링의 스트레스는 대시포트가 늘어나면서 완화되고 결국에는 스트레스는 남아 있지 않게 된다. 즉 유체의 성질을 갖는다. 그림 4.9에는 이러한 과정을 도시하였다.

그림 4.9의 과정에서 시간에 따라 변하는 스트레스는 식 (4.3-15)를 풀어야 한

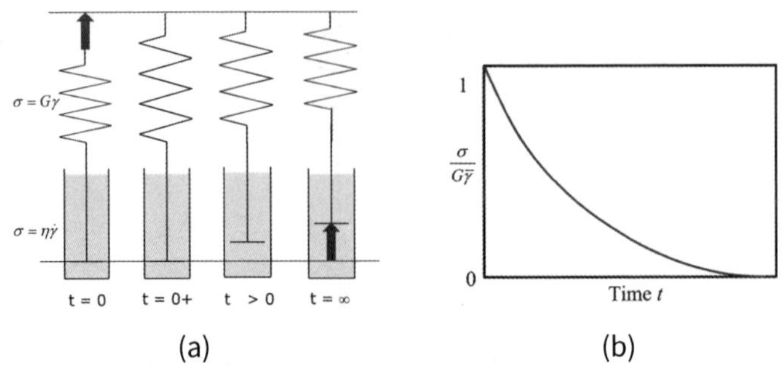

그림 4.9 (a) 맥스웰 모델에 일정한 변형을 가할 때 스프링과 대시포트에 나타나는 시간에 따른 각각의 길이의 변화. (b) 스트레스의 시간에 따른 변화

다. 식 (4.3-15)의 오른쪽 항의 $\dot{\gamma}$을 구하기 위하여 계단함수(step function)인 $\bar{\gamma}u(t)$를 시간으로 미분하면 $\bar{\gamma}\delta(t)$가 된다($\delta(t)$는 델타함수를 나타냄; 이 경우 변형은 $t=0$까지 0이며, $t=0$ 이후에 $\bar{\gamma}$의 크기를 갖는 함수이므로 $\bar{\gamma}u(t)$로 쓸 수 있음). $t=0$에서 스트레스는 스프링에 집중되어 있으며 크기는 $G\bar{\gamma}$가 된다. 즉

$$\tau_M \frac{d\sigma}{dt} + \sigma = \eta\dot{\gamma} = \eta\bar{\gamma}\,\delta(t),\ \ t=0,\ \sigma = G\bar{\gamma} \tag{4.3-16}$$

를 풀면

$$\sigma(t) = G\bar{\gamma}e^{-t/\tau_M} \tag{4.3-17}$$

이 되어 그림 4.9b와 같이 스트레스가 지수함수로 감소한다. τ_M이 작으면, 즉 G가 크면 스프링은 바로 줄어들고 스트레스를 바로 완화(relax)하지만, τ_M이 크면 스트레스를 완화하는 데 오랜 시간이 걸린다. τ_M이 크면 점성이 상대적으로 커서 약한 스프링으로는 대시포트를 빠르게 끌지 못하기 때문이다. τ_M은 스트레스를 완화하는 시간의 규모를 나타내며 이완시간(relaxation time)이라고 불린다. 식 (4.3-17)과 고체의 스트레스를 나타내는 식 (4.3-1)을 비교하면

$$G(t) = Ge^{-t/\tau_M} \tag{4.3-18}$$

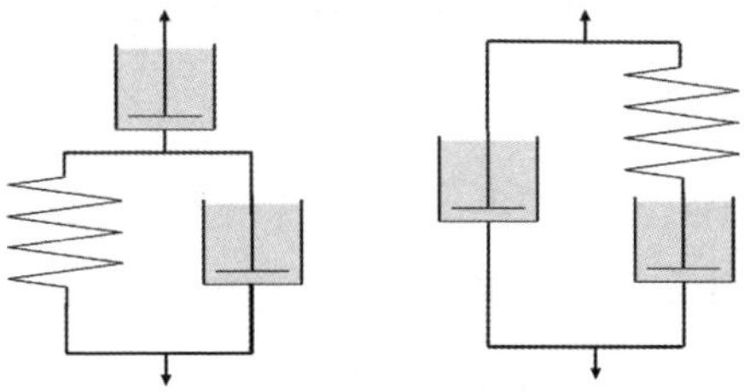

그림 4.10 2가지 종류의 제퍼리 모델

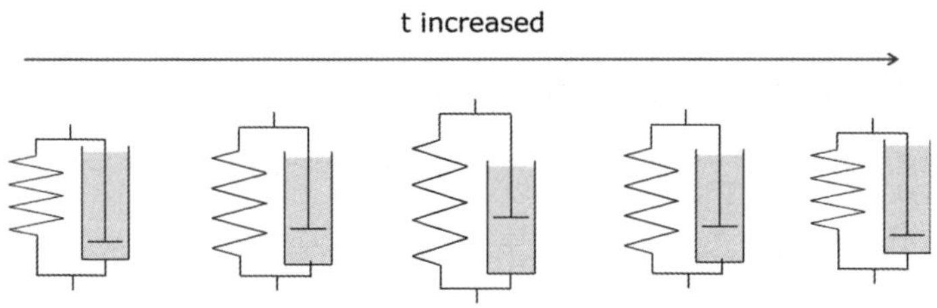

그림 4.11 켈빈 모델에 변형이 가해졌다가 원위치로 돌아오면 스프링은 에너지를 저장했다가 다시 내어 놓지만 대시포트는 늘어날 때와 줄어들 때 모두 에너지를 소모함. 맥스웰 모델도 유사한 과정으로 에너지를 소모함

가 됨을 알 수 있으며, 다음과 같은 거동을 보인다.

$$\begin{aligned} G(t) &\to G, \quad t \to 0 \\ G(t) &\to 0 \quad t \to \infty \end{aligned} \tag{4.3-19}$$

켈빈 모델과 맥스웰 모델을 기본으로 여러가지 조합이 가능하다. 제퍼리 모델(Jefferey model)은 그림 4.10에 보인 바와 같이 하나의 스프링과 2개의 대시포트를 2가지 서로 다른 방법으로 연결한 것이며 스트레스와 스트레인 간의 관계는 수학적으로 동일하게

$$\sigma + \tau_M \dot{\sigma} = \eta\left(\dot{\gamma} + \tau_J \ddot{\gamma}\right) \tag{4.3-20}$$

와 같이 쓸 수 있다. 2개의 스프링과 2개의 대시포트를 연결한 모델을 버거스 모델(Burgers model)이라 한다. 그러나 이러한 모델은 많이 사용되지 않는다. 결정해야 할 물리적 상수들이 너무 많은 반면, 특이한 물리적인 현상을 보이지도 않기 때문

이다. 따라서 좀더 정밀한 모델을 필요로 하는 경우에는 다음 절의 완화 스펙트럼을 이용하는 것이 더 편리하다.

점탄성 물질은 변형이 가해진 후 제거되면 유체가 갖는 성질에 의하여 에너지를 소모하게 된다. 그림 4.11에는 켈빈 모델이 주기적으로 변형이 될 때, 대시포트가 에너지를 소모하는 과정을 설명하였다. 이와 같은 에너지 소모는 맥스웰 모델 및 다른 모든 점탄성 물질에서도 나타나는 현상이다.

4.3.3 완화 스펙트럼(relaxation spectrum)

앞에서 다룬 맥스웰 모델이나 켈빈 모델은 각각 액체가 갖는 탄성과, 고체가 갖는 유체의 특성을 개념적으로 잘 보여 주지만, 실제 물질의 거동은 이러한 모델을 정량적으로 따르지는 않는다. 실제 물질의 거동을 정밀하게 나타내기 위해서는 서로 다른 점도의 대시포트와 서로 다른 스프링 상수를 갖는 스프링으로 이루어진 많은 맥스웰 모델을 병렬로 연결한 정밀한 모델을 사용할 수 있다. 켈빈 모델을 직렬로 연결한 모델도 가능하지만, 여기서는 맥스웰 모델을 병렬로 연결한 모델에 대해서만 설명한다. 먼저 유한한 개수의 맥스웰 요소가 연결된 이산 스펙트럼의 $G(t)$를 구하고, 다음으로 이산 스펙트럼을 갖는 $G(t)$를 좀더 일반화하여 연속 스펙트럼을 갖는 $G(t)$를 구한다.

• 이산 스펙트럼(discrete spectrum)

고분자 용융체의 완화 모듈러스를 나타내는 그림 4.3의 $G(t)$는 매우 복잡하여 맥스웰 모델로 나타낼 수는 없다. 이 경우 그림 4.12와 같이 여러 개의 서로 다른 완화 모듈러스와 완화 시간을 갖는 맥스웰 모델을 병렬로 연결한 모델을 사용하면 그림 4.3의 $G(t)$와 잘 맞게 할 수 있다. 스트레스 완화 실험을 가정할 때 맥스웰 모델 요소가 병렬로 연결되어 있으므로 각 요소의 변형 γ는 같고, 스트레스는 각 요소의 스트레스를 합한 것과 같다. i번째 맥스웰 모델이 나타내는 스트레스는 식 (4.3-17)에서

$$\sigma_i = G_i \gamma e^{-t/\tau_i} \tag{4.3-21}$$

로 쓸 수 있고, 전체 스트레스는 이 각 부분(element)의 스트레스를 합한 것과 같다. 즉

$$\sigma = \gamma \sum_i G_i e^{-t/\tau_i} \tag{4.3-22}$$

이다. 따라서 이 경우 완화 모듈러스는

$$G(t) = \sum_i G_i e^{-t/\tau_i} \tag{4.3-23}$$

가 된다. 한편 고무와 같이 완화 시간이 무한히 긴 성분이 있는 점탄성 고체의 경우에는 식 (4.3-23)은 다음과 같이 쓸 수 있다.

$$G(t) = G_e + \sum_i G_i e^{-t/\tau_i} \tag{4.3-24}$$

• **연속 스펙트럼(continuous spectrum)**

맥스웰 모델의 경우 스트레스와 스트레인 간에는 다음의 관계가 있음을 보였다.

$$\tau \frac{d\sigma}{dt} + \sigma = \eta \dot{\gamma} \tag{4.3-25}$$

이 미분방정식을 무한히 먼 과거에서는 스트레스가 작용하지 않았다는 초기 조건으로 현재 시간 t까지 적분을 하면 다음과 같은 식을 얻을 수 있다:

$$\sigma(t) = \frac{\eta}{\tau} \int_{-\infty}^{t} \exp\left[-(t-t')/\tau\right] \dot{\gamma}(t')dt' \tag{4.3-26}$$

그림 4.12의 각각의 맥스웰 모델은 서로 다른 G값과 η값을 가지고 있으므로, i 번째 모델의 경우 스트레스 $\sigma_i(t)$는

$$\sigma_i(t) = \frac{\eta_i}{\tau_i} \int_{-\infty}^{t} \exp\left[-(t-t')/\tau_i\right] \dot{\gamma}(t')dt' \tag{4.3-27}$$

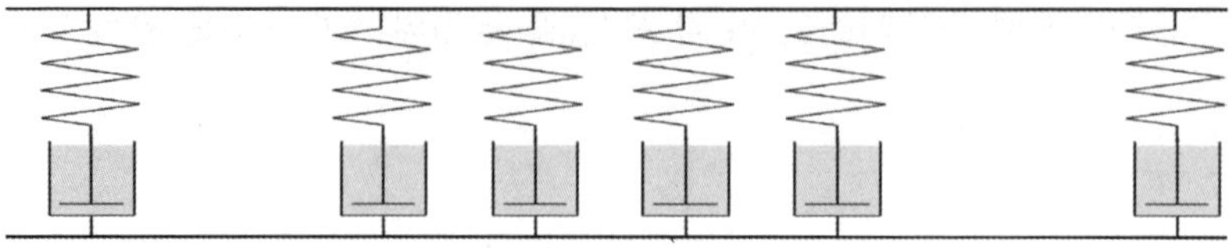

그림 4.12 작은 점도와 스프링 상수를 갖는 여러 개의 맥스웰 모델을 병렬로 연결한 모델

이고, 병렬로 연결된 n개의 맥스웰 모델이 나타내는 스트레스는 각각 모델의 스트레스의 합으로

$$\sigma(t)=\sum_{i=1}^{n}\frac{\eta_i}{\tau_i}\int_{-\infty}^{t}\exp\left[-(t-t')/\tau_i\right]\dot{\gamma}(t')dt' \tag{4.3-28}$$

가 된다. n을 크게 하는 경우, 즉 $n \to \infty$, $\eta_i \to 0$의 경우에는(n이 무한히 커지더라도 전체 점도가 유한하려면 각각의 맥스웰 모델의 점도와 스프링 상수는 충분히 작아져야 한다. 그러나 각각의 이완시간은 유한하게 유지된다) $\eta_i = N(\tau)d\tau$, $\tau_i = \tau$로 하여 $\sum$를 정적분으로 바꾸면

$$\sigma(t)=\int_{0}^{\infty}\frac{N(\tau)}{\tau}\left[\int_{-\infty}^{t}\exp\left[-(t-t')/\tau\right]\dot{\gamma}(t')dt'\right]d\tau \tag{4.3-29}$$

가 된다. 함수 $\phi(t)$를 도입하여

$$\phi(t-t')=\int_{0}^{\infty}\frac{N(\tau)}{\tau}\exp\left[-(t-t')/\tau\right]d\tau \tag{4.3-30}$$

가 되도록 하면

$$\sigma(t)=\int_{-\infty}^{t}\phi(t-t')\,\dot{\gamma}(t')\,dt' \tag{4.3-31}$$

이 된다.

한편 일반적인 선형 점탄성 물질의 스트레스는 $\sigma(t) = G(t)\gamma$이므로, $d\sigma = Gd\gamma$가 된다. 어떤 과거 시간 t'에 일어난 작은 변형 $d\gamma$에 의하여 발생한 스트레스는 시간

이 지나면서 이완되어 현재 시간 t에 남아 있는 스트레스는 (t'부터 t까지 흐른 시간이 $t - t'$이므로)

$$d\sigma = G(t-t')d\gamma \tag{4.3-32}$$

이고, $d\gamma$들에 의한 스트레스를 모두 합하면, 즉 적분하면

$$\sigma = \int G(t-t')d\gamma \tag{4.3-33}$$

가 된다. 한편 $d\gamma = \dot{\gamma}(t')dt'$, 즉 $d\gamma$는 시간 t'에 전단율 $\dot{\gamma}(t')$로 dt' 시간 동안 일어났으므로

$$\sigma = \int G(t-t')d\gamma = \int G(t-t')\,\dot{\gamma}\,dt' \tag{4.3-34}$$

로 쓸 수 있다. 식 (4.3-31)과 (4.3-34)를 비교하면

$$\phi(t) = G(t) \tag{4.3-35}$$

임을 알 수 있다. 즉 앞에서 유도한 $\phi(t)$는 완화 모듈러스다. 정상상태에서의 전단유동의 경우에는 무한히 먼 과거부터 일정한 전단율 $\dot{\gamma}$의 유동을 계속하였으므로

$$\sigma(t) = \int_{-\infty}^{t} G(t-t')\dot{\gamma}\,dt' = \left[\int_{0}^{\infty} G(s)\,ds\right]\dot{\gamma} \tag{4.3-36}$$

이고, 정상상태에서는 $\sigma = \eta\dot{\gamma}$이므로

$$\eta = \int_{0}^{\infty} G(s)\,ds \tag{4.3-37}$$

임을 알 수 있다. 즉 점도는 완화 모듈러스 $G(t)$를 시간에 대해 적분하면 얻을 수

있다. 다른 여러 선형 점탄성과 관계된 물성들도 $G(t)$로부터 얻을 수 있으며, 따라서 $G(t)$는 선형 점탄성을 표현하는 가장 기본적인 함수이다.

식 (4.3-34)는 중요한 물리적 의미를 갖고 있다. 즉 현재 시간 t에서의 스트레스는 과거 시간 t'에 가해진 변형 $d\gamma = \dot{\gamma}(t')dt'$에 의해서 발생한 스트레스 $d\sigma = G(0)d\gamma$가 시간이 지나면서 과거를 잊어버리고 남은(fading memory) 스트레스 $G(t - t')d\gamma$를 모두 합친 것이다. 그림 4.1에는 고체, 유체와 변형에 대한 과거 기억을 잊어버리는 점탄성 물질의 $G(t)$를 도시하였다. 점탄성 물질은 시간이 지남에 따라 $G(t)$값이 감소하면서 과거에 생긴 변형에 대한 스트레스는 점차 줄어든다. 식 (4.3-34)에서 과거를 완전히 기억하는 고체의 경우 $G(t) = G$(상수)이므로

$$\sigma(t) = \int_{-\infty}^{t} G(t-t')\,\dot{\gamma}(t')\,dt' = \int_{-\infty}^{t} G d\gamma = G\int_{-\infty}^{t} d\gamma = G\gamma \tag{4.3-38}$$

가 된다. 즉 스트레스는 과거로부터 쌓인 모든 변형의 완전한 기억에 의하여 결정된다. 유체의 경우에는 $G(t) = \eta\delta(t)$이므로(스트레스 완화 과정에서 유체는 $t \neq 0$일 때 $G(t) = 0$이 성립하고, 동시에 $\eta = \int_0^\infty G(s)\,ds$이 만족되기 위해서는 $G(t) = \eta\delta(t)$가 되어야 한다)

$$\sigma(t) = \int_{-\infty}^{t} G(t-t')\,\dot{\gamma}(t')\,dt' = \int_{-\infty}^{t} \eta\delta(t-t')\,\dot{\gamma}(t')\,dt' = \eta\,\dot{\gamma}(t) \tag{4.3-39}$$

가 된다. 즉 스트레스는 과거와 관계없이 현재 $\dot{\gamma}$에 의해서만 결정된다.

다음으로 식 (4.3-30)을 다시 쓰면

$$G(t) = \int_0^\infty N(\tau)\exp\left[-t/\tau\right] d\ln\tau \tag{4.3-40}$$

가 된다. 분자량 분포가 넓은 고분자 용융체의 경우

$$G(t) = N_b\left[\mathrm{Ei}(-t/\tau_e) - \mathrm{Ei}(-t/\tau_m)\right] \tag{4.3-41}$$

의 형태로 쓸 수 있다(Ferry, 1980). 위 식에서 N_b는 모듈러스(modulus), τ_e, τ_m은 물질

시간을 나타내는 상수이고, $\mathrm{Ei}(x)$는 지수적분함수(exponential integral) $\int_{-\infty}^{x} (e^t / t)dt$ 를 나타낸다. 페리(Ferry, 1980)에서는 여러 물질의 $N(\tau)$값을 찾아볼 수 있다.

4.4 선형 점탄성 물질 함수

물질의 점탄성을 측정하기 위한 방법은 크게 동적 테스트(dynamic test)와 정적 테스트(static test)로 나눌 수 있다. 동적 테스트는 기본적으로 물질에 진동하는 변형을 가하면서 나타나는 스트레스를 측정하는 방법으로 가장 많이 쓰인다. 정적 테스트는 일정한 변형을 가한 후 시간에 따라 변하는 스트레스를 측정하는 스트레스 완화, 즉 $G(t)$를 측정하는 방법과, 일정한 스트레스를 계속 가할 때 물질의 변형을 측정하는 크리프 테스트(creep test)가 있다. 이 외에도 필요에 따라 많은 비정상상태 실험 방법이 있으나 여기서는 진동과 크리프에 대해서만 다룬다. $G(t)$를 측정하는 스트레스 완화 과정은 이미 선형 점탄성을 정의하는 과정에서 설명하였으므로 이 부분도 생략한다.

4.4.1 진동모드의 전단 변형

물질에 진동모드의 전단 변형을 가하고 이에 물질이 반응하는 특성을 측정하는 방법은 물질의 점탄성 측정에 가장 많이 쓰이는 방법이다. 두 평판 사이에 물질을 채우고 정해진 주파수로 사인(sine)함수 형태의 변형을 가하면 이에 반응하여 물질은 점탄성 특성에 따라 다른 스트레스를 보인다. 예를 들어 완전한 고체의 경우 변형에 비례하여 스트레스가 나타나므로 가하는 변형이 사인함수인 경우 스트레스도 사인함수가 된다. 유체의 경우에는 전단 변형의 시간에 대한 미분인 전단율에 비례하는 힘이 작용하므로 전단 스트레스는 사인함수의 미분인 코사인(cosine) 함수가 된다. 점탄성 물질의 경우에는 주기에 따라 반응이 달라진다. 주기가 물질시간보다 매우 짧은 경우에는 거의 고체의 거동을 보인다. 변형이 큰 주파수로 계속 빠르게 변화되면 물질이 스트레스를 완화하기 전에 새로운 변형이 계속 가해지기 때문이다. 만약 물질시간보다 주기가 충분히 길면 가해진 변형을 완화하면서 흐르는

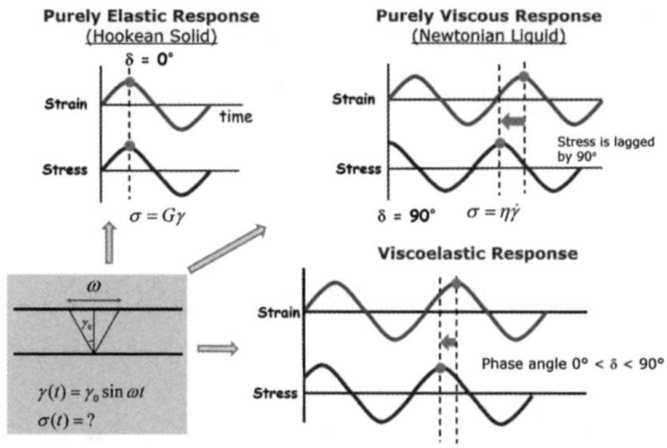

그림 4.13 진동 실험에 의한 점탄성의 측정 결과

유체의 거동을 보인다. 양쪽 극한 사이에서 물질은 스트레스를 부분적으로만 완화하면서 흘러 고체와 유체의 성질이 모두 나타나게 된다. 이는 다음에 보인 바와 같이 물리적으로는 사인 항과 코사인 항의 합으로 표시되는데 주파수에 따라 각 항의 비율이 달라진다.

그림 4.13에는 사인 함수의 스트레인이 가해졌을 때 후크 고체, 탄성이 없는 유체 및 점탄성 물질이 나타내는 스트레스를 도시하였다. 고체의 경우 스트레스는 스트레인에 비례하여 사인 함수로 나타난다. 탄성이 없는 유체는 스트레스가 스트레인을 시간으로 미분한 전단율, 이 경우 코사인 함수로 나타난다. 코사인 함수는 사인 함수에 비하여 $\pi/2$ 늦게 최대점에 도달하므로 스트레인이 최대에 이른 후 시간을 나타내는 ωt 값이 $\pi/2$ 더 커진 후 최대가 된다. 즉 스트레스의 위상각(phase angle)이 $\pi/2$만큼 늦어진다. 점탄성 물질의 경우에는 늦어지는 위상각이 0과 $\pi/2$ 사이에 있다. 이때 ω가 큰 경우에는 거의 고체와 같은 거동을 보이며 늦어지는 위상각이 0에 가까워지고, ω가 작은 경우에는 탄성이 없는 유체와 같은 거동을 보이면서 늦어지는 위상각이 $\pi/2$에 가까워진다. 그림 4.13의 과정을 정량적으로 쓰면 다음과 같다. 가해 주는 변형은 각속도 ω의 사인함수로

$$\gamma(t) = \gamma_0 \sin(\omega t) \tag{4.4-1}$$

이고, 이에 대하여 스트레스는

$$\sigma(t) = A(\omega)\gamma_0 \sin(\omega t + \delta) = \gamma_0 \left(G'(\omega)\sin \omega t + G''(\omega)\cos \omega t \right) \quad (4.4\text{-}2)$$

로 선형 점탄성 영역에서는 γ_0에 비례하여 나타난다. 위 식에서

$$\begin{aligned} G'(\omega) &= A(\omega)\cos\delta(\omega) \\ G''(\omega) &= A(\omega)\sin\delta(\omega) \end{aligned} \quad (4.4\text{-}3)$$

가 된다. 사인 항의 계수 $G'(\omega)$는 변형과 같은 위상을 갖는 항으로 고체의 특성을 나타내며, 코사인 항의 계수 $G''(\omega)$는 변형과 $\pi/2$의 위상차이를 갖는 항으로 유체의 특성을 나타낸다.

$$\frac{G''(\omega)}{G'(\omega)} = \tan\delta(\omega) \quad (4.4\text{-}4)$$

는 점성과 탄성의 비로 탄성이 강한 경우 $\tan\delta$가 0에 가까워지고, 탄성이 없는 경우에는 무한히 커진다. 일반적인 점탄성 물질은 $\tan\delta$가 0과 ∞ 사이의 값을 가지며, 탄성을 나타내는 척도로 많이 쓰인다.

유체를 움직이기 위해 가해 주는 일은 유체 내에서 열로 발생된다. 가해 주어야 하는 일을 구하기 위해 스트레스와 변형률을 곱한 후 한 주기($2\pi/\omega$) 동안 적분하면

$$\int_0^{2\pi/\omega} \gamma_0^{\,2}\omega\left(G'(\omega)\sin\omega t\cos\omega t + G''(\omega)\cos^2\omega t \right) dt = \pi G''(\omega)\gamma_0^{\,2} \quad (4.4\text{-}5)$$

이 된다. 이 값은 단위부피의 유체 내에서 한 주기당 발생하는 열량이다. 위 식에서 $G'(\omega)$에 비례하는 항은 0이 되며, 이는 에너지를 저장했다가 다시 방출하므로 생기는 현상으로서 저장 모듈러스(storage modulus)라 한다. $G''(\omega)$에 비례하는 항은 양(positive)의 값을 가지며, 가해진 일이 열로 손실되므로 손실 모듈러스(loss modulus)라고 부른다.

복소수를 이용하여 선형 점탄성을 다룰 수도 있다. $e^{i\theta} = \cos\theta + i\sin\theta$임을 이용하여

$$\gamma = \gamma_0 e^{i\omega t} \tag{4.4-6}$$

로 하면 $\dot{\gamma} = i\omega\gamma_0 e^{i\omega t}$이다. 식 (4.3-34)에 대입하면

$$\sigma(t) = \int_{-\infty}^{t} G(t-t')\,\dot{\gamma}(t')\,dt' = \int_{-\infty}^{t} G(t-t')\,i\omega\gamma_0 \exp(i\omega t')\,dt' \tag{4.4-7}$$

이고, $\zeta = t - t'$로 치환하면

$$\sigma(t) = i\omega\gamma_0 \exp(i\omega t)\int_0^{\infty} G(\xi)\exp(-i\omega\xi)\,d\xi = \left[i\omega\int_0^{\infty} G(\xi)\exp(-i\omega\xi)\,d\xi \right]\gamma(t) \tag{4.4-8}$$

가 된다. 위 식은 $\sigma = G\gamma$의 형태인

$$\sigma(t) = G^*(\omega)\,\gamma(t), \quad G^*(\omega) = i\omega\int_0^{\infty} G(\xi)\exp(-i\omega\xi)\,d\xi \tag{4.4-9}$$

로 쓸 수 있으며, G^*는 복소 완화 모듈러스(complex modulus)라 부른다. G^*에서 $\gamma(t)$와 같은 위상을 갖는 실수부는 고체의 성질을 나타내는 G'이 되며, $\gamma(t)$와 $\pi/2$의 위상차이를 보이는 허수부는 유체의 성질을 나타내는 G''이 된다. 따라서 G'과 G''은

$$\begin{aligned} G'(\omega) &= \omega\int_0^{\infty} G(s)\sin\omega s\,ds, \\ G''(\omega) &= \omega\int_0^{\infty} G(s)\cos\omega s\,ds \end{aligned} \tag{4.4-10}$$

으로 $\omega \to 0$일 때 $G' \propto \omega^2$, $G'' \propto \omega^1$의 점근적 특성이 있는데, 이는 점탄성 유체가 갖는 주요한 특성 중의 하나이다.

진동 실험과 관계된 물질 상수로 복소 점도(complex viscosity)와 복소 컴플라이언스(complex compliance)가 있다. 복소 점도는

$$\sigma(t) = \eta^*(\omega)\,\dot{\gamma}(t), \quad \eta^*(\omega) = \eta'(\omega) - i\eta''(\omega) \tag{4.4-11}$$

와 같이 정의하는데, G', G''와는

$$G' = \eta''\omega, \quad G'' = \eta'\omega \tag{4.4-12}$$

의 관계가 성립한다. 복소 컴플라이언스는 진동하는 스트레스를 물질에 가할 때 나타나는 스트레인을 구하는 문제에서 나오는 물질함수로서

$$\gamma(t) = J^*(\omega)\,\sigma(t), \quad J^*(\omega) = J'(\omega) - iJ''(\omega) \tag{4.4-13}$$

로 정의되며,

$$J^* = 1/G^* \tag{4.4-14}$$

의 관계가 있다.

지금까지 정의한 진동실험과 관련된 물질함수들은 모두 완화 모듈러스 $G(t)$로부터 구할 수 있었다. 또한 다음에 나오는 크리프와 관련된 선형 점탄성 함수들도 $G(t)$만 알고 있으면 구할 수 있다. 또한 이론적으로는 위의 함수들 중 실수부 혹은 허수부 하나만을 알고 있어도 복소수 함수이론의 크레이머스-크로니히 관계(Kramers-Kronig relation)를 이용하여 나머지를 구할 수 있다. 그러나 실제로는 여러 제약 때문에 실험적으로 구한 하나의 물질함수로부터 다른 물질함수를 구하기는 거의 불가능하다. 아주 높거나 낮은 주파수에서는 실험 결과를 얻기 어려울 뿐만 아니라 실험에 동반되는 오차가 다른 함수로 전환 시 더욱 증폭되어 정확한 결과를 기대하기 어렵기 때문이다.

맥스웰 모델의 경우 G^*, G'과 G''은 다음과 같이 계산된다. 먼저 식 (4.3-14)에 $\sigma(t) = G^*\gamma(t) = G^*\gamma_0 e^{i\omega t}$를 대입하면

$$G^*\gamma_0 e^{i\omega t} + \tau_M(i\omega)G^*\gamma_0 e^{i\omega t} = \eta(i\omega)\gamma_0 e^{i\omega t} = G\tau_M(i\omega)\gamma_0 e^{i\omega t} \tag{4.4-15}$$

가 되고, 이 식을 정리하면 다음과 같은 결과를 얻을 수 있다.

$$G^* = \frac{i\omega\tau_M G}{1+i\omega\tau_M}\ ,\ G' = \mathrm{Re}(G^*) = \frac{G\omega^2\tau_M^2}{1+\omega^2\tau_M^2},\ G'' = \mathrm{Im}(G^*) = \frac{G\omega\tau_M}{1+\omega^2\tau_M^2} \quad (4.4\text{-}16)$$

또한 위 식으로부터 맥스웰 모델의 완화 시간도 다음과 같이 구할 수 있다.

$$\tau_M = \lim_{\omega\to 0}\frac{G'}{G''\omega} \quad (4.4\text{-}17)$$

$$\tau_M = \left.\frac{1}{\omega}\right|_{\text{when } G'=G''} \quad (4.4\text{-}18)$$

위 식에서 ω 값은 G'와 G''가 그래프상에서 서로 만나는 점에서의 값이다. 앞에서도 지적했듯이 실제 고분자 물질은 맥스웰 모델로 표현되지 않는다. 따라서 실제 고분자 물질의 물질상수는 위 식으로 구할 수는 없으며, 물질시간의 규모를 예측하는 데에만 쓸 수 있다. 또한 고분자 용액의 경우에는 고분자를 녹인 용매의 역할을 제거하고 계산하여야 한다. 즉 측정된 G'' 대신 $G''-\eta_s\omega$를 사용하여야 한다.

4.4.2 크리프(creep)

그림 4.14에서 보는 것과 같이 평행한 두 판 사이에 물질을 채우고 판에 일정한 스트레스 τ_0를 가하면서 시간에 따라 변하는 변형 $\gamma(t)$를 측정하는 실험을 크리프 테스트라고 한다. 이때 τ_0의 크기는 당연히 점탄성 범위 내에 있어야 한다. 즉 τ_0는 충분히 작아서 테스트의 이름이 암시하는 대로 변형이 커진 후에도 전단율이 작아야 한다. 크리프 실험의 과정은 그림 4.15에 도시한 바와 같다. 점탄성 물질은 스트레스가 가해지는 초기에는 고체의 성질을 보이며 작은 스트레인만큼 변하다가, 시간이 지나면 유체의 성질을 보이며 변형이 계속 커지게 된다. 크리프 컴플라이언스(creep compliance) $J(t)$는

$$J(t) = \frac{\gamma(t)}{\tau_0} \quad (4.4\text{-}19)$$

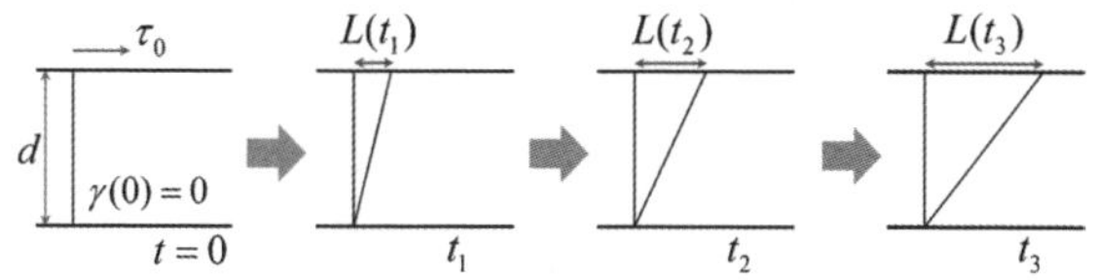

그림 4.14 크리프 실험. 일정한 스트레스를 가한 후 변형을 시간에 따라 측정함

와 같이 정의되며, 시간이 충분히 지난 후에는

$$J(t)=\frac{\gamma_0}{\tau_0}+\frac{t\dot{\gamma}_\infty}{\tau_0}=J_e^\circ+\frac{t}{\eta_0} \tag{4.4-20}$$

와 같이 시간에 따라 직선적으로 변한다. 위 식에서 γ_0는 물질의 유체성이 없을 때 생길 수 있는 변형으로 리코일(recoil)과 관계가 있다. $\dot{\gamma}_\infty$는 충분한 시간이 지나 고체의 성질이 없어진 후 단순 전단 유동 상태에서 나타나는 전단율이다. 그림에서 보면 이때 나타나는 기울기는 물질의 영점 전단율 점도(zero shear viscosity) η_0의 역수가 된다. 따라서 값이 작아서 측정이 어려운 물질의 영점 전단율 점도를 측정할 때도 크리프 실험이 사용되기도 한다. $J_e^0=\gamma_0/\tau_0$는 정상상태에서의 컴플라이언스(steady state compliance)라고 부르며

$$J_e^0=\frac{\int_0^\infty sG(s)ds}{\left[\int_0^\infty G(s)ds\right]^2} \tag{4.4-21}$$

의 관계가 있다. 크리프 후 회복 테스트(Creep-and-recovery test)는 일정 시간 동안 크리프 실험을 하다가 스트레스를 제거한 후 스트레인의 변화를 보는 실험으로 물질의 점탄성을 이해하는 데 도움이 될 수 있다. 이때 최종적으로 도달하는 스트레인이 γ_0로 회복 가능한 전단 변형의 크기(recoverable shear)라고 부르며 $\dot{\gamma}_\infty$의 전단율로 흐르던 점탄성 유체가 갑자기 정지될 경우 탄성에 의하여 뒤로 돌아가는 전단 변형의 크기이다. 이상에서 본 바와 같이 점탄성 물질함수 간에는 다양한 관계가 존재하는데 이는 앞에서 이야기한 대로 모든 점탄성 물질함수는 $G(t)$로부터 구할 수 있기 때문이다. 여러 점탄성 물질함수와 이들 간의 관계는 페리(Ferry, 1980)

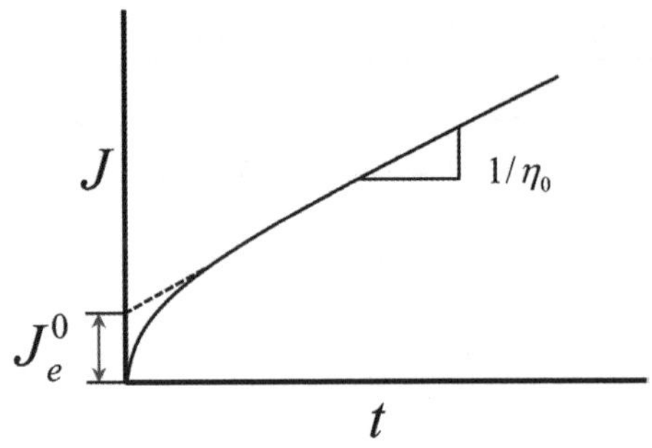

그림 4.15 크리프 실험

의 책에 잘 정리되어 있다.

4.5 라그랑주(Lagrange) 비정상상태

지금까지 점탄성은 물질에 변형이 가해진 후 이완시간보다 충분히 짧은 시간 동안은 고체의 성질을 보이다가 고체의 성질을 잃으면서 점차 유체의 성질을 보이는 현상이라고 설명하였다. 그렇다면 충분히 긴 시간이 지난 후에 이르게 되는 정상상태(steady state)에서의 유동에서는 탄성의 역할이 존재하지 않을 것이라고 생각할 수 있다. 예를 들어 맥스웰 모델의 경우 식 (4.3-15)에서 단순 전단 유동의 정상상태에서는 시간에 대한 미분이 0이 되고, 스트레스는 점성과 전단율에 의해서만 결정된다. 즉 이 경우에는 탄성의 항의 역할이 없다.

지금까지 다룬 유동은 모두 단순 전단 유동이었고, 이 경우 정상상태 유동에서 모든 유체입자(element)는 시간이 지나면서 같은 스트레스를 받는다. 즉 어떤 유체의 작은 부분을 선택해서 유선을 따라 계속 움직여 보면 계속 같은 스트레스를 받는다. 이러한 경우에는 실제로 탄성의 역할은 나타나지 않는다. 그러나 그림 4.16에 보인 것과 같이 유로가 넓어졌다 좁아졌다 하는 경우 정상상태에서도 점탄성 유체의 어떤 작은 부분에 작용하는 스트레스는 크기가 계속 변화하게 된다. 즉 이 경우 각 유체입자는 유동장 안에서 시간에 따라 위치를 바꾸며, 다른 위치에서는 다른 스트레스를 받고, 따라서 변형도 시간에 따라 변함으로써 탄성의 역할이 나

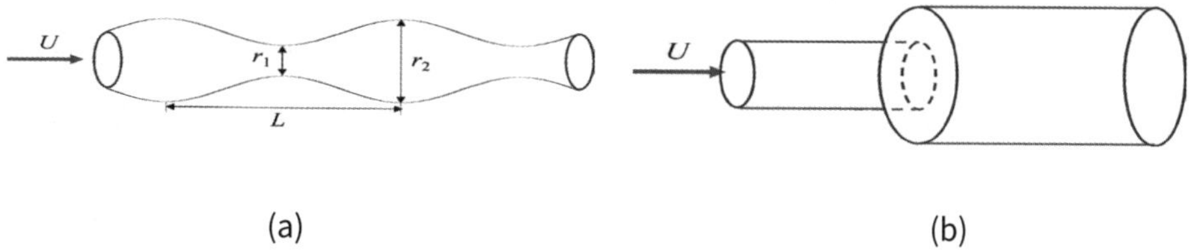

그림 4.16 유체가 흐를 수 있는 넓이가 변하는 유로의 예.

타난다. 이와 같이 유체입자의 변형을 추적하면서 볼 때 시간에 따른 변화가 있으면, 즉 유체입자가 움직이는 경로를 따라서 볼 때 변형이 시간에 따라 변하면, 그 유체의 작은 부분은 라그랑주 비정상상태(Lagrangian unsteadiness)에 있다고 한다. 라그랑주 비정상상태에 있는 점탄성 물질의 유체입자는 고정된 위치에서의 유동이 시간에 따라 변하지 않는 정상상태에서도 탄성을 나타낸다.

유체역학에서 사용하는 물질미분(material derivative 또는 substantial derivative)은 어떤 유체입자를 따라가면서 관찰할 때 그 유체입자가 갖는 속도, 농도, 온도 등의 시간에 대한 미분으로, 이러한 관점을 라그랑주 시점(Lagrangian viewpoint)이라 한다. 반면 고정된 위치에서 속도, 농도, 온도를 관찰하면서 시간에 따른 미분을 구할 때 이러한 관점을 오일러 시점(Eulerian viewpoint)이라고 한다. 한편 유체의 스트레스는 유체입자의 변형에 의해서만 발생하며, 회전에 의해서는 발생하지 않는데, 비선형 영역을 포함하는 일반적인 점탄성 문제에서는 이런 유체입자의 회전 문제를 제외하고 유체입자를 따라가면서 순수하게 늘어나는 성분만을 고려한 컨벡티드 미분(convected derivative 또는 codeformational derivative), 야우만 미분(Jaumann derivative 또는 corotational derivative) 등을 사용한다. 이러한 문제는 제7장 구성방정식에서 다룬다.

4.6 선형 점탄성의 측정

점탄성은 일반적으로 단순 전단 변형(simple shear)을 가할 수 있는 장치에서 측정할 수 있으며, 제3장의 점도 측정장치인 원뿔과 원판(Cone-and-plate), 평행원판(parallel plate) 또는 쿠엣 장치(Couette geometry)를 설치한 회전형 레오미터(rheometer)를 사용한다. 상업적인 레오미터의 경우 진동모드 주파수는 대략 $10^{-3}-10^{3}s^{-1}$ 범위에서 측정할 수 있으며, 시간에 따른 스트레스 혹은 스트레인의 변화는 대략 $10^{-3}-10^{3}s$ 동안 측정할 수 있다. 변화가 너무 빠른 경우 장치의 관성 및 유체의 관성도 측정결과에 영향을 미치며, 변화가 느려서 한 주기가 긴 경우에는 오랜 시간 동안 고온에 노출된 시료가 퇴화되거나, 용매가 기체로 휘발되어 문제가 생기기도 한다. 글리세린과 같이 흡습을 하는 시료는 공기 중의 수분에 의하여 측정 결과에 문제가 발생하기도 한다. 특히 전단율, 혹은 전단 스트레스가 너무 작거나 큰 경우 측정기기의 장치상의 한계로 측정이 어려운 경우도 있다. 고체형 시료의 점탄성은 회전형 레오미터가 아닌 동적 기계적 물성 측정장치(dynamic mechanical analyzer, DMA)를 이용한다. DMA의 시편은 대부분 얇은 직사각형 형태로 준비하며, 전단, 굽힘 또는 인장(tension) 모드에서 시료의 모듈러스와 $\tan\delta$ 등을 측정한다. 레오미터나 DMA는 모두 주파수뿐만 아니라 온도, 스트레인, 시간 등을 체계적으로 변화시키면서 실험할 수 있다.

입자의 브라운 운동에 의한 입자의 이동을 비디오로 추적하거나 광산란을 이용하는 마이크로레올로지(microrheology) 방법으로도 점성 및 선형 점탄성을 측정할 수 있으며, 이 주제는 마지막 장에서 좀더 다룰 예정이다. 점탄성을 측정하는 장치는 모두 정밀기계이며, 점도의 측정에 사용하는 인덱서와 같은 장치는 개발되어 있지 않다.

4.7 제품설계와 선형 점탄성

점탄성은 제품이나 공정의 설계 단계부터 중요한 역할을 하기도 한다. 많은 고분자 물질들, 또는 페인트나 잉크와 같이 작은 입자가 분산된 액체 등을 사용하는 제품에서는 점탄성을 대부분 적절히 고려하고 있다. 다른 한편에서는 제품의 점탄성 특성이 중요한 역할을 하는 제품의 개발에서도 점탄성을 측정도 하지 않고 있는 경우도 있는 것으로 보인다. 예를 들어 씹는 껌은 점탄성 물질의 하나이다. 씹는 껌의 모듈러스(modulus)가 너무 크면 씹기가 어렵고, 너무 작으면 씹는 기분이 나지 않는다. 또한 탄성이 너무 크면 고무를 씹는 것 같은 느낌이 들어 점성을 갖게 하여야 하며, 점성만 있으면 흘러내려 껌으로서 기능이 없어진다. 즉 적당한 크기의 모듈러스와 점탄성을 갖게 하여야 한다. 껌은 폴리이소부틸렌, 폴리비닐아세테이트, 로진(rosin) 에스터, 왁스 등을 검 베이스(gum base)로 하여 감미료, 향료, 유연제(softener) 등과 혼합한 물질로서 1850년대에 이미 상품화되었고, 현재도 수많은 종류의 껌이 시판되고 있지만, 씹는 껌이나 풍선 껌의 유변 물성이 처음 공식적으로 보고된 것은 2014년이고(Martinelli et al., 2014), 이후에도 거의 보고된 바가 없다. 껌의 점탄성을 이해하는 것은 제품설계에서 매우 중요하겠지만 아직까지는 생산기업이 갖고 있는 경험에 의하여 위의 성분들의 구체적인 사양과 이들의 혼합비를 결정하는 것으로 보인다. 이러한 분야에서도 점탄성의 정량적인 특징을 제품설계에 이용한다면, 제품 특성을 최적화, 안정화하며, 제품개발 시간도 단축할 수 있을 것이다. 이 절에서는 점탄성 특성과 타이어 및 점착제의 제품설계의 관계에 대하여 알아봄으로써 점탄성이 실제로 어떻게 응용이 될 수 있는지를 좀더 깊이 있게 이해하고자 한다.

4.7.1 자동차 타이어의 점탄성

자동차의 타이어는 주행 시 노면과의 그립(grip)으로 자동차가 미끄러지지 않고 주행을 가능하게 하는데, 이때 타이어의 점탄성은 매우 중요한 역할을 한다. 또한 타이어의 점탄성은 타이어의 회전저항(rolling resistance)을 갖게 함으로써 자동차 운행 시 많은 에너지를 소비하게 하기도 하며, 제동을 돕기도 한다. 타이어는 점탄성을 가지고 있는 고무를 기본으로 제조한다. 고무는 일반적으로 폴리부타디엔이나 폴리이소프렌과 같은 고분자에 가황(vulcanization)으로 가교를 형성시킨 것으로서 탄성을 가진 고체의 성질을 갖지만 가교점 사이의 고분자는 변형 시 서로 마찰이 생겨 에너지를 소비하며 점성을 나타내게 한다. 따라서 고무의 점탄성은 유한한 스트레스가 가해졌을 때 유한한 크기의 변형을 나타내는 켈빈 모델로 나타낼 수 있다.

• 회전저항

자동차의 타이어는 원래 원형이지만 자동차 차축에 장착되어 자동차의 무게를 지탱하게 되면 지면과 닿는 접지 부분이 그림 4.17a에 보인 바와 같이 납작하게 변형이 된다. 바퀴가 구르면 납작해졌던 부분은 다시 원래 모양으로 돌아가고, 새로운 부분이 변형이 되는데, 변형은 자동차 바퀴가 돌면서 주기적으로 나타난다. 그림에서 바닥과 닿은 부분은 최대한으로 변형이 되어 있다. 바퀴가 돌면서 최저점을 지나면 변형이 되었던 부분은 원래 모양으로 돌아가는데 고무가 갖는 점성 때문에 시간이 필요하다. 거의 한바퀴를 돈 후에는 다시 변형이 되기 시작하는데 이때도 바로 변형이 되는 것이 아니라 시간을 필요로 하며, 이 과정에서 에너지를 소모한다. 이러한 과정을 스프링과 대시포트를 이용하여 표시하면 그림 4.17b와 같이 된다. 타이어가 힘을 받아도 변형이 바로 되지 않고 시간이 지연되면 자동차가 앞으로 나가는 것을 방해하게 되는데 이를 회전저항이라고 부른다. 회전저항은 타이어가 완전 탄성체이면 나타나지 않으며, 고무의 점탄성 특성 중 점성에 의하여 나타나는 현상이다. 자동차 타이어의 지름을 600mm, 자동차의 최대 속도를 180km/h로 하면 자동차 바퀴는 초당 최대 25회전, 즉 80radian/s의 각속도를 갖는다. 따라서 회전저항은 각속도 $0-80\mathrm{s}^{-1}$의 점탄성에 의하여 결정된다.

회전저항(F_r)은 타이어와 도로면 사이에 존재하는 미끄럼 마찰(sliding friction)과는 전혀 별개의 것이다. 회전저항은 그림 4.18에 보안 바와 같이 타이어에 가해지는 항력에 비례하는 힘으로 나타내며, 이때 비례상수를 C_r이라 쓴다. 자동차의 C_r

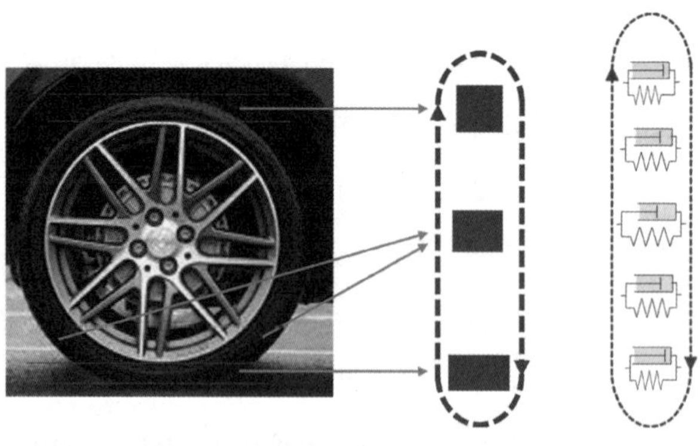

(a) (b)

그림 4.17 (a) 자동차 주행 시 자동차 타이어의 주기적인 변형 (b) 켈빈 모델로 표현된 타이어의 변형

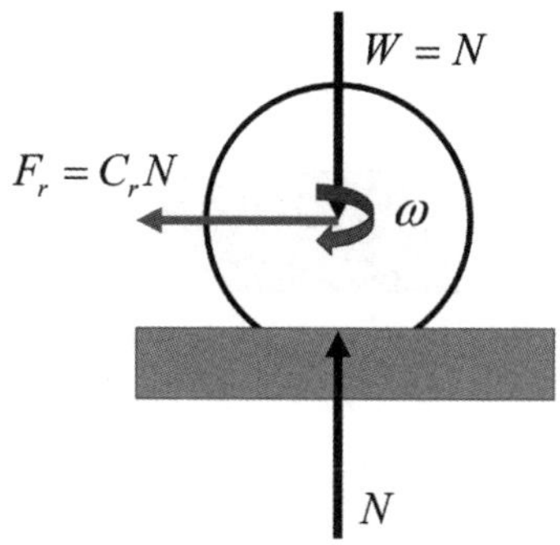

4.18 회전저항에서 C_r의 정의

은 0.015 정도의 값을 갖도록 고무의 특성을 조절함으로써 타이어를 설계하며, 트럭 타이어는 대략 0.005로 설계하는 것으로 알려져 있다. 점탄성이 거의 없다고 할 수 있는 금속 기차레일의 경우 0.0003 정도로 매우 작다. 따라서 기차의 제동거리는 매우 길게 나타난다. 트럭 타이어의 C_r이 자동차 타이어의 C_r보다 작은 것은 중량이 큰 트럭의 타이어는 제동 시 큰 운동에너지를 열로 전환시키게 되는데 회전저항이 너무 크면 타이어에서 너무 열이 남으로써 타이어 트레드(타이어에서 노면과 접하는 볼록하게 나온 부분)의 온도가 올라 녹을 수도 있기 때문에 이를 방지하기 위함이다. 따라서 트럭과 같은 대형차는 자동차보다 제동거리가 길다. 한편 자동차 타이어 압력이 너무 낮으면 자동차가 잘 나가지 않는데, 미끄럼 마찰은 타이어의 압력이 낮아져도 크게 변하지 않지만 접지 부분에서의 타이어의 변형이 커짐으로써 회전저항, 즉 에너지 소모가 크기 때문이다.

• 그립

그립은 타이어와 노면이 붙는 것 같은 느낌이다. 그립이 없으면 타이어는 헛바퀴를 돌 수밖에 없고(slipping), 회전 시에는 차가 진행 방향에 수직 방향으로 미끄러지므로(skidding) 타이어 설계에서 중요한 역할을 한다. 그립은 타이어면과 노면 사이의 반데르발스(van der Waals) 힘에 의한 것과 노면의 밀리미터 규모의 요철에 의한 것의 2가지 원인으로 생긴다. 그립이 생기기 위해서는 역설적으로 일단 작은 규모로 미끄러져야 하며, 미끄러지지 않으면 그립이 생기지 않는다. 타이어가 미끄러지는 속도는 자동차가 움직이는 속도의 약 5% 수준인 것으로 알려져 있다.

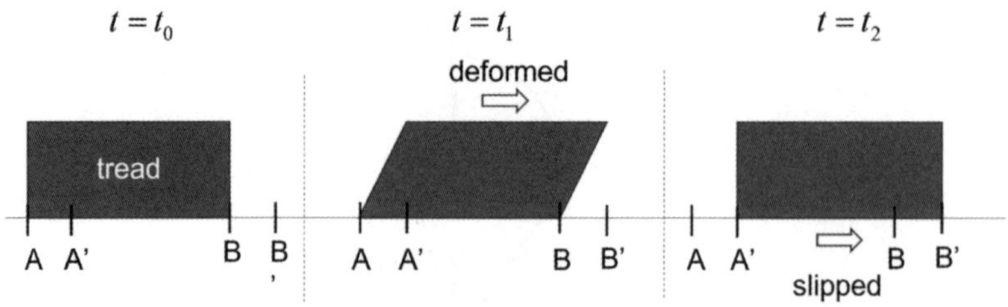

그림 4.19 반데르발스 힘에 의한 트레드의 접착과 미끄러짐의 반복과정에서 점탄성에 의한 그립의 생성

반데르발스 힘에 의한 그립은 타이어가 노면에 분자 간의 힘으로 붙었다가 미끄러질 때 생기는 타이어 접선 방향의 힘에 의해 생긴다. 그림 4.19에 보인 것과 같이 타이어의 트레드(tread) 면이 반데르발스 힘에 의해 노면에 붙은 상황에서($t=t_0$) 타이어 윗부분이 전진하면 트레드 부분에 변형이 생기게 되는데($t=t_1$), 점탄성의 영향으로 이 변형이 억제된다. 즉 탄성만 있으면 바로 변형이 되지만 점성에 의해 변형이 지연되고 따라서 타이어의 접선 방향으로의 움직임이 제한되어 그립으로 나타난다. 시간이 지나면서 변형이 커지게 되면 더 이상 노면과 타이어가 붙어 있을 수 없게 되어 A는 A′로, B는 B′로 미끄러지고($t=t_2$), 변형이 감소되어 반데르발스 힘으로 다시 붙으면서 위의 과정이 반복된다. 미끄러지는 거리는 건조한 표면에서 대략 10nm 정도의 크기를 갖는다. 이때 만약에 미끄러지지 않으면 변형이 너무 커져서 노면과 접촉한 타이어 표면은 타이어 본체로부터 떨어져 나가고 노면에 검은 자국을 남기면서 오히려 자동차는 더 큰 미끄러짐이 생길 수 있다. 즉 작은 미끄러짐이 큰 미끄러짐을 방지해 준다. 반데르발스 힘에 의한 그립은 주파수 10^6-10^9헤르츠(Herz) 범위에서 생기는 현상임이 알려져 있다.

노면 요철에 의하여 생기는 그립은 1μm 내지 10mm 폭의 요철이 있는 면을 미끄러지면서 지날 때 생기는 현상이다. 그림 4.20에 보인 바와 같이 타이어 트레드가 볼록한 면에서 미끄러지면(그림에서는 편의상 타이어는 고정되어 있고 면이 움직이는 것으로 표시하였다) 점탄성에 의하여 변형이 바로 회복되지 못하고 회복이 지연됨으로써 볼록한 면의 앞뒤로 비대칭적인 힘의 분포가 생긴다. 따라서 미끄러지는 방향과 반대 방향으로의 힘이 생김으로써 큰 미끄러짐이 억제된다. 만약 고무의 점탄성이 없이 완전 탄성체였다면 변형은 순간적으로 회복되어 힘이 대칭이 되고 미끄러짐을 막

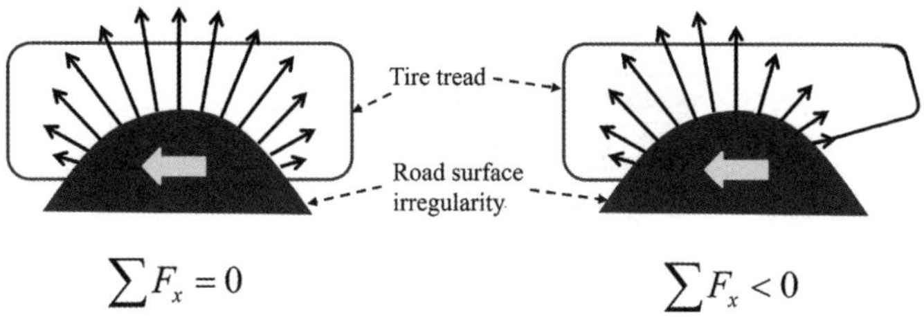

그림 4.20 노면 요철에 의한 트레드의 변형과 그립의 생성. F_x는 타이어의 진행방향으로 작용하는 힘

을 수 없어 계속 미끄러지게 된다. 자동차의 속도와 요철의 주기를 고려하면 이때 주기는 약 100 – 10,000헤르츠 범위에 있다. 그립에 의한 타이어 트레드 면과 노면 사이의 마찰계수는 tanδ에 비례하는 것으로 알려져 있다(Farroni et al., 2014).

그립을 조절하려면 결국 고무의 점탄성을 조절해야 하는 것임을 알 수 있다. 어떤 온도에서 고무의 tanδ 값, 즉 흐르는 성질은 대부분의 고분자 용융체나 고분자 용액의 점탄성 특성과는 달리 주파수가 아주 낮거나 아주 높을 때는 낮은 값을 갖고, 중간 주파수 영역에서 최댓값을 갖는다. 고정된 주파수에서는 고무의 유리전이 온도 부근에서 tanδ는 가장 큰 값을 갖는다. 따라서 타이어의 고무는 이러한 성질을 고려하여 선택하게 된다. 물론 고무와 함께 섞어 넣는 입자에 의해서도 점탄성이 변하므로 입자의 선택도 중요한 것으로 알려져 있다.

4.7.2 점착제의 점탄성

점착제(pressure sensitive adhesive, PSA)는 접착 테이프를 비롯한 일상 용품뿐만 아니라 그림 4.21과 같이 LCD 패널의 편광판 부착에 사용되는 점착제나 반도체 제조용 테이프와 같이 산업적으로도 다양한 분야에서 사용되고 있다. 점착제는 넓은 의미에서는 접착제에 포함되기도 하지만 일부 특성에서는 접착제와 구분되는 성질을 나타내기 때문에 따로 점착제로 구분한다. 접착제는 초기에 액체 상태로 존재하다가 접착을 시키는 재료에 도포된 후 경화 반응을 거치면서 고체상으로 변한다. 반면 점착제는 이미 경화 또는 반경화 반응이 진행된 후 사용되기 때문에(8.11절 참고) 적당한 유동성 및 탄성을 갖는 점탄성 특성을 나타내고, 접착 후에도 상변화가 일어나지 않는 상태에서 계속 사용된다.

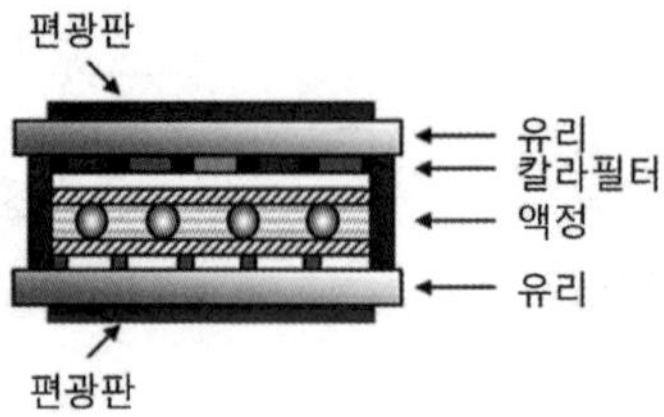

그림 4.21 LCD(Liquid Crystal Display)의 기본 구조

접착제의 경우 액체 상태로 접착 면에 도포가 되기 때문에 액체 상태의 점도, 접착제와 접착면과의 상호작용을 결정하는 표면에너지 및 계면장력이 접착제의 젖음성(wetting)을 결정하게 된다. 접착제가 접촉 표면의 거칠기를 극복하고 가능한 한 많은 표면과 분자가 접촉하기 위해서는 유동성이 좋아야 한다. 또한, 접착이 된 후에는 접착면에 가해지는 힘(load)를 견딜 수 있는 강성(stiffness)이 필요하다. 접착 시의 좋은 젖음성을 위한 점성 특성과 접착이 유지되는 과정에서 필요한 탄성 특성은 액체 상태에서 고체 상태로 변화를 시키는 경화 반응을 통하여 얻어진다.

이에 비해 점착제는 접착 과정과 접착이 유지되는 과정에서 물리적 상태의 변화를 겪지 않기 때문에 점착 테이프를 붙이는 과정, 테이프가 접착되고 있던 상태 및 점착 테이프를 떼어 낼 때 모두 동일한 성질을 갖는다. 점착제는 가볍게 가교 결합된 분자량이 큰 폴리머와 점탄성을 조절하는 낮은 분자량의 첨가제로 구성된 부드러운(접착이 이루어지는 온도에서 대략 0.1MPa 미만의 탄성률) 점탄성 고체이다. 점착제용 고분자로는 실리콘계, 아크릴계 및 고무계가 주로 사용되고 있다. 그림 4.22에 접착제와 점착제의 박리 시의 거동을 나타냈다. 접착제의 경우 계면과의 접착력(adhesive force)이 내부의 응집력(cohesive force)보다 크기 때문에 박리가 일어날 때 접착제 내부에서 파괴가 발생하지만(cohesive failure), 점착제의 경우 내부 응집력이 계면에서의 접착력보다 크기 때문에 박리 때에 계면에 잔류물이 남지 않고 깨끗하게 분리가 된다(adhesive failure). 따라서 그림 4.21에서 점착제를 사용하여 LCD 패널에 편광판을 붙일 때 편광판이 잘못 부착되는 경우 패널의 손상 없이 패널로부터 편광판을 제거하고 새로운 편광판으로 교체할 수 있게 된다.

일반적인 점착 테이프의 구성은 그림 4.23에 나타난 바와 같이 점착제가 코팅이 되어 있는 베이스 필름과 점착제를 보호하기 위한 이형 필름(release liner film)으로

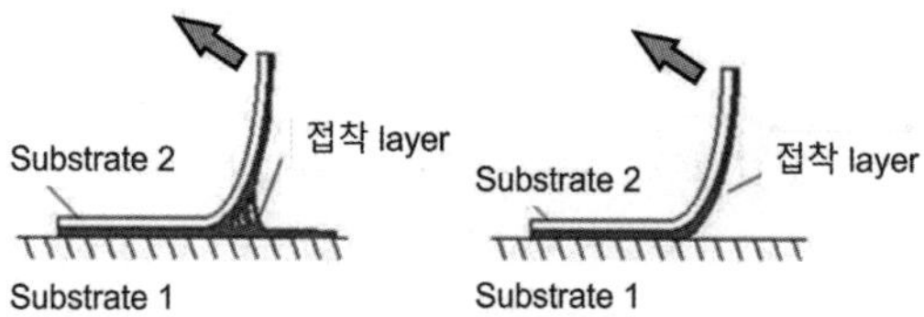

그림 4.22 접착제와 점착제의 박리 거동 비교

되어 있고, 양면 테이프의 경우 베이스 필름 양쪽에 같은 방식으로 구성되어 있다.

점착제가 피착재에 부착하고 박리되는 특성은 특정한 용도에 사용되는 적절한 점착제의 선정에 매우 중요하다. 점착제의 특성은 기본 물성인 택(tack), 박리력(peel strength) 및 전단 강도(shear strength)를 측정하여 분석하는데, 이 값들은 점착제의 점탄성 특성에 의존한다. 택이란 초기 점착력을 의미하며 작은 압력에도 순간적으로 끈끈함을 나타내는 힘을 의미하고, 박리력은 접착 후에 기재에서 떼어낼 때 필요한 힘을 의미한다. 전단 강도는 일정 하중을 걸었을 때 점착제가 견디는 힘으로, 일정 압력으로 표준 피착물의 표면에 시료를 고정하고 피착물 표면에 대해 평행 방향의 일정 하중에 의해 미끄러지는 거리 또는 떨어질 때까지 걸린 시간으로 측정된다.

일반적으로 점착제는 사용하는 온도 범위에서 끈끈하여 가벼운 압력하에서 다양한 종류의 재료에 접착이 가능하여야 하며, 적당한 응집력을 갖고 있어 접착이 유지되는 과정에서 충분한 강성을 나타내고, 점착제가 접착면에서 제거될 때 잔류물이 남지 않아야 한다. 점착제의 이와 같은 거동은 재료의 점탄성 특성의 결과로 결합이 형성될 때는 액체와 유사한 거동을 보이고, 박리 시에는 변형에 저항하는 고체와 유사한 거동을 나타내고 있다. 점착제는 점탄성 물질이므로 느린 변형을 겪을 때 더 액체처럼 반응하고, 빠르게 변형시키려고 할 때는 좀더 고체처럼 반응한다. 점착제의 접착을 위한 시간 스케일은 일반적인 박리 테스트에서의 변형 시간 척도보다 더 길게 된다. 적절하게 설계된 점착제는 이 두 시간 척도 사이에서 탄성률이 크게 변화하게 되어 우수한 점착 특성을 나타낸다.

달퀴스트(Dahlquist, 1969)는 점착성을 나타내기 위한 점착제의 저장 탄성률의 최댓값을 제안하였고, 체류 시간, 분리 속도 및 온도의 함수로서의 점착성과 유변학

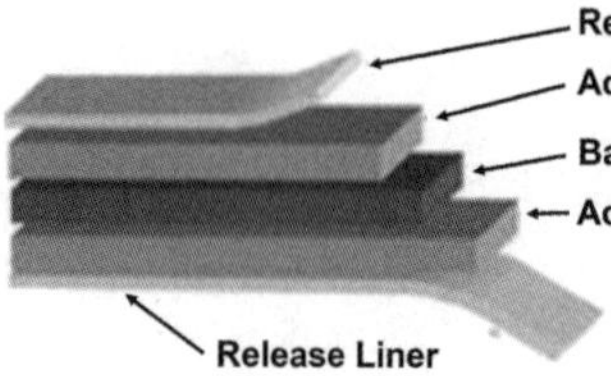

그림 4.23 점착 테이프의 기본 구성

적 특성에 대한 데이터를 분석하여 점착 특성에 관한 '달퀴스트 기준'으로 변형속도 $1s^{-1}$에서 $G' < 3 \times 10^5$Pa이어야 함을 제시하였다. 변형속도 $1\ s^{-1}$를 선택하는 것은 다소 임의적이며 일반적으로 점착제의 점착성을 판단하기 위해 결합할 수 있는 시간을 기준으로 한다.

박리력 측정 시 변형 속도는 일반적인 결합 시의 변형 속도보다 훨씬 빠르다. 실제 값은 박리 속도에 따라 변화하지만 $100\ s^{-1}$의 값이 대푯값으로 사용된다. 그림 4.24에는 주파수 변화에 따른 점착제의 전형적인 선형 점탄성 특성 거동을 택, 박리 시험 및 전단 강도 시험속도에 대하여 보였다. 점착 테이프를 적절한 크기로 절단하는 과정(slitting operation)은 매우 빠른 속도의 변형을 점착제에 가하기 때문에 매우 높은 주파수의 저장 탄성률과 관련되어 있다.

점착제가 피착재에 잘 부착되기 위해서는 분자량이 작은 고분자를 사용하거나 경화도(crosslinking density)를 줄여서 점성 특성을 크게 하여야 한다. 그러나 이 경우 점착제의 응집력이 크지 않아 박리 시 표면에서 깨끗하게 제거될 수 없다. 반대로 너무 분자량이 크거나 경화도를 높이는 경우 피착재 표면에의 부착 특성이 부족하게 된다. 따라서, 점착제가 사용되는 용도에 따라 점탄성 특성이 적절하게 조절되어야 한다.

점탄성 특성에 따라 점착제의 사용 특성을 구별하기 위하여 창(Chang, 1991)은 점착제의 점탄성 창(viscoelastic window) 개념을 제안하였다. 창(Chang, 1991)은 점착제의 점탄성 창을 특성화하기 위해 상온에서 0.01 및 $100\ s^{-1}$의 두 가지 주파수에서 측정된 G'과 G''을 사용하였다. 일반적으로 점착제가 사용되는 환경에서 점착제가 겪게 되는 주파수의 범위가 0.01 및 $100\ s^{-1}$ 정도라고 생각할 수 있기 때문이다. 이 4개 값은 그림 4.25에 점선으로 표시된 점탄성 창의 네 모서리를 구성한다.

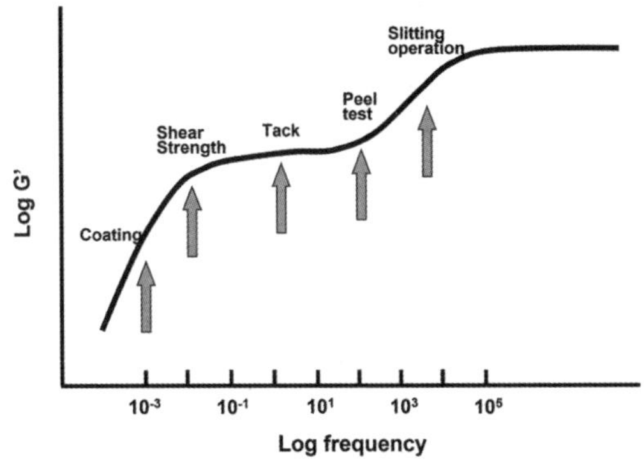

그림 4.24 점착제의 사용 물성과 저장 탄성률과의 관계

사용하는 점착제의 점탄성 창이 그림 4.25와 같이 가운데 영역에 존재하게 되면 범용 점착제로 사용될 수 있는 물성을 나타낸다. 즉 G'과 G''이 적당한 범위의 값을 갖고 있어 부착 특성과 박리 특성의 균형이 맞추어져 있다. 사분면 1(quadrant 1)에 포함되는 경우 G''이 커서 부착 특성이 좋고 G'도 크기 때문에 큰 전단 강도가 필요한 점착제 용도로 사용될 수 있다. 사분면 2의 영역에 포함된다면 G'' 값이 작고, G' 값이 크게 되어 부착 특성이 부족하여 점착제로 사용될 수 없고, 릴리스 라이너(release liner)의 용도로 사용될 수 있다. 사분면 3에 해당하는 경우 G''이 작아 점성 특성이 부족하지만 G'도 작기 때문에 부착 특성이 크게 부족하지 않고, 동시에 박리력도 크지 않기 때문에 떼어 낼 수 있는(removable) 점착제의 용도로 사용될 수 있다. 사분면 4에 포함되는 경우 G'' 매우 크므로 점성 특성이 크게 되어 낮은

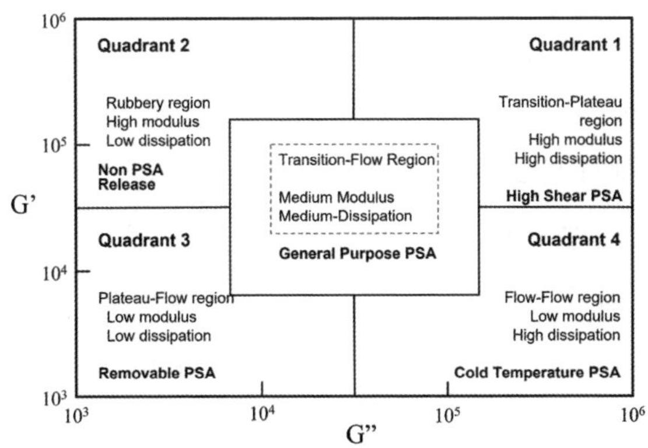

그림 4.25 점착제의 점탄성 창과 해당 영역의 점착제 특성 및 사용 용도(Chang, 1991)

온도에서도 충분한 점착 특성을 나타낼 수 있어, 저온용 점착제로 사용될 수 있다. 이와 같이 점착제의 점탄성 창은 점착제가 사용될 수 있는 용도와 범위를 예측하는 데 유용하게 사용될 수 있다.

4.8 비선형 점탄성

4.3절부터 4.7절까지는 선형 점탄성에 대해 다루었다. 선형 점탄성은 변형이나 변형률이 충분히 작아 물질이 평형상태에 있을 때의 물리적 성질을 나타낸다. 선형 점탄성을 측정하는 진동 실험에서는 충분히 작은 진폭을 사용하여 측정하므로 소진폭 진동 테스트(small amplitude oscillatory shear test), 약어로는 SAOS 테스트라고 부른다. 변형이나 변형률이 커지면 평형상태로부터 벗어나므로 SAOS 테스트에서의 결과를 직접 적용할 수가 없는데, 이것은 낮은 전단율에서의 영점 전단율 점도와 전단율이 클 때의 점도가 감소하거나(shear thinning) 점도가 증가하여(shear thickening) 점도가 차이를 보이는 것으로부터 쉽게 짐작할 수 있다. 변형이 커지면서 나타나는 비선형성의 문제는 물리적으로나 수학적으로 훨씬 복잡한 문제이다. 또한 변형의 크기가 커지면 물질 내에 새로운 미세구조가 발달함으로써 변형의 종류에 따라서도 물질의 거동이 정성적으로 달라질 수 있어 비선형성에 대해서는 수많은 접근 방법이 있을 수 있다. 이러한 비선형적인 문제를 수학적으로 정의될 수 있고, 실험적으로 구현될 수 있는 방법으로 접근하는 방법의 하나로서 진동 실험의 진폭을 크게 하여 물질의 특성을 측정하는 방법을 대진폭 진동 테스트(large amplitude oscillatory shear test), LAOS 테스트라고 한다. 본 절에서는 LAOS 테스트의 기본 개념과 해석 방법에 대해 간단히 설명한다. 여러 예 및 자세한 내용은 현 등(Hyun et al., 2011)의 총설논문 및 안에 인용한 논문을 참고할 수 있다.

일반적으로 물질의 스트레스(σ)는 가해진 스트레인(γ)과 스트레인의 시간에 대한 미분($\dot{\gamma}$)의 함수이고, γ와 $\dot{\gamma}$이 0일 때 σ는 0이 된다. 따라서 σ는 다음과 같은 테일러(Taylor) 급수 형태로 전개하여 쓸 수 있다.

$$\sigma = \sum_{m=1}\sum_{n=1} C_{mn}\gamma^m \dot{\gamma}^n \tag{4.8-1}$$

위 식에서 C_{mn}은 물질상수이다. 스트레인의 방향, 즉 부호가 바뀌면 스트레스의 부호도 바뀌므로 위 식에서 $m+n$이 홀수이어야 한다. 이러한 조건을 만족할 때 식 (4.4-1)과 같이 사인함수의 변형이 가해지면 식 (4.8-1)은

$$\sigma(t) = \sum_{m=1,3,5...} \sum_{n=1,3,5...}^{m} \gamma_0^n \left[A_{mn}\sin n\omega t + B_{mn}\cos n\omega t\right] \tag{4.8-2}$$

와 같이 된다(Hyun et al., 2011). 위 식을 전개하여 사인과 코사인의 같은 항을 묶으면

$$\begin{aligned}\sigma(t)/\gamma_0 &= (A_{11} + A_{31}\gamma_0^2 + \cdots)\sin\omega t + \gamma_0(B_{11} + A_{31}\gamma_0^2 + \cdots)\cos\omega t \\ &\quad + (A_{33}\gamma_0^2 + \cdots)\sin 3\omega t + (B_{33}\gamma_0^2 + \cdots)\cos 3\omega t + \cdots\end{aligned} \tag{4.8-3}$$

이 된다. 위 식에서 $A_{11} = G'(\omega)$, $B_{11} = G''(\omega)$로 $\gamma_0 \to 0$이면 식 (4.4-2)의 선형 점탄성 식과 같아지는 것을 볼 수 있다. 식 (4.8-3)의 우변에서 셋째 항 이후는 작다고 가정하고 처음 2항까지만 생각하면 스트레스는 다음과 같이 쓸 수 있다:

$$\sigma(t) = \left(G'(\gamma_0,\omega)\sin\omega t + G''(\gamma_0,\omega)\cos\omega t\right)\gamma_0 \tag{4.8-4}$$

위 식에서는 $G'(\gamma_0,\omega)$, $G''(\gamma_0,\omega)$와 같이 선형 점탄성에 사용하는 저장 모듈러스와 손실 모듈러스의 기호를 그대로 사용하여 표현하였다. 이 값들은 γ_0, ω 두 변수의 함수이므로 LAOS 테스트에서는 ω를 고정하고 γ_0만의 함수, 즉 $G'(\gamma_0)$, $G''(\gamma_0)$로 측정하여 해석한다. 즉 선택된 ω에서 스트레인 스윕 테스트(strain sweep test)를 시행하여 해석한다. 현 등(Hyun et al., 2002)은 여러 종류의 물질을 대상으로 실험한 결과, 유변학적으로 복잡한 유체의 $G'(\gamma_0)$, $G''(\gamma_0)$는 그림 4.26에 나타낸 바와 같이 4가지 유형으로 분류될 수 있으며, 각 유형은 선형 점탄성 영역을 넘어서 변형이 클 때 발달되는 물질의 미세구조와 연관될 수 있음을 보였다. 이러한 결과는 유변 물성 측정 결과로부터 물질의 미세구조를 탐침할 수 있음을 의미한다.

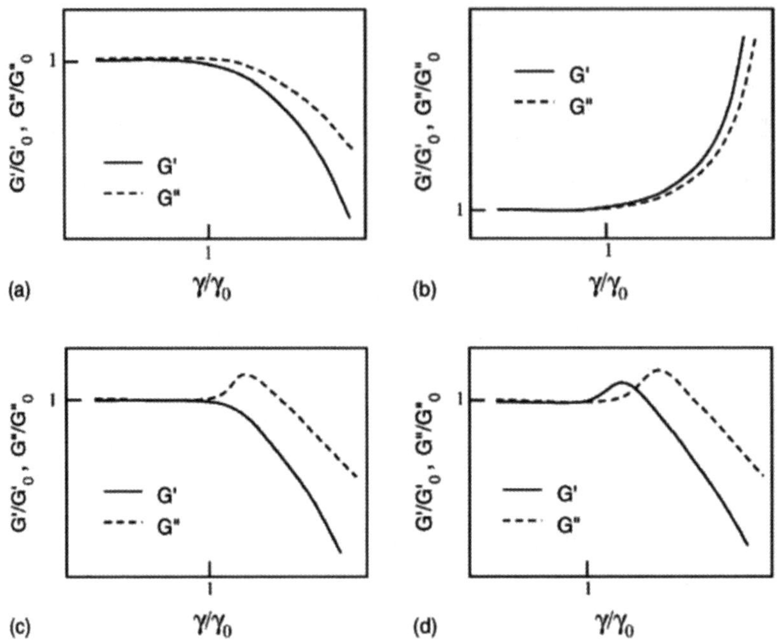

그림 4.26 4가지 유형의 LAOS 특성. $G'(\gamma_0)$, $G''(\gamma_0)$를 선형 점탄성 값으로 표준화하여 그림. (a) 유형 I: 스트레인 시닝(strain thinning); (b) 유형 II: 스트레인 하드닝(hardening); (c) 유형 III: 약한 스트레인 오버슛(overshoot); (d) 유형 IV: 강한 스트레인 오버슛(Hyun et al., 2002)

LAOS 테스트의 결과를 해석하는 다른 방법으로 스트레스의 시간에 따른 변화를 직접 관찰하는 방법이 있다. 그림 4.27에는 2종류의 폴리프로필렌(PP)의 시간에 따른 스트레스의 변화를 도시하였다. 선형 PP와 가지가 달린 PP 모두 그림 4.26의 유형 I의 스트레인 시닝(thinning) $G'(\gamma_0)$, $G''(\gamma_0)$를 보이지만 선형 PP의 경우에는 사인곡선이 앞으로 기울어지는 형태를 보이는 반면 가지가 달린 PP는 사인곡선이 뒤로 기울어지는 형태를 보인다. 이와 같이 비선형 점탄성 영역에서는 변형에 크기나 형태에 따라 물질이 다른 반응을 보일 수 있다.

스트레스를 시간에 따라 그리는 대신 가로축을 변형으로 하여 그릴 수 있으며(phase plot), 이러한 그림을 리사주 플롯(Lissajous plot)이라 한다. 탄성만 있는 물질의 경우에는 직선, 점성만 있는 유체의 경우에는 장축과 단축이 좌표축과 일치하는 타원이 나오며, 선형 점탄성 물질의 리사주 플롯은 장축과 단축이 좌표축에 대해 기울어진 타원이 나오지만, 비선형 영역에서는 그림 4.28과 같이 타원으로부터

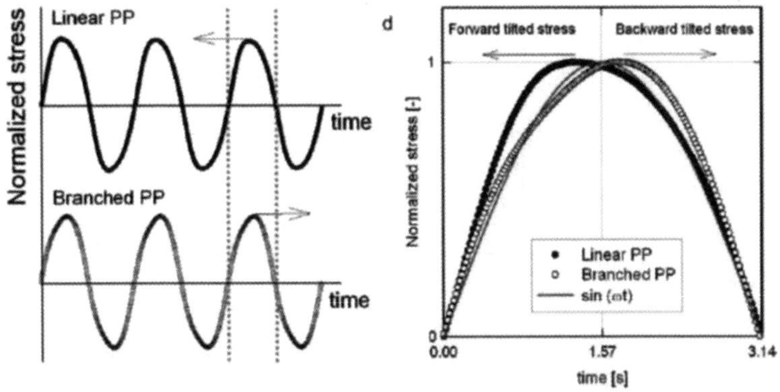

그림 4.27 선형 폴리프로필렌과 가지가 달린 폴리프로필렌의 시간에 따른 스트레스 변화의 차이(Hyun et al., 2011)

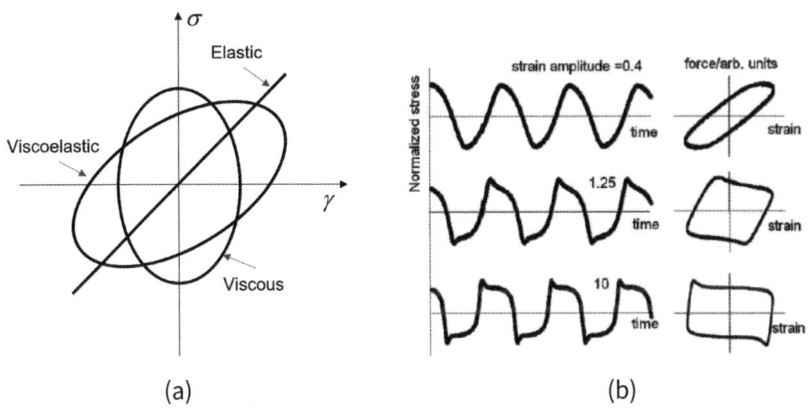

그림 4.28 리사주 플롯. 왼쪽: 이상적인 탄성체, 유체 및 점탄성 물질의 결과; 오른쪽: LAOS 테스트의 예. 4% 잔탄검 용액(Hyun et al., 2003)

많이 벗어나게 되므로 벗어난 형태와 내부의 넓이를 물성이나 미세구조와 연관시킬 수도 있다.

LAOS 테스트에서 스트레스의 시간에 따른 변화는 주기함수이므로 주기함수의 특성을 분석하는 유용한 도구인 푸리어 변환(Fourier transform, FT)을 이용하여 해석할 수도 있다. 그림 4.29에는 시간에 따라 변화하는 스트레스 곡선을 FT하여 구한 파워 스펙트럼(power spectrum)을 도시하였다. 각속도 ω의 주기 함수이므로 ω에서 가장 큰 극댓값이 나오고, 기함수의 특성으로 인하여, 3ω, 5ω, 7ω, …에서 극댓값이 나오는데 각 극댓값의 크기는 미세구조에 따라 달라질 수 있다. 첫 번째 극댓

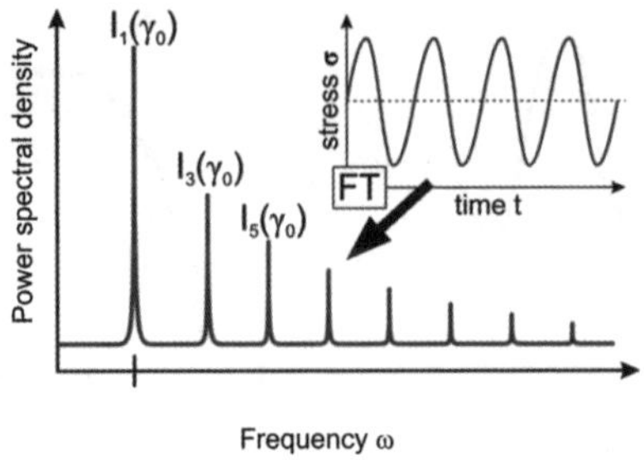

그림 4.29 사인 함수로부터 벗어나는 스트레스 변화와 이의 푸리에 변환(Fourier transform)(Cziep et al., 2011)

값이 크기와 3ω에서의 파워 스펙트럼 강도의 비 I_3/I_1에 대한 해석이 비교적 많이 되어 있다. 비선형 영역에 대한 다른 여러 해석 방법에 대해서는 현 등(Hyun et al., 2011)을 참고할 수 있다.

참고 문헌

Chang EP, 1991, "Viscoelastic windows of pressure-sensitive adhesives," *J. Adhesion* **34**, 189-200

Cziep Mam M Abbasi, M Heck, L Arens and M Wilhelm, 2016, "Effect of molecular weight, polydispersity and monomer of linear homopolymer melts on the intrinsic mechanical nonlinearity $^3Q_0(\omega)$ in MAOS," *Macromolecules* **49**, 3566-3579

Dalhquist CA, 1969, Treatise on Adhesion and Adhesives, Marcel Dekker, New York

Fang L, H Hu and RG Larson RG, 2005, "DNA configurations and concentration in shearing flow near a glass surface in a microchannel," *J. Rheol.* **49**, 127-138

Farroni et al., 2014, "A physical-analytical model for a real-time local grip estimation of tyre rubber in sliding contact with road asperities," *Proc. IMech Part D: J. Auto. Eng.* **228**, 955-969

Ferry JD, 1980, Viscoelastic Properties of Polymers, Wiley, New York

Hyun K, SH Kim, KH Ahn and SJ Lee, 2002, "Large amplitude oscillatory shear as a way to classify the complex fluids," *J. Non-Newt. Fluid Mech.* **107**, 51-65

Hyun K, JG Nam, M Wilhelm, KH Ahn and SJ Lee, 2003, "Nonlinear response of complex fluids under LAOS (large amplitude oscillatory shear) flow," *Korea-Aust. Rheol. J.* **15**, 97-105

Hyun K, M Wilhelm, CO Klein, KS Cho, JG Nam, KH Ahn, SJ Lee, RH Ewolt and GH McKinley, 2011, "A review of nonlinear oscillatory shear tests: Analysis and application of large amplitude oscillatory shear (LAOS)," *Prog. Polym. Sci.* **36**, 1697-1753

Martinelli L, AM Mannion, WE Voje, R Xie, RH Ewolt, LD Morgret, FS Bates and CW Macosko, 2014, "A critical gel fluid with high extensibility: The rheology of chewing gum," *J. Rheol.* **58**, 821-838

Rubinstein M and RH Colby, 2003, Polymer Physics, Oxford Univ. Press, Oxford

Sugimoto M, Y Suzuki Y, K Hyun, KH Ahn, T Ushioda, A Nishioka, T Taniguchi and K Koyama, 2006, "Melt rheology of long-chain-branched polypropylenes," *Rheol. Acta* **46**, 33–44

제5장

수직 스트레스 차이

5.1 전단 유동에서의 수직 스트레스 차이

제2장에서 스트레스 텐서는 xyz 좌표계에서 식 (2.2-13)과 같이 썼다:

$$\mathbf{T}=\begin{bmatrix} T_{xx} & T_{xy} & T_{xz} \\ T_{yx} & T_{yy} & T_{yz} \\ T_{zx} & T_{zy} & T_{zz} \end{bmatrix}=\begin{bmatrix} -p+\tau_{xx} & \tau_{xy} & \tau_{xz} \\ \tau_{yx} & -p+\tau_{yy} & \tau_{yz} \\ \tau_{zx} & \tau_{zy} & -p+\tau_{zz} \end{bmatrix} \tag{2.2-13}$$

스트레스 텐서의 9개 성분 중에서 텐서의 대각선에 있는 성분, T_{xx}, T_{yy}, T_{zz}를 수직 스트레스라고 부른다. 수직 스트레스는 면에 수직 방향으로 작용하는 스트레스 성분으로서 물체가 변형이 되거나 흐르는 상태에서만이 아니라 정지상태에서도 작용한다. 이 장에서는 이 스트레스 성분들이 유동과 변형 시 의미 있는 물리적인 현상을 나타내는 경우에 대하여 생각하며, 특히 전단 유동에 의하여 생기는 수직 스트레스에 대해서만 다룬다.

그림 5.1과 같이 두 평판 사이에 전단율이 $\dot{\gamma}$으로 일정한 단순 전단 유동을 생각하자. 점도를 다룰 때까지는 위 판을 일정 속도로 움직이기 위해 x 방향으로 작용해야 할 단위면적당 힘만을 고려하였고, 이를 전단 스트레스라고 하였다. 이때 위 판에 작용하는 힘 성분 중 면에 수직하게 작용하는 단위면적당 힘은 수직 스트레스의 하나이다. 정지상태에서는 압력만이 작용하므로 수직 스트레스는 $-p$가 되며 (윗면의 경우 법선 벡터[normal vector]는 $+y$ 방향이고, 압력은 $-y$ 방향이므로 스트레스는 $-p$가 된다. 식 (2.2-13)에서 τ_{yy}가 0인 상황이다), 위 판 혹은 아래 판의 양쪽에 작용하는 압력의 크기는

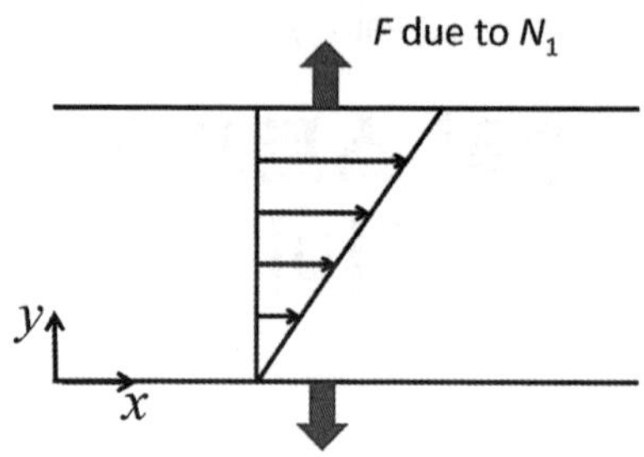

그림 5.1 전단 유동에 의한 수직 스트레스 차이의 생성

같다. 한편 그림에서 z 방향으로는 유동이 없어, z 방향의 전단 스트레스는 0이 된다. 유동이 생기면 유체의 종류에 따라 y 방향으로 힘이 작용하여 위 판과 아래 판 간격을 벌리는 힘이 작용할 수도 있고, 반대로 두 개의 판 간격을 줄이는 힘이 작용할 수도 있다. 즉 뉴턴성 유체의 경우에는 이러한 힘이 작용하지 않지만, 고분자 용액이나 용융체의 경우에는 두 판 사이의 간격을 벌리려고 하는 힘이 작용한다. 다른 물질의 경우 반대 방향의 힘이 작용할 수도 있다. 즉 물질에 따라 달라진다.

두 판 사이의 간격을 벌리게 또는 줄이게 하는 힘에 대항하여 간격을 일정하게 유지하기 위해 y 방향에 수직한 면에 작용하는 y 방향의 힘은 T_{yy}이다. 한편 이 경우에는 x 방향에 수직한 면에 x 방향으로는 가해 주는 힘이 없으므로

$$T_{xx} = -p + \tau_{xx} = 0 \tag{5.1-1}$$

이고 따라서

$$p = \tau_{xx} \tag{5.1-2}$$

이다. 두 판 간격을 일정하게 유지하기 위한 단위면적당 힘 T_{yy}에서 압력 p를 τ_{xx}로 대체하면

$$T_{yy} = -p + \tau_{yy} = -\tau_{xx} + \tau_{yy} \tag{5.1-3}$$

가 된다. 위 식에서 두 판 사이의 간격을 벌리거나 줄이려는 스트레스에 대항하여 작용하여야 하는 스트레스 T_{yy}는 유동에 의하여 생기는 두 수직 스트레스의 차이(normal stress difference)에 의하여 나타나는 것을 볼 수 있다.

3개의 수직 스트레스 성분 간에는 다음의 2개의 독립적인 수직 스트레스 차이가 존재한다.

$$\begin{aligned} N_1 &= \tau_{xx} - \tau_{yy} = T_{xx} - T_{yy} \\ N_2 &= \tau_{yy} - \tau_{zz} = T_{yy} - T_{zz} \end{aligned} \tag{5.1-4}$$

N_1과 N_2는 각각 제1 수직 스트레스 차이(first normal stress difference), 제2 수직 스트레스 차이(second normal stress difference)라고 부른다.

위의 그림 5.1을 뒷면에서 보면 유체는 반대쪽으로 흐른다. 따라서 뒤에서 볼 때 $\dot{\gamma}$의 부호는 "−"가 된다. 두 판을 멀리하게 하는 힘은 같은 유동에서 어느 쪽에서 보아도 같아야 하므로 N_1은 $\dot{\gamma}$의 부호와는 관련이 없어야 한다. N_2도 같은 이유로 $\dot{\gamma}$의 부호와는 관련이 없어야 한다. 따라서 N_1과 N_2는 $\dot{\gamma}^2$의 함수임을 알 수 있다:

$$\begin{aligned} N_1 &= f_1(\dot{\gamma}^2) \\ N_2 &= f_2(\dot{\gamma}^2) \end{aligned} \tag{5.1-5}$$

전단 유동에서의 수직 스트레스 차이와 관련하여 제2장에서는 다음의 물질상수, 즉 수직 스트레스 차이 계수 Ψ_1과 Ψ_2를 정의하였다.

$$\begin{aligned} N_1 &= \tau_{xx} - \tau_{yy} = T_{xx} - T_{yy} = \Psi_1(\dot{\gamma})\dot{\gamma}^2 \\ N_2 &= \tau_{yy} - \tau_{zz} = T_{yy} - T_{zz} = \Psi_2(\dot{\gamma})\dot{\gamma}^2 \end{aligned} \tag{2.3-3}$$

식 (2.3-3)에서 계수를 정의하는 배경에는 N_1과 N_2가 $\dot{\gamma}^2$에 비례하며, '비례상수'가 각각 Ψ_1과 Ψ_2가 되는 것을 가정하는 것이다. 그러나 실제로 Ψ_1과 Ψ_2는 점도보다 더 시어 시닝(shear thinning)한 경우가 대부분이다. 지금까지 사용한 좌표계는 모두 xyz 좌표이다. 그러나 그림 3.8에 보인 것과 같이 쿠엣이나 평행원판 장치 내에서의 유동은 원통 좌표계를 쓰는 것이 자연스러우며, 원뿔과 원판 내에서의 유동은 구면 좌표계를 쓰는 것이 자연스럽다. 이런 경우의 수직 스트레스는 다음과 같이 정의한다. 이 정의의 바탕은 유체 내의 한 점에서 *xyz* 좌표를 설정하되 이 *xyz* 좌표의 원점이 계속 변한다고 생각하는 것이다. 따라서 유체가 흐르는 방향을 "1" 방향, 속도가 변하는 방향을 "2" 방향, 나머지 중립 방향을 "3" 방향이라고 정의하면 N_1과 N_2는 다음과 같이 되며, *xyz* 좌표는 *x* 방향 유동의 경우 1-2-3 좌표로 쉽게 바꾸어 쓸 수 있음을 알 수 있다.

$$\begin{aligned} N_1 &= \tau_{11} - \tau_{22} = T_{11} - T_{22} \\ N_2 &= \tau_{22} - \tau_{33} = T_{22} - T_{33} \end{aligned} \tag{5.1-6}$$

그림 5.2에는 고분자의 경우 N_1과 전단 스트레스의 크기를 비교하는 예를 도시하였다. 먼저 고분자 물질의 경우 $N_1 > 0$이 실험적으로 관찰된다. 그림에는 표시되어 있지 않지만 N_2는 "−" 부호를 가지며 N_1에 비하여 절댓값은 0.1배 수준으로 작은 것으로 알려져 있다. 그림에서 낮은 전단율에서 N_1이 그려져 있지 않은 것은 이 범위에서 잘 측정이 되지 않기 때문이다. N_2도 측정이 잘 되지 않아 그림에서는 제외하였다. 전단율이 클 경우에 N_1은 전단 스트레스보다 훨씬 더 클 수도 있음을 볼 수 있다. 한편 로그-로그 그림에서 N_1의 기울기가 2보다 훨씬 작은 것을 볼 수 있다. 즉 N_1이 매우 시어 시닝하여 실제로는 식 (2.3-3)과 같이 $\dot{\gamma}^2$에 비례하지 않는다. 고분자 물질의 단순 전단 유동의 경우(그림 5.1 참고) $N_1 > 0$이므로 식 (5.1-3)에서 $T_{yy} = -\tau_{xx} + \tau_{yy} = -N_1 < 0$이 되어 $\mathbf{n} = (0\ 1\ 0)$인 위 판에서는 $-y$ 방향으로, $\mathbf{n} = (0\ {-1}\ 0)$인 아래 판에서는 $+y$ 방향으로 힘을 작용하여야 한다. 이는 고분자는 반작용으로 위 판에 $+y$ 방향의 힘을, 아래 판에는 $-y$ 방향의 힘을 작용하는 것을 의미한다. 즉 고분자의 단순 전단 유동에서 고분자는 두 판을 벌어지게 하는 힘을 작용한다.

현탁액의 N_1과 N_2는 일반적으로 고분자의 경우와 전혀 다른 경향이 나타난다. 예를 들어 비콜로이드 입자가 뉴턴성 유체에 분산된 현탁액의 경우 $N_1 < 0$, $N_2 < 0$이며 $|N_1|<|N_2|$로 관찰된다(Zarraga et al., 2010). 반면 콜로이드 입자의 경우 낮은 $\dot{\gamma}$에서는 $N_1 > 0$, $N_2 < 0$를 보이다가 높은 $\dot{\gamma}$에서는 $N_1 < 0$, $N_2 < 0$를 보인다(Lee et al., 2006). 분산매가 점탄성 유체인 경우에는 분산매에 따라서도 달라질 수 있다. 즉 현탁액은 입자의 크기나 분산매의 점탄성 특성 등에 따라 전혀 다른 유변학적 특

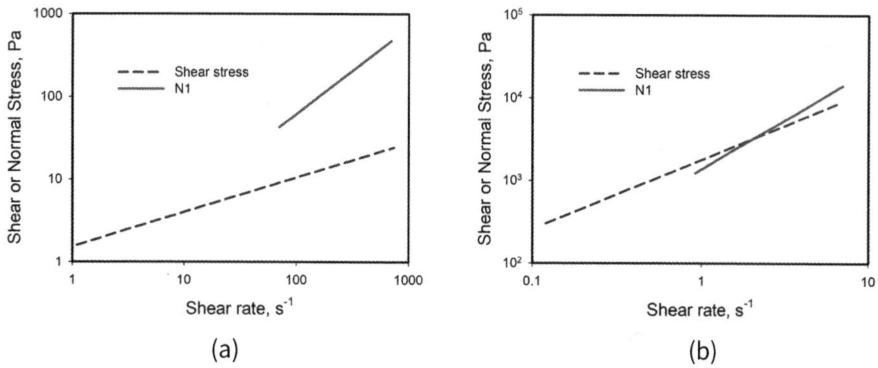

그림 5.2 전단 스트레스와 제1 수직 스트레스 차이의 비교 (a) 20°C의 폴리아크릴아마이드 1% 수용액 (b) 230°C에서 폴리프로필렌 용융체. 반즈 등(Barnes et al., 1989)의 데이터를 이용하여 그림

성을 보이므로 일반화할 수는 없다. 현탁액의 N_1과 N_2에 대해서는 제9장에서 좀 더 자세히 다룰 예정이다.

N_1과 N_2는 회전형 점도계의 원뿔과 원판 또는 두 평행원판 장치를 이용하여 측정할 수 있으며, 제11장의 유변 물성 측정에서 다루었다. N_1과 N_2는 대개 측정이 쉽지 않으며, 특히 N_2의 경우 초기에는 부호에 대해서도 논란이 있었을 정도로 측정이 쉽지 않다. 특히 고분자 용액의 경우에는 표면장력에 의하여 측정값이 영향을 받기도 한다.

5.2 수직 스트레스 차이에 의하여 나타나는 현상

고분자 물질의 N_1은 실험적으로 여러 흥미로운 사실을 나타낸다. 또한 이러한 결과는 산업적으로도 중요한 의미를 갖기도 한다. 그림 5.3a에 보인 와이젠버그 효과(Weissenberg effect)는 고분자 용액을 비커에 담은 후 원통형 막대를 중앙에서 회전시킬 때 고분자 용액이 막대를 따라 올라가는 현상으로 영어로는 'rod climbing'이라고도 부르는데 다음에 설명한 바와 같이 N_1에 의하여 생긴다. N_1에 의한 힘에 의하여 막대를 따라 위로 올라간 고분자 용액은 중력에 의하여 흘러 내려오려고 하므로 두 힘 사이에 평형이 이루어지면서 액면의 모양이 변형된다. 따라서 이러한 액면의 모양으로부터 N_1을 구하는 방법도 있다(Zarraga et al. 2000).

고분자 액체가 전단 유동을 하면 고분자가 유선방향으로 늘어남으로써 유선방향으로 더 큰 스트레스가 나타나며, 굽은 유선 유동의 경우 이 스트레스는 유선의 접선방향으로 작용한다. 이 접선방향의 스트레스는 + 값의 N_1으로 나타나면서 유체는 유선의 휘어진 안쪽으로 힘을 받는다. 이러한 사실은 다음과 같은 현상을 보면 쉽게 이해할 수 있다. 사무실이나 가정에서 사용하는 굵기 2mm, 반경 40mm 정도의 고무 밴드를 손목에 오랫동안 차고 있으면 피가 잘 통하지 않아 붉은 자국이 생긴다. 그림 5.4에 보인 바와 같이 고무밴드는 각 점에서 접선방향으로 늘어나지만 휘어져 있어서 접선방향에 수직한 방향의 합력이 생기기 때문이다. 이러한 접선방향의 단위면적당 힘을 후프 스트레스(hoop stress)라 부른다.

와이젠버그 효과는 후프 스트레스에 의하여 발생한 수직 스트레스 차이 N_1에 의한 반경방향의 힘이 유체를 중심축 쪽으로 짜내면서 나타나는 현상이다. 그림 3.8a의 점도를 측정하는 쿠엣 장치 내에서 유체의 유동은 전형적인 휘어진 유선의 전단 유동이며, 이때 유체는 후프 스트레스에 의하여 중심축 쪽으로 힘을 받는다. 그림 3.8의 원뿔과 원판이나 두 평행원판 내에서의 유동도 휘어진 유선의 전단 유동이며, 후프 스트레스를 보인다. 후프 스트레스는 유동을 불안하게 할 수 있다. 이 문제에 대해서는 11.3.5절에서 다룬다

다이 스웰(die swell) 또는 압출물 스웰(extrudate swell)은 그림 5.3b에 보인 바와 같이 작은 틈(slit)이나 관을 흐르던 고분자 액체가 대기 중으로 나오면서 틈의 간격이나 관의 직경에 비하여 현저히 부풀어 나오는 현상이다. 고분자가 벽 안에서 전단 유동으로 흐를 때 발생한 N_1이 바로 이완되지 못하기 때문에 밖으로 나오면서 계속 같은 방향으로 물질을 밀면서 생기는 현상으로(다이 내에 있던 물질의 탄성 회복[elastic recovery]에 의하여 생긴다) 고분자의 압출공정에서 매우 중요한 역할을 한다. 예를 들어 원하는 두께의 판을 연속공정으로 제조하는 압출 다이의 간격은 실제 원하는 두께보다 얇아야 한다. 또한 이 두께의 변화는 압출 시 다이 내에서의 전단율의 함수이므로 압출 속도도 관계가 있다. 막대의 모양이 사각형인 경우 꼭짓점 부분과 꼭짓점 사이에서의 전단율이 달라 다이의 모양대로 만들 수도 없다. 따라서 건설용 창호를 만드는 플라스틱 틀과 같이 단면이 매우 복잡한 경우 다이의 단면 설계는

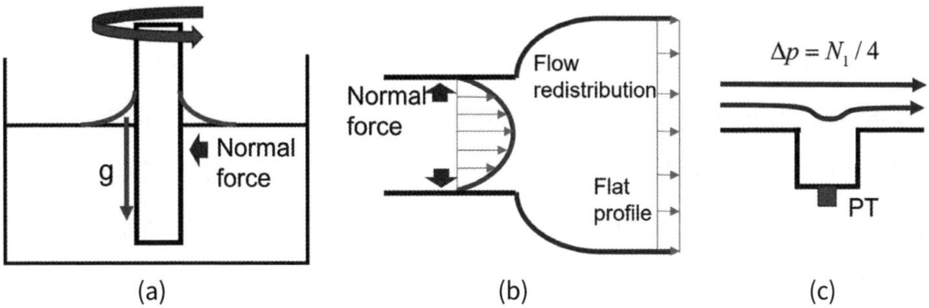

그림 5.3 고분자 물질의 제1 수직 스트레스 차이에 의하여 나타나는 현상 (a) 와이젠버그 효과. 가운데 둥근 막대가 돌면 N_1에 의하여 안으로 밀려 들어오고 막대를 타고 올라감 (b) 고분자 유체가 관 밖으로 흘러나올 때 관의 직경에 비하여 현저히 부풀어 오르는 현상. 2–3배까지도 부풀을 수 있음 (c) 압력을 측정하기 위하여 구멍을 뚫으면 유선이 변화되어 압력 측정에 오류가 생김(PT: pressure transducer)

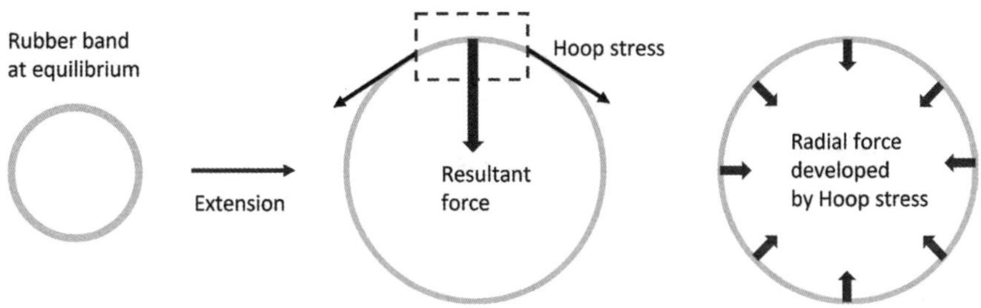

그림 5.4 굽은 고무밴드의 접선 방향의 후프스트레스에 의한 힘은 휘어진 안쪽 방향으로의 수직 방향 스트레스를 생성함

매우 어려운 문제이다.

태너(Tanner, 1970)는 물질의 탄성회복과 다이 출구에서의 압력의 변화를 고려한 이론적 해석을 통하여 관형과 슬릿 다이(slit die)의 경우 다이 스웰 비(die swell ratio: χ)는 다음과 같은 관계를 가짐을 보였다:

관형 다이: $$\chi = \frac{D_f}{d} = \left[1 + \frac{1}{8}\left(\frac{N_1}{\tau}\right)_w^2\right]^{1/6} \tag{5.2-1}$$

슬릿 다이: $$\chi = \frac{D_f}{d} = \left[1 + \frac{1}{12}\left(\frac{N_1}{\tau}\right)_w^2\right]^{1/4} \tag{5.2-2}$$

위 식에서 D_f, d는 각각 부풀어진 압출물(extrudate)의 직경(압출물의 두께)과 다이의 직경(틈새 간격)이며, N_1, τ는 다이 벽에서의 값을 사용하여야 한다. 위 식들은 모두 탄성이 있는 유체의 탄성 회복만에 의한 압출물의 부품현상을 나타낸 것이다. 그러나 다이 스웰은 제1 수직 스트레스 차이가 0보다 큰 물질에서만 생기는 현상은 아니다. 뉴턴성 유체가 관 밖을 빠져나올 때 관성이 없으면 속도의 재배치에 의하여 약 13%의 부푸는 현상이 생기며(Newtonian swelling), 다이 벽과 중앙에서의 온도 차이가 클 때는 점도 차이에 의해서 부푸는 현상이 나타날 수 있는데 이 값은 뉴턴성 유체가 부푸는 현상보다 더 클 수 있다. 따라서 다이 스웰은 수직 스트레스 차이만으로만 해석될 수는 없음을 주의하여야 한다(Tanner, 1985).

고분자가 흐르는 과정에서 압력을 측정하기 위해 관에 구멍을 뚫고 압력을 재는 곳을 압력 측정구(pressure hole)라고 한다. 고분자가 압력 측정구 주변을 흐르면 직선의 유선이 그림5.3c와 같이 변형되고, 이때 N_1은 흐름 방향의 압력을 변하게 하여 측정에 오류가 생기게 되는데 이를 압력 측정구 오차(pressure hole error)라고 한다. 이러한 문제가 생기지 않게 하기 위해서 정밀 측정장치에서는 압력센서(pressure transducer)를 벽에 바로 일치시켜 설치하는 방법(flush mount)을 써야 한다.

이러한 현상 외에도 N_1에 의하여 생기는 현상은 많이 있다. 유체 안에서 기포가 움직일 때 기포의 모양은 N_1에 의하여 달라질 수 있다. 고분자 안에 분산된 입자의 운동은 N_1의 영향으로 여러 다양한 미세구조를 발달시키기도 한다(9.5.2절 참고). 이러한 예들은 보거와 월터스의 책(Boger and Walters, "Rheological Phenomenon in Focus," 1993)에 사진으로 잘 정리되어 있다.

5.3 수직 스트레스 차이의 생성 원인

수직 스트레스 차이가 생기는 원인은 물질의 종류에 따라 다르다. 예를 들어 고분자의 N_1과 현탁액의 N_1은 부호부터 다르다. 고분자 사슬은 실타래같이 얽혀 있는데 전단 변형을 받지 않은 평형상태에서는 이 실타래의 외형은 대체적으로 구형의 형태를 갖는다. 그림 5.5에 보인 바와 같이 단순 전단 유동하에서 구형의 고분

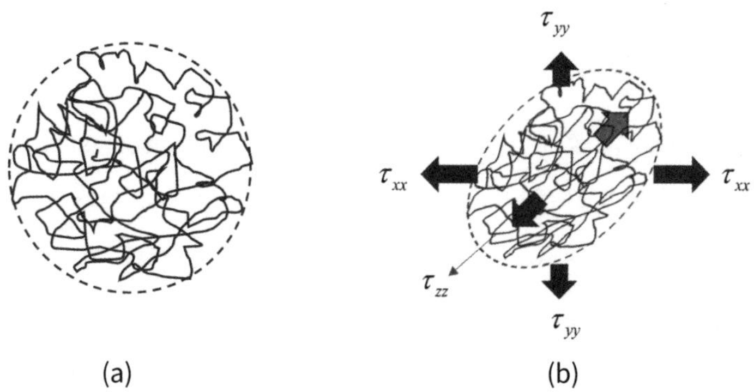

그림 5.5 고분자 사슬의 변형에 의한 수직 스트레스 차이의 생성

자 실타래는 유체의 흐름방향으로 늘어나고 속도가 변하는 방향과 중립 방향으로는 줄어드는데 중립 방향으로 줄어드는 정도가 속도가 변하는 방향으로 줄어드는 정도보다 약간 작은 편이다. 한편 용매에 용해된 고분자의 경우 변형 후 평균적으로 유동장에서 앞쪽이 약간 들린 상태로 유체와 같이 움직인다. 늘어난 고분자의 탄성에 의하여 평형상태로 돌아가려는 힘이 나타나는데, 각 방향으로의 변형의 크기에 따라 힘의 크기도 달라진다. 유체가 흐르는 방향으로 늘어나면서 가장 큰 힘이 나타나고, 즉 τ_{xx}가 커지고 이로부터 N_1이 "+"가 된다. 속도 기울기 방향과 중립 방향으로는 거의 차이가 없지만 변형이 상대적으로 큰 속도 기울기 방향으로의 압착하는 힘 τ_{yy}, 즉 "−" 방향의 힘은 변형이 상대적으로 작은 중립 방향으로의 "−" 방향의 힘 τ_{zz}보다 절댓값이 크게 되어 N_2는 "−"부호를 갖게 된다. 이러한 힘의 발생은 고분자가 변형되었을 때 원래의 모양으로 돌아가려고 하는 탄성에 의한 것이다. 즉 고분자의 경우 수직 스트레스 차이는 고분자의 탄성에 기인한다. 반면 현탁액의 경우 입자는 변형이 되지 않으므로 탄성에 의하여 N_1과 N_2가 나타나지 않고, 유동장에서 입자를 중심으로 비대칭적으로 입자가 분포되는 미세구조를 형성함으로써 수직 스트레스 차이가 나타나게 된다. 입자의 미세구조에 대해서는 아직도 많은 연구가 진행되고 있으며, 지금까지 확립된 내용에 대해서는 제9장 현탁액에 일부 정리하였다.

5.4 보거 유체

보거 유체(Boger fluid)는 호주 멜버른 대학교(University of Melbourne)의 교수이던 보거(David V. Boger)가 개발한 유체로서 탄성을 가지고 있으면서 시어 시닝 현상이 매우 약한 유체이다. 예를 들어 분자량이 1kg/mol의 폴리부텐 올리고머(oligomeric polybutene)에 분자량 1000kg/mol을 갖는 폴리이소부틸렌(polyisobutylene)을 1000ppm 녹인 고분자 용액은 η_0가 용매인 폴리부텐의 점도에 비하여 크게 차이가 나지 않아 시어 시닝은 거의 없지만 탄성과 수직 스트레스는 강하게 나타난다(Mackay and Boger, 1987). 물엿(maltose syrup)에 높은 분자량의 폴리아크릴아마이드를 미량 용해한 고분자용액도 비슷한 성질을 가진다(Boger, 1977-1978)

그림 5.6에는 글리세린에 폴리아크릴아마이드(분자량 6000kg/mol)를 용해한 보거 유체의 유변학적 물성을 도시하였다. 그림에서 점도는 $10^4 s^{-1}$의 전단율 범위에서 거의 변하지 않으며, 즉 거의 시어 시닝하지 않으며, + 값의 N_1을 갖는다. N_1은 점도와 달리 강한 시어 시닝 현상을 보이는데 $\dot{\gamma}$이 커지면 더 이상 고분자가 늘어나지 못하기 때문에 발생한다. 즉 점도의 경우에는 용매의 점도가 기본적으로 존재하여 고분자가 더 이상 늘어나지 못하여 점도에 기여하지 못하여도 용매의 점도 이하로는 감소하지 않지만, N_1의 경우에는 용매가 기여하는 값이 없기 때문이다. 한편 보

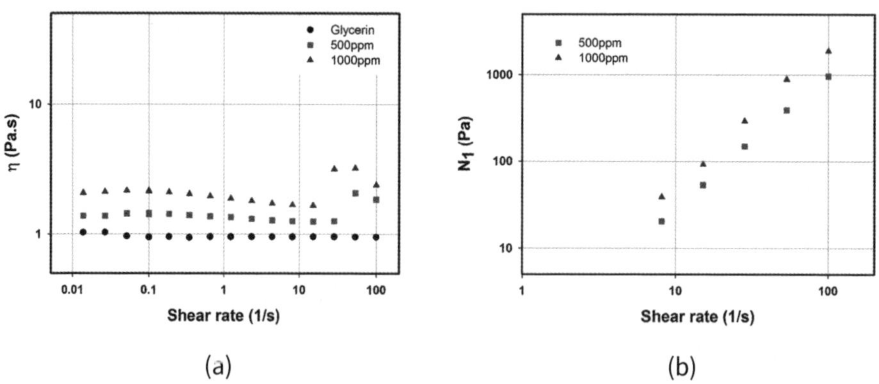

그림 5.6 글리세린(점도 1Pa.s)에 폴리아크릴아마이드(분자량 6000kg/mol)를 용해한 보거 유체의 점도와 제1 수직 스트레스 차이(Shin and Kim, 2015). 점도 그림에서 전단율 10 이상에서 나타나는 점도 증가는 후프 스트레스에 의한 유동불안정성에 의한 것으로 시어 시크닝이 아님

거 유체는 N_2가 거의 0이 됨이 알려져 있다(Larson, 1988).

1970년대까지 고분자 물질과 같이 유변학적으로 복잡한 유체의 유동을 연구하던 학자들은 뉴턴성 유체와 다르게 나타나는 여러 현상들의 원인이 탄성, 수직 스트레스 차이, 혹은 시어 시닝에 의한 것인지 구분하기 어려웠다. 거의 모든 고분자 물질들이 이 세 가지 현상을 동시에 나타냈기 때문이다. 보거 유체는 시어 시닝 현상을 거의 제거한 고분자 용액으로서 보거 유체를 이용한 실험은 유동에서 N_1의 역할을 이해하는 데 많은 도움이 되었다.

참고 문헌

Barnes HA, JF Hutton and K Walters, 1989, An Introduction to Rheology, Elsevier, Amsterdam

Boger DV, 1977-1978, "A highly elastic constant-viscosity fluid," *J. Non-Newt. Fluid Mech.* **3**, 87-91

Boger DV and K Walters, 1993, Rheological Phenomena in Focus, Elsevier, Amsterdam

Larson RG, 1988, Constitutive Equations for Polymer Melts and Solutions, Butterworth, Boston

Lee M, M Alcoutlabi, JJ Magda, C Dibble, MJ Solomon, X Shi and GB McKenna, 2006, "The effect of shear-thickening transition of model colloidal spheres on the sign of N1 and on the radial pressure profile on torsional shear flows," *J. Rheol*. **50**, 293-312

Mackay ME and DV Boger, "An explanation of the rheological properties of Boger fluids," *J. Non-Newt. Fluid Mech.* **22**, 235-243

Shin and Kim, 2015, "Contact line motion of polymer solution inside capillary,"*J. Non-Newt. Fluid Mech* **218**, 62-70

Tanner RI, 1970, "A theory of die swell," *J. Polym. Sci. Pt.A-2* **8**, 2067-2078

Tanner RI, 1985, Engineering Rheology, Revised ed., Clarendon Press, Oxford

Zarraga IE, DA Hill and DT Leighton, 2000, "The characterization of the total stress of concentrated suspensions of noncolloidal sphere in Newtonian fluids," *J. Rheol*. **44**, 185-220

제6장

신장 유변학

6.1 전단 성분이 없는 유동(Shear free flow)의 정의

신장 유변학(extensional rheology)은 지금까지 앞에서 다루었던 전단 유동에 관한 유변학(shear rheology)과는 전혀 다른 종류의 유동과 변형을 다루므로 먼저 신장 유동(extensional flow)이 무엇인지 정의부터 시작하자. 전단 유동 중 가장 간단한 유동으로 단순 전단 유동(simple shear flow)을 다루었던 것과 같이 신장 유동에는 다음과 같은 속도 분포를 갖는 단순 전단 성분이 없는 유동(simple shear free flow)을 생각한다.

$$
\begin{aligned}
v_x &= \dot{\varepsilon} x \\
v_y &= -\frac{1}{2}\dot{\varepsilon}(1+b)y \\
v_z &= -\frac{1}{2}\dot{\varepsilon}(1-b)z
\end{aligned} \tag{6.1-1}
$$

위 식에서 b는 유동의 형태를 결정하는 상수로 $0 \le b \le 1$이고, $\dot{\varepsilon}$은 상수로 s^{-1}의 단위를 가지며 신장률(extensional rate)이라고 부른다. 단순 전단 성분이 없는 유동 내 유체의 속도는 각 좌표 값에 비례하므로 원점에서 멀리 떨어져 있을수록 커져 변형이 시간이 지남에 따라 급격히 증가하는 특성이 있다. b 값과 $\dot{\varepsilon}$의 부호에 따라 그림 6.1과 같은 3가지 대표적인 전단 성분이 없는 유동을 생각할 수 있다.

그림 6.1에서 단축 신장(uniaxial extension) 유동은 $b = 0$, $\dot{\varepsilon} > 0$인 경우이다. 한 방향으로 늘어나면서 늘어나는 방향에 수직인 나머지 두 방향으로는 줄어드는 유동으로 연신 유동(elongational flow)이라고도 한다. 속도 분포는 다음과 같으며, 한

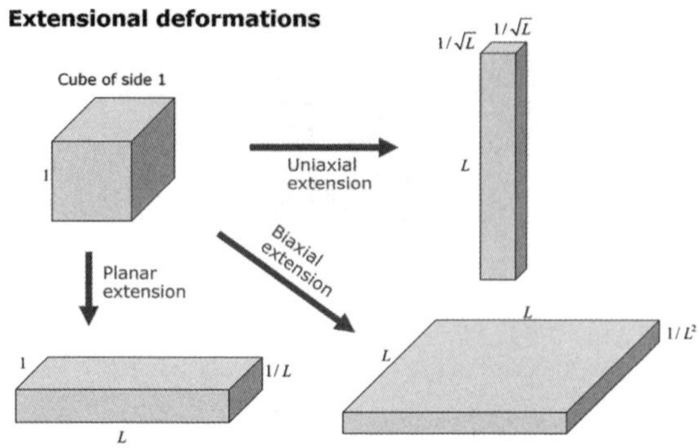

그림 6.1 3가지 대표적인 전단 성분이 없는 유동 또는 변형

변이 1인 정육면체를 x 방향으로 길이 L로 늘어나면 y, z 방향의 길이는 $1/\sqrt{L}$이 된다.

$$v_x = \dot{\varepsilon}x \quad v_y = -\dot{\varepsilon}y/2 \quad v_z = -\dot{\varepsilon}z/2 \tag{6.1-2}$$

단축 신장 유동은 x 방향, 즉 늘어나는 방향으로 잡아당기는 힘에 의하여 생길 수 있지만, y와 z 방향, 즉 줄어드는 방향으로 같은 크기로 압축을 하여도 같은 결과가 나타난다. 따라서 이 변형은 두 방향의 스트레스 차이에 의하여 나타난다. 이로부터 단축 신장 점도(uniaxial extensional viscosity) 혹은 연신 점도(elongational viscosity) η_E를 다음과 같이 정의한다. 한편 신장 유동에는 전단 성분이 없으므로 전단 스트레스는 모두 0이 된다.

$$\begin{aligned} &T_{xx} - T_{yy} = T_{yy} - T_{zz} = \tau_{xx} - \tau_{yy} = \tau_{xx} - \tau_{zz} = \eta_E(\dot{\varepsilon})\,\dot{\varepsilon} \\ &\tau_{xy} = \tau_{yz} = \tau_{zx} = 0 \end{aligned} \tag{6.1-3}$$

η_E는 일반적으로 $\dot{\varepsilon}$의 함수이다. 위 식에서 압력의 항은 두 전체 스트레스(total stress: T_{ii}) 항의 차이를 내면서 상쇄되는 것을 볼 수 있다.

길이 L_0의 유체 덩어리(element)가 L로 늘어난 연신 유동에서의 스트레인 ε은 다음과 같이 정의된다.

$$\varepsilon = \frac{L - L_0}{L_0} \tag{6.1-4}$$

이 값은 초깃값과 최종 값을 단순 비교하는 것이다. 이러한 변형 과정은 길이가 l에서 dl만큼 늘어나 $l + dl$이 되고, 다음 단계에서는 $l + dl$을 기준으로 dl'만큼 늘어나는 것이 계속되는 것으로 생각할 수 있다. 따라서 변형이 큰 경우의 스트레인은 다음과 같이 단계별 스트레인을 모두 합한 것이 되며, 이를 헨키 스트레인(Henky strain)이라고 한다. 즉

$$d\varepsilon = \frac{dl}{l}, \quad \varepsilon = \int d\varepsilon = \int_{L_0}^{L} \frac{dl}{l} = \ln\left(\frac{L}{L_0}\right) \tag{6.1-5}$$

이 된다. 헨키 스트레인은 로그 스트레인(logarithmic strain) 또는 실제 스트레인(true strain)이라고도 부른다.

그림 6.1에서 이축 신장 유동(biaxial extensional flow, 이축 연신 유동)[1]은 $b = 0$, $\dot{\varepsilon} < 0$인 경우로 y, z 두 방향으로 같은 비율로 늘어나고, 이에 수직한 x 방향으로 줄어드는 유동이다. 속도 분포는 아래와 같으며, 한 변이 1인 정육면체가 y, z 방향으로 길이 L만큼 늘어나면 x 방향의 길이는 $1/L^2$이 된다.

$$v_x = \dot{\varepsilon}x \quad v_y = -\dot{\varepsilon}y/2 \quad v_z = -\dot{\varepsilon}z/2 \tag{6.1-6}$$

일축 신장 유동에서와 같이 y, z 방향으로 늘이는 대신 x 방향으로 압축을 하여도 같은 결과를 얻으므로 이축 연신 유동도 스트레스 차이에 의하여 나타나고, 이 경우 이축 연신 점도(biaxial extensional viscosity) η_{EB}는 아래 식으로 정의된다.

$$\begin{aligned} &T_{yy} - T_{xx} = T_{zz} - T_{xx} = \tau_{yy} - \tau_{xx} = \tau_{zz} - \tau_{xx} = \eta_{EB}(\dot{\varepsilon})(-\dot{\varepsilon}/2) \\ &\tau_{xy} = \tau_{yz} = \tau_{zx} = 0 \end{aligned} \tag{6.1-7}$$

위 식에서 신장률은 $\dot{\varepsilon}$이 아닌 $-\dot{\varepsilon}/2 > 0$으로 쓰는 것을 주의해야 한다. 이러한 문제는 전단 성분이 없는 유동을 일반식으로 정의하는 과정에서 늘이는 방향의 신장률, 즉 $\partial v_y / \partial y$ 또는 $\partial v_z / \partial z$를 기준 연신율로 쓰면서 생기는 문제이다.

---

1 이 책에서는 여러 형태의 전단 성분이 없는 유동에서 신장과 연신은 같은 의미로 쓴다.

그림 6.1에서 평면 신장 유동(planar extensional flow)은 $b = 1$인 경우로 x 방향으로 늘어나고, y 방향으로 줄어들며, z 방향으로는 변형이 되지 않는 경우이다. 속도 분포는 아래와 같으며, 한 변이 1인 정육면체가 x 방향으로 길이 L만큼 늘어나면 y 방향의 길이는 $1 / L$, z 방향의 길이는 1로 그대로이다.

$$v_x = \dot{\varepsilon} x \quad v_y = -\dot{\varepsilon} y \quad v_z = 0 \tag{6.1-8}$$

x 방향으로 늘이는 대신 y 방향으로 줄여도 같은 결과를 얻으며, 따라서 평면 신장 점도(planar extensional viscosity) η_{EP}는 다음과 같이 정의된다. 이 경우에도 늘이는 방향으로의 신장률을 신장률로 쓴다.

$$\begin{gathered} T_{xx} - T_{yy} = \tau_{xx} - \tau_{yy} = \eta_{EP}(\dot{\varepsilon})\,\dot{\varepsilon} \\ \tau_{zz} = \tau_{xy} = \tau_{yz} = \tau_{zx} = 0 \end{gathered} \tag{6.1-9}$$

위에서 보는 것과 같이 전단 성분이 없는 유동에서 전단 스트레스는 모두 0이다. 신장 유동에서도 전단 유동에서와 같이 압력의 항을 소거한 수직 스트레스 간의 차이를 생각하는 것은 같지만 유동의 형태가 다르므로 전혀 다른 물리적 현상을 의미하는 것임을 주의하여야 한다. 전단 유동에서 유체는 그림 2.3과 같이 늘어나면서 회전을 한다. 이 경우 서로 다른 y 좌표를 갖고 초기 거리가 l_0인 두 점 간의 거리 l은 시간이 지남에 따라 $l = l_0\sqrt{1+(\dot{\gamma}t)^2}$가 되며, 시간이 충분히 커지면 대략 $l_0\dot{\gamma}t$가 되어 시간에 비례하여 증가한다. 신장 유동은 그림 6.1에 보인 바와 같이 회전하는 성분이 전혀 없이 한 방향 혹은 두 방향으로 늘어나거나 줄어드는 변형이다. 이 경우에는 변형 방향으로의 위치가 서로 다른 점 간의 거리는 다음 절에서 자세히 구한 바와 같이 시간이 지남에 따라 $l = l_0 e^{\dot{\varepsilon}t}$의 형태, 즉 지수함수적으로 변한다. 따라서 전단 유동은 약한 유동(weak flow), 신장 유동은 강한 유동(strong flow)이라고 부른다. 예를 들어 고분자 용액 안에 들어 있는 고분자의 경우 전단 유동 안에서 고분자는 늘었다 줄었다를 반복하고 줄어들어 있는 상태에서는 회전을 하기도 하는데 이러한 현상의 결과로 전단율이 커질 때 점도의 시어 시닝 현상으로 나타난다. 반면 연신 유동장 안에서 $\mathrm{Wi} = \lambda\dot{\varepsilon} = 1/2$ 이상이면 고분자 사슬은 완전히 다 풀린 후 늘어나는 방향으로 정렬을 하고 신장 점도는 최댓값에 이르게 된다. 이러한 현상을 감김-풀림 전이(coil-stretch transition)라고 한다(제7장의 예제 12.4참고).

고분자의 경우 신장변형(extensional deformation)이 커지면 늘어난 후 한 방향으로 정렬하고 결국 이 늘어난 사슬들이 결합한 규칙적인 구조를 갖게 된다. 즉 결정화가 생긴다. 예를 들어 고무밴드를 끊어지지 않을 때까지 충분히 길게 늘이면 반투명 하던 고무가 하얗고 불투명하게 되는 것을 볼 수 있는데 이는 고분자 사슬끼리 임시적으로 결정화가 되기 때문이다. 결정화가 되면 물리적 성질은 전혀 다르게 되며, 더 이상 늘이기가 어려워지고 스트레스가 더 커지면 끊어진다. 이와 같이 신장 유동은 정상상태(steady state)를 얻기가 거의 불가능하다. 따라서 정상상태에서의 점도 측정은 매우 어려우며, 따라서 대부분 비정상상태에서 측정을 할 수밖에 없다.

6.2 신장 유동의 예

전단 성분이 없는 유동은 고분자 가공 공정에서 흔히 볼 수 있다. 그림 6.2a의 고분자 용융체로부터 섬유를 만드는 공정에서 작은 구멍을 통해 밀려 나온 고분자 용융체를 빠른 속도로 잡아당기면 유체의 연속의 정리에 의해 구멍의 반경보다 훨씬 가는 섬유가 만들어진다. 이 과정은 전형적인 연신 유동이다. 물론 이 공정이 앞에서 정의한 전단 성분이 전혀 없는 유동은 아니며, 또한 변형 내내 같은 신장률로 늘어나는 것도 아니기 때문이다. 다음에 나오는 여러 공정들도 대부분 전단 성분이 없는 유동과 전단 유동이 섞여 있는 복잡한 유동 특성을 보인다. 고분자 용융체로부터 필름을 제조하는 공정 중 그림 6.2b의 필름 블로잉(film blowing) 공정은 이축 연신 유동에 해당한다. 고리형의 다이(annular die)에서 용융체를 위로 밀어내고 위쪽을 막은 상태에서 빠르게 잡아당기면 축방향으로 늘어나는 동시에 내부에 갇힌 공기에 의하여 반경방향으로 늘어나는 이축 연신이 일어난다. 그림 6.2c의 회전하는 두 개의 원통 사이로 두꺼운 고분자 용융체를 밀어 넣어 얇게 만드는 캘린더링(calendaring)과 그림 6.2d의 슬릿 다이(slit die)로부터 나오는 두꺼운 고분자 용융

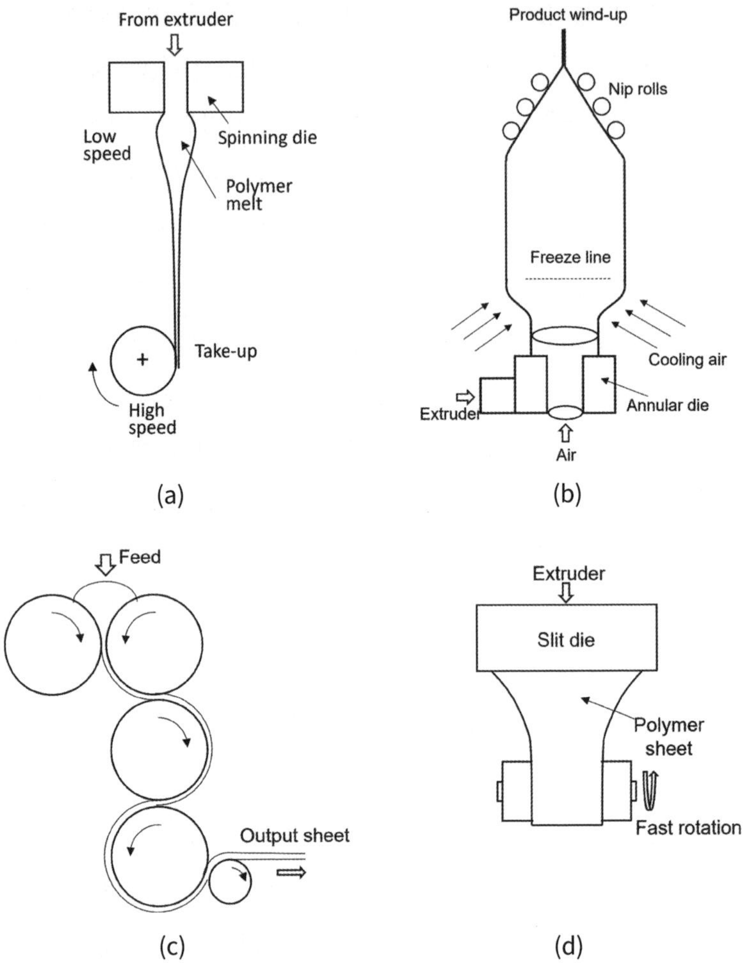

그림 6.2 (a) 고분자 용융체 방사(spinning) 공정 (b) 필름 불로잉 공정 (c) 칼렌더링 공정 (d) 필름 캐스팅 공정

체를 잡아당겨서 얇게 펴는 필름 캐스팅(film casting)은 평면 연신 유동의 예들이다. 이 외에도 많은 고분자 가공 공정들이 1축 혹은 2축의 연신 유동에 의하여 고분자를 성형한다.

많은 액적(liquid drop)을 만드는 공정에서도 연신 유동이 형성된다. 액적은 페인트 분사, 농약 살포, 잉크젯 인쇄공정과 같이 공기 중에서 만들어서 사용하거나 또는 에멀전의 제조 과정과 같이 액체 안에서 만들기도 한다. 액적을 만들지는 않아도 액체 제트(jet)를 형성한 후 필요한 시간에 제트를 자르는 디스펜싱(dispensing)

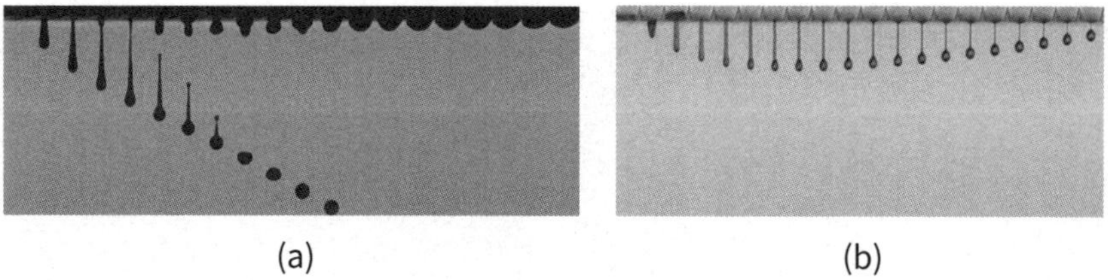

그림 6.3 잉크젯 액적의 생성. 각 사진 사이의 시간 간격은 20μs이고, 생성된 액적의 지름은 약 50μm임. (a) 액적이 정상적으로 생성된 경우 (b) 리가먼트가 잘 늘어나지 못하고 다시 노즐 안으로 빨려 들어가는 경우(Yoo, 2015)

공정에서도 연신 유동이 형성된다. 이러한 공정에서는 대부분 압력, 관성, 또는 중력을 이용하여 액체 기둥이나 액막을 만들고 최종 단계에서는 표면장력으로 '액짤림'을 유도하는 것으로 액체기둥이나 액막을 만드는 과정은 단축 또는 이축 연신 유동이다.

그림 6.3a의 잉크젯 액적을 만드는 과정을 보면 잉크젯 헤드의 노즐에서 빠른 속도로 밀어낸 잉크가 관성으로 날아가면 노즐에서 끊어지지 못한 잉크가 길게 늘어지는데 이를 리가먼트(ligament)라고 한다. 리가먼트는 결국 노즐 근처의 가늘어진 부분에서 끊어지고, 노즐로부터 분리된 리가먼트는 날아가는 도중 표면장력에 의하여 길이가 줄어들고 결국 구형의 액적이 된다. 리가먼트가 늘어지는 과정은 전형적인 연신 유동이다. 리가먼트가 잘 늘어나지 않으면 앞부분이 날아가면서 속도가 현저히 감소하게 되고, 그림 6.3b에서 보는 바와 같이 액체가 탄성이 있는 경우 리가먼트가 뒤로 빨려 들어가기도 한다. 잉크젯 공정에서는 잉크젯 액적의 속도를 가능한 대로 크게 하여야 원하는 위치에 액적을 위치시키기에 유리하므로 액체의 연신 특성을 적절하게 조절하여야 한다. 잉크젯 액적이 형성되는 시간은 대략 $10^{-5}-10^{-4}$s 정도로 매우 짧으며, 이 경우 신장률은 대략 25000s^{-1}의 값을 갖는다(Yoo and Kim, 2013). 따라서 이 범위에서 신장 점도가 어떤 값을 가지는가가 중요하다. 물론 이렇게 높은 $\dot{\varepsilon}$에 도달하기 전에 이미 고분자는 완전히 풀리며, η_E는 감김-풀림 전이 이후에서는 같은 값을 가지므로 실제 $\dot{\varepsilon}$ 조건에서의 η_E를 실험적으로 구현 가능한 $\dot{\varepsilon}$에서의 값으로부터 예측할 수는 있다.

그림 6.4에는 두 개의 마주 보는 고속의 액체 제트(jet)가 부딪히며 생성되는 액

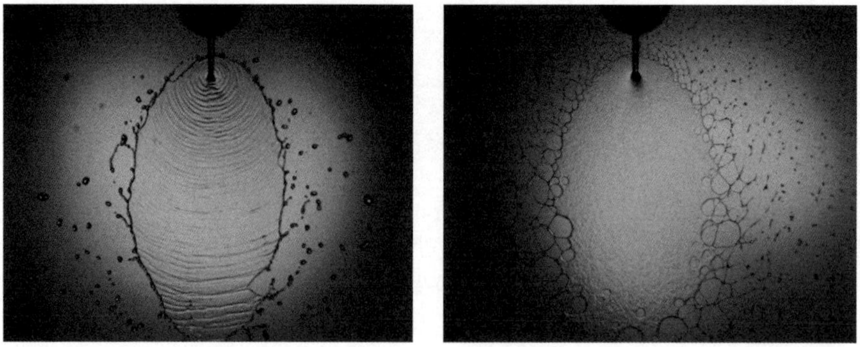

(a) (b)

그림 6.4 충돌하는(impinging) 제트에 의한 분무(atomization)과정 (a) 물. 제트 속도 5.1m/s (b) 카보폴 젤. 제트 속도 15.6m/s(Baek et al., 2011)

막(liquid sheet)과 액막으로부터 액적이 생성되는 과정을 보였다. (a)의 경우 제트 속도가 (b)의 1/3 수준으로 작지만 타원형의 필름의 크기는 거의 같은 것을 볼 수 있는데 이는 카보폴(Carbopol, polyacrylic acid) 젤의 이축연신이 물의 경우보다 어렵기 때문이다. 생성된 필름에서 액적이 떨어져 나가는 과정에서는 물의 경우 신장 점도가 작아 액막 가장자리에서 바로 액적이 되어 날아가지만 카보폴 젤의 경우 신장 점도가 커서 액막 가장자리에서 액적이 쉽게 분리되지 않고 가늘고 길게 늘어나다 물에 비하여 작은 액적이 되어 끊어지는 것을 볼 수 있다. 위의 액적의 생성 과정은 물론 신장 점도만에 의하여 결정되는 것은 아니며, 관성, 표면장력 등이 관련된 매우 복잡한 과정이다. 그러나 액적 형성 과정에서 액체의 연신 특성의 영향은 위의 두 그림을 비교해 보면 쉽게 알 수 있다.

6.3 신장 점도

이 절에서는 η_E에 대하여 다룬다. 측정의 어려움 등으로 η_{EB}나 η_{EP}에 대한 자료는 많지 않으며, 앞으로 새로운 연구가 기다리고 있는 분야이다.

뉴턴성 유체의 η_E는 전단 점도의 3배임이 알려져 있다. 즉

$$\eta_E = 3\eta \tag{6.3-1}$$

이다(6.5절 참고). 이 값은 트라우톤(Trouton)이 처음 측정을 하여 보고한 것으로(Tanner and Walters, 1998) 이 값을 트라우톤 점도라고 부르며, 신장 점도와 전단 점도의 비를 트라우톤 비(Trouton ratio, T_R)라고 부른다. 즉

$$T_R = \frac{\eta_E}{\eta} \tag{6.3-2}$$

이다. η가 상수인 뉴턴성 유체의 경우를 제외하고 이 식은 잘 정의된 식은 아니다. 전단 점도는 $\dot{\gamma}$의 함수이며, η_E는 $\dot{\varepsilon}$의 함수, 즉 서로 다른 변수의 함수이기 때문이다. 물론 뉴턴성 유체의 성질을 보이는 $\dot{\gamma} \to 0$, $\dot{\varepsilon} \to 0$의 경우에는 문제가 없다. 존스 등(Jones et al., 1987)은 T_R을 다음과 같이 정의하면 탄성이 없는 유체의 경우 T_R이 모든 $\dot{\varepsilon}$에 대하여 3이 됨을 보였다.

$$T_R = \frac{\eta_E(\dot{\varepsilon})}{\eta(\sqrt{3}\dot{\varepsilon})} \tag{6.3-3}$$

어떤 유체의 T_R이 3에서 벗어나는 것은 탄성에 의한 것임을 알 수 있으므로 이 식에 대한 검증은 탄성의 역할을 알아보는 유용한 방법일 수 있다.

신장 점도를 측정하기는 매우 어려운데 이는 정상상태의 신장 유동을 실험적으로 구현하기 힘들기 때문이다. 초기에 길이 L_0의 시료를 신장률 $\dot{\varepsilon}$으로 늘이는 경우 식 (6.1-6)에서 $v_x = dL/dt$, $x = L$로 놓으면 길이 L에 대한 $dL/dt = \dot{\varepsilon}L$, $L(0) = L_0$의 미분방정식이 되어

$$L = L_0 e^{\dot{\varepsilon}t} \tag{6.3-4}$$

가 된다. $\dot{\varepsilon} = 1\text{s}^{-1}$인 경우 $t = 7\text{s}$이면 $L \approx 1000L_0$가 되고, 단면의 넓이는 1/1000로 가늘어져 η_E가 일정한 경우 잡아당기는 힘이 1/1000 수준으로 낮아지게 되므로 측정이 어려워질 수 있다. 더욱이 이 시간에 정상상태에 도달할 수 없을 수도 있을

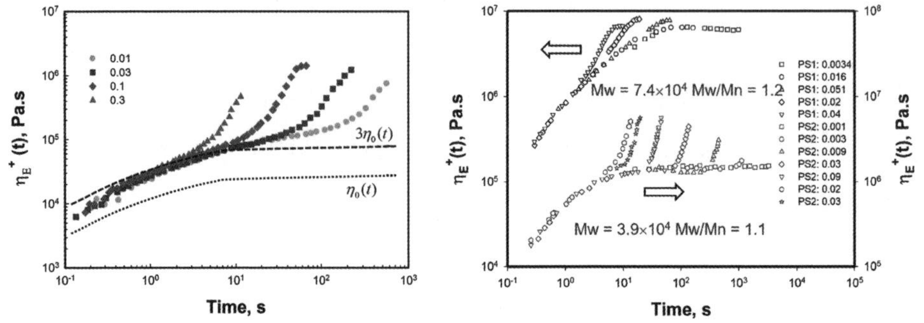

(a) (b)

그림 6.5 시간의 함수로 그린 η_E^+. 그림 내의 숫자는 $\dot{\varepsilon}_0$를 나타냄 (a) 폴리에틸렌 용융체. 대시선은 $\dot{\varepsilon}_0$이 충분히 작을 때, 점선은 $\dot{\gamma}$이 충분히 작을 때의 점도 증가 곡선임. 서닐 등(Suneel et al., 2003)의 그림을 다시 그림 (b) 폴리스타이렌: PS1 Mw = 7.4x10⁴ g/mol; PS2 Mw = 3.9x10⁴ g/mol(뮌스테트[Muenstedt, 1980]의 그림을 다시 그림)

뿐만 아니라 가늘어진 시료가 끊어질 수도 있다. 따라서 물질의 연신 유동 특성을 이해하기 위해서 많은 측정에서는 다음과 같은 비정상상태에서 스트레스가 시간에 따라 변하는 과정을 추적하기도 한다. 즉 시료에 가하는 신장률을 다음과 같이 계단 함수(step function) 형으로 가한 후 스트레스 증가(stress growth)를 시료가 끊어질 때까지 측정하며, 이때 시간에 따라 변하는 신장 점도는 η_E^+로 표시한다.

$$\dot{\varepsilon} = \begin{cases} 0, & t \le 0 \\ \dot{\varepsilon}_0, & t > 0 \end{cases}$$
$$\tau_{xx} - \tau_{yy} = \eta_E^+(t)\,\dot{\varepsilon}_0 \qquad (6.3\text{-}5)$$

그림 6.5에는 저밀도폴리에틸렌(LDPE)과 폴리스타이렌(PS)의 η_E^+를 도시하였다. LDPE의 경우 대시선으로 표시한 $\dot{\varepsilon}_0$이 충분히 작을 때 η_E^+는 시간에 따라 증가하는데 이 경로는 정지상태에서 계단형 변형률(step strain rate)을 가하는 실험에서 $\dot{\gamma}$이 충분히 작은 경우 스트레스가 커지면서 정상상태의 전단 유동에 도달하는 과정에서 나타나는 과도(transient) 전단 점도 η^+의 3배에 해당하며, 이때 수렴하는 값이 정상상태의 η_E이다. 즉 이 경우에는 뉴턴성 유체와 같은 특성을 보인다. $\dot{\varepsilon}_0$이 0.01s^{-1} 이상에서 초기에 η_E^+는 뉴턴성 유체의 경로를 지나다가 어느 시점이 되면

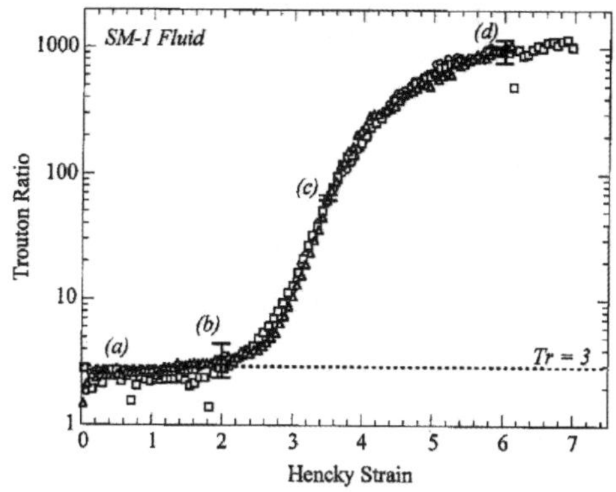

그림 6.6 분자량 $2x10^6$ g/mol의 폴리스타이렌(PS)을 PS 올리고머에 0.05% 녹인 보거 유체의 스트레스 증가 실험에서 트라우톤 비의 변화. 보거 유체의 η_0, λ는 각각 39.2 Pa.s, 3.7s. 임(Anna et al., 2001)

갑자기 뉴턴성 유체의 경로를 벗어나면서 증가하는데, 이는 스트레인($\dot{\varepsilon}t$)이 커지면서 나타나는 현상이므로 이를 스트레인 하드닝(strain hardening)이라고 한다. 서로 다른 $\dot{\varepsilon}_0$에서도 스트레인 하드닝은 같은 헨키 스트레인에서 나타난다. 스트레인 하드닝 현상은 PS에서도 나타나며, 서로 다른 PS의 경우 스트레인 하드닝 특성도 달라진다. 스트레인 하드닝이 시작되는 헨키 스트레인은 물질마다 다른 값을 가진다. 그림에서 보는 바와 같이 신장 점도는 고분자 물질의 종류뿐만 아니라 같은 고분자도 분자량 분포, 곁가지(side chain) 등에 의하여 민감하게 변하기 때문에 고분자의 구조를 평가하는 데도 사용할 수 있다(제8장 참고).

그림 6.6은 고분자량의 폴리스타이렌을 폴리스타이렌 올리고머에 용해한 보거(Boger) 유체의 T_R을 헨키 스트레인의 함수로 그린 그림으로, 세로축의 T_R은 η_E^+를 영점 전단율 점돗값으로 나눈 값이다. 그림에서 헨키 스트레인이 대략 2까지 T_R = 3으로 뉴턴성 유체와 같은 값을 갖는 것은 고분자가 거의 늘어나지 않았기 때문이다. T_R은 헨키 스트레인이 2에서부터 증가하기 시작하여 T_R = 1000까지 증가하는데 이는 고분자가 늘어나면서 나타나는 현상이며, 헨키 스트레인이 6 이상에서 T_R이 더 이상 증가되지 않는 것은 고분자가 더 이상 늘어나지 못하기 때문에 나타나는 현상이다.

6.4 신장 점도의 측정

6.4.1 고분자 용융체의 신장 점도

마이스너(Meissner, 1985b)는 그림 6.7에 보인 것과 같이 중심 간의 길이가 L만큼 떨어져 있는 2쌍의 원통 사이에 고분자 용융체 시료를 넣고 각 쌍의 원통을 반대 방향의 같은 선속도 V로 돌리면 $\dot{\varepsilon} = 2V/L$의 신장 유동이 생성됨을 보였다. 하나의 원통에는 고분자 시료를 잡아당기는 힘을 측정하는 센서(force transducer)를 장치하여 고분자 시료의 초기 단면적 값을 이용하여 신장 점도를 측정하였다. 전체 장치를 실리콘 오일이 들어 있는 항온조에 설치하고, 시료를 표면에 위치시킴으로써 시료가 아래로 처지는 현상(sagging)을 막는 동시에 온도를 일정하게 유지시키는 방법을 사용하였다. 마이스너 장치(Meissner apparatus)는 많은 연구실에서 직접 만들어 실험할 수 있을 정도로 원리와 장치가 비교적 간단할 뿐만 아니라 신장률이 일정하다는 장점이 있지만 고분자 용융체용으로 사용이 제한되어 있다. 점도가 낮은 유체의 경우 시료를 장치하기가 쉽지 않기 때문이다.

마이스너 장치의 원리를 응용하여 회전형 레오미터에 장착한 신장 점도 측정장치도 판매되고 있다. 이 경우에는 항온장치 안에 설치된 고정된 드럼(drum) 주위로 다른 드럼이 돌아가는 구조로 되어 있으며, 점도가 큰 물질의 측정만 가능하다. 힘의 측정은 레오미터의 토크 측정장치를 이용하므로 정밀성이 높고, 특별히 장치를 직접 제작하지 않아도 되는 장점이 있으며, 헨키 스트레인 값이 4, 즉 초기 길이의 대략 50배 정도로 늘이는 범위까지 측정할 수 있는 것으로 알려져 있다. 좀더 개선된 장치로서 두 개의 드럼을 모두 돌릴 수 있는 장치도 시판되고 있다.

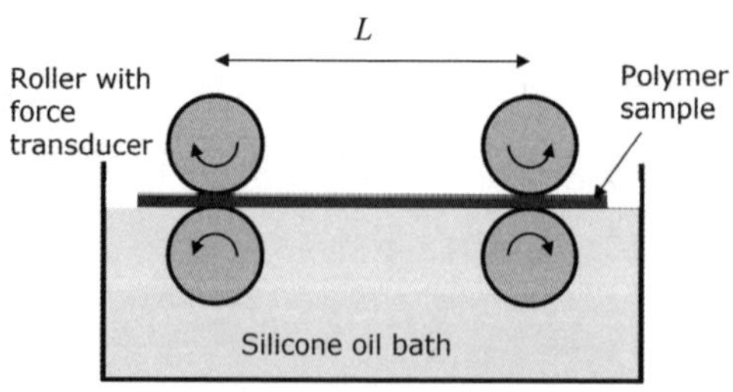

그림 6.7 마이스너 장치의 개략도

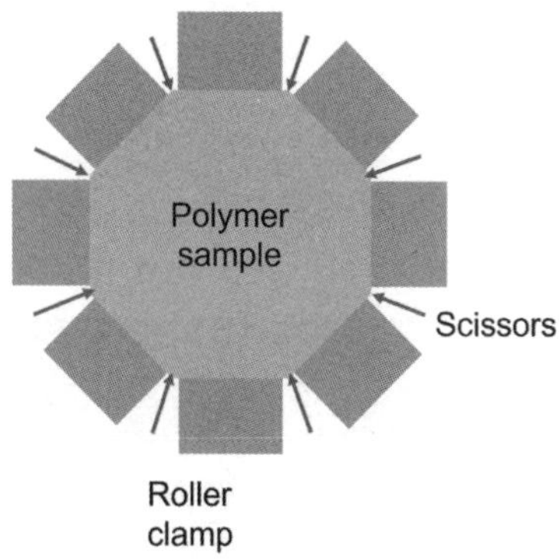

그림 6.8 2축 연신 용 마이스너 장치. 롤러 클램프(clamp) 사이에 가위를 설치하여 고분자 필름이 자유롭게 늘어나도록 함

마이스너의 장치를 변형하면 그림 6.8과 같은 2축 연신을 할 수 있기도 하다. 이 장치에서는 필름이 당겨지면서 이웃하는 롤러들 사이로 끌려 나오게 되는데 측정과 연신에 방해가 되므로 롤러 사이에는 가위를 설치해 문제를 해결하였다(Meissner, 1985a).

엄밀하게는 신장 점도는 아니지만 고분자 용융체의 신장 점도를 지수(index)화하여 쓰는 방법으로 멜트 스트렝스(melt strength)가 있다. 모세관을 통해 압출된 고분자 용융체를 톱니형의 롤러 사이에 넣고 롤러를 돌려 용융체를 당기면서 1축 연신을 가할 때, 당기는 비에 따라 연신 점도와 끊기는 상태에서의 연신 스트레스를 측정하는 것으로 레오텐스(Rheotens)라는 이름으로 상업화되어 있다. 멜트 스트렝스는 블로 몰딩, 필름 블로잉, 섬유 방사 등의 고분자 가공에서 유용하게 사용될 수 있다. 레오텐스에 관한 유변학적 해석은 바그너 등(Wagner et al., 1998)을 참고할 수 있다.

6.4.2 용액의 신장 점도

케이버(CaBER)

하케 케이버(Haake CaBER, Capillary Breakup Extensional Rheometer)는 연신 점도계(elongational rheometer)로 기본적으로 점도가 낮은 액체용이다. 즉 고분자 용융체의 측정은 불가능하다. 그림 6.9에 보인 바와 같이 2–5mm 크기의 두 원판 사이에 측정하고자 하는 유체를 채우고 축방향으로 원판의 직경 정도의 거리만큼 빠르게

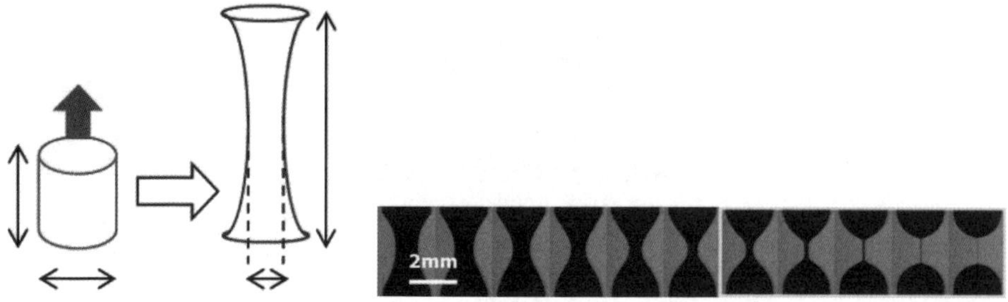

(a) (b)

그림 6.9 초기 액체 필라멘트의 형성과정 및 시간에 따른 필라멘트 반경의 변화. 실제 측정값은 오른쪽 5개 사진과 같이 원기둥 형의 필라멘트가 형성된 후부터 의미가 있음(Han and Kim, 2015)

잡아당기면 두 원판의 중간에 형성된 필라멘트가 시간이 지남에 따라 표면장력에 의하여 가늘어지면서 연신 유동이 생성된다. 즉 연신 스트레스는 표면장력에 의하여 생기며 원통형 액체의 표면에 작용하는 반경방향 스트레스는

$$\tau = \frac{\sigma}{R} \tag{6.4-1}$$

가 된다. 위 식에서 σ는 유체의 표면장력, R은 필라멘트의 반경을 나타낸다. 시간에 따라 변하는 필라멘트의 직경은 레이저 마이크로미터로 측정하며, 필라멘트의 부피가 가정상상태(quasi-steady state)에서 $\pi R^2 L$로 일정하다고 가정하면 길이 L일 때 신장률 $\dot{\varepsilon}$은 다음 식과 같다:

$$\dot{\varepsilon} = \frac{1}{L}\frac{dL}{dt} = -\frac{2}{R}\frac{dR}{dt} \tag{6.4-2}$$

연신 점도는 중력이나 관성의 역할이 무시할 수 있을 정도로 작을 때 다음 식으로 계산한다.

$$\eta_E = \frac{\tau}{\dot{\varepsilon}} \tag{6.4-3}$$

유변학적으로 멱 법칙(power law)을 따르는 유체, 항복 스트레스를 갖는 유체, 약한

탄성 및 맥스웰 모델 유체 등 유변학적으로 복잡한 유체의 필라멘트가 표면장력에 의하여 가늘어지다가 결국 끊어지는 현상에 대해서는 매킨리(McKinley, 2005)의 총설논문에 정리되어 있다. 파파조르주(Papageorgiou, 1995)는 뉴턴성 유체 필라멘트가 관성의 영향없이 표면장력에 의하여 가늘어질 때 필라멘트의 반경 R은 다음 식을 따르는 것을 밝혔다:

$$R = R_0 - 0.0709\frac{\sigma t}{\eta} \tag{6.4-4}$$

위 식에서 R_0는 초기 반경이며, η는 점도를 나타낸다. 위 식에서 보면 뉴턴성 유체의 경우 dR / dt가 상수이므로 식 (6.4-2)에서 $\dot{\varepsilon}$은 시간에 따라 변하며, 반경에 반비례한다. 뉴턴성 유체의 연신 점도는 3η임을 알고 있으므로 이 경우에는 특별히 계산을 할 필요는 없다. 완화 시간 λ, 모듈러스 G의 맥스웰 모델의 필라멘트는 반경은 다음과 같이 변하며,

$$\frac{R(t)}{R_0} \approx \left(\frac{G}{\sigma/R_0}\right)^{1/3} \exp(-t/3\lambda) \tag{6.4-5}$$

식 (6.4-2)로부터 $\dot{\varepsilon}$은 $2/(3\lambda)$로 일정하다. 이 경우 와이젠버그 수는 $\mathrm{Wi} = \lambda\dot{\varepsilon} = 2/3$로 1/2보다 크므로 고분자 사슬은 완전히 늘어나 있는 상태이다. 이 외에도 다른 점탄성 모델 유체에 대한 해석은 레나디(Renardy, 2004)에 정리되어 있다.

위의 식들은 유체가 관성이나 중력의 영향을 받지 않고 점탄성과 표면장력에 의하여 필라멘트의 반경이 줄어드는 경우에 대한 해석 결과이다. 실제 측정 시에는 관성이나 중력의 영향이 나타날 수 있으므로 주의하여야 한다. 예를 들어 중력은 시료를 채우고 잡아당기기 전 평형에 있을 때 가장 크게 나타나며, 이 경우 액체가 아래로 불룩하게 되는 처짐(sagging) 현상이 나타나게 된다. 이러한 처짐의 문제는 아래의 본드 수(Bond number)가 1보다 충분히 작아야 무시할 수 있다.

$$\mathrm{Bo} = \frac{\rho g R_0^2}{4\sigma} \tag{6.4-6}$$

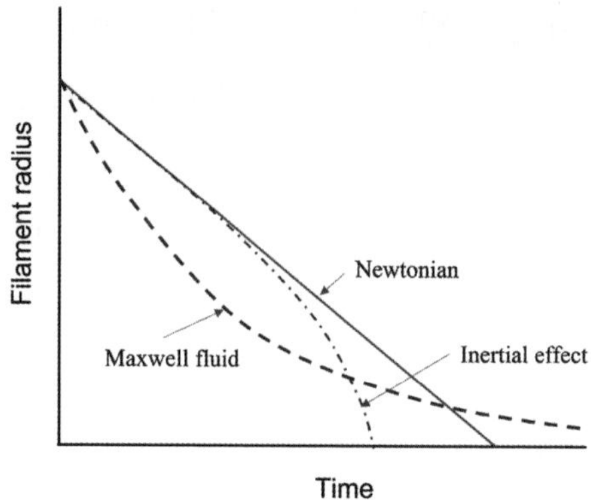

그림 6.10 뉴턴성 유체와 맥스웰 유체 필라멘트의 표면장력(capillary force)에 의한 반경 변화. 관성의 역할에 의하여 필라멘트 반경이 더 빨리 감소할 수 있음

위 식에서 ρ는 유체의 밀도, g는 중력가속도이다. 필라멘트 반경의 감소 속도는 필라멘트의 반경이 감소하면서 커지게 되며 끊어지기 직전에는 관성이 무시할 수 없을 정도로 커질 수 있다. 관성의 효과가 무시되기 위해서는 다음의 오네소지 수(Ohnesorge number)가 충분히 커야 한다.

$$\mathrm{Oh} = \frac{\eta}{\left(\rho\sigma R_0\right)^{1/2}} \tag{6.4-7}$$

오네소지 수는 표면장력과 점도를 기본으로 속도 차원을 갖는 변수 σ / η를 사용하여 계산한 레이놀즈 수의 역수의 제곱근으로, 이 값이 클수록 관성의 역할이 작음을 알 수 있다. 로드 등(Rodd et al., 2004)은 $\mathrm{Oh} = 0.0709$를 기준으로 관성의 역할이 큰 상황으로 판단하였다. 따라서 $\mathrm{Oh} = 1$인 경우에는 관성의 역할은 무시할 수 있다. 필라멘트의 굵기가 시간이 지나면서 가늘어지고[2] 줄어드는 속도가 커지면 관성의 역할이 나타날 수 있으며, 이 경우에는 그림 6.10과 같이 반경의 감소속도가 더 커지게 되므로(Clasen et al., 2012, c) η_E가 실제보다 작게 나타난다.

2 필라멘트의 초기 굵기가 가늘어진다는 뜻이 아니다. 어떤 초깃값에서 시작하여 표면장력에 의하여 줄어드는 과정에서 필라멘트의 굵기가 가늘어지고 반경방향의 속도가 증가하면서 관성의 역할이 커지는 상황이 생기게 된다.

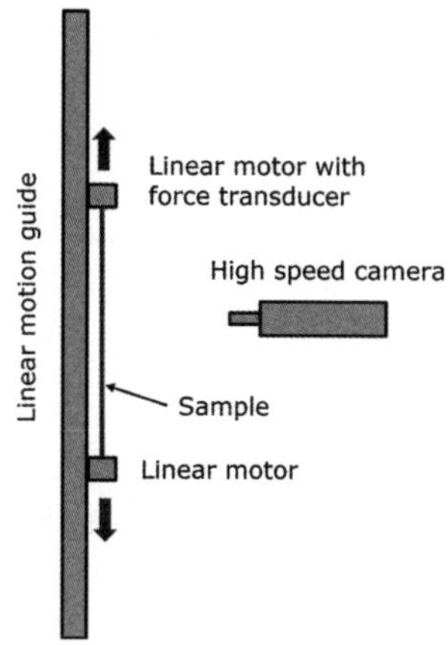

그림 6.11 필라멘트 연신 점도계의 개략도

파이저(FiSER, Filament Stretching Extensional Rheometer)

모나시 대학교(Monash University)의 탬 스리다(Tam Sridhar) 교수가 개발한 연신 레오미터(extensional rheometer)에서는 선형 운동 가이드(linear motion guide)에 장착한 두 개의 리니어 모터(linear motor)가 연신 유동이 되도록, 즉 시료의 길이가 식 (6.3-4)가 되도록 프로그램 된 속도로 움직여 액체 필라멘트를 늘이면서 한쪽 끝에 설치된 힘 측정 센서(force transducer)로 잡아당기는 힘을 측정하여 연신 스트레스를 구한다. 필라멘트를 원통이라 가정하고, 길이를 l, 중앙에서의 반경을 R이라고 할 때 필라멘트를 따라 일정하게 작용하는 당기는 힘(stretching force) F_x와 η_E^+는 다음 관계를 만족한다(Sridhar et al., 1991).

$$\eta_E^+ = \frac{F_x / (\pi R^2) - \rho g l / 2 - \sigma / R}{\dot{\varepsilon}} \tag{6.4-8}$$

위 식은 당기는 힘, 중력, 표면장력이 필라멘트를 길이방향으로 잡는 힘과 표면장력이 반경방향으로 가하는 힘을 고려하여 쓴 식이다. 스자보(Szabo, 1997)는 정확히 원통이 아닌 필라멘트 중앙에서의 정확한 곡률을 고려한 식을 유도하였는데 스자보의 식을 사용하기 위해서는 그림 6.11의 고속카메라에서 얻은 필라멘트의 길이 방향의 변화 곡선이 필요하다.

FiSER는 연신 유동을 거의 정확히 구현하는 장점이 있으나 장치의 길이가 길

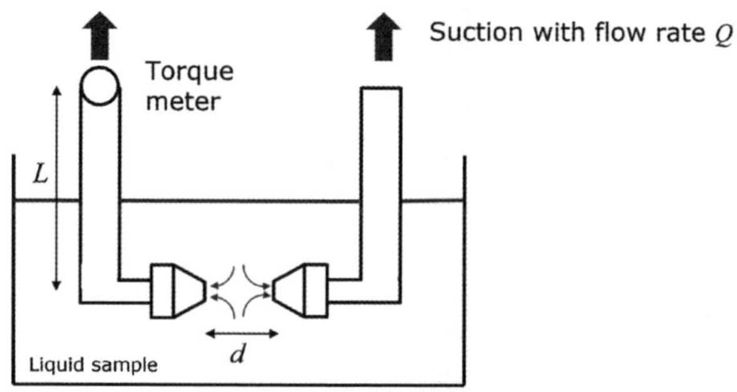

그림 6.12 풀러 등이 개발한 마주보는 노즐 신장 점도계의 개략도

어 상온 이외의 온도로 항온을 유지하는 데는 어려움이 있으며, 점도가 높고 탄성이 충분히 크지 않으면 필라멘트를 유지할 수 없기 때문에 측정이 불가하다. 이 장치는 현재 상업적으로 시판되고 있지는 않으나 필요하면 직접 제작하여 사용할 수 있다. 그림 6.6은 FiSER로 측정한 결과이다.

마주보는 노즐(Opposing nozzle)

두 개의 마주보는 노즐을 통해 같은 양의 액체를 빨아들이는 경우 두 노즐 사이에는 연신 유동이 형성되며, 반대로 액체를 밀어내면 이축 연신 유동이 형성된다. 풀러 등(Fuller et al., 1987)은 그림 6.12와 같은 장치를 개발하여 전단 점도가 비교적 낮고 탄성이 낮아 필라멘트를 형성하지 못하는 액체의 신장 점도를 측정하여 보고하였다. 위 장치에서 토크 측정계(torque meter)가 설치된 쪽의 팔은 자유롭게 걸려 있어 액체를 빨아들이면 두 노즐 간의 간격이 줄어든다. 이때 원래 두 거리를 유지하기 위해서 가해 주는 토크와 연신 스트레스, 신장률 간에는 다음의 관계가 있다.

$$\tau_{11} - \tau_{22} = \frac{M}{L\pi R^2} \tag{6.4-9}$$

$$\dot{\varepsilon}_a = \frac{2Q}{\pi R^2 d} \tag{6.4-10}$$

위 식에서 M은 토크, L은 토크 측정계와 노즐을 연결한 팔의 길이, Q는 유량, d는 노즐 사이의 간격, R은 노즐의 반경을 나타낸다. 이 장치는 후에 0.05 – 10Pa.s 정도의 전단 점도를 갖는 액체를 측정할 수 있게 상업적으로 개발되어 RFX라는 이름으로 판매되기도 하였으나 현재는 판매되고 있지 않다.

6.5 뉴턴성 유체의 신장 점도

뉴턴성 유체의 신장 점도를 이야기하기 전에 우선 뉴턴성 유체에 대한 엄밀한 정의를 할 필요가 있다. 제3장 점도에서 전단율에 따라 점도가 변하지 않는 유체를 뉴턴성 유체로 생각하였다. 이러한 특성은 물론 뉴턴성 유체가 갖는 중요한 성질이지만 전단율에 대한 함수 특성만이 뉴턴성 유체를 규정하는 것은 아니다. 엄밀하게는 구성방정식으로 제10장의 식 (10.4-15)를 따르는 유체를 뉴턴성 유체라고 정의한다. 물성은 온도와 압력의 함수이다. 비압축성 유체의 경우 식 (10.4-15)는 식 (3.6-1)과 같이 쓸 수 있다. 식 (3.6-1)을 따르는 유체는 다음과 같은 특성을 갖는다.

1) 점도는 전단율에 관계없이 일정하다.
2) 제1 및 제2 수직 스트레스 차이는 0이다.
3) 신장 점도는 다음에 구한 바와 같이 점도에 비례하며, 일정한 값을 갖는다. 이 비례상수는 유동 형태에 따라 다르며 연신 유동의 경우 3이다.

따라서 실험적으로는 위의 3가지 조건을 만족하는 유체를 뉴턴성 유체라고 정의한다.

뉴턴성 유체의 신장 점도 η_E는 전단 점도 η의 3배이다. 이러한 결과는 뉴턴성 유체의 구성방정식에서 구할 수 있다. 3.6절에서 비압축성 뉴턴성 유체의 경우 구성방정식은

$$\mathbf{T} = -p\mathbf{I} + \eta\left[\nabla\mathbf{v} + (\nabla\mathbf{v})^T\right] = -p\mathbf{I} + \eta(2\mathbf{D}) \tag{3.6-1}$$

$$\mathbf{T}=-p\mathbf{I}+\eta\left[(\nabla\mathbf{v})+(\nabla\mathbf{v})^T\right]=-p\begin{bmatrix}1&0&0\\0&1&0\\0&0&1\end{bmatrix}+\eta\begin{bmatrix}2\frac{\partial v_x}{\partial x} & \frac{\partial v_y}{\partial x}+\frac{\partial v_x}{\partial y} & \frac{\partial v_z}{\partial x}+\frac{\partial v_x}{\partial x}\\ \frac{\partial v_x}{\partial y}+\frac{\partial v_y}{\partial x} & 2\frac{\partial v_y}{\partial y} & \frac{\partial v_z}{\partial y}+\frac{\partial v_y}{\partial z}\\ \frac{\partial v_x}{\partial z}+\frac{\partial v_z}{\partial x} & \frac{\partial v_y}{\partial z}+\frac{\partial v_z}{\partial y} & 2\frac{\partial v_z}{\partial z}\end{bmatrix}$$

이었다. 단순 전단 성분이 없는 유동의 속도 분포를 식 (3.6-1)에 대입하면 스트레스 텐서의 대각선에 있는 항을 제외한 항들은 모두 0이 됨을 알 수 있다. 1축 연신 유동에서는

$$v_x=\dot{\varepsilon}x \quad v_y=-\dot{\varepsilon}y/2 \quad v_z=-\dot{\varepsilon}z/2 \tag{6.5-1}$$

이므로

$$\frac{\partial v_x}{\partial x}=\dot{\varepsilon} \quad \frac{\partial v_y}{\partial y}=-\dot{\varepsilon}/2 \quad \frac{\partial v_z}{\partial z}=-\dot{\varepsilon}/2 \tag{6.5-2}$$

이고, 따라서

$$\tau_{xx}-\tau_{yy}=\tau_{xx}-\tau_{zz}=3\eta\dot{\varepsilon}=\eta_E(\dot{\varepsilon})\,\dot{\varepsilon} \tag{6.5-3}$$

이 되어

$$\eta_E=3\eta \tag{6.5-4}$$

임을 알 수 있다.

이축 연신 유동에서는 다음의 관계가 성립한다

$$v_x=\dot{\varepsilon}x \quad v_y=-\dot{\varepsilon}y/2 \quad v_z=-\dot{\varepsilon}z/2 \tag{6.5-5}$$

$$\tau_{yy}-\tau_{xx}=\tau_{zz}-\tau_{xx}=-3\eta\dot{\varepsilon}=\eta_{EB}(\dot{\varepsilon})(-\dot{\varepsilon}/2) \tag{6.5-6}$$

$$\eta_{EB}=6\eta \tag{6.5-7}$$

평면 연신 유동도 같은 방법으로 구할 수 있다

$$v_x = \dot{\varepsilon} x \quad v_y = -\dot{\varepsilon} y \quad v_z = 0 \tag{6.5-8}$$

$$\tau_{xx} - \tau_{yy} = 4\eta\dot{\varepsilon} = \eta_{EP}(\dot{\varepsilon})\,\dot{\varepsilon} \tag{6.5-9}$$

$$\eta_{EP} = 4\eta \tag{6.5-10}$$

참고 문헌

Anna SL, GH McKinley, DA Nguyen, T Sridhar, SJ Muller, J Huang, DF James, 2001, "An interlaboratory comparison of measurements from filament stretching rheometer using common test fluids," *J. Rheol.* **45** 83-114

Baek G, S Kim, J Han, C Kim, 2011, "Atomization characteristics of impinging jets of gel material containing nanoparticles," *J.Non-Newt. Fluid Mech.* **166**, 1272

Clasen C, PM Phillps, L Palangetic, J Vermant, 2012, "Dispensing of rheologically complex fluids: The map of misery," *AIChE J.* **58**, 3242-3255

Fuller GG, CA Cathey, B Hubbard, BE Zebrowski, 1987, "Extensional viscosity measurements for low-viscosity fluids," *J. Rheol.* **31**, 235-249

Jones, DM, K Waters, PR Williams, 1987, "On the extensional viscosity of mobile polymer solutions," *Rheol. Acta* **26**, 20-30

Han HJ and C Kim, 2015, "Extensional behavior of rod suspension in dilute polymer solution," *Korea-Aust. Rheol. J.* **27**, 197-206

McKinley GH, T Sridhar, 2002, "Filament stretching rheometry of complex fluids," *Annu. Rev. Fluid Mech.* **34**, 375-415

McKinley G, 2005, "Visco-elasto-capillary thinning and break-up of complex fluids," HML Report No. 05-P-04, MIT, Cambridge

Meissner J, 1972, "Development of a universal extensional rheometer for the uniaxial extension of polymer melts," *Trans. Soc. Rheol.* **16**, 405-420

Meissner J, 1985a, "Rheometry of polymer melts, *Annu. Rev. Fluid Mech.*" **17**, 45-64

Meissner J, 1985b, "Experimental aspects in polymer melt elongational rheometry," *Chem. Eng. Comm.* **33**, 159-180

Muenstedt H, 1980, "Dependence of the elongational behaviour of polystyrene melts on molecular weight and molecular weight distribution," *J. Rheol.* **24**, 847-867

Papageorgiou DT, 1995, "On the breakup of viscous liquid threads," *Phys. Fluids* **7**, 1529-1544

Renardy M, 2004, "Self-similar breakup of non-Newtonian liquid," *Rheology Reviews*, 171-196.

Rodd LE, TP Scott, JJ Cooper-White, GH McKinley, 2004, "Capillary break-up rheometry of low-viscosity elastic fluids," HML Report No. 04-P-04

Sridhar, T, V Tirtaatmadja, DA Nguyen, RK Gupta, 1991, "Measurement of extensional viscosity of polymer solutions," *J. Non-Newt. Fluid Mech.* **40**, 271-280

Suneel, RS Graham and TCB McLeish, 2003, "Characterization of an Industrial Polymer Melt Through either Uniaxial Extension or Exponential Shear Data: An Application of the Pom-Pom Model," *Applied Rheology* **13**, 19-25.

Szabo P, 1997, "Transient filament stretching rheometer I: Force balance analysis," *Rheol. Acta* **36**, 277-284.

Tanner RI, K Walters, 1998, "Rheology: An Historical Perspective, Elsevier, Amsterdam

Wagner MH, A Bernnat and V Schultz, 1998, "The rheology of Rheotens test," *J. Rheol.* **42**, 917-

Yoo HS. C Kim, 2013, "Gernation of inkjet droplet of non-Newtonian fluid," *Rheol. Acta* **52**, 313-325.

Yoo HS, 2015, Ph.D. Thesis, Korea Univ.

제7장

구성 방정식

제1장에서 유변학은 물질의 유동과 변형의 과학으로 정의하였다. 물질의 유동이나 변형은 외부에서 가하는 힘, 구체적으로는 물질의 각 부분에 작용하는 스트레스에 의하여 생긴다. 구성방정식(constitutive equation)은 물질의 스트레스와 유동과 변형 간의 관계를 나타내는 식으로 유변학적 상태방정식(rheological equation of state)이라 부르기도 한다. 예를 들어 점도를 정의하는 식 (2.1-4), 점탄성에 관한 식 (4.3-31), 수직 스트레스 차이에 관한 식 (2.3-3) 등은 모두 구성방정식이다. 이러한 식들은 모두 1 또는 2차원적인 유동이나 변형에 대한 식이지만 일반적으로 유동과 변형은 3차원적으로 일어나므로 변형과 스트레스에 대해서 3차원적인 고려를 해 주어야 한다. 또한 구성방정식은 수식이므로 물리적으로 적절하여야 할 뿐만 아니라 수학적으로도 엄격하여야 한다.[1]

구성방정식은 다음과 같은 가정을 바탕으로 만들어진다(Schowalter, 1978). 첫째로 유변학에서 다루는 속도, 변형, 스트레스는 모두 3차원에서의 벡터나 텐서(tensor)로 표시되며, 이러한 변수들은 물리적인 양으로서 이 물리적인 양을 표시하는 좌표계, 예를 들어 xyz 좌표나 원통좌표를 사용함에 따라 다른 법칙이 관찰되서는 안 되며, 같은 물리적인 의미를 가지고 있어야 한다. 둘째로 물질은 과거의 변형을 기억하여 스트레스를 나타낼 수는 있지만 미래의 변형을 예측하여 스트레스를 나타내지 않는다. 즉 물질은 지나온 변형의 이력(deformation history)에 따라 스트레스가 결정된다. 셋째로 물질에 주어진 변형 및 과거 변형의 이력에 따라 나타나

1 이 장에서는 벡터와 텐서의 미적분을 중점적으로 사용하여 이론을 전개하며, 여러 수학적 지식이 필요하다. 이 장을 읽지 않아도 다음 장들을 이해하는 데 거의 문제가 없으며, 유변학의 기초이론을 필요로 하거나 유변학적으로 복잡한 유체의 유동장을 수치해법 등을 이용하여 해석하는 경우 등을 제외하고는 꼭 읽을 필요가 없다.

는 스트레스가 그러한 변형을 관찰하는 관찰자의 운동, 즉 좌표변환에 따라 달라지지 않아야 한다. 이를 유변학에서는 물질의 객관성(material objectivity)이라고 부르는데, 물질의 객관성을 따르는 경우 벡터와 텐서의 좌표계를 변환하면 좌표변환을 하는 수학적인 변환식을 따라야 한다. 이 점에 대해서는 다음에 좀더 구체적으로 다룰 예정이다.

위의 가정에 의하면 물질의 스트레스는 물질의 형태가 변할 때만 나타나며, 회전에 의해서는 나타나지 않아야 한다. 예를 들어서 유체의 점도 측정 시 회전하는 원판 위에 점도계를 놓고 측정하여도 전단율은 같아야 하고 따라서 점도도 같은 값을 가진다. 또한 전단 유동과 같이 유체 각 부분의 회전이 있는 경우에도 회전에 의한 스트레스는 나타나지 않는다. 따라서 구성방정식을 만들 때에는 이러한 점을 고려하여야 한다.

제4장에서 사용했던 선형 점탄성 모델을 기반으로 한 구성방정식, 예를 들어 식 (4.3-8), (4.3-15) 등은 변형이 작거나 변형률이 작은 경우에만 사용할 수 있는 식임을 강조한 바 있다. 다음에서는 이러한 문제점이 없이 변형이나 변형률이 크며, 물질 내 유체입자의 회전이 있는 경우에도 사용할 수 있는 일반적인 구성방정식에 대하여 다룰 예정이다.

물질의 객관성을 만족하면서 물질의 순수 변형만에 기인한 스트레스를 고려하여 물질의 변형과 스트레스 간의 관계를 수식으로 구현하는 구성방정식은 크게 코로테이셔널 좌표계(co-rotational reference frame)를 사용하는 방법과 컨벡티드 좌표계(convected 또는 co-deformational reference frame)를 사용하는 방법의 2가지 접근 방법으로 만들 수 있다. 코로테이셔널 좌표계에서의 구성법(formulation)은 유체입자(element)를 따라 이동하면서 유체입자와 같이 회전하는 직교 좌표계에서 변형과 스트레스 간의 관계를 구하고, 이 관계를 적절한 좌표변환에 의하여 우리가 사용하는 고정 좌표계, 예를 들어 xyz 좌표계나 구면 좌표계 등으로 표현하는 방법이다. 컨벡티드 좌표계에서의 구성법은 물질 입자를 따라 이동하면서 물질 입자의 변형과 스트레스를 물질 입자의 형태에 따라 변하는 사교 좌표계(oblique or non-orthogonal coordinates)에서 나타내고, 적절한 좌표변환에 의하여 고정된 직교 좌표계로 표현하는 방법이다. 다음 절들에는 두 가지 방법에서 물질의 변형과 스트레스가 각 좌표계에서 어떻게 변환이 되는가에 대하여 설명하고, 몇 가지 구성방정식들의 예를 들어 변형과 스트레스 간의 관계를 구하는 방법을 예시하였다.

구성방정식은 선형 점탄성 식의 경우와 같이 미분형과 적분형의 두 가지 방식이 모두 사용 가능하며, 일부 모델의 경우에는 물리적으로 같은 모델을 두 가지 형태로 쓸 수도 있다. 적분형 모델의 경우에는 과거 변형의 과정을 현재의 좌표계로 표시할 수 있는 관계식을 특별히 더 유도하여야 하는 번거로움이 있지만, 좀더 물리적인 개념을 포함할 수 있는 장점이 있다.

그동안 많은 구성방정식들이 제안되었지만 유변학적으로 복잡한 유체의 다양한 형태의 변형과 스트레스를 광범위하게, 정량적으로 예측할 수 있는 식은 아직 존재하지 않고 있으며, 수학적으로는 완성된 식이라 하여도 물리적으로는 제한된 범위에서만 사용할 수 있는 경우가 대부분이다. 예를 들어 어떤 물질의 실험적으로 관찰되는 전단 유동을 더 잘 표현하는 구성방정식과 신장 유동을 더 잘 표현하는 구성방정식이 다를 수 있다. 이는 기본적으로 변형의 종류와 크기, 시간에 따라 변하는 물질의 미세구조를 충분히 정확하게 파악하지 못하고 있는 것에서 기인하지만, 복잡한 물질의 주어진 미세구조를 충분히 이해하고 있다고 하여도 이를 수학적으로 표현하기도 어려울 뿐만 아니라, 복잡한 현상을 포함하는 수학적 모델을 얻는 데 성공한다고 하여도 수식을 푸는 데 또 다른 어려움이 있기 때문이다. 따라서 구성방정식은 해석적(analytically) 혹은 수치적으로(numerically) 풀 수 있는 매우 제한된 범위에서 구할 수밖에 없음도 주의하여야 한다. 그럼에도 불구하고 구성방정식을 이해하는 것은 유변학의 기초로서 대단히 중요하다. 유체 각 부분의 유동과 변형에 대한 역학적인 문제(kinematics)를 보다 정확히 이해할 수 있기 때문이다. 또한 복잡한 유동에 대한 예측을 위해 수치해를 구하기 위해서는 구성방정식의 이해가 필수적이다. 현재까지 많은 물리적인 문제를 예측하고 설명하는 수치해가 기존의 구성방정식을 바탕으로 구해졌고, 이러한 기술은 점점 더 발전하고 있으며, 물리적인 계에 대한 이해도 깊어지고 있다. 현재까지도 정확한 구성방정식을 찾고자 하는 유변학자들의 노력은 계속되고 있다. 다음에는 구성방정식을 이해하는 데 필요한 기본적인 요소들에 대하여 설명하였다. 개별 구성방정식에 의한 물리적인 해석은 몇 개의 간단한 예제로만 보였다. 3차원적인 구성방정식은 고분자 물질에 대한 것이 대부분으로 라슨(Larson, 1988)의 책 및 여러 총설 논문 등을 참고할 수 있다.

7.1 물질의 객관성

먼저 그림 7.1에 도시한 2개의 서로 다른 직교좌표 O-좌표계와 $\bar{\mathrm{O}}$-좌표계를 생각하자. 고정된 O-좌표계는 서로 수직인 단위 벡터 $\boldsymbol{\delta}_1$, $\boldsymbol{\delta}_2$, $\boldsymbol{\delta}_3$를 기저(base) 벡터로 하며, $\bar{\mathrm{O}}$-좌표계는 서로 수직인 단위 벡터 $\bar{\boldsymbol{\delta}}_1$, $\bar{\boldsymbol{\delta}}_2$, $\bar{\boldsymbol{\delta}}_3$를 기저 벡터로 한다. O-좌표계를 기준으로 $\bar{\mathrm{O}}$-좌표계의 원점은 $\mathbf{b}$에 있다. 이때 $\bar{\boldsymbol{\delta}}_1$, $\bar{\boldsymbol{\delta}}_2$, $\bar{\boldsymbol{\delta}}_3$는 $\boldsymbol{\delta}_1$, $\boldsymbol{\delta}_2$, $\boldsymbol{\delta}_3$와 다음과 같은 관계에 있다.

$$\bar{\boldsymbol{\delta}}_i = \sum\nolimits_j P_{ij} \boldsymbol{\delta}_j \qquad (7.1\text{-}1)$$

위 식에서 P_{ij}는 $\bar{\boldsymbol{\delta}}_i$와 $\boldsymbol{\delta}_j$의 내적, 즉 사이각의 코사인 값(방향 코사인)이다. 따라서 좌표변환 행렬 $\mathbf{P}$의 각 행 또는 각 열 벡터의 크기는 1이며,

$$\mathbf{P}^{-1} = \mathbf{P}^T \qquad (7.1\text{-}2)$$

의 관계가 있고

$$\boldsymbol{\delta}_i = \sum\nolimits_j \left(P_{ij}\right)^{-1} \bar{\boldsymbol{\delta}}_j = \sum\nolimits_j P_{ji} \bar{\boldsymbol{\delta}}_j \qquad (7.1\text{-}3)$$

이다. 이러한 행렬을 직교행렬(orthogonal matrix)이라고 하며, 직교좌표 간의 좌표변환 행렬임을 의미한다. 직교행렬 $\mathbf{P}$의 행렬식 값 $\det \mathbf{P} = |\mathbf{P}| = 1$이다. 직교행렬에 의한 벡터의 변환은 서로 수직인 기저벡터 세트를 묶어서 회전하는 것으로서 벡터의 크기는 변하지 않고 좌표축에 대한 각도만 변한다. 식 (7.1-1)과 (7.1-3)은 $\bar{\mathrm{O}}$-좌표계의 원점의 위치와 O-좌표계로부터 기울어진 정도가 시간에 따라 변하

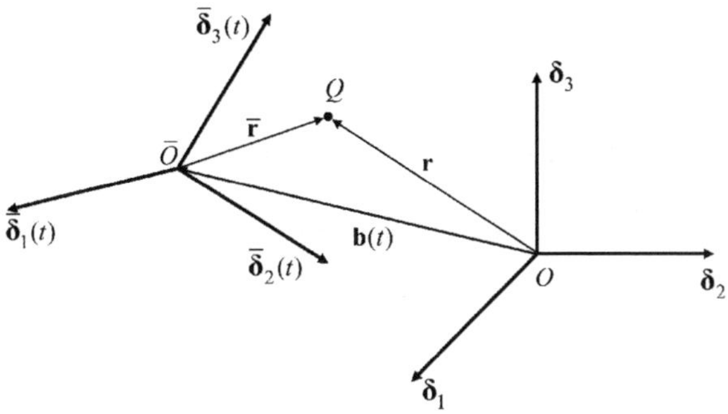

그림 7.1 O-좌표계와 $\bar{\text{O}}$-좌표계

는 경우에도 성립한다. 물론 이 경우 **b**와 **P**의 각 성분은 시간의 함수가 된다.

$\mathbf{b} = \mathbf{0}$, 즉 O-좌표계와 $\bar{\text{O}}$-좌표계의 원점이 일치하는 경우 O-좌표계의 벡터 $\mathbf{u} = \sum_i u_i \boldsymbol{\delta}_i$ 가 $\bar{\text{O}}$-좌표계의 벡터 $\mathbf{v} = \sum_i v_i \bar{\boldsymbol{\delta}}_i$로 표시된다면

$$\mathbf{v} = \sum_i v_i \bar{\boldsymbol{\delta}}_i = \sum_j u_j \boldsymbol{\delta}_j = \sum_i \sum_j P_{ij} u_j \bar{\boldsymbol{\delta}}_i \tag{7.1-4}$$

이므로

$$v_i = \sum_j P_{ij} u_j \quad (\mathbf{v} = \mathbf{P} \cdot \mathbf{u}) \tag{7.1-5}$$

가 된다. 즉 벡터는 좌표변환 행렬의 곱으로 변환된다. O-좌표계의 텐서 $\mathbf{A} = \sum_i \sum_j a_{ij} \boldsymbol{\delta}_i \boldsymbol{\delta}_j$ 가 $\bar{\text{O}}$-좌표계의 텐서 $\mathbf{B} = \sum_i \sum_j b_{ij} \bar{\boldsymbol{\delta}}_i \bar{\boldsymbol{\delta}}_j$ 로 표시되면

$$\mathbf{B} = \sum_i \sum_j b_{ij} \bar{\boldsymbol{\delta}}_i \bar{\boldsymbol{\delta}}_j = \sum_i \sum_j \sum_k \sum_l a_{ij} (P_{ki} \bar{\boldsymbol{\delta}}_k)(P_{lj} \bar{\boldsymbol{\delta}}_l) = \sum_k \sum_l b_{kl} \bar{\boldsymbol{\delta}}_k \bar{\boldsymbol{\delta}}_l \tag{7.1-6}$$

이 되어

$$b_{kl} = P_{ki} a_{ij} P_{lj} \tag{7.1-7}$$

가 성립하므로

$$\mathbf{B} = \mathbf{P} \cdot \mathbf{A} \cdot \mathbf{P}^T \tag{7.1-8}$$

로 쓸 수 있다. 즉 텐서의 변환은 식 (7.1-8)을 따른다.

물리적인 공간과 시간 $(\mathbf{x},\tau)$가 시간에 따라서는 변하지만 공간적으로는 균일한, 즉 위치에 따라 변하지 않는 변환에 의하여 $(\mathbf{x}',\tau')$가 될 때 다음 관계가 있다고 하자.

$$\begin{aligned} \mathbf{x}' &= \mathbf{P}(\tau) \cdot \mathbf{x} + \mathbf{b}(\tau) \\ \tau' &= \tau - a \end{aligned} \tag{7.1-9}$$

위 식에서 $\mathbf{b}(\tau)$는 임의의 벡터함수, $\mathbf{P}(\tau)$는 임의의 직교행렬로 모두 시간의 함수이며 a는 임의의 상수이다. 공간과 시간 $(\mathbf{x},\tau)$가 식 (7.1-9)로 변환될 때 스칼라, 벡터, 텐서가 불변(invariant)인 경우 객관적(objective)이라고 한다. 또는 좌표계에 무관(frame indifferent)하다고 한다. 불변이란 좌표변환에 의하여 스칼라 값은 변하지 않으며, 벡터와 텐서는 불변값(invariant)이 변하지 않는 것을 말한다. 불변의 경우 다음의 식 (7.1-10)의 좌표변환 식을 따른다.

$$\begin{aligned} c' &= c \\ \mathbf{v}' &= \mathbf{P}(\tau) \cdot \mathbf{v} \\ \mathbf{A}' &= \mathbf{P}(\tau) \cdot \mathbf{A} \cdot \mathbf{P}(\tau)^T \end{aligned} \tag{7.1-10}$$

위 식에서 스칼라는 값이 변하지 않으므로 불변이다. 벡터의 경우 순수한 회전에 의해서는 벡터의 유일한 불변값인 크기가 바뀌지 않으므로 불변이다. 텐서의 경우에는 $\mathbf{A}$의 고유치(eigenvalue)가 좌표변환에 의하여 생긴 $\mathbf{A}'$의 고유치와 같다. $\mathbf{A}'$의 고유치 λ를 구하는 식인 $|\mathbf{P} \cdot \mathbf{A} \cdot \mathbf{P}^T - \lambda \mathbf{I}| = 0$ 은 $\mathbf{A}$의 고유치를 구하는 식인 $|\mathbf{A} - \lambda \mathbf{I}| = 0$과 동일해지기 때문이다.[2] 따라서 3개의 고유치 λ_1, λ_2, λ_3가 같으므로 불변값 (I, II, III)[3]이 모두 같아 불변이다.

---

2 $|\mathbf{P} \cdot \mathbf{A} \cdot \mathbf{P}^T - \lambda \mathbf{I}| = |\mathbf{P} \cdot \mathbf{A} \cdot \mathbf{P}^{-1} - \lambda \mathbf{P} \cdot \mathbf{I} \cdot \mathbf{P}^{-1}| = |\mathbf{P}||\mathbf{A} - \lambda \mathbf{I}||\mathbf{P}^{-1}| = |\mathbf{A} - \lambda \mathbf{I}|$

3 $I = \lambda_1 + \lambda_2 + \lambda_3 = \mathrm{tr}(\mathbf{A})$; $II = \lambda_1\lambda_2 + \lambda_2\lambda_3 + \lambda_3\lambda_1 = (\mathrm{tr}(\mathbf{A})^2 - \mathrm{tr}(\mathbf{A}^2))/2$; $III = \lambda_1\lambda_2\lambda_3 = \det(\mathbf{A})$. 식 (3.6-4) 참고.

유변학에서 다루는 모든 텐서가 객관적이지는 않다. 예를 들어 다음에 정의한 변형률(rate of deformation) 텐서는 객관적 텐서이지만, 속도 기울기, 보티시티(vorticity) 텐서 등은 객관적 텐서가 아니다.

속도 기울기 텐서: $\nabla \mathbf{v} \quad (\frac{\partial v_j}{\partial x_i})$ (7.1-11)

변형률 텐서: $\dot{\boldsymbol{\gamma}} = \nabla \mathbf{v} + (\nabla \mathbf{v})^T \quad (\dot{\gamma}_{ij} = \frac{\partial v_j}{\partial x_i} + \frac{\partial v_i}{\partial x_j})$ (7.1-12)

보티시티 텐서: $\boldsymbol{\omega} = \nabla \mathbf{v} - (\nabla \mathbf{v})^T \quad (\omega_{ij} = \frac{\partial v_j}{\partial x_i} - \frac{\partial v_i}{\partial x_j} = 2\sum_k \varepsilon_{ijk} w_k, \quad \mathbf{w} = \frac{1}{2}\nabla \times \mathbf{v})$

($\mathbf{w}$: angular velocity) (7.1-13)

위 식에서 ε_{ijk}는 ijk가 123, 231, 312의 순서를 가질 때는 1, 132, 213, 321의 순서를 가질 때는 −1, 이외의 경우에는 0이 되는 순열(permutation) 기호이다.

다음에는 코로테이셔널 좌표계에서 구성방정식을 만들어 직교좌표로 변환하여 쓰는 방법을 다루는데, 이 경우 텐서 계산은 행렬의 계산 수준만 이해하면 되며 특히 직교좌표 간의 좌표변환만을 필요로 한다. 7.3절에서는 물질의 객관성이 있는(material objective) 구성방정식을 만드는 다른 접근법인 컨벡티드 좌표계의 이해를 위하여 텐서 해석의 기초를 설명하였다. 7.4절에는 컨벡티드 좌표계에서 구성방정식을 만드는 2가지 방법을 설명하였다.

7.2 코로테이셔널 좌표계에 의한 구성[4]

7.2.1 직교변환

그림 7.1에서 Q점이 움직이고, Q점을 중심으로 한 유체입자가 회전을 하는 경우를 생각하자. 이 문제를 해석하기 위해 먼저 Q점의 위치와 속도를 O-좌표계와

4 버드 등(Bird et al., 1978)을 주로 참고하여 쓴 것이다.

$\bar{\text{O}}$-좌표계로 표시하되, 나중에 좀더 일반적인 경우의 문제를 고려하기 위해 $\bar{\text{O}}$-좌표계로의 변환을 하는 좌표변환 행렬 **P**와 O-$\bar{\text{O}}$를 잇는 벡터 **b**가 시간의 함수인 경우를 생각하자. 움직이고 회전하는 $\bar{\text{O}}$-좌표계의 좌표는 고정된 O-좌표계 좌표에 비하여 사용하기 불편할 뿐만 아니라, 여러 유체입자를 고려하는 경우에는 어떤 유체입자의 움직임을 말하는가를 지정하여야 하므로 $\bar{\text{O}}$-좌표계에서 구한 좌표 또는 물리량은 O-좌표계에서의 값으로 쓰는 것이 편리하다. 다음에는 이러한 좌표변환과 물리량의 변환 과정에 대하여 설명하였다.

그림 7.1에서 공간상에서 움직이는 점 Q의 위치벡터를 O-좌표계와 $\bar{\text{O}}$-좌표계에서 쓰면 각각 $\mathbf{r}$, $\bar{\mathbf{r}}$이고, $\bar{\mathbf{r}} = \mathbf{r} - \mathbf{b}$ 가 된다. $\bar{\mathbf{r}}$를 성분으로 표시하면

$$\bar{\mathbf{r}} = \sum_i \bar{x}_i \bar{\boldsymbol{\delta}}_i = \sum_j (x_j - b_j)\boldsymbol{\delta}_j = \sum_i \sum_j P_{ij}(x_j - b_j)\bar{\boldsymbol{\delta}}_i \tag{7.2-1}$$

가 되며 성분 값은 다음과 같이 된다. 위 식에서 행렬 **P**는 시간만의 함수임을 주의할 필요가 있다.

$$\bar{x}_i = \sum_j P_{ij}(x_j - b_j) \tag{7.2-2}$$

$$x_i = \sum_j P_{ji}\bar{x}_j + b_i \tag{7.2-3}$$

O-좌표계와 $\bar{\text{O}}$-좌표계에서 보는 점 Q의 속도는 식 (7.2-2)와 (7.2-3)을 시간에 대해 미분하여 얻는다.

$$v_i = \dot{x}_i \tag{7.2-4}$$

$$\bar{v}_i = \dot{\bar{x}}_i = \sum_j P_{ij}(v_j - \dot{b}_j) + \sum_j \dot{P}_{ij}(x_j - b_j) \tag{7.2-5}$$

식 (7.2-5)는 $\bar{\text{O}}$-좌표계에서 보는 속도를 고정 좌표인 O-좌표계에서의 값으로 표현한 것으로 가장 오른쪽 식의 첫 번째 항은 Q점의 속도에 의한 항이며, 두 번째

항은 좌표의 회전에 의하여 나타나는 항이다.

$\bar{O}$-좌표계에서 보는 속도 기울기는 식 (7.2-5)를 미분하여 얻는다(참고: 식 (7.2-3)에서부터 $\partial x_k / \partial \overline{x_i} = P_{ik}$, $\partial x_l / \partial x_k = \delta_{kl}$; δ_{kl}은 크로네커 델타(Kronecker delta)라고 부르며, $\delta_{kl} = 1, k = l; \delta_{kl} = 0, k \neq l$ 의 관계가 있음).

$$\frac{\partial}{\partial \overline{x_i}} \overline{v}_j(\overline{x},t) = \sum_k \frac{\partial}{\partial x_k} \sum_l \left(P_{jl} v_l(x,t) + \dot{P}_{jl} x_l \right) \frac{\partial x_k}{\partial \overline{x_i}} = \sum_k \sum_l P_{ik} \left(\frac{\partial v_l}{\partial x_k} \right) P_{jl} + \sum_k P_{ik} \dot{P}_{jk} \tag{7.2-6}$$

위 식과 $\sum_k P_{ik}\dot{P}_{jk} + \sum_k \dot{P}_{ik}P_{jk} = \sum_k \frac{d}{dt}\left(P_{ik}P_{jk}\right) = \sum_k \dot{\delta}_{ij} = 0$ 임을 이용하면 다음과 같이 변형률 텐서와 보티시티 텐서의 변환식을 얻을 수 있다.

$$\bar{\dot{\gamma}}_{ij}(\overline{x},t) = \frac{\partial \overline{v_j}}{\partial \overline{x_i}} + \frac{\partial \overline{v_i}}{\partial \overline{x_j}} = \sum_k \sum_l P_{ik} \dot{\gamma}_{kl} P_{jl} + \left(\sum_k P_{ik}\dot{P}_{jk} + \sum_k \dot{P}_{ik} P_{jk} \right) = \sum_k \sum_l P_{ik} \dot{\gamma}_{kl} P_{jl} \tag{7.2-7}$$

$$\begin{aligned} \overline{\omega}_{ij}(\overline{x},t) &= \frac{\partial \overline{v_j}}{\partial \overline{x_i}} - \frac{\partial \overline{v_i}}{\partial \overline{x_j}} = \sum_k \sum_l P_{ik} \omega_{kl} P_{jl} + \left(\sum_k P_{ik}\dot{P}_{jk} - \sum_k \dot{P}_{ik} P_{jk} \right) \\ &= \sum_k \sum_l P_{ik} \omega_{kl} P_{jl} + 2\sum_k P_{ik} \dot{P}_{jk} \end{aligned} \tag{7.2-8}$$

식 (7.2-7)과 (7.2-8)을 보면 변형률 텐서는 좌표 변환의 식 (7.1-10)의 변환 공식을 따르지만, 보티시티 텐서는 회전 성분으로 인하여 좌표변환식에 더한 항이 생기는 것을 볼 수 있다. 즉 변형률 텐서는 물질의 객관성을 만족하지만 보티시티 텐서는 만족하지 않는다. 스트레스 텐서는 미분이 들어 있지 않은 물리량으로 식 (7.1-10)의 좌표변환식을 따르며 물질의 객관성을 만족한다.

$$\overline{\tau}_{ij}(\overline{x},t) = \sum_k \sum_l P_{ik} \tau_{kl} P_{jl} \tag{7.2-9}$$

식 (7.2-7)-(7.2-9)는 회전하며 움직이는 좌표계에서 보는 물리량과 고정된 좌표계에서 보는 물리량의 관계를 나타낸다.

다음으로 스칼라, 변형률 텐서와 스트레스 텐서의 시간에 대한 미분을 생각하자. 스칼라 양은 어떤 좌표계에서도 같은 값을 갖는다. 즉

$$\overline{s}(\overline{x},t)=s(x,t) \tag{7.2-10}$$

이다. 위 식에서 3차원 좌표 x_i, $\overline{x}_i$는 x, $\overline{x}$로 간단히 표시하였다. $\overline{s}$의 시간에 대한 편미분은 다음과 같은 방법으로 구한다. 위 식에서 s는 t와 x의 함수이며, $\overline{x}$는 식 (7.2-3)을 통하여 x와 t의 함수이므로 미분의 연쇄 법칙(chain rule)을 적용하면

$$\begin{aligned}\frac{\partial}{\partial t}\overline{s}(\overline{x},t)&=\frac{\partial}{\partial t}s(x,t)+\sum_k\frac{\partial}{\partial x_k}s(x,t)\frac{\partial}{\partial t}x_k(\overline{x},t)=\frac{\partial s}{\partial t}+\sum_k\left(\sum_j\dot{P}_{jk}\overline{x}_j+\dot{b}_k\right)\frac{\partial s}{\partial x_k}\\&=\frac{\partial}{\partial t}s(x,t)+\sum_k\left(\sum_j\sum_l\dot{P}_{jk}P_{jl}(x_l-b_l)+\dot{b}_k\right)\frac{\partial}{\partial x_k}s(x,t)\end{aligned} \tag{7.2-11}$$

이 된다. 같은 방법으로 식 (7.2-7)과 식 (7.2-9)를 미분하여 변형률 텐서와 스트레스 텐서에 대한 미분식을 얻을 수 있다.

$$\begin{aligned}\frac{\partial}{\partial t}\overline{\dot{\gamma}}(\overline{x},t)&=\sum_k\sum_l\left[P_{ik}\left(\frac{\partial}{\partial t}\dot{\gamma}_{kl}(x,t)\right)P_{jl}+\dot{P}_{ik}\dot{\gamma}_{kl}P_{jl}+P_{ik}\dot{\gamma}_{kl}\dot{P}_{jl}\right]\\&\quad+\sum_k\sum_l\sum_m\left[\sum_n\sum_p\dot{P}_{mn}P_{np}(x_p-b_p)+\dot{b}_m\right]P_{ik}\frac{\partial\dot{\gamma}_{kl}(x,t)}{\partial x_m}P_{jl}\end{aligned} \tag{7.2-12}$$

$$\begin{aligned}\frac{\partial}{\partial t}\overline{\tau}(\overline{x},t)&=\sum_k\sum_l\left[P_{ik}\left(\frac{\partial}{\partial t}\tau_{kl}(x,t)\right)P_{jl}+\dot{P}_{ik}\tau_{kl}P_{jl}+P_{ik}\tau_{kl}\dot{P}_{jl}\right]\\&\quad+\sum_k\sum_l\sum_m\left[\sum_n\sum_p\dot{P}_{mn}P_{np}(x_p-b_p)+\dot{b}_m\right]P_{ik}\frac{\partial\tau_{kl}(x,t)}{\partial x_m}P_{jl}\end{aligned} \tag{7.2-13}$$

7.2.2 코로테이셔널 미분

코로테이팅 좌표계(Corotating frame)는 그림 7.2와 같이 유체입자와 같이 움직이면서 유체입자의 각속도로 회전하는 좌표계이다. 앞 절에서는 $\overline{\mathrm{O}}$-좌표계의 O-좌표계에 대한 거리와 기울어진 정도를 나타내는 **b**와 **P**가 임의로 주어지는 경우를 생

각하였지만 코로테이팅 좌표계의 중심인 유동장 안의 유체입자는 유동장을 따라 움직이며 회전하므로 각각의 유체입자에 대한 **b**와 **P**는 유동장에 의하여 결정된다. 따라서 각각의 유체입자에 대하여 그 위치에서의 코로테이팅 좌표계가 존재한다. 한편 어떤 점탄성 유체 내의 유체입자에 대하여 스트레스와 스트레인에 대한 관계를 구하기 위해서는 그 유체입자를 추적하면서 변형의 과정을 추적하여야 한다. 어떤 유체입자를 추적하기 위해서는 각 유체입자마다 레이블(label)을 붙이는데, 레이블은 현재 시간 t에서 그 유체입자가 위치한 위치 좌표 x (3차원 위치)로 정한다. 즉 현재 시간 t에서는 고정 좌표축과 코로테이팅 좌표계가 일치하도록 정한다. 이 유체입자가 과거 시간 t'에는 x'(3차원 위치)에 위치하고 있었다면

$$x_i' = x_i'(x,t,t') \tag{7.2-14}$$

로 쓴다. 이 관계는 역이 존재하여

$$x_i = x_i(x',t',t) \tag{7.2-15}$$

로 쓸 수 있다. 즉 과거 시간 t'에 좌표 x'에 있던 유체입자는 현재 시간 t에 x에 있다는 의미를 갖는다. 이러한 관계를 변위함수(displacement function)라고 부른다.

현재 시간 t에 x에 위치한 유체입자에 대하여 생각하자. 이 유체입자의 과거 시간 t'에서의 코로테이팅 좌표계의 원점은 코로테이팅 좌표계의 정의에 의하여 바로 그 유체입자의 위치인 x'이고, 코로테이팅 좌표계의 움직이는 속도는 그 유체입자의 속도이므로 식 (7.2-1)의 벡터 **b**는 다음 관계를 갖는다.

$$\begin{aligned} b_i(t') &= x_i'(x,t,t') \\ \dot{b}_i(t') &= \frac{\partial}{\partial t'} x_i'(x,t,t') = v_i(x,t,t') \end{aligned} \tag{7.2-16}$$

코로테이팅 좌표계의 기저벡터 $\hat{\boldsymbol{\delta}}_i$는 고정 좌표계의 기저벡터 $\boldsymbol{\delta}_i$에 대하여 일반적으로 기울어져 있고, 식 (7.1-1)과 (7.1-2)를 참고하여 **P**를 유체입자마다 다른

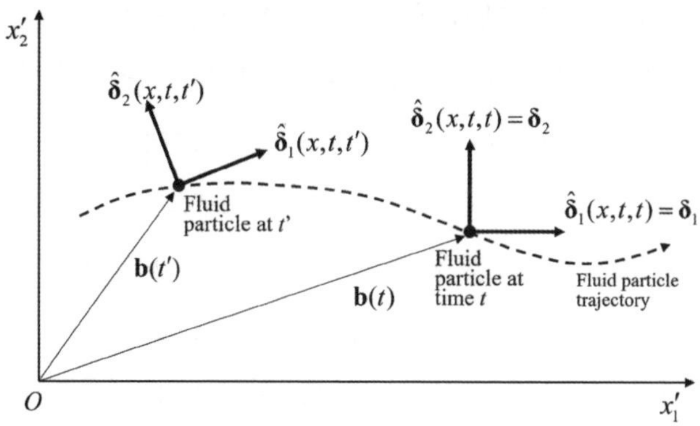

그림 7.2 코로테이팅 좌표계는 주어진 유체입자를 따라 움직이며 회전함. 시간 $t' = t$ 에서는 고정 좌표계와 같아짐

$\boldsymbol{\Omega}(x,t,t')$로 쓰면

$$\hat{\boldsymbol{\delta}}_i(x,t,t') = \sum_j \Omega_{ij}(x,t,t')\boldsymbol{\delta}_j$$

$$\boldsymbol{\delta}_i = \sum_j \Omega_{ji}(x,t,t')\hat{\boldsymbol{\delta}}_j(x,t,t') \tag{7.2-17}$$

가 된다. 위 식에서 $\boldsymbol{\Omega}_i^{-1} = \boldsymbol{\Omega}_{ji}$, 즉 $\boldsymbol{\Omega}$는 직교 행렬이고, 유체입자 (x,t)에서의 좌표계가 과거 시간 t'에 고정 좌표계에 대해 기울어진 정도를 나타낸다. $\boldsymbol{\Omega}_{ij}$는 유체입자와 같이 회전하는 코로테이팅 좌표계 $\hat{\boldsymbol{\delta}}_i$를 계산하는 좌표변환 행렬로, $\hat{\boldsymbol{\delta}}_j$의 회전에 관한 다음 관계에서 시간에 따라 변하는 특성을 구할 수 있다. $\hat{\boldsymbol{\delta}}_i$는 단위 벡터이므로 단위 벡터가 각속도 $\mathbf{w}$로 회전하는 경우 다음 미분방정식이 성립한다:

$$\frac{\partial}{\partial t'}\hat{\boldsymbol{\delta}}_i(x,t,t') = \mathbf{w}(x,t,t') \times \hat{\boldsymbol{\delta}}_i(x,t,t') = -\frac{1}{2}\boldsymbol{\omega}(x,t,t') \cdot \hat{\boldsymbol{\delta}}_i(x,t,t') \tag{7.2-18}$$

$\hat{\boldsymbol{\delta}}_i$는 현재 시간 t 에서는 고정 좌표축 $\boldsymbol{\delta}_i$와 일치하도록 정의하였으므로

$$\hat{\boldsymbol{\delta}}_i(x,t,t) = \boldsymbol{\delta}_i \tag{7.2-19}$$

가 성립한다. $\hat{\boldsymbol{\delta}}_i = \Omega_{ij}\boldsymbol{\delta}_j$, $\boldsymbol{\omega} = \sum\sum \boldsymbol{\delta}_j \boldsymbol{\delta}_k \omega_{jk}$임을 식 (7.2-18)에 대입하면

$$\sum_j \frac{\partial}{\partial t'}\Omega_{ij}(x,t,t')\boldsymbol{\delta}_j = -\frac{1}{2}\sum_j\sum_k \boldsymbol{\delta}_j\boldsymbol{\delta}_k\omega_{jk}\cdot\sum_n \Omega_{in}\boldsymbol{\delta}_n = -\frac{1}{2}\sum_j\sum_k\sum_n \boldsymbol{\delta}_j\delta_{kn}\omega_{jk}\Omega_{in}$$

$$= -\frac{1}{2}\sum_j \boldsymbol{\delta}_j\left(\sum_n \Omega_{in}\omega_{jn}\right) \tag{7.2-20}$$

이 되므로 다음 식과 같이 $\boldsymbol{\Omega}_{ij}$에 대한 미분방정식을 얻고, 유동장을 알면 $\boldsymbol{\Omega}_{ij}$를 시간의 함수로 구할 수 있다($\omega_{jn} = -\omega_{nj}$ 이용).

$$\begin{aligned}&\frac{\partial}{\partial t'}\Omega_{ij}(x,t,t') = \frac{1}{2}\left(\sum_n \Omega_{in}(x,t,t')\omega_{nj}(x,t,t')\right)\\&\Omega_{ij}(x,t,t) = \delta_{ij}\end{aligned} \tag{7.2-21}$$

식 (7.2-7)의 **P**를 **Ω**로 대체하면 코로테이팅 좌표계의 원점에 위치한 관찰자가 보는, 즉 $\hat{x}_i = 0$에서의 변형률 텐서가 된다(앞으로 코로테이팅 좌표계와 관계된 변수는 모두 문자 위에 ^을 붙여 표시한다). 즉

$$\hat{\dot{\gamma}}_{ij}(x,t,\hat{x},t')\Big|_{\hat{x}_i=0} = \hat{\dot{\gamma}}_{ij}(x,t,t') = \sum_k\sum_l \Omega_{ik}(x,t,t')\dot{\gamma}_{kl}(x,t,t')\Omega_{jl}(x,t,t') \tag{7.2-22}$$

가 된다. 같은 방법으로 식 (7.2-8)의 **P**를 **Ω**로 대체하여 코로테이팅 좌표계의 원점에 위치한 관찰자가 보는 보티시티 텐서를 구하면 다음과 같이 **0**이 된다. 즉 코로테이팅 좌표계의 원점에 위치한 관찰자는 유체입자와 같은 각속도로 회전하고 있으므로 회전이 없는 것으로 보이는데 이는 바로 코로테이팅 좌표계의 중요한 특징이다.

$$\begin{aligned}&\hat{\omega}_{ij}(x,t,\hat{x},t')\Big|_{\hat{x}_i=0} = \hat{\omega}_{ij}(x,t,t')\\&= \sum_k\sum_l \Omega_{ik}(x,t,t')\omega_{kl}(x',t')\Omega_{jl}(x,t,t') + 2\sum_k \Omega_{ik}(x,t,t')\frac{\partial}{\partial t'}\Omega_{jk}(x,t,t')\\&= \sum_k \Omega_{ik}\left[\sum_l \omega_{kl}(x',t')\Omega_{jl} + 2\times\frac{1}{2}\sum_l \Omega_{jl}\omega_{lk}\right] = \sum_k \Omega_{ik}\left[\sum_l\left(\omega_{kl} - \omega_{kl}\right)\right]\Omega_{jl}\\&= 0\end{aligned} \tag{7.2-23}$$

변형률 텐서의 t'에 대한 미분은 $\mathbf{\Omega}$와 $\dot{\gamma}$이 t'의 함수이고, x'도 t'의 함수임을 고려하여 연쇄 법칙을 이용하여 한다. 또한 $\partial\Omega/\partial t'$은 식 (7.2-21)을 사용하고, $\sum$를 구하는 과정에서 k, l, m은 합하는 과정에서 없어지는 첨자이므로(dummy variable) 적절히 교환하여 사용하면 정리하면

$$\begin{aligned}\frac{\partial}{\partial t'}\hat{\gamma}_{ij}(x,t,t') &= \sum_k\sum_l\left[\begin{aligned}&\left(\frac{\partial}{\partial t'}\Omega_{ik}\right)\dot{\gamma}_{kl}\Omega_{jl}+\Omega_{ik}\left(\frac{\partial}{\partial t'}\dot{\gamma}_{kl}(x',t')\right)\Omega_{jl}+\Omega_{ik}\dot{\gamma}_{kl}\left(\frac{\partial}{\partial t'}\Omega_{jl}\right)\\&+\Omega_{ik}\sum_m v_m(x',t')\left(\frac{\partial}{\partial x'_m}\dot{\gamma}_{kl}(x',t')\right)\Omega_{jl}\end{aligned}\right]\\&=\sum_k\sum_l\Omega_{ik}\left[\frac{D}{Dt'}\dot{\gamma}_{kl}(x',t')+\frac{1}{2}\sum_m\left(\omega_{km}(x',t')\dot{\gamma}_{ml}(x',t')-\dot{\gamma}_{km}(x',t')\omega_{ml}(x',t')\right)\right]\Omega_{jl}\\&=\sum_k\sum_l\Omega_{ik}\left(\frac{\mathscr{D}}{\mathscr{D}t'}\dot{\gamma}_{kl}(x,t,t')\right)\Omega_{jl}\end{aligned}\tag{7.2-24}$$

이 된다. 위 식에서 마지막 식의 괄호 안의 미분 $\mathscr{D}/\mathscr{D}t'$는 임의의 텐서 $\mathbf{\Lambda}=\Lambda_{ij}(x,t,t')$에 대해 다음과 같이 정의되는 코로테이셔널 미분 혹은 야우만(Jaumann) 미분이다.

$$\begin{aligned}\frac{\mathscr{D}}{\mathscr{D}t'}\Lambda_{ij} &= \frac{D}{Dt'}\Lambda_{ij}+\frac{1}{2}\sum_n\left(\omega_{in}\Lambda_{nj}-\Lambda_{in}\omega_{nj}\right)\\&=\frac{\partial}{\partial t'}\Lambda_{ij}+\sum_m v_m\frac{\partial}{\partial x'_m}\Lambda_{ij}+\frac{1}{2}\sum_n\left(\omega_{in}\Lambda_{nj}-\Lambda_{in}\omega_{nj}\right)\end{aligned}\tag{7.2-25}$$

변형률 텐서의 t'에 대한 2차 미분은 다음과 같이 쓰며, 코로테이셔널 미분을 연속적으로 적용하여 얻는다.

$$\frac{\partial^2}{\partial t'^2}\hat{\gamma}_{ij}(x,t,t')=\sum_k\sum_l\Omega_{ik}\left(\frac{\mathscr{D}^2}{\mathscr{D}t'^2}\dot{\gamma}_{kl}(x,t,t')\right)\Omega_{jl}\tag{7.2-26}$$

코로테이셔널 미분의 현재에서의 값은 다음과 같이 구한다. $t'=t$에서는 $\mathbf{\Omega}_{ij}=\delta_{ij}$이므로 식 (7.2-22)에서

$$\hat{\dot{\gamma}}_{ij}(x,t,t')\Big|_{t'=t} = \dot{\gamma}_{ij}(x,t) \tag{7.2-27}$$

즉 현재 시간 t에 x좌표를 갖는 유체입자에서의 변형률 텐서가 된다. 같은 방법으로 식 (7.2-24)과 (7.2-26)에서

$$\frac{\partial}{\partial t'}\hat{\dot{\gamma}}_{ij}(x,t,t')\Big|_{t'=t} = \frac{\mathscr{D}}{\mathscr{D}t}\dot{\gamma}_{ij}(x,t) \tag{7.2-28}$$

$$\frac{\partial^2}{\partial t'^2}\hat{\dot{\gamma}}_{ij}(x,t,t')\Big|_{t'=t} = \frac{\mathscr{D}^2}{\mathscr{D}t^2}\dot{\gamma}_{ij}(x,t) \tag{7.2-29}$$

임을 알 수 있다.

적분형 모델을 쓰는 경우에 대비하여 다음과 같은 텐서 $\dot{\Gamma}_{ij}$를 정의할 필요가 있다.

$$\begin{aligned}\dot{\Gamma}_{ij}(x,t,t';t_0) &= \sum_k\sum_l\sum_m\sum_n \Omega_{ki}(x,t,t_0)\Omega_{km}(x,t,t')\dot{\gamma}_{mn}(x,t,t')\Omega_{\ln}(x,t,t')\Omega_{lj}(x,t,t_0)\\ &= \sum_k\sum_l \Omega_{ki}(x,t,t_0)\hat{\dot{\gamma}}_{kl}(x,t,t')\Omega_{lj}(x,t,t_0)\end{aligned} \tag{7.2-30}$$

식 (7.2-30)은 시간 t' 에 유체입자 (x,t)의 코로테이팅 좌표계의 원점에 있는 관찰자가 보는 시간 t_0에서의 변형률 텐서 값을 의미한다. t_0가 현재 시간 t인 경우에는 $\Omega_{ij}(x,t,t)=\delta_{ij}$ 가 되므로 다음 식이 성립한다.

$$\dot{\Gamma}_{ij}(x,t,t';t_0)\Big|_{t_0=t} = \hat{\dot{\gamma}}_{ij}(x,t,t') \tag{7.2-31}$$

지금까지 유체의 유동(kinematics)과 관련된 변수들의 변환 과정들을 유도하였다. 동역학(dynamics)에 관련된 스트레스에 대한 코로테이셔널 좌표계에서의 변환식은 식 (7.2-7)과 (7.2-9)를 비교하면 쉽게 얻을 수 있다. $\tau_{ij}(x,t,t')$ 는 $\dot{\gamma}_{ij}(x,t,t')$와 같은 변환식을 가지므로 식 (7.2-7), (7.2-24)로부터

$$\hat{\tau}_{ij}(x,t,t') = \sum_k \sum_l \Omega_{ik}(x,t,t')\tau_{kl}(x,t,t')\Omega_{jl}(x,t,t') \tag{7.2-32}$$

$$\frac{\partial}{\partial t'}\hat{\tau}_{ij}(x,t,t') = \sum_k \sum_l \Omega_{ik}\left(\frac{\mathscr{D}}{\mathscr{D}t'}\tau_{kl}(x,t,t')\right)\Omega_{jl} \tag{7.2-33}$$

이 됨을 알 수 있다.

7.2.3 코로테이셔널 좌표계와 물질의 객관성

코로테이셔널 좌표계를 쓰는 가장 기본적인 이유는 유체입자의 회전 성분을 제거함으로써 물질의 객관성을 만족하는 구성방정식을 얻는 것이다. 따라서 지금까지 유도한 변수들이 실제로 물질의 객관성을 만족하는지 확인할 필요가 있다. 먼저 스트레스 텐서 τ_{ij}는 물리적인 변수로 식 (7.2-9)에 의하여 물질의 객관성을 만족하는 것을 알 수 있다. 변형률 텐서 $\dot{\gamma}_{ij}$도 식 (7.2-7)에 의하여 물질의 객관성을 만족한다. 변형률 텐서의 코로테이셔널 미분(Jaumann derivative) $\mathscr{D}\dot{\gamma}_{ij}/\mathscr{D}t'$도 물질의 객관성을 만족하는 텐서임을 다음 과정을 통하여 알 수 있다. 먼저 O-좌표계에서 만들어진 $\mathscr{D}\dot{\gamma}_{ij}/\mathscr{D}t'$를 $\bar{\text{O}}$-좌표계로 좌표 변환한 텐서를 $^{-}$(overbar)를 사용하여 $\mathscr{D}\bar{\dot{\gamma}}_{ij} / \mathscr{D}t$ 로 표기하자. 식 (7.2-25)로부터

$$\frac{\mathscr{D}\bar{\dot{\gamma}}_{ij}}{\mathscr{D}t} = \frac{\partial}{\partial t}\bar{\dot{\gamma}}_{ij} + \sum_k \bar{v}_k \frac{\partial}{\partial \bar{x}_k}\bar{\dot{\gamma}}_{ij} + \frac{1}{2}\sum_k\left(\bar{\omega}_{ik}\bar{\dot{\gamma}}_{kj} - \bar{\dot{\gamma}}_{ik}\bar{\omega}_{kj}\right) \tag{7.2-34}$$

가 된다. $\bar{\text{O}}$좌표계에서의 식 (7.2-5), (7.2-7), (7.2-8)에서 $\bar{\dot{\gamma}}_{ij} = \sum_k \sum_l P_{ik}\dot{\gamma}_{kl}P_{jl}$, $\bar{x}_i = \sum_j P_{ij}(x_j - b_j)$, $\bar{v}_i = \sum_j P_{ij}(v_j - \dot{b}_j) + \sum_j \dot{P}_{ij}(x_j - b_j)$, $\bar{\omega}_{ij}(\hat{x},t) = \sum_k \sum_l P_{ik}\omega_{kl}P_{jl} + 2\sum_k P_{ik}\dot{P}_{jk}$를 위 식에 대입하여 정리하면

$$\begin{aligned}\frac{\mathscr{D}\bar{\dot{\gamma}}_{ij}}{\mathscr{D}t} &= \sum_k \sum_l P_{ik}\left[\frac{\partial}{\partial t}\dot{\gamma}_{kl} + \sum_m v_m \frac{\partial}{\partial x_m}\dot{\gamma}_{kl} + \frac{1}{2}\sum_m\left(\omega_{km}\dot{\gamma}_{ml} - \dot{\gamma}_{km}\omega_{ml}\right)\right]P_{jl} \\ &= \sum_k \sum_l P_{ik}\left(\frac{\mathscr{D}\dot{\gamma}_{ij}}{\mathscr{D}t}\right)P_{jl}\end{aligned} \tag{7.2-35}$$

이 되어 물질의 객관성을 만족한다. 같은 방법으로 $\mathscr{D}\tau_{ij}/\mathscr{D}t'$도 물질의 객관성을 만

족하며,

$$\frac{\mathscr{D}\overline{\tau}_{ij}}{\mathscr{D}t}=\sum_k\sum_l P_{ik}\left[\frac{\partial}{\partial t}\tau_{kl}+\sum_m v_m\frac{\partial}{\partial x_m}\tau_{kl}+\frac{1}{2}\sum_m\left(\omega_{km}\tau_{ml}-\tau_{km}\omega_{ml}\right)\right]P_{jl}$$
$$=\sum_k\sum_l P_{ik}\left(\frac{\mathscr{D}\tau_{ij}}{\mathscr{D}t}\right)P_{jl} \tag{7.2-36}$$

$\dot{\Gamma}$도 물질의 객관성을 만족하는 것을 증명할 수 있다.

$$\overline{\dot{\Gamma}}_{ij}(\overline{x},t,t')=\sum_k\sum_l P_{ik}\dot{\Gamma}_{kl}(x,t,t')P_{jl} \tag{7.2-37}$$

지금까지는 모두 1차 코로테이셔널 미분이 물질의 객관성을 만족하는 것에 대하여 다루었지만, 실제로는 2, 3, … 차 코로테이셔널 미분도 모두 물질의 객관성을 만족한다.

7.2.4 코로테이셔널 좌표계에서의 구성방정식

구성방정식은 코로테이팅 좌표계의 원점에 있는 관찰자가 보는 스트레스와 스트레인의 관계로부터 구한다. 이 경우 회전 성분이 배제되므로 물질의 객관성을 자동적으로 만족하게 된다. 코로테이팅 좌표계에서 만들어진 구성방정식을 앞에서 다룬 변환식에 의하여 고정좌표계로 좌표변환하면 물질의 객관성을 만족하는 고정 좌표계에서의 구성방정식이 된다. 예를 들어서 코로테이팅 좌표계의 원점에 있는 관찰자가 스트레스와 스트레인 간에 맥스웰 모델과 같은 관계가 있는 것을 관찰하였다고 하면 코로테이팅 좌표계에서의 구성방정식은 미분형으로는

$$\hat{\tau}_{ij}+\lambda\frac{\partial\hat{\tau}_{ij}}{\partial t}=\eta\hat{\dot{\gamma}}_{ij} \tag{7.2-38}$$

적분형으로는

$$\hat{\tau}_{ij}=\int_{-\infty}^{t}\frac{\eta}{\lambda}e^{-(t-t')/\lambda}\hat{\dot{\gamma}}_{ij}(t')dt' \tag{7.2-39}$$

이 된다. 물론 이 식은 선형 점탄성 식을 코로테이팅 좌표계에서 쓴 것이다. 식 (7.2-38)을 고정 좌표계로 변환하기 위해서 $t' \to t$로 하면 $\mathbf{\Omega}_{ij} = \delta_{ij}$가 되고, 식 (7.2-27), (7.2-33) 등에 의하여

$$\tau_{ij} + \lambda \frac{\mathscr{D}\tau_{ij}}{\mathscr{D}t} = \eta\dot{\gamma}_{ij} \quad \text{or} \quad \boldsymbol{\tau} + \lambda \frac{\mathscr{D}\boldsymbol{\tau}}{\mathscr{D}t} = \eta\dot{\boldsymbol{\gamma}} \tag{7.2-40}$$

이 되며, 이를 풀어서 쓰면

$$\tau_{ij} + \lambda\left(\frac{\partial \tau_{ij}}{\partial t} + \sum_m v_m \frac{\partial}{\partial x_m}\tau_{ij} + \frac{1}{2}\sum_k (\omega_{ik}\tau_{kj} - \tau_{ik}\omega_{kj})\right) = \eta\dot{\gamma}_{ij} \tag{7.2-41}$$

가 된다. 이러한 모델을 코로테이셔널 맥스웰 모델이라고 부른다.

적분형 코로테이셔널 맥스웰 모델은 식 (4.3-26)을 참고하면

$$\tau_{ij} = \int_{-\infty}^{t} \frac{\eta}{\lambda} e^{-(t-t')/\lambda} \dot{\Gamma}_{ij}(t,t')dt', \dot{\Gamma}(t,t') = \sum_k \sum_l \Omega_{ik}(t,t')\dot{\gamma}_{kl}(t')\Omega_{jl}(t,t') \tag{7.2-42}$$

가 된다. 위 식에서 $\dot{\Gamma}_{ij}(t,t')$ 는 시간 t'에서의 $\dot{\gamma}_{ij}$값을 t에서의 고정 좌표계에서의 값으로 바꾼 변형률 텐서다. 각 유체입자에 대하여 과거 시간 t'에 코로테이셔널 좌표계에서의 스트레인에 의하여 스트레스가 생성되고, 지수함수적으로 과거 기억을 잊어버리면서 현재 시간의 스트레스에 기여한다. 이런 스트레스를 모두 합한(적분) 것이 식 (7.2-42)로 표시되는 현재 시간 t에서의 스트레스다.

식 (4.3-20)의 제퍼리 모델은 코로테이셔널 좌표계에서

$$\hat{\tau}_{ij} + \lambda_1 \frac{\partial \hat{\tau}_{ij}}{\partial t} = \eta\left(\hat{\dot{\gamma}}_{ij} + \lambda_2 \frac{\partial \hat{\dot{\gamma}}_{ij}}{\partial t}\right) \tag{7.2-43}$$

가 되며, 고정 좌표계에서는 다음과 같은 코로테이셔널 제퍼리 모델이 된다.

$$\tau_{ij} + \lambda_1 \frac{\mathscr{D}\tau_{ij}}{\mathscr{D}t} = \eta\left(\dot{\gamma}_{ij} + \lambda_2 \frac{\mathscr{D}\dot{\gamma}_{ij}}{\mathscr{D}t}\right) \tag{7.2-44}$$

이와 같이 물질의 객관성을 만족하는 구성방정식은 선형 점탄성 식의 스트레스, 변형률을 텐서로 바꾸고 미분은 코로테이셔널 미분으로 대체하면 만들 수 있다. 그러나 이러한 방법만이 있는 것이 아니며, 적절한 물리적인 특성을 고려하여 스트레스 텐서, 변형률 텐서 및 이들의 코로테이셔널 미분을 조합하여 만들 수도 있다. 주의할 것은 물질의 객관성이 만족된다고 해서 물리적인 현상에 잘 맞는 구성방정식이 되는 것은 아니라는 것이며, 물질의 객관성은 필요조건일 뿐이다. 지금까지 많은 구성방정식이 제시되었으나 특정 현상을 설명하는 것에 그치는 경우가 많다. 다음에는 코로테이셔널 맥스웰 모델을 예로 하여 코로테이셔널 좌표계를 사용하는 수학적 모델의 사용법을 설명하였다.

예제 7-1. 미분형 코로테이셔널 맥스웰 유체의 단순 전단 유동

두 개의 평행 평판 사이를 단순 전단 유동으로 흐르는 다음 식으로 표현되는 코로테이셔널 맥스웰 모델 유체를 생각하자.

$$\boldsymbol{\tau} + \lambda \frac{\mathscr{D}\boldsymbol{\tau}}{\mathscr{D}t} = \eta_0 \dot{\boldsymbol{\gamma}} \tag{7.2-45}$$

단순 전단 유동의 속도 분포는 $v_x = \dot{\gamma}y,\ v_y = v_z = 0$로 주어진다. 이 경우 다음 관계가 성립한다(식 (7.1-11) 참고):

$$\boldsymbol{\tau} = \begin{bmatrix} \tau_{xx} & \tau_{xy} & \tau_{xz} \\ \tau_{yx} & \tau_{yy} & \tau_{yz} \\ \tau_{zx} & \tau_{zy} & \tau_{zz} \end{bmatrix}, \quad \nabla\mathbf{v} = \begin{bmatrix} 0 & 0 & 0 \\ \dot{\gamma} & 0 & 0 \\ 0 & 0 & 0 \end{bmatrix}, \quad (\nabla\mathbf{v})^T = \begin{bmatrix} 0 & \dot{\gamma} & 0 \\ 0 & 0 & 0 \\ 0 & 0 & 0 \end{bmatrix} \tag{7.2-46}$$

$$\dot{\boldsymbol{\gamma}} = \nabla\mathbf{v} + (\nabla\mathbf{v})^T = \begin{bmatrix} 0 & \dot{\gamma} & 0 \\ \dot{\gamma} & 0 & 0 \\ 0 & 0 & 0 \end{bmatrix}, \quad \boldsymbol{\omega} = \nabla\mathbf{v} - (\nabla\mathbf{v})^T = \begin{bmatrix} 0 & -\dot{\gamma} & 0 \\ \dot{\gamma} & 0 & 0 \\ 0 & 0 & 0 \end{bmatrix} \tag{7.2-47}$$

정상상태에서의 유동이므로 $\partial\boldsymbol{\tau}/\partial t = \mathbf{0}$이고, x 방향으로 충분히 발달된 유동(fully developed flow)이므로 x방향의 미분이 0이고, $v_y = v_z = 0$이므로 $\mathbf{v}\cdot\nabla = v_x \frac{\partial}{\partial x} + v_y \frac{\partial}{\partial y} + v_z \frac{\partial}{\partial z} = 0$ 이 되어

$$\frac{\mathscr{D}\boldsymbol{\tau}}{\mathscr{D}t}=\frac{\partial\boldsymbol{\tau}}{\partial t}+\mathbf{v}\cdot\nabla\boldsymbol{\tau}+\frac{1}{2}(\boldsymbol{\omega}\cdot\boldsymbol{\tau}-\boldsymbol{\tau}\cdot\boldsymbol{\omega})=\begin{bmatrix}-\tau_{yx} & \frac{1}{2}\left(\tau_{xx}-\tau_{yy}\right) & -\frac{1}{2}\tau_{yz}\\ \frac{1}{2}\left(\tau_{xx}-\tau_{yy}\right) & \tau_{xy} & \frac{1}{2}\tau_{xz}\\ -\frac{1}{2}\tau_{yz} & \frac{1}{2}\tau_{xz} & 0\end{bmatrix}\dot{\gamma} \tag{7.2-48}$$

이 된다. 위의 관계들을 식 (7.2-45)에 대입하면

$$\begin{bmatrix}\tau_{xx} & \tau_{xy} & \tau_{xz}\\ \tau_{yx} & \tau_{yy} & \tau_{yz}\\ \tau_{zx} & \tau_{zy} & \tau_{zz}\end{bmatrix}+\frac{\lambda\dot{\gamma}}{2}\begin{bmatrix}-2\tau_{yx} & \tau_{xx}-\tau_{yy} & -\tau_{yz}\\ \tau_{xx}-\tau_{yy} & 2\tau_{xy} & \tau_{xz}\\ -\tau_{yz} & \tau_{xz} & 0\end{bmatrix}=\eta_0\begin{bmatrix}0 & \dot{\gamma} & 0\\ \dot{\gamma} & 0 & 0\\ 0 & 0 & 0\end{bmatrix} \tag{7.2-49}$$

이 되어 다음 관계들을 얻는다($\boldsymbol{\tau}=\boldsymbol{\tau}^T$이므로 대칭되는 부분은 생략):

$$\tau_{xx}-\lambda\dot{\gamma}\tau_{xy}=0;\quad \tau_{xy}+\frac{1}{2}\lambda\dot{\gamma}\left(\tau_{xx}-\tau_{yy}\right)=\eta_0\dot{\gamma};\quad \tau_{xz}-\frac{1}{2}\lambda\dot{\gamma}\tau_{yz}=0;$$
$$\tau_{yy}+\lambda\dot{\gamma}\tau_{xy}=0;\quad \tau_{yz}+\frac{1}{2}\lambda\dot{\gamma}\tau_{xz}=0;\quad \tau_{zz}=0 \tag{7.2-50}$$

위 식을 풀면

$$\tau_{xx}=\frac{\eta_0\lambda\dot{\gamma}^2}{1+(\lambda\dot{\gamma})^2};\quad \tau_{yy}=-\frac{\eta_0\lambda\dot{\gamma}^2}{1+(\lambda\dot{\gamma})^2};\quad \tau_{xy}=\frac{\eta_0\dot{\gamma}}{1+(\lambda\dot{\gamma})^2};\quad \tau_{xz}=\tau_{yz}=\tau_{zz}=0 \tag{7.2-51}$$

을 얻는다. 따라서

$$\eta=\frac{\eta_0}{1+(\lambda\dot{\gamma})^2};\quad \Psi_1=\frac{2\eta_0\lambda}{1+(\lambda\dot{\gamma})^2};\quad \Psi_2=-\frac{\eta_0\lambda}{1+(\lambda\dot{\gamma})^2} \tag{7.2-52}$$

이 된다. 위의 결과를 보면 점도는 영점 전단율 점도를 가지며 시어 시닝하다. 제 1차 수직 스트레스 차이는 +, 제2차 수직 스트레스 차이는 − 부호를 가지고 시어 시닝하며 $|\Psi_2/\Psi_1|=1/2$로 대략 고분자 물질의 유변특성을 나타내는 것을 볼 수 있는데 이러한 특성들은 선형 점탄성 모델에서는 나타나지 않는 현상이다.

예제 7-2. 적분형 모델의 단순 전단 유동

두 개의 평행 평판 사이를 단순 전단 유동으로 흐르는 다음 적분형 코로테이셔널 모델 유체를 생각하자.

$$\tau_{ij} = \int_{-\infty}^{t} \frac{\eta_0}{\lambda} e^{-(t-t')/\lambda} \dot{\Gamma}_{ij}(t,t')dt', \quad \dot{\Gamma}(t,t') = \sum_k \sum_l \Omega_{ik}(t,t')\dot{\gamma}_{kl}(t')\Omega_{jl}(t,t') \tag{7.2-53}$$

앞의 예제와 같은 유동으로 스트레스 텐서, 변형률 텐서, 보티시티 텐서는 식 (7.2-46)과 (7.2-47)을 그대로 쓰면 된다. 주의할 것은 $\dot{\gamma}_{ij}(t')$는 정상상태, 공간적으로 균일한 유동장(uniform flow)에서는 상수인 점이다. 스트레스를 구하기 위해서는 먼저 과거 시간에서의 변형률 텐서를 고정 좌표로 표시하는 것이 필요하다. 즉 $\dot{\Gamma}(t,t') = \sum\sum \Omega_{ik}(t,t')\dot{\gamma}_{kl}(t')\Omega_{jl}(t,t')$가 계산되어야 하는데 이를 위해서는 먼저 식 (7.2-21)를 이용하여 $\mathbf{\Omega}_{ij}(t,t')$를 구하여야 한다. 따라서 위 예제의 ω_{ij}를 식 (7.2-21)에 넣어 정리하면(정상상태, 공간적으로 균일한 유동장에서는 ω_{ij}가 일정하다)

$$\frac{\partial}{\partial t'}\begin{bmatrix} \Omega_{xx} & \Omega_{xy} & \Omega_{xz} \\ \Omega_{yx} & \Omega_{yy} & \Omega_{yz} \\ \Omega_{zx} & \Omega_{zy} & \Omega_{zz} \end{bmatrix} = \frac{1}{2}\begin{bmatrix} \Omega_{xx} & \Omega_{xy} & \Omega_{xz} \\ \Omega_{yx} & \Omega_{yy} & \Omega_{yz} \\ \Omega_{zx} & \Omega_{zy} & \Omega_{zz} \end{bmatrix}\begin{bmatrix} 0 & -\dot{\gamma} & 0 \\ \dot{\gamma} & 0 & 0 \\ 0 & 0 & 0 \end{bmatrix}$$

$$\text{at } t' = t, \quad \begin{bmatrix} \Omega_{xx} & \Omega_{xy} & \Omega_{xz} \\ \Omega_{yx} & \Omega_{yy} & \Omega_{yz} \\ \Omega_{zx} & \Omega_{zy} & \Omega_{zz} \end{bmatrix} = \begin{bmatrix} 1 & 0 & 0 \\ 0 & 1 & 0 \\ 0 & 0 & 1 \end{bmatrix} \tag{7.2-54}$$

이 되고, 성분별로 쓰면 다음과 같다

$$\begin{aligned}
&\frac{\partial\Omega_{xx}}{\partial t'} = \frac{1}{2}\Omega_{xy}\dot{\gamma}, \quad \Omega_{xx} = 1 \quad \text{at } t' = t; \quad \frac{\partial\Omega_{xy}}{\partial t'} = -\frac{1}{2}\Omega_{xx}\dot{\gamma}, \quad \Omega_{xy} = 0 \quad \text{at } t' = t; \quad \frac{\partial\Omega_{xz}}{\partial t'} = 0, \quad \Omega_{xz} = 0 \quad \text{at } t' = t; \\
&\frac{\partial\Omega_{yx}}{\partial t'} = \frac{1}{2}\Omega_{yy}\dot{\gamma}, \quad \Omega_{yx} = 0 \quad \text{at } t' = t; \quad \frac{\partial\Omega_{yy}}{\partial t'} = -\frac{1}{2}\Omega_{xy}\dot{\gamma}, \quad \Omega_{yy} = 1 \quad \text{at } t' = t; \quad \frac{\partial\Omega_{yz}}{\partial t'} = 0, \quad \Omega_{yz} = 0 \quad \text{at } t' = t; \\
&\frac{\partial\Omega_{zx}}{\partial t'} = -\frac{1}{2}\Omega_{zy}\dot{\gamma}, \quad \Omega_{zx} = 0 \quad \text{at } t' = t; \quad \frac{\partial\Omega_{zy}}{\partial t'} = -\frac{1}{2}\Omega_{zx}\dot{\gamma}, \quad \Omega_{zy} = 0 \quad \text{at } t' = t; \quad \frac{\partial\Omega_{zz}}{\partial t'} = 0, \quad \Omega_{zz} = 1 \quad \text{at } t' = t
\end{aligned} \tag{7.2-55}$$

위 식을 풀면

$$\Omega_{xx}=\cos\frac{1}{2}\dot{\gamma}(t-t');\quad \Omega_{xy}=\sin\frac{1}{2}\dot{\gamma}(t-t');\quad \Omega_{yx}=-\sin\frac{1}{2}\dot{\gamma}(t-t');\quad \Omega_{yy}=\cos\frac{1}{2}\dot{\gamma}(t-t');$$
$$\Omega_{xz}=0,\quad \Omega_{yz}=0,\quad \Omega_{zx}=0,\quad \Omega_{zy}=0,\quad \Omega_{zz}=1 \tag{7.2-56}$$

이 된다. 따라서

$$\dot{\Gamma}=\mathbf{\Omega}\dot{\boldsymbol{\gamma}}\mathbf{\Omega}^T=\begin{bmatrix}\cos s & \sin s & 0\\ -\sin s & \cos s & 0\\ 0 & 0 & 1\end{bmatrix}\begin{bmatrix}0 & \dot{\gamma} & 0\\ \dot{\gamma} & 0 & 0\\ 0 & 0 & 0\end{bmatrix}\begin{bmatrix}\cos s & -\sin s & 0\\ \sin s & \cos s & 0\\ 0 & 0 & 1\end{bmatrix}$$
$$=\begin{bmatrix}\dot{\gamma}\sin\dot{\gamma}(t-t') & \dot{\gamma}\cos\dot{\gamma}(t-t') & 0\\ \dot{\gamma}\cos\dot{\gamma}(t-t') & -\dot{\gamma}\sin\dot{\gamma}(t-t') & 0\\ 0 & 0 & 0\end{bmatrix}\quad s=\frac{1}{2}\dot{\gamma}(t-t') \tag{7.2-57}$$

이 되어

$$\boldsymbol{\tau}=\begin{bmatrix}\tau_{xx} & \tau_{xy} & \tau_{xz}\\ \tau_{yx} & \tau_{yy} & \tau_{yz}\\ \tau_{zx} & \tau_{zy} & \tau_{zz}\end{bmatrix}=\int_{-\infty}^{t}\frac{\eta_0}{\lambda}e^{-(t-t')/\lambda}\begin{bmatrix}\dot{\gamma}\sin\dot{\gamma}(t-t') & \dot{\gamma}\cos\dot{\gamma}(t-t') & 0\\ \dot{\gamma}\cos\dot{\gamma}(t-t') & -\dot{\gamma}\sin\dot{\gamma}(t-t') & 0\\ 0 & 0 & 0\end{bmatrix}dt' \tag{7.2-58}$$

를 얻고, 성분별로 적분하면 식 (7.2-51)과 동일한 결과를 얻는다.

7.3 텐서의 기초

제2장에서 2개의 벡터를 옆으로 나란히 쓴(juxtaposition) 다이애드(dyad)는 텐서의 한 형태이며, 스트레스 텐서가 이에 해당함을 보았다. 제2장에서 다룬 스트레스 텐서는 직교좌표의 단위벡터를 기저벡터로 하여 각 성분의 크기가 결정되었다. 스트레스는 물리적인 양으로서 xyz 좌표와는 다른 좌표계로도 표현할 수 있으며, 특히 앞으로 다룰 직교 좌표계가 아닌 사교(oblique) 좌표계에서도 나타낼 수 있다. 따라서 본 절에서는 유체입자의 변형에 따라 변하는 사교 좌표계인 컨벡티드 좌표계

(convected coordinate system)에서 스트레스 및 변형을 표현하기 위하여 필요한 텐서의 기본적인 내용을 다룬다.

7.3.1 사교 좌표계(Non-orthogonal coordinate system)

컨벡티드 좌표계에서는 일반적으로 좌표축이 곡선인 좌표계를 사용하지만 좌표축이 직각으로 만나지 않는 문제를 이해하기 위해 먼저 다음과 같은 비교적 간단한 문제를 생각하자. 그림 7.3에 표시한 바와 같이 직선의 좌표축이 서로 직각으로 만나지 않는 2차원 사교 좌표계의 기저벡터를 $\mathbf{e}_1, \mathbf{e}_2$라 할 때 임의 벡터 $\mathbf{v}$는 다음과 같이 표시된다.

$$\mathbf{v} = \sum_i a^i \mathbf{e}_i \equiv a^i \mathbf{e}_i \tag{7.3-1}$$

위의 마지막 식은 연결된 식에 같은 첨자가 이중으로 나오는 경우에는 합을 의미한다는 아인슈타인 표기법(Einstein notation)을 따라 쓴 것이다. 이 절에서는 앞으로 특별한 언급이 없으면 아인슈타인 표기법을 그대로 쓴다. 다음으로 그림 7.3에 있는 $\mathbf{e}^1, \mathbf{e}^2$좌표계를 생각하자. $\mathbf{e}_1, \mathbf{e}_2$와 $\mathbf{e}^1, \mathbf{e}^2$는 다음과 같은 관계를 갖도록 정하자.

$$\mathbf{e}_i \cdot \mathbf{e}^j = \delta_i^j \tag{7.3-2}$$

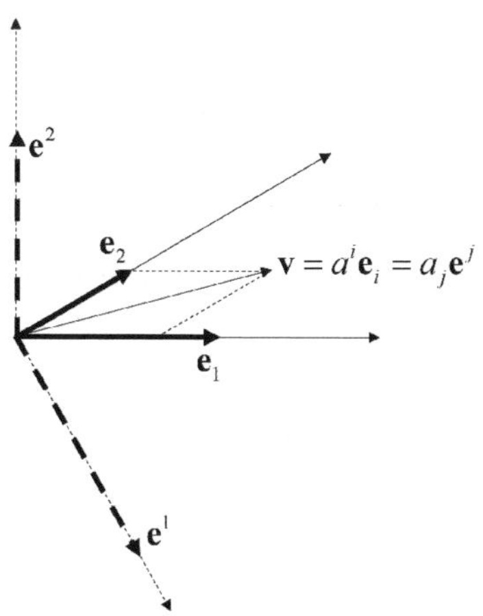

그림 7.3 사교 좌표계

위 식에서 δ_i^j는 크로네커 델타이다. $\mathbf{e}^1$, $\mathbf{e}^2$는 역기저벡터(reciprocal base vector)라고 부르며, 이 좌표축을 이용한 좌표계에서 벡터 $\mathbf{v}$는

$$\mathbf{v} = a_i \mathbf{e}^i \tag{7.3-3}$$

로 쓴다. a^i와 a_i는 각각 벡터 $\mathbf{v}$의 콘트라배리언트 성분(contravariant component)과 코배리언트 성분(covariant component)이라 부르며 다음과 같은 관계가 있다.

$$\begin{aligned} \mathbf{v}\cdot\mathbf{e}_i &= a_j \mathbf{e}^j \cdot \mathbf{e}_i = a_j \delta_i^j = a_i \\ \mathbf{v}\cdot\mathbf{e}_i &= a^j \mathbf{e}_j \cdot \mathbf{e}_i = a^j g_{ji} \end{aligned} \tag{7.3-4}$$

즉

$$a_i = a^j g_{ji} = g_{ij} a^j \tag{7.3-5}$$

의 관계가 있다. $g_{ij} = \mathbf{e}_1 \cdot \mathbf{e}_2$는 메트릭(metric) 텐서라고 불리며, 내적은 교환의 법칙이 성립하므로 $g_{ij} = g_{ji}$이다. 같은 방법으로

$$a^i = g^{ij} a_j, \quad g^{ij} = \mathbf{e}^i \cdot \mathbf{e}^j \tag{7.3-6}$$

의 관계가 있다. 식 (7.3-5)와 (7.3-6)을 보면 g_{ij}는 콘트라배리언트 성분을 코배리언트 성분으로, g^{ij}는 코배리언트 성분을 콘트라배리언트 성분으로 변환시킴을 알 수 있다. 이러한 과정을 각각 첨자 내리기, 올리기(lowering, raising)라고 부른다.

xyz 좌표에서 다이애드를 만드는 것과 같은 방법으로 그림 7.3의 사교 좌표계에서도 다이애드를 만들 수 있다. $\mathbf{e}_{ij} = \mathbf{e}_i \mathbf{e}_j$ 또는 $\mathbf{e}^{ij} = \mathbf{e}^i \mathbf{e}^j$ 의 기저 텐서로 확장을 하면

$$\boldsymbol{\tau} = \tau^{ij} \mathbf{e}_i \mathbf{e}_j \text{ 또는 } \boldsymbol{\tau} = \tau_{ij} \mathbf{e}^i \mathbf{e}^j \tag{7.3-7}$$

가 된다. 앞의 벡터 $\mathbf{v}$는 1차원 텐서며 $\boldsymbol{\tau}$는 2차원 텐서라고 불린다. n개의 기저벡터를 쓰는 경우는 n차원 텐서가 된다. 여기서는 스트레스 등을 표시하는 2차원 텐서

를 중심으로 다룬다. 텐서의 경우에도 τ^{ij}와 τ_{ij}는 각각 콘트라배리언트, 코배리언트 성분이라 부른다. 기저 텐서를 $\mathbf{e}_i^j = \mathbf{e}_i\mathbf{e}^j$ 또는 $\mathbf{e}_j^i = \mathbf{e}^i\mathbf{e}_j$ 와 같은 다이애드로 할 수 있으며, 이 경우의 성분 τ_j^i 또는 τ_i^j는 혼합성분(mixed component)이라 부른다.

7.3.2 텐서의 기초이론

다음으로 위의 2차원적인 사교 좌표계를 3차원으로 확장하고, 좌표축이 직선이 아닌 일반적으로 곡선인 경우를 생각하자. 공간상의 한 점의 xyz 좌표는 곡선을 좌표축으로 하는 좌표계 q^i $(i = 1, 2, 3)$와 다음과 같은 관계를 갖고 있다고 가정한다.

$$x_i = x_i(q^1, q^2, q^3); \quad q^i = q^i(x_1, x_2, x_3) \quad (i = 1, 2, 3) \tag{7.3-8}$$

공간상의 위치벡터 $\mathbf{r} = (q^1, q^2, q^3)$의 작은 선분 $d\mathbf{r}$은 기저벡터 $\mathbf{g}_i$를 정의하여 다음 식으로 쓸 수 있다.

$$d\mathbf{r} = \frac{\partial \mathbf{r}}{\partial q^i} dq^i = \mathbf{g}_i dq^i \tag{7.3-9}$$

$\mathbf{g}_i$는 $\mathbf{r}$을 q^i로 편미분 하여 얻는데 이 과정에서 다른 방향은 일정하게 두고 q^i좌표축을 따라 변하는 것만을 생각하므로 $\mathbf{g}_i$는 q^i 좌표축에 접하는 벡터가 된다. $\mathbf{g}_i$는 xyz 좌표계에서는 다음 관계를 가지며, 일반적으로 단위 벡터가 아니다:

$$\mathbf{g}_i = \frac{\partial \mathbf{r}}{\partial q^i} = \frac{\partial \mathbf{r}}{\partial x_j}\frac{\partial x_j}{\partial q^i} = \frac{\partial x_j}{\partial q^i}\boldsymbol{\delta}_j \tag{7.3-10}$$

역기저벡터 $\mathbf{g}^i$는 다음과 같이 윤환의 순을 따라 정의한다.

$$\mathbf{g}^1 = \frac{\mathbf{g}_2 \times \mathbf{g}_3}{\mathbf{g}_1 \cdot (\mathbf{g}_2 \times \mathbf{g}_3)}, \quad \mathbf{g}^2 = \frac{\mathbf{g}_3 \times \mathbf{g}_1}{\mathbf{g}_2 \cdot (\mathbf{g}_3 \times \mathbf{g}_1)}, \quad \mathbf{g}^3 = \frac{\mathbf{g}_1 \times \mathbf{g}_2}{\mathbf{g}_3 \cdot (\mathbf{g}_1 \times \mathbf{g}_2)} \tag{7.3-11}$$

정의로부터

$$\mathbf{g}_i \cdot \mathbf{g}^j = \delta_i^j \tag{7.3-12}$$

임을 알 수 있다. 역기저벡터는 다음 식으로도 구할 수 있다.[5]

$$\mathbf{g}^i = \nabla q^i = \frac{\partial q^i}{\partial x_j}\boldsymbol{\delta}_j \tag{7.3-13}$$

식 (7.3-9)의 $d\mathbf{r}$ 간의 내적 $d\mathbf{r} \cdot d\mathbf{r} = \mathbf{g}_i \cdot \mathbf{g}_j dq^i dq^j = g_{ij} dq^i dq^j$로부터 메트릭 텐서를 정의한다.

$$g_{ij} = \mathbf{g}_i \cdot \mathbf{g}_j \tag{7.3-14}$$

같은 방법으로 역기저벡터 간의 내적도 메트릭 텐서가 된다

$$g^{ij} = \mathbf{g}^i \cdot \mathbf{g}^j \tag{7.3-15}$$

메트릭 텐서 g_{ij}와 g^{ij}는 각각 단위 텐서($\boldsymbol{\delta} = \delta_{ij}$)의 코배리언트 및 콘트라배리언트 성분이 되는데[6]

$$\boldsymbol{\delta} = g_{ij}\mathbf{g}^i\mathbf{g}^j = g^{ij}\mathbf{g}_i\mathbf{g}_j \tag{7.3-16}$$

주의할 것은 기저벡터로 만들어진 g_{ij}는 코배리언트 성분이, 역기저벡터로 만들어진 g^{ij}는 콘트라배리언트 성분이 되는 점이다.

스칼라를 생성하는 벡터 간의 내적은 다음의 3가지로 쓸 수 있으나 스칼라이므

---

5 식 (7.3-10)을 참고하면 $\mathbf{g}_i \cdot \mathbf{g}^j = (\partial x_k / \partial q^i)(\partial q^j / \partial x_l)\boldsymbol{\delta}_k \cdot \boldsymbol{\delta}_l = (\partial x_k / \partial q^i)(\partial q^j / \partial x_l)\delta_{kl} = (\partial x_k / \partial q^i) \times (\partial q^j / \partial x_k) = \delta_{ij}$가 되어 식 (7.3-12)를 만족하는 것을 볼 수 있다.

6 코배리언트 성분의 경우 양변에 $\mathbf{g}_k$를 내적하면 $\mathbf{g}_k \cdot \boldsymbol{\delta} = \mathbf{g}_k = g_{ij}\mathbf{g}_k \cdot \mathbf{g}^i\mathbf{g}^j = g_{ij}\delta^i_k\mathbf{g}^j = g_{kj}\mathbf{g}^j$이 되고, 다음으로 $\mathbf{g}_l$을 내적하면 $\mathbf{g}_k \cdot \mathbf{g}_l = g_{kj}\mathbf{g}^j \cdot \mathbf{g}_l = g_{kj}\delta_l^j = g_{kl}$이 되어 양변이 같아지는 것을 볼 수 있다. 비슷한 방법으로 콘트라배리언트 성분에 대해서도 증명할 수 있다.

로 값은 모두 같다. 즉 다음 식의 2째 및 3째 줄의 결과들은 결국 첨자를 올리거나 내리면 결국 첫째줄의 $v^i w_j$가 된다.

$$\begin{aligned}
\mathbf{v}\cdot\mathbf{w} &= \left(v^i\mathbf{g}_i\right)\cdot\left(w_j\mathbf{g}^j\right) = v^i w_j \mathbf{g}_i\cdot\mathbf{g}^j = v^i w_j \delta_i^j = v^i w_i \\
\mathbf{v}\cdot\mathbf{w} &= \left(v^i\mathbf{g}_i\right)\cdot\left(w^j\mathbf{g}_j\right) = v^i w^j \mathbf{g}_i\cdot\mathbf{g}_j = g_{ij} v^i w^j \\
\mathbf{v}\cdot\mathbf{w} &= \left(v_i\mathbf{g}^i\right)\cdot\left(w_j\mathbf{g}^j\right) = v_i w_j \mathbf{g}^i\cdot\mathbf{g}^j = g^{ij} v_i w_j
\end{aligned} \qquad (7.3\text{-}17)$$

텐서와 벡터의 내적은 다음과 같이 계산한다.

$$\boldsymbol{\tau}\cdot\mathbf{v} = \left\{\tau^{ij}\mathbf{g}_i\mathbf{g}_j\right\}\cdot\left\{v_k\mathbf{g}^k\right\} = \tau^{ij}v_k\mathbf{g}_i\mathbf{g}_j\cdot\mathbf{g}^k = \tau^{ij}v_k\mathbf{g}_i\delta_j^k = \tau^{ij}v_j\mathbf{g}_i \qquad (7.3\text{-}18)$$

위 식은 $\mathbf{g}_i$를 기저벡터로 하는 벡터이며 i-번째 콘트라배리언트 성분의 값은 $\tau^{ij}v_j$ 이다. 벡터 내적의 경우와 같이 여러 조합이 있으며 사용하는 기저벡터에 따라 성분 값은 달라진다.

기저벡터는 좌표축이 곡선이므로 위치에 따라 달라지며, q^j에 대한 미분은 다음과 같이 쓴다.

$$\frac{\partial\mathbf{g}_i}{\partial q^j} = \begin{Bmatrix} k \\ ij \end{Bmatrix}\mathbf{g}_k \ \text{(sum over } k\text{)} \qquad (7.3\text{-}19)$$

$$\frac{\partial\mathbf{g}^i}{\partial q^j} = -\begin{Bmatrix} i \\ kj \end{Bmatrix}\mathbf{g}^k \ \text{(sum over } k\text{)} \qquad (7.3\text{-}20)$$

위 식에서 { }는 크리스토펠 기호(Christoffel symbol)라고 부르며 다음과 같은 식으로 계산한다. 이 식의 자세한 유도는 문헌(Schowalter, 1978)을 참조할 수 있다.

$$\begin{Bmatrix} k \\ ij \end{Bmatrix} = \frac{1}{2}g^{kl}\left(\frac{\partial g_{il}}{\partial q^j} + \frac{\partial g_{jl}}{\partial q^i} - \frac{\partial g_{ij}}{\partial q^l}\right) \qquad (7.3\text{-}21)$$

임의의 위치에 따라 변하는 벡터 $\mathbf{u}=u^i\mathbf{g}_i$의 미분은 벡터의 성분 자체뿐만 아니라 기저벡터도 위치에 따라 변하는 점을 고려하면 다음과 같이 된다.

$$\frac{\partial \mathbf{u}}{\partial q^j} = \frac{\partial u^i}{\partial q^j}\mathbf{g}_i + u^i \frac{\partial \mathbf{g}_i}{\partial q^j} = \left[\frac{\partial u^k}{\partial q^j} + u^i \begin{Bmatrix} k \\ ij \end{Bmatrix} \right] \mathbf{g}_k \tag{7.3-22}$$

위 식의 [ ] 안의 항은 u^k의 코배리언트 미분(derivative)이라고 부르며

$$\frac{\partial u^k}{\partial q^j} + u^i \begin{Bmatrix} k \\ ij \end{Bmatrix} = u^k_{,j} \tag{7.3-23}$$

로 쓴다. 같은 방법으로

$$\frac{\partial (u_i \mathbf{g}^i)}{\partial q^j} = \left[\frac{\partial u_k}{\partial q^j} - u_i \begin{Bmatrix} i \\ kj \end{Bmatrix} \right] \mathbf{g}^k = u_{k,j}\mathbf{g}^k \tag{7.3-24}$$

가 된다. 많은 수식에서 사용하는 ∇기호는 다음과 같이 정의된다.

$$\nabla = \mathbf{g}^i \frac{\partial}{\partial q^i} \tag{7.3-25}$$

위 식에서 그레이디언트(gradient) 연산자 ∇는 기저벡터에 수직 성분으로 주어지기 때문에 역기저벡터가 사용되는 점을 주의하여야 한다. 먼저 스칼라에 대한 그레이디언트는 스칼라의 코배리언트 미분으로 쓰며, 스칼라의 코배리언트 미분은 스칼라의 편미분으로 정의한다.

$$\nabla s = \frac{\partial s}{\partial q^i}\mathbf{g}^i \equiv s_{,i}\mathbf{g}^i \tag{7.3-26}$$

벡터와 텐서의 그레이디언트는 여러 조합이 있을 수 있다. 벡터의 경우 역기저벡터로 표시된 $\mathbf{v} = v_j \mathbf{g}^j$의 경우

$$\begin{aligned} \nabla \mathbf{v} &= \mathbf{g}^i \frac{\partial \left(v_j \mathbf{g}^j \right)}{\partial q^i} = \mathbf{g}^i \mathbf{g}^j \frac{\partial v_j}{\partial q^i} + \mathbf{g}^i v_j \frac{\partial \mathbf{g}^j}{\partial q^i} \\ &= \mathbf{g}^i \mathbf{g}^j \frac{\partial v_j}{\partial q^i} + \mathbf{g}^i v_j \left(- \begin{Bmatrix} j \\ kl \end{Bmatrix} \mathbf{g}^k \right) = \mathbf{g}^i \mathbf{g}^j \left(\frac{\partial v_j}{\partial q^i} - \begin{Bmatrix} k \\ ji \end{Bmatrix} v_k \right) = \mathbf{g}^i \mathbf{g}^j v_{j,i} \end{aligned} \tag{7.3-27}$$

기저벡터로 표시된 $\mathbf{v}=v^j\mathbf{g}_j$인 경우에는 다음과 같은 식이 된다.

$$\nabla\mathbf{v}=\mathbf{g}^i\frac{\partial\left(v^j\mathbf{g}_j\right)}{\partial q^i}=\mathbf{g}^i\mathbf{g}_j\left(\frac{\partial v^j}{\partial q^i}+\begin{Bmatrix} j \\ kl \end{Bmatrix}v^k\right)=\mathbf{g}^i\mathbf{g}_j v^j_{,i} \tag{7.3-28}$$

2차(2nd order) 텐서의 경우에도 콘트라배리언트, 코배리언트, 혼합성분에 따라 달라지며 콘트라배리언트 및 코배리언트 성분의 경우는 아래와 같은 식이 된다.

$$\nabla\boldsymbol{\tau}=\tau_{jk,i}\mathbf{g}^i\mathbf{g}^j\mathbf{g}^k=\left(\frac{\partial\tau_{jk}}{\partial q^i}-\begin{Bmatrix} l \\ ji \end{Bmatrix}\tau_{lk}-\begin{Bmatrix} l \\ ki \end{Bmatrix}\tau_{jl}\right)\mathbf{g}^i\mathbf{g}^j\mathbf{g}^k \tag{7.3-29}$$

$$\nabla\boldsymbol{\tau}=\tau^{jk}_{,i}\mathbf{g}^i\mathbf{g}_j\mathbf{g}_k=\left(\frac{\partial\tau^{jk}}{\partial q^i}+\begin{Bmatrix} j \\ li \end{Bmatrix}\tau^{lk}+\begin{Bmatrix} k \\ li \end{Bmatrix}\tau^{jl}\right)\mathbf{g}^i\mathbf{g}_j\mathbf{g}_k \tag{7.3-30}$$

위의 식들뿐만 아니라 다음 식들도 연속방정식(continuity equation)이나 운동방정식(equation of motion)에서 사용이 되므로 알아 둘 필요가 있다.

$$\nabla\cdot\mathbf{v}=v^j_{,i} \tag{7.3-31}$$

$$\nabla^2 s=g^{ij}s_{,ij} \tag{7.3-32}$$

$$\nabla\cdot\boldsymbol{\tau}=\mathbf{g}_i\tau^{ji}_{,j} \tag{7.3-33}$$

7.4 컨벡티드 좌표계와 구성방정식[7]

7.4.1 컨벡티드 좌표계에서의 변형과 스트레스

유동과 변형을 하고 있는 물질 내에 그림 7.4(a)와 같이 $\hat{x}^i$ = 일정($i=1,2,3$)인 좌표면을 생각하자. 좌표면들은 일반적으로 평면이 아니며, 시간이 흐르면 좌표면은 그림 7.4(b)와 같이 변형이 된다. 유체 내의 한 유체입자 P의 좌표를 $\hat{x}=(\hat{x}^1, \hat{x}^2, \hat{x}^3)$라 하고, P의 좌표는 변형에 관계없이 같은 값을 가지는 것으로 하자. 즉 $\hat{x}=(\hat{x}^1,$

7 올드로이드(Oldroyd, 1984)가 제안한 방법을 기초로 하고, 버드 등(Bird et al., 1989)이 기술한 방법을 주로 참고하여 썼다.

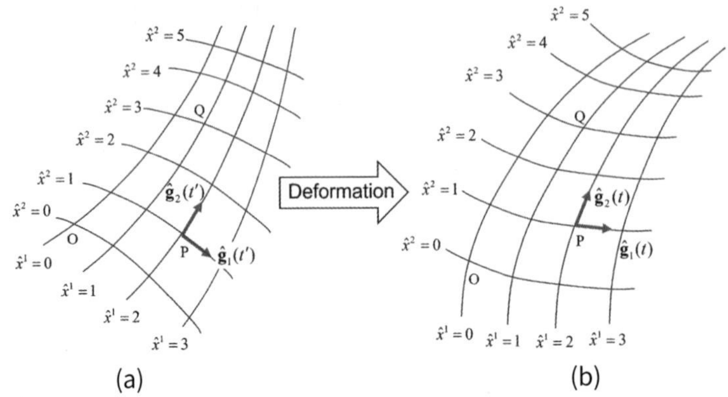

그림 7.4 시간 t'(a)와 t(b)에서의 컨벡티드 좌표의 개념도. 변형 전후의 점 P ($\hat{x}^1=2, \hat{x}^2=1$)와 점 Q ($\hat{x}^1=1, \hat{x}^2=3$)의 컨벡티드 좌표는 각각 같지만 변형에 의하여 상대적인 위치는 바뀌게 됨. 점 P에서의 기저벡터 $\hat{\mathbf{g}}_1, \hat{\mathbf{g}}_2$는 시간에 따라 바뀌게 됨. 3차원 그림을 2차원으로 간단하게 그림

$\hat{x}^2$, $\hat{x}^3$)는 점 P의 레이블이며, 다른 유체입자들은 다른 레이블을 가진다. 이렇게 유체입자가 움직여도 같은 레이블을 갖도록 하는 좌표를 컨벡티드 좌표(convected coordinate)라고 부른다. 유체 내의 각 유체입자에서는 각 입자에 해당하는 3개의 켄벡티드 기저벡터 $\hat{\mathbf{g}}_i = \partial \mathbf{r}/\partial \hat{x}^i$를 정할 수 있다. 여기서 $\mathbf{r}$은 유체입자의 위치벡터이다. 기저벡터 $\hat{\mathbf{g}}_i$는 $\mathbf{r}$을 미분하여 얻으므로 $\hat{x}^i$-좌표 곡선축(coordinate curve)에 접하며, $\hat{\mathbf{g}}_i$의 변화는 유체입자가 $\hat{x}^i$ 방향으로 늘어나는 정도에 따라 달라진다. 변형이란 유체입자의 형태가 바뀌는 것이며, 이는 임의의 두 점 간의 거리가 달라지는 것이기 때문이다. $\hat{\mathbf{g}}_i$는 $\hat{x} = (\hat{x}^1, \hat{x}^2, \hat{x}^3)$와 시간 t'의 함수이다. 시간 t에서 이웃하는 두 점 $\hat{x}$와 $\hat{x} + d\hat{x}$ 사이의 벡터를 $d\mathbf{r}$이라고 하면

$$d\mathbf{r} = \sum_i \hat{\mathbf{g}}_i(\hat{x}, t) d\hat{x}^i \tag{7.4-1}$$

이고, $d\mathbf{r}$의 크기의 제곱은 $d\mathbf{r}$의 내적으로 구할 수 있다.

$$d\mathbf{r} \cdot d\mathbf{r} = \sum_i \sum_j (\hat{\mathbf{g}}_i \cdot \hat{\mathbf{g}}_i) d\hat{x}^i d\hat{x}^j = \sum_i \sum_j \hat{g}_{ij}\, d\hat{x}^i d\hat{x}^j \tag{7.4-2}$$

위 식에서 $d\hat{x}^i$만큼 떨어져 있는 두 유체입자 간의 거리는 메트릭 텐서 $\hat{g}_{ij}(\hat{x}, t)$에

의하여 결정되는 것을 볼 수 있다. 구성방정식에 들어 있는 변형을 나타내는 변수는 기본적으로 $\hat{g}_{ij}$로부터 유도할 수 있으며, 시간 $-\infty < t' < t$ (t는 현재 시간) 사이에서의 $\hat{g}_{ij}$는 유체입자 $\hat{x}$에 대한 변형의 이력(strain history)이라 불린다. 한편 $\hat{g}_{ij}$는 텐서의 코배리언트 성분의 변환 공식을 따른다(식 (7.3-16) 참고).

유체입자의 변형을 컨벡티드 좌표계에서 유도하는 경우 유체입자에 작용되는 스트레스와 단위면적당 힘(traction)도 컨벡티드 좌표계에서 써야 한다. **T**를 압력을 포함하는 전체 스트레스 텐서라 하고, $\hat{\mathbf{t}}_i$를 $\hat{\mathbf{g}}_i$에 수직한 유체입자의 면에 작용되는 단위면적당 힘(traction)이라고 하면 다음 관계가 성립한다.

$$\hat{\mathbf{t}}_i = \mathbf{n} \cdot \mathbf{T} = (\hat{\mathbf{g}}_i / |\hat{\mathbf{g}}_i|) \cdot \mathbf{T} \tag{7.4-3}$$

위 식에서 $\hat{\mathbf{g}}_i / |\hat{\mathbf{g}}_i|$는 $\hat{x}^i$방향의 단위 벡터 $\mathbf{n}$이다. 식 (7.4-3)의 양변에 $\hat{\mathbf{g}}_j$를 내적하면

$$\hat{\mathbf{t}}_i \cdot \hat{\mathbf{g}}_j = \left[(\hat{\mathbf{g}}_i / |\hat{\mathbf{g}}_i|) \cdot \mathbf{T} \right] \cdot \hat{\mathbf{g}}_j = \left(\mathbf{T} : \hat{\mathbf{g}}_j \hat{\mathbf{g}}_i \right) / |\hat{\mathbf{g}}_i| \tag{7.4-4}$$

이 된다. 위 식에서 $\mathbf{T}{:}\hat{\mathbf{g}}_j\hat{\mathbf{g}}_i = \hat{T}_{kl}\hat{\mathbf{g}}^k\hat{\mathbf{g}}^l{:}\hat{\mathbf{g}}_j\hat{\mathbf{g}}_i = \hat{T}_{kl}\delta^l_j\,\delta^k_i = \hat{T}_{ij}$이므로 $\hat{T}_{ij}$는 **T**의 코배리언트 성분이며

$$\hat{T}_{ij} = \sqrt{\hat{\mathbf{g}}_i \cdot \hat{\mathbf{g}}_i} \left(\hat{\mathbf{t}}_i \cdot \hat{\mathbf{g}}_j \right) \tag{7.4-5}$$

임을 알 수 있다. 위 식의 $\hat{T}_{ij}$는 $\hat{x}$에서의 스트레스로 $-\infty < t' < t$에서의 값은 스트레스 이력(history)이라고 불린다.

흐르는 점탄성 유체의 구성방정식은 어떤 특정 순간에서의 변형과 스트레스 간의 관계가 아니라 일반적으로 스트레스 이력과 스트레인 이력의 관계라 할 수 있다. 물론 온도 이력도 포함될 수 있지만 여기서는 등온인 경우만을 고려한다. 구성방정식에 포함되는 N개의 물질상수 텐서($\underset{N}{\kappa}{}^{ijk\ldots}_{pqr\ldots}(\hat{x}),\ N = 1,2,3,\cdots$)는 스트레스 이력에 따라 다를 수 있지만 시간의 함수는 아니다. 올드로이드(Oldroyd, 1950a; 1950b;

1984)는 이에 기반하여 연속체의 구성방정식은 시간 $-\infty < t' < t$ 사이에서 코배리언트 성분의 경우 다음과 같은 시간의 함수들의 6개의 독립적인(대칭 텐서의 독립적인 성분 수) 미분-적분 방정식(integro-differential equation)의 관계로 쓸 수 있음을 보였다.

$$\hat{g}_{ij}(\hat{x},t'), \quad \hat{\tau}_{ij}(\hat{x},t'), \quad t-t', \quad \kappa_{N\,pqr\ldots}^{\;ijk\ldots}(\hat{x})\,(N=1,2,3,\cdots) \tag{7.4-6}$$

이때 방정식들은 좌표계에 따라 달라지지 않는 형태, 즉 텐서 형태를 가질 수 있어야 하며, 이때 방정식의 등호의 양쪽은 같은 종류의 기저벡터를 사용하는 같은 차수(order)를 갖는 텐서여야 한다. 예를 들어 전체 스트레스 텐서(total stress tensor)는 스트레스 텐서 $\hat{\tau}(\hat{x},t)$와 압력 $\hat{p}(\hat{x},t)$로 구성되며 다음과 같은 관계를 가져야 한다.

$$\hat{T}_{ij}(\hat{x},t) = -\hat{p}(\hat{x},t)\,\hat{g}_{ij}(\hat{x},t) + \hat{\tau}_{ij}(\hat{x},t) \tag{7.4-7}$$

위 식에 보면 스트레스 $\hat{T}_{ij}$가 코배리언트 성분이므로 압력의 항을 포함하는 항도 단위 벡터의 코배리언트 성분인 $\hat{g}_{ij}$를 써야 함을 주의하여야 한다. 즉 같은 기저벡터를 사용하여야 한다.

컨벡티드 좌표계에서 구성방정식을 만들면 다음 장에 보인 바와 같이 물질의 객관성은 만족하지만 좌표가 시간에 따라 변하며 직교좌표가 아니므로 직접 사용할 수는 없다. 따라서 컨벡티드 좌표에서 구성된 구성방정식을 고정된 직교좌표로 변환하는 방법이 필요하다. 이는 앞 절에서 코로테이셔널 좌표에서의 구성방정식을 변환식을 이용하여 사용 가능한 직교좌표로 변환하여 쓰는 것과 유사한 과정으로써, 코로테이셔널 좌표를 이용한 경우 코로테이셔널 미분(Jaumann derivative)이 필요한 것과 같이 컨벡티드 좌표를 쓰는 경우에는 다음에 나올 컨벡티드 미분(Oldroyd derivative)이 필요하게 된다.

컨벡티드 좌표계의 유체입자의 레이블을 가장 간단히 정하는 방법은 현재 시간 t에서의 직교좌표 O-$x_1x_2x_3$의 좌표 값을 사용하는 것이다. 즉 컨벡티드 좌표계 $\hat{x}^1$ $\hat{x}^2$ $\hat{x}^3$가 현재 시간 t에는 고정된 직교좌표와 정확히 일치하여 $x_1\,x_2\,x_3$가 되도록 정한다(7.2절의 코로테이셔널 좌표계에서도 같은 방법을 사용하였다). 유체 내의 한 점 P의 레이블이 $(\hat{x}^1, \hat{x}^2, \hat{x}^3)$일 때, P점은 현재 시간 t에는 (x_1, x_2, x_3)에 위치하고 있고, 과거 시간 t'에는 (x'_1, x'_2, x'_3)에 위치하였다고 할 때, 모든 유체입자들에 대하여 모든 과거 시간 t'에서의 위치가 지정되면 유체의 운동이 결정된다. $(\hat{x}^1, \hat{x}^2, \hat{x}^3)$의 레이블을 가진 유체입자가 과거 시간 t'에서 갖는 $O-x_1x_2x_3$좌표에서의 좌표 $x'_i\,(\hat{x}^1, \hat{x}^2, \hat{x}^3, t')$, i=1,2,3 은 다음과 같이 쓸 수 있다.

$$x'_i = x'_i(x_1, x_2, x_3, t, t') \quad \text{or} \quad \mathbf{r}' = \mathbf{r}'(\mathbf{r}, t, t') \tag{7.4-8}$$

위 식은 역이 존재하여 다음과 같이 쓸 수 있다.

$$x_i = x_i(x'_1, x'_2, x'_3, t', t) \quad \text{or} \quad \mathbf{r} = \mathbf{r}(\mathbf{r}', t', t) \tag{7.4-9}$$

식 (7.4-8)과 (7.4-9)의 오른쪽 항은 앞 절에서 변위함수(displacement function)라고 정의하였다. 변위 함수로부터 다음과 같은 2가지 변위 기울기(displacement gradient)를 정의한다.

$$\Delta_{ij}(\mathbf{r}, t, t') = \frac{\partial x'_i(x, t, t')}{\partial x_j} \tag{7.4-10}$$

$$E_{ij}(\mathbf{r}, t, t') = \frac{\partial x_i(x', t', t)}{\partial x'_j} \tag{7.4-11}$$

Δ와 **E**[8]는 다음과 같이 서로 역의 관계가 성립하며,

$$\boldsymbol{\Delta} \cdot \mathbf{E} = \sum_m \Delta_{im} E_{mj} = \delta_{ij} \tag{7.4-12}$$

비압축성 물질에 대하여 다음의 관계가 성립한다.

8 문헌에 따라서는 Δ 대신 F^{-1}을, E 대신 F를 사용하기도 한다.

$$\det \mathbf{\Delta} = \det \mathbf{E} = 1 \tag{7.4-13}$$

$\mathbf{\Delta}$와 $\mathbf{E}$로부터 다음과 같은 2가지 유한 변형텐서(finite strain tensor)를 정의한다.

핑거 텐서(Finger tensor): $\mathbf{B}(\mathbf{r},t,t') = \mathbf{E}\cdot\mathbf{E}^T = \sum_m \frac{\partial x_i}{\partial x'_m}\frac{\partial x_j}{\partial x'_m}$ (7.4-14)

코시 텐서(Cauchy tensor): $\mathbf{C}(\mathbf{r},t,t') = \mathbf{B}^{-1}(\mathbf{r},t,t') = \mathbf{\Delta}^T\cdot\mathbf{\Delta} = \sum_m \frac{\partial x'_m}{\partial x_i}\frac{\partial x'_m}{\partial x_j}$ (7.4-15)

변위함수를 알면 식 (7.4-1)의 켄벡티드 기저벡터를 $O-x_1x_2x_3$좌표로 표시할 수 있다.

$$\begin{aligned}\hat{\mathbf{g}}_i(\mathbf{r},t,t') &\equiv \frac{\partial \mathbf{r}'}{\partial \hat{x}^i} \quad \text{(Definition)}\\ &= \frac{\partial}{\partial x_i}\left(\sum_j \boldsymbol{\delta}_j x'_j\right) = \sum_j \boldsymbol{\delta}_j \Delta_{ji} = \mathbf{\Delta}\cdot\boldsymbol{\delta}_i\end{aligned} \tag{7.4-16}$$

시간 $t' = t$에는 $\hat{\mathbf{g}}_i(\mathbf{r},t,t) = \boldsymbol{\delta}_i$이고 $\mathbf{\Delta} = \mathbf{I}$가 된다. 한편 $\hat{\mathbf{g}}_i$는 $\hat{x}_i$ 좌표 곡선에 접하는 벡터임은 이미 기술한 바 있다. $\hat{\mathbf{g}}_i(\mathbf{r},t,t')$, $i = 1,2,3$은 시간 t'에 $\mathbf{r}$위치 주변의 유체가 시간이 지남에 따라 어떻게 회전하고 변형이 되는지에 대한 정보를 갖고 있다. 다음으로 컨벡티드 역기저벡터를 정의하자.

$$\begin{aligned}\hat{\mathbf{g}}^i(\mathbf{r},t,t') &\equiv \frac{\partial \hat{x}^i}{\partial \mathbf{r}'}\\ &= \left(\sum_j \boldsymbol{\delta}_j \frac{\partial}{\partial x'_j} x_i\right) = \sum_j E_{ij}\boldsymbol{\delta}_j = \boldsymbol{\delta}_i\cdot\mathbf{E}\end{aligned} \tag{7.4-17}$$

시간 $t'=t$에는 $\hat{\mathbf{g}}^i(\mathbf{r},t,t) = \boldsymbol{\delta}_i$이고 $\mathbf{E} = \mathbf{I}$가 되며, $\hat{\mathbf{g}}^i$는 $\hat{x}^i$ 좌표 면에 수직한 벡터이다. $\hat{\mathbf{g}}^i(\mathbf{r},t,t')$, $i = 1,2,3$는 현재 시간 t에 $\mathbf{r}$ 위치 주변의 유체가 어떻게 회전하고 변형하고 있는지에 대한 정보를 갖고 있다. 비압축성 유체에 대해서는 $\hat{\mathbf{g}}_i\cdot(\hat{\mathbf{g}}_j\times\hat{\mathbf{g}}_k) = \det(g_{ij}) = 1$ 이므로 식 (7.3-11)에서 $\hat{\mathbf{g}}^i = \hat{\mathbf{g}}_j\times\hat{\mathbf{g}}_k$ $[ijk = 123, 231, 312]$로부터 구할 수도 있으며, $\hat{\mathbf{g}}_i\cdot\hat{\mathbf{g}}^j = \hat{\mathbf{g}}^i\cdot\hat{\mathbf{g}}_j = \delta_{ij}$의 관계가 있다. 한편 일반적으로는 $\mathbf{r}'$

가 $\mathbf{r}$의 함수로 주어져 있으므로, 즉 x'_i를 현재 시간 t에서의 좌표이자 고정 좌표인 x_i로 표시하므로 $\mathbf{E}$의 성분을 구하기 위해서는 먼저 $\mathbf{r}'$를 $\mathbf{r}$로 미분한 후 역수를 구하되 x'_j를 소거하여 $\mathbf{E}$를 $\mathbf{r}$, t, t'의 함수로 구할 수 있다.

컨벡티드 좌표에서의 상대변형(finite relative strain)은 다음과 같이 정의한다. 먼저 컨벡티드 기저벡터를 사용하는 경우에는 $\gamma_{ij}^{[0]}(\mathbf{r},t,t')$로 쓰며 과거 시간 t'에서의 메트릭 텐서 $\hat{g}_{ij}(\mathbf{r},t,t')$와 현재 시간 t에서의 메트릭 텐서 $\hat{g}_{ij}(\mathbf{r},t,t)$의 차이로 정의한다. 현재 시간 t에서의 메트릭 텐서 $\hat{g}_{ij}(\mathbf{r},t,t)$는 xyz 좌표에서의 값으로는 단위(unit) 텐서이므로

$$\gamma_{ij}^{[0]}(\mathbf{r},t,t') = \hat{g}_{ij}(\mathbf{r},t,t') - \hat{g}_{ij}(\mathbf{r},t,t) = \left(\sum_m \boldsymbol{\delta}_m \Delta_{mi}\right) \cdot \left(\sum_n \boldsymbol{\delta}_n \Delta_{nj}\right) - \delta_{ij} = \mathbf{C}(\mathbf{r},t,t') - \mathbf{I} \tag{7.4-18}$$

가 된다. 위 식의 가장 오른쪽 식을 이용하여 상대변형값을 xyz 좌표에서 구할 수 있다. $\hat{g}^{ij}(\mathbf{r},t,t')$를 사용하는 경우에는 $\gamma_{[0]ij}(\mathbf{r},t,t')$로 쓰며 현재 시간 t에서의 메트릭 텐서 $\hat{g}^{ij}(\mathbf{r},t,t)$와 과거 시간 t' 에서의 메트릭 텐서 $\hat{g}^{ij}(\mathbf{r},t,t')$와의 차이로 정의한다. 이 경우에도 현재 시간 t에서의 메트릭 텐서 $\hat{g}^{ij}(\mathbf{r},t,t)$는 xyz 좌표에서의 값으로 단위 텐서이므로

$$\gamma_{[0]ij}(\mathbf{r},t,t') = \hat{g}^{ij}(\mathbf{r},t,t) - \hat{g}^{ij}(\mathbf{r},t,t') = \delta_{ij} - \left(\sum_m E_{im} \boldsymbol{\delta}_m\right) \cdot \left(\sum_n E_{jn} \boldsymbol{\delta}_n\right) = \mathbf{I} - \mathbf{B}(\mathbf{r},t,t') \tag{7.4-19}$$

가 된다. 위 식의 마지막 식은 xyz 좌표에서 상대변형의 값이다. 상대변형 텐서는 위에서 본 것과 같이 변위함수로부터 구할 수 있으며 $(\mathbf{r},t)$, 즉 각각의 유체입자에 따라 다른 값을 가진다. 시간 $t'=t$(현재 시간)에서는 두 좌표계에서의 성분 값이 모두 0이 되며, 충분히 작은 스트레인에서는 두 서로 다른 좌표계에서의 값이 같아진다.

다음으로는 $\gamma_{ij}^{[0]}(\mathbf{r},t,t')$와 $\gamma_{[0]ij}(\mathbf{r},t,t')$의 시간 t'에 대한 미분을 생각하자.

$$\begin{aligned}
&\boldsymbol{\gamma}^{[1]}(\mathbf{r},t,t') \equiv \frac{\partial}{\partial t'}\boldsymbol{\gamma}^{[0]}(\mathbf{r},t,t') = \frac{\partial}{\partial t'}\left(\boldsymbol{\Delta}^T\cdot\boldsymbol{\Delta}-\boldsymbol{\delta}\right)\\
&= \frac{\partial\boldsymbol{\Delta}^T}{\partial t'}\cdot\boldsymbol{\Delta}+\boldsymbol{\Delta}^T\cdot\frac{\partial\boldsymbol{\Delta}}{\partial t'} = \left(\boldsymbol{\Delta}^T\cdot\nabla\mathbf{v}\right)\cdot\boldsymbol{\Delta}+\boldsymbol{\Delta}^T\cdot(\nabla\mathbf{v})^T\cdot\boldsymbol{\Delta} = \boldsymbol{\Delta}^T\cdot\left(\nabla\mathbf{v}+(\nabla\mathbf{v})^T\right)\cdot\boldsymbol{\Delta}\\
&\equiv \boldsymbol{\Delta}^T\cdot\boldsymbol{\gamma}^{(1)}\cdot\boldsymbol{\Delta}
\end{aligned} \tag{7.4-20}$$

위 식의 둘째 줄의 과정에서는 $\partial\boldsymbol{\Delta}/\partial t' = (\nabla\mathbf{v})^T\cdot\boldsymbol{\Delta}$의 관계를 이용하였다.[9] 위 식의 마지막 줄의 $\boldsymbol{\gamma}^{(1)} = \nabla\mathbf{v}+(\nabla\mathbf{v})^T$는 변형률 텐서로 $\boldsymbol{\gamma}^{(1)}$의 정의이다. 시간 $t' = t$에서는 $\boldsymbol{\Delta}=\mathbf{I}$이므로

$$\boldsymbol{\gamma}^{[1]}(\mathbf{r},t,t) = \boldsymbol{\gamma}^{(1)}(\mathbf{r},t) \tag{7.4-21}$$

가 된다. 또한 위 첨자 [ ]와 ( )의 차이를 잘 구분하여야 하는데, [ ]는 적분형 구성방정식에서, ( )는 미분형 구성방정식에서 쓰이게 된다. 1차 미분을 구하는 방법과 같은 방법으로

$$\begin{aligned}
&\boldsymbol{\gamma}^{[2]} \equiv \frac{\partial}{\partial t'}\boldsymbol{\gamma}^{[1]} = \frac{\partial}{\partial t'}\left(\boldsymbol{\Delta}^T\cdot\boldsymbol{\gamma}^{(1)}\cdot\boldsymbol{\Delta}\right) = \frac{\partial\boldsymbol{\Delta}^T}{\partial t'}\cdot\boldsymbol{\gamma}^{(1)}\cdot\boldsymbol{\Delta}+\boldsymbol{\Delta}^T\cdot\frac{\partial\boldsymbol{\gamma}^{(1)}}{\partial t'}\cdot\boldsymbol{\Delta}+\boldsymbol{\Delta}^T\cdot\boldsymbol{\gamma}^{(1)}\cdot\frac{\partial\boldsymbol{\Delta}}{\partial t'}\\
&= \left(\boldsymbol{\Delta}^T\cdot\nabla\mathbf{v}\right)\cdot\boldsymbol{\gamma}^{(1)}\cdot\boldsymbol{\Delta}+\boldsymbol{\Delta}^T\cdot\frac{\partial\boldsymbol{\gamma}^{(1)}}{\partial t'}\cdot\boldsymbol{\Delta}+\boldsymbol{\Delta}^T\cdot\boldsymbol{\gamma}^{(1)}\cdot\left[(\nabla\mathbf{v})^T\cdot\boldsymbol{\Delta}\right]\\
&= \boldsymbol{\Delta}^T\cdot\left\{\frac{\partial\boldsymbol{\gamma}^{(1)}}{\partial t'}+\nabla\mathbf{v}\cdot\boldsymbol{\gamma}^{(1)}+\boldsymbol{\gamma}^{(1)}\cdot(\nabla\mathbf{v})^T\right\}\cdot\boldsymbol{\Delta}\\
&= \boldsymbol{\Delta}^T\cdot\boldsymbol{\gamma}^{(2)}\cdot\boldsymbol{\Delta}
\end{aligned} \tag{7.4-22}$$

및 $\boldsymbol{\gamma}^{[3]},\cdots$와 $\boldsymbol{\gamma}^{(3)},\cdots$를 정의할 수 있다. 식 (7.4-18)에서 텐서 $\gamma_{ij}^{[0]}(\mathbf{r},t,t')$는 코배리언트 성분인 $\hat{g}_{ij}$의 차이로 정의되므로, 이들의 시간에 대한 미분은 모두 코배리언트 변환 규칙(transformation rule)을 따른다. 따라서 $\boldsymbol{\gamma}^{[n]}$은 코배리언트 컨벡티드 시간 미분이라고 부른다. 한편 식 (7.4-22)에서 $\partial\boldsymbol{\gamma}^{(1)}/\partial t'$는 입자 $(\mathbf{r},t)$를 일정하게 두고 t'에 대해 미분하는 것이므로 물질미분(material derivative) $D\boldsymbol{\gamma}^{(1)}/Dt'$가 된다. 시

9 $\frac{\partial}{\partial t'}\hat{\mathbf{g}}_i = \hat{\mathbf{g}}_i\cdot\nabla\mathbf{v};\ \frac{\partial}{\partial t'}\hat{\mathbf{g}}^i = -\nabla\mathbf{v}\cdot\hat{\mathbf{g}}_i;\ \frac{\partial}{\partial t'}\boldsymbol{\Delta} = (\nabla\mathbf{v})^T\cdot\boldsymbol{\Delta};\ \frac{\partial}{\partial t'}\mathbf{E} = -\mathbf{E}\cdot(\nabla\mathbf{v})^T$

간 $t' = t$에서는 $\mathbf{\Delta} = \mathbf{I}$이므로 식 (7.4-20)과 (7.4-22)는 다음과 같이 된다.

$$\boldsymbol{\gamma}^{[1]}(\mathbf{r},t,t) = \boldsymbol{\gamma}^{(1)}(\mathbf{r},t) = \nabla\mathbf{v} + \left(\nabla\mathbf{v}\right)^T \tag{7.4-23}$$

$$\boldsymbol{\gamma}^{[2]}(\mathbf{r},t,t) = \boldsymbol{\gamma}^{(2)}(\mathbf{r},t) = \frac{D\boldsymbol{\gamma}^{(1)}}{Dt} + \left\{\nabla\mathbf{v}\cdot\boldsymbol{\gamma}^{(1)} + \boldsymbol{\gamma}^{(1)}\cdot\left(\nabla\mathbf{v}\right)^T\right\} \tag{7.4-24}$$

식 (7.4-19)에 대해서도 식 (7.4-20)-(7.4-24)의 과정을 적용할 수 있으며 다음과 같은 결과를 얻을 수 있다.

$$\boldsymbol{\gamma}_{[1]}(\mathbf{r},t,t) = \boldsymbol{\gamma}_{(1)}(\mathbf{r},t) = \nabla\mathbf{v} + \left(\nabla\mathbf{v}\right)^T \tag{7.4-25}$$

$$\boldsymbol{\gamma}_{[2]}(\mathbf{r},t,t) = \boldsymbol{\gamma}_{(2)}(\mathbf{r},t) = \frac{D\boldsymbol{\gamma}_{(1)}}{Dt} - \left\{(\nabla\mathbf{v})^T\cdot\boldsymbol{\gamma}_{(1)} + \boldsymbol{\gamma}_{(1)}\cdot\nabla\mathbf{v}\right\} \tag{7.4-26}$$

식 (7.4-19)에서 텐서 $\gamma_{[0]ij}(\mathbf{r},t,t')$는 콘트라배리언트 성분인 $\hat{g}^{ij}$의 차이로 정의되므로, 이들의 시간에 대한 미분은 모두 콘트라배리언트 변환 규칙을 따른다. 따라서 $\boldsymbol{\gamma}_{[n]}$은 콘트라배리언트 컨벡티드 시간 미분이라고 부른다. 한가지 주의할 점은 $\boldsymbol{\gamma}^{(1)}$과 $\boldsymbol{\gamma}_{(1)}$은 미소 스트레인(infinitesimal strain) 텐서 $\boldsymbol{\gamma}$의 컨벡티드 미분이 아니며, 다음 식으로부터 구한다는 점이다:

$$\boldsymbol{\delta}^{(1)} = \boldsymbol{\gamma}^{(1)}; \quad \boldsymbol{\delta}_{(1)} = -\boldsymbol{\gamma}_{(1)} \tag{7.4-27}$$

스트레스 텐서를 xyz 좌표에서 쓰면

$$\boldsymbol{\tau}(\mathbf{r},t,t') = \sum_i\sum_j \boldsymbol{\delta}_i\boldsymbol{\delta}_j\tau_{ij}(\mathbf{r},t,t') \tag{7.4-28}$$

이 된다. 이는 $\boldsymbol{\delta}_i$를 기저벡터로 할 때 현재 시간 t에 위치 $\mathbf{r}$에 있는 유체입자가 시간 t'에 받던 스트레스다. $\boldsymbol{\tau}(\mathbf{r},t,t')$를 기저벡터 $\hat{\mathbf{g}}_i$와 역기저벡터 $\hat{\mathbf{g}}^i$에서의 값으로 표현하면 각각 콘트라배리언트 ($\hat{\tau}^{ij}$), 코배리언트 ($\hat{\tau}_{ij}$) 성분이 된다.

$$\boldsymbol{\tau}(\mathbf{r},t,t') = \sum_i \sum_j \hat{\mathbf{g}}_i \hat{\mathbf{g}}_j \hat{\tau}^{ij}(\mathbf{r},t,t') \tag{7.4-29}$$

$$\boldsymbol{\tau}(\mathbf{r},t,t') = \sum_i \sum_j \hat{\mathbf{g}}^i \hat{\mathbf{g}}^j \hat{\tau}_{ij}(\mathbf{r},t,t') \tag{7.4-30}$$

식 (7.4-16)과 (7.4-17)을 위의 식 (7.4-29), (7.4-30)에 대입하면 xyz 좌표에서의 스트레스 텐서 $\boldsymbol{\tau}(\mathbf{r},t,t')$과의 관계를 다음과 같이 구할 수 있다.

$$\hat{\tau}^{ij}(\mathbf{r},t,t') = \sum_m \sum_n E_{im}\tau_{mn}(\mathbf{r},t,t')E_{jn} = \mathbf{E}\cdot\boldsymbol{\tau}\cdot\mathbf{E}^T = \tau_{[0]ij}(\mathbf{r},t,t') \tag{7.4-31}$$

$$\hat{\tau}_{ij}(\mathbf{r},t,t') = \sum_m \sum_n \Delta_{mi}\tau_{mn}(\mathbf{r},t,t')\Delta_{nj} = \mathbf{\Delta}^T\cdot\boldsymbol{\tau}\cdot\mathbf{\Delta} = \tau_{ij}^{[0]}(\mathbf{r},t,t') \tag{7.4-32}$$

식 (7.4-31)을 시간 t'로 미분하여 콘트라배리언트 성분에 대하여 다음 관계를 얻는다.

$$\begin{aligned}\boldsymbol{\tau}_{[1]}(\mathbf{r},t,t') &= \frac{\partial}{\partial t'}\left\{\mathbf{E}\cdot\boldsymbol{\tau}\cdot\mathbf{E}^T\right\} \\ &= \mathbf{E}\cdot\left\{\frac{\partial\boldsymbol{\tau}}{\partial t'} - (\nabla\mathbf{v})^T\cdot\boldsymbol{\tau} - \boldsymbol{\tau}\cdot(\nabla\mathbf{v})\right\}\cdot\mathbf{E}^T = \mathbf{E}\cdot\boldsymbol{\tau}_{(1)}\cdot\mathbf{E}^T\end{aligned} \tag{7.4-33}$$

같은 방법으로 코배리언트 성분은 다음의 관계가 있다.

$$\begin{aligned}\boldsymbol{\tau}^{[1]}(\mathbf{r},t,t') &= \frac{\partial}{\partial t'}\left\{\mathbf{\Delta}^T\cdot\boldsymbol{\tau}\cdot\mathbf{\Delta}\right\} \\ &= \mathbf{\Delta}^T\cdot\left\{\frac{\partial\boldsymbol{\tau}}{\partial t'} + (\nabla\mathbf{v})\cdot\boldsymbol{\tau} + \boldsymbol{\tau}\cdot(\nabla\mathbf{v})^T\right\}\cdot\mathbf{\Delta} = \mathbf{\Delta}^T\cdot\boldsymbol{\tau}^{(1)}\cdot\mathbf{\Delta}\end{aligned} \tag{7.4-34}$$

식 (7.4-33)과 (7.4-34)의 현재 시간 t에서의 값은

$$\boldsymbol{\tau}_{[1]}(\mathbf{r},t,t) = \boldsymbol{\tau}_{(1)}(\mathbf{r},t) = \frac{D\boldsymbol{\tau}}{Dt'} - (\nabla\mathbf{v})^T\cdot\boldsymbol{\tau} - \boldsymbol{\tau}\cdot(\nabla\mathbf{v}) = \overset{\nabla}{\boldsymbol{\tau}} \tag{7.4-35}$$

$$\boldsymbol{\tau}^{[1]}(\mathbf{r},t,t) = \boldsymbol{\tau}^{(1)}(\mathbf{r},t) = \frac{D\boldsymbol{\tau}}{Dt'} + (\nabla\mathbf{v})\cdot\boldsymbol{\tau} + \boldsymbol{\tau}\cdot(\nabla\mathbf{v})^T = \overset{\Delta}{\boldsymbol{\tau}} \tag{7.4-36}$$

이 된다. 식 (7.4-35)의 미분은 위 첨자를 쓰는 콘트라배리언트 성분을 대상으로 하므로 어퍼 컨벡티드 미분(upper convected derivative)이라고 부르며 $\overset{\triangledown}{\boldsymbol{\tau}}$로 표기한다. 식 (7.4-36)의 아래 첨자를 쓰는 코배리언트 성분에 대한 미분은 로어 컨벡티드 미분(lower convected derivative)라고 부르며, $\overset{\vartriangle}{\boldsymbol{\tau}}$로 표기한다.

7.4.2 컨벡티드 좌표계와 물질의 객관성

7.2.4절의 코로테이셔널 좌표계를 이용한 구성방정식에서 코로테이셔널 시간 미분을 사용하는 이유와 같이 컨벡티드 시간미분을 사용하는 이유 중의 하나는 구성방정식이 물질의 객관성을 만족하여야 하기 때문이다. 따라서 컨벡티드 좌표에서 정의하여 사용하는 여러 변수들이 물질의 객관성을 만족하는가를 확인할 필요가 있다.

고정 좌표계인 O-좌표계에서의 좌표를 원점이 $\mathbf{b}$에 있고, 고정 좌표계에 대하여 기울어져 있어 식 (7.1-1)로 변환이 되는 $\bar{\mathrm{O}}$-좌표계에서의 좌표로 변환할 때 변수 위에 $^-$(overbar)를 써서 표시하자. O-좌표계에서 현재 시간 t에 3차원 좌표 x에 위치하여 있고 과거 시간 t'에는 x'에 위치했던 유체입자 (x,t)의 좌표를 $\bar{\mathrm{O}}$-좌표계로 변환할 때는 현재 시간 t에 3차원 좌표 $\bar{x}$에 위치한 유체입자 $(\bar{x},t)$가 과거 시간 t'에는 $\bar{x}'$에 위치하였던 것으로 쓸 수 있다. 이 경우 식 (7.2-2)에 의하여

$$\bar{x}_i'(\bar{x},t,t') = \sum_j P_{ij}(t')\left(x_j'(x,t,t') - b_j(t')\right) \tag{7.4-37}$$

이 되고, 이의 미분을 취하면

$$d\bar{x}_i' = \sum_j P_{ij}(t')dx_j' \tag{7.4-38}$$

가 된다. 이 식은 시간 t에서

$$d\bar{x}_i = \sum_j P_{ij}(t)dx_j \tag{7.4-39}$$

가 된다. $\bar{\mathrm{O}}$-좌표계에서 $\bar{\Delta}_{ij}$는 다음과 같이 정의된다.

$$d\bar{x}_i' = \sum_j \bar{\Delta}_{ij}(\bar{x},t,t')d\bar{x}_j \tag{7.4-40}$$

위 식에 식 (7.4-38)과 (7.4-39)를 대입한 후 양변에 $\mathbf{P}^{-1}=\mathbf{P}^T$를 곱한 후 정리하면

$$dx' = \sum_j \sum_l \sum_m P_{mi}(t')\bar{\Delta}_{mn}(\bar{x},t,t')P_{nj}(t)dx_j \tag{7.4-41}$$

이 된다. 식 (7.4-10)에서 $dx' = \sum_j \Delta_{ij}(x,t,t')dx_j$와 비교하면

$$\bar{\Delta}_{ij}(\bar{x},t,t') = \sum_m \sum_n P_{im}(t')\Delta_{mn}(x,t,t')P_{jn}(t) \tag{7.4-42}$$

가 된다. 위 식에서 보면 $\mathbf{\Delta}$의 앞 뒤에서 곱하는 행렬을 계산하는 시간이 t'와 t로 다르므로 식 (7.1-10)을 따르지 않으며, 따라서 Δ_{ij}는 물질의 객관성을 만족하지 않는다. $E_{ij} = (\Delta^{-1})_{ij}$도 유사한 방법을 적용하면

$$\bar{E}_{ij}(\bar{x},t,t') = \sum_m \sum_n P_{im}(t)E_{mn}(x,t,t')P_{jn}(t') \tag{7.4-43}$$

가 되며, E_{ij}는 물질의 객관성을 만족하지 않는다.

코시 텐서 $\mathbf{C}$는 식 (7.4-15)를 이용하여 구하며, 물질의 객관성을 만족하는 것을 볼 수 있다(아래에서 $\sum_k P_{km}(t')P_{kr}(t') = \delta_{mr}$임을 이용).

$$\begin{aligned}\bar{C}_{ij} &= \bar{\mathbf{\Delta}}^T \cdot \bar{\mathbf{\Delta}} = \sum_k \bar{\Delta}_{ki}\bar{\Delta}_{kj} = \sum_k \sum_m \sum_n \sum_r \sum_s P_{km}(t')\Delta_{mn}P_{in}(t)P_{kr}(t')\Delta_{rs}P_{js}(t) \\ &= \sum_m \sum_n \sum_s P_{in}(t)\Delta_{mn}\Delta_{ms}P_{js}(t) = \sum_n \sum_s P_{in}(t)\left(\sum_m \Delta_{mn}\Delta_{ms}\right)P_{js}(t) \\ &= \sum_n \sum_s P_{in}(t)C_{ns}P_{js}(t)\end{aligned} \tag{7.4-44}$$

같은 방법으로 핑거 텐서 $\mathbf{B}$도 물질의 객관성을 만족한다.

$$\overline{B}_{ij} = \overline{\mathbf{E}} \cdot \overline{\mathbf{E}}^T = \sum_k \overline{E}_{ik} \overline{E}_{jk} = \sum_m \sum_n P_{im}(t) \left(\sum_k E_{mk} E_{nk} \right) P_{jn}(t) = \sum_m \sum_n P_{im}(t) B_{mn} P_{jn}(t)$$

(7.4-45)

C와 **B**가 객관적이므로 $\boldsymbol{\gamma}^{[0]} = \mathbf{C} - \boldsymbol{\delta}$와 $\boldsymbol{\gamma}_{[0]} = \boldsymbol{\delta} - \mathbf{B}$는 객관적임을 쉽게 알 수 있다.

$$\begin{aligned} \overline{\gamma}_{ij}^{[0]} &= \overline{C}_{ij} - \delta_{ij} = \sum_n \sum_s P_{in}(t) C_{ns} P_{js}(t) - \delta_{ij} \\ &= \sum_n \sum_s P_{in}(t) \left(C_{ns} - \delta_{ns} \right) P_{js}(t) = \sum_n \sum_s P_{in}(t) \gamma_{ns}^{[0]} P_{js}(t) \end{aligned} \tag{7.4-46}$$

$$\begin{aligned} \overline{\gamma}_{[0]ij} &= \delta_{ij} - \overline{B}_{ij} = \delta_{ij} - \sum_m \sum_n P_{im}(t) B_{mn} P_{jn}(t) \\ &= \sum_m \sum_n P_{im}(t) \left(\delta_{mn} - B_{mn} \right) P_{jn}(t) = \sum_m \sum_n P_{im}(t) \gamma_{[0]mn} P_{jn}(t) \end{aligned} \tag{7.4-47}$$

기저벡터와 역기저벡터의 성분으로 표시된 스트레스 $\boldsymbol{\tau}_{[0]}$와 $\boldsymbol{\tau}^{[0]}$도 식 (7.2-9)와 같이 물질의 객관성을 만족한다.

$$\overline{\tau}_{[0]ij} = \sum_m \sum_n P_{im}(t) \tau_{[0]mn} P_{jn}(t) \tag{7.4-48}$$

$$\overline{\tau}_{ij}^{[0]} = \sum_m \sum_n P_{im}(t) \tau_{mn}^{[0]} P_{jn}(t) \tag{7.4-49}$$

$\gamma_{ij}^{[0]}, \gamma_{[0]ij}, \tau_{ij}^{[0]}, \tau_{[0]ij}$의 t'에 대한 미분인 $\gamma_{ij}^{[1]}, \gamma_{[1]ij}, \tau_{ij}^{[1]}, \tau_{[1]ij}$은 식 (7.4-46)-(7.4-49)에서 P_{ij}가 t만의 함수 이므로 모두 물질의 객관성을 만족하게 된다. 예를 들어 $\gamma_{ij}^{[1]}$의 경우를 보면 $P_{ij}(t)$는 t'에 대해 상수이므로

$$\begin{aligned} \overline{\gamma}_{ij}^{[1]} &= \frac{\partial}{\partial t'} \overline{\gamma}_{ij}^{[0]}(\overline{x}, t, t') = \sum_m \sum_n P_{im}(t) \left(\frac{\partial}{\partial t'} \gamma_{mn}^{[0]}(x, t, t') \right) P_{jn}(t) \\ &= \sum_m \sum_n P_{im}(t) \gamma_{mn}^{[1]}(x, t, t') P_{jn}(t) \end{aligned} \tag{7.4-50}$$

으로 객관적이다. 한편 $t'=t$를 대입하면 $\gamma_{ij}^{(0)}$, $\gamma_{(0)ij}$, $\tau_{ij}^{(0)}$, $\tau_{(0)ij}$ 및 미분들도 모두 물질의 객관성을 만족함을 알 수 있다.

한편 **C**와 **B**에 회전 성분이 없는 점은 행렬의 극분해(polar decomposition) 정리를 이용하여도 알 수 있다. 극분해 정리에 의하면 det**F** (행렬식)가 0이 아닌 모든 2차원 텐서 **F**는 다음의

2가지 방법의 행렬의 곱으로 표시된다.

$$\mathbf{F} = \mathbf{P} \cdot \mathbf{U}, \quad \mathbf{F} = \mathbf{V} \cdot \mathbf{P} \tag{7.4-51}$$

위 식에서 **P**는 회전을 의미하는 직교행렬이고, **U**, **V**는 회전 성분이 없는 텐서(positive definite tensor)[10]이다. 따라서 $\mathbf{\Delta} = \mathbf{P} \cdot \mathbf{U}$라 하면

$$\mathbf{C} = \mathbf{\Delta}^T \cdot \mathbf{\Delta} = (\mathbf{P} \cdot \mathbf{U})^T \cdot (\mathbf{P} \cdot \mathbf{U}) = \mathbf{U}^T \cdot \mathbf{P}^T \cdot \mathbf{P} \cdot \mathbf{U} = \mathbf{U}^T \cdot \mathbf{I} \cdot \mathbf{U} = \mathbf{U}^T \cdot \mathbf{U} \tag{7.4-52}$$

가 되어 회전 성분 **P**가 없어진다. 같은 방법으로 **B**의 경우에는 $\mathbf{E} = \mathbf{V} \cdot \mathbf{P}$라 하면

$$\mathbf{B} = \mathbf{E} \cdot \mathbf{E}^T = (\mathbf{V} \cdot \mathbf{P}) \cdot (\mathbf{V} \cdot \mathbf{P})^T = \mathbf{V} \cdot \mathbf{P} \cdot \mathbf{P}^T \cdot \mathbf{V}^T = \mathbf{V} \cdot \mathbf{V}^T \tag{7.4-53}$$

가 되어 회전 성분이 없어진다. 이상의 결과에서 이들의 시간에 대한 미분도 회전 성분이 없을 것을 알 수 있다. 즉 $\gamma_{ij}^{[1]} = \partial C_{ij} / \partial t'$와 $\gamma_{[1]ij}$에도 회전 성분이 없다.

7.4.3 컨벡티드 좌표계에서의 구성방정식

앞에서 올드로이드가 제시한 방법대로 메트릭 텐서와 스트레스 텐서 간의 관계로 물질의 객관성을 만족하는 구성방정식의 원형을 컨벡티드 좌표계에서 구한 후 지금까지 유도한 대로 컨벡티드 좌표계와 고정 좌표계 간의 관계를 구하면 고정 좌표계에서 쓸 수 있는 구성방정식이 된다. 핑거 텐서 **B**와 코시 텐서 **C**도 물질의 객관성을 만족하므로 구성방정식에 쓸 수 있다. 구성방정식을 만드는 방법으로는 현재 시간에 고정 좌표계에서의 변형과 스트레스 및 이들의 미분을 대수적으로 결합하여 만드는 방법과, 과거 시간부터 현재 시간까지의 변형을 단일 혹은 중적분으로 표현하여 스트레스를 나타내는 방법이 있다. 어느 경우에나 마지막 식은 2차 텐서로 표시되어야 한다.

---

10 Positive definite 텐서 **A**는 대칭이며, 임의의 벡터 **u**에 대하여 $(\mathbf{A} \cdot \mathbf{u}) \cdot \mathbf{u} > 0$의 성질을 가진 텐서로 회전 성분이 없는 특징이 있다.

구성방정식을 만드는 방법에서 가장 먼저 생각할 수 있는 방법은 코로테이팅 좌표계에서 구성방정식을 만드는 것과 같이 선형점탄성 식의 변형과 스트레스 및 이들의 미분을 ( ) 혹은 [ ]로 표시한 변수로 대체하는 것이다. 이 경우에는 코배리언트 성분과 콘트라배리언트 성분의 2가지가 있으므로 하나의 선형 점탄성 식에 대하여 2가지 구성방정식이 나오게 된다. 예를 들어서 선형 점탄성 모델인 맥스웰 방정식의 경우 $\tau + \lambda\,\partial\tau/\partial t = \eta\dot{\gamma}$의 τ는 스트레스 텐서 $\boldsymbol{\tau}$로, $\partial\tau/\partial t$는 $\boldsymbol{\tau}^{(1)} = \overset{\Delta}{\boldsymbol{\tau}}$ 또는 $\boldsymbol{\tau}_{(1)} = \overset{\nabla}{\boldsymbol{\tau}}$로 대체하고 $\dot{\gamma}$는 $\boldsymbol{\gamma}^{(1)} = \boldsymbol{\gamma}_{(1)} = \nabla\mathbf{v} + (\nabla\mathbf{v})^T = 2\mathbf{D}$로 대체하면 다음 2 모델을 얻는다.

로어 컨벡티드 맥스웰 모델:

$$\boldsymbol{\tau} + \lambda\overset{\Delta}{\boldsymbol{\tau}} = \boldsymbol{\tau} + \lambda\left(\frac{\partial\boldsymbol{\tau}}{\partial t} + \mathbf{v}\cdot\nabla\boldsymbol{\tau} + (\nabla\mathbf{v})\cdot\boldsymbol{\tau} + \boldsymbol{\tau}\cdot(\nabla\mathbf{v})^T\right) = 2\eta\mathbf{D} \tag{7.4-54}$$

어퍼 컨벡티드 맥스웰 모델:

$$\boldsymbol{\tau} + \lambda\overset{\nabla}{\boldsymbol{\tau}} = \boldsymbol{\tau} + \lambda\left(\frac{\partial\boldsymbol{\tau}}{\partial t} + \mathbf{v}\cdot\nabla\boldsymbol{\tau} - (\nabla\mathbf{v})^T\cdot\boldsymbol{\tau} - \boldsymbol{\tau}\cdot(\nabla\mathbf{v})\right) = 2\eta\mathbf{D} \tag{7.4-55}$$

식 (4.3-20)의 제프리 모델 $\tau + \lambda_1\,\partial\tau/\partial t = \eta(\dot{\gamma} + \lambda_2\,\partial\dot{\gamma}/\partial t)$도 다음 두 모델이 된다.

올드로이드 A 모델: $\boldsymbol{\tau} + \lambda_1\overset{\Delta}{\boldsymbol{\tau}} = \eta(\boldsymbol{\gamma}^{(1)} + \lambda_2\boldsymbol{\gamma}^{(2)}) = 2\eta(\mathbf{D} + \lambda_2\overset{\Delta}{\mathbf{D}})$ (7.4-56)

올드로이드 B 모델: $\boldsymbol{\tau} + \lambda_1\overset{\nabla}{\boldsymbol{\tau}} = \eta(\boldsymbol{\gamma}_{(1)} + \lambda_2\boldsymbol{\gamma}_{(2)}) = 2\eta(\mathbf{D} + \lambda_2\overset{\nabla}{\mathbf{D}})$ (7.4-57)

한편 후키언 덤벨(Hookean dumbbell) 모델(제8장 참고)에 의한 묽은 고분자 용액의 해석 결과는 올드로이드 B 모델이 되어 구성방정식을 컨벡티드 좌표에서 구하는 방법의 이론적 타당성을 갖게 한다.

이상에서는 선형 점탄성 식을 기본으로 하여 구성방정식을 만드는 과정을 설명하였다. 다음에는 핑거 텐서 **B**를 이용하여 만드는 구성방정식에 대하여 생각하자. 고무와 같이 탄성을 가지고 있는 물질이 스트레스에 의하여 변형을 하면 스프링이

에너지를 저장하는 것과 같이 에너지를 저장하고 스트레스를 제거하면 에너지를 방출하면서 다시 제자리로 돌아온다. 이러한 변형이 부피가 변하지 않으면서 등온에서 이루어진다면 변형을 위해 가해 주어야 하는 일은 바로 헬름홀츠(Helmholtz) 자유에너지 A가 된다($dA = -pdV - SdT + d(work)$). 이 일이 시간 t'부터 t까지 동안 일어나고, 이 시간 동안 스트레스를 완화하지 않는다면 자유에너지 A는 변형에 따라 결정될 것이다. 변형은 변형 기울기(deformation gradient) E_{ij}로 표시할 수 있으므로 단위부피당 A는 $A(E_{ij})$로 쓸 수 있다. 다음으로 $A(E_{ij})$를 시간 t로 미분하면

$$\frac{dA}{dt} = \sum_j \sum_n \frac{\partial A}{\partial E_{jn}} \frac{\partial E_{jn}}{\partial t} \tag{7.4-58}$$

가 된다.

$$\frac{\partial E_{jn}}{\partial t} = \frac{\partial}{\partial t}\frac{\partial x_j}{\partial x'_n} = \frac{\partial}{\partial x'_n}\frac{\partial x_j}{\partial t} = \frac{\partial v_j}{\partial x'_n} = \sum_l \frac{\partial v_j}{\partial x_l}\frac{\partial x_l}{\partial x'_n} = \sum_l E_{\mathrm{ln}}\left(\nabla \mathbf{v}\right)_{lj} \tag{7.4-59}$$

이므로

$$\frac{dA}{dt} = \sum_j \sum_n \sum_l \frac{\partial A}{\partial E_{jn}} E_{\mathrm{ln}}\left(\nabla \mathbf{v}\right)_{lj} \tag{7.4-60}$$

가 된다. 한편 물질의 작은 표면 dS에 가해지는 스트레스에 의해 단위시간당 가해지는 일은 $\mathbf{n}\cdot\boldsymbol{\tau}\cdot\mathbf{v}\, dS$로 이를 전체 표면적으로 적분하면 $\int_S \mathbf{n}\cdot\boldsymbol{\tau}\cdot\mathbf{v}\, dS$이고, 다이버전스(divergence) 정리를 적용한 후 부분 적분하면

$$\int_V \nabla\cdot(\boldsymbol{\tau}\cdot\mathbf{v})\, dV = \int_V \boldsymbol{\tau} : \nabla\mathbf{v}\, dV + \int_V \mathbf{v}\cdot\nabla\cdot\boldsymbol{\tau}\, dV \tag{7.4-61}$$

가 되는데 오른쪽 식의 2번째 항은 스트레스에 의하여 움직일 때 필요한 일을 나타내므로 물질의 각 부분이 직접 에너지를 내부에 저장하는 것이 아니며, 첫 번째 항만이 탄성 에너지로 저장되는 항이다.[11] 따라서

$$\frac{dA}{dt} = \boldsymbol{\tau} : \nabla \mathbf{v} = \sum_i \sum_j \tau_{ij} \left(\nabla v \right)_{ij} \tag{7.4-62}$$

이므로 식 (7.4-60)과 (7.4-62)로부터

$$\tau_{ij} = \sum_n \frac{\partial A}{\partial E_{jn}} E_{in} \tag{7.4-63}$$

이 된다. 위 식에는 물론 압력항이 들어 있어야 하지만 비압축성 유체의 경우에는 큰 의미가 없어 생략하였다. 한편 변형에 의한 헬름홀츠 자유에너지 A는 고무와 같이 가교가 되어 있는 물질의 경우 다음 식으로 표현되는 것으로 알려져 있다(Doi, 1992)

$$A = \frac{1}{2} \nu k_B T \sum_i \sum_j E_{ij} E_{ij} + \text{constant} \tag{7.4-64}$$

위 식에서 ν는 단위부피당 가교 사이의 고분자 가닥(strand)의 수이다. 이 식을 식 (7.4-63)에 대입하면

$$\tau_{ij} = \nu k_B T \sum_n E_{in} E_{jn} \quad or \quad \boldsymbol{\tau} = \nu k_B T \, \mathbf{E} \cdot \mathbf{E}^T = G\mathbf{B} \tag{7.4-65}$$

를 얻는다. 이러한 구성방정식을 갖는 물질을 네오후크 고체(neo-Hookean solid)라고 부른다.

고체물질 중 헬름홀츠 자유에너지 A가 식 (7.4-64)와 다른 경우의 스트레스는 좀더 복잡하게 나타난다. 먼저 A는 스칼라 함수로서 변형의 함수이므로 이러한 조건을 만족하기 위해서는 변형을 나타내는 텐서의 불변값의 함수이어야 한다. 따라서 A는 핑거 텐서 $\mathbf{B}$의 불변값의 함수로 쓸 수 있으며, 비압축성 물질에 대하여 $III_{\mathbf{B}} = \det \mathbf{B} = 1$로 일정하므로 $I_{\mathbf{B}}$와 $II_{\mathbf{B}}$의 함수이다. 즉

11 $\boldsymbol{\tau} : \nabla \mathbf{v}$ 항은 점성 유체의 경우 내부 에너지의 한 형태인 열로 전환되는 항이지만 탄성물질의 경우에 이 항은 내부 에너지로 저장되는 항이다.

$$A = A(I_{\mathbf{B}}, II_{\mathbf{B}}) \tag{7.4-66}$$

가 되어 식 (7.4-63)에 대입한 후 정리하면[12]

$$\tau_{ij} = 2\frac{\partial A}{\partial I_{\mathbf{B}}}B_{ij} - 2\frac{\partial A}{\partial II_{\mathbf{B}}}C_{ij} \quad \text{or} \quad \boldsymbol{\tau} = 2\frac{\partial A}{\partial I_{\mathbf{B}}}\mathbf{B} - 2\frac{\partial A}{\partial II_{\mathbf{B}}}\mathbf{C} = 2\frac{\partial A}{\partial I_{\mathbf{B}}}\mathbf{B} - 2\frac{\partial A}{\partial II_{\mathbf{B}}}\mathbf{B}^{-1} \tag{7.4-67}$$

을 얻는다. 따라서 식 (7.4-64)는 위에서 $A = (1/2)\nu k_B T I_1$인 경우인 것을 볼 수 있다.

자유에너지 개념을 사용하지 않고 임의의 고체물질에 대해 다음과 같은 방법으로 물질의 객관성을 만족하는 텐서를 이용하여 스트레스와 변형 간의 관계에 대한 일반식을 구할 수도 있다. 일반적으로 고체물질의 스트레스는 **B**의 함수로 다음과 같이 쓸 수 있으며,

$$\boldsymbol{\tau} = f(\mathbf{B}) \tag{7.4-68}$$

변형이 없는 경우 **B**는 **I**가 되는 점을 고려하여 멱급수로 전개하면 다음과 같다.

$$\boldsymbol{\tau} = f_0\mathbf{I} + f_1\mathbf{B} + f_2\mathbf{B}^2 + f_3\mathbf{B}^3 + \cdots \tag{7.4-69}$$

위 식에서 f_i는 **B**의 불변값 $I_{\mathbf{B}}$, $II_{\mathbf{B}}$, $III_{\mathbf{B}}$의 스칼라 함수이다. 한편 해밀턴-케일리 정리(Hamilton-Caley theorem)에 의하면 고유방정식(eigenfunction)의 고유치 자리에 **B**를 대입하고 상수항에는 **I**를 대입하면 **0**이 된다.

$$\mathbf{B}^3 - I_{\mathbf{B}}\mathbf{B}^2 + II_{\mathbf{B}}\mathbf{B} - III_{\mathbf{B}}\mathbf{I} = \mathbf{0} \tag{7.4-70}$$

---

12 $\partial A/\partial E_{ij} = (\partial A/\partial I)(\partial I/\partial E_{ij}) + (\partial A/\partial II)(\partial II/\partial E_{ij})$이고 $\partial I/\partial E_{ij} = 2E_{ij}$, $\partial II/\partial E_{ij} = 2\Delta_{mn}(\partial\Delta_{mn}/\partial E_{ij})$, $\partial\Delta_{mp}/\partial E_{ij} = -\Delta_{mn}\Delta_{jp}$임을 이용한다.

따라서 $\mathbf{B}^n$, $n = 2, 3, \cdots$ 또는 $n = -1, -2, \cdots$은 모두 $\mathbf{I}$, $\mathbf{B}$, $\mathbf{B}^{-1}$의 조합으로 쓸 수 있으므로[13]

$$\boldsymbol{\tau} = g_0\mathbf{I} + g_1\mathbf{B} + g_2\mathbf{B}^{-1} \tag{7.4-71}$$

로 쓸 수 있다. 위 식에서 g_i는 $I_\mathbf{B}, II_\mathbf{B}, III_\mathbf{B}$ 의 스칼라 함수이다. 비압축성 물질의 경우 $III_\mathbf{B} = \det\mathbf{B} = 1$이며, $g_0\mathbf{I}$ 항은 전체 스트레스 텐서 $\mathbf{T}$의 압력의 항 p로 흡수시킬 수 있으므로 고체물질의 전체 스트레스는 일반적으로 다음과 같이 쓸 수 있다.

$$\mathbf{T} = -p\mathbf{I} + \boldsymbol{\tau} = -p\mathbf{I} + g_1(I_\mathbf{B}, II_\mathbf{B})\mathbf{B} + g_2(I_\mathbf{B}, II_\mathbf{B})\mathbf{B}^{-1} \tag{7.4-72}$$

위 식은 순수하게 수학적인 추론에 의한 결과이며 식 (7.4-67)과 같은 함수관계를 가지는 것을 볼 수 있다. 따라서 자유에너지 변화로부터 구한 식 (7.4-67)의 타당성을 잘 설명해 준다.

식 (7.4-67)을 이용하여 점탄성 물질의 구성방정식을 유도할 수도 있다. 제4장에서 선형 점탄성 특성을 완화 모듈러스를 이용하여 다음과 같이 표시하였다.

$$\sigma = \int_{-\infty}^{t} G(t-t')\,\dot{\gamma}\,dt' \tag{7.4-73}$$

위 식을 부분 적분하여 정리하면

$$\sigma = -\int_{-\infty}^{t} M(t-t')\,\gamma(t,t')\,dt' \tag{7.4-74}$$

가 된다. 위 식의 $M(t-t') = \partial G(t-t')/\partial t'$는 메모리 함수라고 부르며, 물질에 따라 달라진다. $G(t-t') = (\eta/\lambda)\exp((t-t')/\lambda)$인 맥스웰 모델의 경우에는

13 $\mathbf{B}^3 - I_\mathbf{B}\mathbf{B}^2 + II_\mathbf{B}\mathbf{B} - III_\mathbf{B}\mathbf{I} = \mathbf{0}$의 양변에 $\mathbf{B}^{-1}$을 곱하면 $\mathbf{B}^2 = I_\mathbf{B}\mathbf{B} - II_\mathbf{B}\mathbf{I} + III_\mathbf{B}\mathbf{B}^{-1}$이 되고 $\mathbf{B}^3 = I_\mathbf{B}\mathbf{B}^2 - II_\mathbf{B}\mathbf{B} + III_\mathbf{B}\mathbf{I} = I_\mathbf{B}(I_\mathbf{B}\mathbf{B} - II_\mathbf{B}\mathbf{I} + III_\mathbf{B}\mathbf{B}^{-1}) - II_\mathbf{B}\mathbf{B} + III_\mathbf{B}\mathbf{I}$이 되어 $\mathbf{I}$, $\mathbf{B}$, $\mathbf{B}^{-1}$의 조합으로 쓸 수 있다. 같은 방법으로 양변을 $\mathbf{B}$로 나누거나 곱하면서 정리하면 $\mathbf{B}^n$은 $\mathbf{I}$, $\mathbf{B}$, $\mathbf{B}^{-1}$ 의 조합으로 쓸 수 있다.

$$M(t-t') = \frac{\eta}{\lambda^2}\exp\left(-(t-t')/\lambda\right) \tag{7.4-75}$$

가 됨을 알 수 있다. 선형 점탄성 식 내의 시간에 대한 미분을 코로테이셔널 혹은 컨벡티드 미분으로 대체하여 물질의 객관성을 만족하는 구성방정식을 만드는 것과 같은 방법으로 적분형 선형 점탄성 식 내의 변형을 물질의 객관성을 만족하는 스트레스와 변형의 항으로 치환하여 구성방정식을 만들 수 있다. 먼저 식 (7.4-74)의 $\gamma(t,t')$를 스트레인 텐서로 치환하면

$$\boldsymbol{\tau} = -\int_{-\infty}^{t} M(t-t')\,\boldsymbol{\gamma}_{[0]}(t,t')\,dt' \tag{7.4-76}$$

가 되며 로지의 고무 같은 액체(Lodge rubberlike liquid) 모델이 된다. 위 식은 유체입자의 스트레스가 변형의 이력 $\boldsymbol{\gamma}_{[0]}(\mathbf{r},t,t')$의 펑셔널(functional: 함수의 함수, 즉 독립변수가 함수인 함수)일 때, 함수를 테일러 급수로 전개하는 것과 같이 펑셔널을 프레셰 급수(Frechet series)로 전개한 후 첫 번째 항만을 취하여 얻은 것이다. 좀더 자세한 내용은 버드(Bird, 1989)를 참고할 수 있다.

좀더 일반적인 경우를 보면 식 (7.4-74)는 다음과 같이 된다:

$$\boldsymbol{\tau} = \int_{-\infty}^{t} M(t-t')\left[2\frac{\partial A}{\partial I_{\mathbf{B}}}\mathbf{B} - 2\frac{\partial A}{\partial II_{\mathbf{B}}}\mathbf{B}^{-1}\right]dt' \tag{7.4-77}$$

또는 다음과 같은 형태로 쓸 수도 있다

$$\boldsymbol{\tau} = -\int_{-\infty}^{t} M(t-t')\left[2\frac{\partial A}{\partial I_{\mathbf{B}}}\boldsymbol{\gamma}_{[0]} + 2\frac{\partial A}{\partial II_{\mathbf{B}}}\boldsymbol{\gamma}^{[0]}\right]dt' \tag{7.4-78}$$

위 두 식에서 대각선 항이 다르게 보이지만 두 식은 실제로는 같은 식이다. 전체 스트레스를 쓸 때 대각선 항은 압력의 항으로 되기 때문이다. 위의 식은 BKZ 혹은 K-BKZ 모델이라 부른다. 대표적으로 분자구조론으로부터 얻은 고분자 용융체의 구성방정식인 도이-에드워즈(Doi-Edwards) 모델은 K-BKZ 모델 중의 하나이

다(제8장 참조).

예제 7-3. UCM 모델 유체의 단순 전단 유동

다음과 같은 미분형으로 표시된 어퍼 컨벡티드 맥스웰 유체의 단순 전단 유동을 생각하자. 단순 전단 유동의 속도 분포는 $v_x = \dot{\gamma}y,\ v_y = v_z = 0$으로 주어지며 $\nabla\mathbf{v}$및 $\dot{\boldsymbol{\gamma}}$는 식 (7.2-46)과 (7.2-47)에 나와 있다.

$$\boldsymbol{\tau} + \lambda\overset{\nabla}{\boldsymbol{\tau}} = \boldsymbol{\tau} + \lambda\left(\frac{\partial\boldsymbol{\tau}}{\partial t} + \mathbf{v}\cdot\nabla\boldsymbol{\tau} - (\nabla\mathbf{v})^T\cdot\boldsymbol{\tau} - \boldsymbol{\tau}\cdot(\nabla\mathbf{v})\right) = 2\eta_0\mathbf{D} = \eta_0\dot{\boldsymbol{\gamma}} \tag{7.4-79}$$

위 식에서 시간 t에 대한 미분은 정상상태에서는 0이고, $\mathbf{v}\cdot\nabla$ 항은 x방향으로 완전 전개류(fully developed flow)이므로 x방향의 미분이 0이고, $v_y = v_z = 0$이므로 $\mathbf{v}\cdot\nabla = v_x\frac{\partial}{\partial x} + v_y\frac{\partial}{\partial y} + v_z\frac{\partial}{\partial z} = 0$이 되어 없어진다. 따라서 식 (7.4-79)는 다음과 같이 쓸 수 있다.

$$\begin{bmatrix}\tau_{xx} & \tau_{xy} & \tau_{xz}\\ \tau_{yx} & \tau_{yy} & \tau_{yz}\\ \tau_{zx} & \tau_{zy} & \tau_{zz}\end{bmatrix} - \lambda\begin{bmatrix}0 & \dot{\gamma} & 0\\ 0 & 0 & 0\\ 0 & 0 & 0\end{bmatrix}\begin{bmatrix}\tau_{xx} & \tau_{xy} & \tau_{xz}\\ \tau_{yx} & \tau_{yy} & \tau_{yz}\\ \tau_{zx} & \tau_{zy} & \tau_{zz}\end{bmatrix}$$
$$-\lambda\begin{bmatrix}\tau_{xx} & \tau_{xy} & \tau_{xz}\\ \tau_{yx} & \tau_{yy} & \tau_{yz}\\ \tau_{zx} & \tau_{zy} & \tau_{zz}\end{bmatrix}\begin{bmatrix}0 & 0 & 0\\ \dot{\gamma} & 0 & 0\\ 0 & 0 & 0\end{bmatrix} = \eta_0\begin{bmatrix}0 & \dot{\gamma} & 0\\ \dot{\gamma} & 0 & 0\\ 0 & 0 & 0\end{bmatrix} \tag{7.4-80}$$

위 식을 성분별로 쓰면

$$\begin{aligned}&\tau_{xx} - 2\lambda\dot{\gamma}\tau_{xy} = 0; \quad \tau_{xy} - \eta_0\dot{\gamma} - \lambda\dot{\gamma}\tau_{yy} = 0;\\ &\tau_{xz} - \lambda\dot{\gamma}\tau_{yz} = 0; \quad \tau_{yy} = 0; \quad \tau_{yz} = 0; \quad \tau_{zz} = 0\end{aligned} \tag{7.4-81}$$

이 되어 $\tau_{xx} = 2\eta\lambda\dot{\gamma}^2;\quad \tau_{xy} = \eta_0\dot{\gamma}$이고 나머지 항은 모두 0이 된다. 따라서

$$\eta = \eta_0; \quad \Psi_1 = 2\eta_0\lambda; \quad \Psi_2 = 0 \tag{7.4-82}$$

이 된다. 이 값들은 식 (7.2-52)의 코로테이셔널 모델의 결과와는 정성적으로 다른 것을 볼 수 있다. 어퍼 컨벡티드 맥스웰 모델을 연장한 식 (7.4-57)의 올드로이드 B 모델의 경우 해석을 하면

$$\eta = \eta_0; \quad \Psi_1 = 2\eta_0(\lambda_1 - \lambda_2); \quad \Psi_2 = 0 \tag{7.4-83}$$

이 된다. 이 모델은 점도가 거의 일정하고 제1 수직 스트레스 차이가 (+)이고 제2 수직스트레스 차이가 무시할 정도로 작은 보거 유체(Boger fluid)와 비교적 잘 맞는 것으로 알려져 있다. 물론 실제 보거 유체는 점도가 약하게 시어 시닝하고, 수직 스트레스 차이는 매우 시어 시닝하기 때문에 넓은 영역에서 보면 잘 맞지 않는다. 모델 계산 결과와 물리적 현상이 차이는 다음 예제의 연신 유동에서는 더욱 문제가 되는 것을 볼 수 있다.

예제 7-4. UCM 모델 유체의 신장 유동

6.1절에서 유체를 x방향으로 늘이고, y,z방향으로 줄이는 단순 전단이 없는 유동에서는 다음과 같은 속도 분포를 갖는 것으로 정의하였다.

$$v_x = \dot{\varepsilon}x \quad v_y = -\dot{\varepsilon}y/2 \quad v_z = -\dot{\varepsilon}z/2 \tag{7.4-84}$$

따라서 속도 기울기와 변형률 텐서는 다음과 같다.

$$\nabla \mathbf{v} = (\nabla \mathbf{v})^T = \begin{bmatrix} \dot{\varepsilon} & 0 & 0 \\ 0 & -\dot{\varepsilon}/2 & 0 \\ 0 & 0 & -\dot{\varepsilon}/2 \end{bmatrix} \quad \dot{\boldsymbol{\gamma}} = \nabla \mathbf{v} + (\nabla \mathbf{v})^T = \begin{bmatrix} 2\dot{\varepsilon} & 0 & 0 \\ 0 & -\dot{\varepsilon} & 0 \\ 0 & 0 & -\dot{\varepsilon} \end{bmatrix} \tag{7.4-85}$$

이 경우 $\dot{\boldsymbol{\gamma}}$이 위치에 따라 일정하므로 스트레스도 위치에 따라 변하지 않고, 정상상태이므로 $\mathbf{v}\cdot\nabla$항과 시간에 대한 미분항은 0이 된다. 따라서 식 (7.4-79)의 UCM 모델식에 대입하면 다음과 같다.

$$\begin{bmatrix} \tau_{xx} & \tau_{xy} & \tau_{xz} \\ \tau_{yx} & \tau_{yy} & \tau_{yz} \\ \tau_{zx} & \tau_{zy} & \tau_{zz} \end{bmatrix} - \lambda \begin{bmatrix} \dot{\varepsilon} & 0 & 0 \\ 0 & -\dot{\varepsilon}/2 & 0 \\ 0 & 0 & -\dot{\varepsilon}/2 \end{bmatrix} \begin{bmatrix} \tau_{xx} & \tau_{xy} & \tau_{xz} \\ \tau_{yx} & \tau_{yy} & \tau_{yz} \\ \tau_{zx} & \tau_{zy} & \tau_{zz} \end{bmatrix}$$

$$-\lambda \begin{bmatrix} \tau_{xx} & \tau_{xy} & \tau_{xz} \\ \tau_{yx} & \tau_{yy} & \tau_{yz} \\ \tau_{zx} & \tau_{zy} & \tau_{zz} \end{bmatrix} \begin{bmatrix} \dot{\varepsilon} & 0 & 0 \\ 0 & -\dot{\varepsilon}/2 & 0 \\ 0 & 0 & -\dot{\varepsilon}/2 \end{bmatrix} = \eta_0 \begin{bmatrix} 2\dot{\varepsilon} & 0 & 0 \\ 0 & -\dot{\varepsilon} & 0 \\ 0 & 0 & -\dot{\varepsilon} \end{bmatrix} \tag{7.4-86}$$

위 식을 성분별로 정리하면 비대각항의 스트레스 성분은 모두 0이고, 대각항은 다음과 같다.

$$\tau_{xx} = \frac{2\eta_0\dot{\varepsilon}}{1-2\lambda\dot{\varepsilon}}, \quad \tau_{yy} = \tau_{zz} = \frac{-\eta_0\dot{\varepsilon}}{1+\lambda\dot{\varepsilon}} \tag{7.4-87}$$

따라서 신장 점도는

$$\eta_E = \frac{\tau_{xx}-\tau_{yy}}{\dot{\varepsilon}} = \frac{2\eta_0}{1-2\lambda\dot{\varepsilon}} + \frac{\eta_0}{1+\lambda\dot{\varepsilon}} \tag{7.4-88}$$

이 된다. 위 식을 보면 $\dot{\varepsilon} \to 0$에서는 $\eta_E \to 3\eta_0$가 되어 뉴턴성 유체의 특성을 보이지만 $\dot{\varepsilon} \to 1/2\lambda$에서는 발산한다. 이 상황에서는 고분자 물질의 경우 고분자가 완전히 늘어나게 되며, 이를 감김-풀림 전이(coil-stretch transition)라고 부른다. $\dot{\varepsilon} \geq 1/2\lambda$이면 이 식에 의한 η_E는 물리적인 의미가 없어지며, 실제로는 고분자의 사슬이 더 이상 늘어나지 않거나, 끊어지는 등 물리적으로는 감김-풀림 전이 전과는 전혀 다른 현상이 생길 수 있다.

예제 7-5. 고무의 변형과 스트레스

그림 7.5와 같이 간격 h의 두 평판 사이의 고무를 생각하고, 아래 판을 고정하고 위 판을 $+x$ 방향으로 L만큼 움직일 때 스트레스를 구하자. 고무의 구성방정식은 식 (7.4-65)을 사용한다. 먼저 변형 기울기(displacement gradient)를 구하기 위해서 변위 함수(displacement function)를 구하여야 한다. (x', y', z')로 표시되는 변형 전의

좌표는 변형 후 (x, y, z)가 되며, 다음과 같은 관계가 있다. 즉 변위함수는 다음과 같다.

$$\begin{aligned} x &= x' + (L/h)y' = x' + \gamma y' \\ y &= y' \\ z &= z' \end{aligned} \tag{7.4-89}$$

따라서 변형기울기 $\mathbf{E} = \partial x_i / \partial x'_j$와 핑거 텐서 $\mathbf{B} = \mathbf{E} \cdot \mathbf{E}^T$는 다음과 같다.

$$\mathbf{E} = \begin{bmatrix} 1 & \gamma & 0 \\ 0 & 1 & 0 \\ 0 & 0 & 1 \end{bmatrix}, \qquad \mathbf{B} = \begin{bmatrix} 1 & \gamma & 0 \\ 0 & 1 & 0 \\ 0 & 0 & 1 \end{bmatrix} \begin{bmatrix} 1 & 0 & 0 \\ \gamma & 1 & 0 \\ 0 & 0 & 1 \end{bmatrix} = \begin{bmatrix} 1+\gamma^2 & \gamma & 0 \\ \gamma & 1 & 0 \\ 0 & 0 & 1 \end{bmatrix} \tag{7.4-90}$$

구성방정식 $\boldsymbol{\tau} = G\mathbf{B}$로부터 $\boldsymbol{\tau}$의 각 성분을 쓰면

$$\tau_{xx} = G(1+\gamma^2); \quad \tau_{xy} = \tau_{yx} = G\gamma; \quad \tau_{yy} = \tau_{zz} = G \tag{7.4-91}$$

이고 나머지 성분은 모두 0이다. 위 식을 보면 전단 변형에 의하여 전단 스트레스가 생길 뿐만 아니라 수직 스트레스 τ_{xx}가 생기며, 이는 제1 수직 스트레스 차이 $\tau_{xx} - \tau_{yy} = G\gamma^2$로 나타난다. 따라서 같은 간격 h를 유지하기 위해서는 두 판을 단위면적당 $G\gamma^2$의 힘으로 눌러 주어야 한다. 이 사실은 실험적으로도 잘 알려져 있다 (Macosko, 1994).

예제 7-6. 로지의 고무 같은 유체의 계단형 전단 변형

적분형 식의 하나인 식 (7.4-76)에서 메모리 함수가 다음과 같은 로지의 고무 같은 유체로 표시되는 물질에 그림 7.5와 같은 스트레인이 시간 $t' = 0$에 순간적으로 가해지는 문제를 생각하자.

$$M(t-t') = (\eta / \lambda^2) e^{-(t-t')/\lambda} \tag{7.4-92}$$

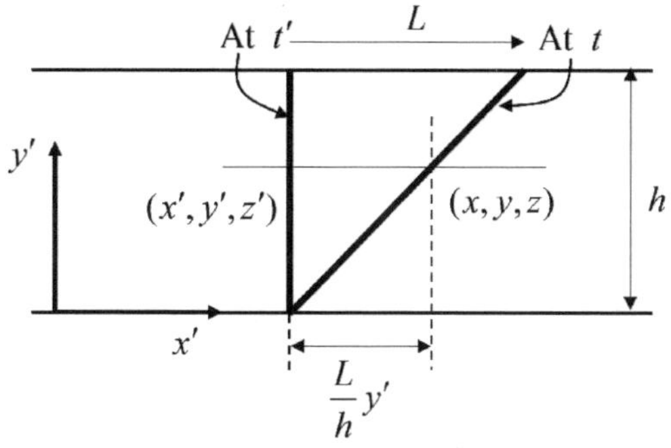

그림 7.5 단순 전단 변형. 변형 전 t'에 면에 직각이던 선은 변형 후 면에 기울어진 선이 되고, 좌표는 (x', y', z')가 (x, y, z)로 됨

식 (7.4-76)에서 적분 기호안의 $\boldsymbol{\gamma}_{[0]}(t,t') = \mathbf{I} - \mathbf{B}$를 구하기 위하여 먼저 핑거 텐서 $\mathbf{B}$를 보면 변형은 전단 변형만 있으므로 위 예제의 식 (7.4-90)과 같음을 알 수 있다. 물론 위 식의 γ는 현재 시간의 변형과 과거 시간의 변형의 차이인 $\gamma(t,t')$로 대체하여야 한다. 즉 다음과 같이 된다.

$$\boldsymbol{\gamma}_{[0]}(t,t') = \mathbf{I} - \mathbf{B} = \begin{bmatrix} -(\gamma(t,t'))^2 & -\gamma(t,t') & 0 \\ -\gamma(t,t') & 0 & 0 \\ 0 & 0 & 0 \end{bmatrix} \tag{7.4-93}$$

$\gamma(t,t')$는 다음과 같이 구할 수 있다. 변형이 가해진 시간이 $t'=0$이고 현재시간 t에서의 변형이 γ_0이면 시간 $t'=0$과 $t'=t$ 사이에서는 변형이 일어나지 않고 일정한 값 γ_0를 유지하고 있으므로 $\gamma(t,t')=0,\ t'>0$이 된다. $-\infty < t' < 0$에서는 변형이 없었으므로 현재 시간에서의 변형과의 차이는 $\gamma(t,t') = \gamma_0,\ t' < 0$이 된다. 식 (7.4-76)에 식 (7.4-92)의 메모리 함수와 식 (7.4-93)의 상대 변형(relative strain) 텐서를 넣어 적분을 계산하면

$$\tau_{xx} = \int_{-\infty}^{0} \frac{\eta}{\lambda^2} e^{-(t-t')/\lambda} \gamma_0^2 dt' = \frac{\eta}{\lambda} \gamma_0^2 e^{-t/\lambda}$$

$$\tau_{xy} = \tau_{yx} = \int_{-\infty}^{0} \frac{\eta}{\lambda^2} e^{-(t-t')/\lambda} \gamma_0 dt' = \frac{\eta}{\lambda} \gamma_0 e^{-t/\lambda} \tag{7.4-94}$$

이고 나머지 성분은 모두 0이 된다. 이 물질은 변형이 가해지는 순간에는

$$\tau_{yx} = (\eta / \lambda)\gamma_0 = G\gamma_0, \quad \tau_{xx} = (\eta / \lambda)\gamma_0^2 = G\gamma_0^2 \tag{7.4-95}$$

의 스트레스를 나타내지만 시간이 지나면 이러한 스트레스는 지수적으로 감소한다.

예제 7-7. 2차 유체(Second order fluid, SOF)의 단순 전단 유동

비뉴턴성 유체 중 변형률이 충분히 작을 때는 뉴턴성 유체의 성질과 크게 차이가 없는 유체가 있을 수 있다. 이 경우에는 비뉴턴성 유체의 구성방정식을 구성하는 항들을 뉴턴성 유체의 성질과 유사하다고 가정하여 멱급수로 전개하여 쓰는 방법이 있다. 이는 테일러 급수로 함수를 전개하는 것과 같은 개념이다. 스트레스는 다음과 같이 전개되는데 이 중 2차항까지만 사용하는 경우 2차 유체, 3차항까지 사용하는 경우 3차 유체라고 부른다. 특히 2차 유체는 다음에 보인 바와 같이 점도, 제1 및 제2 수직 스트레스 차이를 잘 표현할 수 있어 유용하다.

$$\begin{aligned}\boldsymbol{\tau} &= \left[b_1\boldsymbol{\gamma}_{(1)} + b_2\boldsymbol{\gamma}_{(2)} + b_{11}\left\{\boldsymbol{\gamma}_{(1)}\cdot\boldsymbol{\gamma}_{(1)}\right\}\right] \\ &+\left[b_3\boldsymbol{\gamma}_{(3)} + b_{12}\left\{\boldsymbol{\gamma}_{(1)}\cdot\boldsymbol{\gamma}_{(2)} + \boldsymbol{\gamma}_{(2)}\cdot\boldsymbol{\gamma}_{(1)}\right\} + b_{1:11}(\boldsymbol{\gamma}_{(1)}:\boldsymbol{\gamma}_{(1)})\boldsymbol{\gamma}_{(1)}\right] + \cdots\end{aligned} \tag{7.4-96}$$

위 식의 첫 번째 [ ] 안의 항까지 포함할 때가 2차 유체(2nd order fluid, SOF)가 되며, 특히 이 중 첫 번째 항까지 쓰는 경우에는 뉴턴성 유체가 된다. 2번째 [ ]까지 쓰면 3차 유체(3rd order fluid)라 부른다. 단순 전단 유동의 경우

$$\dot{\boldsymbol{\gamma}}_{(1)} = \nabla\mathbf{v} + (\nabla\mathbf{v})^T = \begin{bmatrix} 0 & \dot{\gamma} & 0 \\ \dot{\gamma} & 0 & 0 \\ 0 & 0 & 0 \end{bmatrix}, \quad \dot{\boldsymbol{\gamma}}_{(1)}\cdot\dot{\boldsymbol{\gamma}}_{(1)} = \begin{bmatrix} \dot{\gamma}^2 & 0 & 0 \\ 0 & \dot{\gamma}^2 & 0 \\ 0 & 0 & 0 \end{bmatrix}$$

$$\begin{aligned}\boldsymbol{\gamma}_{(2)} &= \frac{D\boldsymbol{\gamma}_{(1)}}{Dt} - \left\{\nabla\mathbf{v}\cdot\boldsymbol{\gamma}_{(1)} + \boldsymbol{\gamma}_{(1)}\cdot(\nabla\mathbf{v})^T\right\} \\ &= -\begin{bmatrix} 0 & \dot{\gamma} & 0 \\ 0 & 0 & 0 \\ 0 & 0 & 0 \end{bmatrix}\begin{bmatrix} 0 & \dot{\gamma} & 0 \\ \dot{\gamma} & 0 & 0 \\ 0 & 0 & 0 \end{bmatrix} - \begin{bmatrix} 0 & \dot{\gamma} & 0 \\ \dot{\gamma} & 0 & 0 \\ 0 & 0 & 0 \end{bmatrix}\begin{bmatrix} 0 & \dot{\gamma} & 0 \\ \dot{\gamma} & 0 & 0 \\ 0 & 0 & 0 \end{bmatrix} = -2\begin{bmatrix} \dot{\gamma}^2 & 0 & 0 \\ 0 & 0 & 0 \\ 0 & 0 & 0 \end{bmatrix}\end{aligned}$$

이므로 스트레스를 성분별로 쓰면 다음과 같다.

$$\tau_{xx} = (-2b_2 + b_{11})\dot{\gamma}^2; \quad \tau_{xy} = \tau_{yx} = b_1\dot{\gamma}; \quad \tau_{yy} = b_{11}\dot{\gamma}^2 \tag{7.4-97}$$

따라서

$$\eta = b_1, \quad \Psi_1 = -2b_2, \quad \Psi_2 = b_{11} \tag{7.4-98}$$

가 되어 스트레스를 변형률의 양(explicit) 함수로 표시할 수 있으며, 점도와 2가지 수직 스트레스 차이 계수를 모두 포함하는 구성방정식이 된다. SOF는 기본 가정에서부터 뉴턴성 유체로부터 많이 벗어나지 않는 상황에서만 사용할 수 있는 구성방정식임을 다시 한번 주의할 필요가 있다.

SOF는 관성이 없는 2차원의 평면 유동의 경우 유동장이 $\Psi_1 = \Psi_2 = 0$인 경우와 동일하다. 이를 태너 정리(Tanner, 1966)라고 부르며 여러 논문에서 사용되고 있다(Han and Kim, 2014; Mendelsohn et al., 1982 등).

지금까지 이 장에서는 구성방정식이 어떠한 함수 형태로 표현되어야 하는가에 대한 기본적인 내용에 대하여 주로 다루었다. 실제 물질에 맞는 구성방정식은 물질에 따라 다르기 때문에 연속체 역학의 개념만으로는 만들 수 없으며, 물질의 유변학적 거동에 대한 깊은 이해가 필요하다. 또한 막대형 입자가 분산된 현탁액 같은 경우에는 막대의 방향을 나타내는 벡터가 구성방정식에 포함되기도 하여 지금까지 다룬 내용만으로는 이러한 물질의 거동을 표현할 수 없다. 지금까지 발표된 구성방정식은 대부분 고분자 용액이나 용융체의 구성방정식에 관한 것이 대부분이다. 이러한 구성방정식은 크게 적분형과 미분형으로 나누어지는데 적분형으로는 식 (7.4-77)로 표시되는 K-BKZ 모델에서 서로 다른 함수 형태의 A를 사용하는 바그너(Wagner) 모델, 도이-에드워즈 모델, 큐리(Curie) 모델 등이 있으며, 미분형으로는 맥스웰, 올드로이드 A, B, 기세쿠스(Giesekus), 라슨(Larson), 레오노프(Leonov), 존슨-제겔만(Johnson-Segelman), 팬티엔-태너(Phan Thien-Tanner) 모델 등이 있다. 각각의 모델은 대부분 특정 유동 형태에서는 잘 맞지만 다른 유동 형태에서는 잘 맞지 않는 경우가 대부분이다. 가장 간단한 단순 전단 유동에서 N_1만 있고 N_2는 나타나지 않는 모델도 많이 있다. 특히 3차원 유동을 수치 모사하는 경우에는 많은 수치 해석의 문제와 함께 물리적인 유동 형태와 잘 맞지 않는다. 따라서 현재로서는 해석하고자 하는 문제에 따라 적합한 구성방정식을 선택하여야 하는 수밖에 없다. 그러나 분자 모델링의 발전과 함께 구성방정식은 좀더 정교하게 만들어져 왔으며, 앞으로도 발전해 갈 것이다.

참고 문헌

Bird RB, RC Armstrong and O Hassager, 1977, Dynamics of Polymeric Liquids. Vol 1. Fluid Mechanics, John Wiley, New York

Bird RB, RC Armstrong and O Hassager, 1987, Dynamics of Polymeric Liquids. Vol 1. Fluid Mechanics, 2nd ed., John Wiley, New York

Bird RB, CF Curtiss, RC Armstrong and O Hassager, 1987, Dynamics of Polymeric Liquids. Vol 2. Kinetic Theory, 2nd ed., John Wiley, New York

Bird RB, WE Stewart and EN Lightfoot, 2002, Transport Phenomena, 2nd ed., Wiley, New York

Doi M, 1995, Introduction to Polymer Physics, Oxford Univ. Press, New York

Doi M and SF Edwards, 1986, The Theory of Polymer Dynamics, Oxford Univ. Press, New York

Han J and C Kim, 2014, "Theoretical and experimental studies on the contact line motion of second-order fluid," *Rheol. Acta* **53**, 55-66

Larson RG, 1988, Constitutive Equations for Polymer Melts and Solutions, Butterworths, Boston

Macosko CW, 1994, Rheology. Principles, Measurements, and Applications, VCH, New York

Mendelson MA, PW Yeh, RA Brown and RC Armstrong, 1982, "Approximation error in finite-element calculation of viscoelastic fluid-flows," *J. Non-Newt. Fluid Mech.* **10**, 31-54

Morrison FA, 2001, Understanding Rheology, Oxford Univ. Press, New York

Oldroyd JG, 1950a, "On the formulation of rheological equations of state," *Proc. Roy. Soc. Lond. A* **200**, 523-541

Oldroyd JG, 1950b, "Finite strains in an anisotropic elastic continuum," *Proc. Roy. Soc. Lond. A* **202**, 342-358

Oldroyd JG, 1984, "An approach to non-Newtonian fluid mechanics," *J. Non-Newt. Fluid Mech.* **14**, 9-46

Schowalter WR, 1978, Mechanics of Non-Newtonian Fluids, Pergamon Press, Oxford

Tanner RI, 1966, "Plane creeping flows of incompressible second-order fluids," *Phys. Fluids* **9**, 1246-1247

제8장

고분자 유변학

고분자는 금속, 세라믹과 함께 가장 널리 쓰이는 재료의 종류의 하나로서 기계, 전자, 건축, 농업용 재료 및 생활용품 등 다양한 분야에서 사용되고 있다. 고분자는 또한 식품, 의약품, 윤활유와 같은 여러 종류의 오일 및 각종 용매 등의 첨가제로서 사용되기도 한다. 고분자 구조재료의 모듈러스(modulus), 인장강도(tensile strength) 및 파단 신율(elongation at break) 등과 같은 기계적 물성과 점도, 완화(relaxation) 모듈러스 등과 같은 유변 물성(rheological properties)은 고분자 수지의 분자량, 분자량 분포, 짧은 가지(short chain branch, SCB) 및 긴 가지(long chain branch, LCB) 구조 등의 분자구조에 따라 변화하므로(Dealy and Larson, 2005) 원하는 성능의 고분자 제품을 만들기 위해서는 고분자의 분자구조와 물성 간의 관계를 이해하는 것이 필수적이다. 특히 고분자 제품의 성형에는 제품의 형태에 따라서 압출, 사출, 코팅, 필름 블로잉(blowing) 등 여러 가지 가공 공정이 사용되기 때문에 가공 공정에 큰 영향을 주는 유변 물성과 고분자의 분자구조와의 상관성을 이해하는 것은 최적의 성능을 갖는 고분자 소재의 개발에 매우 중요하다(Dealy and Wissbrun, 1990). 현재 일부 고분자에 대해서는 고분자 중합 공정에서 적절한 촉매를 사용하여 분자구조를 조절함으로써 고분자 가공 공정에 필요한 유변 물성을 갖는 제품을 설계할 수 있으며, 역으로 가공 공정에 필요한 유변 물성을 구현하기 위하여 촉매 특성을 변화시켜 고분자의 분자 구조를 조절할 수도 있다. 최근 분자 구조를 바탕으로 유변 물성을 예측하는 분자 이론들의 발전으로 유변 물성에 대한 정량적인 모델링이 가능해져 고분자의 분자구조와 고분자 합성, 유변 물성 및 가공 공정의 상관 관계에 대한 이해의 폭도 넓어지고 있다.

이 장에서는 먼저 고분자의 유변학적 물성을 결정하는 중요한 요소인 고분자의 구조와 분자량에 대하여 설명하고, 고분자 용융체(melt)와 고분자 용액의 유변 물성에 대하여 다루었다. 고분자 용융체의 유변학적 특성을 설명하는 분자 이론을 여러 가지 구조를 갖는 고분자에 대하여 사행운동(reptation) 이론을 중심으로 설명하였다. 고분자 용액의 경우에는 대표적인 비드-스프링(bead-spring) 모델에 대하여 다루었다. 유변학적 물성으로부터 고분자의 구조를 예측하는 방법의 예를 설명하고, 유변학과 고분자 가공 공정 간의 관계에 대해서도 설명하였다. 고분자가 젤로 되는 과정의 유변학에 대해서 다루었고, 사행운동이 중요한 역할을 하지만 길이가 시간에 따라 변하는 계면활성제의 막대형 마이셀(micelle)과 같은 활동성 고분자(living polymer)의 유변학적 특성에 대해서 다루었다. 마지막으로는 고분자 용융체의 벽면 미끄러짐(wall slip)현상에 대하여 다루었다.

8.1 고분자 구조와 크기

고분자는 유연한 사슬로 연결되어 있어 사슬이 단일 결합인 경우 결합 주위로 회전이 가능하므로 열에너지로 인한 원자의 브라운 운동(Brownian motion)으로 여러 가지 입체 형태(conformation)를 가질 수 있고, 입체 형태가 다르면 크기도 달라진다. 일반적으로 고분자의 분자량이 커지면 크기가 커진다. 또한 고분자의 크기는 고분자가 용액 상태일 때와 용융체 상태에서 다를 수 있다.

고분자의 분자량이 충분히 크고, 서로 다른 고분자 사슬의 부분이 동일한 공간을 차지할 수 있으며(phantom chain), 외부에서 외력이 작용하지 않는 비섭동 상태(unperturbed state)를 가정하면 고분자 사슬의 크기를 자유연결 사슬(freely-jointed chain) 모형을 이용하여 해석할 수 있다. 다음에는 양 끝을 제외하고는 $-CH_2$가 연속적으로 연결된 폴리에틸렌(polyethylene)을 대상으로 설명을 하지만 다른 고분자의 경우도 동일한 방법으로 해석할 수 있다. 먼저 고분자 사슬을 일자로 쭉 폈쳤을 때의 길이인 사슬 길이(contour length)를 정의할 수 있다. 고분자를 구성하는 기본 단위인 $-CH_2$의 개수를 n, 탄소와 탄소 간의 결합 길이를 l이라고 하면, 사슬 길이(L)는 다음과 같이 정의할 수 있다.

$$L = nl \tag{8.1-1}$$

사슬 길이는 고분자가 가질 수 있는 여러 가지 입체 형태 중에 특수한 경우의 길이이므로 다양한 입체 형태를 대표하는 양으로는 적절하지 않다. 따라서 고분자 주쇄(backbone) 내 탄소 원자 간의 결합 길이, 결합 각 및 용매와의 상호 작용을 고려하여 다양한 방법으로 크기를 정의하여 사용한다.

8.1.1 고분자의 사슬의 말단 간 거리

고분자의 크기를 나타내는 척도로 가장 널리 사용되는 것이 그림 8.1에 나타낸 바와 같은 고분자의 말단 간 거리(end-to-end distance)이다. 고분자의 말단 간 거리는 고분자의 한쪽 끝을 기준으로 다른 쪽 끝의 위치까지의 거리를 나타낸다. 말단 간 거리 벡터 $\mathbf{r}$은 다음과 같이 한 분자의 중심에서 바로 다음에 이웃하는 분자의 중심으로 가는 결합 벡터 $\mathbf{l}_i$의 합으로 나타낼 수 있다.

$$\mathbf{r} = \sum_{i=1}^{n} \mathbf{l}_i \tag{8.1-2}$$

자유연결 사슬의 경우 결합각 및 회전에 대한 제약이 없어 각각의 결합의 위치를 임의적으로 취할 수 있기 때문에 여러 입체 형태를 취할 수 있고(이러한 구조를 랜덤 코일[random coil]이라고 한다), 브라운 운동에 의하여 입체 형태가 시간에 따라서도 수시로 바뀌기 때문에 말단 간 거리는 평균적인 값만이 의미가 있다. 그러나 벡터 $\mathbf{r}$의 평균값은 결합각의 자유로운 회전 때문에 결과적으로 0이 되어 물리적인 의미

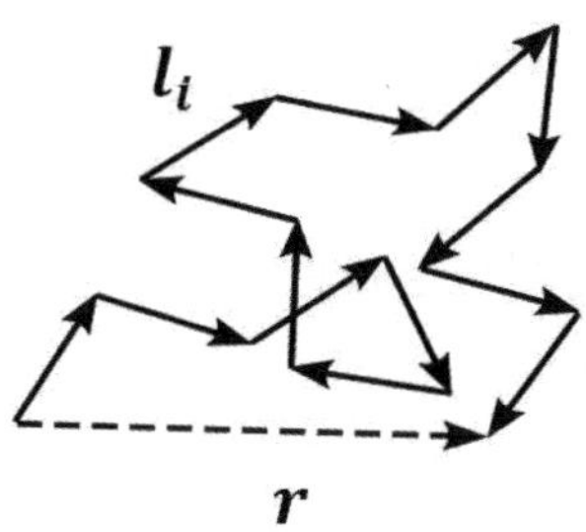

그림 8.1 고분자 사슬의 말단 간 거리

가 없다. 따라서 말단 간 거리 제곱의 평균값의 제곱근($\sqrt{\overline{r^2}}$: root mean square end-to-end distance)을 사용하여 다음과 같이 고분자 사슬의 평균 말단 간 거리를 정의한다.

$$\overline{r^2} = \overline{\mathbf{r} \cdot \mathbf{r}} = \overline{\sum_{i=1}^{n} \sum_{j=1}^{n} \mathbf{l}_i \cdot \mathbf{l}_j} \tag{8.1-3}$$

위 식에서 –(overbar)는 평균을 의미한다. 자유연결 사슬에서는 결합 벡터가 독립적으로 방향을 취할 수 있기 때문에, 즉 결합 벡터 사이의 상관성(correlation)이 없기 때문에 $i \neq j$인 경우 $\overline{\mathbf{l}_i \cdot \mathbf{l}_j} = 0$이고, $i = j$인 경우 $\overline{\mathbf{l}_i \cdot \mathbf{l}_i} = l^2$이므로 다음과 같이 말단 간 거리 제곱의 평균값이 얻어진다.

$$\overline{r^2} = \overline{\sum_{i=1}^{n} \sum_{j=1}^{n} \mathbf{l}_i \cdot \mathbf{l}_j} = nl^2 \tag{8.1-4}$$

말단 간 거리 제곱의 평균값은 말단 간 거리의 분포 함수(end-to-end distribution function)를 이용하여 해석할 수도 있다. 그림 8.2a와 같이 말단의 한쪽 끝이 공간좌표의 원점에 있다고 할 때 벡터 **r**이 어떤 점(x, y, z) 주위의 미소 부피 $dV = dx\, dy\, dz$에 존재할 확률은 다음과 같은 방법으로 구한다. 먼저 그림 8.2b와 같이 공간상에서 길이 l을 갖는 선분의 한쪽 끝이 원점에 있고 임의 방향을 갖고 있을 때를 생각하자. 이 선분이 z축과 이루는 각도를 θ라 하면 이 선분의 끝이 θ와 $\theta + d\theta$, ϕ와 $\phi + d\phi$ 사이에 있을 확률 $p(\theta, \phi)d\theta d\phi$는 전체 구의 면적 중 미소 사각형의 면적에 비례하므로 다음과 같다.

$$p(\theta,\phi)\, d\theta\, d\phi = \frac{1}{4\pi} \sin\theta\, d\theta\, d\phi \tag{8.1-5}$$

이 선분의 x좌표는 $l\sin\theta\cos\phi$이므로 x좌표의 평균값 $\overline{l_x}$는 다음과 같이 0이 된다.

$$\overline{l_x} = \int_0^{\pi} \int_0^{2\pi} l \sin\theta \cos\phi\, p(\theta,\phi)\, d\theta\, d\phi = 0 \tag{8.1-6}$$

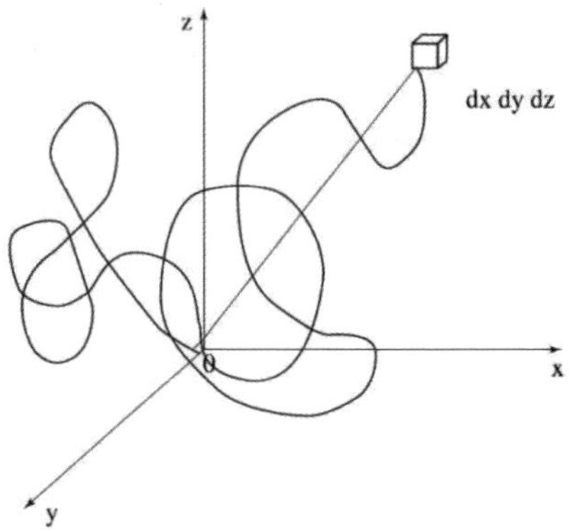

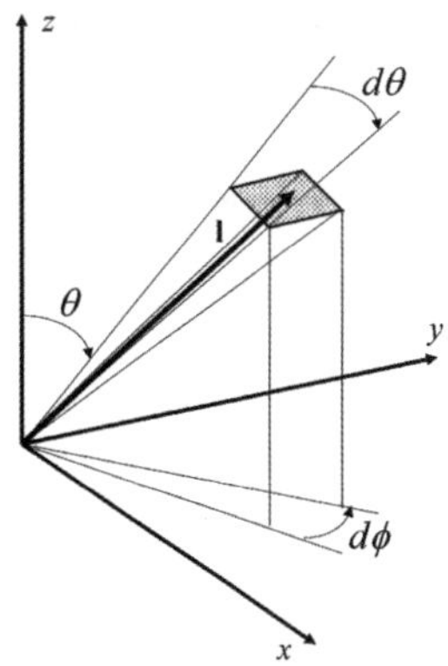

그림 8.2 (a) 한쪽 끝이 원점인 고분자 사슬의 다른 끝이 위치 r 주변의 미소 부피 $dx\ dy\ dz$에 존재하는 상황 (b) 길이가 l 인 선분의 한쪽 끝이 원점에 있을 때 다른 끝의 위치를 나타내는 좌표 관계

한편 l_x의 제곱의 평균은

$$\overline{l_x^2} = \int_0^{\pi}\int_0^{2\pi}(l\sin\theta\cos\phi)^2\, p(\theta,\phi)d\theta\, d\phi = \frac{l^2}{3} \tag{8.1-7}$$

이 되며, l_x의 제곱의 평균값의 제곱근 값은 $\sqrt{\overline{l_x^2}} = l/\sqrt{3}$이 된다. 다음으로 길이 $\sqrt{\overline{l_x^2}}$을 갖는 선분이 원점에서 x축을 따라 선분의 길이만큼 왼쪽 또는 오른쪽으로 임의로 움직이는 임의 보행(random walk)을 한다고 할 때 선분의 끝의 위치는 이항분포를 가지며, 보행의 수 n이 충분히 커지면 이항분포는 정규분포(Gaussian distribution)가 되므로 선분의 끝이 x와 $x + dx$ 사이에 위치할 확률 $w(x)dx$는 다음과 같이 된다:

$$w(x)dx = \frac{\beta}{\pi^{1/2}}e^{-\beta^2x^2}dx, \quad \beta = \sqrt{3/2}\,/\,(n^{1/2}l) \tag{8.1-8}$$

선분은 임의의 방향을 갖는 것으로 가정하였으므로 y, z 방향으로도 독립적인 분포를 갖게 되어 좌표 (x, y, z)를 중심으로 부피 $dxdydz$ 안에 끝이 존재할 확률은 각 방향의 확률의 곱으로 표시된다. 즉

$$W(x,y,z)dxdydz = w(x)w(y)w(z)dxdydz = (\beta/\pi^{1/2})^3 e^{-(x^2+y^2+z^2)}dxdydz \tag{8.1-9}$$

이 된다. 이 함수를 방사상 분포함수(radial distribution function)로 변환하여 사슬의 한쪽 끝이 길이 r과 $r + dr$ 사이에 있을 확률로 계산하기 위하여 $x^2 + y^2 + z^2 = r^2$, 부피 요소는 (반경 r, 두께 dr의 부피요소) $4\pi r^2 dr$로 대체하여 쓰면 다음과 같으며, 이러한 분포를 갖는 사슬을 가우스 사슬(Gaussian chain)이라고 부른다.

$$W(r)4\pi r^2 dr = \left(\frac{\beta}{\sqrt{\pi}}\right)^3 \exp(-\beta^2 r^2)4\pi r^2 dr \tag{8.1-10}$$

방사상 분포함수를 이용하여 말단 간 거리 제곱의 평균값을 다음과 같이 계산할 수 있다.

$$\overline{r^2} = \int_0^\infty r^2 W(r)4\pi r^2 dr = nl^2 = \frac{3}{2\beta^2} \tag{8.1-11}$$

즉, 식 (8.1-4)에서 계산한 값과 동일한 결과가 얻어진다. 이 식은 고분자 사슬 끝이 임의의 방향으로 길이 l인 움직임을 n번 할 때 원점으로부터의 거리 제곱의 평균값이 nl^2이라는 의미가 된다.

식 (8.1-10)의 말단 간 거리 분포로부터 고분자 사슬이 늘어날 때의 탄성력을 구할 수 있다. $W(r)$은 말단 간 거리가 0부터 ∞(실제로는 사슬이 완전히 늘어난 길이 nl) 사이에 있을 수 있는 모든 경우의 수 중에서 말단 간 거리가 r이 될 확률이다. 말단 간 거리가 r이 되는 방법의 가지 수를 $\Omega(r)$이라고 하면 $W(r)$은 전체 가지 수의 총합 $\sum_r \Omega(r) = C$(상수) 중 말단 간 거리가 r이 될 확률이 된다. 즉

$$W(r) = \Omega(r)/C \tag{8.1-12}$$

가 되어 말단 간 거리가 r이 되는 방법의 가지 수 $\Omega(r)$은 $W(r)$에 비례함을 알 수 있다.

다음으로 고분자 사슬을 늘이는 문제를 생각하자. 고분자 사슬을 늘이려면 일(work)을 가해 주어야 한다. 이 과정이 등온, 등압에서 일어나는 경우에 공급해 주어야 하는 일은 깁스(Gibbs) 자유에너지 $G = H - TS$가 되며(H는 엔탈피, T는 온도, S는

엔트로피를 나타낸다), 길이를 늘이기 위해 가해 주어야 하는 힘은 일을 거리로 미분하여 얻을 수 있다. H가 일정한 이상적인 상황에서는(이를 이상 탄성[ideal elasticity]이라고 한다)

$$f = \left(\frac{\partial G}{\partial r}\right)_{T,p} = -T\left(\frac{\partial S}{\partial r}\right)_{T,p} \tag{8.1-13}$$

이 된다. 볼츠만(Boltzmann)의 열역학 제3법칙에 의하면

$$S = k \ln \Omega \tag{8.1-14}$$

이므로, 식 (8.1-13)에 식 (8.1-12)와 (8.1-14)를 대입하면

$$f = 2kT\beta^2 r \tag{8.1-15}$$

을 얻는다. 즉 가우스 사슬을 늘이려면 길이 r에 비례하는 힘이 필요하다. 이러한 힘이 제거되면 사슬은 더 감긴 평형상태로 변하게 된다. 즉 고분자 사슬은 늘이면 제자리로 돌아가려는 탄성을 갖고 있다. 이러한 탄성은 힘에 의하여 사슬이 늘어나 r이 커지면 엔트로피가 감소하였다가(식 (8.1-10)에서 $W(r)$은 단조 감소함수이다) 힘이 제거되면서 r이 감소하면 다시 엔트로피가 증가하는 방향으로 돌아가려는 경향에 의하여 생성되므로 엔트로피 탄성이라 부른다.

고무를 단위부피당 n개의 가우스 사슬로 이루어진 망상구조(network)로 가정하고, 부피가 일정한 점을 고려하면 고무를 잡아당기는 데 필요한 단위면적당 힘 τ는 다음과 같다(Flory, 1953).

$$\tau = nRT\left(\alpha - \frac{1}{\alpha^2}\right) \tag{8.1-16}$$

위 식에서 $\alpha = L/L_0$, 즉 변형 후 길이 L을 변형 전 길이 L_0로 나눈 값이며,

$$G = nkT \tag{8.1-17}$$

는 모듈러스(modulus)이다.

8.1.2 고분자 사슬의 회전반경

SCB(short chain branch)나 LCB(long chain branch)가 포함된 고분자의 경우에는 말단 간 거리를 정의하는 것이 어렵기 때문에 고분자의 질량 요소들이 무게 중심으로부터 떨어진 거리의 제곱 평균으로 정의된 회전반경(radius of gyration: r_g)을 사용하는 것이 더 효과적이다. 회전반경이란 중심을 통과하는 축을 중심으로 돌릴 때의 관성 모멘트($I = \int r^2 dm$, $\int dm = m$, m은 질량)가 그 중심축으로부터 회전반경에 해당하는 거리만큼 떨어져 있는 질량점이 회전하는 것과 같은 관성모멘트($I = mr_g^2$)를 갖게 하는 거리이다. 선형 자유연결 사슬의 경우 회전반경과 말단 간 거리 제곱의 평균값은 다음과 같은 관계가 있다.

$$\overline{r_g^2} = \frac{1}{6}\overline{r^2} = \frac{1}{6}nl^2 \tag{8.1-18}$$

LCB 고분자의 경우 동일한 분자량을 갖더라도 $\overline{r_g^2}$ 값이 선형 고분자에 비하여 작기 때문에 이와 같은 특성을 이용하여 고분자의 LCB 함량을 분석하는 방법으로 사용된다. $\overline{r_g^2}$를 이용하여 LCB 크기를 분석하는 내용은 8.1.5절에서 다룬다.

8.1.3 실제 고분자의 크기

실제 고분자 사슬은 결합각이 고정되어 있고 인접한 다른 분자들 때문에 결합 주위로의 회전이 자유롭지 못하기 때문에 $\overline{r^2}$이 자유연결 사슬보다 크게 된다. 그림 8.3과 같이 결합각 θ는 고정되어 있고 결합 주위로의 회전이 자유로운 사슬(freely-rotating chain)의 말단 간 거리 제곱의 평균은 다음과 같다(Flory, 1969).

$$\overline{r^2} = nl^2\left(\frac{1-\cos\theta}{1+\cos\theta}\right) \tag{8.1-19}$$

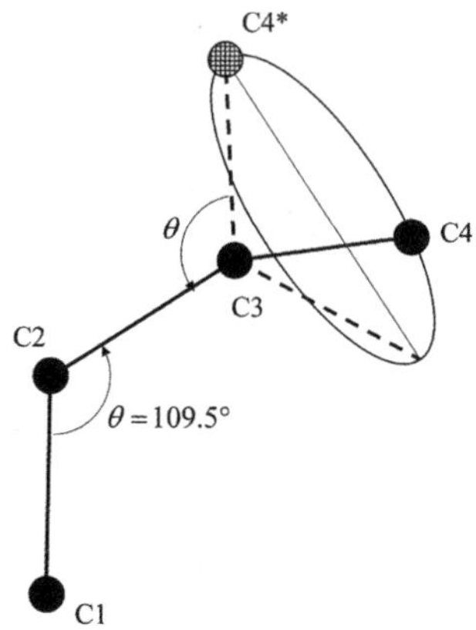

그림 8.3 폴리에틸렌 사슬 모형. 결합 간의 결합각은 109.5°로 고정되어 있고 결합 주위로 회전은 자유로움

폴리에틸렌의 경우 결합각은 $\theta \cong 109.5°$이고, 이 각도의 코사인 값은 –1/3이므로 $\overline{r^2} = 2nl^2$이다. 즉, 결합각이 고정되어 있기 때문에 자유연결 사슬에 비하여 $\overline{r^2}$이 2배로 커지게 된다.

또한 인접한 탄소 원자 주위에 크기가 큰 치환체(bulky side group)가 있는 경우 치환체가 결합 주위로 자유롭게 회전하지 못하는 입체 간섭(steric hindrance)이 생겨 자유회전 사슬에 비하여 사슬의 크기가 더 커지게 된다. 실제 고분자 사슬의 크기는 자유연결 사슬인 랜덤 코일 상태의 고분자의 크기(nl^2)와 결합각이 고정되고 결합 주위로의 회전이 제한적인 실제 고분자의 말단 간 거리($\overline{r_0^2}$)의 비로 정의되는 특성비(characteristic ratio) C_∞ 값을 사용하여 나타낸다.

$$C_\infty = \overline{r_0^2} \,/\, nl^2 \tag{8.1-20}$$

식 (8.1-20)에서 $\overline{r_0^2}$에 있는 첨자 0은 실제 고분자에 외력이 작용하지 않는 비섭동 상태(unperturbed state)를 의미한다. 합성 고분자의 C_∞는 2에서 10 정도의 범위를 나타내고 온도의 함수이며 사슬이 강직할수록(stiff chain) 커진다. 폴리에틸렌, 폴리스티렌, PDMS(Polydimethylsiloxane) 및 PIB(Polyisobutylene)의 C_∞ 값은 140℃에서 각각 7.3, 9.6, 6.3, 6.8의 값을 가진다(Larson, 1999). 특성비를 사용하여 실제

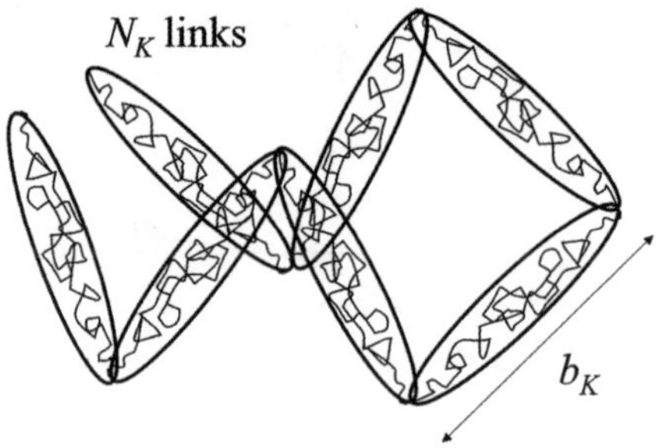

그림 8.4 쿤 스텝과 쿤 길이의 개념

고분자의 비섭동 상태 크기를 나타내는 대신 동등 자유연결 사슬(equivalent freely-jointed chain) 개념을 이용할 수도 있다. 단량체 여러 개를 합하여 하나의 세그먼트(segment)를 구성하고 이렇게 만들어진 세그먼트들이 자유연결 사슬과 같은 거동을 할 때 만드는 $\overline{r_0^2}$ 크기가 실제 고분자의 비섭동 상태의 크기와 동일하고, 고분자의 전체 길이도 동일하도록 세그먼트의 길이를 결정하는 것이다. 이 길이를 쿤 스텝 길이(Kuhn step length, b_k)라고 부른다. 쿤 스텝 길이는 다음과 같이 정의된다(그림 8.4 참고).

$$C_\infty nl^2 = \overline{r_0^2} = N_k b_k^2,\; L = N_k b_k \tag{8.1-21}$$

여기서, N_k는 쿤 스텝의 수(number of Kuhn step)이고 L은 고분자의 사슬길이다. 탄소와 탄소 사이의 결합각이 109.5°인 폴리에틸렌의 경우 $L = 0.82nl$이므로 N_k와 b_k는 다음과 같다.

$$N_k = \frac{(0.82)^2}{C_\infty} n, \quad b_k = \frac{C_\infty}{0.82} l \tag{8.1-22}$$

고분자가 강직해질수록(C_∞값이 커질수록) 쿤 스텝 길이는 커지게 되고, 쿤 스텝의 수는 줄어들게 된다. 즉, 고분자가 강직해질수록 각각의 단량체 간의 상관성 없이 자유결합 사슬과 유사한 거동을 하기 위해서는 더 많은 수의 결합이 필요하게 된다.

실제 고분자의 경우 각각의 결합이 다른 결합과 같은 공간을 차지할 수 없으므로 한 결합이 어느 공간을 차지하면 다른 결합은 그 위치를 차지할 수 없다. 이와 같은 배제 부피(excluded volume) 영향 때문에 고분자 사슬의 말단 간 거리는 커지게 된다. 이러한 상태를 자기회피 보행(self-avoiding walk)이라고 부른다. 고분자가 용매에 녹아 있는 상태에서 사슬의 크기는 고분자와 용매와의 상호 작용의 정도에 따라 변화하게 된다. 고분자가 좋은 용매(good solvent)에 녹아 있는 경우 고분자와 용매 간의 인력이 고분자 내부의 인력보다 크기 때문에 고분자가 풀어진 상태가 됨으로써 말단 간 거리의 제곱 평균 거리가 다음과 같이 식 (8.1-21)의 경우에 비하여 더 커지게 된다.

$$\overline{r_0^2} = N_K^{6/5} b_K^2 \tag{8.1-23}$$

반면에 나쁜 용매(poor solvent)에 녹아 있는 경우 고분자와 용매 간의 인력이 고분자 내부의 인력보다 작기 때문에 고분자가 움츠러진 상태가 되어 말단 간 거리의 제곱 평균 거리가 줄어들게 된다. 나쁜 용매에서 고분자 평균 길이가 줄어드는 정도가 배제 부피로 인하여 길이가 증가하는 것을 상쇄할 수 있는 상태가 되면 고분자 사슬의 크기는 앞에서 설명한 결합 길이와 결합각으로 결정되는 상태와 유사하게 된다. 이와 같은 상태의 용매를 세타 용매(θ solvent)라 한다. 이러한 상태는 온도에 따라 달라지며, 세타 상태가 되는 온도를 세타 온도라 한다. 세타 용매의 경우 고분자 사슬의 입체 형태는 비섭동 상태의 특징을 갖게 된다. 배제 부피 영향과 고분자와 좋은 용매와의 상호작용 효과를 포함하는 실제 사슬의 말단 간 거리 제곱의 평균값은 다음과 같이 정의되는 사슬 팽창 인자(chain expansion factor, α)를 사용하여 나타내기도 한다.

$$\overline{r^2} = \alpha^2 \overline{r_0^2} \tag{8.1-24}$$

고분자가 좋은 용매에 녹아 있는 경우 α는 1보다 크고, 고분자 용융체의 경우는 α가 1이 된다. 고분자 용융체 내의 하나의 사슬이 겹치지 않도록 팽창하면 다른 사슬과 겹칠 수 있는 확률이 높아지므로 실제로 이런 상황이 생길 수는 없다. 따라서 용융체 내의 사슬은 자유보행의 크기를 유지하고 팽창인자는 1이 된다.

8.1.4 고분자의 고유 점도

고분자의 크기를 나타내는 변수로서 고유 점도(intrinsic viscosity)가 있다. 고유 점도는 묽은 고분자 용액의 점도로부터 계산하지만 점도가 아니며, 고분자 용액 내에서 고분자가 가지는 부피를 나타낸다. 고유 점도는 고분자의 분자량을 분석하는 방법으로도 매우 중요하다. 고분자의 농도가 매우 낮아 고분자 간의 상호작용이 무시할 정도로 작은 용액의 점도는 다음과 같은 아인슈타인 식(Einstein relation)으로 표시할 수 있다고 가정한다(이 식의 자세한 내용은 제9장을 참고할 것).

$$\eta = \eta_s(1+2.5\phi) \tag{8.1-25}$$

여기서 η는 고분자 용액의 점도, η_s는 용매의 점도, ϕ는 고분자 사슬이 구형으로 되어 있다고 가정할 때의 부피 분율(volume fraction)이다. 고분자가 용액 내에서 구형상의 코일 상태로 존재한다고 가정하면 코일의 부피는 말단 간 거리를 사용하여 나타낼 수 있다. 즉 코일의 부피는 $V_{sphere} = k(\overline{r^2})^{3/2}$이다. 여기서 k는 비례상수이다. 고분자 용액 내 고분자의 고유 점도 $[\eta]$는 다음과 같이 정의된다.

$$[\eta] \equiv \lim_{c\to 0}\frac{\eta-\eta_s}{c\eta_s} = \frac{2.5kN_A(\overline{r^2})^{3/2}}{M} \tag{8.1-26}$$

위 식에서 c[kg/m^3]는 고분자의 농도, M은 고분자의 분자량, N_A는 아보가드로 수이다. $[\eta]$의 단위는 m^3/kg로 $[\eta]$는 용액 안에서 고분자 1kg이 차지하는 부피를 의미한다. 이 값은 순수한 고분자의 부피가 아니며, 고분자 사슬 사이에는 용매가 들어 있어 용매를 포함한 부피이다. 용액이 묽은 경우 용액의 점도는 다음과 같이 쓸 수 있다.

$$\eta = \eta_s\left(1 + c[\eta] + k_H c^2[\eta]^2 + \cdots\right) \tag{8.1-27}$$

위 식에서 $k_H \cong 1/4$는 허긴스 계수(Huggins coefficient)라 부른다. $2.5kN_A$를 하나의 파라미터(parameter) Φ로 정리하면 다음과 같은 플로리-폭스 식(Flory-Fox formula)이 얻어진다.

$$[\eta]=\Phi\frac{(\overline{r^2})^{3/2}}{M} \tag{8.1-28}$$

파라미터 Φ는 고분자 종류에 관계없이 대략적으로 $2.25\times10^{23}\ \text{mol}^{-1}$의 일정한 값을 갖는다(Larson, 1999). 식 (8.1-28)을 다시 정리하면

$$[\eta]M=\Phi(\overline{r^2})^{3/2} \tag{8.1-29}$$

이 되며, 고분자의 고유 점도와 분자량의 곱은 고분자 종류에는 관계없이 고분자 사슬의 부피(V_{sphere})에 의해서만 결정된다. 이러한 사실은 뒤에서 설명할 젤투과 크로마토그라피(gel permeation chromatography, GPC)에서 점도 검출기를 이용하여 분자량을 측정할 때 사용되는 만능 보정(universal calibration)의 기본 원리이다.

일반적인 용매의 경우 분자량에 따른 고유 점도의 변화는 다음과 같은 마크-후윙크 식(Mark-Houwink formula)으로 나타낼 수 있는데, 이때 a값은 고분자와 용매의 상호작용에 따라 달라진다.

$$[\eta]=KM^a \tag{8.1-30}$$

고분자는 대략 구의 형태를 갖고 있고, 점도를 측정할 때 유체는 이 구 주위로 흐르게 된다. 물론 유체역학에서 다루는 '딱딱한 구형입자(hard sphere)'가 아니라 고분자와 용매의 경계가 모호하지만 구를 등가의 반지름 r을 갖는 딱딱한 구형입자로 가정하면 구를 v의 속도로 움직일 때 가해 주어야 할 힘 f는 다음의 관계를 만족한다.

$$\frac{f}{\text{v}}=\frac{kT}{D}=6\pi\eta_s r \tag{8.1-31}$$

위 식에서 f / v는 저항도(resistivity), D는 확산계수이며, 위 식은 스톡스-아인슈타인 관계(Stokes-Einstein relation)라 불린다(자세한 내용은 11.6.1절 참고). 반경이 r이고 확산계수가 D인 입자가 확산에 의하여 직경 $2r$ 거리만큼 확산하는 데 걸리는 시간 t는 확산의 일반 이론으로부터 다음의 관계가 있다:

$$(2r)^2 = 2Dt \tag{8.1-32}$$

이 시간 t는 이 입자가 스트레스를 완화하는 시간 λ에 해당한다. 고분자의 반경 r이 식 (8.1-21)과 (8.1-23)을 바탕으로 $r \propto M^{\nu}$의 관계가 있다고 하면 분자량 M은 N_K에 비례하므로 다음의 비례관계가 성립한다:

$$\lambda \sim \frac{r^2}{D} = \frac{1}{kT} 6\pi\eta_s r^3 \propto M^{3\nu} \tag{8.1-33}$$

고분자에 의한 점도 증가 $\eta_0 - \eta_s = \eta_{p,0}$는 맥스웰 모델을 가정할 때 $G\lambda$이고 모듈러스 G는 식 (8.1-17)을 이용하면 분자량과 다음의 관계가 있다

$$G = nkT \propto \frac{c}{M} \tag{8.1-34}$$

따라서

$$[\eta] = \frac{\eta_0 - \eta_s}{c\eta_s} \propto \frac{c\lambda / M}{c\eta_s} \propto \frac{\lambda}{M} \propto M^{3\nu - 1} \tag{8.1-35}$$

의 관계가 성립한다. 식 (8.1-21)로부터 θ 용매의 경우 ν = 1/2이므로 마크-후윙크 식 (8.1-30)에서 a = 0.5가 되며, 좋은 용매 안에서는 식 (8.1-23)에서 ν = 0.6이므로 a = 0.8이 된다. 대부분의 경우 a값은 0.5와 0.8 사이에 있다. 문헌에는 다양한 고분자-용매의 조합에 대한 K값과 a값에 대해 보고되어 있어 고유 점도를 이용하여 고분자의 분자량을 측정할 수 있다. 이때 측정되는 고분자의 분자량은 점도 평균 분자량(viscous average molecular weight) M_v라고 하며 수평균 및 중량평균

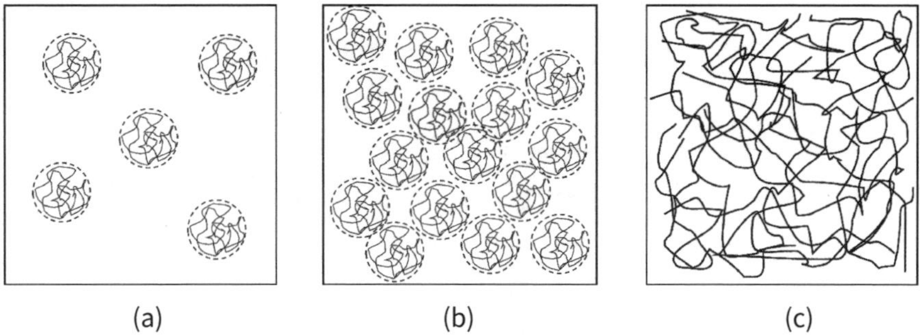

그림 8.5 고분자 용액의 개념도 (a) 묽은 용액에서는 서로 다른 고분자 간의 상호작용이 없음 (b) c^*에서는 고분자가 겹치기 시작함 (c) 농축용액에서는 고분자의 엉킴이 생김

분자량과 $M_n < M_v < M_w$의 관계가 있다(Mori and Barth, 1999).

고분자의 농도가 진해지면 고분자와 용매와의 상호작용뿐만 아니라 고분자와 고분자 간의 상호 작용 때문에 용액의 점도가 고분자 농도에 따라 선형적으로 변화하지 않는다. 고분자의 농도가 더 증가하게 되어 농축 용액(concentrated solution)이 되면 고분자 사이의 엉킴(entanglement)이 생기게 되어 점도가 분자량에 따라 매우 급격하게 변화하게 된다. 엉킴에 의한 고분자의 점도 거동은 뒤에서 자세히 다룬다. 일반적으로 묽은(dilute) 용액과 덜-묽은(semi-dilute) 용액의 경계는 고분자가 용액 내에 그림 8.5와 같이 서로 겹치기 시작하는 농도로 정의한다. 이때의 부피 분율을 계산의 편의를 위하여 대략 0.4로 하면 식 (8.1-25)에서 용액의 점도는 용매의 점도의 2배가 된다. 식 (8.1-27)에서 농도 c의 1차항까지만 생각하면 점도가 용매의 2배가 되기 위해서는 $c[\eta] = 1$이 되어야 하므로 고분자가 겹치기 시작하는 농도(coil overlap concentration) c^*는 아래 식과 같다. $c[\eta] > 1$이면 고분자가 겹치기 시작하므로 $c[\eta]$는 코일 겹침 파라미터(coil-overlap parameter)라 부른다.

$$c^* = 1/[\eta] \tag{8.1-36}$$

8.1.5 고분자의 가지 구조와 구조 분석

그림 8.6에 여러 가지 구조를 갖는 긴 가지 고분자의 형태를 나타냈다. 스타(star) 형태 고분자는 하나의 가지 점(branch point)에 여러 개의 팔(arm)이 붙어 있는 가장

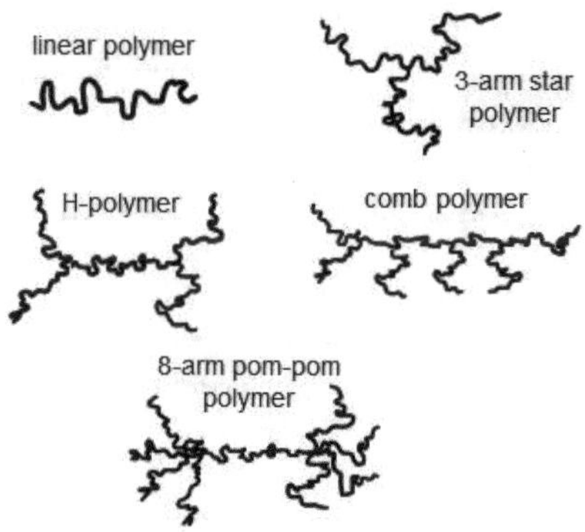

그림 8.6 선형 고분자와 여러 종류의 긴 가지 고분자의 구조

단순한 긴 가지 고분자이며, H, 폼-폼(pom-pom), 빗(comb) 형태의 고분자는 두 개 이상의 가지 점과 주쇄(backbone) 세그먼트를 갖고 있다. 그림 8.6에 있는 것과 같이 구조가 잘 제어된 긴 가지 고분자의 형태는 음이온 중합과 같이 복잡한 과정을 거쳐서 얻기 때문에 상업적인 고분자의 긴 가지 구조보다는 단순화되어 있다. 그러나, 구조가 잘 조절된 긴 가지 고분자는 뒤에서 이야기할 미세구조를 바탕으로 고분자의 유변 물성을 해석하는 분자 이론(molecular theory)을 실험적으로 검증하는 데 매우 유용하게 사용될 수 있다. 또한 폴리에틸렌과 같은 상업용 고분자의 긴 가지 구조는 그림 8.6의 기본 가지 구조를 포함한 형태이기 때문에 이에 대한 이해는 복잡한 구조를 갖는 고분자의 거동을 이해하는 데 필수적이다(McLeish, 2002).

그림 8.7에 폴리에틸렌의 가지 구조를 나타냈다. HDPE(high density polyethylene)의 경우 주쇄를 따라서 단량체(monomer) 에틸렌이 선형으로 연결되어 있고 가지가 거의 없는 구조이다. 반면 LDPE(low density polyethylene)의 경우 주쇄를 따라 많은 수의 긴 가지가 존재하고, 긴 가지에 또 다른 긴 가지가 존재하는 구조(branch-on-branch)를 나타낸다. 여기서 긴 가지의 의미는 가지의 분자량이 뒤에 나오는 엉킴 분자량(entanglement molecular weight, M_e) 이상인 경우를 의미한다. 폴리에틸렌의 엉킴 분자량은 약 1150 정도이고, 82개 정도의 메틸렌(-CH_2-)이 연결되어 있는 것이다. 에틸렌과 α-올레핀의 공중합으로 제조되는 LLDPE(linear low density polyethylene)에서는 SCB가 형성되고, SCB의 길이는 중합되는 α-올레핀의 종류에 따라 변화한다. 공중합체로 1-butene을 사용하는 경우에는 SCB의 탄소 수는 2개

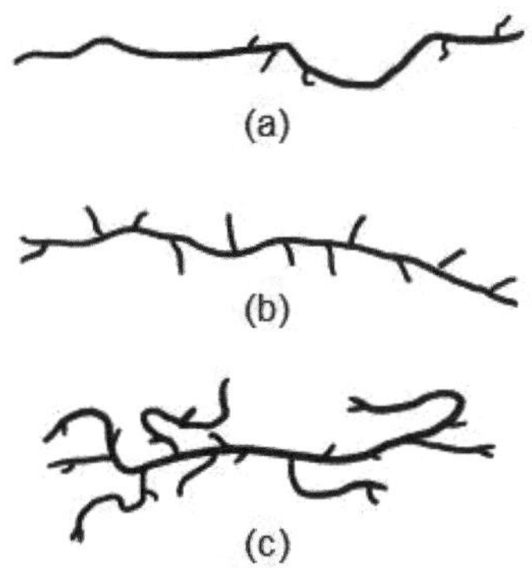

그림 8.7. 폴리에틸렌의 가지 구조 (a) HDPE, (b) LLDPE, (c) LDPE

이고, 1-옥텐(octene)의 경우는 6개이다. LLDPE의 경우 SCB 길이와 함량에 따라 용융체의 유변학적 특성은 크게 변화하지 않으나 결정화도가 변화하게 되어 필름 등의 기계적 물성에 큰 영향을 미친다. 반면 LCB가 포함된 고분자의 경우 소량의 LCB도 점도와 모듈러스와 같은 유변학적 특성을 크게 변화시켜 수지의 가공공정에 큰 영향을 미친다. 따라서, 폴리에틸렌에 존재하는 LCB의 분석은 고분자 가공공정을 해석할 때 매우 중요하다.

일반적으로 천연 고분자가 아닌 합성 고분자의 경우 넓은 분자량 분포를 갖는다. 고분자의 분자량 분포는 중합 방법에 따라 변화하게 되고, 고분자의 물리적인 특성들은 평균적인 분자량뿐만 아니라 분자량 분포에도 큰 영향을 받는다. 그림 8.8에 GPC에서 얻어지는 전형적인 고분자의 분자량 분포 곡선을 나타냈다. 이와 같이 얻어진 분포 곡선을 이용하여 다음과 같이 정의되는 수평균 분자량(number average molecular weight, M_n), 중량평균 분자량(weight average molecular weight, M_w), 및 z-평균 분자량(z-average molecular weight, M_z)을 정의한다. 평균 분자량 중에 고분자의 유변 물성에 가장 큰 영향을 미치는 것은 중량평균 분자량이다. 중량평균 분자량과 수평균 분자량의 비로 정의되는 다분산성 지수(polydispersity index, PI)는 분자량 분포(molecular weight distribution, MWD)를 나타내는 대푯값으로 사용한다.

$$M_n = \frac{\sum_{i=1}^{\infty} N_i M_i}{\sum_{i=1}^{\infty} N_i} \tag{8.1-37}$$

$$M_w = \frac{\sum_{i=1}^{\infty} N_i M_i^2}{\sum_{i=1}^{\infty} N_i M_i} \tag{8.1-38}$$

$$M_z \quad \frac{\sum_{i\ 1}^{\infty} N_i M_i^3}{\sum_{i\ 1}^{\infty} N_i M_i^2} \tag{8.1-39}$$

고분자의 분자량을 분석하는 방법으로는 광산란법, 삼투압법, 점도측정법 등이 다양하게 사용되고 있다. 각각의 방법은 각각 중량평균 분자량, 수평균 분자량, 점도평균 분자량과 같은 고분자 전체의 평균 분자량을 측정하는 방법이다.

고분자 전체의 평균값이 아닌 그림 8.8과 같은 고분자의 분자량 분포를 측정하기 위해서는 고분자를 분자량에 따라 분리해야 하는데 이때 사용하는 방법이 크기 배제 크로마토그래피(size exclusion chromatography, SEC)이다. SEC에서는 고분자가 기공(pore)을 갖는 구형의 젤 입자가 충진된 칼럼을 통과하면서 분리되기 때문에 젤 투과 크로마토그라피(gel permeation chromatography, GPC)라고도 불린다. GPC 칼럼은 다양한 직경의 기공이 존재하는 다공성 비드(bead)로 채워져 있다. 고분자 용액이 칼럼에 주입되면 기공보다 작은 분자는 기공으로 들어갔다가 나오고 기공보다 큰 분자들은 배제되어 용매에 의해 쓸려 나간다. 작은 분자일수록 기공 안으로 여러 차례 들어갔다 나왔다를 반복하게 되면서 크기가 작은 분자일수록 칼럼을 통과하여 유출하는 시간이 지연되고, 크기가 큰 분자일수록 전체 칼럼을 빨리 통과한다. 이때 각각의 체류 시간에 따라 검출기를 사용하여 유출되는 용액 슬라

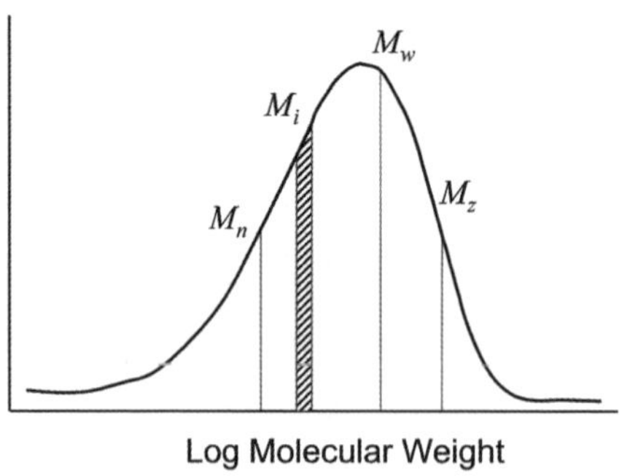

그림 8.8 GPC에서 얻어지는 고분자의 분자량 분포 곡선. 빗금 부분이 분자량 M_i를 갖는 유출 용액의 슬라이스(slice)에 해당하는 부분임

이스(slice)의 농도를 측정한다. 일반적으로 고분자의 농도에 따라 굴절률이 변화하기 때문에 굴절률 검출기(differential refractive index detector)를 사용하여 농도를 측정한다.

GPC에서 고분자 사슬이 칼럼을 통과하는 유출시간(또는 유출부피)과 분자량의 상용로그 값은 다음과 같은 함수 형태로 나타낼 수 있다.

$$\log M = A + B(V_e) + C(V_e)^2 + D(V_e)^3 + \cdots \tag{8.1-40}$$

여기서 M은 분자량이고 V_e는 유출 부피이다. 여러 개의 분자량을 대상으로 분자량 분포가 좁은 표준시료(일반적으로 폴리스티렌이 널리 사용된다)를 사용하여 식 (8.1-40)에 해당하는 보정 곡선(calibration curve)을 작성하고, 이 보정 곡선을 통하여 미지 시료의 분자량 및 분자량 분포를 분석한다.

GPC에서 고분자를 분리하는 기준은 고분자의 분자량의 값이 아니라 고분자가 용액 내에 갖고 있는 수력학적 부피(hydrodynamic volume)이다. GPC 용매로 많이 사용되는 1,2,4-TCB(trichlorobenzene)에 녹은 동일한 분자량을 갖는 폴리에틸렌과 폴리스티렌의 크기(예를 들어 평균 제곱 말단 간 거리)는 폴리에틸렌이 더 크다. 따라서 폴리에틸렌과 폴리스티렌은 같은 분자량을 갖지만 GPC에서의 체류 시간은 폴리스티렌이 더 길다. 따라서, 폴리스티렌을 기준 물질로 사용하여 만들어진 보정 곡선에 의하여 분자량을 측정하면 폴리에틸렌의 분자량이 실제보다 더 크게 나타나게 된다. 이런 이유로 굴절률 검출기만을 사용하는 GPC에서 얻어지는 분자량은 기준 물질로 사용하는 고분자에 대한 상대적인 분자량을 의미한다. 선형 고분자 수지의 품질관리를 하는 측면에서는 동일한 기준 물질을 사용하여 GPC 분석을 수행하면 상대적인 분자량도 의미를 가질 수 있다. 그러나, 고분자의 구조가 선형이 아닌 LCB를 갖는 경우 선형 폴리스티렌을 기준 물질로 사용한 보정 곡선을 이용하여 분자량과 분자량 분포를 분석하는 경우 많은 오차가 발생하게 된다. 고분자의 절대 분자량을 분석하기 위해서는 점도 검출기(on-line viscosity detector) 또는 광산란 검출기(light scattering detector)가 필요하다. 광산란 검출기를 이용하여 고분자의 분자량을 측정하면 고분자의 중량평균 분자량, 회전반경 및 2차 비리얼 계수를

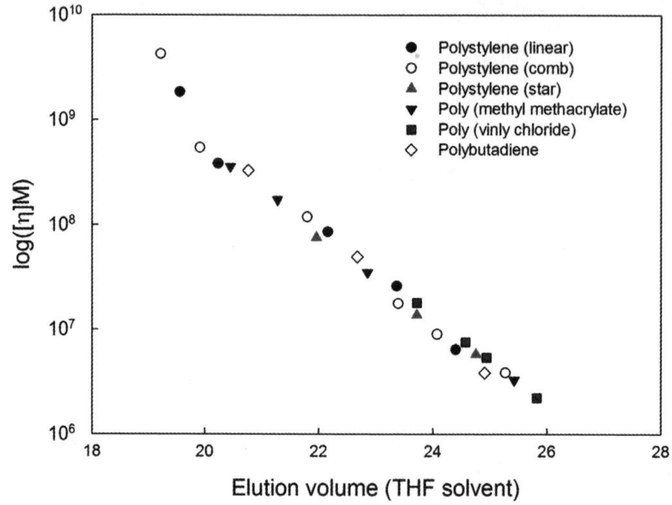

그림 8.9 GPC 분석에서의 만능 보정 곡선. 그루비지치 등(Grubisic et al., 1967)의 데이터를 다시 그림

동시에 측정할 수 있다.

GPC에서 점도 검출기를 사용하는 경우에는 분자량의 변화에 따른 고유 점도를 측정할 수 있고 만능 보정(universal calibration) 방법을 이용하면 광산란 검출기가 없는 경우에도 절대 분자량을 측정할 수 있다. 그루비지치 등(Grubisic et al., 1967)은 분자량 분포가 좁은 여러 가지 표준 고분자 시료에 대해서 수력학적 부피 값을 시리즈로 도시하여 단일한 보정 곡선을 얻을 수 있는 것을 발견하였다. 그림 8.9에는 고유 점도 $[\eta]$와 분자량 M의 곱의 상용로그 값을 유출 부피(elution volume)에 대하여 나타냈다. 고분자의 종류에 관계없이 $[\eta]M$이 유출 부피의 함수인 하나의 곡선으로 나타나는데 이를 만능 보정 곡선이라 부른다. 만능 보정 방법은 식 (8.1-29)와 같이 고유 점도와 분자량의 곱 $[\eta]M$이 용액 속에 있는 고분자 사슬의 수력학적 부피에 비례한다는 사실에 바탕을 두고 있다. 앞에서 이야기한 것과 같이 GPC가 고분자를 분리하는 기준은 분자량이 아니라 수력학적 부피이다. 다시 말해서 고분자 종류에 관계없이 $[\eta]M$이 같으면 동일한 유출 부피를 갖기 때문에 고분자 종류에 관계없이 같은 곡선을 이루게 된다. 점도 검출기가 갖춰진 GPC에서 적절한 용매하에서 절대 분자량을 알고 있는 특정한 표준 시료를 대상으로 고유 점도를 측정하여 만능 보정 곡선이 얻어지면, 분자량을 측정하려고 하는 고분자 시료가 용

액 중에서 랜덤 코일 형태를 갖는다는 가정하에 만능 보정 곡선에 기초하여 분자량을 구할 수 있다.

GPC에서 그림 8.8의 빗금친 부분과 같이 유출 부피별로 고분자 용액의 슬라이스가 얻어지고, 그 슬라이스에 해당하는 유출 부피를 이용하여 그림 8.9와 같은 만능 보정 곡선을 사용하면 다음 식의 좌변 값이 얻어진다.

$$[\eta]_s M_s = [\eta]_p M_p \tag{8.1-41}$$

여기서 첨자 s는 표준 고분자 시료, p는 미지 고분자 시료를 나타낸다. 이 슬라이스 부분에 해당하는 고유 점도($[\eta]_p$)를 점도 검출기를 사용하여 측정하면, 미지 시료의 분자량은 다음과 같이 계산할 수 있다.

$$M_p = \frac{[\eta]_s}{[\eta]_p} M_s \tag{8.1-42}$$

한편 마크-후윙크 식에 의하면 $[\eta] = KM^a$이므로 식 (8.1-41)은

$$K_s M_s^{a_s+1} = K_p M_p^{a_p+1} \tag{8.1-43}$$

이 된다. 따라서 각 물질의 마크-후윙크 식의 상수를 알고 있는 경우에는 미지 시료의 분자량을 다음과 같이 계산할 수 있다.

$$M_p = \left((K_s / K_p) M_s^{a_s+1} \right)^{1/(a_p+1)} \tag{8.1-44}$$

고분자에 SCB나 LCB가 존재하는 경우 선형 고분자에 비하여 분자량이 동일할 때 그림 8.10과 같이 회전반경이 감소하고, 고유 점도가 줄어들기 때문에 고유 점도를 이용하여 SCB나 LCB 함량과 분포를 분석할 수 있다. 즉 LCB에 따라 회전반경과 고유 점도가 변화하기 때문에 LCB 고분자의 회전반경과 선형 고분자

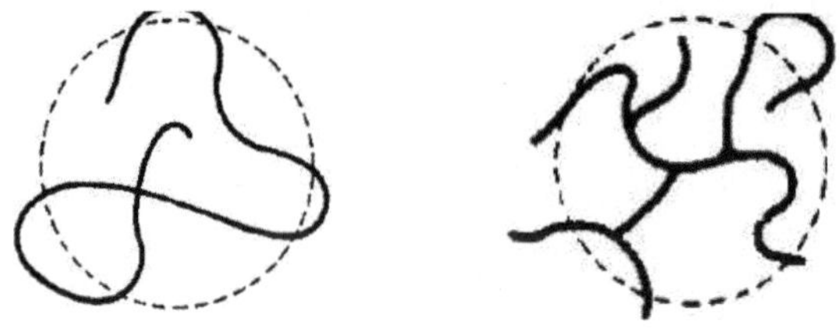

그림 8.10 용액에서 동일한 분자량을 갖는 선형 고분자와 가지형 고분자의 크기 (a) 선형 고분자, (b) 가지형 고분자

의 회전반경의 비로 정의되는 수축인자(contraction factor, g)는 LCB 함량의 함수가 된다.

$$g = \frac{\overline{r_{g\ LCB}^2}}{\overline{r_{g\ linear}^2}} \tag{8.1-45}$$

고유 점도를 이용해서도 다음과 같이 수축인자 g'을 정의할 수 있다.

$$g' = \frac{[\eta]_{LCB}}{[\eta]_{linear}} \tag{8.1-46}$$

회전반경 수축인자와 고유 점도 수축인자는 다음과 같이 관련되어 있으며 파라미터 ε은 0.5에서 1.5 범위의 값을 갖는다.

$$g^{\varepsilon} = g' \tag{8.1-47}$$

짐과 스톡메이어(Zimm and Stockmayer, 1949)는 여러 형태의 LCB를 갖는 고분자에 대하여 회전반경에 대한 수축인자를 나타내는 식을 이론적으로 유도하였다. LCB의 길이가 랜덤한 분포를 갖고 가지 점에 붙어 있는 세그먼트가 3개인 경우(그림 8.6의 스타, H, 빗 형태가 이에 해당된다)에 분자당 평균 LCB의 수는 회전반경 수축인자와 다음 관계로 주어진다.

$$g = \left[\left(1 + \frac{m}{7}\right)^{1/2} + \frac{4m}{9\pi} \right]^{-1/2} \tag{8.1-48}$$

위 식에서 m은 분자당 평균 LCB 수이다. 여기서 얻어진 m 값을 이용하여 탄소 1000개당의 폴리에틸렌의 LCB 개수는 다음과 같이 계산할 수 있다.

$$\text{LCB/1000C} = m(14*1000)/M \tag{8.1-49}$$

여기서 14는 메틸렌($-CH_2-$)의 분자량이며, M은 고분자의 분자량이다. 식 (8.1-49)에서 사용하는 M은 고분자가 단분산성인 경우에 적용되는 것이다. 분자량 분포가 있는 경우에는 GPC에서 분자량별(실제는 체류시간별)로 분리가 일어나고 이와 같이 분리된 GPC 슬라이스는 단분산성으로 간주할 수 있고, 각각의 슬라이스에 식 (8.1-49)를 적용하면 된다. 고분자 전체에 걸친 LCB의 개수는 각각의 슬라이스의 질량 분율을 이용하여 계산할 수 있다.

8.2 고분자의 유변 물성

8.2.1 고분자 용액의 유변 물성

고분자 용액의 유변학적 물성을 결정하는 요인은 고분자의 입체 형태(conformation)와 농도이며, 가해진 스트레스에 의해 영향을 받는 고분자의 유동장에서의 배향이다. 고분자의 입체 형태는 온도, 용매와의 친화도 및 수용성 고분자의 경우 전해질 농도 등에 따라 달라지며 이러한 정보는 묽은 용액의 경우 고분자의 부피를 통해 고유 점도 $[\eta]$에 포함되어 있다. 또한 용액 내에서 고분자가 차지하는 전체 부피는 $c[\eta]$에 비례하므로 묽은 고분자 용액의 고분자의 점도는 $c[\eta]$의 함수가 된다. $c[\eta] < 1$인 묽은 고분자 용액 내에서는 고분자 간의 상호 작용이 크지 않지만 $c[\eta] > 1$이 되면 고분자 사슬이 겹치기 시작하고, $c[\eta] > 5\sim10$인 경우에는 고분자 사슬의 엉킴이 생기고 이에 따라 고분자 간의 상호작용이 커지며 점도와 탄성이 급격히 증가한다. 고분자의 농도가 큰 경우 엉킴에 의하여 나타나는 유변 물성은 고분자 용융체와 같은 메커니즘에 의하여 나타나므로 이 영역의 문제는 고분자 용융체 부분을 참고하여야 한다. 묽은 고분자 용액의 점도는 식 (3.2-1)의 카로(Carreau) 모델로 표시되는 경우가 많다. 식 (3.2-1)의 K값은 다음과 같은 특성 시간(characteristic time)으로 쓸 수도 있지만 대부분 실험적으로 결정한다. 특성 시간에 대해서는 8.3.1절에서 다룬다.

$$\lambda = \frac{(\eta_0 - \eta_s)M}{cRT} = \frac{[\eta]_0 \eta_s M}{RT} \tag{8.2-1}$$

$c[\eta] > 1$인 고분자 용액의 점도는 농도에 따라 급격히 증가하여 고분자 용액의 종류 및 c의 범위에 따라 c^5까지 증가하기도 한다. 농도가 낮은 $c[\eta] \ll 1$의 경우에는 농도에 따라 거의 변하지 않으므로 c의 증가에 따라 점점 더 지수가 커지게 된다. 묽은 고분자 용액의 탄성은 식 (8.2-1)의 λ로 대표될 수 있지만 실험적인 완화 시간이 λ와 일치되지는 않는다.

8.2.2 고분자 용융체의 전단 점도

고분자 용융체의 유변 물성을 결정하는 중요한 인자는 고분자의 분자량, 분자량 분포, SCB나 LCB 분포 등의 고분자의 크기와 구조에 대한 인자와, 온도나 전단율(shear rate)과 같이 고분자에 가해 주는 외적인 인자로 나눌 수 있다. 고분자 용융체(또는 진한 고분자 용액)의 전단율의 변화에 따른 점도의 변화는 3장에서 설명한 그림 3.2와 같은 형태를 나타낸다. 즉, 고분자는 전단율이 낮은 영역에서는 점도가 전단율에 관계없이 일정한 값을 나타내고 이때의 점도를 영점 전단율 점도(zero-shear viscosity, η_0) 또는 영점 점도라고 부른다. 선형 고분자의 경우 영점 전단율 점도는 중량평균 분자량에 크게 의존하며, 고분자마다 정해지는 임계 분자량(critical molecular weight, M_c) 이하에서는 분자량에 선형적으로 증가하나, M_c 이상에서는 대략적으로 분자량의 3.4 제곱의 형태로 증가한다. 이와 같은 분자량의 변화에 따른 점도의 급격한 증가는 고분자 사슬 간의 엉킴(entanglement)으로 인하여 발생한다. 고분자 용융체나 진한 고분자 용액 안의 하나의 고분자 사슬은 원자들로 구성된 사슬이 빽빽하게 채워져서 하나의 덩어리로 존재하는 것이 아니라 휘어진 고분자 사슬들이 다른, 혹은 자신의 고분자 사슬의 다른 부분과 걸려 있는 구조를 갖는데 이를 엉킴이라고 한다. 엉킨 고분자 사슬은 사슬 축의 수직 방향으로는 주변의 다른 사슬 때문에 움직이지 못하고 사슬의 축 방향으로만 움직이는데 이 움직이는 통로를 튜브(tube)라 하고, 튜브 내를 이동하는 사슬의 운동을 뱀의 이동과 유사하다고 하여 사행운동(reptation)이라 한다. 고분자는 이러한 사행운동에 의하여 주변의 고분자의 구속으로부터 벗어나며 스트레스를 완화한다. 고분자의 엉킴, 고분자 사슬의 사행운동 및 이에 의한 스트레스 완화에 대한 정량적인 내용은 8.4절에서 좀더 자세하게 설명한다.

고분자는 일정 크기 이상의 전단율에서는 점도가 전단율이 증가함에 따라 감소하는 시어 시닝(shear thinning) 현상을 나타낸다. 전단율이 매우 큰 경우에는 점도가 일정해지는데, 이것을 무한전단율 점도(infinite shear viscosity, η_∞), 또는 무한점도라고 부른다. 고분자 용융체의 경우 점도 측정 장비의 기계적 한계로 무한점도를 측정하는 것은 쉽지 않다. 또한 높은 전단 스트레스하에서는 고분자의 사슬이 끊어질 수 있는데 이 경우에는 무한점도는 의미가 없을 수도 있다. 고분자의 시어 시닝 현상은 분자량 분포 및 LCB 함량에 영향을 받는다. 분자량 분포가 넓을수록 또는 LCB의 함량이 클수록 시어 시닝 현상이 크게 나타난다. 그림 8.11에 폴리스티렌의 분자량과 분자량 분포의 변화에 따른 전단 점도 거동을 나타냈다. 그림 8.11(a)의 경우와 같이 분자량 분포는 유사하나 중량평균 분자량이 변화할 때는 시어 시닝 거동은 유사하고 영점 점도의 크기는 중량평균 분자량이 커짐에 따라 증가한다. 그림 8.11(b)에는 중량평균 분자량은 유사하나 분자량 분포가 다른 PS2와 PS4의 점도를 비교하였다. 두 폴리스티렌의 중량평균 분자량이 유사하기 때문에 영점 점도는 유사하고, 분자량 분포가 더 넓은 PS2의 경우에서 시어 시닝이 더 크게 나타난다. 따라서, LCB가 없는 선형 고분자의 경우 전단율에 따른 전단 점도의 변화는 고분자의 분자량 및 분자량 분포에 대한 간접적인 정보를 제공할 수 있음을 알 수 있다.

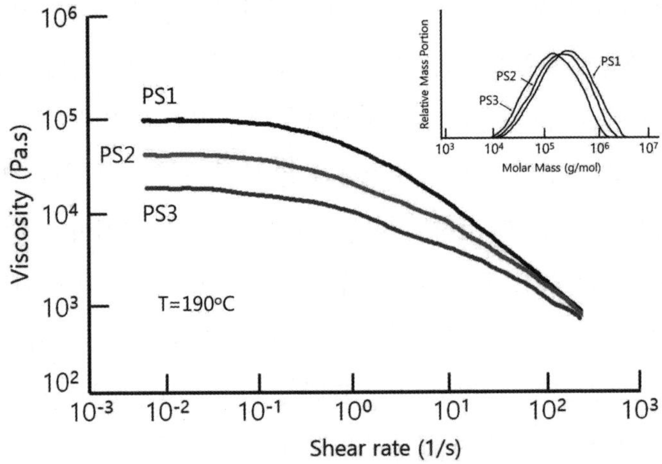

(a)

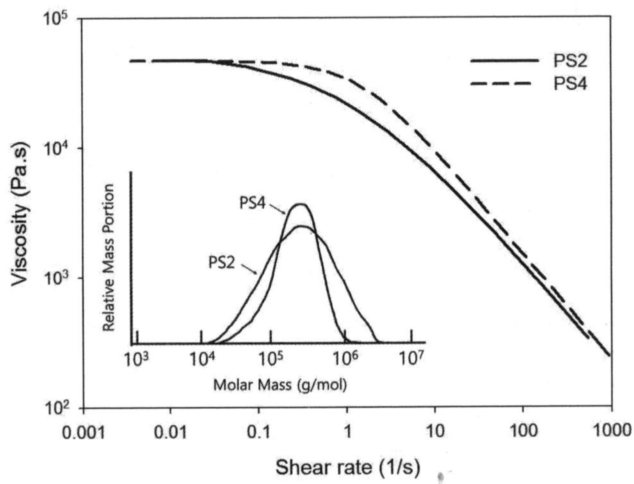

(b)

그림 8.11 폴리스티렌의 190°C에서의 전단율에 따른 전단 점도의 변화 (a) 분자량 분포는 유사하고, 중량평균 분자량이 변화하는 경우 (b) 중량평균 분자량이 유사하고 분자량 분포가 변화하는 경우. 각각의 폴리스티렌의 중량평균분자량(g/mol): PS1=400,000, PS2=340,000, PS3=275,000, PS4=400,000. 뮌스테트(Münstedt, 2011)의 그림을 다시 그림

LCB가 포함되어 있는 고분자의 경우에는 분자량 분포뿐만 아니라 LCB의 구조 및 분포의 영향이 전단 점도에 포함되어 있기 때문에 선형 고분자의 경우와 같이 분자량 분포만의 효과를 파악하기는 힘들다. LCB 고분자 중에서 가장 구조가 간단한 스타 형태의 고분자의 경우에는 점도가 가지 점(branch point)에 붙어 있는

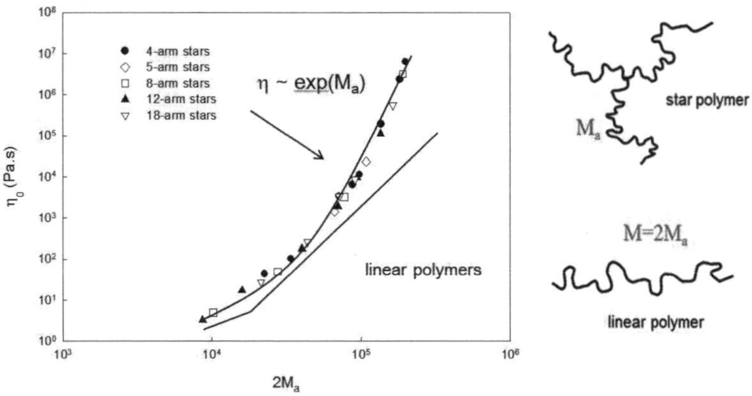

그림 8.12 팔 분자량에 따른 폴리아이소프렌(polyisoprene) 스타 고분자의 영점 점도 변화와 선형 고분자의 분자량에 따른 영점 점도 비교. 페터스 등(Fetters et al, 1993)의 그림을 다시 그림

팔(arm)의 분자량(M_a)에 따라 지수적으로 증가한다. 그림 8.12에 선형 고분자와 스타 고분자의 분자량에 따른 영점 점도 변화를 나타냈다. 그림 8.12에서 M_a는 스타 고분자의 팔 분자량이고, 선형 고분자의 경우 팔이 두 개인 스타 고분자로 간주하여 분자량의 절반을 M_a로 사용하였다. 스타 고분자의 경우 선형 고분자에서 일어나는 사행운동을 통하여 스트레스를 완화시키지 못하고 가지 점까지 팔의 수축운동(retraction)을 통하여 스트레스가 완화되는데, 이 완화 시간이 팔 분자량에 지수적으로 증가하기 때문에 영점 점도가 팔 분자량에 지수적으로 증가한다. 팔의 분자량이 동일한 경우 가지 점에 붙어 있는 팔의 수는 영점 점도에 영향을 주지 않는다. 팔의 길이가 모두 같은 스타 고분자의 경우에 각각의 팔이 같은 시간 동안 수축운동에 의하여 가지 점으로 스트레스를 완화시키기 때문이다. LCB 고분자의 수축운동에 관해서는 8.4.3절에서 자세히 다룬다.

그림 8.13에 에틸렌/1-부텐 공중합체의 LCB 함량에 따른 190°C에서의 복소 점도(complex viscosity) 변화를 나타냈다. 5개의 고분자 수지는 표 1에 나타난 바와 같이 밀도, 평균 분자량과 분자량 분포가 유사하다. 반면에 수축인자 g값은 선형 고분자인 시료 A로부터 줄어들고 있으므로 시료 E의 LCB 함량이 가장 크다. 선형 고분자의 g값인 1로부터 가장 크게 차이가 나는, g값이 0.91인 시료 E의 경우에도 식 (8.1-48)로 계산하면 분자당 평균 LCB 개수가 1개 이하이다. LCB의 개

표 1. 그림 8.13에 나타낸 LLDPE 시료의 분자량 및 물성 정보

Sample	Density (g/cm^3)	M_n (kg/mol)	M_w (kg/mol)	M_z (kg/mol)	g
A	0.8838	80	158	224	1.00
B	0.8834	81	160	228	1.00
C	0.8835	83	161	231	0.99
D	0.8834	77	157	254	0.95
E	0.8835	85	164	271	0.91

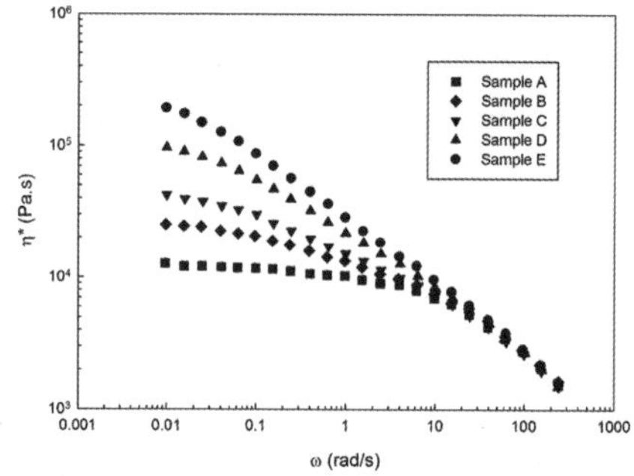

그림 8.13 에틸렌/1-부텐 공중합체의 LCB 함량에 따른 190°C에서의 복소 점도 변화. 로버트슨 등 (Robertson et al., 2004)의 그림을 다시 그림

수가 많지 않음에도 복소 점도의 변화는 시료별로 매우 크게 나타남을 볼 수 있다. 특히 시료 B의 경우 g값은 1로 측정되었음에도 선형 고분자 시료인 A와 비교하여 영점 점도가 매우 큰 것을 볼 수 있다. GPC를 이용하여 LCB를 분석할 때 LCB 함량이 작은 경우에는 g값이 1에서 크게 차이 나지 않으므로 LCB의 존재 유무를 분석하는 것이 쉽지 않다. 그러나 복소 점도의 경우 매우 작은 LCB 차이에도 변화가 있어 LCB 분석에 유용하게 사용할 수 있다.

8.2.3 콕스-메르츠 룰

고분자 용융체의 전단 점도는 주로 모세관 점도계를 사용하여 측정하지만, 모세관 점도계를 사용하여 낮은 전단율에서 전단 점도를 측정하는 것은 쉽지 않다. 일반적으로 낮은 전단율에서의 점도는 회전형 유변 물성 측정기를 사용하여 측정된 복소 점도를 이용한다. 회전형 유변 물성 측정기의 경우 모세관 점도계에 비하여 측

정 결과의 재현성도 우수할 뿐만 아니라 소량의 시료만을 사용해서 측정을 할 수 있는 장점도 있다. 한편 비선형 변형에서 얻어진 전단 점도와 선형 점탄성 영역에서 얻어진 복소 점도는 매우 낮은 전단율 또는 주파수에서 얻어지는 영점 점도를 제외하면 서로 관련성이 없을 것으로 생각할 수 있다.

콕스와 메르츠(Cox and Merz, 1958)는 폴리스티렌 용융체에 대하여 모세관 점도계에서 얻어진 전단율에 따른 전단 점도와 회전형 유변 물성 측정기에서 얻어진 각속도에 따른 복소 점도를 비교하여, 동일한 전단율과 각속도에서 전단 점도와 복소 점도가 유사한 값을 갖는 것을 보였는데 이를 콕스-메르츠 룰(Cox-Merz rule)이라 한다.

$$\eta(\dot{\gamma} = \omega) = |\eta^*(\omega)| \tag{8.2-2}$$

콕스와 메르츠에 의해 폴리스티렌에 대하여 실험적인 상관식인 제안된 후 여러 연구자들이 다른 종류의 고분자에 대하여 콕스-메르츠 룰의 적용 가능성을 확인하였다. 콕스-메르츠 룰은 유연한 선형 고분자의 경우 대부분 잘 적용되지만, 유연성이 달라지거나 LCB 고분자와 같이 가지가 있는 경우에는 적용되지 않는 경우도 많이 있다(Snijkers and Vlassoupoulos, 2014). 막대형 고분자 용액의 경우에도 콕스-메르츠 룰이 성립하는 경우도 있지만 성립하지 않는 경우도 있으며(Lee and Brant, 2002a; 2002b), 다음 장에서 다룰 현탁액의 경우에도 콕스-메르츠 룰이 높은 전단율에서는 벗어나지만 입자 사이의 실제 값으로 계산한 스트레스에서 계산한 전단율로 복소 점도를 그리면 콕스-메르츠 룰이 성립하는 경우도 있다(Gleissle and Hochstein, 2003). 콕스-메르츠 룰에서 벗어나도 영점 전단 점도는 같으며, 전단율이 커지면 대부분 $|\eta^*(\omega)|$가 $\eta(\dot{\gamma})$보다 점점 더 커져서 많이 차이가 나는 경우에는 수십 퍼센트까지 벗어나는 현상이 나타난다. 그러나 반대로 $\eta(\dot{\gamma})$가 $|\eta^*(\omega)|$보다 더 커지는 경우도 보고되고 있다(Chen et al., 2018). 그림 8.14에는 콕스-메르츠 룰이 적용되는 예와 벗어나는 예를 도시하였다.

실험적인 상관식으로 제안된 콕스-메르츠 룰은 이론적 근거가 완전하지 않고 많은 예외적인 경우가 존재하지만 넓은 범위의 전단율 영역에서 고분자의 점

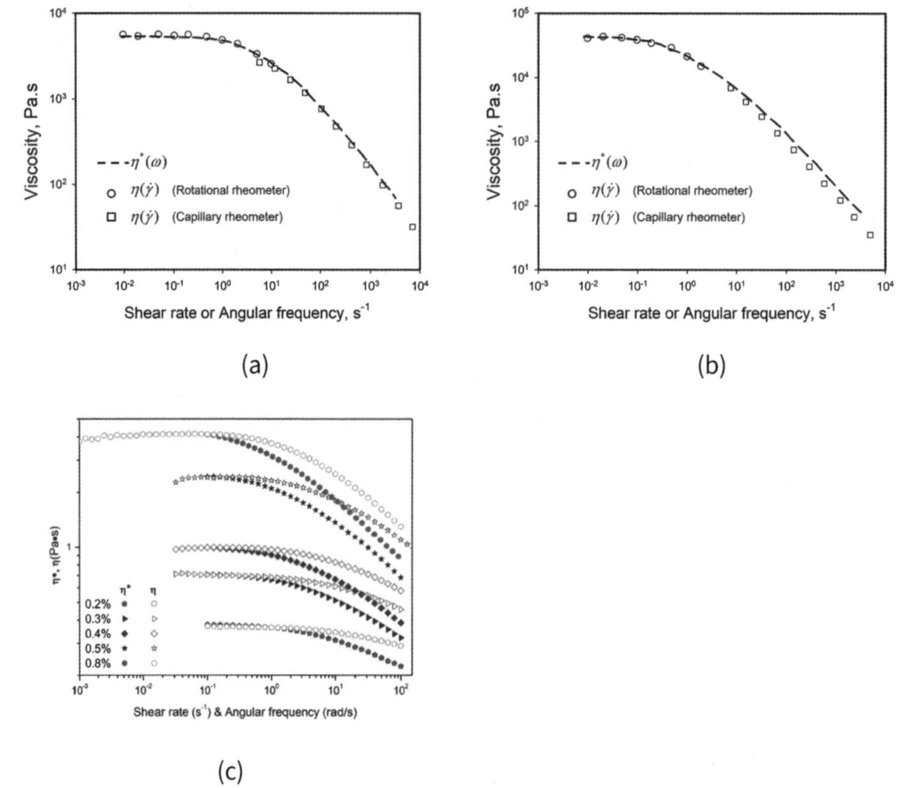

그림 8.14 콕스-메르츠 룰이 성립하는 예(a)와 성립하지 않는 예(b,c) (a) 선형 폴리스타이렌. 분자량 185,000, DPI 1.66, 473K (b) 선형 폴리스타이렌 분자량 311,000, DPI 1.84, 473K (c) 셀루로오즈를 이오닉 액체 [EMIm][P(OCH3)(H)O2]에 녹인 용액. (b)의 경우 $\omega = \dot{\gamma} = 1000\mathrm{s}^{-1}$ 에서 복소 점도 절댓값은 전단 점도보다 약 30% 큼. (c)의 경우 $\omega = \dot{\gamma} = 100\mathrm{s}^{-1}$, 농도 0.8%에서 복소 점도 절댓값은 전단 점도보다 약 35% 작음. (a, b)는 페리와 롬멜리니(Ferri and Lomellini, 1999)의 그림을 다시 그림 (c)는 첸 등(Chen et al., 2018)의 그림임

도 거동을 측정하는 방법으로 여전히 많이 사용되고 있다. 밀너(Milner, 1996)는 분자량 분포가 넓은 고분자를 대상으로 도이-에드워즈(Doi-Edwards) 모델을 적용하여 콕스-메르츠 룰의 이론적 배경을 제시하였다. 또한 이안니루베르토와 마루치(Ianniruberto and Marrucci, 1996)는 도이-에드워즈 모델에 흐름에 의한 구속완화(convective constraint release, CCR) 개념을 적용하여 콕스-메르츠 룰의 이론을 부분적으로 설명하였다. 도이-에드워즈 모델에 관하여는 8.4절에서 자세히 다루고자 한다.

콕스-메르츠 룰과 유사한 실험식들이 다른 유변 물성에서도 보고되고 있다. 글라이슬(Gleissel, 1980)은 정지된 시료에 전단율을 계단 형태로 가할 때 점도가 시간에 따라 증가하는 과도(transient) 상태에서 측정한 점도 및 수직 스트레스 차이 계수가 정상상태 점도 및 수직 스트레스와 다음과 같은 관계가 있음을 보였다.

$$\eta(\dot{\gamma}) = \left|\eta^{+}(t)\right|_{t=1/\dot{\gamma}} \tag{8.2-3}$$

$$\Psi(\dot{\gamma}) = \left|\Psi^{+}(t)\right|_{t=k/\dot{\gamma}} \tag{8.2-4}$$

위의 관계식을 글라이슬의 미러 룰(mirror rule)이라고 부른다. 라운(Laun, 1986)은 복소 점도와 수직 스트레스차이 계수가 실험적으로 다음 관계가 있음을 보였다.

$$\Psi_1(\dot{\gamma}) = \frac{2\eta''(\omega)}{\omega}\left[1+\left(\frac{\eta''}{\eta'}\right)^2\right]^{0.7}_{\omega=\dot{\gamma}} \tag{8.2-5}$$

이러한 식들은 모두 실험식들이지만 물성 값들을 예측하는 데 도움이 될 수 있다.

8.2.4 고분자 용융체의 신장 점도

신장 점도는 LCB의 영향이 전단 점도보다 더 크게 나타나는 유변 물성이다. 그림 8.15에는 LDPE의 변형률에 따른 과도(transient) 전단 점도와 신장 점도(extensional viscosity)를 나타냈다. 이 경우의 과도 점도는 시료에 정지상태로부터 해당하는 전단율 혹은 연신율로 변형을 가할 때 시간에 따라 변하는 점돗값을 말한다. 변형률이 작은 경우 과도 전단 점도 $\eta_0(t)$는 빠른 시간에 일정한 점돗값에 수렴한다. 이 값은 전단 유동에서 얻어지는 영점 점도와 같다. 변형률이 커짐에 따라 과도 전단 점도가 일정해지는 시간이 증가하고, 그 값도 $\eta_0(t)$보다 작아지게 되는 시어 시닝 현상을 나타낸다. 변형률이 작을 때의 과도 신장 점도는 과도 전단 점도의 3배이다. LDPE의 경우 LCB가 존재하기 때문에 변형률이 커짐에 따라 과도 신장 점도가 $3\eta_0(t)$ 값보다 크게 되는 신장 경화(extensional hardening) 현상을 보인다. 일반적

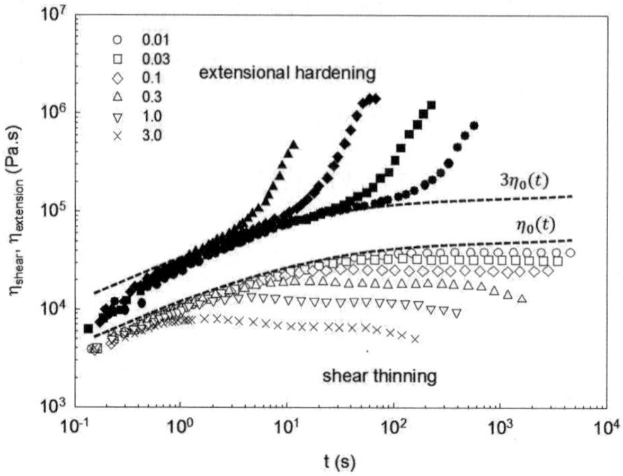

그림 8.15 LDPE의 변형률에 따른 과도 전단 점도 및 신장 점도. 서닐 등(Suneel et al., 2003)의 그림을 다시 그림. 점선으로 표시된 $\eta_0(t)$는 전단율이 매우 작은 상태(즉, 선형 점탄성 거동으로 해석할 수 있는 영역)에서 얻어진 과도 전단 점도임. 같은 모양의 기호는 전단과 신장 변형에서 동일한 변형률을 가짐

으로 선형 고분자의 경우 신장 경화 정도가 작고, LCB이 함량이 큰 고분자에서는 두드러진 신장 경화 현상이 나타난다. 그림 8.15의 LDPE에서 나타나는 시어 시닝과 신장 경화 현상은 LDPE가 필름용으로 가공될 때 매우 유용한 특성이다. 압출기를 사용하는 가공 공정에서 큰 전단율이 가해졌을 때 시어 시닝은 가공 부하를 줄여 주고, 신장 경화는 필름 블로잉(film blowing) 공정에서 버블 안정성에 도움을 주기 때문에 선형 고분자인 HDPE나 LLDPE에 비하여 LDPE의 가공 특성이 더 우수하다(Dealy and Wissbrun, 1990).

8.2.5 고분자 용융체의 선형 점탄성

저장 모듈러스(storage modulus, G')와 손실 모듈러스(loss modulus, G'')는 고분자의 분자량 및 LCB와 같은 구조적인 특성을 잘 나타내는 유변 물성이다. 그림 8.16에 일반적인 고분자 용융체의 주파수에 따른 저장 모듈러스와 손실 모듈러스의 변화를 나타냈다. 일정한 온도에서 그림 8.16과 같은 넓은 범위의 주파수에 대한 G'과 G'' 데이터를 얻기는 매우 힘들어 시간-온도 중첩(time-temperature superposition) 원리를 이용하여 여러 온도에서 측정된 데이터를 사용하여 그림 8.16과 같은 형태의

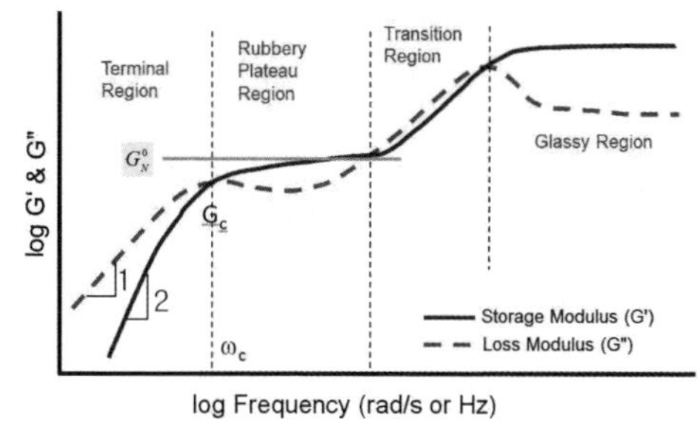

그림 8.16 고분자 용융체의 주파수에 따른 저장 모듈러스와 손실 모듈러스의 개략적인 변화

마스터 곡선(master curve)을 얻게 된다. 시간-온도 중첩 원리는 8.2.6절에 자세히 다룬다.

고분자에 매우 빠른 변형(고주파수)이 가해지면 고분자 사슬들이 가해진 변형 시간 동안 내부에 생긴 스트레스를 충분히 완화시킬 수 없어 유리상(glass)과 같은 거동을 나타낸다. 적당한 변형 속도(여기서 '적당한'의 의미는 고분자의 분자량에 따라 변화한다)에서는 고분자의 엉킴 효과에 의하여 고분자에 가해지는 변형 시간과 고분자의 완화 시간이 균형을 이루게 되어 고분자 용융체가 고무의 탄성 거동과 유사한 형태를 보인다. 이 부분에서는 저장 모듈러스가 주파수에 따라 크게 변화하지 않게 되는데, 이때의 저장 모듈러스를 평탄 모듈러스(plateau modulus, G_N^0)라고 한다. 좀더 낮은 주파수 영역에서는 고분자 용융체가 가해진 스트레스를 충분히 완화시켜 점성 유체와 같은 거동을 보이는데, 이 영역을 말단 영역(terminal region)으로 부른다(Ferry, 1969).

평탄 영역에서 말단 영역으로 변환할 때 G'과 G''이 교차하게 되고, 이때의 주파수를 교차 주파수(crossover frequency, ω_c), 이때의 모듈러스를 교차 모듈러스(crossover modulus, G_c)라고 한다. 대략적으로 선형 고분자의 경우 교차 주파수는 고분자의 평균 분자량이 증가할수록 감소하고, 교차 모듈러스는 분자량 분포가 넓을수록 감소한다. 교차 주파수의 역수를 사용하여 고분자의 대표 완화 시간(relaxation time)으로 많이 사용한다. 4장의 선형 점탄성에서 다루었던 1-모드(mode) 맥스웰 모델에서 얻어진 G'과 G''이 같아지는 주파수의 역수가 맥스웰 모델의 완화 시간인 점을 이용하여 정한 것이다.

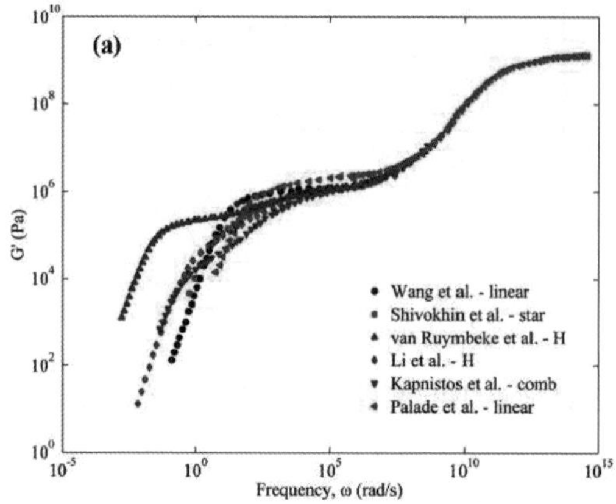

(a)

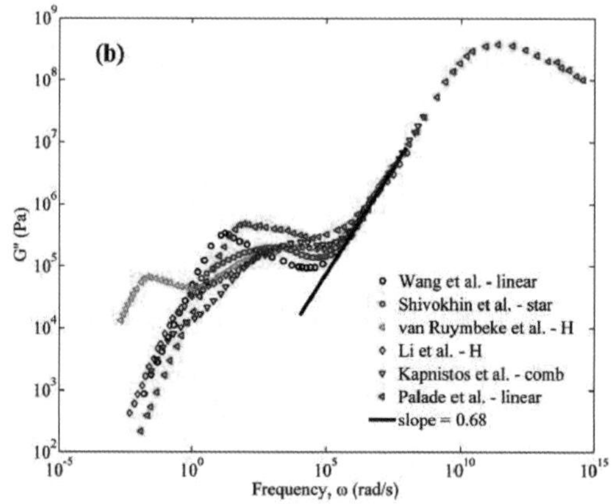

(b)

그림 8.17 여러 가지 LCB 구조를 갖는 단분산성 1,4-폴리부타디엔의 (a) 저장 모듈러스, (b) 손실 모듈러스. 박 등(Park et al., 2015)의 그림을 다시 그림

가지가 있는 고분자의 선형 점탄성 특성은 가지 구조에 따라 민감하게 변한다. 그림 8.17에 여러 가지 LCB 구조를 갖는 단분산성 1,4-폴리부타디엔의 G'과 G''을 나타냈다. 높은 주파수 영역에서는 고분자의 LCB 구조에 관계없이 모두 동일한 결과를 나타내고 있다. 반면 낮은 주파수 영역에서는 G'과 G''이 고분자의 구조에 따라 따라 뚜렷한 차이를 나타내고 있어 LCB 고분자의 특징적인 거동을 확인할 수 있다. H 형태와 빗 형태의 LCB 고분자에서는 스트레스 완화 과정이 팔의 완화 후에 주쇄의 완화가 이루어지는 두 단계로 이루어지기 때문에 G'의 평편

한 구역이 두 개 나타나게 된다. 반면에 스타 형태의 LCB를 갖는 고분자의 경우 완화 거동이 팔의 가지 점까지의 점진적인 수축운동(retraction)에 의해서 이루어지기 때문에 두 개의 평탄 영역이 존재하지 않는다. G''의 경우에서도 H 형태에서는 두 개의 완화 피크를 관찰할 수 있다. 이와 같이 낮은 주파수 영역의 데이터는 고분자 구조에 대한 많은 정보를 제공한다. 높은 주파수 영역에서는 동일한 화학적 조성을 갖는 고분자가 LCB 구조에 관계없이 동일한 G'과 G'' 데이터를 갖기 때문에, 이를 이용하여 고분자의 분자 이론 해석에 중요한 파라미터인 평형화 시간(equilibration time, τ_e)을 결정할 수 있다. 평형화 시간에 대하여는 8.4절에서 좀더 자세히 다루고자 한다.

8.2.6 고분자 유변 물성의 온도 의존성

제4장에서는 고분자의 선형 점탄성 거동에 대하여 측정 시간, 또는 주파수의 함수만을 고려하였다. 선형 점탄성 거동은 온도가 변화할 때도 변화하게 되는데, 이때 온도의 변화와 측정 시간과는 밀접한 관계가 있다. 즉, 높은 온도에서 짧은 시간(또는 높은 주파수)에 측정된 데이터는 낮은 온도에서 긴 시간(낮은 주파수)에 측정된 데이터와 유사한 결과를 나타낸다. 이때 측정 시간의 변화 정도와 측정 온도의 변화 정도를 적절히 조절하면 여러 온도에서 일정한 시간 범위에서 측정된 결과를 하나의 기준 온도에서 넓은 시간 범위의 데이터로 만들 수 있게 되며, 이렇게 만들어진 곡선을 마스터 곡선이라고 한다. 선형 점탄성 거동에서 이와 같은 측정 시간과 측정 온도와의 관계를 시간-온도 중첩(time-temperature superposition, TTS) 원리라고 한다.

그림 8.17의 G'과 G'' 데이터를 보면 주파수의 범위가 10^{-5}~10^{15}(rad/s)로 매우 넓게 나타나 있다. 일정한 온도에서 유변 물성 측정기(rheometer)를 사용하여 G'과 G''을 측정하는 경우 주파수의 범위는 일반적으로 10^{-2}~10^{2}(rad/s) 정도이다. 10^{-2}보다 작은 주파수를 사용하여 측정하는 경우 실험 결과를 얻기까지 너무 오랜 시간이 필요하며, 이 경우 고온에서 측정할 때는 측정 시료의 열화(degradation)가 발생할 수도 있다. 또한 너무 높은 주파수의 경우 측정 과정에서 생기는 관성 효과에 의하여 측정값의 오차가 발생할 가능성이 높다. 따라서 그림 8.17과 같은 매우 넓은 주파수 범위의 선형 점탄성 데이터는 여러 온도에서 측정된 데이터를 조합하

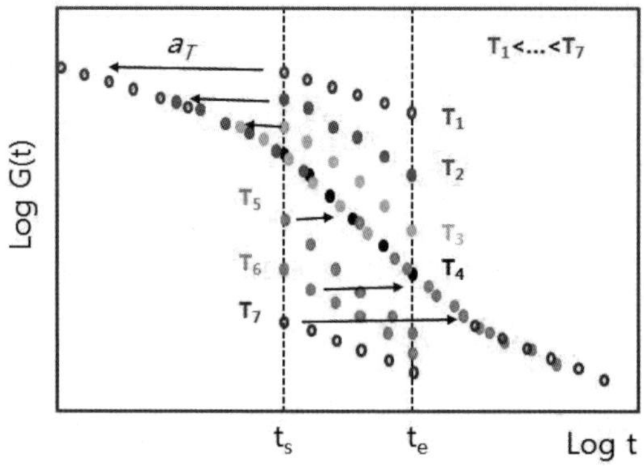

그림 8.18 시간-온도 중첩 원리를 이용한 완화 모듈러스 $G(t)$의 마스터 곡선 작성. 온도 T_1부터 T_7까지 시간 간격 t_s와 t_e에서 측정된 데이터를 기준온도 T_4에서의 마스터 곡선으로 작성함

여 얻게 된다. 그림 8.18에 여러 온도(T_1~T_7)에서 일정한 시간 범위(t_s~t_e)에서 측정된 완화 모듈러스 $G(t)$를 기준 온도 (T_4)에서의 마스터 곡선으로 만드는 과정을 나타냈다. 기준 온도보다 높은 온도에서 측정된 데이터는 긴 시간 쪽으로 이동시키고, 기준 온도보다 낮은 온도에서 측정된 데이터는 짧은 시간 쪽으로 이동시키게 된다. 이때 시간 축을 따라 이동시키는 정도는 기준 온도와의 온도 차에 따라 변화하게 되는데, 이 값을 이동인자(shift factor, a_T)라고 한다. 기준 온도보다 높은 온도에서는 이동인자가 1보다 작게 되고, 낮은 온도에서는 1보다 크게 된다. 각각의 온도에서 측정된 시간(t)은 이동인자를 사용하여 마스터 곡선의 시간 축에서는 $t_r = t/a_T$로 변환되고, 주파수의 경우에는 마스터 곡선에서 $\omega_r = \omega \cdot a_T$로 변환된다. 따라서 다음의 관계가 성립한다:

$$G(T,t) = G(T_0, t / a_T) \tag{8.2-6}$$

$$G'(T,\omega) = G'(T_0, a_T\omega); \quad G''(T,\omega) = G''(T_0, a_T\omega); \quad \tan\delta(T,\omega) = \tan\delta(T_0, a_T\omega) \tag{8.2-7}$$

마스터 곡선은 선형 점탄성 물성뿐만 아니라 점도 및 수직 스트레스 차이 계수에 대해서도 나타난다. 이때 점도, 수직 스트레스 차이 계수 및 전단율은 다음과 같이

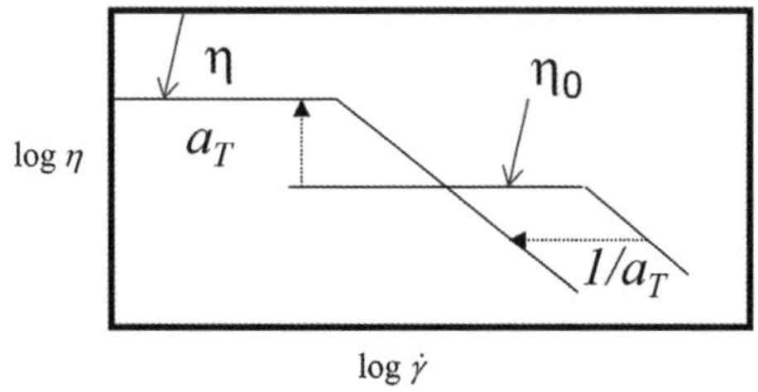

그림 8.19 로그-로그 좌표에서 TTS에 의한 점도의 변환

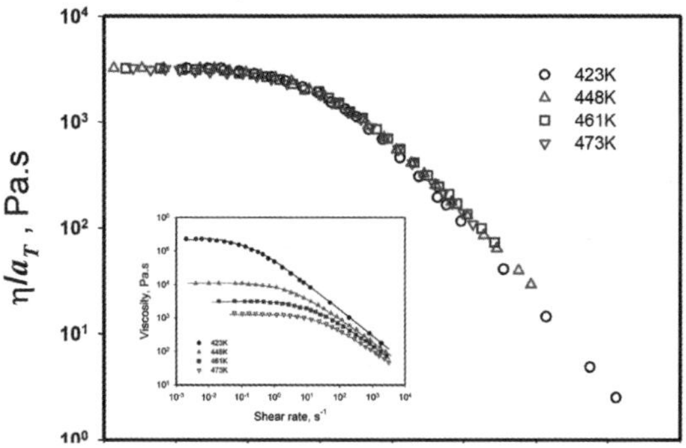

그림 8.20 폴리스타이렌 점도의 마스터 곡선. 그림 3.1a(내부 그림)의 곽 등(Kwag et al., 1999)의 데이터를 이용하여 TTS 원리를 이용하여 그림

변환되며, 점도의 경우 그림 8.19에 나타낸 바와 같이 로그-로그 좌표에서 평행이동을 하여야 한다.

$$\eta_R = \eta / a_T, \quad \dot{\gamma}_R = a_T \dot{\gamma}, \quad \Psi_{1R} = \Psi_1 / a_T^2 \tag{8.2-8}$$

그림 8.20에는 이동인자를 이용하여 평행 이동한 마스터 곡선을 도시하였으며, 각각 하나의 마스터 곡선으로 나타낼 수 있음을 볼 수 있다.

일반적으로 선형 고분자의 경우에서 온도 변화에 따라 상변이(phase transition)와 같은 고분자의 구조적인 특성이 변화하지 않는 경우에는 시간-온도 중첩 원리가 잘 적용되고, 이런 경우 열유변학적으로 단순(thermo rheologically simple)하다고 한다. LCB 고분자의 경우에는 시간-온도 중첩 원리가 적용되지 않는 경우(thermo rheologically complex)도 많이 보고되고 있어 LCB 존재 유무를 분석할 때 이와 같은 특성을 이용하기도 한다.

그림 8.18에서 마스터 곡선을 만드는 과정에서는 시간 축으로의 이동만을 고려하였으나, 실제 마스터 곡선 작성 과정에서는 시간 축으로의 이동만으로는 완전히 겹쳐진 마스터 곡선을 만들 수 없는 경우도 나타난다. 이런 경우에는 완화 모듈러스 축으로 약간의 이동이 필요하게 된다. 이와 같은 이동 정도를 수직 이동인자(vertical shift factor, b_T)라고 한다. 일반적으로 수직 이동인자는 a_T에 비하여 매우 작기 때문에 측정 온도의 범위가 매우 큰 경우가 아니라면 무시할 수 있다.

이동인자는 고분자 영점 점도와 밀도의 온도 의존성을 이용하여 다음과 같이 나타낼 수 있다.

$$a_T = \frac{\eta_0(T)T_0\rho_0}{\eta_0(T_0)T\rho} \tag{8.2-9}$$

여기서 η_0는 영점 점도, ρ는 밀도, T는 측정 온도이고, T_0는 기준 온도를 의미한다. 고분자 용융체에서 $T\cdot\rho$값은 온도에 따라 크게 변화하지 않기 때문에 일반적으로 이동인자는 측정 온도와 기준 온도에서의 영점 점도의 비로 사용한다. 온도에 따른 이동인자는 아레니우스(Arrhenius) 형태의 식을 사용하여 나타낼 수 있다.

$$a_T = \exp\left[\frac{E_a}{R}\left(\frac{1}{T} - \frac{1}{T_0}\right)\right] \tag{8.2-10}$$

여기서 E_a는 흐름 활성화 에너지(flow activation energy)이고, R은 기체상수이다. 일반적인 E_a/R 값은 LDPE가 4.5×10^3K, HDPE가 2.8×10^3K이고 폴리프로필렌(polypropylene)은 5.1×10^3K이다. 흐름 활성화 에너지가 클수록 온도 변화에 따라 점도 변화가 크게 된다. 일반적으로 아레니우스 형태의 식은 T_g보다 100℃ 이상 큰 온도 범위에서 적용된다.

고분자 점도 측정의 온도 범위가 유리전이 온도(glass transition temperature T_g)에서 T_g+100℃ 이내인 경우 다음과 같은 WLF(Williams-Landel-Ferry) 식을 사용할 수도 있다.

$$\log a_T = \frac{-c_1^0 (T - T_0)}{c_2^0 + (T - T_0)} \tag{8.2-11}$$

여기서 기준 온도 T_0를 T_g로 사용하면 $c_1^0 = 17.44$이고 $c_2^0 = 51.6K$이다. WLF 식은 실험적으로 얻어진 식이지만, 고분자의 자유부피(free volume) 개념을 이용하여 유도할 수 있다(Ferry, 1980). 고분자 용융체의 점도는 온도 변화에 따른 자유부피에 따라 식 (8.2-12)와 같이 나타낼 수 있다.

$$\ln \eta(T) = \ln A + B\frac{V(T) - V_f(T)}{V_f(T)} \tag{8.2-12}$$

여기서 $\eta(T)$는 점도, $V(T)$는 고분자의 전체 부피, $V_f(T)$는 고분자의 자유부피, A와 B는 상수이다. 온도가 T_g일 때 식 (8.2-12)는 다음과 같이 쓸 수 있다.

$$\ln \eta(T_g) = \ln A + B\frac{V(T_g) - V_f(T_g)}{V_f(T_g)} \tag{8.2-13}$$

식 (8.2-12)에서 식 (8.2-13)을 빼면 다음과 같이 된다:

$$\ln\frac{\eta(T)}{\eta(T_g)} = B\left[\frac{V(T)}{V_f(T)} - \frac{V(T_g)}{V_f(T_g)}\right] = B\left[\frac{1}{f_T} - \frac{1}{f_{T_g}}\right] \tag{8.2-14}$$

여기서 $f(=V_f/V)$는 자유부피 분율(free volume fraction)이다. 고분자의 자유부피 분율은 T_g 이상의 온도에서 절대 온도에 선형적으로 변화한다.

$$f_T = f_{T_g} + a_f(T - T_g) \tag{8.2-15}$$

위 식에서 α_f는 자유부피 분율의 팽창 계수이다. 위 식을 식 (8.2-14)에 대입하고, 자연로그를 상용로그로 변환하여 정리하면 다음과 같다.

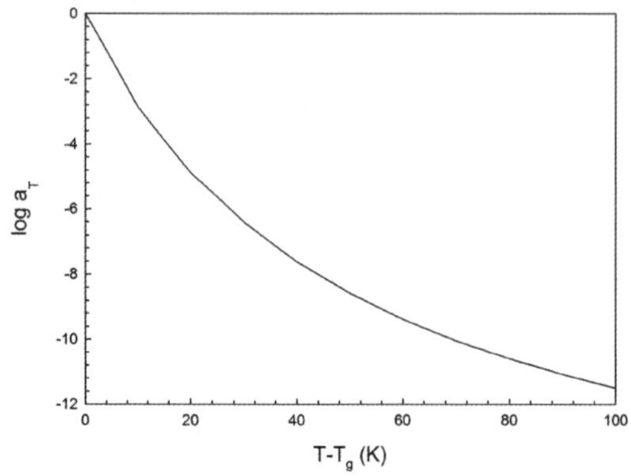

그림 8.21 WLF 식을 이용한 T_g에서의 온도 변화에 따른 이동인자의 변화

$$\log a_T = -\frac{B}{2.303 f_{T_g}}\left[\frac{(T-T_g)}{\dfrac{f_{T_g}}{a_T}+(T-T_g)}\right] = \frac{-c_1^0(T-T_g)}{c_2^0+(T-T_g)} \tag{8.2-16}$$

일반적으로 모든 고분자에 대하여 적용되는 일반적인 값으로 B=1, α_f=4.8×10^{-4} K를 사용하여 정리하면

$$\log a_T = \frac{-17.44(T-T_0)}{51.6+(T-T_0)} \tag{8.2-17}$$

이 된다. 그림 8.21에 WLF 식을 이용한 온도 변화에 따른 이동인자의 변화를 나타냈다. 기준 온도가 T_g가 아닌 경우에는 여러 온도에서 결정된 이동인자를 사용하여 WLF 식의 파라미터 값을 결정할 수 있다.

8.3 고분자 분자 이론

앞 절에서 다룬 바와 같이 유변 물성은 고분자의 분자량 및 LCB 구조에 따라 변한다. 이러한 고분자 구조의 변화에 따른 유변 물성을 예측하기 위하여 지금까지 여러 가지 분자 이론(molecular theory)이 개발되었다. 고분자에 변형이 가해지면 평형 상태의 고분자 사슬의 입체 형태가 변형의 정도에 따라 변화하게 되고, 이로 인하여 발생한 스트레스를 완화시키기 위하여 고분자 사슬이 움직이게 된다. 이와 같은 고분자 사슬의 동역학적 거동(dynamics)을 해석하는 분자 이론에서는 고분자를 구성하는 개별 원자 단위의 움직임을 해석하는 것이 아니라 고분자 사슬을 구성하는 반복 단위를 묶은 가상적인 분자(submolecule)를 대상으로 역학적인 해석을 수행한다. 고분자 미세구조를 바탕으로 한 분자 이론에 의해 예측된 유변 물성과, 연속체 역학(continuum mechanics)을 바탕으로 유도된 구성방정식에 의한 유변 물성은 유사하게 나타난다. 그러나 분자 이론에서는 연속체 역학에서는 포함시키기 쉽지 않은 고분자의 분자량, 분자량 분포 및 LCB에 대한 부분 등 고분자의 미세구조를 고려할 수 있기 때문에 유변 물성을 바탕으로 고분자의 분자 구조를 예측하는 부분에서 좀더 유용하게 사용될 수 있다. 다음에는 고분자 용액의 분자 이론인 비드-스프링(bead-spring) 모델과 고분자 용융체의 분자 이론인 튜브(tube) 모델에 대하여 설명하였다.

8.3.1 비드-스프링 모델

제7장 '구성방정식'에서는 물질의 스트레스와 변형의 관계를 물질의 미세구조를 고려하지 않고 연속체 역학의 관점에서 접근하였다. 따라서 이렇게 유도된 구성방정식은 물질에 따라 다른 점도나 시간 상수들을 포함하지만 이러한 물질 상수들이 고분자의 분자량이나 주쇄의 구조, 농도 등과 어떠한 관계를 가지고 있는가에 대해서는 정보를 제공하지 못하며 대부분 실험적으로 직접 구해야 한다. 또한 유동장 안에서 고분자가 어떻게 늘어나고 배향을 하는지에 대해서도 예측을 할 수는 없다. 따라서 고분자 용액의 유동장 내에서의 미세구조를 이해하기 위해서는 고분자를 비드-스프링 모델로 표현하고 해석하는 방법을 사용한다. 비드-스프링 모델은 2개의 비드와 이를 연결하는 하나의 스프링으로 구성된 덤벨(dumbbell) 모델과 $N(\geq 3)$개의 비드를 $N-1$개의 스프링으로 연결한 라우스(Rouse) 또는 짐(Zimm) 모델로 크게 구분된다. 키네틱 이론(kinetic theory)을 이용하면 비드-스프링 모델로 표현되는 고분자가 용액 안에서 받는 수력학적 힘, 브라운 운동(Brownian motion)에

의한 힘과 비드 사이의 스프링에 의한 힘 간의 균형을 고려하여 고분자가 늘어나고 배향하는 특성과 고분자에 의한 스트레스를 구할 수 있다. 또한 브라운 동역학(Brownian dynamics) 방법을 이용하면 고분자의 운동을 직접 추적할 수도 있다. 그러나 이러한 방법들을 자세히 기술하는 것은 이 책의 범위를 벗어나므로 여기서는 키네틱 이론의 결과만을 간단히 소개한다.

비드의 반경 a는 수십 내지 수백 나노미터의 크기를 가진다. 고분자의 질량은 각각의 비드에 집중되어 있고, 비드를 연결하는 스프링은 질량은 없고, 유동장 내에서 항력(drag)을 받지 않으며 탄성만을 가진다. 비드가 뉴턴성 용매 내에서 움직일 때 레이놀즈(Reynolds) 수가 1보다 충분히 작아 비드에 가해지는 항력은 스톡스(Stokes) 항력으로 표시된다. 유동이 가해지면 고분자 사슬이 평균적으로 유동 방향으로 늘어나고 배향되는 것과 같이 비드-스프링 모델 내의 스프링도 평균적으로 늘어나고 비드-스프링도 평균적으로 유동방향으로 배향을 한다. 비드의 크기는 1μm보다 충분히 작아 브라운 운동에 의한 힘을 받는다. 스톡스 항력, 스프링 힘 및 브라운 운동에 의한 힘의 세가지 힘이 균형을 이루면서 고분자 사슬이 변형으로 생긴 스트레스를 완화시킨다. 한편 묽은 고분자 용액의 경우 하나의 고분자 사슬의 움직임은 주위에 있는 다른 사슬의 움직임에 영향을 받지 않는 것으로 가정할 수 있으므로 용매 안에 있는 하나의 비드-스프링만을 해석하면 된다.

덤벨 모델

덤벨 모델은 그림 8.22에 보인 바와 같이 반경이 a인 2개의 비드와 두 비드(비드 1과 비드 2)를 연결하는 스프링상수 $H(R)$을 갖는 스프링으로 구성된다(여기서 R은 기체상수가 아니라 두 비드 간의 거리이다). 이러한 모델은 너무 간단하여 고분자의 거동을 정확하게 나타내기는 어렵지만 고분자가 용액 내에서 용매의 점성에 의한 힘을 받고 늘었다 줄었다 하는 현상과 함께 탄성을 나타내는 현상을 모두 표현할 수 있기 때문에 매우 유용한 모델이다. 또한 많은 경우에 해석적인 해도 보고되어 있다. 덤벨 모델은 뒤에 나오는 여러 개의 비드로 구성된 라우스 또는 짐 모델의 기초가 되기도 한다. 덤벨 모델은 다음과 같은 가정을 바탕으로 하고 있다.

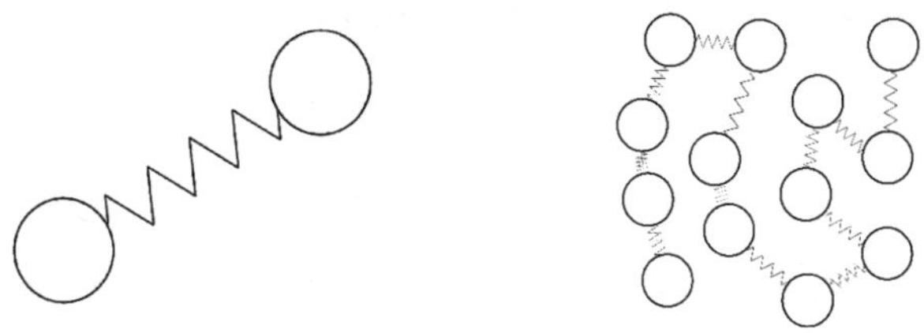

그림 8.22 비드-스프링 모델 (a) 덤벨 모델 (b) 멀티비드-스프링 모델. 라우스 모델과 짐 모델에서 비드와 스프링

a. 단위부피당 n개의 덤벨이 점도 η_s의 뉴턴성 유체에 분산되어 있다. 덤벨의 농도는 충분히 낮아 덤벨 간의 상호 작용은 무시할 정도로 작다.
b. 두 비드의 질량과 크기는 같으며, 스프링은 꺾이지 않는다.
c. 두 비드를 연결하는 스프링은 크기는 같고 방향은 반대인 힘을 각 비드에 작용한다. 스프링은 질량이 없으며 용매에 의한 점성력을 받지 않는다.
d. 비드는 용액 안에서 움직일 때 스톡스 항력을 받는다. 그러나 하나의 덤벨에 속하는 2개의 비드는 서로 수력학적 상호작용을 하지 않는다.
e. 비드는 크기가 작아 유체 안에서 각각의 브라운 운동을 하며, 브라운 힘을 받는다.

위의 가정에 의하면 각 비드에 작용하는 스프링 힘과 스톡스 항력에 대한 식은 다음과 같다:

$$\text{스프링 힘: } \mathbf{F}^s = H(R)\mathbf{R} \tag{8.3-1}$$

$$\text{스톡스 항력: } \mathbf{F}^d = \zeta\mathbf{v} = 6\pi\eta_s a\mathbf{v} \tag{8.3-2}$$

위 식에서 $\mathbf{R}$은 비드 1의 중심에서 비드 2의 중심으로 향하는 벡터이며, $\mathbf{v}$는 유체 안에서 비드의 용매에 대한 상대속도이다. 한편 브라운 운동에 의한 힘은 키네틱 이론의 배열 분포 함수(configurational distribution function)의 개념이 필요하고 수학적인 복잡성이 있지만 결과 식에는 드러나지 않으므로 여기서는 직접 다루지 않는다(키네틱 이론에서는 유동장과 연계하여 배열 분포 함수의 확산에 대한 편미분방정식인 스몰루초브스키[Smoluchowski] 방정식을 풀고, 이 함수를 가중 함수[weighting function]로 평균을 구하는 과정이 필요하다). 키네틱 이론에 의한 해석의 자세한 내용은 버드 등(Bird et al., 1987)을 참고할 수 있다. 위와 같은 가정을 바탕으로 하고 스프링 힘이 $H(R) = H$로 상수인 경우(이 경우를 후크덤벨[Hookean dumbbell]이라 한다) 키네틱 이론에 의해 다음과 같은 결과를 얻을 수 있다. 먼저 고분자에 의한 스트레스 $\boldsymbol{\tau}_p$는 다음과 같이 7장에서 다룬 어퍼 컨벡티드 맥스웰 모델(upper convected Maxwell model)이 된다:

$$\boldsymbol{\tau}_p + \lambda_H \boldsymbol{\tau}_{p(1)} = nkT\lambda_H \boldsymbol{\gamma}_{(1)} \tag{8.3-3}$$

위 식에서 완화상수

$$\lambda_H = \zeta / 4H \tag{8.3-4}$$

이다. 용액이 나타내는 스트레스를 구하기 위해 $\boldsymbol{\tau}_p$와 용매에 의한 스트레스 $\boldsymbol{\tau}_s = \eta_s \boldsymbol{\gamma}_{(1)} = \eta_s \dot{\boldsymbol{\gamma}}$을 합친 후 정리하면 다음 식을 얻는다. 이 식은 7장에서 다룬 올드로이드 B 모델임을 알 수 있다:

$$\boldsymbol{\tau} + \lambda_1 \boldsymbol{\tau}_{(1)} = \eta_0 (\boldsymbol{\gamma}_{(1)} + \lambda_2 \boldsymbol{\gamma}_{(2)}) \tag{8.3-5}$$

$$\eta_0 = \eta_s + nkT\lambda_H \tag{8.3-6}$$

$$\lambda_1 = \lambda_H = \zeta / 4H \tag{8.3-7}$$

$$\lambda_2 = \left(\frac{\eta_s}{\eta_s + nkT\lambda_H} \right) \lambda_H \tag{8.3-8}$$

한편 키네틱 이론에 의하면 덤벨은 단순 전단 유동장 안에서 평균적으로 다음

과 같이 늘어난다:

$$\frac{\langle R^2 \rangle}{\langle R^2 \rangle_{eq}} = 1 + \frac{2}{3}(\lambda_H \dot{\gamma})^2 \tag{8.3-9}$$

위 식에서 $\langle R^2 \rangle$은 비드 간의 거리 R의 제곱의 평균이며, eq는 평형상태를 의미한다. 위 식에 의하면 $\dot{\gamma}$이 커짐에 따라 비드 간의 거리가 무한히 증가할 수 있다. 한편 식 (8.3-5)로부터 다음과 같은 유변 물성 값을 얻는다:

$$\eta = \eta_0 = \eta_s + nkT\lambda_H \tag{8.3-10}$$

$$\Psi_1 = 2nkT\lambda_H^2 \tag{8.3-11}$$

$$\Psi_2 = 0 \tag{8.3-12}$$

$$\eta' = \eta_s + \frac{nkT\lambda_H}{1 + (\lambda_H \omega)^2} \tag{8.3-13}$$

$$\eta'' = \frac{nkT\lambda_H^2 \omega}{1 + (\lambda_H \omega)^2} \tag{8.3-14}$$

식 (8.3-10) 등을 이용하면 묽은 고분자 용액의 실험 결과로부터 덤벨 모델을 나타내는 모델 파라미터 값들을 구할 수 있다. 먼저 단위부피당 고분자의 분자수 n은 고분자의 농도와의 관계 $c = nM / N_A$에서 얻을 수 있다. 다음으로 실험적으로 고분자 용액의 점도를 구하면 n과 식 (8.3-10)을 이용하여 λ_H를 구할 수 있다. 스프링 상수는 식 (8.1-15)와 고분자의 고유 점도를 이용하여 구한다. 식 (8.1-15)를 변형하면

$$f = 2kT\beta^2 R = \frac{3kT}{\overline{r^2}} R = HR \tag{8.3-15}$$

이고, 식 (8.1-28)에서 $\overline{r^2} = (M[\eta] / \Phi)^{2/3}$이므로

$$H = \frac{3kT}{\left(M[\eta]/\Phi\right)^{2/3}} \tag{8.3-16}$$

가 된다. 다음으로 식 (8.3-4)을 이용하여 ζ를 구하면 비드의 반경 a는 다음과 같다:

$$a = \frac{2\lambda_H H}{3\pi\eta_s} \tag{8.3-17}$$

후크 스프링으로 구성된 후크 덤벨 모델은 수학적으로도 비교적 간단하여 식 (8.3-3)과 같이 해석적인 구성방정식을 구할 수 있는 장점이 있지만 식 (8.3-9)의 설명에서도 알 수 있듯이 전단율이 커지면 무한히 늘어나고, 신장 유동에서는 신장 점도가 $\lambda\dot{\varepsilon} = 1/2$이 되면 발산하는 문제가 있다(제7장, 예제 12-4 참고). 또한 점도의 시어 시닝이 나타나지 않는다. 이러한 문제는 H가 상수이기 때문에 물리적인 한계인 고분자의 길이 이상으로 고분자가 늘어날 수 있기 때문이다. 이러한 문제를 해결하기 위해서 스프링이 다음과 같이 유한하게 늘어나게 하는 방법이 있다. 이러한 모델을 유한 신장-비선형 탄성 덤벨(finitely extensible nonlinear elastic dumbbell) 즉 FENE 덤벨이라고 부른다.

$$\mathbf{F}^s = \frac{H\mathbf{R}}{1-(R/R_0)^2} \tag{8.3-18}$$

이러한 스프링 힘은 비선형성 때문에 해석적인 접근이 불가능하므로 버드 등(Bird et al., 1980)은 분모의 $(R/R_0)^2$항을 미리 평균을 구하는 방법인 페터린(Perterlin) 근사법, 즉 $\langle (R/R_0)^2 \rangle$으로 대체한 모델을 사용하여 그림 (8.23-8.26)과 같은 결과 및 다음 식들을 얻었다(이러한 덤벨을 FENE-P 모델이라고 한다).

전단 물성:

$$\eta_0 - \eta_s = nkT\lambda_H b/(b+3) \quad (b = HR_0^2/kT) \tag{8.3-19}$$

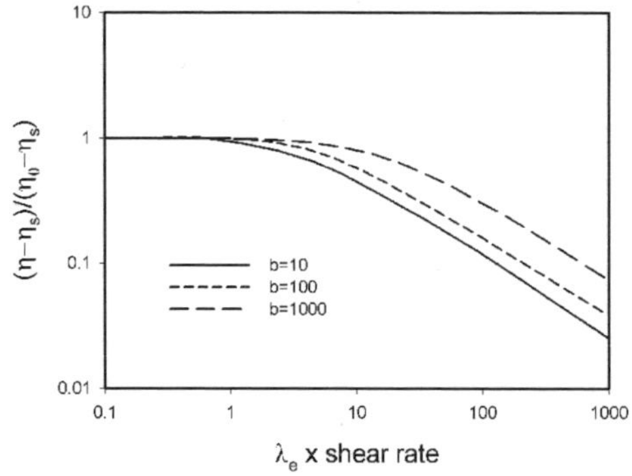

그림 8.23 FENE-P 모델의 전단율에 따른 점도의 변화. 버드 등(Bird et al., 1980)의 그림을 다시 그림

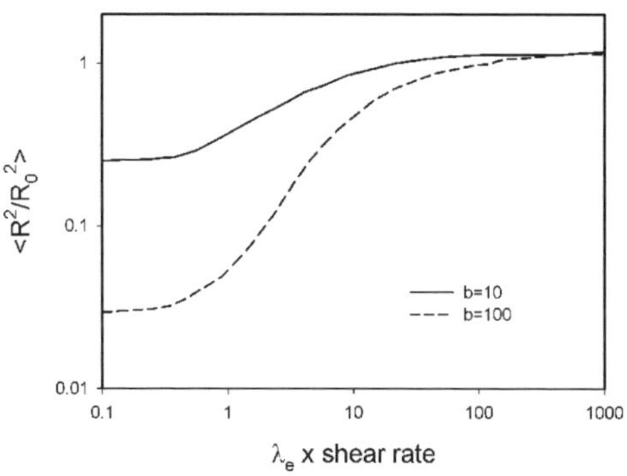

그림8.24 FENE-P 모델의 전단율에 따른 길이의 변화. 버드 등(Bird et al., 1980)의 그림을 다시 그림

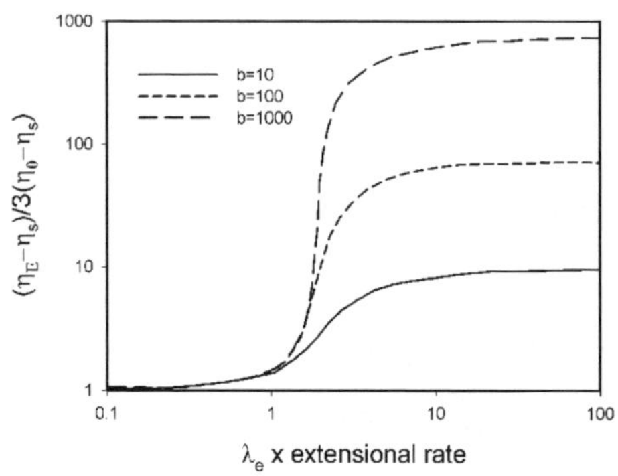

그림 8.25 FENE-P 모델의 신장률에 따른 신장 점도 변화. 버드 등(Bird et al., 1980)의 그림을 다시 그림

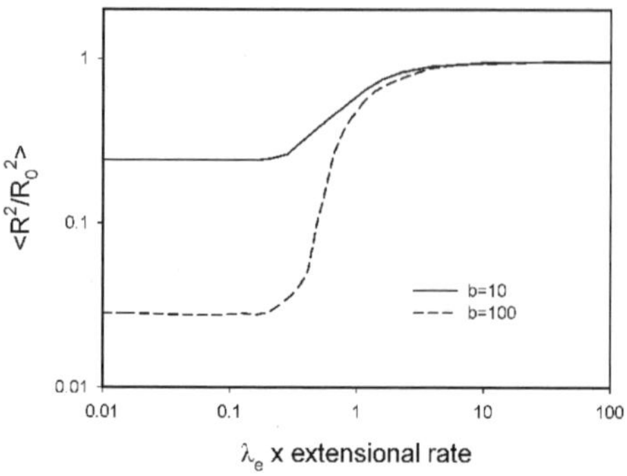

그림 8.26 FENE-P 모델의 신장률에 따른 늘어나는 길이 변화. 버드 등(Bird et al., 1980)의 그림을 다시 그림

$$\eta_\infty - \eta_s = nkT\lambda_H\left[(2/b)(\lambda_H\dot{\gamma})^2\right]^{-1/3} \propto \dot{\gamma}^{-2/3} \tag{8.3-20}$$

$$\Psi_1 = 2(\eta - \eta_s)^2 / nkT, \quad \Psi_2 = 0 \tag{8.3-21}$$

신장 물성:

$$\eta_{E0} = 3\eta_s + 3nkT\lambda_H b/(b+3) \tag{8.3-22}$$

$$\eta_{E\infty} = 3\eta_s + 2nkT\lambda_H b \tag{8.3-23}$$

선형 점탄성 물성:

$$\eta^* = \eta' - i\eta'' = \eta_s + \frac{nkT\lambda_H b/(b+3)}{1 + i\lambda_H \omega b/(b+3)} \tag{8.3-24}$$

실험적으로 구하는 시간 상수:

$$\lambda_e = [\eta]_0 \eta_s M / (N_A kT)\lambda_H b/(b+3) \tag{8.3-25}$$

그림 8.23에서 보면 단순 전단 유동에서 전단 점도는 영점 전단율 점도를 갖고 높은 전단율에서는 시어 시닝하다. 또한 그림 8.24에서 덤벨은 무한히 늘어나지 않고 최댓값에 수렴한다. 그림 8.25에서 신장 점도는 $\lambda_e\dot{\varepsilon} \approx 0.5$에서 급격히 증가하

지만 최댓값이 존재한다. $\lambda_e \dot{\varepsilon} \approx 0.5$는 감김-풀림 전이(coil-stretch transition)를 뜻한다. 즉 감겨 있던 고분자가 급격히 풀리는 현상이 생긴다. 이러한 현상들은 고분자 용액의 중요한 특성을 비교적 잘 나타내고 있다. 이러한 특징들은 스프링이 유한하게 늘어나는 특성을 적절히 포함시켰기 때문이다.

라우스 모델(Rouse model)

덤벨 모델은 고분자 용액의 특성을 정성적으로는 예측할 수 있지만 한 개의 완화 시간(λ_H)만으로 표현되기 때문에 실제 고분자가 갖는 완화 시간 분포를 나타낼 수 없다(식 (8.3-5)의 λ_2는 지연 시간임. 4장 선형점탄성 참고). 이러한 문제를 해결하기 위해 여러 개의 비드와 스프링을 갖는 라우스 모델이 사용된다. 라우스 모델은 그림 8.22(b)와 같이 N개의 비드와 각각의 비드를 연결하는 N-1개의 스프링으로 구성되어 있다. 각 비드에는 후크 덤벨의 경우와 마찬가지로 수력학적 힘, 이웃하는 스프링에 의한 힘 및 브라운 힘이 작용하므로 이 힘들을 고려한 스몰루초브스키 방정식을 풀어야 한다. 각각의 비드가 유체 내에서 운동을 하면 주위 용매의 흐름에 영향을 주게 되고, 그로 인해 비드의 움직임이 영향을 받게 된다. 이와 같은 현상을 수력학적 상호작용(hydrodynamic interaction)이라 한다. 라우스 모델에서는 이와 같은 수력학적 상호작용은 고려하지 않는다.

변형이 가해진 후 완화 거동은 스프링이 줄어드는 과정에서 용매의 점성에 의하여 생기는 특성이다. 라우스 모델에서는 여러 개의 비드가 많은 자유도를 갖기 때문에 고분자 사슬의 완화 거동이 분포를 갖는 여러 개의 완화 시간에 의하여 결정된다. 라우스 모델에서 후크 스프링을 적용한 모델의 완화 모듈러스는 다음과 같이 얻어진다.

$$G(t) = G_0 \sum_{i=1}^{N} e^{-t/\lambda_i}, \quad G_0 = nkT; \quad \lambda_i = \frac{\zeta}{16kT\beta^2 \sin^2(i\pi / 2(N+1))} \tag{8.3-26}$$

위 식에서 $N \gg 1$일 경우에는

$$\lambda_i \approx \frac{\zeta N^2}{4\pi^2 \beta^2 i^2 kT} \propto M^2 \tag{8.3-27}$$

가 된다. 이 값 중에서 $i = 1$일 때의 시간을 최장 라우스 시간, λ_R(또는 τ_R)이라 하는데 이 값은 농도에는 무관하며 고분자의 거동을 해석할 때 중요하게 고려하는 시간으로 다음과 같이 실험적으로 측정하는 값의 함수로도 표시할 수 있다.

$$\lambda_1 = \lambda_R(=\tau_R) = \frac{6c[\eta]_0\eta_s}{\pi^2 nkT} = \frac{6}{\pi^2}\frac{[\eta]_0\eta_s M}{N_A kT} \tag{8.3-28}$$

τ_R은 다음 값으로도 표현된다:

$$\tau_R = \frac{b^2N^2\zeta}{6\pi^2 kT} \tag{8.3-29}$$

위 식에서 N은 중합도이고, b는 다음 식으로부터 구하는 단량체 기준 세그먼트 길이(monomer-based segment length)로 식 (8.3-19)와는 다른 값임을 주의하여야 한다(Larson et al., 2003).

$$b = \sqrt{C_\infty l^2} \tag{8.3-30}$$

여기서 C_∞는 식 (8.1-20)에서 정의한 특성비이고, l은 C-C 결합길이다(Larson et al., 2003). 식 (8.3-29)의 라우스 시간은 스트레스를 해석할 때 사용하는 라우스 시간이고 분자의 배향(molecular orientation)에 대한 라우스 시간은 식 (8.3-29)의 값의 2배가 된다. 이것은 라우스 사슬의 스트레스는 사슬의 배향의 제곱에 의존하기 때문이다. 식 (8.3-26)을 이용하여 고분자에 의한 점도를 구하고 용매의 점도를 더하여 용액의 점도를 구하면

$$\eta_0 = G_0\sum_{i=1}^{N-1}\lambda_i + \eta_s \approx nkT\lambda_1\sum_{i=1}^{\infty}\frac{1}{i^2} + \eta_s = \frac{\pi^2}{6}nkT\lambda_1 + \eta_s = \frac{\pi^2}{6}\frac{cN_A kT}{M}\lambda_1 + \eta_s \tag{8.3-31}$$

가 된다. 따라서 위 식과 (8.1-35)를 이용하여 고유 점도를 구하면

$$[\eta]_0 \propto M^1 \tag{8.3-32}$$

이 되는데 이는 실험 결과 $M^{0.5\sim0.8}$과 차이가 난다. 이러한 문제는 다음에 나오는 비드 간의 수력학적 상호작용을 고려한 짐 모델에서는 해결이 된다.

각각의 모드 i에 대하여 같은 G_0를 포함하는 스트레스는 어퍼 콘벡티드 맥스웰 모델로 표시되므로 스트레스를 구할 수 있으며, 전단 유동, 신장 유동 및 점탄성 물성 등을 덤벨 모델과 같은 방법으로 구할 수 있다. 특히 $N = 2$일 경우에는 후크 덤벨 모델과 같아진다. 라우스 모델의 스프링 상수도 식 (8.3-18)과 같은 비선형 함수를 사용할 수 있으며 이에 대한 결과는 버드 등(Bird et al., 1980)을 참고할 수 있다.

라우스 모델은 묽은 고분자 용액의 거동을 해석하기 위하여 도입되었지만 실제 고분자 용액의 경우 위에서 보인 바와 같이 수력학적 상호작용과 배제 부피를 고려할 수 없기 때문에, 라우스 모델은 묽은 고분자 용액의 유변 물성을 정량적으로 예측할 수는 없다. 반면에 엉키지 않은 고분자 용융체의 경우 수력학적 상호작용과 배제 부피가 스크린 되기 때문에 라우스 모델을 사용하여 유변 물성을 예측할 수 있다. 또한, 엉킨 고분자의 경우도 변형이 가해진 직후에는 주위 사슬의 구속의 영향이 크지 않기 때문에 엉킴 효과가 무시될 수 있어 라우스 모델을 사용하는 것이 가능하다.

고분자 용융체의 입체형태는 배제 부피가 무시될 수 있어 묽은 고분자 용액의 비섭동 상태(unperturbed state)와 유사하게 표현할 수 있는 라우스 모델을 사용하여 유변학적 거동을 해석할 수 있지만 이는 분자량이 임계 분자량보다 작은 경우에만 가능하다. 고분자의 분자량이 임계 분자량을 넘어가면 묽은 고분자 용액의 거동을 나타내는 라우스 모델의 예측과는 큰 차이를 나타낸다. 이것은 고분자 용융체가 가지고 있는 엉킴의 영향이다. 대표적으로 고분자의 점도가 분자량의 변화에 따라 크게 변화하게 된다.

짐 모델(Zimm model)

그림 8.27에 데칼린(decalin)과 다이옥틸프탈레이트(dioctylphthalate, DOP)의 두 가지 세타 용매에서 폴리스티렌의 환산(reduced) 저장 모듈러스와 손실 모듈러스의 변화를 특성 완화 시간(characteristic relaxation time, τ_0)을 사용하여 무차원하여 나타냈

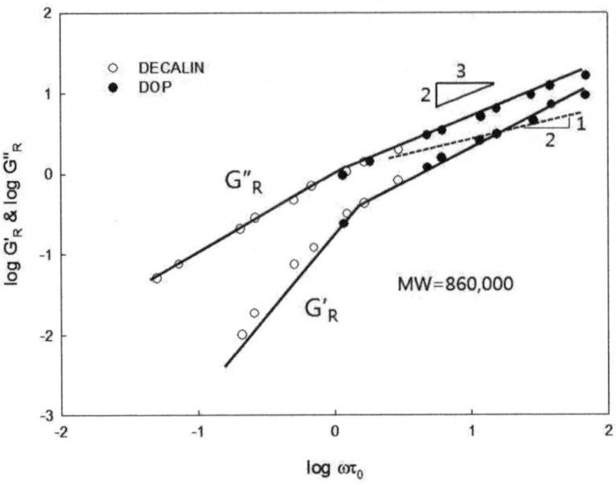

그림 8.27 세타 용액에서 폴리스티렌의 환산 저장 모듈러스(G_R')과 손실 모듈러스(G_R'')의 무차원 주파수에 따른 변화. 기울기 1/2인 점선은 라우스 모델의 예측 결과이고, 기울기 2/3인 실선은 짐 모델의 예측 결과임. 존슨 등(Johnson et al., 1970)의 그림을 다시 그림

다. 환산 저장 모듈러스와 손실 모듈러스는 다음과 같이 정의된다.

$$G_R' = [G']M / RT, \quad G_R'' = [G'']M / RT \tag{8.3-33}$$

여기서 $[G'] = \lim_{c\to 0}(G'/c)$, $[G''] = \lim_{c\to 0}(G''/c)$ 이고 c는 고분자의 농도이다. 점선으로 나타낸 것과 같이 라우스 모델은 $\omega\tau_0(\tau_0 = [\eta]_0 M\eta_s/N_A kT)$ 값이 1에서 100 정도의 범위에서 G'과 $G''-\omega\eta_s$이 $\omega^{1/2}$에 비례하는 것으로 예측하지만 실험 결과는 $\omega^{2/3}$에 비례하므로 차이가 난다. 이와 같은 결과는 라우스 모델에서 수력학적 상호작용을 고려하지 않았기 때문이다.

고분자 사슬에 유동이 가해지면, 고분자 사슬 일부의 움직임에 의하여 용매의 유동장이 변화하게 되고 이로 인해 고분자 사슬의 다른 부분에 작용하는 수력학적인 항력의 크기가 변화하게 된다. 짐은 이와 같은 수력학적 상호작용을 고려하여 비드와 스프링의 움직임을 해석하여 고분자 용액의 고유 점도 및 완화 시간의 분자량 의존성을 라우스 모델보다 정량적으로 잘 예측할 수 있었다. 라우스 모델에서는 식 (8.3-27)과 같이 모드 수(i)가 증가함에 따라 완화 시간이 i^{-2}에 따라 변화하기 때문에 G'과 $G''-\omega\eta_s$이 $\omega^{1/2}$에 비례하는 것으로 예측되었다. 반면에 짐 모델에서는 완화 시간이 $i^{-3/2}$로 변화하기 때문에 G'과 $G''-\omega\eta_s$가 $\omega^{2/3}$에 비례하게 된

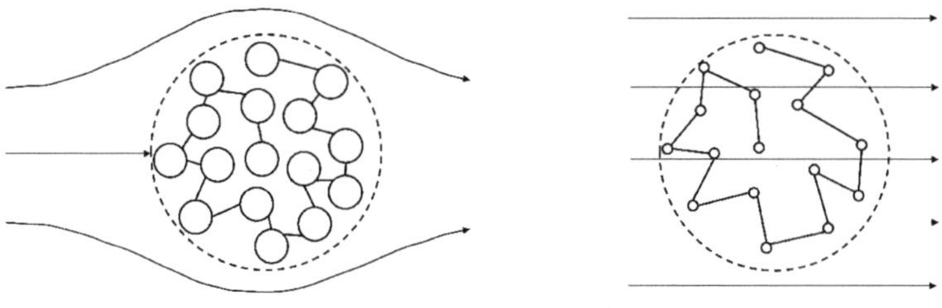

그림 8.28 (a) 짐 모델: 수력학적 상호작용으로 유체가 내부로 거의 들어가지 못하며 주위로 돌아 흐름 (b) 라우스 모델: 수력학적 상호작용이 없으면 비드가 힘이 한 점에 몰려 있는 경우(point force)와 같이 항력(drag force)만 작용하므로 고분자 내부로 유체가 흘러 들어갈 수 있음

다. 그림 8.27의 실선의 결과로 나타난 것과 같이 짐 모델의 예측 결과는 실험 데이터와 잘 일치하고 있다. 식 (8.1-10)에서 표현되는 것과 같이 고분자가 가운데는 비교적 빽빽하고 바깥 쪽은 느슨한 솜털 뭉치와 같아서 고분자와 용매의 경계가 모호하지만 경계가 뚜렷한 딱딱한 구형입자로 계산한 바탕에는 수력학적 상호작용이 있다. 수력학적 상호작용이 있는 경우에는 고분자 사슬 사이로 용매가 약간 흐를 수는 있겠지만 대부분은 그림 8.28(a)와 같이 고분자 주위로 돌아서 흘러가며, 따라서 식 (8.1-35)의 관계가 성립한다. 만약 용매가 그림 8.28(b)와 같이 내부를 통과한다면 고유 점도를 이용하여 고분자의 크기를 측정하는 것은 불가능하다. 수력학적 상호작용은 고분자의 스트레스 완화를 더 늦추는 역할을 하며 다음과 같이 최장 라우스 시간보다 약 2.4배 크게 된다. 이 완화 시간을 짐 완화 시간(Zimm relaxation time)이라고 한다.

$$\lambda_{Zimm} = 1.44\frac{c[\eta]\eta_s}{\nu kT} = 1.44\frac{[\eta]_0\eta_s M}{N_A kT} = 2.369\lambda_1 \tag{8.3-34}$$

8.3.2 고분자의 엉킴과 튜브 모델

분자량이 큰 고분자 용융체나 농축 용액에서 유연한 고분자 사슬은 서로 엉키게 된다. 고분자 사슬이 엉키게 되면 그림 8.29와 같이 고분자 사슬의 움직임이 다른 고분자 사슬에 의한 형태학적 구속(constraint)때문에 방해를 받게 된다. 고분자에

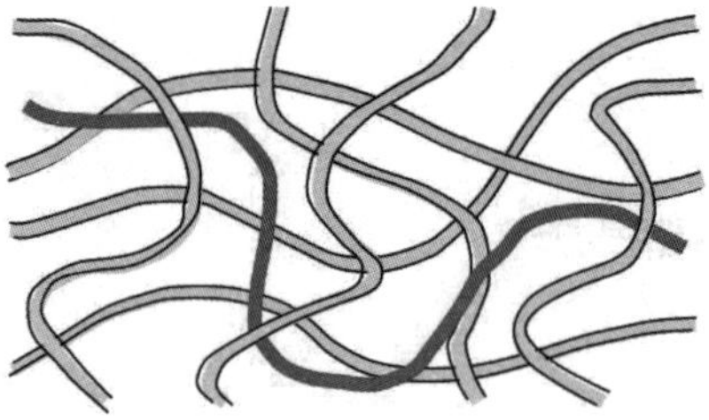

그림 8.29 고분자 용융체에서 고분자 사슬 간 엉킴의 개략도

가해진 변형에 의하여 생긴 스트레스를 완화시키기 위한 고분자 사슬의 이동이 주위 고분자의 엉킴으로 인하여 어렵게 되면 엉킴이 없는 경우와 비교하여 완화 시간이 길어지고 점도가 증가하게 된다. 고분자 사슬의 엉킴은 고분자 사슬의 길이가 어떤 임계값 이상이 될 때 나타나며, 이러한 임계 분자량을 엉킴 분자량(M_e)이라 부른다. 엉킴 분자량은 고분자의 종류에 따라 다른 값을 갖는다.

주위 고분자에 의하여 고분자 사슬의 움직임이 제한되면 길이가 긴 고분자 사슬은 길고 구불구불한 가상의 튜브(tube) 같은 공간에 갇힌 것과 같은 상태가 되며, 이 튜브 안에서 고분자 사슬은 튜브의 축 방향으로는 움직일 수 있지만 축 방향의 수직 방향으로는 움직임이 제한된다. 드 잔(De Gennes, 1971)은 가교된 고분자 젤 안에서 가상의 튜브와 같은 영역으로 고분자 사슬이 축 방향으로 이동하는 과정을 사행운동(reptation)이라 부르고, 이에 대한 시간 상수와 분자량 간의 비례관계를 구하였다. 튜브에 갇혀 있는 고분자 사슬이 외력에 의하여 스트레스를 완화하는 과

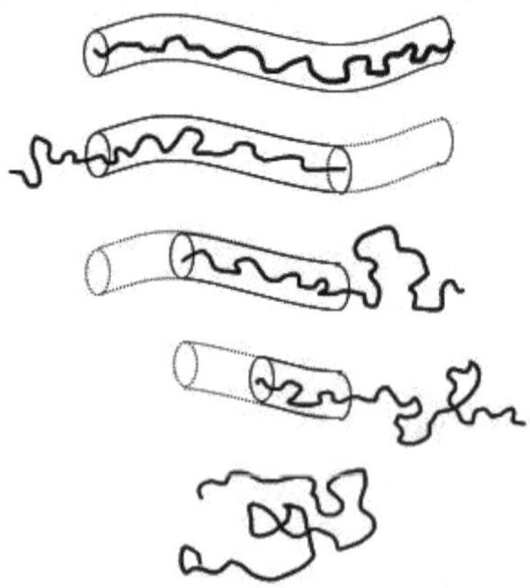

그림 8.30 튜브에 갇혀 있는 고분자 사슬이 사행운동에 의해 튜브를 빠져나오는 과정의 개념도. 고분자 사슬은 확산과 같이 좌측 또는 우측으로 확산과 같이 움직임. 튜브는 원통으로 간단히 표현하였음

정은 다음과 같이 설명된다. 그림 8.30에 나타낸 바와 같이 고분자 사슬은 튜브의 앞뒤로 움직이며 결국 튜브로부터 벗어나게 되는데 일단 한쪽 끝이 어느 길이만큼 튜브 밖으로 나오면 반대쪽은 길이가 줄면서 원래 튜브의 기억을 잊어버리게 된다. 이러한 과정을 반복하면 결국은 원래 외력이 가해졌던 튜브의 기억을 잊어버리고 스트레스를 완화하게 된다. 고분자가 앞 또는 뒤로 '임의'로 움직이는 현상은 확산과정이라 할 수 있다. 1차원적 확산의 경우 확산 계수가 D이고 튜브의 길이를 L_t이라 하면 L_t는 고분자의 분자량에 비례하고, 확산에 필요한 시간 t는 $2Dt = L_t^2$의 관계로부터 L_t^2/D에 비례한다. 한편 확산 계수 D는 $kT/N\zeta$(N은 중합도, ζ는 단량체의 저항계수[monomer resistivity])로 D는 튜브의 길이 L_t에 반비례할 것이다. 따라서 확산에 필요한 시간, 즉 완화 시간은 L_t^3에 비례한다. 점도는 완화 시간에 모듈러스를 곱하여 얻을 수 있으며(식 (4.3-14) 참고), 모듈러스가 상수이면 완화 시간과 같이 L_t^3, 즉 분자량의 3승에 비례한다.

$$\eta \propto M^3 \tag{8.3-35}$$

그림 8.31에 여러 고분자의 분자량의 변화에 따른 영점 점도를 나타내었다. 분자량이 특정한 값(critical molecular weight, M_c)보다 작은 경우 영점 점도가 분자량에 선형적으로 변화하지만, M_c 이상에서는 분자량의 지수 형태로 급격하게 변화하게 된다. 고분자마다 점도가 급격하게 변화하는 M_c 값은 다르지만, 특정한 분자량 이상에서 점도가 분자량의 약 3.4승으로 증가하는 현상은 여러 고분자에서 공통적으로 관찰된다. 드 잔(de Gennes)의 이론에서 점도가 분자량의 3제곱에 비례하는 것보다는 약간 큰 값을 갖는데 이 점에 대해서는 다음 절에서 설명한다. M_c는 일반적으로 엉킴 분자량(entanglement molecular weight, M_e)의 2배에서 3배 정도의 값을 갖는다. 페터스 등(Fetters et al., 1999)에 따르면 폴리에틸렌의 경우 M_c가 3,480, 폴리스티렌은 31,200, 그리고 1,4-폴리부타딘엔은 6,380 정도의 값을 갖는다.

엉킴의 효과를 나타내는 또 다른 현상은 그림 8.16에 나타나 있는 평탄 모듈러스(plateau modulus, G_N^0)이다. 그림 8.32에는 폴리스티렌의 분자량에 따른 G'을 도시하였다. 그림 8.32에서 보면 분자량 58,700 이상에서는 평탄 모듈러스가 존재하

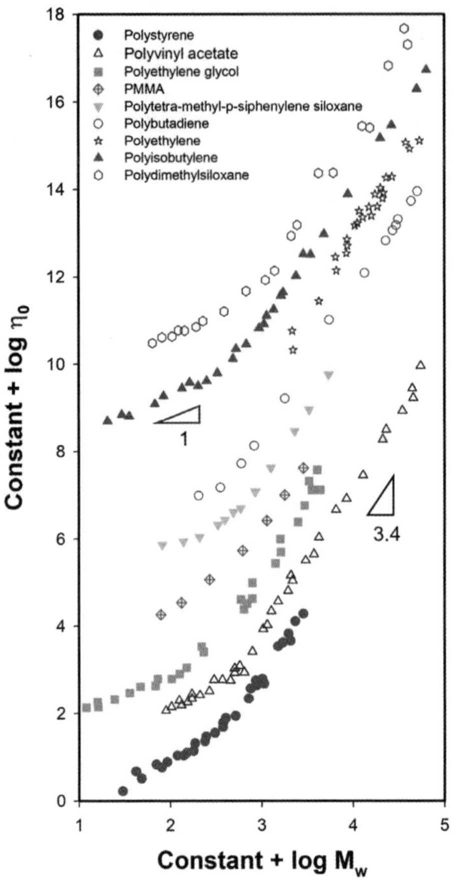

그림 8.31 분자량의 변화에 따른 단분산성 선형 고분자 용융체의 영점 점도 변화. 분자량이 M_c 이상에서 영점 점도가 분자량의 약 3.4 제곱으로 증가하고 있음. 각각의 고분자의 점도는 임의의 상수를 사용하여 수평과 수직 방향으로 이동되었음. 베리와 폭스(Berry and Fox, 1967)의 그림을 다시 그림

고 평탄 모듈러스 값이 분자량과는 관계가 없이 일정하지만, 분자량이 작아져서 28,900 이하가 되면 평탄 모듈러스는 나타나지 않는다. 이러한 현상은 그림 8.31에서 임계 분자량을 전후하여 점도의 기울기가 바뀌는 현상과 같은 원인에 의한 것이다. 그림 8.32에서 주파수가 변화하여도 G' 값이 일정한 평탄 모듈러스가 나타나는 현상은 경화된 고무에서 나타나는 일정한 모듈러스와 유사하다. 경화된 고무에서 경화 정도에 따라 평형 모듈러스(equilibrium modulus)가 결정되듯이 엉킨 고분자의 평탄 모듈러스도 사슬 간의 엉킴 분자량에 따라 결정된다. 엉킴 분자량은 고

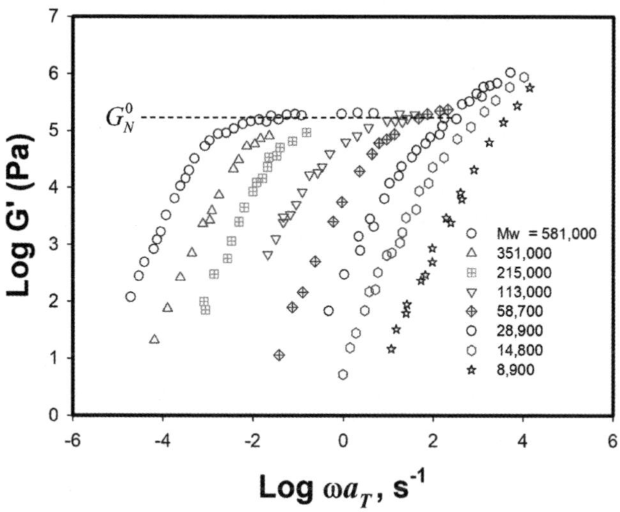

그림 8.32 폴리스티렌의 분자량에 따른 G'의 변화. 오노기 등(Onogi et al., 1970)의 그림을 다시 그림

분자 사슬의 유연성이 클수록 감소하게 된다. 즉 고분자 사슬이 유연할수록 좀더 많은 엉킴이 생기게 된다. 경화된 고무의 경우 경화점(crosslinking point)은 화학적 결합으로 되어 있지만 엉킨 고분자의 경우는 물리적인 엉킴이기 때문에 변형이 가해진 후 시간에 따라 변화하게 된다. 대략적인 평탄 모듈러스 값은 폴리에틸렌의 경우 2.6×10^6 Pa이다.

엉킴 분자량은 평탄 모듈러스와 다음과 같은 식 (8.3-36) 또는 (8.3-37)과 같이 관련되어 있다. 두 값의 관계는 연구자에 따라 인자 4/5의 값이 다르게 정의되어 있어 문헌에 따라서 엉킴 분자량이 다르게 사용되고 있다. 따라서, 문헌의 엉킴 분자량과 평탄 모듈러스 값을 사용할 때는 인자 4/5의 사용 유무를 확인해야 한다. 이것에 대한 자세한 설명은 라슨 등(Larson et al., 2003)을 참고하기 바란다. 본 책에서는 인자 4/5를 사용하여 엉킴 분자량을 정의하는 식 (8.3-37)을 사용한다.

$$M_e = \frac{\rho RT}{G_N^0} \tag{8.3-36}$$

$$M_e = \frac{4}{5}\frac{\rho RT}{G_N^0} \tag{8.3-37}$$

이러한 기본을 배경으로 다음 절에는 고분자의 사행운동 및 이와 수반된 여러 물리적인 현상에 대하여 좀더 구체적이고 정량적으로 설명하였다.

8.4 선형 고분자의 스트레스 완화 메커니즘

8.4.1 사행운동

앞 절에서 설명한 바와 같이 엉킨 선형 고분자의 스트레스 완화는 드 잔(de Gennes)에 의하여 처음으로 제안된 사행운동(reptation)을 통하여 해석할 수 있다. 그림 8.33과 같이 고분자 사슬의 움직임이 주위 사슬의 엉킴으로 인한 구속(constraint)으로 인하여 생기는 가상적인 튜브의 수직 방향으로는 제한되어, 튜브 내부에서 뱀의 운동과 유사하게 앞쪽 또는 뒤쪽 방향의 1차원적으로 이루어지고, 사슬이 최종적으로 튜브를 빠져나가게 되면 고분자에 가해진 스트레스가 완화된다.

주위 고분자 사슬의 엉킴으로 생기는 튜브의 직경(a)은 랜덤코일 상태의 고분자의 크기와 엉킴 분자량을 이용하여 나타낼 수 있다.

$$\overline{r_0^2} = Nb^2 = a^2 \frac{M}{M_e} = a^2 Z \tag{8.4-1}$$

여기서 $N = M / M_0$는 중합도이며, 폴리에틸렌과 같이 단량체에 C-C 결합이 1개인 경우에는 식 (8.1-1)의 n과 동일하다. M은 고분자의 분자량, M_0는 단량체

그림 8.33 엉킨 선형 고분자의 사행운동의 개념. 주위 고분자 사슬이 형성하는 가상의 튜브 내에 존재하는 사슬이 사행운동을 통하여 튜브를 벗어나는 과정을 나타냄. 맥리시 등(McLeish et al., 1999)의 그림을 다시 그림

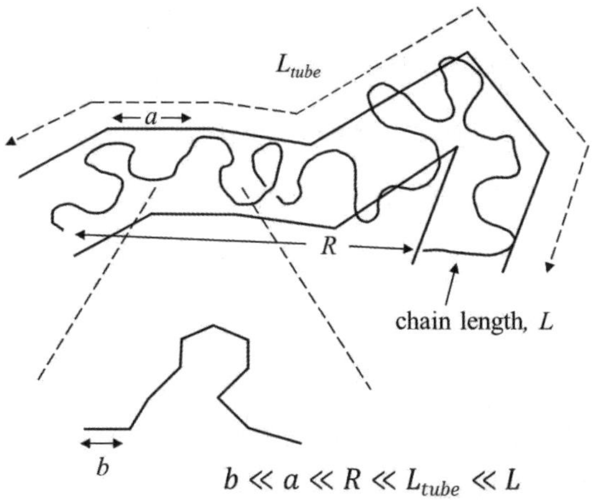

그림 8.34 튜브 모델에서 정의하는 튜브 길이와 직경의 개념. 라슨 등(Larson et al., 2003)의 그림을 다시 그림

의 분자량, M_e는 엉킴 분자량이다. b는 식 (8.3-30)에서 정의한 단량체 기준 세그먼트 길이(monomer-based segment length)이고, $Z = M / M_e$는 엉킴수(number of entanglement)이다. 즉 식 (8.4-1)에 의하면 직경 a를 갖는 튜브가 a의 거리를 임의 보행(random walk) 방식으로 Z번 움직일 때 제곱 거리의 평균은 비섭동 상태의 고분자 용융체의 평균 제곱 말단 간 거리가 된다. 따라서, 튜브의 직경은 다음과 같이 나타낼 수 있고, 폴리에틸렌의 경우 약 3.6 nm이다.

$$a^2 = \frac{M_e}{M_0} b^2 = \frac{4}{5} \frac{\rho R T b^2}{M_0 G_N^0} \tag{8.4-2}$$

또한, 튜브의 길이(primitive path) L_t는 다음과 같다.

$$L_t = a \frac{M}{M_e} = aZ \tag{8.4-3}$$

즉, 그림 8.34와 같이 크기가 a인 세그먼트가 엉킴수만큼 있을 때의 사슬 길이(contour length)가 튜브의 길이가 된다.

변형이 가해지면 처음에 튜브에 있던 전체 고분자 사슬이 시간이 경과함에 따라 일부분이 튜브를 벗어나게 되고 사슬이 벗어난 튜브의 부분은 스트레스에 더 이상 기여를 하지 못하게 된다. 시간 t일 때 사행운동에 의하여 아직 남아 있는 튜브의 분율(survival fraction) $P(t)$는 확산 방정식(diffusion equation)을 풀어 다음과 같이 얻어진다(그림 8.30의 설명에서 사행운동은 확산과정으로 설명한 바 있다).

$$P(t) = \frac{8}{\pi^2} \sum_{i\ odd} i^{-2} \exp\left(-\frac{i^2 t}{\tau_d}\right) \tag{8.4-4}$$

식 (8.4-4)의 합은 모든 홀수(odd number)에 대하여 계산하며, τ_d는 사행시간(reptation time) 또는 벗어남 시간(disengagement time)이다.

사행운동에 의하여 사슬의 중심이 길이 L_t인 튜브를 벗어나는 최종적인 시간은 확산 시간으로 해석할 수 있다. 앞에서 이야기 한 바와 같이 고분자의 확산 계수 D는 분자량에 반비례하고, 튜브의 길이 L_t는 분자량에 비례하기 때문에 고분자 사슬이 튜브를 벗어나는 데 걸리는 시간(완화 시간)은 다음과 같이 분자량의 3제곱에 비례하게 된다. 다음 식 (8.4-5)의 분모에 π^2이 나오는 것은 $P(t)$를 계산하는 과정에서 확산 계수가 D인 편미분 확산 방정식을 풀 때 시간 상수에 π^2이 포함되게 되고, 이 시간 상수가 τ_d이기 때문이다(Doi and Edwards, 1986). 튜브 직경 a^2에 대한 식 (8.4-2)와 튜브 길이 L_t에 대한 식 (8.4-3)을 이용하여 정리하면 다음과 같다:

$$\tau_d = \frac{L^2}{\pi^2 D} = \frac{a^2 (M^2 / M_e^2)}{\pi^2 (kT / N\zeta)} = 3\tau_e Z^3 \tag{8.4-5}$$

여기서 τ_e는 평형화 시간(equilibration time)이며 다음과 같이 정의된다.

$$\tau_e = \frac{\zeta a^2 M_e}{3\pi^2 kTM_0} = \frac{\zeta b^2 (M_e / M_0)^2}{3\pi^2 kT} \tag{8.4-6}$$

평형화 시간은 고분자 사슬이 튜브 세그먼트 크기 내부의 스트레스를 완화시키는 데 필요한 시간이다. 또는 분자량이 엉킴 분자량과 같을 때 고분자 용융체의 완화 시간과 같다. 평형화 시간은 뒤에서 이야기할 분자 이론의 기본 시간이 된다. 평형화 시간은 식 (8.4-6)을 통하여 이론적으로 구할 수 있으나 단량체 저항계수

(ζ)의 정확한 측정이 쉽지 않기 때문에 일반적으로는 그림 8.18과 같이 고주파 영역에서 실험 데이터와 맞춤(fitting)을 통하여 결정한다(Park et al, 2015). 고분자 τ_e의 대략적인 값은 190℃일 때 폴리에틸렌이 7×10^{-9}s이고 1,4-폴리부타디엔의 경우 25℃일 때 3.7×10^{-7}s 정도이다.

고분자 사슬의 완화가 순수한 사행운동에 의해서만 이루어지면 완화 모듈러스 $G(t)$는 $P(t)$와 평탄 모듈러스를 사용하여 나타낼 수 있다.

$$G(t) = G_N^0 P(t) \tag{8.4-7}$$

$G(t)$를 이산 완화 시간 분포(discrete relaxation time distribution)를 갖는 각각의 모드(mode)를 사용하여 나타내면 다음과 같다.

$$G(t) = \sum_{i\ odd} G_i \exp\left(-\frac{t}{\tau_i}\right) \tag{8.4-8}$$

식 (8.4-4), (8.4-7)와 식 (8.4-8)로부터 다음 식을 얻는다:

$$G_i = \frac{8}{\pi^2}\frac{G_N^0}{i^2}, \quad \tau_i = \frac{\tau_d}{i^2} \tag{8.4-9}$$

따라서 영점 점도는 다음과 같이 나타낼 수 있다.

$$\eta_0 = \sum_{i\ odd} G_i \tau_i \tag{8.4-10}$$

식 (8.4-3)의 합은 i가 커짐에 따라 급격하게 수렴하기 때문에 영점 점도는 다음과 같이 나타낼 수 있다.

$$\eta_0 = \frac{\pi^2}{12} G_N^0 \tau_d \tag{8.4-11}$$

사행시간은 분자량의 3제곱에 비례하기 때문에 사행운동의 개념을 사용한 스트레스 완화 메커니즘의 경우 고분자 용융체의 영점 점도는 분자량의 3제곱에 비례하는 것으로 예측되는데 이것은 그림 8.31에 보였던 실험적인 결과인 3.4와 차이를 보인다. 따라서 순수한 사행운동만을 고려해서는 고분자의 스트레스 완화 거동을 정량적으로 예측할 수 없기 때문에 추가적인 스트레스 완화 메커니즘이 제안되었다.

8.4.2 튜브 길이 변동

그림 8.35와 같이 튜브의 직경은 사슬의 직경보다 매우 크기 때문에 사슬은 튜브 내에서 브라운 운동을 통하여 구부러질 수 있고, 구부러진 사슬은 다시 펴지면서 사슬의 끝 부분이 실선으로 표시된 기존에 있던 튜브를 벗어날 수 있다. 이렇게 벗어난 사슬은 기존에 있던 스트레스가 더 이상 존재하지 않기 때문에 스트레스를 해석하는 측면에서는 이 부분(점선으로 표시된 영역)에 해당하는 튜브의 길이는 더 이상 고려할 필요가 없다. 따라서, 튜브의 중심부에 있는 사슬의 경우에는 시간이 경과함에 따라 원래의 튜브 길이보다 더 짧은 길이의 튜브 내에 존재하게 된다. 이와 같은 현상을 튜브 길이 변동(contour length fluctuations, CLF) 또는 초기 경로 변동(primitive path fluctuations, PPF)이라고 부른다. 중심부의 사슬은 여전히 사행운동에 의하여 최종적으로 스트레스를 완화시키게 되지만 CLF가 없는 순수한 사행운동의 경우보다 완화 시간이 짧아지게 된다. 도이와 에드워즈(Doi and Edwards, 1986)는 튜브 끝에 있는 사슬에 대한 힘 수지(force balance)를 이용하여 CLF를 고려한 완화 시간을 다음과 같이 설명하였다.

$$\tau_d^{(F)} = \tau_d^{(NF)}\left(1 - \frac{X}{\sqrt{Z}}\right)^2 \tag{8.4-12}$$

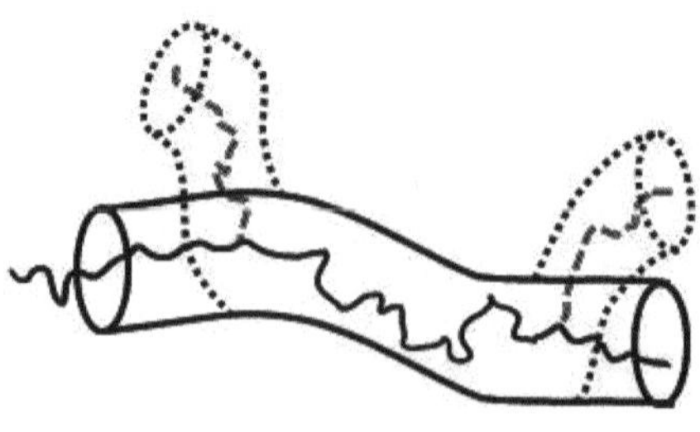

그림 8.35 튜브 길이 변동 과정에서 튜브 길이 변화에 대한 개념도

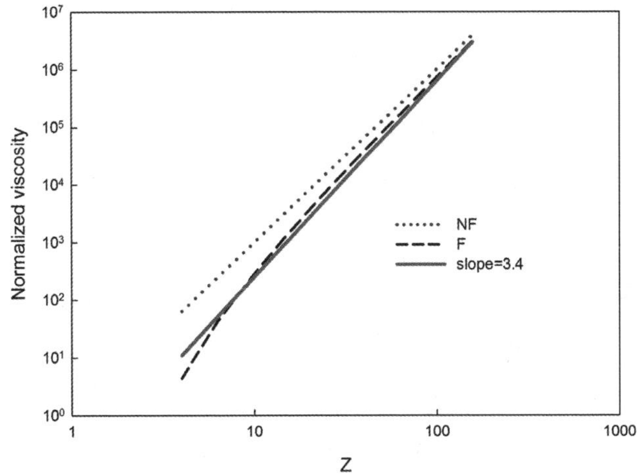

그림 8.36 CLF에 의한 정규화된 영점 점도의 변화. NF는 순수 사행운동으로 예측된 영점 점도이고, F는 CLF를 고려한 영점 점도이다. 점선은 기울기 3.4인 직선을 나타낸다

여기서, $\tau_d^{(NF)}$는 CLF가 고려되지 않을 때의 완화 시간, $\tau_d^{(F)}$는 CLF가 고려될 때의 완화 시간이며, $Z = M / M_e$는 엉킴수, X는 대략 1.47의 값을 갖는 상수이다. 따라서, CLF를 고려할 때 선형 고분자의 영점 점도는 식 (8.4-11)과 식 (8.4-12)에 의하여

$$\eta_0 = \frac{\pi^2}{12} G_N^0 \tau_d = \frac{\pi^2}{12} G_N^0 \times 3\tau_e Z^3 \left(1 - \frac{X}{\sqrt{Z}}\right)^2 = \frac{\pi^2}{4} \tau_e G_N^0 Z^3 \left(1 - \frac{X}{\sqrt{Z}}\right)^2 \qquad (8.4\text{-}13)$$

이 된다.

그림 8.36에 정규화된 점도(normalized viscosity, $\eta \left(\frac{\pi}{} \tau_e G_N\right)$) 값을 $Z = M / M_e$의 변화에 따라 나타냈다. 분자량이 작을 때는 CLF의 영향에 의해 영점 점도가 CLF를 고려하지 않은 경우와 비교하여 더 크게 감소하게 한다. 반면에 분자량이 매우 큰 경우에는 CLF의 영향이 크지 않게 된다. 따라서 분자량이 매우 큰 경우에는 CLF를 고려하지 않고 순수한 사행운동으로 해석한 결과와 CLF를 고려한 결과가 유사하다. CLF를 고려하여 계산된 정규화된 점도를 기울기 3.4의 직선과 비교해 보면 넓은 Z의 범위에서 유사한 기울기를 보인다. 즉 분자량이 작은 영역에

서 CLF의 영향으로 인해 영점 점도가 순수한 사행운동만을 고려한 경우보다 크게 감소하고, 분자량이 큰 영역에서는 순수한 사행운동만을 고려한 경우와 큰 변화가 없기 때문에 전체 분자량에 걸친 영점 점도의 분자량 의존성이 3보다 크게 되어 실험적으로 얻어지는 기울기 3.4와 유사하게 나타나게 된다.

8.4.3 구속 완화

앞에서 우리는 고분자 사슬의 스트레스 완화를 사행운동과 CLF를 함께 고려하여 해석하였다. 이 경우에서는 기준 고분자 사슬(test chain)의 운동을 구속하는 주위 사슬(matrix chain)이 형성하는 튜브는 기준 사슬에 가해진 스트레스가 완전히 완화되는 동안 고정된 것으로 해석하였다. 실제 고분자의 경우 주위 사슬도 기준 사슬과 유사하게 사행운동을 하게 된다. 따라서, 그림 8.37과 같이 주위 사슬이 스트레스를 완화하게 되면 현재 기준 사슬에 대한 주위 사슬로 인한 구속도 존재하지 않게 된다. 즉, 기준 사슬에 대한 구속 완화(constraint release)가 생기게 된다. 따라서, 기준 사슬의 스트레스 완화가 일어나는 시간보다 주위 사슬로 인한 구속 완화 시간이 짧다면, 기준 사슬에 대한 구속이 더 이상 존재하지 않기 때문에 기준 사슬의 완화 시간이 결과적으로 짧아지게 된다.

구속 완화는 고분자를 구성하는 사슬들의 구조에 따라 영향을 크게 받는다. 단분산성 선형 고분자의 경우 가장 긴 완화 시간이 스트레스 완화에 미치는 효과가 매우 크기 때문에 고분자 전체의 완화 시간 분포가 매우 좁아 구속 완화의 영향이 크지 않다. 그러나, 분자량 분포가 넓은 다분산성 선형 고분자, 특히 단분산성 선형 고분자의 2성분 블렌드(binary blend)와 같이 각각의 성분들의 완화 시간이 차이가 많이 나는 경우 구속 완화의 영향을 고려해야 실험 결과의 정량적인 예측이 가능하다. 또한 LCB를 갖고 있는 고분자에서는 완화 시간이 선형 고분자와는 다르게 지수적으로 넓게 분포하기 때문에 구속 완화의 효과가 더 큰 영향을 미치게 된다.

구속 완화를 설명하기 위한 방법 중에 대표적인 것이 동적 튜브 확대(dynamic tube dilation, DTD) 이론이다. DTD에서는 이미 완화된 주위 사슬은 기준 사슬에 구속을 주지 못하고 용매와 같은 역할을 한다는 개념이다(McLeish, 2002). 즉 고분자가 용매에 녹아 있을 때와 유사하게 이미 완화가 된 주위 사슬은 엉킴의 정도를 희

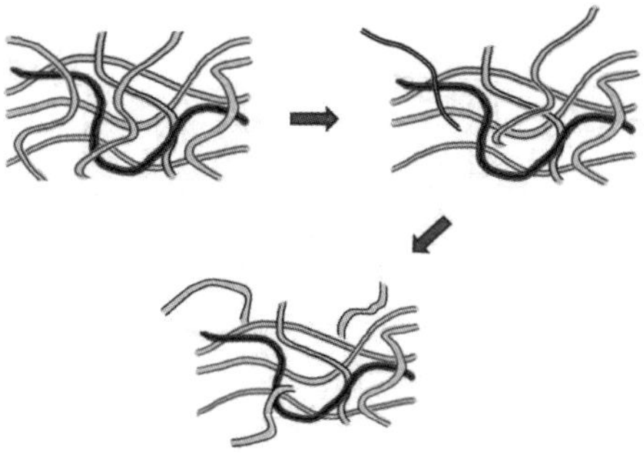

그림 8.37 엉킨 고분자에서 기준 사슬에 대한 주위 사슬의 움직임으로 인한 구속 완화의 개념도. 처음에 기준 고분자 사슬을 구속하던 사슬들의 구속이 완화되고 새로운 사슬이 구속을 하게 됨을 볼 수 있음

석시키는 영향을 주기 때문에 기존의 튜브의 직경을 크게 하는 효과를 주게 된다는 것이다. 용매에 녹아 있는 고분자의 엉킴 분자량은 고분자의 부피 분율 Φ 따라 다음과 같이 변화한다.

$$M_e(\Phi) = \frac{M_e}{\Phi^{\alpha}} \tag{8.4-14}$$

여기서, α는 희석 지수(dilution exponent)로 1 또는 4/3이다. 희석 지수의 정확한 값에 대하여는 여러 연구자들 사이에 여전히 논란이 되고 있으나 DTD의 개념을 적용하는 것에 큰 문제는 없다(Park and Larson, 2003).

고분자의 스트레스 완화가 진행되는 과정에서 스트레스가 완화된 부분은 용매와 같은 역할을 하게 되고 아직 스트레스 완화가 되지 않은 부분의 비율이 식 (8.4-14)에서의 Φ가 된다. 엉킴 분자량과 튜브 직경이 식 (8.4-2)와 같은 관계에 있기 때문에 DTD 과정에서 튜브 직경은 다음과 같다.

$$a^2 = a_0^2 / \Phi^{\alpha} \tag{8.4-15}$$

여기서, a_0는 초기의 튜브의 직경이며 a는 스트레스 완화가 진행될 때의 튜브의 직경이다. Φ는 시간이 지나감에 따라 처음 값인 1로부터 줄어들게 되고 튜브 직경 a는 점점 커지게 된다. DTD 과정에서의 튜브 직경의 변화를 그림 8.38에 나타냈다.

그림 8.38 시간이 경과함에 따라 완화된 부분에 의한 영향으로 커진 튜브 직경. 처음 직경이 a이고 시간이 경과함에 따라 커진 직경 a^*를 가짐. 최종적으로 $a_{full\text{-}DTD}$ 값을 갖게 됨. 마쓰미야 등(Matsumiya et al., 2013)의 그림을 다시 그림

또한, 엉킴수(Z)와 평탄 모듈러스(G_N^0)는 다음과 같이 줄어들게 된다.

$$Z(\Phi) = Z_0\Phi^{\alpha}, \quad G_N^0(\Phi) = G_{N,0}^0\Phi^{\alpha+1} \tag{8.4-16}$$

분자량의 차이가 큰 선형 고분자 블렌드의 경우 분자량이 작은 고분자가 완화되는 시간이 지나면, 분자량이 작은 고분자로 인한 엉킴 효과가 없어지게 된다. 따라서, 이 시간 이후에 분자량이 큰 고분자는 처음에 형성된 튜브보다 더 큰 직경을 갖는

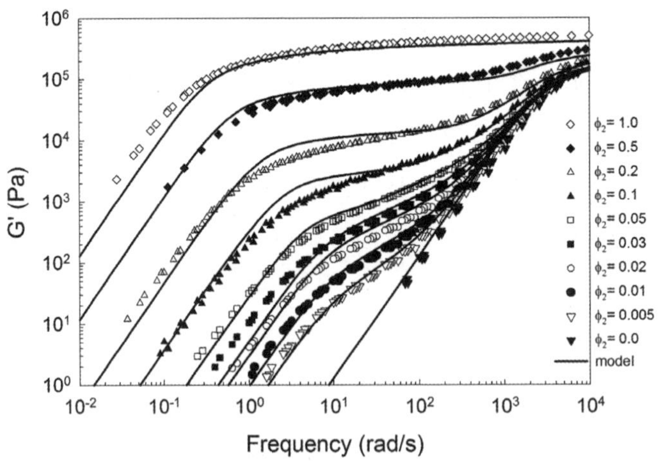

그림 8.39 선형 1,4-폴리부타다인엔 분자량 94,000/308,000 2성분 블렌드(binary blend) 조성에 따른 G' 데이터. 실선은 사행운동, CLF 및 DTD를 모두 고려한 모델의 예측 식을 나타냄. 박과 라슨(Park and Larson, 2006)의 그림을 다시 그림

튜브에서 사행운동을 하기 때문에 큰 고분자의 최종적인 완화 시간은 큰 고분자가 단독으로 있는 경우에 비하여 줄어들게 된다. 그림 8.39에 나타낸 분자량이 94K와 308K로 단분산성인 선형 1,4-폴리부타다이엔 2성분 블렌드의 G' 데이터를 보면 분자량이 94K인 성분의 함량이 증가함에 따라(그림에서 ϕ_2가 감소함에 따라) 308K 고분자의 최종 완화 시간과 평탄 모듈러스가 감소함을 볼 수 있다. 또한, 긴 고분자 사슬의 완화가 일어나기 전에 고주파 영역에서 생기는 평탄 영역과 별도로 추가적인 평탄 영역이 존재함을 볼 수 있다. 박과 라슨(Park and Larson, 2006)은 사행운동, CLF 및 DTD를 모두 고려한 모델을 사용하여 2성분 선형 고분자 블렌드의 실험 데이터를 정량적으로 잘 예측할 수 있음을 보였다.

8.4.4 길이방향 스트레스 완화

고분자에 변형이 가해지기 전에 튜브를 구성하는 각각의 세그먼트(segment)는 배향이 다른 상태로 존재하고 있었고, 변형이 가해지면 초기의 배향 상태가 다르기 때문에 변형의 정도가 세그먼트마다 다르게 된다. 따라서, 변형이 일어난 초기에 튜브를 따라 단량체의 재분배(redistribution)가 발생하게 되고, 이를 통해 스트레스의 일부가 완화된다. 이것을 길이방향 스트레스 완화(longitudinal stress relaxation)라 한다. 또한, 변형 초기의 짧은 시간에는 튜브가 내부의 고분자 사슬의 운동에 제약을 주지 않기 때문에 사슬이 라우스 거동에 따라 스트레스를 완화시킬 수 있고, 이것을 빠른 라우스 완화(fast Rouse relaxation)라 한다. 릭트만과 맥리시(Likhtman and McLeish, 2002)는 라우스 완화 과정에서 높은 주파수 영역의 거동(또는 τ_e보다 짧은 시간까지의 빠른 라우스 완화 거동)과 길이방향 스트레스 완화를 고려한 완화 모듈러스를 다음과 같이 계산하였다.

$$G_R(t) = \frac{5}{4}\frac{G_N^0}{Z}\left[\frac{1}{5}\sum_{p=1}^{Z-1}\exp\left(-\frac{p^2 t}{\tau_R}\right) + \sum_{p=Z}^{N}\exp\left(-\frac{2p^2 t}{\tau_R}\right)\right] \tag{8.4-17}$$

여기서 τ_R은 라우스 완화 시간이다.

우리는 지금까지 선형 고분자의 여러 가지 스트레스 완화 메커니즘을 고려하였

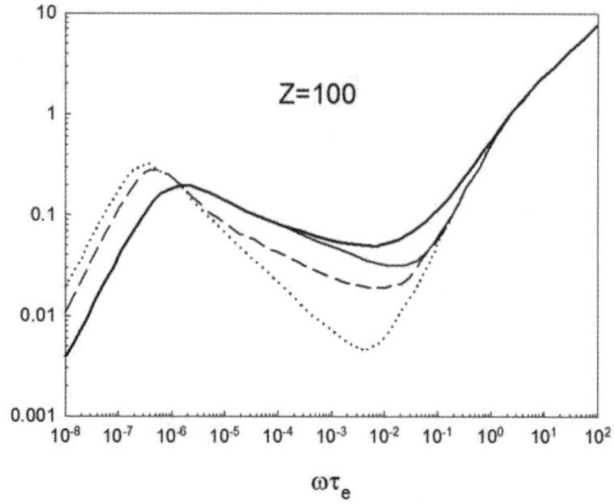

그림 8.40 완화 메커니즘에 따른 단분산성 선형 고분자의 G'' 변화. 점선: 사행운동+ 빠른 라우스, 대시선: 사행운동+CLF+빠른 라우스, 얇은 실선: 사행운동+CLF +구속완화+빠른 라우스, 굵은 실선: 사행운동+CLF+구속완화+길이방향 스트레스 완화+빠른 라우스 완화($Z = 100, G_e = \rho RT / M_e$). 릭트만과 맥리시(Likhtman and McLeish, 2002)의 그림을 다시 그림

다. 각각의 메커니즘을 고려한 릭트만과 맥리시(Likhtman and McLeish, 2002) 이론에 따른 단분산성 선형 고분자의 G'' 예측 결과를 그림 8.40에 나타냈다. 순수 사행운동만을 고려하면 낮은 주파수 영역의 최댓값을 지나서 G''이 매우 급격하게 감소함을 볼 수 있고, CLF가 포함되면 좀더 완만하게 감소한다. 또한 구속 완화와 길이방향 스트레스 완화가 포함되면 높은 주파수 영역의 형태가 좀더 완만하게 예측된다.

그림 8.41에 단분산성 폴리이소프렌의 G'과 G'' 실험 데이터와 릭트만과 맥리시 모델 예측 결과를 나타냈다. 릭트만과 맥리시 모델에서는 앞에서 다루었던 선형 고분자의 모든 완화 메커니즘(사행운동, CLF, 구속 완화, 길이방향 스트레스 완화, 빠른 라우스 완화)을 포함하고 있다. 모든 완화 메커니즘을 고려한 분자 이론은 단분산성 선형 고분자의 완화 거동을 정량적으로 잘 예측함을 볼 수 있다.

튜브 모델을 사용하여 고분자의 선형 점탄성 영역에서 스트레스 완화 거동을 예측하기 위해서는 고분자의 기본적인 물성 파라미터가 필요하다. 앞에서 우리는 고분자의 여러 가지 물성 파라미터를 다루었다. 예를 들어, 단량체의 저항계수(ζ), 평형화 시간(τ_e), 라우스 시간(τ_R), 사행운동 시간(τ_d), 엉킴 분자량(M_e), 평탄 모듈러

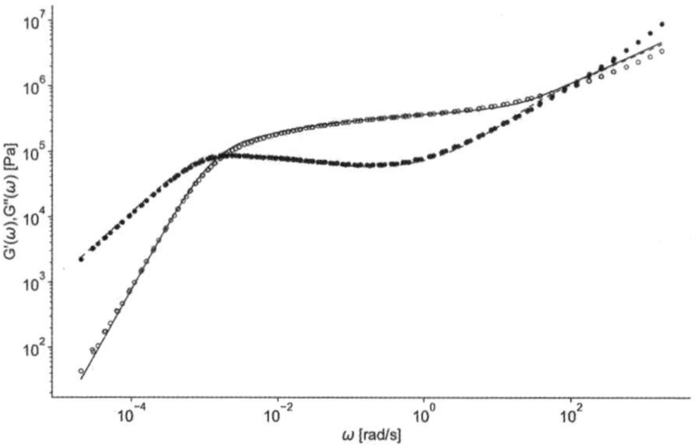

그림 8.41 단분산성 선형 폴리아이소프렌(M=95,000, T=35°C)의 G'과 G'' 데이터 및 RepTate 소프트웨어를 사용하여 계산한 릭트만과 맥리시 모델 예측 결과(Victor et al., 2002)

스(G_N^0), 엉킴수(Z) 및 튜브 직경(a) 등이 있다. 이 파라미터들은 독립적인 것이 아니라 서로 관련되어 있으며 우리가 독립적으로 선택할 수 있는 파라미터는 두 개이다. 두 개의 파라미터가 결정되면 나머지 파라미터들은 계산할 수 있다. 일반적으로 많이 사용되는 것이 평형화 시간과 평탄 모듈러스이다. 평탄 탄성률로부터 식 (8.3-37)을 통하여 엉킴 분자량을 계산할 수 있고, 분자량을 엉킴 분자량으로 나누어서 엉킴수를 얻을 수 있다. 그러나 몇몇 실험 데이터의 경우 평탄 탄성률로부터 계산된 엉킴 분자량을 사용하면 실험 데이터의 정량적인 예측이 부정확한 경우가 있어 엉킴 분자량을 독립적인 파라미터로 사용하는 경우도 있다.

8.5 긴 가지 고분자의 스트레스 완화 메커니즘

8.5.1 긴 가지 고분자에 대한 튜브 모델

LCB 고분자의 경우에는 가지 점(branch point)이 고분자 사슬을 구속하고 있기 때문에 선형 고분자와는 다르게 주쇄(backbone)의 사행운동만을 통하여 스트레스를 완화할 수 없다. LCB 고분자가 스트레스를 완화시키면서 움직이려면 LCB를 구성하는 각각의 팔(arm)이 가지 점 쪽으로 이동해야 한다. 따라서, LCB 고분자의 완화 시간은 선형 고분자에 비하여 길게 되고, 분자량이 증가함에 따라 가파르게 증

그림 8.42 스타 고분자의 튜브 내에서의 스트레스 완화 과정

가한다.

엉킨 LCB 고분자의 스트레스 완화 거동은 고분자의 분자 구조에 따라 매우 다른 형태를 나타낸다. 그림 8.6에 나타낸 바와 같이 긴 가지 고분자는 가지 점에 붙어 있는 팔의 형태에 따라 여러 가지 구조를 가질 수 있다. 스타(star) 형태 고분자는 하나의 가지 점에 여러 개의 팔이 붙어 있는 가장 단순한 가지 고분자이며, H, 폼-폼(pom-pom), 빗(comb) 형태의 고분자는 두 개 이상의 가지 점과 주쇄 세그먼트를 갖고 있다. 선형 고분자는 사행운동을 통하여 가해진 스트레스를 완화할 수 있지만, 그림 8.42와 같이 스타 고분자의 경우에는 가지 점 때문에 사행운동을 이용하여 스트레스를 완화할 수 없고 각각의 팔이 가지 점까지의 수축(retraction) 과정을 통하여 스트레스를 완화한다.

따라서 선형 고분자의 완화 시간 및 점도가 분자량의 3.4제곱에 비례하여 증가

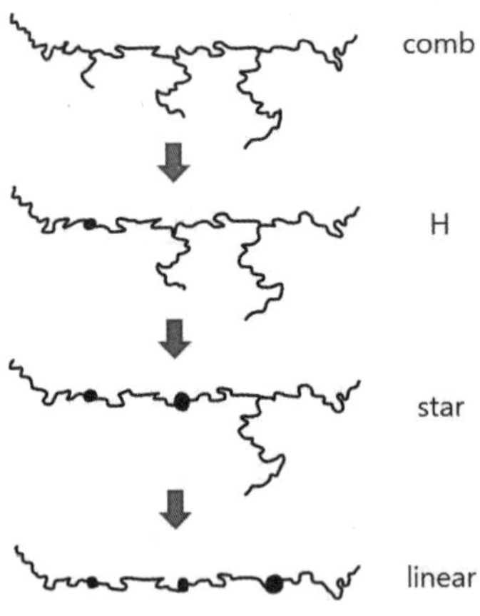

그림 8.43 빗 형태의 구조를 갖는 LCB 고분자의 계층적 스트레스 완화 과정. 길이가 긴 팔의 경우 완화되는 시간이 길기 때문에 짧은 팔에 비하여 주쇄의 완화 과정에 더 큰 저항을 주게 됨. 박 등(Park et al., 2005)의 그림을 다시 그림

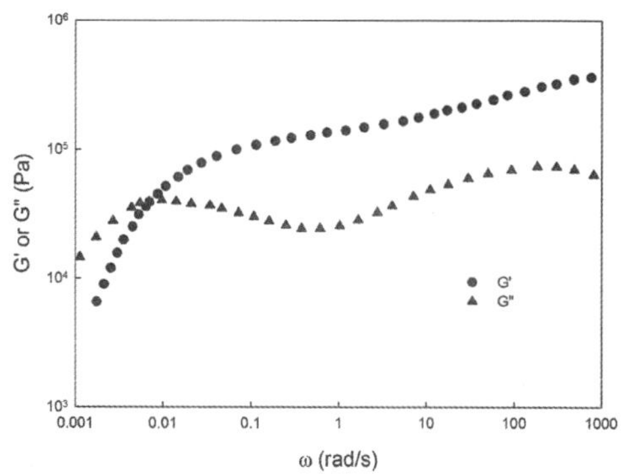

그림 8.44 H 고분자의 주파수에 따른 G'과 G''의 변화. 팔과 주쇄의 스트레스 완화 시간 부분에 G''의 피크가 관찰된다. 맥리시 등(McLeish et al., 1999)의 그림을 다시 그림

하는 것과 달리, 그림 8.12에 나타낸 바와 같이 스타 고분자의 완화 시간 및 영점 점도는 팔 분자량에 따라 지수적으로 증가한다. H, 폼-폼, 빗 형태 고분자의 경우와 같이 주쇄 세그먼트가 존재하는 경우, 스트레스 완화는 그림 8.43과 같이 계층적(hierarchically)으로 이루어진다. 즉 가지 점에 붙어 있는 모든 팔들이 완전히 완화된 후에 주쇄 세그먼트가 최종적으로 사행운동을 통해 스트레스를 완화하게 된다. 이 경우 가지 점에 붙어 있는 팔들은 주쇄 세그먼트의 사행운동에 추가적인 저항을 주게 된다.

그림 8.44에 H 고분자의 주파수에 따른 G'과 G'' 데이터를 나타냈다. H 고분자의 팔이 수축 운동을 통하여 가지 점까지 완전히 스트레스를 완화시키는 상태가 G''의 오른쪽 피크 영역이고, 주쇄가 스트레스를 완화시키는 부분이 왼쪽의 G'과 G''의 교차점 부분에 나타나 있다. 즉 H 고분자의 경우 그림과 같이 팔의 스트레스가 완전히 완화된 후에 주쇄의 스트레스 완화가 되는 과정이 G''의 2개의 피크 형태로 잘 나타나 있다.

8.5.2 초기-시간 변동

긴 가지 고분자의 초기 스트레스 완화 과정은 선형 고분자의 튜브 길이 변동 과정과 유사하다. 즉 엉킨 긴 가지 고분자의 경우에서도 완화 초기에는 엉킴으로 인한 주위 고분자의 구속에 영향을 받지 않고 라우스 운동으로 스트레스를 완화시키게 되는데 이것을 초기-시간 변동(early-time fluctuations)이라 하고 다음과 같이 완화

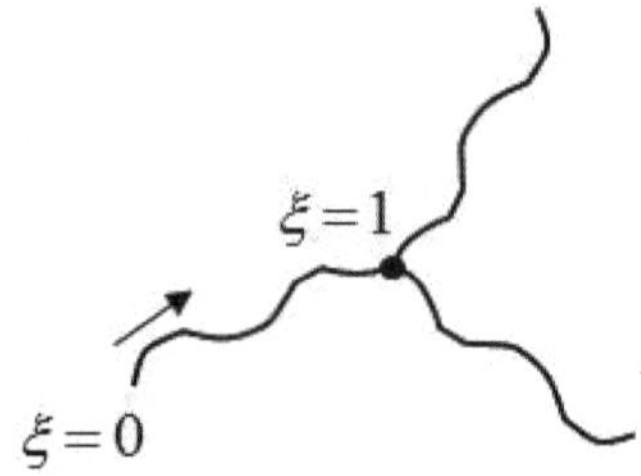

그림 8.45 Star 고분자에서 정규화된 팔 좌표 ξ의 의미

시간이 표현된다.

$$\tau_{early}(\xi)=\frac{9}{16}\pi^3\tau_e Z_a^4\xi^4 \tag{8.5-1}$$

여기서 $Z_a = M_a / M_e$는 팔(arm) 분자량 M_a에 대한 엉킴 분자량 M_e의 비를 나타내는 엉킴수(number of entanglement)이고, ξ는 그림 8.45와 같이 팔 끝에서 0과 가지 점에서 1의 값을 갖는 정규화된 좌표이다. 초기-시간 변동은 앞에서 설명했던 선형 고분자의 사슬 길이 변동을 나타내는 식 (8.4-12) 또는 릭트만과 맥리시(Likhtman and McLeish, 2002)의 구속 완화를 고려한 식에 비하여 엄밀하지는 않지만 짧은 시간에 일어나는 엉킨 긴 가지 고분자의 라우스 거동에 대한 예측 결과에서는 큰 차이는 없다. 전체 팔 좌표에서 초기-시간 변동으로 스트레스가 완화되는 정도는 팔 분자량에 따라 변화하게 된다. 앞에서 선형 고분자의 CLF의 경우와 같이 분자량이 작은 경우 전체 팔의 많은 부분이 초기-시간 변동으로 스트레스가 완화되지만, 분자량이 큰 경우에는 적은 부분만 초기-시간 변동으로 스트레스가 완화되고, 대부분은 다음에 설명하는 말기-시간 팔 수축(late-time arm retraction)으로 스트레스를 완화시키게 된다.

8.5.3 말기-시간 팔 수축

초기-시간 변동을 통한 스트레스 완화는 짧은 시간 동안 이루어지고 긴 가지 고분자의 최종적인 스트레스 완화는 그림 8.46과 같은 말기-시간 변동을 통해서 이루어진다.

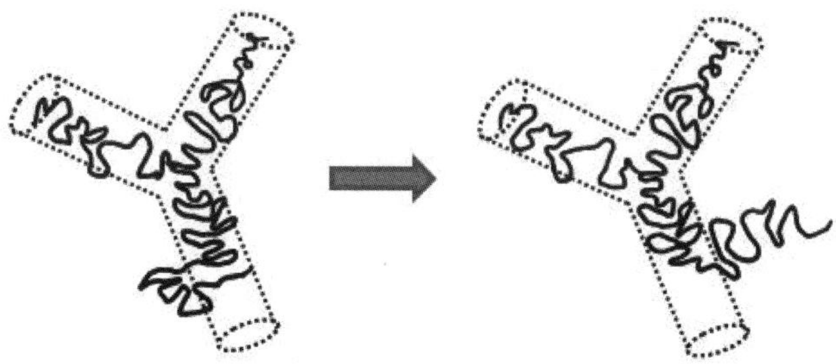

그림 8.46 스타 형태의 긴 가지 고분자의 말기-시간 변동을 통한 가지 점으로의 스트레스 완화 과정. 맥리시 등(McLeish et al., 1999)의 그림을 다시 그림

말기-시간 변동은 그림 8.46에 나타낸 대로 긴 가지를 가지 점까지 끌고 가는 과정이기 때문에 입자가 에너지 장벽을 넘어가는 과정으로 해석할 수 있다. 밀너와 맥리시(Milner and McLeish, 1997)는 에너지 장벽이 존재할 때 입자가 확산에 의하여 목적지에 도착할 때까지 걸리는 시간(first-passage time)을 계산하는 것과 유사한 방법으로 긴 가지 끝이 가지 점까지 수축되는 시간을 다음과 같이 계산하였다.

$$\tau_{late}(\xi) = \frac{L_t}{D_{eff}} \int_0^{\xi} d\xi' \exp[U_{eff}(\xi')] \int_{-\infty}^{\xi'} d\xi'' \exp[-U_{eff}(\xi'')] \tag{8.5-2}$$

여기서 L_t는 튜브의 길이(primitive path length)이고 D_{eff}는 고분자가 형성하는 튜브 안에서 수축하는 팔의 확산 계수이다. 식 (8.5-2)에서 ξ값이 1일 때의 시간이 긴 가지의 최종적인 완화 시간이 된다. U_{eff}는 식 (8.5-3)과 같이 정의되는 고정 네트워크(fixed network) 상태일 때의 팔 수축에 해당하는 포텐셜 에너지에 구속 완화를 고려하는 동적 튜브 확대(dynamic tube dilation, DTD) 개념을 적용하여 식 (8.5-4)와 같이 나타낼 수 있다. DTD의 경우 구속 완화를 적용할 때 이미 완화된 사슬 부분이 용매와 같이 작용하는 것으로 해석하기 때문에 처음의 Z_a가 $Z_a\Phi(\xi)^{\alpha}$로 감소하게 되어 팔 수축에 대한 장벽인 포텐셜 에너지가 감소하여 완화 시간이 구속 완화가 없는 고정 네트워크 경우와 비교하여 감소하게 된다.

$$U(\xi) = \frac{3}{2} Z_a \xi^2 \tag{8.5-3}$$

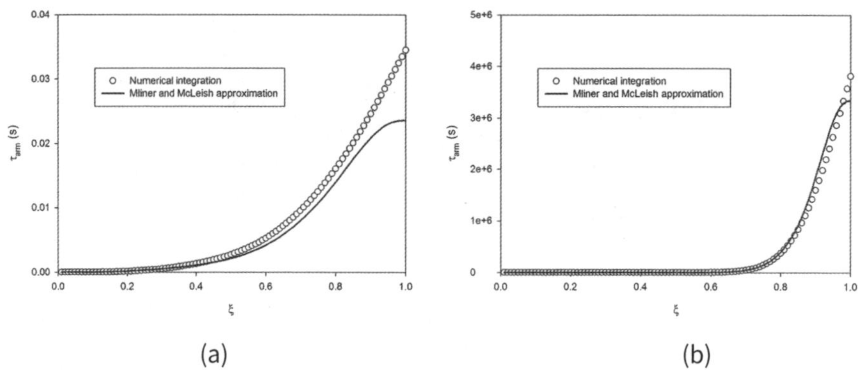

그림 8.47 수치 적분을 이용한 말기-시간 팔 수축 계산 결과와 밀너와 맥리시 근사 식의 결과 비교(τ_e = 5×10^{-7}s), (a) $z_a = 10$; (b) $z_a = 50$

$$U_{eff}(\xi) = \int_0^{\xi} 3Z_a \Phi(\xi)^a \, d\xi \tag{8.5-4}$$

여기서 Φ는 완화되지 않은 부피 분율이며, $\Phi = 1 - \xi$로 나타낼 수 있다. α는 희석 지수로 1 또는 4/3의 값이 일반적으로 사용된다(Park and Larson, 2003).

긴 가지 고분자의 팔의 전체적인 완화과정은 ξ 값이 작은 영역에서 일어나는 초기-시간 변동에서 시작되어 ξ 값이 커짐에 따라 최종적으로 말기-시간 팔 수축으로 변화하게 되는데 이 두 가지 과정의 전환을 밀너와 맥리시(Milner and McLeish, 1997)는 다음과 같은 교차(crossover) 함수를 사용하여 나타냈다.

$$\tau_{arm\ retraction}(\xi) = \frac{\tau_{early}(\xi)}{\exp[-U_{eff}(\xi)] + \tau_{early}(\xi) / \tau_{late}(\xi)} \tag{8.5-5}$$

또한, 식 (8.5-2)의 이중 적분에 근사식을 적용하여 스타 고분자의 말기-시간 팔 수축 시간을 다음과 같이 나타냈다.

$$\tau_{late}(\xi) = \tau_e Z_a^{3/2} \left(\frac{\pi^5}{6} \right)^{1/2} \frac{\exp[U_{eff}(\xi)]}{\left[\xi^2 (1-\xi)^{2\alpha} + \left(\frac{1+\alpha}{3Z_a} \right)^{2\alpha/(\alpha+1)} \Gamma\left(\frac{1}{\alpha+1} \right)^{-2} \right]^{1/2}} \tag{8.5-6}$$

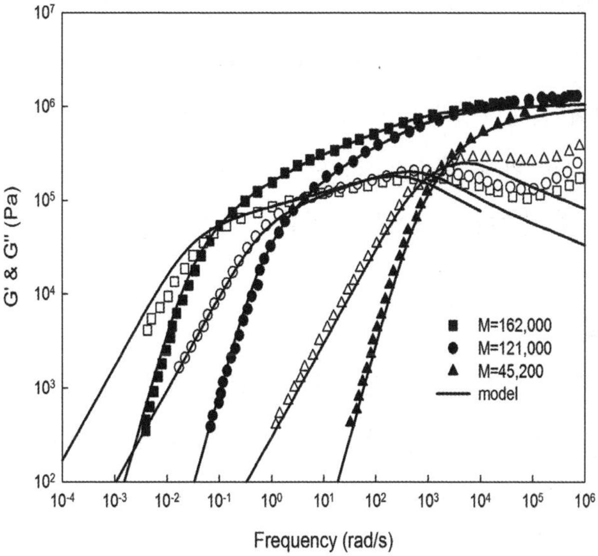

그림 8.48 밀너와 맥리시의 DTD 이론을 이용한 스타 고분자의 G'(열린 기호)과 G''(닫힌 기호) 예측 결과와 실험 데이터의 비교. 실험 데이터는 27°C에서 측정된 단분산성 4-팔 스타 폴리부타디엔이고 각각의 분자량은 45,200, 121,000, 162,000임. 박과 라슨(Park and Larson, 2003)의 그림을 다시 그림

여기서 Γ는 감마 함수(gamma function)를 나타낸다.

그림 8.47에 식 (8.5-2)를 수치 적분을 이용하여 계산한 결과와 식 (8.5-6)의 근사 식의 완화 시간 결과를 ξ 값의 변화에 따라 비교하였다. $Z_a = 10$인 경우에는 수치 적분 결과와 근사식의 차이가 $\xi = 1$ 근처에서 조금 크게 나타나고 있지만, $Z_a = 50$인 경우에는 전체 구간에서 두 결과가 매우 유사함을 볼 수 있다. 즉, Z_a 값이 커질수록 수치 적분을 이용하여 이중 적분을 계산한 결과와 식 (8.5-6)의 근사식의 차이가 감소함을 확인할 수 있다. $\tau_{arm}(\xi)$을 이용하여 G'과 G''은 다음과 같이 계산할 수 있다.

$$G'(\omega) = (\alpha+1)G_N^0 \int_0^1 (1-\xi)^\alpha \frac{[\tau_{arm}(\xi)\omega]^2}{1+[\tau_{arm}(\xi)\omega]^2} d\xi \tag{8.5-7}$$

$$G''(\omega) = (\alpha+1)G_N^0 \int_0^1 (1-\xi)^\alpha \frac{[\tau_{arm}(\xi)\omega]}{1+[\tau_{arm}(\xi)\omega]^2} d\xi \tag{8.5-8}$$

식 (8.5-7)과 (8.5-8)을 이용하여 스타 고분자의 G'과 G''을 예측한 결과와 실험 데이터를 그림 8.48에 비교하였다. 모델 계산에서는 높은 주파수 영역에서의 빠른 라우스 완화와 길이방향 스트레스 완화는 고려하지 않았다. 스타 고분자에 DTD를 이용한 구속 완화 개념을 적용한 밀너와 맥리시 모델이 스타 고분자의 G'과 G'' 데이터를 잘 예측하고 있음을 확인할 수 있다.

8.5.4 가지 점 확산

H와 빗 형태 고분자의 최종적인 스트레스 완화는 그림 8.43에 나타난 바와 같이 팔이 가지 점으로 완전히 완화된 후 주쇄의 사행운동에 의하여 이루어진다. 주쇄의 사행운동을 해석할 때는 가지 점이 작용하는 마찰 저항을 가지 점의 확산 계수를 사용하여 해석한다. 따라서 가지 점 확산(diffusion of branch point)에 대한 정확한 이해가 긴 가지 고분자의 최종적인 완화 현상에 대한 정량적인 예측에 필수적이다. 가지 점의 확산 계수는 다음과 같이 나타낼 수 있다.

$$D_{br} = \frac{p^2 a_{eff}^2}{2q\tau_a} \tag{8.5-9}$$

여기서 a_{eff}는 팔이 완화된 후 주쇄가 형성하는 튜브의 직경이고, q는 그림 8.49에 나타난 바와 같이 각각의 가지 점에 붙어 있는 팔의 개수이며 τ_a는 가지 점에 붙어 있는 팔의 완화 시간이고, $p^2 = 1/16$ 또는 $p^2 = 1/40$ 값이 사용된다(Wang et al., 2010). 가지 점이 움직이기 위해서는 가지 점에 붙어 있는 팔이 완화되어야 하고, 팔의 완화 시간이 경과한 후 가지 점은 튜브의 직경에 해당하는 부분만을 움직일 수 있다. 완화된 팔은 다시 다른 사슬과 엉키기 때문에 가지 점이 다시 움직이기 위해서는 팔의 완화 시간이 경과할 때까지 기다려야 한다. 따라서 가지 점의 1차원 움직임에 대한 확산계수가 $\frac{a_{eff}^2}{2\tau_a}$에 비례하게 된다. 또한, 가지 점에 붙어 있는 팔의 개수가 커질수록 확산에 대한 저항이 커지게 된다.

긴 가지 고분자의 경우에 가지 점에 붙어 있는 팔의 저항이 주쇄 전체의 저항에 비하여 크기 때문에 식 (8.5-9)에서 정의된 D_{br}을 이용하여 선형 고분자와 같이 주쇄의 최종적인 사행운동 시간을 결정할 수 있다. 또한, 주쇄의 완화 과정에서도

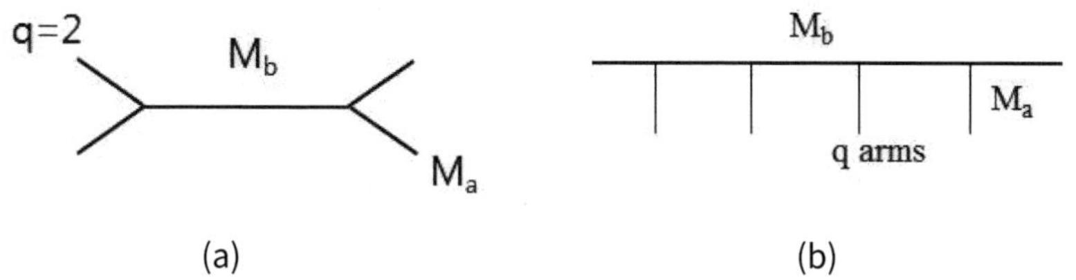

그림 8.49 (a) H 및 (b)빗 형태 고분자의 개략도. H의 경우 가지 점에 2개의 긴 가지가 붙어 있고, 빗 형태의 고분자는 가지 점에 1개의 긴 가지가 붙어 있음

선형 고분자의 완화과정에서 고려했던 CLF를 포함하여 생각해야 한다. 주쇄의 양쪽 끝부분에서는 CLF 형태로 완화가 일어나고, 최종적으로는 사행운동을 통해서 주쇄의 스트레스가 완화된다. 다니엘스 등(Daniels et al., 2001)은 사행운동으로 인한 빗 형태 고분자 주쇄의 최종적인 완화 시간을 $p^2 = 1/16$을 사용하여 다음과 같이 계산하였다.

$$\tau_{rep} = \frac{75(1-x_c)^2}{2\pi^2} Z_b^2 \Phi_b^{2\alpha} \tau_a q \tag{8.5-10}$$

여기서, $Z_b = M_b / M_e$, $\Phi_b = M_b / (M_b + qM_a)$, x_c는 주쇄가 사행운동 이전에 CLF 과정을 통하여 완화된 비율이다.

음이온 중합 기술을 이용하여 긴 가지의 위치 및 길이를 정밀하게 제어한 모델 고분자들이 합성됨으로써 LCB 고분자의 유변 특성에 대한 체계적인 연구가 가능하게 되어 밀너와 맥리시 연구 그룹은 앞에서 설명한 방법으로 스타 또는 빗 형태 고분자와 같은 특정한 구조를 갖는 LCB 고분자의 완화 시간을 실험 결과에 비교하여 정량적으로 예측할 수 있었다. 실제 상업용 고분자의 경우 LCB가 특정한 형태만을 갖는 것이 아니라 여러 가지 형태가 섞여 있기 때문에 특정한 구조를 대상으로 한 분자 이론은 적용하기 어렵다. 라슨(Larson, 2001)은 이와 같은 다양한 형태의 긴 가지 고분자 혼합물의 완화 현상을 일반화한 모델을 이용하여 예측하는 방법을 제안하였다. 그러나 선형 고분자 및 빗, H, 스타 등 각각의 특정한 형태의 긴 가지 고분자의 완화 현상에 대한 정량적인 예측에서는 밀너와 맥리시 그룹의 결과와 비교하여 한계를 나타냈다. 이는 라슨의 모델이 고분자의 스트레스 완화 초

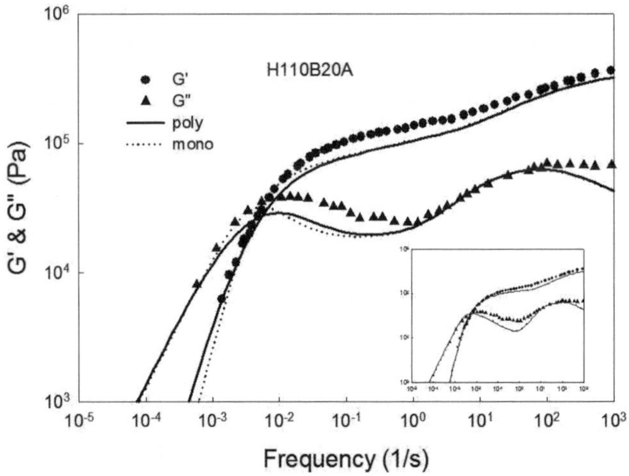

그림 8.50 H 고분자에 대한 계층 모델의 G'과 G'' 예측 결과. 실선은 가지 점에 붙어 있는 팔의 분자량이 모두 동일한 경우(monodisperse arm)이고 점선은 팔의 분자량이 넓게 분포한 경우임. 삽입되어 있는 그림은 밀너와 맥리시 모델을 사용한 예측 결과임. 박 등(Park et al., 2005)의 그림을 다시 그림

기에 존재하는 초기-시간 변동(early-time fluctuations)을 무시하였고, 또한 식 (8.5-6)가 아닌 매우 간단한 말기-시간 수축식을 사용하였기 때문이다. 박 등(Park et al., 2005)은 식 (8.5-2)의 이중 적분을 수치적으로 직접 적분하는 방법을 라슨 모델에 도입하여 특정한 형태의 LCB 고분자뿐만 아니라 일반적인 LCB 고분자 혼합물의 스트레스 완화 현상을 정량적으로 예측하는 모델을 개발하였다. LCB 고분자의 완화 과정이 계층적(hierarchically)으로 이루어지기 때문에 이 모델을 계층 모델(hierarchical model)이라고 부른다. 계층 모델에서는 엉킨 고분자의 스트레스 완화 메커니즘인 사행운동, 사슬 길이 변동, 구속 완화, 길이방향 스트레스 완화가 모두 포함되어 있어 다양한 형태의 긴 가지 고분자의 유변 물성을 정량적으로 예측할 수 있었다. 그림 8.50에 H 고분자에 대한 계층 모델의 예측 결과와 밀너와 맥리시(Milner와 McLeish)모델의 결과를 비교하여 나타냈다. 두 모델의 예측 결과가 실험 데이터의 완화 거동을 정량적으로 잘 예측함을 볼 수 있다. 즉, H 고분자에 대하여 일반적인 긴 가지 혼합물을 대상으로 개발된 계층 모델이 H 고분자의 완화 거동을 대상으로 개발된 밀너와 맥리시 모델의 예측과 유사한 결과를 나타냄을 알 수

있다.

박 등(Park et al., 2005)의 계층 모델은 여러 가지 형태를 갖는 LCB 고분자의 유변 물성을 성공적으로 예측하였지만 고분자의 구조 중에서 가지 점에 붙어 있는 팔에 또 다른 가지 점이 붙어 있는 구조(branch-on-branch structure, BoB)의 유변 물성을 예측할 수 없었다. LDPE와 같은 폴리에틸렌의 경우 BoB 구조가 존재하고 있고, 이로 인해서 유변 물성의 변화가 좀더 복잡하게 나타나게 된다. 다스 등(Das et al., 2005)은 이와 같은 복잡한 미세구조를 갖는 다양한 고분자 혼합물의 스트레스 완화 현상을 해석할 수 있는 일반적인 모델을 개발하였고, BoB 모델로 불린다. 계층 모델과 BoB 모델은 고분자의 스트레스 완화에 대하여 동일한 메커니즘을 사용하고 있어 BoB 구조를 갖는 고분자를 제외하고는 매우 유사한 예측 결과를 보였다(Wang et al., 2010).

8.6 튜브 모델을 기반으로 한 구성방정식

앞 절에서 우리는 엉킨 고분자 사슬이 주위 고분자의 구속으로 인하여 생기는 튜브 내에서 작은 변형 범위 내(선형 점탄성 영역)로 움직이는 것을 해석하는 이론에 대하여 다루었다. 고분자 사슬의 이와 같은 선형 점탄성 거동을 해석하기 위하여 사행운동, 구속완화 및 팔 수축과 같은 여러 가지 스트레스 완화 메커니즘을 적용하였고, 여러 메커니즘을 결합한 분자 이론을 바탕으로 한 계층 모델 또는 BoB 모델을 사용하여 실험 데이터를 정량적으로 예측할 수 있었다. 그러나 고분자 사슬의 전단 점도 또는 신장 점도와 같은 비선형 유변 물성에 대해서는 선형 점탄성 해석에 사용했던 스트레스 완화 메커니즘뿐만 아니라 비선형 흐름 또는 큰 변형 하에서 튜브의 움직임에 대한 해석도 함께 고려되어야 한다. 선형 고분자와 스타, H 및 빗 형태의 고분자가 혼합되어 있는 일반적인 고분자에 대하여 분자 구조를 바탕으로 비선형 영역에서 유변 물성을 정량적으로 예측하는 것은 매우 어려우므로 빠른 흐름이나 큰 변형하에서 고분자의 비선형 유변 물성을 예측하기 위한 구성방정식을 구하기 위해서는 연속체 역학을 기반으로 한 실험적인 접근 방식이 많이 사용되었다. 또한 최근에는 분자 이론을 기반으로 하여 선형, 스타, H, 폼-폼과 같은 특정한 분자 구조를 대상으로 개발된 모델도 사용되고 있다.

8.6.1 도이-에드워즈 모델

도이와 에드워즈(Doi and Edwards, 1986)는 튜브 내에서 고분자의 사행운동으로 인한 선형 점탄성 거동과 비선형 거동을 결합한 구성방정식을 개발하였다. 도이-에드워즈(DE) 구성방정식은 엉킨 고분자 용융체의 구조를 바탕으로 한 최초의 분자 이론이며, 그 이후 개발된 여러 가지 분자 이론의 가장 기본적인 모델이다. DE 구성방정식은 다음과 같이 나타낼 수 있다.

$$\boldsymbol{\sigma} = \int_{-\infty}^{t} dt' M(t-t')\ \mathbf{Q}[\mathbf{E}(t,t')] \tag{8.6-1}$$

여기서 $\mathbf{Q}[\mathbf{E}(t, t')]$는 주어진 변형하에서 튜브 세그먼트의 배향(orientation)의 변화를 나타내는 도이-에드워즈 텐서(Doi-Edwards tensor)이다. 텐서 $\mathbf{E}(t, t')$는 시간 t'과 t 사이에서 튜브 세그먼트의 상대적인 변형의 크기로 정의되는 변형 기울기 텐서(displacement gradient tensor)로 $\boldsymbol{\Delta}(t, t')$의 역(inverse) 텐서이다(식 (7.4-10), (7.4-11) 참고). 메모리 함수(memory function, 제7장 참고) $M(t-t')$는 다음과 같다.

$$M(t-t') = \frac{d}{dt'}G(t-t') = \sum_{i=1}^{\infty}\frac{G_i}{\tau_i}\exp\left[-\frac{(t-t')}{\tau_i}\right] \tag{8.6-2}$$

메모리 함수는 8.4절에서 설명한 사행운동에 의한 선형 점탄성 거동에서 얻어진 완화 시간 분포로부터 얻는다.

$$G_i = \frac{8}{\pi^2}\frac{G_N^0}{i^2}, \quad \tau_i = \frac{\tau_d}{i^2} \tag{8.6-3}$$

단분산성 선형 고분자의 경우 가장 긴 완화 시간인 사행시간 τ_d가 가장 큰 영향을 미치게 되므로 식 (8.6-1)을 다음과 같이 단순화시킬 수 있다.

$$\boldsymbol{\sigma} = G_N^0 \int_{-\infty}^{t} \frac{dt'}{\tau_d} \exp\left[-\frac{(t-t')}{\tau_d}\right] \mathbf{Q}[\mathbf{E}(t,t')] \qquad (8.6\text{-}4)$$

텐서 $\mathbf{Q}[\mathbf{E}(t, t')]$는 물질의 변형 정도를 나타내는 핑거(Finger) 텐서 **B**와 코시(Cauchy) 텐서 **C**를 사용하여 다음과 같이 근사 시킬 수 있다.

$$\mathbf{Q} \approx \left(\frac{5}{J-1}\right)\mathbf{B} - \left[\frac{5}{(J-1)(I_2+13/4)^{1/2}}\right]\mathbf{C} \qquad (8.6\text{-}5)$$

여기서, $J = I_1 + 2(I_2 + 13/4)^{1/2}$이고 I_1과 I_2는 각각 핑거 텐서와 코시 텐서의 트레이스(trace) 값이다.

DE 모델은 선형 고분자의 튜브 내에서 거동을 해석하는 최초의 분자 이론이지만 실험 데이터의 정량적인 예측에는 한계가 있다. 특히 정상상태 전단 점도의 경우 전단율의 변화에 따른 점도 감소 현상을 너무 과도하게 예측하여 전단율과 τ_d의 곱이 1 부근에서 전단 스트레스가 최댓값을 갖고 전단율이 계속 증가하면 전단 스트레스가 감소하는 결과를 예측한다. 이것은 DE 모델이 변형이 가해진 직후 튜브의 수축 과정이 매우 빠른 것을 가정하고 있고, 빠른 변형 속도에서 일어나는 흐름에 의한 구속완화(convective constraint release, CCR)와 같은 메커니즘을 고려하지 않기 때문이다. DE 모델의 문제점을 보완하기 위하여 여러 가지 모델들이 제안되어 실험 데이터에 대한 정량적인 예측이 가능하게 되었다. 사슬의 신장(chain stretch)과 CCR을 포함하여 DE 모델의 문제점을 개선한 다양한 구성방정식의 구체적인 예는 딜리와 라슨(Dealy and Larson, 2005)을 참고할 수 있다.

8.6.2 폼-폼 모델

LCB 고분자 중에 가지 점의 수가 하나인 스타 고분자의 비선형 변형에 대한 거동은 가지 점에 붙어 있는 팔의 수축이 빠르게 일어나기 때문에 선형 고분자의 경우와 큰 차이를 보이지 않는다. 그러나, 가지 점이 두 개 이상인 H 또는 빗 형태의 고분자는 팔과 함께 주쇄 부분이 존재하고 이 주쇄 부분의 움직임은 팔의 존재 때문에 느려지게 된다. 따라서, H 또는 빗 형태의 고분자의 비선형 거동은 선형 고분자와 많은 차이가 있다. 상업용 고분자인 LDPE와 같은 경우에는 이와 같은 선형, 스타, H, 빗 형태 고분자가 섞여 있기 때문에 여러 구조의 고분자의 비선형 거동이 함께 나타나게 된다. 그림 8.15와 같이 LDPE는 매우 큰 과도한 시어 시닝과 신장경화 거동을 보이고 있다. LDPE와 같이 복잡한 구조를 갖는 LCB 고분자의 비선형 거동을 모든 LCB 구조를 고려하여 해석하는 것은 매우 어렵기 때문에 맥리시와 라슨(McLeish and Larson, 1998)은 LDPE의 복잡한 LCB 구조를 그림 8.51과 같이 가지 점이 두 개인 폼-폼(pom-pom, fluffy ball 이라는 뜻을 갖고 있다) 형태로 단순화한 고분자를 사용하는 폼-폼 모델(pom-pom model)을 개발하였다.

폼-폼 모델은 팔의 완화 시간 τ_a, 주쇄의 사행시간 τ_b와 주쇄의 신장시간(stretch time) τ_s의 세 개의 기본적인 시간을 갖는다. τ_b는 다음과 같이 가지 점에 붙어 있는 팔의 수 q와 팔의 완화 시간 τ_a의 함수로 표시될 수 있어서, 폼-폼 모델에서는 기본적인 두 개의 시간을 사용한다.

$$\tau_b = \frac{4}{\pi^2} s_b^2 \Phi_b \tau_a q \tag{8.6-6}$$

여기서, Φ_b는 식 (8.6-7)과 같이 정의되는 주쇄의 부피 분율이고, $s_b = M_b / M_e$는 주쇄의 엉킴 개수, s_a는 팔의 엉킴 개수, q는 각각의 가지 점에 붙어 있는 팔의 개수를 나타낸다.

$$\Phi_b = \frac{s_b}{2qs_a + s_b} \tag{8.6-7}$$

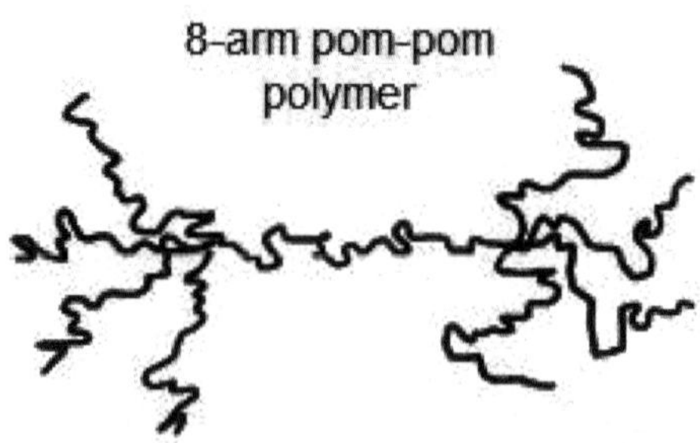

그림 8.51 8-팔 폼-폼 고분자의 구조

팔의 완화 시간은 8.5.3절에 설명한 식 (8.5-6)의 말기-시간 팔 수축시간을 사용하여 계산할 수 있다. 그러나, 단일 모드를 갖는 폼-폼 모델의 경우 실험적인 데이터를 정량적으로 예측할 수 없기 때문에 일반적으로 완화 시간 분포를 갖는 다중 모드(multi-mode)를 사용하는 폼-폼 모델이 많이 사용되고 있고, 이 경우에 τ_a는 폼-폼의 분자 구조를 가지고 예측되는 값이 아닌 하나의 맞춤(fitting) 파라미터로 사용된다. 폼-폼 모델에서 스트레스 텐서 $\boldsymbol{\sigma}$는 다음과 같이 표현된다.

$$\boldsymbol{\sigma}(t) = 3G_N^0 \Phi_b \left(\Phi_b \lambda^2(t) + \frac{2qs_c(t)}{2qs_a + s_b} \right) \mathbf{S}(t) \tag{8.6-8}$$

여기서 G_N^0는 평탄 모듈러스이고, $S(t)$, $\lambda(t)$, $s_c(t)$는 각각 시간에 따른 주쇄의 배향(orientation), 주쇄의 신장(backbone stretch) 및 팔의 튜브 내부로의 이끌린 정도(arm-withdrawal measure)를 나타내며 다음과 같은 식으로 표현된다.

$$S(t) = \int_{-\infty}^{t} \frac{dt'}{\tau_b(t')} \exp\left[-\int_{t'}^{t} \frac{dt''}{\tau_b(t'')} \exp\left(\frac{1}{<|\mathbf{E}(t,t')\cdot \mathbf{u}|>} \right) \right] \left\langle \frac{\mathbf{E}(t,t')\cdot \mathbf{u}\mathbf{E}(t,t')\cdot \mathbf{u}}{|\mathbf{E}(t,t')\cdot \mathbf{u}|} \right\rangle \tag{8.6-9}$$

$$\frac{\partial}{\partial t}\lambda = \lambda(\mathbf{K}:\mathbf{S}) - \frac{1}{\tau_s}(\lambda - 1) \quad (\lambda < q) \tag{8.6-10}$$

$$\frac{\partial}{\partial t}s_c = \left(q\frac{s_b}{2} + s_c \right)(\mathbf{K}:\mathbf{S}) - \frac{1}{2\tau_a(x_c)} \quad (\lambda = q) \tag{8.6-11}$$

여기서 $\mathbf{u}$는 튜브 세그먼트 배향의 분포를 나타내고, $\mathbf{K}$는 변형률(rate of deformation) 텐서이다. 시간에 따른 식 (8.6-9)~(8.6-11)의 방정식을 유동의 형태에 따라 풀게 되면 고분자의 유변 물성을 예측할 수 있다. 폼-폼 모델은 LCB 폴리에틸렌의 전형적인 점도 거동인 시어 시닝과 신장 경화를 가지 점에 붙어 있는 팔 분자량 및 개수, 그리고 주쇄 분자량을 바탕으로 정성적으로 예측할 수 있다. 그림 8.52에 변형률에 따른 폼-폼 모델의 과도 전단 점도 및 신장 점도 예측 결과를 나타냈다. 폼-

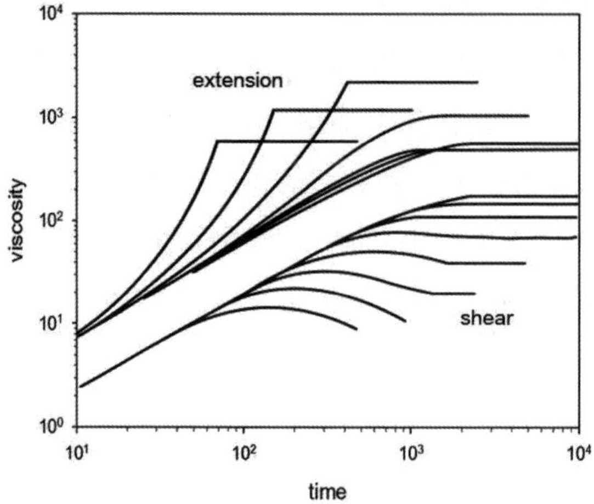

그림 8.52 변형률에 따른 폼-폼 모델의 과도 점도 예측 결과($q=5, s_a=3, s_b=30$). 맥리시와 라슨(McLeish and Larson, 1998)의 그림을 다시 그림

폼 모델의 예측은 그림 8.15에 보였던 LDPE 유변 물성과 유사한 거동을 보인다.

적분 형태로 제시된 식 (8.6-9)~(8.6-11)의 폼-폼 모델은 미분 형태로 근사할 수 있고, 계산의 편리함 때문에 고분자 유동의 수치 해석에서는 미분 형태의 폼-폼 모델이 더 많이 사용되고 있다. 폼-폼 모델은 두 개의 가지 점이 존재하는 간단한 구조인 폼-폼을 사용했지만 팔 분자량, 팔의 수 및 주쇄의 분자량이라는 분자 구조를 바탕으로 임의의 파라미터 없이 LCB 고분자의 비선형 유변 물성을 정성적으로 예측할 수 있다. 그러나 주쇄 신장의 급격한 멈춤으로 인해 발생하는 과도(transient) 신장 점도 기울기의 급격한 변화와 2차 수직 스트레스를 예측하지 못하는 것과 같이 실제 LCB 고분자의 유변 물성에 대한 정량적인 예측에서는 한계가 있기 때문에 이 문제를 해결하기 위하여 여러 가지 수정된 폼-폼 모델들이 제안되었고, 이와 같은 수정을 통하여 신장 변형에서의 스트레스의 오버슈트(overshoot)와 2차 수직 스트레스를 예측할 수 있게 되었다. 또한, 단일 모드가 아닌 멀티 모드 형태의 식을 사용하여 복잡한 LCB 구조를 갖는 LDPE와 같은 수지의 유변 물성에 대한 정량적인 예측이 가능하게 되었다(Inkson et al., 1999).

8.7 고분자 유변학의 산업공정과 분자량 분석에의 응용

8.7.1 분자 이론을 이용한 폴리에틸렌의 유변 물성 해석

폴리에틸렌 수지는 비교적 간단한 구조에도 불구하고 단순한 플라스틱 필름에서부터 가스 파이프 라인 등 다양한 분야에서 가장 널리 사용되고 있는 고분자이다. 기존의 폴리에틸렌의 중합에 사용되고 있던 지글러-나타(Ziegler-Natta) 촉매는 활성점(active site)인 금속 성분이 불활성인 고체 표면에 분산되어 있기 때문에 활성점의 성질이 균일하지 않아서 고분자 수지의 분자 구조를 정밀하게 조절할 수가 없었다. 반면에 최근 많은 연구가 진행된 메탈로센(metallocene) 촉매는 일정한 구조를 갖는 하나의 화합물이어서 모든 활성점이 동일한 중합 특성을 갖는 단일 활성점 촉매(single-site catalyst)라고 할 수 있다. 특히 메탈로센 촉매는 기존 공정의 조작 조건에서도 고분자의 미세 분자 구조를 자유롭게 제어함으로써, 고분자의 물성에 큰 영향을 미치는 분자량 분포, 입체 규칙성, 공중합 조성률 등을 매우 정밀하게 조작할 수 있게 되었다. 또한 메탈로센 촉매로 중합된 폴리에틸렌은 지글러-나타 촉매로 중합된 폴리에틸렌에 비해 우수한 기계적 물성을 갖고 있다. 그러나 메탈로센 촉매로 중합된 폴리에틸렌은 분자량 분포가 상대적으로 좁기 때문에 고분자 수지의 가공성에 있어서 기존의 폴리에틸렌에 비하여 많은 문제가 있었다 (Scheirs and Kaminsky, 2002).

폴리에틸렌의 중요한 가공 특성인 시어 시닝과 신장 경화의 정도는 고분자 주쇄에 붙어 있는 LCB의 함량에 따라 크게 변화하기 때문에, 분자량 분포는 유지하면서 적은 양의 LCB를 메탈로센 폴리에틸렌에 도입하려는 연구가 많이 수행되었다. 라이 등(Lai et al., 1993)은 처음으로 메탈로센 촉매의 일종인 CG(constrained geometry) 촉매를 이용하여 LCB를 갖는 메탈로센 폴리에틸렌을 제조하였다. 이렇게 도입된 LCB는 매우 적은 양(탄소 원자 1000개당 1개 이하)에도 불구하고 폴리에틸렌의 가공 특성을 크게 향상시킬 수 있었다. 이와 같이 고분자의 유변 물성은 분자량, 분자량 분포, LCB 함량 및 분포 등에 크게 의존하기 때문에, 고분자의 미세구조와 유변 물성의 상관 관계를 정량적으로 예측하는 것은 고분자 물리학 같은 학술적인 측면뿐만 아니라 산업적으로도 매우 중요한 의미를 갖는다. 메탈로센 폴리에틸렌의 LCB 함량 및 분포와 같은 미세구조는 중합 조건에 따라 크게 달라진다. 폴리에틸렌의 중합 조건의 변화와 긴 가지 구조의 상관 관계에 대한 이해는 메탈로센 폴리에틸렌의 구조 설계와 촉매 설계에 중요한 정보를 제공함으로써 새로운 성능을 갖는 메탈로센 촉매 개발 과정에서 중요한 역할을 한다.

상업용 고분자의 경우 LCB 구조가 매우 복잡하고 고분자의 유변 물성이 LCB뿐만 아니라 분자량 및 분자량 분포에도 의존하고 있기 때문에, LCB의 효과만을 독립적으로 이해하는 것은 매우 어렵다. 폴리에틸렌 중에서 LDPE의 경우 BoB(branch-on-branch) 구조를 포함하기 때문에 LCB의 구조가 매우 복잡하고, 다양한 구조를 갖는 여러 가지 LCB 고분자의 혼합물이기 때문에 앞 절에서 설명한 것과 같이 LDPE의 유변 특성을 정량적으로 예측하는 것이 쉽지 않다. 그러나 메탈로센 촉매을 사용하여 HDPE에 소량의 LCB를 도입한 경우에는 전체의 많은 부분이 선형 고분자이고 스타 및 H 형태의 고분자가 소량 섞여 있는 혼합물로 생각할 수 있다. 이와 같은 메탈로센 HDPE의 경우 중합 메커니즘을 고려하여 LCB의 분포를 해석할 수 있는 경우에는 유변 물성의 정량적인 예측도 가능하게 되었다.

소어레즈와 해밀렉(Soares and Hamielec, 1996)은 LCB 메탈로센 HDPE에 대하여 다음과 같은 단계를 고려한 중합 반응 메카니즘을 제안하였다.

$$P_{r,i} + M \xrightarrow{k_p} P_{r+1,i} \qquad \text{monomer addition} \tag{8.7-1}$$

$$P_{r,i} + D^{=}_{q,j} \xrightarrow{k_{pLCB}} P_{r+q,i+j+1} \qquad \text{addition of unsaturated branch} \tag{8.7-2}$$

$$P_{r,i} + CTA \xrightarrow{k_{CTA}} D_{r,i} + P_{1,0} \qquad \text{generation of dead saturated chains} \tag{8.7-3}$$

$$P_{r,i} \xrightarrow{k_\beta} D^{=}_{r,i} + P_{1,0} \qquad \beta\text{-hydride elimination} \tag{8.7-4}$$

여기서 M은 단량체, P는 활동성의 고분자 사슬(living polymer chain), D는 말단이 포화되어 반응성을 상실한 사슬(dead chain), $D^{=}$는 말단이 비닐기로 반응성을 상실

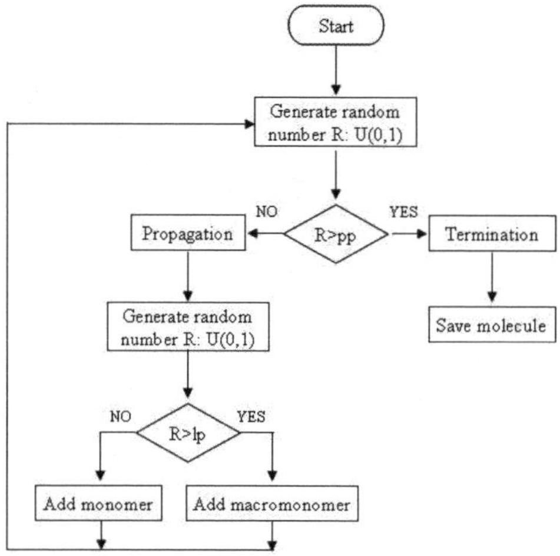

그림 8.53 단일 활성점 촉매를 사용하는 경우 메탈로센 촉매로 중합된 폴리에틸렌의 분자 구조 예측을 위한 몬테 칼로 모사 흐름도. 박과 라슨(Park and Larson, 2005)의 그림을 다시 그림

한 사슬(vinyl-terminated dead chain), CTA는 사슬 전이 성분(chain transfer agent)을 나타낸다.

몬테 칼로(Monte Carlo) 방법은 중합에서 얻어진 고분자 분자량 및 LCB의 분포를 정확하게 표현할 수 있기 때문에 LCB 메탈로센 폴리에틸렌의 중합 반응을 모사하는 용도로 많이 사용되고 있다. 코스토 등(Costeux et al., 2002)은 식 (8.7-1)~(8.7-4)로 표시되는 합성 메커니즘을 갖는 계에 대하여 몬테 칼로 방법을 이용하여 LCB 메탈로센 폴리에틸렌의 분자량 분포 및 LCB 분포를 예측하였다. 그림 8.53에 단일 활성점(single active site) 메탈로센 촉매를 이용한 폴리에틸렌 중합 반응을 위한 몬테 칼로 모사의 흐름도를 나타내었다. 몬테 칼로 모사에서 필요한 두 파라미터인 전파확률(propagation probability) pp와 단량체 선택확률(monomer selection probability) lp는 중합 메커니즘 각각 단계의 속도식으로부터 얻을 수 있다. 즉, 중합 반응의 공정 조건으로부터 몬테 칼로 모사에 사용되는 정보를 얻을 수 있고, 이를 바탕으로 HDPE의 분자량 분포, LCB의 길이 및 분포를 계산할 수 있다.

박과 라슨(Park and Larson, 2005)은 몬테 칼로 모사를 통하여 얻어진 정보를 바탕으로 그림 8.54와 같이 LCB 메탈로센 폴리에틸렌의 유변 물성을 예측하였다. 각각의 HDPE는 분자량은 거의 동일하지만 LCB의 함량(λ=탄소 원자 1000개당 LCB 개수)

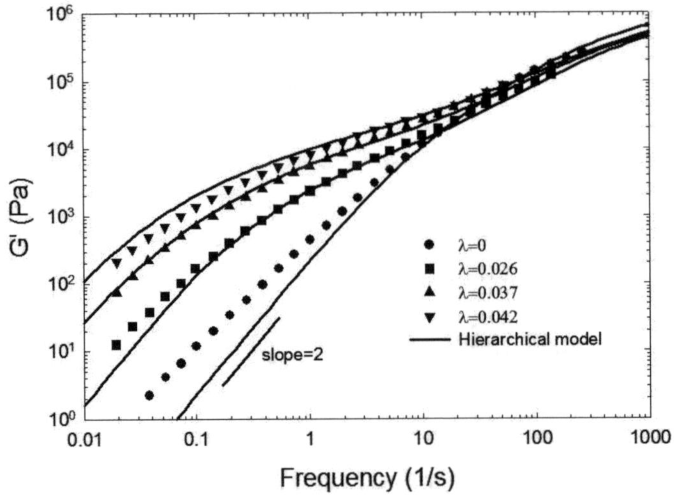

그림 8.54 메탈로센 촉매로 중합된 폴리에틸렌의 LCB 함량 변화에 따른 저장 탄성률의 변화 및 계층 모델 예측 결과. λ는 탄소 1000개당 LCB 수를 나타냄. 박과 라슨(Park and Larson, 2005)의 그림을 다시 그림

이 각각 다른 수지이다. 그림 8.54에 나타난 바와 같이 LCB의 함량이 비교적 작은 경우에도 각각의 수지의 유변 물성은 많은 차이를 나타낸다. 따라서, 유변 물성은 LCB의 위치 및 분포에 대하여 기존의 ^{13}C-NMR 및 크로마토그래피 방법보다 LCB 정보에 훨씬 민감하여 분자구조에 대한 유용한 정보를 제공할 수 있다. 몬테 칼로 모사에서 얻어진 고분자의 분자량, 분자량 분포 및 LCB 분포를 바탕으로 계층 모델을 사용한 예측 결과는 실험 결과와 비교적 잘 일치함을 볼 수 있다.

리드 등(Read et al., 2011)과 다스 등(Das et al., 2014)은 LDPE를 대상으로 박과 라슨(Park and Larson, 2005)과 같이 몬테 칼로 방법을 사용하여 중합 공정을 모사하여 분자량 및 긴 가지 분포를 계산하고, 이렇게 얻어진 분자 구조를 갖는 LDPE를 대상으로 BoB 모델을 이용하여 유변 물성을 예측하였다. 그림 8.55에 나타난 바와 같이 중합공정 모델링을 바탕으로 얻어진 분자 구조를 고려하여 계산된 유변 물성이 실험 결과와 잘 일치함을 알 수 있다.

8.7.2 유변 물성을 이용한 LCB고분자 특성 분석

LCB 함량은 NMR 또는 8.1.5절에서 설명한 대로 GPC를 이용하여 분석할 수 있

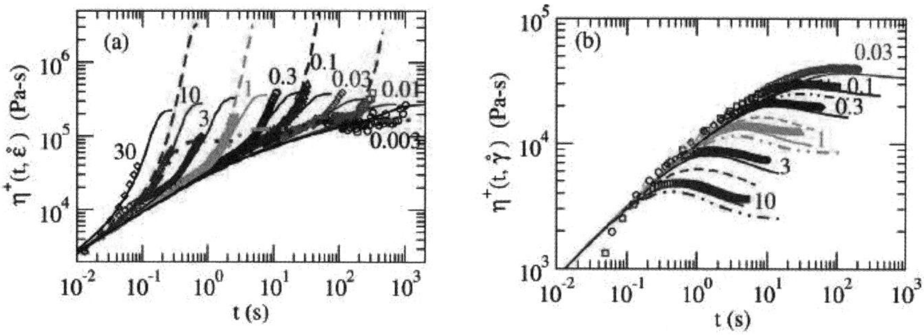

(a) (b)

그림 8.55 중합공정 모델링을 바탕으로 BoB 모델을 사용한 LDPE 물성 예측결과와 실험 결과 비교 (a) 과도 신장 점도(transient elongational viscosity) (b) 과도 전단 점도(transient shear viscosity). 기호는 실험 결과이고, 실선은 흐름 우선(flow priority)을 고려한 결과이고, 점선은 고려하지 않은 결과임. 그림에 있는 숫자는 신장률과 전단율을 의미함(Das et al., 2014)

다. 그러나 NMR을 사용하여 LCB의 함량을 분석하는 경우 1-옥텐 단량체에 의하여 생기는 SCB와 구별을 할 수 없는 문제가 있다. GPC 방법으로는 LCB의 형태에 대한 고려 없이 선형 고분자에 대한 LCB고분자의 회전반경 또는 고유 점도의 감소를 기준으로 분자량에 따른 LCB 함량을 얻을 수 있다. 따라서 GPC를 이용한 LCB분석은 LCB의 함량이 매우 작은 경우에는 회전반경이나 고유 점도의 감소되는 정도가 매우 작기 때문에 신뢰성 있는 결과를 얻기가 어렵다.

그림 8.56에 짐-스톡메이어(Zimm-Stockmayer) 식을 사용하여 탄소 10,000개당 LCB 수에 따른 고유 점도의 수축인자 $g' = \frac{[\eta]_{LCB}}{[\eta]_{linear}}$의 변화를 두 가지 분자량에 대하여 계산한 결과를 나타냈다. 10,000개당 LCB 수가 0.5일 때 분자량 150,000인 경우의 g'이 0.96 정도이다. 그림 8.54에 나타낸 메탈로센 HDPE 중에서 탄소 1000개당 LCB 수가 가장 많은 것이 0.042로 이 정도의 작은 LCB 함량만으로도 선형 HDPE에 비하여 저장 모듈러스의 변화는 매우 크게 관찰된다. 그러나 GPC를 사용할 때 $g' = 0.96$ 정도의 값은 실험적인 오차를 고려하면 선형 고분자와 비교하여 큰 차이를 나타내지 못한다.

또한 GPC 측정에서는 일반적으로 세타 용매가 아닌 좋은 용매(good solvent)를 사용하게 된다. 좋은 용매에서 선형 고분자는 LCB 고분자보다 더 많이 팽창한다. 따라서 선형 고분자의 고유 점도와 LCB 고분자의 고유 점도의 비를 나타내는 g'

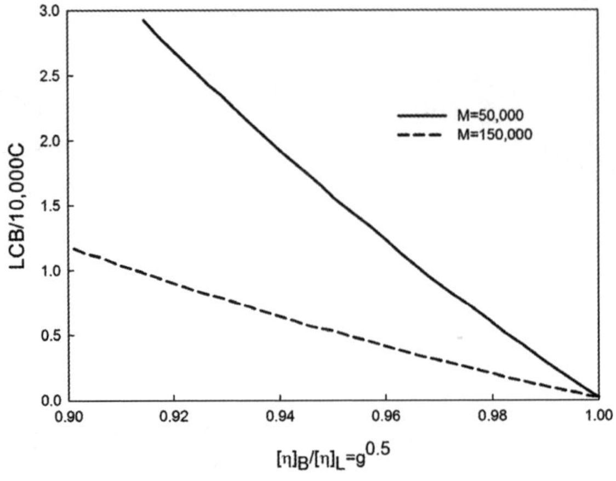

그림 8.56 짐-스톡메이어 식을 사용하여 계산된 LCB 함량이 작을 때 분자량에 따른 고유 점도 수축인자 (g')의 변화. 회전반경 수축인자(g)와 관계 $g^{\varepsilon} = g'$에서 $\varepsilon = 0.5$를 사용하여 계산된 결과임. 슈로프와 마브리디스(Shroff and Mavridis, 2001)의 그림을 다시 그림

값이 좋은 용매에서 세타 용매의 경우보다 더 작게 나타난다. 이렇게 측정된 g'값을 이용하여 짐-스톡메이어 식으로 LCB 개수를 계산하면 실제보다 더 많은 수의 LCB를 갖는 것으로 나타난다.

유변 물성은 적은 양의 LCB에도 큰 변화를 보이기 때문에 유변 물성을 이용하여 고분자의 LCB 특성을 분석하려는 연구가 많이 진행되었다. 그러나, 유변 물성은 LCB뿐만 아니라 분자량과 분자량 분포에도 영향을 받기 때문에 LCB의 효과만을 구분해서 해석하는 것은 어렵다. 따라서 유변학적 방법들은 NMR이나 GPC와 같이 정량적으로 탄소 1000개당의 긴 가지의 개수를 구하는 것이 아니라 상대적인 값을 구하는 것이다. 즉 동일한 화학적 조성을 갖는 선형 고분자와 비교하여 LCB 고분자의 점도가 변화할 때 이 차이를 사용하여 긴 가지의 함량을 하나의 인덱스(index) 형태로 나타내는 것이다. 따라서, GPC나 NMR 방법과 같이 탄소 1000개당 긴 가지 수를 유변 물성을 이용하여 구하는 것은 쉽지 않다.

라이 등(Lai et al., 1994)은 다우 레올로지 지수(Dow Rheology Index, DRI)를 사용하여 폴리에틸렌의 LCB 함량을 분석하여 다음과 같은 결과를 얻었다.

$$\mathrm{DRI} = \frac{1}{10}\left[A\left(\frac{\tau_0}{\eta_0}\right) - 1 \right] \tag{8.7-5}$$

여기서, A=3.65×10^5 Pa, τ_0와 η_0는 식 (8.7-6)과 같은 크로스(Cross) 점도 모델을 사용하여 전단 점도를 맞추었을 때(fitting) 얻는 특성 완화 시간과 영점 점도이다.

$$\frac{\eta}{\eta_0} = \frac{1}{1 + (\dot{\gamma}\tau_0)^n} \tag{8.7-6}$$

DRI의 개념은 전단율에 따른 점도 곡선에서 선형 폴리에틸렌의 경우 τ_0 / η_0의 값이 1/A 값과 비슷하지만, LCB의 함량이 증가함에 따라 τ_0 / η_0 값이 커지는 것을 이용한다. 선형 고분자 경우 DRI = 0이고, 평균적으로 분자당 1개 정도의 긴 가지가 있는 경우에 DRI는 30 정도가 된다. DRI는 크로스 모델에서 시어 시닝의 크기를 이용하는 것이기 때문에 기준으로 사용하는 선형 폴리에틸렌과 LCB폴리에틸렌의 분자량 분포가 유사해야 한다. LCB뿐만 아니라 분자량 분포도 시어 시닝에 영향을 주기 때문에 DRI를 사용할 때는 주의해야 한다.

슈로프와 마브리디스(Shroff and Mavridis, 1999)는 메탈로센 HDPE에 대하여 분자량 또는 분자량 분포와 관계없이 LCB함량을 분석할 수 있는 긴 가지 지수(long-chain branching index, LCBI)를 제안하였다. LCBI는 다음과 같이 정의된다.

$$\mathrm{LCBI} = \frac{\eta_0^{1/a}}{[\eta]}\frac{1}{k^{1/a}} - 1 \tag{8.7-7}$$

여기서, $\eta_0 = k[\eta]^a$의 관계를 갖는다. LCB 고분자 용융체의 영점 점도와 고유 점도의 관계가 긴 가지 함량에 따라 변화하는 것을 이용한다. 식 (8.7-7)을 사용할 때 폴리에틸렌의 경우 k = 6.7×10^2 (Pa.s), a = 5.6이고, 영점 점도는 190℃에서, 고유 점도는 135℃에서 용매로 삼염화벤젠(trichlorobenzene, TCB)을 사용하여 측정한 결과이다. LCBI도 LCB 고분자가 선형 고분자에 비하여 점도가 커지는 정도를 지수(index) 형태로 만든 것이다.

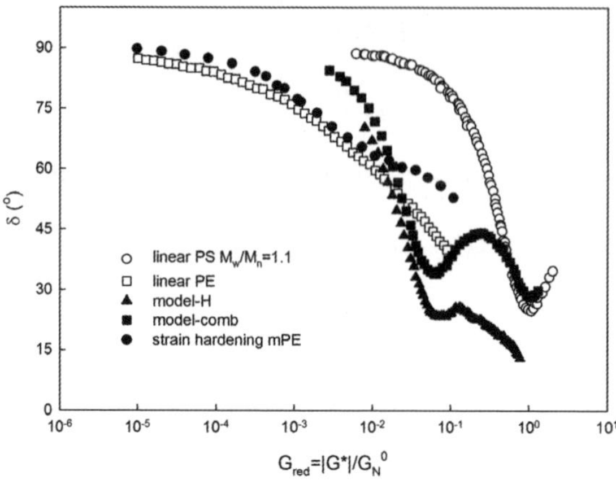

그림 8.57 여러 가지 구조를 갖는 LCB 고분자에 대한 반거프-팔멘 플롯. 모델 H와 모델 comb은 폴리스티렌 고분자임. 트링클 등(Trinkle et al., 2002)의 그림을 다시 그림)

LCB 고분자의 선형 점탄성 특성을 사용하여 LCB 형태를 정성적으로 분석하는 다른 방법으로 반거프-팔멘 플롯(van Gurp-Palmen plot)이 많이 사용되고 있다. 그림 8.57과 같이 위상각$\left(\delta = \tan^{-1}\left(G'' / G'\right)\right)$을 복소 모듈러스 G^* 또는 변환 모듈러스$\left(G_{red} = \left|G^*\right| / G_N^0\right)$에 대하여 도시하면 고분자의 LCB 형태에 따라 다양한 곡선이 얻어지고, 이 곡선의 형태로부터 고분자의 LCB 구조를 정성적으로 분석할 수 있다. 선형 고분자의 경우 단분산성 또는 다분산성 모두 변곡점이 없이 위상각이 90°까지 증가한다. 반면에 H 또는 빗 형태 고분자는 중간에 곡선의 형태가 아래로 볼록한 형태를 나타낸다. LCB가 있어 신장 경화 현상을 보이는 메탈로센 LLDPE의 경우도 중간 영역에서 유사한 형태의 곡선을 나타낸다.

반거프-팔멘 플롯을 사용하면 고분자가 앞에서 설명한 시간-온도 중첩 원리를 따르는지의 여부도 확인할 수 있다. 여러 온도에서 측정한 G'과 G'' 결과를 하나의 반거프-팔멘 플롯에 도시하여 동일한 곡선상에 데이터가 중첩이 되면 시간-온도 중첩 원리가 적용되는 것이다. 그림 8.58에 폴리락틱산(polylactic acid, PLA)의 여러 온도에서의 반거프-팔멘 플롯을 나타냈다. 선형 고분자인 PLA0의 경우 각각의 온도에서 측정된 결과가 하나의 곡선상에 위치하지만, LCB가 존재하는 LCB-PLA2와 LCB-PLA3의 경우에는 각각의 온도에서 측정된 결과들이 동일한 곡선

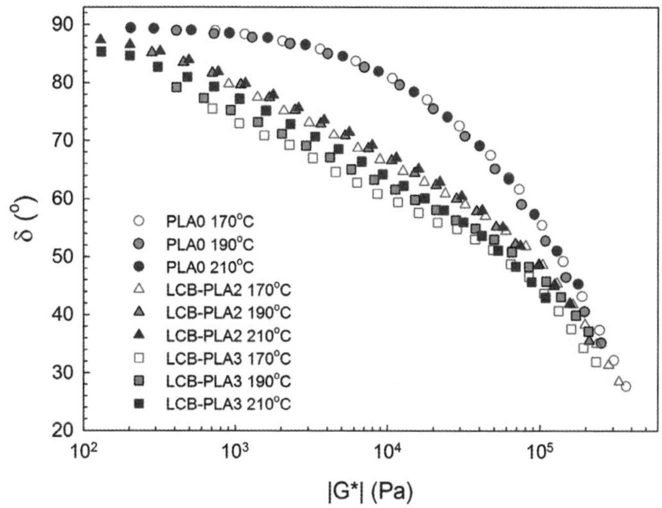

그림 8.58 여러 온도에서 PLA의 반거프-팔멘 플롯을 통한 시간-온도 중첩원리 확인. 팽 등(Fang et al., 2013)의 그림을 다시 그림

상에 위치하지 않는다. 또한, LCB 함량이 큰 LCB-PLA3가 좀더 많은 편차를 나타내고 있다. 따라서, 반거프-팔멘 플롯을 통하여 시간-온도 중첩원리에 대한 확인을 통하여 간접적으로 LCB 함량에 대한 정보를 파악할 수 있다.

유변 물성을 이용하여 LCB 고분자의 특성을 분석하는 방법은 NMR이나 GPC를 이용한 분석 방법에 비하여 작은 양의 LCB를 포함하는 경우에도 LCB의 특성을 정성적으로 잘 분석할 수 있다. 그러나 정량적으로 LCB의 함량을 분석하는 경우 DRI 또는 LCBI와 같은 지수를 사용할 때 기준이 되는 수지의 특성을 잘 선정하여 비교해야 하기 때문에 어려움이 있다. 따라서 폴리에틸렌과 같은 상업용 LCB 고분자의 구조 및 함량에 대한 분석은 한 가지 방법을 사용하는 것이 아니라 여러 가지 방법을 함께 사용해야 한다. 즉 검출기 3개를 사용하는 TD-GPC를 이용하여 분자량에 따른 LCB의 함량을 확인하고, 유변 물성 측정을 통하여 LCB의 구조에 대한 정성적인 정보를 파악하여 비교해야 한다. 또한 분자량과 LCB 분포를 사용한 분자 모델링을 통하여 예측된 결과와 실험 결과를 비교하면 좀더 구체적인 LCB 정보를 얻을 수 있다(Larson, 2001).

8.7.3 고분자 가공 공정 해석

고분자 재료의 기계적 물성은 고분자의 미세구조에 따라 크게 변할 수 있으며, 미세구조는 가공 공정에 크게 의존한다. 고분자 가공에 있어서 최종 제품의 품질은 고분자의 용융 과정, 유동 형태, 혼합 과정 등에 크게 영향을 받으므로 가공 공정의 공정 변수들을 제어하여 제품의 품질을 향상시키려는 연구가 많이 진행되고 있다. 그러나 다양한 공정 변수들을 고려해야 하는 고분자 가공 공정의 특성 때문에 실험적인 방법을 이용하는 경우 많은 시간과 비용이 요구된다. 따라서 좀더 정량적인 예측을 위해서 고분자의 미세구조를 설명할 수 있는 분자 이론에 바탕을 둔 구성방정식과 이를 고분자의 가공 공정에 적용한 수치 모사의 필요성이 증가하고 있다. 최근 고분자 가공 공정에서 컴퓨터를 이용한 설계의 발전은 고분자 가공 공정의 설계 및 물성 예측에서 좀더 효율적인 방법을 제공할 수 있게 되었다. 그러나 현재까지 고분자 가공 공정의 수치모사는 주로 고분자의 점탄성을 고려하지 않고 점도의 전단율 의존성만을 고려하여 수행되어 왔다. 점탄성을 고려했을 때, 특히 삼차원 유동을 해석하는 경우 상대적으로 많은 계산 시간이 필요할 뿐만 아니라, 그동안 사용되어 왔던 점탄성 고분자의 구성방정식이 실제의 유동 현상을 고분자 가공 공정에서 정량적으로 표현하지 못했기 때문이다. 기존의 연속체 역학(continuum mechanics)에 바탕을 둔 구성방정식은 고분자의 미세구조를 표현하는 면에서 많은 제약을 갖고 있다. 예를 들어 점도만을 고려한 해석은 공압출 공정, 섬유 방사, 중공 성형 등 점탄성 효과가 중요한 공정의 해석에서 많은 한계를 나타낸다. 또한 고분자의 유변 물성에 큰 영향을 미치는 LCB의 위치 및 분포 등의 미세구조를 반영할 수 없기 때문에 중합 공정에서 제어된 분자 구조가 최종 가공 제품의 특성에 미치는 영향을 고려할 수 없었다. 최근 분자 이론의 발전과 함께 고분자 미세구조를 바탕으로 한 구성방정식을 사용하여 고분자 유동의 해석이 가능하게 되어 고분자의 구조 변화가 가공 특성에 미치는 영향을 파악할 수 있게 되었다.

고분자 가공 공정에 대한 비등온 점탄성 유동의 수치모사는 다음의 질량, 운동량 및 에너지 보존 식과 고분자의 변형에 대한 스트레스의 관계를 나타내는 구성방정식을 동시에 고려해야 한다.

$$\nabla \cdot \mathbf{v} = 0 \tag{8.7-8}$$

$$\rho\left(\frac{\partial \mathbf{v}}{\partial t} + \mathbf{v}\cdot\nabla\mathbf{v}\right) = -\nabla p + \nabla\cdot\boldsymbol{\tau} + \rho\mathbf{g} \tag{8.7-9}$$

$$\rho C_p\left(\frac{\partial T}{\partial t} + \mathbf{v}\cdot\nabla T\right) = k\nabla^2 T + \boldsymbol{\tau} : \nabla\mathbf{v} \tag{8.7-10}$$

$$f(\boldsymbol{\tau}, \mathbf{v}) = 0 \tag{8.7-11}$$

여기서, $\mathbf{v}$는 속도 벡터, p는 압력, $\boldsymbol{\tau}$는 스트레스 텐서, T는 온도, ρ는 밀도, C_p는 비열, k는 열 전도도를 나타낸다. 또한 f는 stress $\boldsymbol{\tau}$와 속도장 $\mathbf{v}$의 관계를 나타내는 구성방정식이다.

앞에서 이야기한 것과 같이 폴리에틸렌과 같은 경우 중합 촉매의 특성을 반영하여 LCB 고분자의 구조를 파악하고 이를 바탕으로 유변 물성을 예측하는 연구가 많이 진행되었고, 폼-폼 모델과 같이 수치해석 과정에서 스트레스 계산을 위한 구성방정식으로 사용될 수 있게 되었다. 그림 8.59에는 계산 예로서 LDPE 용융체의 수축과 팽창 유동에서의 복굴절(birefringence)의 변화를 폼-폼 모델을 이용한 수치모사 결과와 비교하였다. 수치모사 결과가 실험에서 얻어진 복굴절 형태를 잘 예측함을 볼 수 있다. 현재로서는 실제 큰 규모의 고분자 가공 공정에서 이와 같은 분자 이론을 바탕으로 수치모사를 할 수는 없을 것이다. 그러나 향후에는 분자 구

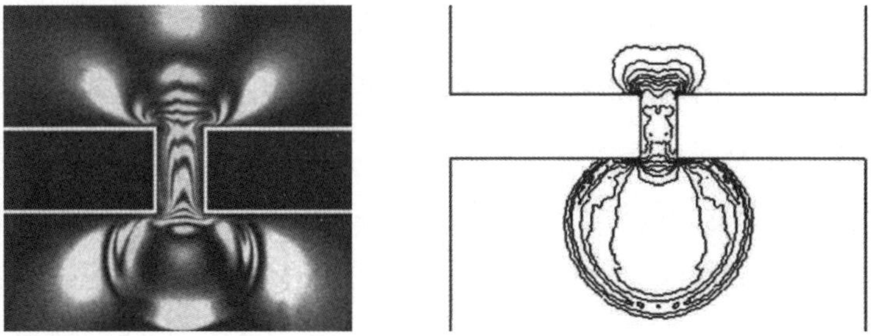

(a) (b)

그림 8.59 수축-팽창 유동에서의 LDPE의 복굴절과 폼-폼 모델을 이용한 수치해석 결과의 비교 (a)복굴절, (b)수치해석 결과(Lee et al., 2001)

조를 바탕으로 한 구성방정식을 통하여 유변 물성을 해석하고, 가공 공정의 수치 모사를 기반으로 한 최적화 과정을 통하여 우수한 물성을 갖는 고분자 제품이 개발될 것이다. 따라서 고분자의 분자 구조, 유변 물성 및 가공 공정의 상관 관계에서 각각의 단계는 독립적인 연구로서가 아니라 각각의 연구에서 얻어진 결과를 바탕으로 상호 보완적으로 수행되어야 한다.

8.8 고분자의 젤화

젤(gel)이란 분자 혹은 입자들이 망상(network)으로 연결되어 덩어리가 된 것이다. 연결되는 방법으로는 가교(crosslinking)와 같이 강한 화학적인 결합과, 수소결합이나 친화도에 의하여 생기는 (서로 붙을 수 있는 구조 또는 위치를 접합점[sticker]이라 불린다) 물리적인 결합(화학적 결합보다는 약하다)의 2가지가 있으며, 각각 화학적 젤, 물리적 젤이라 부른다. 젤이 되기 전의 상태를 졸(sol)이라고 하고, 졸이 젤이 되는 과정을 젤화(gelation)라고 한다.

고분자 사슬을 따라 여러 접합점을 갖고 있는 고분자 물질은 점도가 시어 시크닝(shear thickening) 현상을 보이는데, 이는 전단 유동에 의하여 고분자가 늘어나고, 늘어난 고분자 간 접합점이 서로 만날 확률이 높아져 분자가 서로 붙기 때문이다. 분자가 붙으면서 점도가 증가하면 증가된 점도는 고분자를 더 늘이게 되고, 접합점 간의 결합을 촉진하게 되어 결국 점도를 급격하게 상승시킨다. 이러한 과정을 전단장-유도 젤화(shear-induced gelation)라고 부른다. 결합성 고분자(associating polymer)와 같이 접합점이 고분자의 끝에 붙어 있는 경우에는 완화 시간이 하나로 표시되는 맥스웰 모델의 특성을 보이기도 한다. 자세한 내용은 다음절의 활성 고분자(living polymer)이론 또는 문헌(Cates, 1987; 1990, Larson, 1999)을 참조할 수 있다.

화학적 젤은 화학 반응에 의하여 형성되는데, 화학적인 과정은 본 책의 범위를 벗어나므로 여기서는 다루지 않고 유변학적인 현상만 다룬다. 젤이 되는 화학적인 과정에 대해서는 플로리(Flory, 1953)나 페리(Ferry, 1980)를 참조할 수 있다. 이상적인 젤의 구성방정식은 식 (7.4-65)에 보인 바와 같이 네오-후크 고체(neo-Hookean

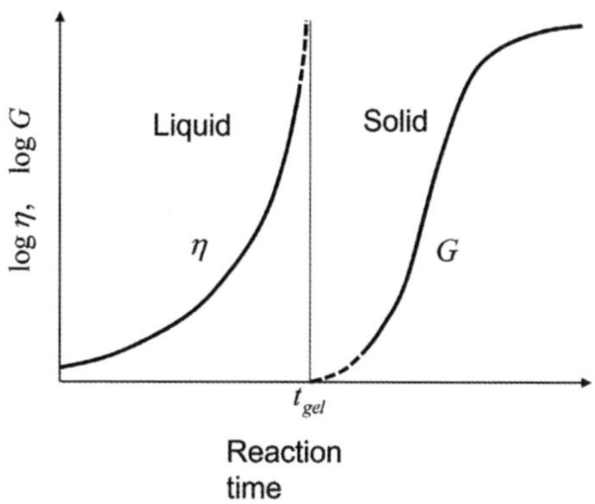

그림 8.60 가교가 진행되면서 시간 t_{gel}에서 고분자가 액체에서 고체로 바뀔 때 유변 물성의 변화. 젤점에 가까이 가면서 점도가 무한히 커짐. 젤점을 지나면 모듈러스가 생기기 시작하여 점점 커짐

solid)의 식을 따르며, 이상적인 젤에서 벗어나는 실제 젤의 경우에는 식 (7.4-67)과 같이 나타낼 수 있다.

졸이 젤로 되는 시작점을 젤점(gel point, GP)이라고 부른다. 젤점에 있는 물질은 아직 젤이 아니므로 졸의 성질, 즉 점도를 갖는 유체로써 고체가 되기 직전이므로 점도가 발산적으로 크며, 동시에 젤이 막 되기 시작하였으므로 젤이라고 하여도 젤의 강도, 즉 모듈러스는 0인 물질이다. 따라서 고분자가 젤이 되는 과정에서 고분자의 물성을 시간에 따라 그리면 그림 8.60과 같은 변화를 보이게 된다. 젤점에 이르는 시간은 반응-가공 시스템(reactive processing system)의 설계 등에서 매우 중요하므로 이에 대한 정확한 지식이 필요하다. 젤점에 있는 물질은 접착제, 댐핑 물질(damping material), 고흡수성 고분자, 복사기의 토너, 밀봉제(sealant) 등으로 사용되기도 한다(Winter and Mours, 1997).

젤점이 되는 시점과, 젤점에서 고분자의 유변학적인 물성에 대해서는 윈터 그룹(Winter group)이 자세히 연구하였다(Chambon and Winter 1985, 1987; Winter and Chambon, 1986). 윈터 그룹은 엉킴 분자량 이하의 분자량을 갖는 PDMS 고분자 전구체(prepolymer)를 가교제 테트라키스 다이메틸사일록시 사일레인(tetrakis (dimethysiloxy)silane)과 백금 촉매를 이용하여 가교화 하는 반응을 대상으로 반응 시간에 따라 고분자의 선형 점탄성을 측정하였다. 먼저 고분자 전구체와 가교제를 당량에서 반응시키고, 일정 주파수에서 시간에 따른 변화를 측정하여 그림 8.61과

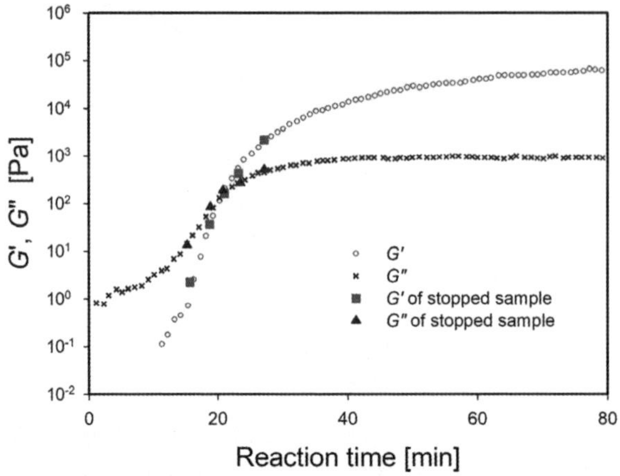

그림 8.61 가교 반응이 진행되면서 시간에 따라 연속적으로 측정한 G'와 G''의 변화(고정된 주파수에서 측정). ■와 ▲는 해당 시간에 반응을 정지시킨 후 측정한 물질의 G'와 G''임. 참본과 윈터(Winter and Chambon, 1986)의 그림을 다시 그림

같은 결과를 얻었다. 그림을 보면 초기에는 $G'' \gg G'$으로 반응물은 유체의 성질을 보이다가 반응이 진행되면서 G'의 증가속도가 G''의 증가속도에 비하여 커서 결국 교차가 일어나는데, 이 시간을 다음에 설명하는 이론을 바탕으로 젤점이라고 정의하였다. GP 이후 반응물은 결국 탄성이 큰 물질이 되며, 반응이 더 진행되면 두 값은 각각 거의 일정한 값에 도달하게 된다. 참본과 윈터(Chambon and Winter, 1985)는 그림 8.61의 G'와 G''가 일치하는 시간을 전후하여 촉매를 피독하는 방법으로 반응을 거의 순간적으로 정지시킨 물질을 대상으로 그림 8.61의 주파수와 같은 값에서의 선형 점탄성 실험을 수행하여 그림 8.61에 안이 채워진 기호(filled symbol)로 표시된 바와 같이 반응을 정지시키지 않고 계속한 반응물의 점탄성 값과 같은 결과를 얻었고, 이로부터 반응을 정지시킨 물질의 유변학적 물성과 반응 중에 있는 물질의 유변학적 물성이 같을 것임을 확인하였다. 이러한 결과를 바탕으로 반응을 정지시킨 물질을 대상으로 하여 주파수 변화(frequency sweep) 실험을 하여 그림 8.62와 같은 결과를 얻었다(그림을 겹쳐 보이지 않게 하기 위해 가로축은 평행 이동하여 그렸다). GP 이전에는 반응물의 모듈러스가 작고, 모든 주파수 영역에서 $G'' > G'$의 관계가 성립한다. 따라서 유체의 특성을 나타낸다. GP에서는 어느 특정한 주파수에서 만이 아니라 실험한 모든 주파수 영역에서 $G'' = G'$가 성립하는데 윈터와 참본(Winter

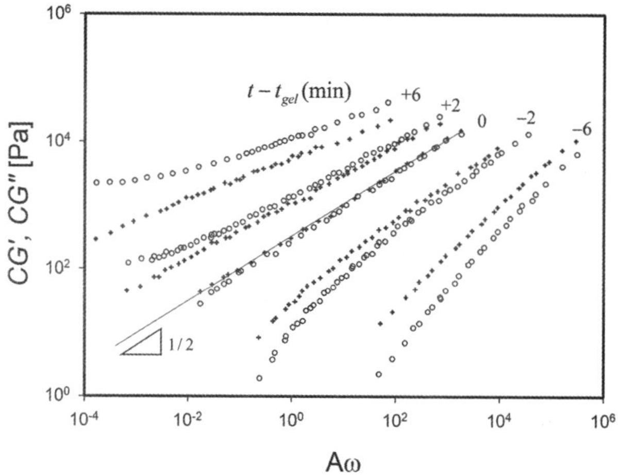

그림 8.62 t_{gel}을 전후로 하여 반응을 정지시킨 후 측정한 반응물의 G'(open symbol)와 G''(filled symbol)의 변화. 가로축은 각 시료마다 다른 A 값을 사용하여 하나의 그림으로 표현하였음. 윈터와 참본(Winter and Chambon, 1986)의 그림을 다시 그림

and Chambon, 1986)은 이러한 현상을 두 변수의 합동(congruent)이라 불렀다. GP 이후에는 반응물의 모듈러스가 커지고, 모든 주파수 영역에서 $G'' < G'$를 보이며, 특히 주파수가 작을 때에는 G'이 일정한 값으로 수렴하는 것을 볼 수 있는데 이는 탄성을 갖는 젤이 되었음을 의미한다.

$G'' \equiv G'$이 되는 점이 GP가 됨은 다음과 같이 증명된다. 먼저 그림에서

$$G' = G'' = C\omega^{1/2} \tag{8.8-1}$$

임을 볼 수 있다. 이러한 관계가 실험에서 관찰한 영역 밖에서도 성립하면 점도는 다음과 같이 발산하며,

$$\eta_0 = \lim_{\omega \to 0}\left(G''/\omega\right) = C\lim_{\omega \to 0}\omega^{-1/2} \to \infty \tag{8.8-2}$$

전단 모듈러스는 다음과 같이 0이 된다.

$$G = \lim_{\omega \to 0}\left(G'/\omega\right) = C\lim_{\omega \to 0}\omega^{1/2} \to 0 \tag{8.8.3}$$

즉 점도는 발산하고 전단 모듈러스가 0이 되면서 GP의 성질을 갖는 것을 볼 수 있다. 또한 식 (8.8-1)에서 G'와 G''의 관계는 복소수 함수의 실수부와 허수부와의 관계인 다음의 크레이머스-크로니히 관계(Kramers-Kronig relation)도 만족하여 수학적으로도 가능한 것임을 알 수 있다. 즉 G'와 G''는

$$\frac{G'(\omega)}{\omega^2} = \frac{2}{\pi}\int_0^\infty \frac{G''(x)/x}{\omega^2 - x^2}\,dx \tag{8.8-4}$$

의 관계를 만족한다. 한편 완화 모듈러스는 G'와 G'' 간에 식 (4.4-10)의 관계가 있다.

$$\begin{aligned} G'(\omega) &= \omega\int_0^\infty G(s)\sin\omega s\,ds, \\ G''(\omega) &= \omega\int_0^\infty G(s)\cos\omega s\,ds \end{aligned} \tag{4.4-10}$$

위 식을 만족하면서 $G'' = G'$이 되는 유일한 해는

$$G(t) = St^{-1/2} \tag{8.8-5}$$

과 같다. 위 식의 유일한 파라미터 $S[\mathrm{Pa.s^{-1/2}}]$는 젤점에서의 네트워크의 강도 혹은 GP 강도라고 부른다. 일반적으로 $G(t)$는 완화 스펙트럼의 형태인 식 (4.3-30)과 같이 쓸 수 있다. 식 (8.8-5)로 표시되는 경우 식 (4.3-30)의 $N(\tau)$는 다음과 같이 쓸 수 있다.

$$N(\tau) = S(\pi^{-1/2}\tau^{-3/2}) \tag{8.8-6}$$

이상의 결과들은 모든 주파수 영역에서 $G'' \equiv G'$이 되는 시간을 젤점으로 정하는 것이 타당하며, 젤점에서의 반응물의 완화 모듈러스는 식 (8.8-5)로 표시될 수

있음을 말한다.

참본과 윈터(Chambon and Winter, 1987)는 이러한 결과를 당량으로 반응하지 않은 경우에 대하여 연장하여 일반적으로는 $G'' \equiv G'$이 아니라 모든 주파수 영역에서 다음과 같은 비례관계가 있음을 보였다.

$$G' \equiv G'' / \tan(n\pi / 2) = G_1'\omega^n, \quad 0 < n < 1, \tag{8.8-7}$$

위 식에서 G_1'은 $\omega = 1\text{s}^{-1}$에서의 G'값이며, 이때 완화 모듈러스는 다음 식으로 표시된다.

$$G(t) = St^{-n}, \quad S = \frac{2\Gamma(n)}{\pi}\sin(n\pi / 2)G_1' \tag{8.8-8}$$

위 식에서 Γ는 감마 함수이다. 따라서 GP는 다음과 같이 로스 탄젠트(loss tangent)가 주파수에 무관해지는 점으로부터 구할 수 있다.

$$\tan\delta(\omega) = \frac{G''(\omega)}{G'(\omega)} = \tan(n\pi / 2), \quad 0 < n < 1 \tag{8.8-9}$$

n 값은 가교제의 양이 당량보다 작은 경우 $1/2 < n < 1$이 되는 것으로 알려져 있다(Chambon and Winter, 1987).

8.9 계면활성제 용액의 유변학

'Surfactant'는 '**surf**ace **act**ive **agent**'의 줄인 표현으로 우리말로는 계면활성제라고 한다. 계면활성제는 친수성(hydrophilic)의 머리그룹(head group)과 소수성(hydrophobic)의 꼬리(tail)로 이루어져 있다. 소수성의 꼬리는 대개 8-20개의 탄소원자를 가진 탄화수소로 구성된다. 머리 그룹은 짧고 부피가 크며, 수용액 내에서 염소, 나트륨 이온 등이 해리되면서 양이온 또는 음이온으로 전하를 갖게 되는데, 각

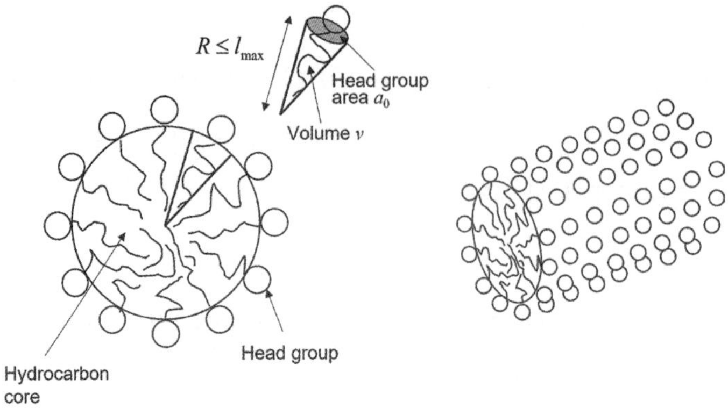

그림 8.63 (a) 구형 마이셀 (b) 막대형 마이셀

각 양이온계, 음이온계 계면활성제라 불린다. 순전하는 0이면서 환경에 따라 양이온, 음이온 혹은 비이온성을 나타내는 즈위터아이오닉(zwitterionic) 계면활성제나, 에테르 그룹과 같이 해리가 되지 않으면서 친수성을 나타내는 비이온계 계면활성제도 있다. 수용액 내 계면활성제 중 공기와의 계면에 위치한 계면활성제 분자는 소수성의 꼬리가 계면 밖으로 위치하고, 표면장력을 줄이는 역할을 한다. 표면장력과 계면 유변학의 관계에 대해서는 제10장에서 다룰 예정이며, 여기서는 계면현상과는 관계없이 용해된 상태의 계면활성제 용액의 유변 물성에 대해서만 다룬다.

친수성과 소수성을 모두 갖고 있는 계면활성제는 수용액 내 환경, 예를 들어 이온의 강도, pH, 또는 온도에 따라 자기 조립(self assembly)을 하여 구형, 막대형(rod 또는 wormlike) 등 여러 가지 형태를 갖는 분자의 집합체가 되는데 이를 마이셀(micelle)이라 부른다. 자기 조립과정 및 집합체의 크기 분포 등은 열역학과 집합체 내 및 집합체 간에 작용하는 힘에 의하여 결정되는데 이에 대한 해석은 이 책의 범위를 넘어서므로 여기서는 다루지 않으며 이스라엘라치빌리(Israelachvili, 2011)를 참고할 수 있다.

수용액 내 계면활성제의 농도가 충분히 낮은 경우 계면활성제 분자는 마이셀을 형성하지 않고 독립적으로 존재한다. 농도가 커져 임곗값을 넘으면 계면활성제는 대체로 구형의 마이셀을 형성한다. 이러한 임곗값을 임계 마이셀 농도 I(critical micelle concentration I, CMC I)이라 부른다. 마이셀은 그림 8.63(a)에 보인 바와 같이 탄화수소 꼬리 부분이 안쪽에서 응축되고(hydrocarbon core라 불린다) 머리그룹이 물과 접하는 형태를 갖는다. 이때 머리그룹 간의 정전기적 상호작용은 머리그룹 간의 거리를 결정한다. 하나의 머리그룹이 차지하는 면적을 a_0로 쓰고 머리그룹의 크기라 부르는데, 이 크기는 온도, pH, 첨가한 염(salt)의 농도에 따라 정전기적인 차폐거리(screening length)가 달라지면서 변한다. 하나의 구형 마이셀 내 계면활성제 수를 집합수(aggregation number)라 부른다. 집합수는 분자의 종류에 따라 거의 일정하며 20 – 100 정도의 값을 갖는다. 마이셀 내에서 탄화수소의 길이 l_c는 최대로 늘인 길이 l_{max}보다는 약간 짧은 값을 가진다. 사슬의 길이를 n이라고 할 때 l_{max}와 부피 v는 다음과 같은 관계가 있다(Israelachvili, 2011).

$$l_c \le l_{\max} \approx (0.154 + 0.1265n) \text{ nm}$$
$$v \approx (27.4 + 26.9n) \times 10^{-3} \text{ nm}^3 \tag{8.9-1}$$

n이 클 경우에는 n에 거의 관계없이 v / l_c는 대략 0.21 nm^2의 값을 가진다. 마이셀의 반경은 l_c의 약 2배로 n이 10인 구형 마이셀의 직경은 대략 3 nm 정도의 크기를 갖는다. 이러한 구형 마이셀은 전체 부피에 대한 머리그룹의 상대적인 크기를 나타내는 패킹 파라미터(packing parameter) $p = v/a_0 l_c$의 값이 1/3보다 작을 때 만들어진다. p가 작은 경우에는 머리그룹의 크기가 크고 따라서 마이셀 내에서 원뿔 모양을 갖고, 이러한 원뿔이 모여 그림 8.63(a)와 같이 구형의 마이셀이 된다.

계면활성제의 농도가 높아지면 구형 마이셀의 개수가 늘어나고, 늘어난 구형 마이셀 간에 반발력이 생기므로 구형 마이셀이 합쳐지면서 열역학적으로 더 안정한, 긴 애벌레 형태의 마이셀(wormlike micelle, WLM)이 형성된다(그림 8.63(b)). 또한 패킹 파라미터 p가 커지면, 즉 머리그룹의 크기가 염의 첨가 등으로 인하여 줄어들면 WLM이 생성된다. WLM은 $1/3 < p < 1/2$의 범위에서 생성된다. WLM의 굵기는 구형 마이셀의 직경과 거의 같은 값을 갖는데 이는 WLM의 굵기가 소수성의 꼬리의 길이에 따라 결정되기 때문이다. 한편 WLM이 형성되기 시작하는 농도를 CMC II라고 부른다. WLM의 평균길이는 계면활성제의 농도(c)의 제곱근 ($c^{1/2}$)에 비례한다(Israelachvili, 2011). 그러나 WLM의 길이는 구형 마이셀의 크기와 같이

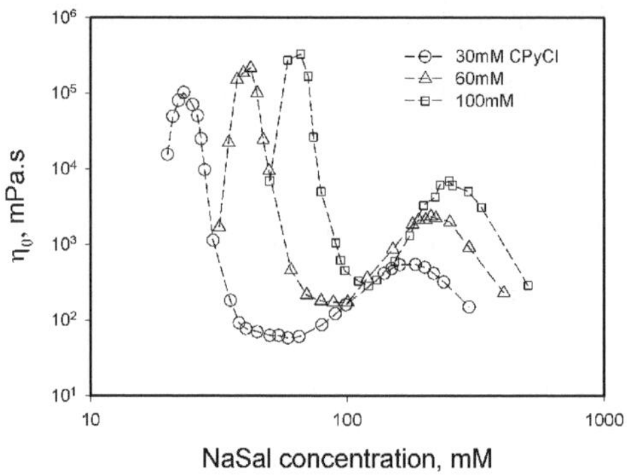

그림 8.64 카운터 이온(Counter ion) NaSal(sodium salicylate)의 농도에 따른 계면활성제 CPyCl (cetylpyridinium chloride)의 영점 전단율 점도의 변화. 호프만(Hoffmann, 1994)의 데이터를 다시 그림

비교적 일정한 값을 갖는 것이 아니라 넓은 분포를 갖는다. 긴 것은 마이크로미터에 이르는 것도 있다. 마이셀 내에서 분자는 고정되어 있는 것이 아니며 끊임없이 마이셀 내에서 움직일 뿐만 아니라 용액 내에 마이셀에 속하지 않은 분자들과도 교환을 하며 평형을 이루고 있다. 또한 WLM은 어떤 부분에서 끊어지거나 다른 마이셀과 합해지는 과정을 반복하며, 길이도 시간에 따라 계속 변하는 특성을 갖고 있다. 따라서 이러한 마이셀은 활동성고분자(living polymer)라고 부르기도 한다. p 값이 더 커지면 계면활성제는 구형의 베시클(vesicle)을 형성할 수 있고, 더 나아가 이중층(bilayer), 역 마이셀(inverted micelle)이 형성된다. 자세한 내용은 이스라엘라치빌리(Israelachvili, 2011)를 참고할 수 있다.

구형의 마이셀만이 형성되어 있는 묽은 계면활성제 용액은 특이한 유변학적 특성이 나타나지 않는다. 마이셀 주변으로의 수화(hydration)를 고려한 마이셀의 유효부피분율을 ϕ라 하면 용매의 점도가 η_s인 계면활성제의 점도 η는 다음 장에서 다룰 아인슈타인의 식을 따르며 다음과 같다.

$$\eta = \eta_s(1 + 2.5\phi) \tag{8.9-2}$$

따라서 계면활성제의 농도가 10%가 되어도 수화층이 형성된 구형 마이셀만이

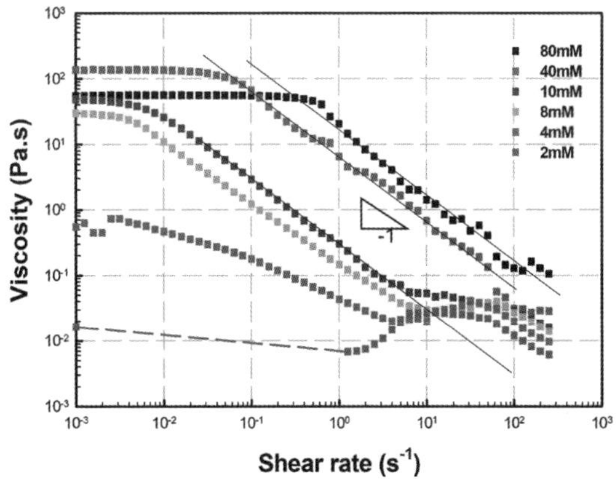

그림 8.65 NaSal과 CPyCl을 같은 몰비로 섞은 시료의 전단율의 변화에 따른 점도의 변화

존재하는 경우의 점도는 용매인 물의 점도의 2배 정도 수준 밖에 되지 않는다. 반면에 염 농도나 pH 등을 바꾸어 WLM이 형성되는 경우의 점도는 이와는 비교가 되지 않게 증가하며 탄성도 갖는다. 또한 염 농도나 계면활성제의 농도를 증가시키면 그림 8.64에 보인 바와 같이 η_0값에 최고치가 존재하기도 한다. 그림에서 η_0의 변화는 1,000배에 달할 정도로 큰 값을 갖는데 이는 머리그룹의 크기에 따라 마이셀의 특성이 크게 바뀌기 때문이다.

그림 8.65에는 몰비(mole ratio)로 같은 양의 살리실산 나트륨(sodium salicylate, NaSal)을 첨가한 염화 세틸피리디늄(cetylpyridinium chloride, CPyCl) 수용액의 점도를 전단율의 함수로 도시하였다. 계면활성제 용액의 점도는 다음과 같은 특이한 현상을 보이는 것을 알 수 있다. 1) 농도가 낮은 2-8mM의 경우 전단율이 $1-10\ s^{-1}$에서 시어 시크닝이 발생한다(shear induced state); 2) η_0는 농도 2mM에서 40mM이 될 때까지 증가하다가 80mM에서는 오히려 감소한다(Reptation of WLM and branched WLM); 3) 농도가 10-80mM의 경우 시어 시닝 영역에서의 기울기는 -1 로 스트레스는 전단율에 따라 변하지 않는다(shear banding). 이러한 3가지 현상은 다음과 같이 설명이 된다.

8.9.1 전단장 유도 상태

그림 8.65에서 계면활성제의 농도가 2, 4, 8mM일때 비교적 높은 전단율에서 나타나는 전단율에 따른 점도 증가 현상은 대부분 상당한 시간(수천 스트레인 값) 동안 전단이 가해질 때 나타나는 현상이다. 점도 증가 현상이 나타나는 경우 수직 스트레스 차이가 갑자기 증가하며, 또한 시간에 따라 불규칙하게 진동하기도 한다. 이러한 현상은 WLM들이 흐름 방향으로 정렬이 된 후 탄성을 가진 젤과 같은 구조를 갖는 전단장 유도 상태(shear induced state, SIS)를 형성하기 때문이다(Hu and Matthys, 1995; Liu and Pine, 1996). SIS는 계면활성제의 농도가 더 높은 용액에서도 생길 수 있다. 또한 이러한 계면활성제 용액 내에서는 신장 유동에서 늘어나는 방향으로 마이셀이 정렬 후 서로 붙어 마이셀이 더 길어지는 현상이 생기기도 한다(Hu et al., 1994).

8.9.2 활동성 고분자의 사행운동

계면활성제 용액의 η_0는 계면활성제의 농도에 따라 그림 8.66에 보인 바와 같이 단계적인 변화를 보인다. $C < C^*$의 영역에서 η_0는 서서히 변하는데 이 영역에서는 WLM의 길이가 짧고, 마이셀의 농도가 높지 않아 마이셀이 서로 겹치지 않고, 따라서 마이셀 간에 상호작용이 약하기 때문이다. 농도가 C^* 이상이 되면 WLM이 서로 겹치게 되는데 이 경우 고분자와 같이 엉킴이 생기거나, 마이셀이 서로 가지(branch)로 붙거나 네트워크로 연결되는 현상이 생겨 점도가 급격하게 증가한다(Hoffmann, 1994). $C^* < C < C^{**}$의 영역에서는 화학적인 특성이 다른 두 종류의 계면활성제 용액의 경우에 대해서도 점도는 공통적으로 C^8에 비례하는데 지숫값 8은 대부분의 고분자 용액에서 나타나는 최대지수 5에 비하여 더 큰 값이다(8.2.1절 참고). 이러한 차이는 고분자 용액의 경우 고분자의 농도가 커져도 고분자의 길이는 변하지 않지만 계면활성제 용액의 경우에는 계면활성제의 농도가 커지면 WLM의 길이가 늘어나기 때문에 마치 분자량이 더 커진 것과 같은 효과를 보이기 때문이다.

농도가 C^* 이상인 영역에서 선형 점탄성 특성을 측정하면 그림 8.67과 같은 결과를 얻는다. 그림에서 ω가 커짐에 따라 G'는 거의 일정한 값으로 수렴하며 G''는

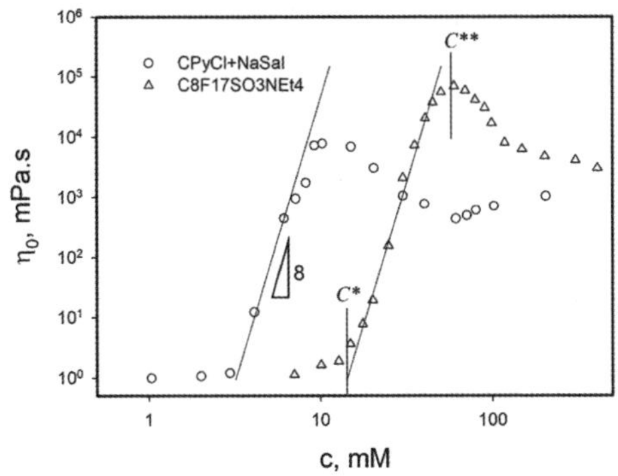

그림 8.66 계면활성제의 농도에 따른 점도 변화. 호프만(Hoffmann, 1994)의 데이터를 다시 그림

증가하다가 감소하고 다시 증가하는데 다시 증가하기 전까지의 결과는 G'과 함께 맥스웰 모델과 잘 맞는다. 이러한 현상은 다음과 같은 케이츠(Cates, 1987; 1990)의 활동성 고분자(living polymer)의 사행운동 이론으로 설명된다.

케이츠의 활동성 고분자이론

계면활성제 WLM은 기본적으로 사행운동에 의하여 전단 유동에서의 스트레스를 완화하지만 WLM은 계면활성제 분자들이 물리적 결합으로 형성된 것이기 때문에 화학적 결합으로 형성된 고분자와는 달리 사행운동 도중 사슬의 어떤 지점에서 끊어지기도 하고 또 주위의 다른 사슬과 재결합하는 과정을 반복하게 된다. 케이츠(Cates, 1987)는 끊어지거나 다시 결합할 수 있는 계를 활동성 고분자(living polymer)라 하고 활동성 고분자의 전단 유동을 해석하기 위해 다음과 같은 가정을 하였다: 1) 사슬은 임의의 위치에서 끊어질 수 있으며 끊어지는 확률은 단위길이당 단위시간당 속도 상수 c_1으로 표시된다; 2) 두 개의 서로 다른 길이의 사슬은 각 사슬 농도에 비례하는 속도로 재결합하며, 이때 비례상수는 c_2이다. 이러한 가정을 바탕으로 하여 각 길이의 사슬에 대한 농도의 평형식을 세우고, 이로부터 사슬길이 L에 대한 분포함수 $N(L)$을 다음과 같이 구하였다.

$$N(L) = (2c_1 / c_2)\exp(-L / \overline{L}) \tag{8.9-3}$$

위 식에서 $\bar{L}$는 사슬의 평균길이로 다음 식으로부터 구할 수 있다.

$$2\bar{L}^2 = (c_2 / c_1)\int_0^\infty LN(L)dL \quad (8.9\text{-}4)$$

한편 사슬이 끊어지는 것과 관련한 시간의 크기(time scale)는 다음의 τ_{br}(breaking time)로 쓸 수 있는데(길이 $\bar{L}$의 마이셀이 단위 시간당 끊어지는 속도는 $c_1\bar{L}$임), 이는 평균 길이 $\bar{L}$의 사슬이 끊어지면서 두 개로 나누어지기까지의 기대 시간을 나타낸다.

$$\tau_{br} = \frac{1}{c_1\bar{L}} \quad (8.9\text{-}5)$$

τ_{br}은 또한 WLM의 끝이 다시 결합하는 데 걸리는 시간이기도 하다. 이 두 시간이 같은 것은 평형상태에서는 미시적인 평형(principle of detailed balance)이 이루어져야 하기 때문이다. WLM의 길이 L이 엉킴 길이 L_e보다 충분히 긴 경우 완화 시간 τ_{rep}는 사행시간(reptation time)이라 부르며, 식 (8.3-35)에서 분자량이 길이 L에 비례하는 점을 고려하면

$$\tau_{rep} = L^3 / D_0 \quad (8.9\text{-}6)$$

가 된다. 위 식에서 D_0는 이동 상수(mobility constant)라 부른다. 따라서 이 시스템에는 τ_{br}과 τ_{rep}의 2개의 시간기준이 존재한다.

$\tau_{br} \gg \tau_{rep}$인 경우에는 WLM이 끊기기 전 이미 스트레스가 완화되므로 WLM의 끊김은 영향을 미치지 않는다. 스트레스 완화에 대한 드 잔(de Gennes)의 식 (8.4.8)과 (8.4.10)은 분자량이 단분산인(mono disperse) 고분자에 적용되는 것으로 이를 식 (8.9-3)과 같은 길이의 분포를 갖는 계에 대하여 다음과 같이 가중평균으로 구할 수 있다고 가정하면

$$G(t) = \frac{1}{\bar{L}}\int_0^\infty L\, e^{(-L/\bar{L})} G(L,t)dL \quad (8.9\text{-}7)$$

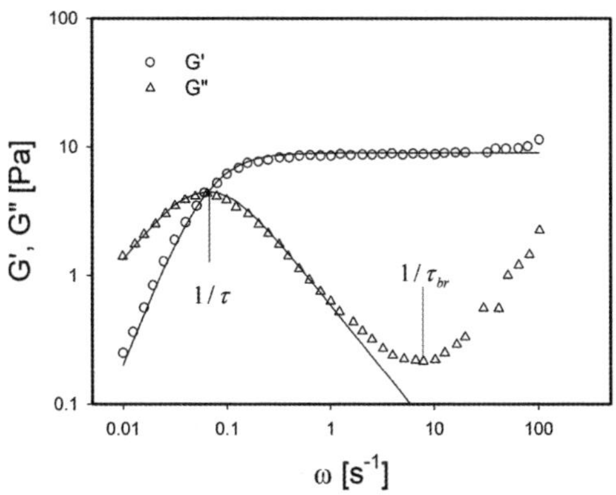

그림 8.67 CpyCl/NaSal 40mM/40mM 용액의 선형점탄성 특성. 실선은 맥스웰 모델(G_0 = 9.0Pa, τ = 15.6s)로 맞춘 결과임. τ_{br} = 0.13s

이 되는데 위 식은 다음 식에 가까운 값을 가지며, 맥스웰 모델로부터 많이 벗어난 것을 볼 수 있다[1]:

$$G(t) = G_0 \exp[-(t / \tau_{rep})^{1/4}] \tag{8.9-8}$$

그러나 계면활성제의 경우에는 그림 8.67에 보인 바와 같이 넓은 범위의 주파수에서 맥스웰 모델이 적용되므로 $\tau_{br} \gg \tau_{rep}$ 가정은 성립되지 않는다. 따라서 WLM은 쉽게 끊어지며 $\tau_{br} \ll \tau_{rep}$가 되어야 함을 알 수 있다. 즉 하나의 WLM의 사행운동이 완료되기 전에 WLM이 끊어지고 다시 재결합을 하며, 이러한 과정은 사행운동 과정 중 반복된다. 사행운동에 의한 스트레스 완화가 완료되기 전 WLM의 끊김과 재결합에 의한 스트레스 완화 과정은 다음과 같이 해석할 수 있다. 먼저 WLM이 통과되어야 하는 튜브 경로의 끝에서 가깝지 않은 한 부분(segment) x를 생각하자. WLM의 스트레스는 x 부분을 통과하여야 완화가 된다(x는 WLM의 어느 부분일 수도 있으므로 위치 자체는 문제가 되지 않음. 그러나 WLM의 끝에 있으면 바로 사행운동이 끝날 수 있다). WLM이 사행운동 중에 x로부터 λ의 위치 이내의 거리에서 끊어질 때 x를 포함하는 부분의 길이를 L이라고 하고, 이 부분은 다시 다른 WLM과 재결합하지 않는다고 하

1 이 식은 해석적으로 구한 것이 아니라 수치적으로만 근사한 결과이다. 맥스웰 모델의 경우 지수 1/4이 1이 되어야 한다.

자. 이때 재결합하는 데 걸리는 시간은 τ_{br}이므로 이 시간 내에 λ의 거리를 빠져나가면 잘려진 WLM은 x 부분의 스트레스를 완화하게 된다. τ_{br} 동안 튜브를 확산할 수 있는 최대 거리 λ는

$$\lambda^2 \cong D_c(L)\tau_{br} \tag{8.9-9}$$

로부터 구할 수 있다. 위 식에서 확산계수 D_c는 길이 L의 WLM의 값을 써야 한다. 이 길이 L이 평균길이 $\bar{L}$와 같은 크기의 규모를 갖는다고 하고,

$$D_c(L) = D_0 / L \approx D_0 / \bar{L} \tag{8.9-10}$$

를 이용하면

$$\lambda^2 \cong D_0 / (\bar{L}^2 c_1) \tag{8.9-11}$$

이 된다. WLM의 스트레스 완화가 주로 이 과정에 의하여 이루어진다고 가정하면 길이 λ의 튜브가 사행운동으로 빠져나가 스트레스를 완화하기 위한 전제 조건은 길이 λ 안에서 WLM이 끊어지는 것이다. WLM이 끊어질 확률은 가정 1)에서 단위 시간당 단위 길이당 c_1이므로 길이 λ 안에서 단위 시간당 끊어지는 확률은 $c_1\lambda$이며, 하나의 끊어짐이 생기는 시간 τ는 $c_1\lambda$의 역수이므로 식 (8.9-11)을 대입하면

$$\tau \cong (c_1\lambda)^{-1} = D_0^{-1/2} c_1^{-1/2} \bar{L} = (\tau_{rep}\tau_{br})^{1/2} \tag{8.9-12}$$

이 된다. $\tau_{br} \ll \tau_{rep}$이므로 $\tau_{br} \ll \tau \ll \tau_{rep}$의 관계가 성립한다. 따라서 시간 τ에 WLM이 끊어지면 훨씬 짧은 시간인 τ_{br} 만에 길이 λ의 튜브를 사행운동으로 빠져나가 스트레스가 완화가 된다. 따라서 이 과정의 율속단계(rate determining step)의 시간 기준, 즉 스트레스 완화 시간은 식 (8.9-12)의 τ가 된다.

점도 η는 식 (8.9-12)를 이용하면

$$\eta = G_0\tau = G_0 D_0^{-1/2} c_1^{-1/2} \overline{L} \tag{8.9-13}$$

이 된다. $\eta \propto \overline{L}$ 이므로 사행운동만에 의한 스트레스 완화의 경우 $\eta \propto \overline{L}^3$인 경우에 비하여 서서히 증가한다. 고분자의 길이는 농도가 바뀌어도 일정하지만 계면활성제는 농도에 따라 평균 길이가 바뀌므로 농도에 따른 변화는 열역학적인 면도 크게 작용함을 주의하여야 한다. 한편 길이 λ 안에서 WLM이 2번 끊어지는 상황 등도 나타날 수 있으나 이 경우의 시간 상수는 식 (8.9-12)의 τ보다 더 길어져 이러한 과정이 발생하기 전에 한 번 끊어지는 과정에 의하여 이미 사행운동이 완료되기 때문에 역할을 하지 못한다.

그림 8.67의 계면활성제 용액의 선형 점탄성 특성, 즉 하나의 완화 시간을 갖는 맥스웰 모델로 표시되는 특성도 케이츠(Cates, 1990)의 활동성 고분자의 사행운동 이론으로 설명된다. $\tau \gg \tau_{br}$의 관계가 있기 때문에 WLM의 완화 시간 τ 동안 WLM은 여러 차례의 끊김과 재결합을 반복하게 된다. 따라서 WLM은 초기의 입체구조(conformation), 길이, 위치 등을 전혀 기억하지 못하게 된다. 이렇게 시간 기준이 훨씬 작은 환경에서의 느린 스트레스 완화 현상은 완화 시간의 분포가 생기지 않고 일정한 값을 갖게 된다. 이러한 현상은 일종의 모션 내로윙(motion narrowing) 현상이다.[2] 그림 8.67에서 각 주파수가 τ_{br}의 역수보다 커지면 G''의 값이 증가하는 현상이 나타나는데, 이때 각 주파수의 역수는 대략 τ_{br}이 된다. 주파수가 이 값보다 더 커지면 앞의 메커니즘이 더 이상 맞지 않고 따라서 일정한 τ를 보이지 않으면서 단일 완화 시간의 맥스웰 모델에서 벗어나게 되기 때문이다. 그림에서 계산한 τ_{br}은 0.13s로 완화 시간 τ의 15.6s보다 약 1/100 정도로 작으며, 앞의 가정 $\tau \gg \tau_{br}$을 잘 뒷받침한다.

---

2 모션 내로윙(Motional narrowing)이란 어떤 물리적인 진동이 주변에 영향을 받아 진동주기가 좁아지는 현상이다. 예를 들어 액체 안에서 OH기의 진동 주기는 주변의 분자 운동에 따라 달라지는데 주변의 분자의 운동과 재배치가 OH기의 진동에 비하여 충분히 빠르면 OH기의 진동은 평균 환경 값에서 거의 일정하게 일어나게 된다.

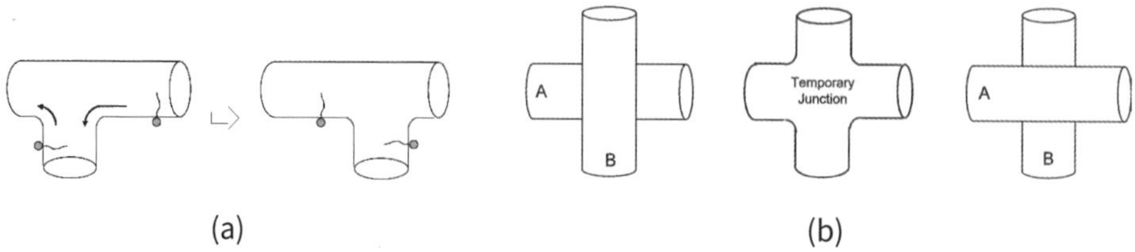

그림 8.68 (a) WLM 가지의 유체 슬라이딩 메커니즘. 마이셀 내 계면활성제 분자가 움직이며 가지 점(branch point)의 위치를 바꾸어 줌 (b) A, B 두 WLM의 고스트라이크 크로싱(ghost-like crossing). 뒤의 A와 앞의 B가 임시로 합친 후 다시 나누어지고 앞 뒤 위치를 바꿈. 첼라무스와 로스슈타인(Chellamuth and Rothstein, 2008)의 그림을 다시 그림

그림 8.66에서 보면 농도가 증가함에 따라 점도가 감소하는 현상이 나타나는데 이는 WLM에 가지가 생기면서 생기는 현상이다. WLM의 구조가 선형에서 가지가 있는 형태로 바뀌는 현상은 극저온 투과전자 현미경(cryo-transmission electron microscopy, cryo-TEM)을 이용하여 마이셀을 직접 관찰한 결과로부터 확인할 수 있다(Rogers et al., 2014). 가지가 있는 마이셀의 사행운동은 가지가 있는 고분자의 사행운동과 전혀 다른 스트레스 완화 메커니즘을 보인다. 8.6절에서 보인 바와 같이 가지가 있는 고분자의 경우 가지의 위치가 바뀌지 않으므로 사행운동에 의하여 스트레스를 완화하기는 매우 어렵지만 가지가 있는 WLM은 가지 점(branch point)의 빠른 유체 슬라이딩(fluid sliding) 메커니즘에 의하여 가지의 위치가 바뀔 수 있고(그림 8.68(a) 참고), 이후 임의의 위치에서 WLM이 끊어지면서 스트레스를 쉽게 완화하여 점도가 낮아지게 된다(Chellamuth and Rothstein, 2008). 또한 계면활성제의 농도가 높아지면 고분자와는 달리 WLM이 교차 후 끊어지는 현상("ghost-like crossing")이 생길 수 있어 스트레스를 쉽게 완화한다. 즉 고분자는 다른 고분자 사슬을 자르며 튜브 밖으로 나올 수 없어서 사행운동에 의해서만 스트레스를 완화하지만 계면활성제는 그림 8.68(b)와 같이 두 WLM이 엇갈려 만나면 서로의 마이셀을 자르는 '+' 자 형태로 임시로 합쳐졌다가 다시 분리됨으로써 스트레스를 쉽게 완화할 수 있다. 따라서 점도가 줄어들게 된다.

8.9.3 시어 밴딩

그림 8.65에서 농도가 10−80mM의 경우 시어 시닝 영역에서의 기울기는 −1로

점도와 전단율의 곱인 스트레스는 전단율에 따라 변하지 않는다. 이러한 현상은 그림 8.69에 보인 바와 같이 단순 전단 유동에서 전단율이 위치마다 다른 현상이 발생하기 때문이며, 이러한 현상을 시어 밴딩(shear banding)이라고 부른다. 시어 밴딩은 계면활성제 용액에서만 생기는 현상은 아니며 이론적으로는 고분자 용액이나 용융체, 콜로이드 등에서 모두 생길 수 있다.

시어 밴딩이 나타나는 이유는 그림 8.70에 보인 바와 같이 스트레스와 전단율 간의 관계가 단조적이지 않기 때문이다. 그림에서 점선으로 표시된 부분은 물질이 불안정한 상태에 있음을 의미하는데 실험적으로는 관찰되지 않으며 유체가 균일하다고 가정한 모델을 이용하여 구한 값이다. 이러한 계에서는 두 안정한 점을 잇는 일정한 스트레스(σ_p)를 갖고, 각각 그림 8.69의 $\dot{\gamma}_1$과 $\dot{\gamma}_2$의 전단율을 갖는 층으로 나뉘어지는데 이 각각의 층을 시어 밴드라고 부른다. 평균 전단율 $\bar{\dot{\gamma}}$가 $\dot{\gamma}_1$과 $\dot{\gamma}_2$ 사이에 있으면 스트레스는 증가하지 않고 σ_p로 유지되며, 이때 각 층의 두께는 가해지는 평균 전단율에 따라 바뀌면서 지레의 법칙이 성립되어 평균 전단율($\bar{\dot{\gamma}}$)을 만족하도록 한다:

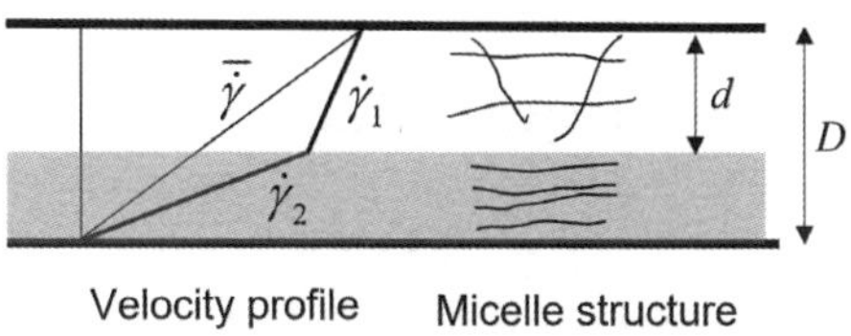

그림 8.69 시어 밴딩이 생긴 단순 전단 유동에서의 전단율 변화 및 각 밴드의 WLM의 미세구조의 개념도

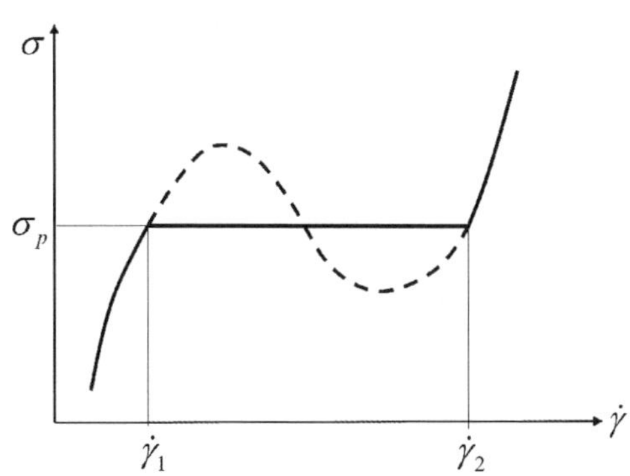

그림 8.70 시어 밴딩이 생기는 계에서 전단율과 스트레스와의 관계

$$D\bar{\gamma} = d\dot{\gamma}_1 + (D-d)\dot{\gamma}_2 \tag{8.9-14}$$

제2장에서 다루었듯이 단순 전단 유동장 내에서의 스트레스 값은 위치에 따라 변하지 않으므로 σ_p로 같고 따라서 각각의 층의 점도는 $\eta_1 = \sigma_p / \dot{\gamma}_1$과 $\eta_2 = \sigma_p / \dot{\gamma}_2$로 다른 값을 가진다. 즉 각 층은 서로 다른 물질 구조를 갖는다. WLM의 경우 전단율이 큰 영역(점도가 작은 영역)은 임의의 엉킨 상태 또는 WLM이 약간 정렬된 상태를 가지며, 전단율이 작은 영역(점도가 큰 영역)은 유동방향으로 강하게 배향이 된 상태를 갖는다. 이와 같이 서로 다른 물질 구조를 갖는 현상은 구조를 알아 낼 수 있는 유동 복굴절(flow birefringence), SANS(small angle neutron scattering), Rheo-NMR 등의 장치를 이용하여 확인되었다(Lerouge and Berret, 2010; Berret, 2006).

이상의 시어 밴딩에 대한 내용은 고전적인 가정, 즉 벽면 미끄러짐(wall slip)이 존재하지 않으며, 두 층간의 계면은 평면이고, 식 (8.9-14)의 지레의 법칙이 성립한다는 가정을 바탕으로 하고 있다. 그러나 이러한 가정은 언제나 성립하는 것은 아닌 것으로 알려져 있다(Divoux et al., 2016). 계면은 두께가 0인 수학적인 평면이 아니라 유한한 1－10μm의 두께를 가지기도 하며, 계면에서 파동이 발생하기도 한다. 또한 시간에 따라 변하는 경우도 있다. 더욱이 2개의 층으로 나뉘는 것이 아니라 여러 얇은 층이 겹쳐서 나타나기도 한다(Callaghan, 2008). 시어 밴딩은 벽면 미끄러짐, 유동 불안정성 등과 서로 영향을 주고받을 수 있다. 특히 제6장에서 다룬 유선이 곡선인 경우 나타나는 탄성 불안정성도 큰 역할을 할 수 있다. 동심원통으로 구성된 테일러-쿠엣(Taylor-Couette) 장치의 경우 안쪽 원통 쪽의 전단율이 약간 크기 때문에 전단율이 큰 영역은 언제나 안쪽 원통 쪽에서 나타나는 특성도 있다.

고분자 용융체의 경우 도이-에드워즈 모델은 그림 8.70과 같은 전단 스트레스 특성을 보이므로 시어 밴딩이 나타날 수 있지만(Doi and Edwards, 1986) 실제 실험적으로는 관찰되지 않고 있다. 이러한 현상은 오히려 도이-에드워즈 모델이 과도하게 시어 시닝한 특성을 보이는 문제점으로 지적되기도 한다(8.6.1절 참고). 존슨 제겔만 모델(Johnson-Segelmann model)이나 기세쿠스 모델(Giesekus model)의 경우에도 시어 밴딩이 생길 수 있다. 따라서 시어 밴딩이 나타나지 않도록 모델을 변형시키는 연구도 진행된 바 있다(Divoux et al., 2016). 그 동안 발간된 많은 연구에도 불구하고 시어 밴딩은 물질에 따라 다른 메커니즘에 의하여 유동장에 따라 다른 형태로 나타날 수 있기 때문에 아직까지 일반화된 이론은 나와 있지 않으며 앞으로 이론이 좀더 정립될 필요가 있다.

8.10 고분자 용융체의 벽면 미끄러짐

유체역학에서는 작은 크기의 분자로 이루어진 유체가 흐를 때 고체면에서 미끄러지지 않고 고체면과 같은 속도로 움직인다고 가정한다.[3] 예를 들어 물이 관 내부를 층류(laminar flow)로 흐를 때 같은 압력 손실하에서 유량은 관의 반경에 4제곱에 비례하는데 이는 물이 벽면에서 미끄러지지 않고 고체면에 붙어 있기 때문이다. 유변학에서 다루는 여러 유체들은 이러한 가정에서 벗어날 때가 있다. 유체가 벽면에 달라붙지 않고 미끄러지는 현상을 벽면 미끄러짐(wall slip)이라고 부른다. 벽면 미끄러짐이 생기는 원인은 유체의 종류에 따라 다르다. 현탁액이나 에멀전 같은 2개 이상의 상(phase)이 존재하는 경우나 고분자 용액의 경우에는 실제로 벽면 미끄러짐이 일어나는 것이 아니라 고체면 부근에서 입자, 액적 또는 고분자가 벽면에서 안쪽으로 이동하여 거의 연속상만 존재하는 낮은 점도의 얇은 층이 생김으로써 얇은 층보다 점도가 훨씬 높은 현탁액이나 에멀전이 마치 벽면에서 미끄러져 가는 것과 같은 현상이 관찰되는데, 이를 겉보기 벽면 미끄러짐(apparent wall slip)이라고 부른다. 입자나 액적이 벽면에서 멀어지는 메커니즘에 대해서는 제9장에서 다루며, 벽면 미끄러짐을 실험적으로 측정하는 방법에 대해서는 제11장에서 다룬다. 이 절에서는 고분자 용융체의 벽면 미끄러짐에 대해서만 다룬다.

고분자 용융체가 벽면에서 미끄러지는 것은 실험적으로도 잘 알려져 있다. 고분자 용융체의 벽면 미끄러짐은 1) 고체 표면 물질, 2) 고분자의 LCB, 3) 벽면에서

3 희박한 기체가 매우 좁은 공간(confined space) 내를 흐를 때 기체의 평균자유행로가 공간의 폭보다 큰 경우, 즉 누젠 수(Knudsen number)가 크면 미끄러짐이 존재함. 액체를 다루는 이 책의 경우에는 해당하지 않음.

의 전단 스트레스(σ_w) 등에 의하여 영향을 받는다. 고분자 용융체의 벽면 미끄러짐의 메커니즘은 크게 고분자가 고체 표면으로부터 떨어져 나오면서 발생하는 미끄러짐(adhesive failure)과 벽에 바로 이웃한 고분자 층 내부에서 고분자가 미끄러지는 현상(cohesive failure)으로 나누기도 한다(Hatzikiriakos, 2012).

해치키리아코스(Hatzikiriakos and Dealy, 1991; Hatzikiriakos, 1993; Hatzikiriakos et al., 1993)는 여러 종류의 불화 고분자(fluoropolymer)를 코팅한 금속판을 사용하여 LLDPE를 채운 슬라이딩 플레이트 레오미터(sliding plate rheometer) 내에서의 벽면 미끄러짐 실험을 수행하여 단순 전단 유동에서 벽면 미끄러짐이 발생하기 시작할 때의 임계 스트레스(σ_c)는 0.027 MPa로 코팅이 되지 않은 깨끗한 면에서의 값 0.1 MPa보다 1/4 수준으로 낮아지는 것을 보고하였다. 또한 금속 물질을 놋쇠(brass)로 하는 경우의 벽면 미끄러짐 특성도 스테인리스 스틸을 사용할 때의 벽면 미끄러짐 특성과 다른 것도 보고되어 있다(Ramamurthy, 1986). 즉 표면의 성질이 벽면 미끄러짐 특성을 결정하는 데 중요한 역할을 하는데 이러한 현상은 표면에 흡착이 되어 있던 고분자가 스트레스에 의하여 벽에서부터 떨어져 나오면서 벽면 미끄러짐이 발생하기 때문인 것으로 알려져 있다(adhesive failure). 이러한 벽면 미끄러짐은 고분자와 고체면 사이에서의 어드히전 에너지(work(energy) of adhesion)보다 큰 에너지가 유동에 의하여 탄성으로 저장되었다가 에너지가 커지면 고분자가 벽에서 떨어진 후 미끄러지면서 움직이고 다시 흡착이 되는 과정을 반복하면서 발생한다. 따라서 이 영역에서는 어드히전 에너지가 미끄러짐의 존재와 미끄러짐 속도의 변화에 중요한 역할을 한다.

분자량 분포가 좁은 선형 고분자의 경우에는(HDPE, polyisoprenes, polybutadienes, fluoropolymers, polydimethylsiloxanes 등) σ_w가 점점 더 커지면서 어떤 임계점부터 고분자 용융체는 거의 플러그 유동(plug flow)과 같이 흐르게 되는데, 이때 고분자는 흡착되어 있던 고분자의 엉킴이 풀리면서(disentangle) 미끄러짐이 일어난다(cohesive failure). 분자량 분포가 넓거나 가지가 많은 LDPE의 경우에는 이러한 임계점은 나타나지 않는다. 그림 8.71에는 HDPE(분자량 178,000, polydispersity index 9.4)와 LDPE(분자량 390,000, polydispersity index 11.5)의 전단 스트레스와 겉보기 전단율 간의 관계를 도시하였다. LCB가 많은 LDPE의 경우에는 전단 스트레스는 연속

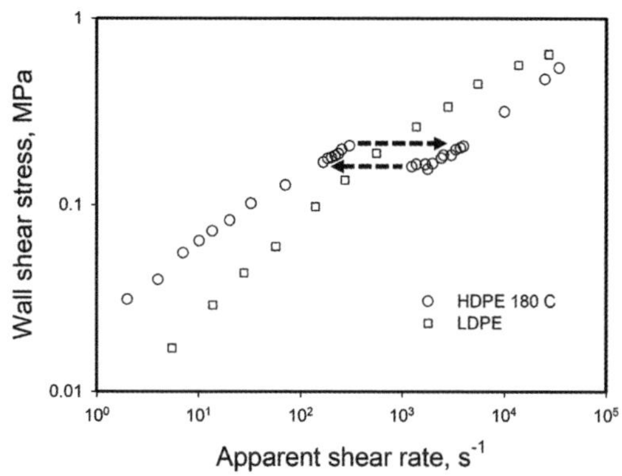

그림 8.71 HDPE와 LDPE의 유동곡선. HDPE의 경우 화살표로 표시된 부분에서는 진동이 발생함. LDPE의 경우 스트레스와 전단율은 연속적으로 변함. 해치키리아코스(Hatzikiriakos, 2012)의 그림을 다시 그림

적으로 증가하는 반면 선형 고분자인 HDPE는 불연속적인 증가와 함께 이력현상(hysteresis)을 보인다. 즉 겉보기 전단율이 낮은 값부터 증가하는 경우에는 스트레스가 증가하다가 어떤 시점부터 스트레스는 증가하지 않고 머무른 후 다시 증가한다. 반대로 겉보기 전단 스트레스를 차례로 감소시키면 스트레스가 감소하다가 정체된 후 다시 감소하는데 상승 시와 하강 시 스트레스가 갑자기 변하는 값이 다르게 나타난다. 스트레스가 정체되는 구간은 실제로 값이 변하지 않는 것이 아니며 실험적으로는 시간에 따라 스트레스가 급격히 진동을 하는, 유동이 불안정한 구간이다. HDPE의 미끄러짐 속도를 벽면에서의 전단 스트레스의 함수로 그리면 그림 8.72와 같이 된다. 즉 이때 보이는 속도의 급격한 변화(jump)는 서로 다른 임계 스트레스에서 나타나는 것이다.

브로샤르와 드 잔(Brochard and de Gennes, 1992)은 선형 고분자에서 나타나는 강한 벽면 미끄러짐 현상이 일어나는 이유는 벽면에 흡착된 고분자가 스트레스가 커지면서 한쪽이 벽에 붙은 상태로 늘어날 때 감김 풀림 전이(coil-stretch transition)가 일어나고 이에 따라 고분자 사슬이 엉킨(entangle) 상태에서 라우스 사슬로 전환함으로써 엉킨 상태에 비하여 훨씬 작은 저항력(drag force)을 나타내기 때문임을 예측하였다. 또한 엉킴이 풀린(disentangle) 상태에서는 흡착된 고분자에 걸리는 저항력 작아 다시 엉키게 되고, 엉키게 되면 다시 저항력이 커지면서 엉킴이 풀리는 현

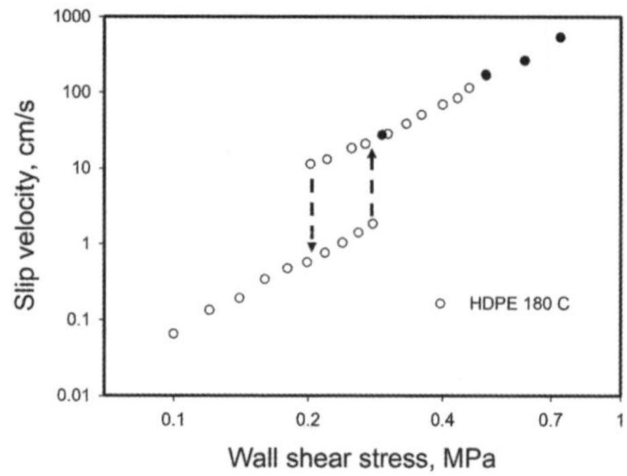

그림 8.72 HDPE의 180°C에서의 미끄러짐 속도와 벽면에서의 전단 스트레스 간의 관계. Wall slip velocity는 이력현상을 보임. 해치키리아코스 등(Hatzikiriakos et al., 1992)의 그림을 다시 그림

상이 반복될 수 있음을 예측하였다. LCB가 많은 고분자의 벽면 미끄러짐은 선형 고분자에 비해 아직 많은 연구가 되어 있지 못하다. 브로샤르와 드 잔 이론은 선형 고분자의 엉킴의 풀림에 관한 것이다. 앞에서 본 바와 같이 선형 고분자와 가지가 있는 고분자는 엉킴 특징이 많이 달라, 즉 LCB가 많은 LDPE의 경우 선형 고분자와는 엉킴 특성이 달라 브로샤르와 드 잔의 모델이 적용되지 않고 연속적으로 벽면에서 분리되는 현상(adhesive failure)이 나타나는 것으로 보인다. LCB가 적게 붙은 LLDPE의 경우에도 벽면 미끄러짐은 스트레스가 증가함에 따라 불연속이 없이 거의 플러그 유동이 될 때까지 연속적으로 증가한다. 분자량 분포가 넓으면 선형 고분자의 경우에도 불연속성이 나타나지 않는다. 또한 TPE(thermoplastic elastomer)도 불연속성을 보이지 않는다.

고분자의 압출 다이 내에서 벽면 미끄러짐이 발생하면 압출물(extrudate)의 표면 특성이 변하게 된다. 그림 8.73에는 LLDPE를 일정한 속도로 압출할 때 압출된 고분자의 표면 사진을 도시하였다. 벽면에서의 전단 스트레스가 커지면서 매끈하던 표면이 규칙적인 형태를 갖고 거칠어지는데 이를 샤크 스킨(shark skin)이라고 한다. 벽면에서의 전단 스트레스가 더 커지면 표면에서 붙었다 미끄러졌다(stick-slip)를 반복하다가, 이후에는 표면이 뒤틀어지는 형태가 되는데, 이러한 현상을 멜트 프랙처(melt fracture)라고 한다. 이 상황에서는 용융체가 깨지는 것 같은 소리가 나기 때문인 것으로 알려져 있다. 멜트 프랙처 현상이 그림 8.73과 같이 일정한 피스톤

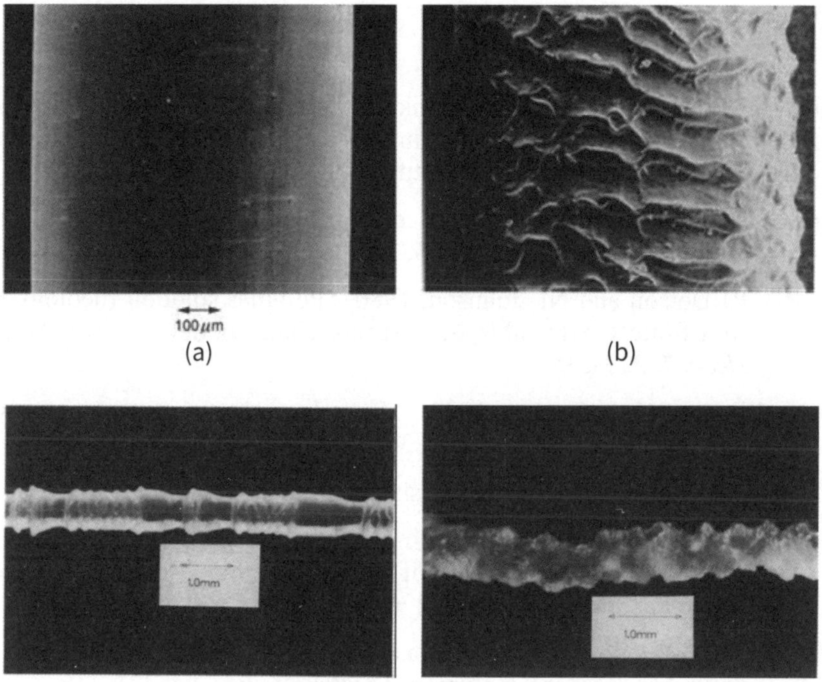

(a) (b) (c) (d)

그림 8.73 LLDPE의 압출 조건에 따른 압출물의 표면 형상의 변화 (a) 벽면 미끄러짐이 없는 경우 (b) 샤크 스킨 (c) 스틱-슬립(Stick-slip) 상태 (d) 멜트 프랙처(a, b: Pudjijanto and Denn(1994); c, d: Kalika and Denn(1987))

속도로 밀어도 유량이 시간에 따라 주기적으로 변하는 것과 같은 형태로 나타나는 것은 고분자의 압축성 때문으로 설명이 된다. 일반적으로 고분자와 같은 액체는 비압축성으로 가정하지만 실제로는 압력이 가해지면 작은 압축이 일어난다. 피스톤으로 고분자가 채워져 있는 배럴(barrel)에 압력을 가하면 고분자가 압축이 되면서 다이 밖으로 잘 나오자 않다가 압력이 어느 한계가 되면 갑자기 높은 유량으로 확 밀려나오면서 배럴 내 압력이 낮아진다. 낮은 압력 차이에서는 유량은 작아지고 다시 압력이 커지게 되면서 반복적으로 유량이 진동하게 된다.

참고 문헌

Berret JF, 2006, "Rheology of Wormlike Micelles: Equilibrium Properties and Shear Banding Transitions," in Weiss, RG and Terech P (eds) Molecular Gels. Springer, Dordrecht. https://doi.org/10.1007/1-4020-3689-2_20

Berry GC and TG Fox, 1967, "The viscosity of polymers and their concentrated solutions," *Adv. Polym. Sci.* **5**, 261-357

Bird RB, PJ Dotson and NL Johnson, 1980, "Polymer solution rheology based on a finitely extensible bead-spring chain model," *J. Non-Newt. Fl. Mech.* **7**, 213-235

Brochard F and PG de Gennes, 1992, "Shear dependent slippage at a polymer/solid interface," *Langmuir* **8**, 3033-3037

Callaghan PT, 2008, "Rheo NMR and shear banding," *Rheol. Acta* **47**, 243-255

Cates ME, 1987, "Reptation of living polymers: Dynamics of entangled polymers in the presence of reversible chain-scission reactions," *Macromolecules* **20**, 2289-2296

Cates ME, 1990, "Nonlinear viscoelasticity of wormlike micelles and other reversibly breakable polymers," *J. Phys. Chem.* **94**, 371-375

Chambon F and HH Winter, 1985, "Stopping of crosslinking reaction in a PDMS polymer at the gel point," *Polym. Bull.* **13**, 499-503

Chambon F and HH Winter, 1987, "Linear viscoelasticity at the gel point of a crosslinking PDMS with imbalanced stoichiometry," *J. Rheol.* **31**, 683-697

Chellamuth M and JP Rothstein, 2008, "Distinguishing between linear and branched wormlike micelle solutions using extensional rheology measurements," *J. Rheol.* **52**, 865-884

Chen X, S Liang, SW Wang and RH Colby, 2018, "Linear viscoelastic response and steady shear viscosity of native cellulose in 1-ethyl-3-methylimidazolium methylphosphonate," *J. Rheol.* **62**, 81-87

Costeux S, P Wood-Adams and D Beigzadeh, 2002, "Molecular Structure of Metallocene-Catalyzed Polyethylene: Rheologically Relevant Representation of Branching Architecture in Single Catalyst and Blended Systems," *Macromolecules* **35**, 2514-2528

Cox WP and EH Merz, 1958, "Correlation of Dynamic and Steady Flow Viscosities," *J. of Polym. Sci.* **28**, 619-622

Daniels DR, TCB McLeish, BJ Crosby, RN Young and CM Fernyhough, 2001, "Molecular Rheology of Comb Polymer Melts. 1. Linear Viscoelastic Response," *Macromolecules* **34**, 7025-7023

Das C, NJ Inkson, DJ Read and MA. Kelmanson, 2005, "Computational linear rheology of general branch-on-branch polymers" *J. Rheol.* **50**, 207-235

Das C, DJ Read, D Auhl, M Kapnistos, JD Doelder, I Vittorias and TCB McLeish, 2014, "Numerical prediction of nonlinear rheology of branched polymer melts" *J. Rheol.* **58**, 737-757

Dealy JM, DJ Read and RG Larson, 2018, Structure and Rheology of Molten Polymers, Hanser, Munch

Dealy JM and KF Wissbrun, 1990, Melt Rheology and its Role in Plastic Processing, Van Nostrand Reinhold, New York

Divoux T, MA Fardin, S Manneville and S Lerouge, 2016, "Shear banding of complex fluids," *Annu. Rev. Fl. Mech.* **48**, 81-103

Doi M and SF Edwards, 1986, The Theory of Polymer Dynamics, Clarendon Press, Oxford

Fang H, Y Zhang, J Bai, Z Wang and Z Wang, 2013, Bimodal architecture and rheological and foaming properties for gamma-irradiated long-chain branchedpolylactides," *RSC Advances* **3**, 8783-8795

Ferri D and P Lomellini, 1999, "Melt rheology of randomly branched polystyrenes," J. Rheol. 43, 1355-1372

Ferry JD, 1980, "Viscoelastic Properties of Polymers," Wiley, New York

Fetters LJ, AD Kiss, DS Pearson, GF Quack and FJ Vitus, 1993, "Rheological Behavior of Star-Shaped Polymers," *Macromolecules* **26**, 647-654

Fetters LJ, DJ Lohse and WW Graessley, 1999, "Chain dimensions and entanglement spacings in dense macromolecular systems," *J. of Polym. Sci., Part B: Polym. Phy.* **37**, 1023-1033

Flory PJ, 1953, Principles of Polymer Chemistry, Cornell Univ. Press, Ithaca

Flory PJ, 1969, Statistical Mechanics of Chain Molecules, John Wiley & Sons, Inc, New York.

Gleissle W, 1980, "Two simple time-shear rate relations combining viscosity and first normal stress coefficient in the linear and non-linear flow range," in G Astarita, G Marrucci and L Nicolais eds. Rheology, Vol. 2: Fluids, Plenum Press, New York, 457-462

Gleissle W and B Hochstein, 2003, "Validity of the Cox–Merz rule for concentrated suspensions," *J. Rheol.* **47**, 897-910

Grubisic Z, P Rempp and H Benoit, 1967, "A universal calibration for gel permeation chromatography," *Polymer Letters* **5**, 753-759

Hatzikiriakos SG, 1993, "A slip velocity model based on adhesive failure," *Intern. Polym. Proc.* **8**, 135-142

Hatzikiriakos SG, 2012,, "Wall slip of molten polymers," *Prog. Polym. Sci.* **37**,

624– 643

Hatzikiriakos SG and JM Dealy, 1991, "Wall slip of molten high density polyethylene. I. Sliding plate rheometer studies," *J. Rheol.* **35**, 497-523

Hatzikiriakos SG and JM Dealy, 1992, "Role of slip and fracture in the oscillating flow of HDPE in a capillary," *J. Rheol.* **36**, 845-884

Hatzikiriakos SG, C Stewart and JM Dealy, 1993, "Effect of surface coatings on wall slip of LLDPE," *Intern. Polym. Proc.* **8**, 30-35

Hoffmann H, 1994, "Viscoelastic surfactant solutions'" in CA Herb and RK Prud'homme (eds) Structure and Flow in Surfactant Solutions, Am. Chem. Soc.

Hu Y, Wang SQ and AM Jamieson, 1994, "Elongation flow behavior of cetyltrimethylammonium bromide/sodium salicylate surfactant solutions," *J. Phys. Chem.* **98**, 8555-8559

Hu Y and EF Matthys, 1995, "Characterization of micellar structure dynamics for a drag-reducing surfactant solution under shear: normal stress studies and flow geometry effects," *Rheol. Acta* **34**, 450-460

Ianniruberto G and G. Marrucci, 1996,"On compatibility of the Cox-Merz rule with the model of Doi and Edwards," *J. Non-Newtonian Fluid Mech.* **65**, 241-246

Inkson NJ, TCB McLeish, OG Harlen and DJ Groves, 1999, "Predicting low density polyethylene melt rheology in elongational and shear flows with "pom-pom" constitutive equation," *J. Rheol.* **43**, 873-896

Israelachvili JN, 2011, Intermolecular and Surface Forces, 3rd ed., Academic Press, Amsterdam

Johnson RM, JL Schrag and JD Ferry, 1970, "Infinite-Dilution Viscoelastic Properties of Polystyrene in Theta-Solvents and Good Solvents," *Polymer J.* **1**, 742-749

Kalika DS and MM Denn, 1987, "Wall Slip and Extrudate Distortion in Linear Low-Density Polyethylene," *J. Rheol.* **31**, 815-834

Kwag C, CW Manke and E Gulari, 1999, "Rheology of Molten Polystyrene with Dissolved Supercritical and Near-Critical Gases," *Journal of Polymer Science: Part B: Polymer Physics.* **37**, 2771-2781

Lai S, TA Pumley, TI Butler, GW Knight and CI Kao, 1994, "Dow Rheology Index (DRI) For Insite Technology Polyolefins (ITP): Unique Structure-Proccssing Rclationships," Annual Technical Conference-Society of Plastics Engineers 40, 1814-1815

Lai SY, JR Wilson, JR. Knight and GW Stevens, 1993, U.S. Patent 5, 272,236

Larson RG, 1988, Constitutive Equations for Polymer Melts and Solutions,

Butterworth-Heinemann, Boston

Larson RG, 1999, The Structure and Rheology of Complex Fluids, Oxford University Press, New York

Larson RG, 2001, "Combinatorial Rheology of Branched Polymer Melts," *Macromolecules* **34**, 4556-4571

Larson RG, T Sridhar, LG Leal, GH McKinley, AE Likhtman and TCB McLeish, 2003, Definitions of entanglement spacing and time constants in the tube model," *J. Rheol.* **47**, 809-818

Laun HM, 1978, "Description of the non-linear shear behaviour of a low density polyethylene melt by means of an experimentally determined strain dependent memory function," *Rheol Acta* **17**, 1-15

Laun HM, 1986, "Prediction of elastic strains of polymer melts in shear and elongation," *J. Rheol.* **30**, 459-501

Lee HC and DA Brant, 2002a, "Rheology of Concentrated Isotropic and Anisotropic Xanthan Solutions. 1. A Rodlike Low Molecular Weight Sample," *Macromolecules* **35**, 2212-2222

Lee HC and DA Brant, 2002b, "Rheology of Concentrated Isotropic and Anisotropic Xanthan Solutions.2. A Semiflexible Wormlike Intermediate Molecular Weight Sample," *Macromolecules* **35**, 2223-2234

Lee K, MR Mackley, TCB McLeish, TM Nicholson and OG Harlen, 2001, "Experimental observation and numerical simulation of transient "stress fangs" within flowing molten polyethylene," *J. Rheol.* **45**, 1261-1277

Lerouge S and JF Berret, 2010, "Shear-induced transitions and instabilities in surfactant wormlike micelles," *Adv. Polym. Sci.* **230**, 1-71

Likhtman AE and TCB McLeish, 2002, Quantitative Theory for Linear Dynamics of Linear Entangled Polymers," *Macromolecules* **35**, 6332-6343

Liu C and DJ Pine, 1996, "Shear-Induced Gelation and Fracture in Micellar Solutions," *Phys. Rev Lett.* **77**, 2121-2124

Matsumiya Y, K Kumazawa, M Nagao, O Urakawa and Hiroshi Watanabe, 2014, "Dielectric Relaxation of Monodisperse Linear Polyisoprene: Contribution of Constraint Release," *Macromolecules* **46**, 6067-6080

McLeish TCB, J Allgaier, DK. Bick, G Bishko, P Biswas, R Blackwell, B Blottière, N Clarke, B Gibbs, DJ Groves, A Hakiki, RK Heenan, JM Johnson, R Kant, DJ Read and RN Young, 1999, "Dynamics of Entangled H-Polymers: Theory, Rheology, and Neutron-Scattering," *Macromolecules* **32**, 6734-6758

McLeish TCB and RG Larson, 1998, "Molecular Constitutive Equations for a

Class of Branched Polymers: The Pom-Pom Polymer," *J. Rheol.* **42**, 81-110

Milner ST, 1996, "Relating the shear-thinning curve to the molecular weight distribution in linear polymer melts," *J. Rheol.* **40**, 303-315

Milner ST and TCB McLeish, 1997, "Parameter-Free Theory for Stress Relaxation in Star Polymer Melts," *Macromolecules* **30**, 2159-2166

Mori S and HG Barth, 1999, Size Exclusion Chromatography, Springer, Berlin

Münstedt H, 2011, "Rheological properties and molecular structure of polymer melts," *Soft Matter* **7**, 2273-2283

Onogi S, T Masuda and K Kitagawa, 1970, "Rheological properties of anionic polystyrenes. I. Dynamic viscoelasticity of narrow-distribution polystyrenes," *Macromolecules* **3**, 109-116

Park SJ, PS Desai, X Chen and RG Larson, 2015, "Universal Relaxation Behavior of Entangled 1,4-Polybutadiene Melts in the Transition Frequency Region," *Macromolecules* **48**, 4122-4231

Park SJ and RG Larson, 2003, "Dilution exponent in the dynamic dilution theory for polymer melts," *J. Rheol.* **47**, 199-211

Park SJ and RG Larson, 2005, "Modeling the linear viscoelastic properties of metallocene-catalyzed high density polyethylenes with long-chain branching," *J. Rheol.* **49**, 523-536

Park SJ and RG Larson, 2006, "Long-chain dynamics in binary blends of monodisperse linear polymers," *J. Rheol.* **50**, 21-39

Park SJ, S Shanbhag and RG Larson, 2005, "A hierarchical algorithm for predicting the linear viscoelastic properties of polymer melts with long-chain branching," *Rheol Acta* **44**, 319-330

Pudjijanto S and Denn MM, 1994, "A stable "island" in the slip-stick region of linear low-density polyethylene," *J. Rheol.* **38**, 1735-1744

Ramamurthy AV, 1986, "Wall Slip in Viscous Fluids and Influence of Materials of Construction," *J. Rheol.* **30**, 337-357

Read DJ, D Auhl, C Das, JD Doelder, M Kapnistos, I Vittorias and TCB McLeish, 2011, "Linking Models of Polymerization and Dynamics to Predict Branched Polymer Structure and Flow," *Science* **30**, 1871-1874

Robertson CG, CA García-Franco and S Srinivas, 2004, "Extent of branching from linear viscoelasticity of long-chain-branched polymers," *J. of Polym. Sci., Part B: Polym. Phy.* **42**, 1671-1684

Roovers, J, 1985, "Properties of the Plateau Zone of Star-Branched Polybutadienes and Polystyrenes," *Polymer* **26**, 1091-1095

Rogers SA, MA Calabrese and NJ Wagner, 2014, "Rheology of branched wormlike micelles," *Curr. Opin. Coll. Sci.* **19**, 530-535

Scheirs J and W Kaminsky (Eds.), 2002, Metallocene-Based Polyolefins-Preparation, Properties and Technology, Vols. 1 and 2, Wiley, New York

Shroff RN and H Mavridis, 1999, "Long-chain-branching index for essentially linear polyethylenes," *Macromolecules*, **32**, 8454-8464

Shroff RN and H Mavridis, 2001, "Assessment of NMR and rheology for the characterization of LCB in essentially linear polyethylenes," *Macromolecules* **34**, 7362-7367

Snijkers F and D Vlassopoulos, 2014, "Appraisal of the Cox-Merz rule for well-characterized entangled linear and branched polymers," *Rheol Acta* **53** 53:935–946

Soares JBP and AE Hamielec, 1996, "Bivariate chain length and long chain branching distribution for copolymerization of olefins and polyolefin chains containing terminal double-bonds," *Macromol. Theory Simul.* **5**, 547-572

Suneel, RS Graham and TCB McLeish, 2003, "Characterization of an Industrial Polymer Melt Through either Uniaxial Extension or Exponential Shear Data: An Application of the Pom-Pom Model," *Appl. Rheol.* **13**, 19-25

Trinkle S, P Walter and C Friedrich, 2002, "Van Gurp-Palmen Plot II - Classification of long chain branched polymers by their topology," *Rheol. Acta* **41**, 103-111

Victor B, AH Daniel, J Read and J Ramírez, 2020, "RepTate rheology software: Toolkit for the analysis of theories and experiments", *J. Rheol.* **64**, 709-721

Vega JF, J Ramos and J Martinez-Salazar, 2014, "Effect of short chain branching in molecular dimensions and Newtonian viscosity of ethylene/1-hexene copolymers: matching conformational and rheological experimental properties and atomistic simulations," *Rheol. Acta* **53**, 1-13

Wang Z, X Chen and RG Larson, 2010 "Comparing Tube Models for Predicting the Linear Rheology of Branched Polymer Melts," *J. Rheol.* **54**, 223-260

Wang W, S Kharchenkob, K Miglerb, S Zhua, 2004, "Triple-detector GPC characterization and processing behavior of long-chain-branched polyethylene prepared by solution polymerization with constrained geometry catalyst," *Polymer* **45**, 6495-6505

Wen YH, HC Lin, CH Li and CC Hua, 2004, "An experimental appraisal of the Cox–Merz rule and Laun's rule based on bidisperse entangled polystyrene solutions," *Polymer* **45**, 8551-8559

Winter HH and F Chambon, 1986, "Analysis of linear viscoelasticity of a crosslinking polymer at the gel point," *J. Rheol*. **30**, 367-382

Zimm BH and WH Stockmayer, 1949, "The dimensions of chain molecules containing branches and rings," *J. Chem. Phys*. **17**, 1301-1314

제9장

현탁액의 유변학

현탁액(懸濁液)은 고체 입자가 분산되어 있는 액체로 영어로는 'suspension'이라고 불린다. 현탁액에서 '현(懸)'은 띄어 놓았다는 뜻을, '탁(濁)'은 투명하지 않다는 뜻을 가지고 있다. 즉 액체 안에 서로 섞이지 않는 작은 입자를 띄어 놓아 뿌옇게 보이는 액체 상태의 물질을 현탁액이라고 부른다. 투명한 입자를 투명한 액체에 분산한 현탁액도 투명하지 않은 것은 액체와 띄어 놓은 입자의 굴절률이 서로 달라 생기는 현상이다. 현탁액 내 띄워져 있는, 즉 분산되어 있는 입자로는 고체, 액체 또는 기체까지 모두 가능하지만 좁은 범위에서는 고체 입자를 띄워 놓은 경우에만 현탁액이라 한다. 액적이 분산되어 있는 경우에는 에멀전(emulsion), 기포가 분산되어 있는 경우에는 거품(foam)이라고 부른다. 에멀전의 유변학에 대해서는 다음 장에서 다루고 이 장에서는 고체 입자가 분산된 경우만을 생각한다.

현탁액은 주위에서 많이 볼 수 있다. 페인트, 인쇄용 잉크, 콘크리트 슬러리와 같은 산업용 제품, 치약과 같은 개인 건강용 물품, 고추장과 같은 식품 등 수많은 제품이나 산업 생산품의 중간 물질이 현탁액이다. 혈액도 변형이 가능한 혈구가 분산되어 있는 현탁액이다. 이와 같은 현탁액 내에 분산되어 있는 입자는 구형, 막대형, 판형 등 여러 형태를 가질 수 있으며, 이외에도 뾰족한 돌기가 있는 막대형, 부정형 등 여러 비기하학적이고 불규칙한 형태를 가진 경우도 있다. 입자의 대표 크기는 수백 마이크로미터부터 수 나노미터 수준까지 다양하며, 같은 모양의 입자인 경우에도 입자 크기가 일정하지 않고 크기의 분포가 있는 경우도 흔하다. 액체 안에서 브라운 운동을 하는, 대개 1 마이크로미터 이하의 작은 입자가 분산된 현탁액은 특별히 콜로이드(colloid)라고 부른다. 입자를 띄워 주는, 즉 입자가 분산되도록 하여 주는 분산매는 물과 같은 뉴턴성 유체도 있고, 고분자 용융체와 같이 점도가 매우 크고 탄성이 강한 점탄성 유체도 있다. 현탁액의 유변학적 특성은 기본적으로 입자의 모양, 크기, 분산매에 따라 매우 다르게 나타난다.

현탁액의 미세구조, 즉 입자의 배열은 현탁액을 구성하는 물질, 즉 입자나 분산매에 따라 달라질 뿐만 아니라 현탁액이 흐르면서 여러 형태로 발달되기도 한다. 현탁액의 유변학적 특성은 현탁액의 미세구조에 따라 현저하게 달라질 수 있으므로 현탁액 내 입자의 미세구조를 이해하는 것은 현탁액의 유변학적 특성을 이해하는 가장 기본이 된다. 특히 현탁액 내에서는 화학적인 방법만이 아니라 유동에 의해서도 분산된 입자가 응집이 되기도 하며, 응집된 입자들이 유동에 의하여 분산이 되기도 하는데 이러한 과정에서 입자의 모양이나 크기도 중요한 역할을 한다. 현탁액의 미세구조의 형성에는 위의 여러 인자들에 따라 달라지는 입자 간의 힘이 중요한 역할을 한다. 이 장에서는 각각의 힘들에 대하여 설명하면서 입자나 분산매에 따라 현탁액의 미세구조와 이에 따른 유변학적 특성이 어떻게 나타나는지에 대해 다룬다.

9.1 구형입자가 분산된 현탁액

그림 9.1에는 두 종류의 현탁액의 점도를 전단율의 함수로 측정한 실험 결과를 도시하였다. 그림 9.1a에는 직경 43μm의 구형 유리입자(GS)를 70% 물엿(corn syrup)과 30%의 글리세린을 혼합한 액체에 분산한 현탁액의 점도를 전단율의 함수로 도시하였다. 입자를 분산하지 않은 혼합액체의 점도는 24°C에서 대략 3Pa.s 정도의 값을 갖는다. 그림 9.1b에는 직경 250nm의 폴리 스타이렌-에틸아크릴레이트 입자(PSE)를 pH 6.2-6.5의 물과 거의 같은 0.8mPa.s의 점도를 갖는 NaOH 수용액에 분산한 현탁액의 점도를 도시하였다. 그림들로부터 다음과 같은 공통점과 차이점들을 볼 수 있다: 1) 두 경우 모두 입자의 부피분율(ϕ)이 커지면 점도가 상승하며, 전단율이 커지면 점도가 전단율에 따라 감소하는(shear thinning) 현상을 보인다; 2) PSE 현탁액의 경우 입자의 부피분율이 0.43 이상이고 전단율이 1000s^{-1} 이상이면 점도가 전단율에 따라 증가하는 현상을 보인다(shear thickening). GS 현탁액의 경우

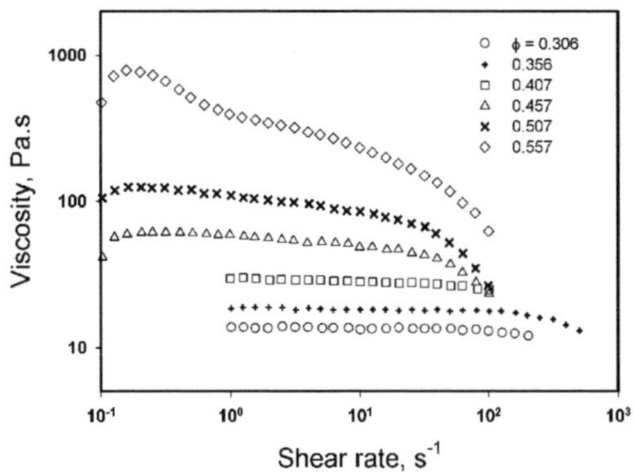

(a)

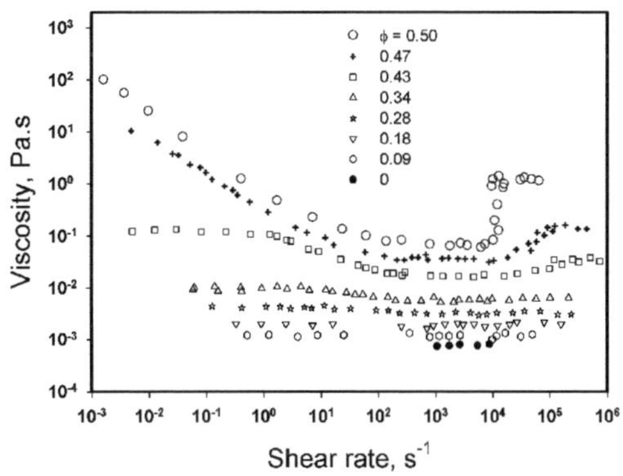

(b)

그림 9.1 현탁액의 점도와 전단율과의 관계. ϕ는 부피분율임. (a) 직경 43μm의 구형 유리입자를 점도 3Pa.s의 70% 물엿과 30%의 글리세린을 혼합한 액체에 분산한 현탁액의 점도; (b) 250nm의 폴리(스타이렌-에틸아크릴레이트) 입자를 pH 6.2-6.5, 점도 약 0.8mPa.s의 NaOH 수용액에 분산한 현탁액의 점도. (a) 자라가 등(Zarraga et al., 2000)의 그림을 다시 그림. (b) 라운(Laun, 1984)의 그림을 다시 그림

에는 측정된 전단율의 범위가 PSE의 경우보다 작아 점도가 전단율에 따라 증가하는 현상이 나타날지에 대하여 이 자료로는 판단할 수가 없다; 3) GS 현탁액의 부피분율이 0.507일 때 점도는 낮은 전단율에서 대략 120 Pa.s의 영점 전단율 점도를 보이는 반면, PSE 현탁액은 부피분율 0.5에서 영점 전단율 점도를 보이지 않고 전단율이 작아짐에 따라 점도는 계속 증가한다; 4) 3)의 현탁액들에 대해서 전단율이 $10^{-3}s^{-1}$에서는 0.8 mPa.s의 NaOH 수용액에 분산된 PSE 현탁액의 점도와 3Pa.s의 액체에 분산된 GS 현탁액의 영점 전단율 점도가 거의 유사한 값을 갖는

다. 따라서 분산매의 점도와 비교할 때 PSE 현탁액의 점도 증가폭이 상대적으로 훨씬 크다; 5) 점도가 전단율에 따라 감소하는 시어 시닝 현상이 거의 나타나지 않는, 부피분율이 대략 0.3인 경우 GS 현탁액의 점도는 대략 18 Pa.s로 분산매의 점도의 약 6배이고, PSE 현탁액의 점도는 부피분율 0.28과 0.34의 두 경우를 내삽하여 보면 분산매의 점도의 약 10배 정도가 된다. 즉 4)의 경우 $\phi = 0.5$일 때는 분산매 점도에 비하여 증가폭의 차이가 매우 큰 반면, $\phi = 0.3$에서는 두 가지 현탁액의 점도 증가폭이 크게 다르지 않다.

이상의 1)에서 5)까지의 결과들을 종합하여 보면 현탁액은 유변학적으로 복잡한 유체로서 현탁액의 점도는 입자의 부피분율과 분산매의 점도 외에도 다른 요인에 의하여 결정된다는 점을 알 수 있다. 실제로 현탁액의 점도는 입자가 분산매 안에서 받는 수력학적인 힘 외에도, 브라운 운동에 의한 힘, 입자의 표면에 존재하는 전하에 의한 정전기적인 원인에 의한 힘, 두 입자 간의 반데르발스(van der Waals)힘 등에 의하여 결정된다.

현탁액 내 입자 중에는 입자 주위로 전기 이중층이 형성되어 있거나 고분자나 계면활성제와 같이 길이가 긴 유기물, 또는 입자보다 훨씬 작은 입자가 모여 있는 경우도 있으며, 이러한 경우 입자 간 상호작용이 전혀 다른 특성을 나타냄으로써 유변학적 특성도 변하게 된다. 또한 앞에서 이야기 한 대로 입자의 형태에 따라 현탁액의 유변학적 거동은 큰 차이가 나므로 여기서는 먼저 가장 기본이 되는 구형입자를 뉴턴성 유체에 분산한 현탁액의 유변학적 특성을 생각하자. 또한 입자와 입자가 유체 내에서 접근하는 경우 수력학적인 힘 이외에는 다른 어떤 힘도 작용하지 않는 경우를 생각하자. 이러한 입자를 '딱딱한 구형입자(hard sphere)'라고 부른다.

9.1.1 비콜로이드 입자를 분산한 현탁액의 점도

현탁액의 점도를 다루기 위하여 먼저 반경이 a로 일정한 구형입자를 점도 η_s의 뉴턴성 유체에 분산한 경우를 생각하자. 아인슈타인(Einstein)은 구 주위의 유동으로 발생하는 액체의 추가 에너지 소산(dissipation)에 대한 이론적인 계산을 통하여 부피분율이 작은($\phi \leq 0.03$) 묽은 현탁액(dilute suspension)의 점도 η는 분산매의 점도

η_s 및 부피분율 ϕ와 다음 관계가 있음을 처음으로 보고하였다:

$$\eta = \eta_s \left(1 + \frac{5}{2}\phi\right) \tag{9.1-1}$$

이 아인슈타인 식(Einstein formula)은 구가 충분히 작아서 유동에 의한 관성이 무시할 정도로 작고, 입자의 부피분율이 충분히 작아 하나의 입자에 의한 주위 유동장의 변화가 다른 입자의 유동에 영향을 주지 않는다는 가정을 기본으로 하고 있다. 즉 입자-입자 간의 수력학적인 상호작용이 무시될 정도로 작은 경우에만 쓸 수 있다.

입자의 부피분율이 커지면 현탁액의 상대점도 η_r은 다음과 같은 부피분율의 테일러 급수로 전개하여 쓸 수 있다:

$$\eta_r = \frac{\eta}{\eta_s} = 1 + \frac{5}{2}\phi + c_2\phi^2 + c_3\phi^3 + \cdots \tag{9.1-2}$$

현탁액의 ϕ가 대략 $\phi \le 0.1$(또는 0.2)인 덜 묽은 영역(semi-dilute regime)에서는 입자 부피분율이 커서 식 (9.1-1)을 쓸 수 있는 범위를 벗어나므로 식 (9.1-2)의 ϕ^2항까지 고려한 식을 사용한다. 입자의 부피분율이 커지면 하나의 입자의 운동은 이웃하는 다른 입자에 의하여 영향을 받는다. 즉 입자 간의 수력학적 상호작용이 무시할 수 없게 된다. 입자 간의 수력학적 상호작용은 입자의 배열에 의하여 결정되는데, 입자의 배열은 입자의 크기에 따라서도 달라질 수 있다. 브라운 운동을 하는 작은 입자는 유동장 안에서 수력학적인 힘에 의하여 생기는 입자의 배열을 무작위적인 위치로 되돌려 놓는 방향으로 끊임없이 움직이며, 유동이 정지된 후 시간이 지나고 나면 입자는 결국 평형상태인 무작위한 배열을 하게 된다. 브라운 운동의 역할이 무시될 정도로 큰 입자는 이러한 움직임이 없으므로 일단 어떤 구조가 생긴 후 유동이 정지되면 입자들은 더 이상 움직이지 않고 그 구조를 유지한다. 따라서 두 경우의 입자 배열은 달라지게 된다. 브라운 운동이 무시될 정도로 작은 경우의 입자의 배열은 유동의 형태, 즉 전단 유동, 전단성분이 없는 유동(shear free flow), 또는 이들의 조합에 따라 달라질 수 있으며, 초기 배열에 따라서도 달라진다. 유동이 계속되어도 정해진 평형에 도달하는 것이 아니므로 실험을 하는 경우 재현성이 없고 측정할 때마다 다른 결과를 얻을 수밖에 없다. 이러한 문제는 큰 입자의 유변 물성 측정에서 늘 나타나는 현상이다. 배철러와 그린(Batchelor and Green, 1972)은 두 입자 간의 상호작용을 고려하여 신장 유동 내에서 등방성 구조를 갖는 경우와 단순 전단 유동 내에서 일정한 분포를 갖는 경우의 상대점도(relative viscosity) η_r을 다음과 같이 구하였다:

신장 유동: $$\eta_r = \frac{\eta_E}{3\eta_s} \cong 1 + 2.5\phi + 7.6\phi^2 \tag{9.1-3}$$

전단 유동: $$\eta_r = \frac{\eta}{\eta_s} \cong 1 + 2.5\phi + 5.2\phi^2 \tag{9.1-4}$$

ϕ가 더 커지면 식 (9.1-3)이나 (9.1-4)의 범위를 벗어나므로 3개의 입자 간의 상호작용에 의하여 나타나는, 식 (9.1-2)의 상수 c_3를 포함한 고차항의 계수가 필요하지만 더 이상의 이론적 계산은 매우 어려운 문제이므로 점도는 실험을 통하여 얻는다. 그림 9.2에는 실험적으로 측정한, 입자의 크기가 다른 현탁액의 영점 전단율 점도 η_0를 분산매의 점도로 나눈 상대점도 η_r을 ϕ의 함수로 도시하였다. 그림에서 η_0는 입자의 크기와는 관련이 없고, ϕ가 커지면서 점점 더 빠른 속도로 증가

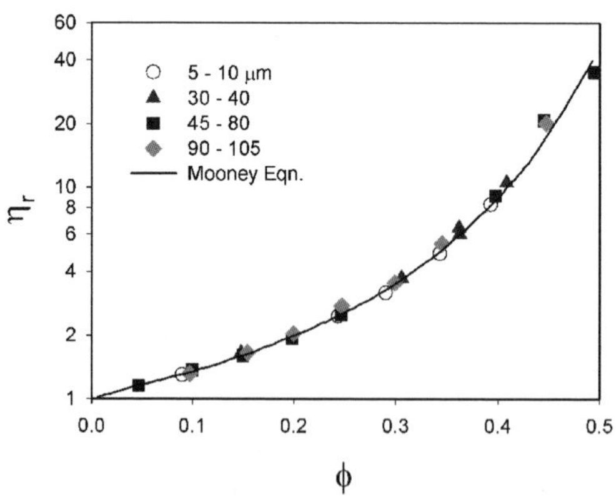

그림 9.2 서로 다른 크기를 갖는 입자로 구성된 현탁액의 점도와 입자의 부피분율과의 관계. 루이스와 닐슨(Lewis and Nielson, 1968)의 데이터를 다시 그림. 비콜로이드 입자의 현탁액의 점도는 입자의 크기에 무관하게 부피분율에 의해서만 결정됨. 무니(Mooney)식은 $(1-\phi/\phi_{\max})^{-2}$를 나타냄

한다. ϕ가 0.5 이상이 되면 그림 9.1b에서 보는 바와 같이 전단율이 0에 가까워짐에 따라 점도가 계속 증가하는데, ϕ가 더 커져서 0.64 이상이 되면 입자끼리 접촉을 함으로써 더 이상의 입자를 충진할 수 없기 때문에 $\phi = 0.64$를 최대 충진분율(maximum packing fraction; $\phi_{\max}$)이라 부른다. $\phi > 0.64$에서는 현탁액은 흐르지 못하게 된다.

크리거와 도거티(Krieger and Dougherty, 1959)는 구형에 가까운 입자를 분산한 현탁액의 η_0가 다음의 식으로 나타내질 수 있음을 보였다.

$$\eta_r = \frac{\eta_0}{\eta_s} = \left(1 - \frac{\phi}{\phi_{\max}}\right)^{-[\eta]\phi_{\max}} \tag{9.1-5}$$

위 식에서 $[\eta]$는 앞 장의 고분자 유변학에서 정의한 입자의 고유 점도(intrinsic viscosity)로 현탁액의 경우 농도를 부피분율로 대체하여 다음과 같이 정의되며, 구형입자의 경우 식 (9.1-1)로부터 2.5가 된다:

$$[\eta] = \lim_{\phi \to 0} \frac{\eta - \eta_s}{\phi \eta_s} \tag{9.1-6}$$

현탁액의 점도에 대해서는 식 (9.1-5) 외에도 다른 많은 실험식이 보고되고 있으나 점돗값의 실제적인 큰 차이는 없다.

식 (9.1-5)는 다음과 같은 유효 매질이론(effective medium theory)에 기반한 식이다. 입자 부피분율이 ϕ인 현탁액을 점도 $\eta(\phi)$의 뉴턴성 유체라 하면, 즉 점돗값은 $\eta(\phi)$이고 입자가 들어 있지 않은 작은 분자로 이루어진 유체라 가정하면, 이 유효 매질에 $d\phi$ 분율만큼의 입자를 넣었을 때 생기는 점도 증가 $d\eta$는 식 (9.1-1)로부터 다음과 같이 쓸 수 있다:

$$d\eta = 2.5\eta(\phi)d\phi$$

이 식을 $\phi = 0$일 때 $\eta = \eta_s$임을 하한으로 하여 적분하면

$$\eta = \eta_s \exp[2.5\phi] = \eta_s (1 + 2.5\phi + 3.125\phi^2 + \cdots) \quad (9.1\text{-}7)$$

이 된다. 위 식의 두 번째 등호의 오른쪽 항은 테일러 급수로 전개하여 나타낸 식으로 ϕ^2항의 계수는 식 (9.1-4)의 이론식의 값에 비하여 작으며, 점도가 발산하는 최대 충진분율 ϕ = 0.64가 되어도 $\eta/\eta_s \approx 5$ 정도 밖에 되지 않아 점도를 실제 값보다 낮게 예측한다. 식 (9.1-1)은 묽은 현탁액의 경우에 쓸 수 있는 식으로, ϕ만큼 채워진 현탁액에서 실제 입자가 들어갈 수 있는 나머지 공간의 비율은 $1-\phi/\phi_{\max}$임을 고려하여

$$d\eta = \frac{2.5\eta(\phi)d\phi}{1-\phi/\phi_{\max}}$$

로 하면 구형입자를 분산한 현탁액의 점도는 다음 식으로 나타낼 수 있다.

$$\eta = \eta_s \left(1 - \frac{\phi}{\phi_{\max}}\right)^{-2.5\phi_{\max}} \quad (9.1\text{-}8)$$

위 식의 상수 2.5는 구형입자의 고유 점도이므로 비구형입자의 경우에는 상숫값 2.5 대신 식 (9.1-6)의 고유 점도 $[\eta]$로 대체하면 식 (9.1-5)가 된다. 식 (9.1-5)는 ϕ가 $\phi_{\max}$에 근접할 정도로 크지 않거나 입자의 형태가 구형에서 벗어나는 정도가 크지 않은 경우에 쓸 수 있다. 구형입자의 경우에도 입자 표면의 거칠기, 입자 크기의 분포 등에 따라 실제 $\phi_{\max}$값을 예측하는 데 어려움이 많으므로 사용에 한계가 있을 뿐만 아니라, 입자가 긴 막대나 얇은 원판과 같은 형태를 갖는 경우에는 구형입자와는 전혀 다른 미세구조를 형성하므로 식 (9.1-5)가 전혀 적용이 되지 않는다. 비구형입자 문제에 대해서는 다음의 9.3절에서 더 자세히 다룰 예정이다.

래드(Ladd, 1990)는 임의로 분산된 구형입자 현탁액에 대한 입자 상호작용을 고려하여 η_∞를 이론적으로 식 (9.1-9)와 같이 구하였으며, 이는 여러 실험 결과와 잘 맞는 것으로 알려져 있다. 그림 9.3은 크리거-도거티식에 의한 η_0와 식 (9.1-9)를 비교한 것으로 ϕ가 커지면서 η_0와 η_∞의 차이가 점점 커지는데 이는 점도가 전단율에 따라 감소하는 현상이 점점 더 강해지는 것을 의미한다.

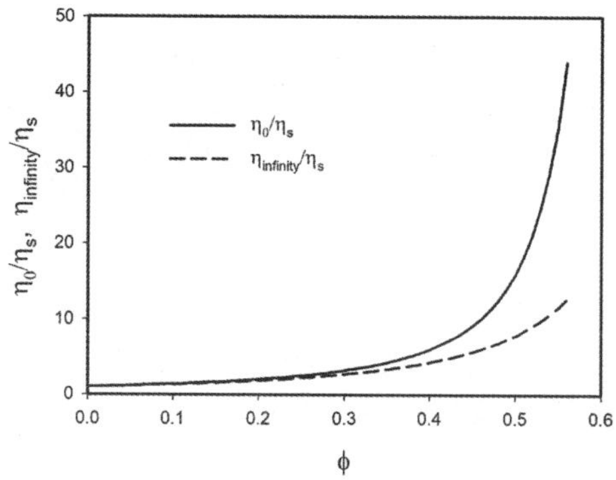

그림 9.3 구형입자 현탁액의 η_0와 η_∞의 비교

$$\frac{\eta_\infty}{\eta_s}=\frac{1+1.5\phi\left[1+\phi(1+\phi-2.3\phi^2)\right]}{1-\phi\left[1+\phi(1+\phi-2.3\phi^2)\right]}=1+2.5\phi+5\phi^2+\ldots,\qquad 0\le\phi\le 0.56 \tag{9.1-9}$$

현탁액의 점도가 식 (9.1-2)와 같은 ϕ의 함수가 되는 것은 앞에서 설명하였듯이 입자 간의 상호작용에 의한 것이다. ϕ가 커질 때 점도가 커지는 원인은 그림 9.4를 이용하여 설명할 수 있다. 그림 9.4는 윗면이 오른쪽으로, 아랫면이 왼쪽으로 움직이는 단순 전단 유동으로 두 면 사이에는 현탁액이 채워져 있다. 가운데 점선으로 표시된 면을 따라 작용하는 스트레스를 생각하면 (a)와 같이 ϕ가 낮은 경우에는 입자 간의 거리가 멀어 하나의 입자의 유동에 다른 입자가 영향을 미치지 않으며 점선에 걸쳐 있는 입자에 의하여 현탁액의 점도가 순수 액체의 점도에 비하여 증가한다. ϕ가 작으면 이 점선에 걸치는 입자의 수가 적고 따라서 점도 증가량이 적다. (b)에서는 입자가 많아지면서 점선에 걸치는 입자의 수도 증가하지만 점선을 중심으로 양쪽에 위치하는 입자쌍도 생기게 된다. 윗면과 아랫면이 반대 방향으로 움직이면 입자쌍의 입자 간 거리는 가까워지거나 멀어지게 되는데 두 입자 간의 수력학적 상호작용(hydrodynamic interaction)은 이러한 입자 간의 거리가 변하는 것을 억제한다. 두 입자의 상대적인 운동은 두 입자의 중심을 연결하는 방향과 이에 수직한 방향으로 나누어 생각할 수 있다. 그림 9.5에서 반경 a의 두 입자가 최단거리로 d만큼 떨어져 있고, U의 속도 차이가 있는 경우 두 입자를 연결하는 축

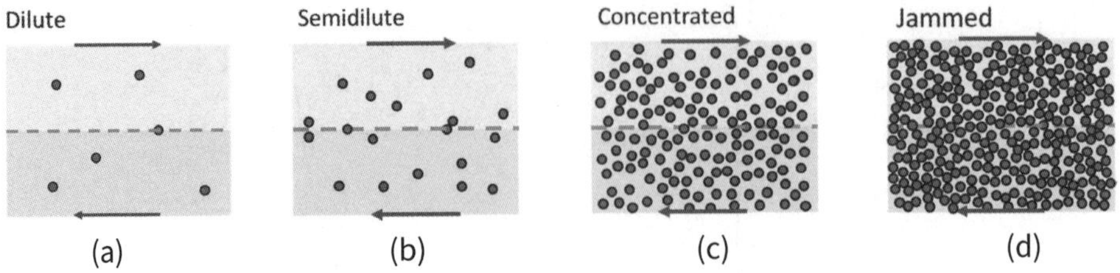

그림 9.4 현탁액이 전단 유동으로 흐를 때 입자 간의 상호 작용이 입자 농도에 따라 달라 지는 상황. (a) 입자 상호 작용이 무시됨 (b) 입자 쌍 간의 상호 작용이 있음 (c) 여러 입자 간의 상호 작용에 대한 고려가 필요함 (d) 입자가 꽉 끼여 서로 움직이지 못함

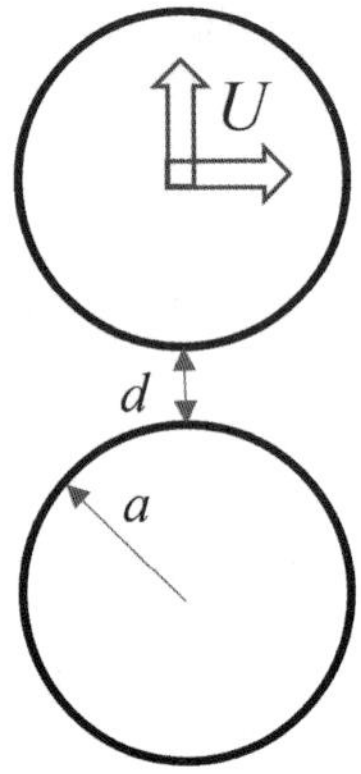

그림 9.5 두 입자 간의 수력학적 상호작용

방향 또는 축에 수직방향으로 움직이려면 두 입자 사이에는 각각 신장 유동과 전단 유동이 형성되며, 이때 작용하는 힘은 다음 식과 같다(Kim and Karrila, 1991).

$$
\begin{aligned}
F_{ext} &= \frac{3}{2}\pi a U \frac{1}{\varepsilon} + \cdots, \quad \varepsilon = d/a \\
F_{shear} &= 36\pi a U \ln \varepsilon + \cdots
\end{aligned}
\tag{9.1-10}
$$

두 경우 모두 입자 간의 간격이 작아지면, 즉 $\varepsilon \to 0$이면 발산적으로 큰 힘이 작용되며 이 힘은 점선으로 표시된 면에서의 전단 스트레스에 기여함으로써 점도가 증가하게 된다. (c)와 같이 ϕ가 더 커지면 이러한 입자쌍은 늘어나고 입자 간의 거리도 줄어들어 하나의 입자쌍이 작용하는 힘도 커지며, 더욱이 입자쌍뿐만 아니라 주위에 있는 제3의 입자들도 영향을 미치면서 점도가 급격히 증가한다. (d)와

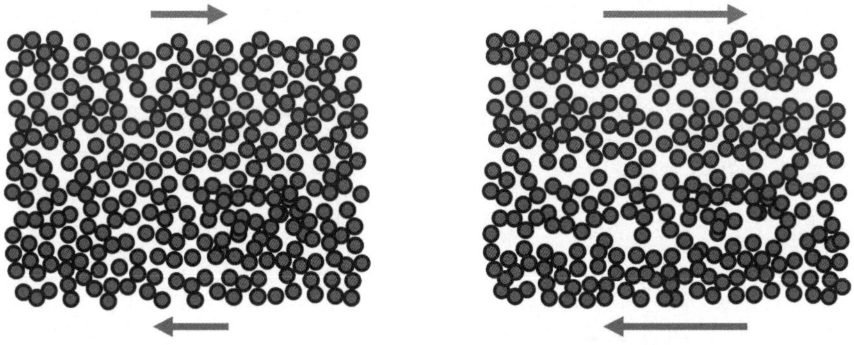

(a) (b)

그림 9.6 단순 전단 유동에서 전단율에 따른 현탁액 내 입자의 미세구조 변화의 개념도 (a) 전단율이 충분히 작은 경우 (b) 전단율이 커서 점도가 전단율에 따라 감소하는 현상이 나타나는 경우. 층상 구조를 갖는 것이 보임

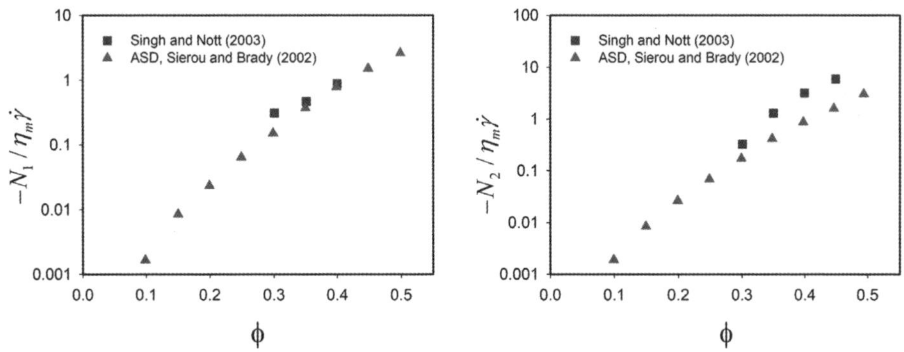

(a) (b)

그림 9.7 브라운 운동이 없는 입자를 분산한 현탁액의 N_1과 N_2. 시어루와 브레이디(Sierou and Brady, 2002)는 스톡스 동역학(Stokesian dynamics) 계산 결과, 싱과 놋(Singh and Nott, 2003)은 실험 결과임. 각 논문의 데이터를 합하여 다시 그림

같이 ϕ가 커져 입자끼리 서로 달라붙게 되면 분산매의 역할은 없어지고, 입자들은 더 이상 움직이지 못하여 점도가 무한히 커지게 되는데 이러한 상태를 밀집상태(jammed state)라고 부른다.

그림 9.1에서 보면 대략 ϕ가 0.3 이상에서는 점도가 전단율에 따라 감소하는 현상이 나타난다. 이러한 현상은 현탁액 안에서 입자의 배열, 즉 미세구조가 그림 9.6에 보인 바와 같이 3차원적인 구조에서 부분적인 2차원적 구조로 바뀌기 때문

이다. 이러한 미세구조는 현탁액의 수직 스트레스 차이를 생기게 한다(Sierou and Brady, 2002). 그림 9.7에 보인 바와 같이 이론 및 실험적으로 대략 $N_1, N_2 \propto \dot{\gamma}$이 관찰되며, 고분자 물질의 경우 $N_1 > 0, N_2 < 0$인 것과는 달리 현탁액의 경우 $N_1 < 0, N_2 < 0$, 즉 모두 음의 부호를 갖는다.

브라운 운동을 하지 않는 큰 입자를 분산한 현탁액은 탄성을 나타내지 않는다. 앞에서 이야기된 바와 같이 이 경우에는 평형상태가 존재하지 않을 뿐만 아니라 입자의 위치가 바뀌었을 때 원위치로 돌아가는 힘도 존재하지 않기 때문이다. 따라서 현탁액의 N_1, N_2는 탄성에 의하여 나타나는 것이 아니며, 탄성을 나타내지 않는 비콜로이드 입자의 배열에 의하여 나타나는 것이다.

9.1.2 브라운 운동의 역할

액체 내에서 입자들은 임의의 방향으로 kT/a 규모의 힘을 받으며(k는 Boltzmann 상수, T는 절대온도를 나타낸다) 끊임없이 운동하고 있는데 이러한 힘을 브라운 힘(Brownian force)이라고 부른다. 입자가 작을수록 힘이 커지며 액체가 물인 경우 직경이 1μm 이하일 때 중요한 역할을 한다. 브라운 운동(Brownian motion)의 영향을 받는 입자를 브라운 입자(Brownian particle)라 부른다. 작은 입자의 끊임없는 운동은 분자의 확산과 같은 특성을 보이며, 입자가 작으므로 액체 안에서의 운동은 스톡스 방정식을 따른다. 아인슈타인은 브라운 운동을 하는 입자의 확산계수 D를 다음 식과 같이 구하였는데, 이 식은 콜로이드 분야의 문을 연 연구로 평가되고 있다. 이 식의 유도는 제11장에 나와 있다.

$$D = \frac{kT}{6\pi\eta_s a} \tag{9.1-11}$$

위 식은 스톡스-아인슈타인 식(Stokes-Einstein relation)이라 불린다.

브라운 운동은 2가지 면에서 유변학적 물성에 영향을 미친다. 첫째로 입자 간의 상호 작용을 변화시킴으로써 영향을 미치며, 둘째로 입자의 배열, 즉 공간적 분포를 변화시킴으로써 영향을 미친다. 그림 9.8에는 전단율이 낮은 경우, 즉 수력학적인 힘에 의한 입자의 분포에 영향이 거의 없어 입자가 무작위한 분포를 하는 경우

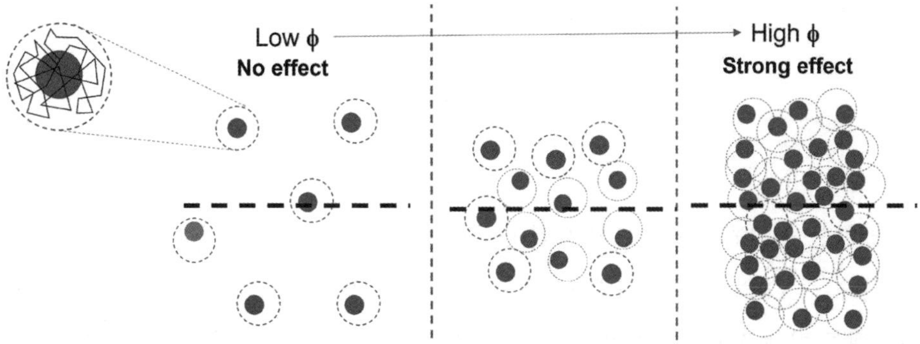

그림 9.8 브라운 운동을 하는 입자의 경로(왼쪽 확대그림)는 입자의 부피 분율이 낮은 경우에는 역할이 없지만(왼쪽) 이 경로가 겹치는 시작하는 수준(중앙)을 거쳐 실제로 겹치게 되면 입자-입자 상호작용을 크게 함으로써 점도가 증가됨

에 입자의 부피분율에 따라 브라운 운동에 의하여 입자 간 상호 작용이 증가될 수 있음을 개략적인 그림으로 보였다. 입자가 서로 충분히 멀리 떨어져 있는 경우 브라운 운동에 의하여 입자가 주변 유체에 미치는 영향은 증가하지만 입자 간의 상호작용에는 영향을 미치지 못한다. 입자의 부피분율이 커지면 브라운 운동에 의하여 확대된 입자의 경로가 서로 겹치게 되며, 입자-입자 상호작용이 증가하면서 점도가 증가하게 된다. 브라운 운동은 입자의 분포를 무작위적으로 바꾸게 하며, 상호작용의 증가는 입자의 분포에도 영향을 미친다.

배첼러(Batchelor, 1977)는 브라운 운동이 갖는 두 가지 역할을 고려하여 브라운 운동을 하는 입자가 분산된 현탁액의 영점 전단율 점도를 다음과 같이 구하였다:

$$\frac{\eta}{\eta_s} = 1 + 2.5\phi + 6.2\phi^2 + \cdots \tag{9.1-12}$$

위 식은 식 (9.1-4)와 다른 ϕ^2의 계수를 갖는 것을 볼 수 있다.

브라운 입자의 운동은 유동하는 현탁액 안에서 수력학적인 힘에 의하여 형성되는 입자의 미세구조를 평형상태인 무작위 구조로 바꾸려는 경향이 있다. 작은 입자는 확산계수가 커서 큰 입자에 비하여 빠르게 평형으로 돌아간다. 이때 입자가 움직이는 시간의 규모는 입자의 반경만큼의 거리를 확산으로 움직이는 시간으로 정의되며, 확산 식에 의하면 이는 $(D/a^2)^{-1}$에 비례한다. 유동의 시간 규모는 $\dot{\gamma}^{-1}$이

며, 이 두 시간 규모의 비를 페클레 수(Peclet number, Pe)라고 한다. 즉

$$\mathrm{Pe} = \frac{\dot{\gamma}}{D / a^2} = \frac{6\pi\eta_s\dot{\gamma}a^3}{kT} \tag{9.1-13}$$

이다. Pe는 무차원 전단율로서 브라운 운동의 효과가 존재하는가를 판단하는 기준이 된다. 즉 O(Pe) =1을 기준으로 Pe << 1이면 브라운 운동에 의하여 입자는 평형상태의 미세구조를 가지며, Pe >> 1에서는 브라운 운동의 역할이 거의 없이 입자들은 유동에 의하여 발달되는 미세구조를 갖는다. 물론 Pe = 1이 정확한 경계는 아니며, 문헌마다 다른 상수 계수를 쓰기도 하므로 주의하여야 한다. Pe가 커지면서 브라운 운동의 역할이 줄어듦에 따라 발달되는 미세구조에서의 점도는 무작위 구조에서의 점도 보다 작고, 따라서 점도가 전단율에 따라 감소하는 시어 시닝 현상이 생기는 것은 비브라운 입자의 현탁액의 점도에서 설명한 바 있다. 한편 비브라운 입자는 a가 큰 경우이므로 Pe→∞의 경우에 해당하는 것을 알 수 있다. 이와 같이 현탁액의 점도는 ϕ의 함수이면서 동시에 미세구조에 따라 달라지는데 미세구조는 Pe에 따라 달라지므로 다음과 같이 쓸 수 있다.

$$\eta_r = \frac{\eta}{\eta_s} = f(\phi, \mathrm{Pe}) \tag{9.1-14}$$

현탁액의 미세구조는 Pe에 의하여 결정되므로 서로 다른 크기를 갖지만 부피분율이 같은 현탁액의 점도를 무차원 전단율 Pe의 함수로 그리면 입자의 크기와 관계없이 그림 9.9a와 같이 하나의 곡선으로 표시된다. 그림 9.9b와 같이 점도를 $\dot{\gamma}$의 함수로 그리면 입자가 작은 경우에는 $\dot{\gamma}$이 커져도 Pe가 낮게 유지되면서 정지 상태 또는 낮은 $\dot{\gamma}$에서의 무작위 배열의 평형상태를 유지하므로 η_0가 $\dot{\gamma}$이 큰 값까지 유지된다. 반면에 큰 입자는 작은 $\dot{\gamma}$에서도 Pe가 커지고 수력학적인 힘의 영향을 크게 받아 수력학적인 힘에 의한 미세구조가 발달하면서 η_0를 유지하지 못하고 점도가 전단율에 따라 감소하는 현상이 나타난다. 이 경우 점도를 무차원 전단율 Pe의 함수로 그리면 하나의 곡선으로 표시된다.

입자의 크기가 다르고 같은 부피분율을 가진 두 현탁액에서 점도가 전단율에

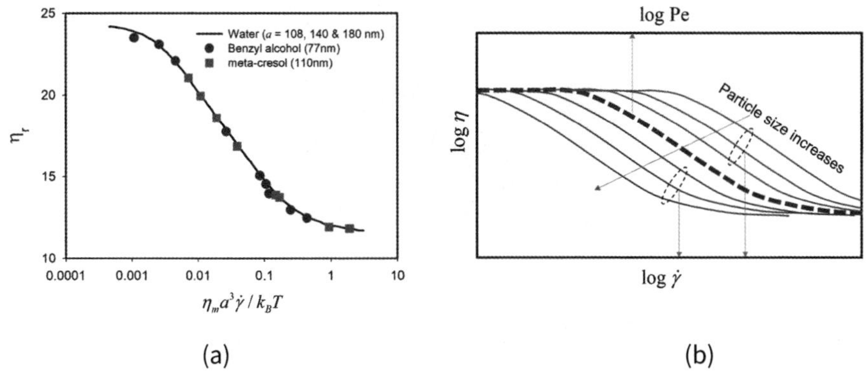

그림 9.9 (a) 크기가 다른 폴리스타이렌 입자가 분산된 현탁액의 점도와 Peclet 수의 관계(크리거(Krieger, 1972)의 데이터를 이용하여 다시 그림) (b) 현탁액의 점도를 그릴 때 가로축으로 $\dot{\gamma}$ 을 쓰는 경우와 Pe를 쓰는 경우의 차이. Pe를 쓰면 모든 그림이 하나의 선(그림의 점선)으로 합쳐짐

따라 감소하는 현상이 생기기 시작하는, 즉 점도 그래프의 기울기가 바뀌는 $\dot{\gamma}$의 크기(crossover $\dot{\gamma}$)가 차이나는 것은 입자의 분산을 판단하는 데 도움이 될 수 있다. 현탁액 안의 입자는 일반적으로 구형도 아니며 입자가 뭉쳐 있으면 구형에서 더 벗어나기도 하지만 현탁액의 점도가 전단율에 따라 감소하는 현상이 나타나는 $\dot{\gamma}$의 대략적인 크기는 뭉쳐져 있는 입자의 덩어리의 크기가 커짐에 따라 줄어든다. 이 점을 이용하면 현탁액 내에서 뭉쳐 있는 입자의 대략의 크기를 예측할 수 있다. 입자의 크기는 동적 광산란(dynamic light scattering, DLS) 방법으로 측정할 수 있지만 시료를 투명하게 하기 위하여 묽혀야 하는데 이 과정에서 입자의 분산이 달라지는 문제 등이 있어 언제나 가능한 것은 아니며, 이때는 유변학적인 방법이 도움을 줄 수 있다.

브라운 입자 현탁액은 $\phi > 0.4$에서 점도가 전단율에 따라 증가하는 현상을 보인다. 이러한 현상은 그림 9.6b에 보인 바와 같이 $\dot{\gamma}$이 커지면서 나타나는 2차원적인 층형(layer)의 미세구조가 파괴되면서 그림 9.10과 같이 입자가 뭉쳐 3차원 구조의 클러스터를 형성하기 때문으로 알려져 있다. 클러스터가 형성되면 클러스터 안에 액체가 갇히게 되고 이 갇힌 액체 부분은 움직일 수 없으므로 마치 입자의 유효 부피분율이 늘어난 것과 같은 효과를 가지게 됨으로써 점도가 증가하게 된다. 특히 $\phi > 0.4$ 영역에서의 점도는 ϕ에 민감하므로 점도가 급격하게 증가되는 현상으

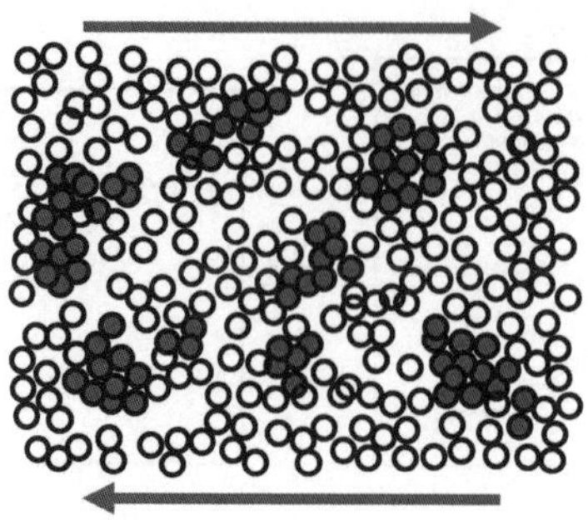

그림 9.10 전단율이 커지면 입자들의 클러스터가 생기면서 액체가 클러스터 안에 갇히게 되어 유효 부피 분율이 커지고 점도가 증가하게 됨

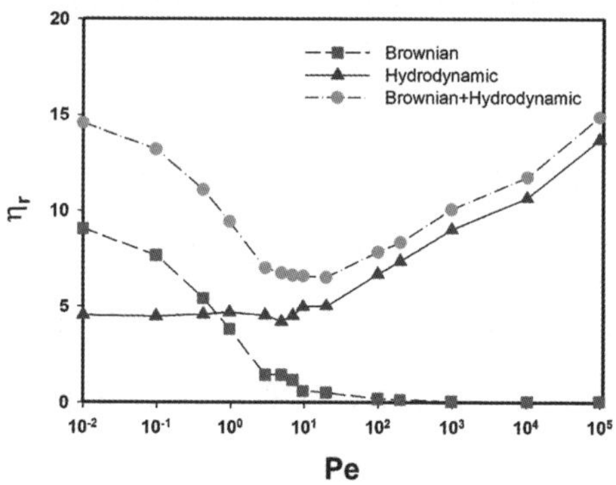

그림 9.11 Pe의 변화에 따른 현탁액의 상대점도 변화. Pe가 커지면 브라운 운동이 억제되면서 수력학적 힘의 역할이 증가함. 풍 등(Phung et al., 2003)의 데이터를 다시 그림

로 나타난다. 그림 9.11에 보인 바와 같이 풍 등(Phung et al., 2003)은 $\phi = 0.45$일 때 스톡스 동역학(Stokesian dynamics) 방법을 이용하여 Pe가 증가함에 따라 점도가 전단율에 따라 감소하다가 다시 증가하는 현상이 생기는 것을 보고하였다. 특히 Pe에 따라, 즉 전단율이 커짐에 따라 브라운 운동에 의한 효과는 점점 줄어들어 Pe $\approx$ 10에서는 무시할 정도로 작아지지만 수력학적인 힘에 의한 효과는 점점 커지는 것을 볼 수 있다. 이는 Pe가 커지면서 브라운 운동의 역할이 감소되고 현탁액의 미세구조가 바뀌는 현상을 잘 설명한다.

입자의 브라운 운동이 입자의 미세구조를 평형상태인 무작위 상태로 돌아가게 하는 것은 미세구조에 대한 기억을 갖고 있는 것으로서 현탁액의 탄성으로 나타나

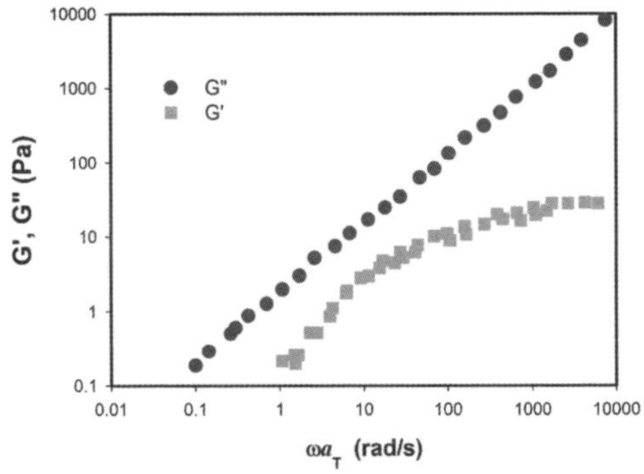

그림 9.12 65nm의 실리카 입자를 부피분율 0.37로 분산한 현탁액의 G'와 G''. 시카타와 피어슨(Shikata and Pearson, 1994)의 데이터를 다시 그림

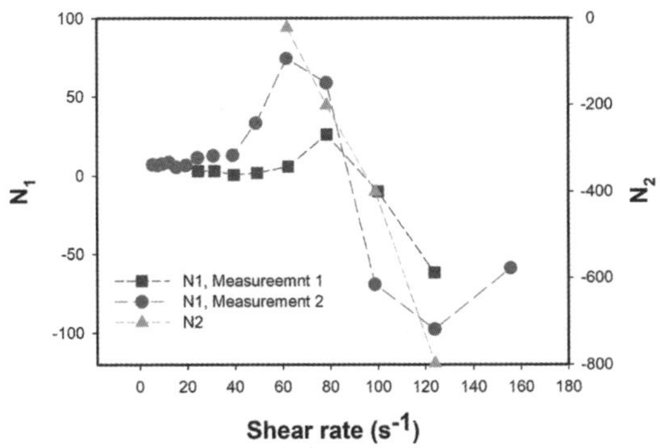

그림 9.13 295nm의 크기를 갖는 PMMA 입자를 DOP에 37%의 부피분율로 분산한 현탁액의 N_1과 N_2. 리 등(Lee et al., 2006)의 데이터를 다시 그림

게 된다. 그림 9.12에는 65nm의 실리카 입자를 부피분율 0.37로 분산한 현탁액의 G'와 G''를 도시하였다. 이 경우 G'는 G''에 비하여 10배 이상 차이로 작은 값을 가지고 있다. 즉 현탁액은 약한 탄성을 보인다.

그림 9.13에는 295nm의 크기를 갖는 PMMA 고분자 입자를 DOP(dioctylphthalate)에 37%의 부피분율로 분산한 현탁액의 N_1과 N_2를 도시하였다. N_1은 낮은 전단율에서는 + 값을 가지다가 전단율이 커지면 − 값이 된다. 전단율이 클 때 N_1의 부호가 "−"가 되는 것은 브라운 운동을 하지 않는 큰 입자와 같이 수력학적인 힘이 지배적인 역할을 하기 때문이다. N_2는 전단율에 관계없이 − 값을 가지는 것을 볼 수 있다. 한편 그림에서 보는 바와 같이 수직 스트레스 값의 측정 결과는 재현성이 떨

어진다는 점을 주의하여야 한다.

현탁액 내 입자의 부피분율이 커지면 입자가 서로 접촉을 하면서 밀집이 되며, 밀집된 현탁액은 작은 스트레스를 가했을 경우에는 흐르지 않지만 어느 임계치 이상의 스트레스를 가하면 붙어 있던 입자가 서로 미끄러지면서 현탁액은 흐를 수 있게 된다. 이러한 스트레스의 임계치를 항복 스트레스라고 한다. 즉 움직이지 않던 현탁액이 힘에 항복하여 움직인다는 뜻이다. 이러한 상황이 가능하기 위한 입자의 부피분율은 대략 $0.58 < \phi < 0.64$의 범위를 가진다. 즉 $\phi < 0.58$에서는 작은 스트레스에도 현탁액은 흐르며, $\phi > 0.64$에서는 큰 스트레스를 가해도 현탁액은 흐르지 않는다.

항복 스트레스를 갖는 물질의 스트레스는 다음과 같은 빙엄 플라스틱 모델(Bigham plastic model)로 나타낼 수 있다.

$$\sigma = \sigma_y + \eta_{PL}\dot{\gamma} \tag{9.1-15}$$

위 식에서 σ_y는 항복 스트레스이며, η_{pL}은 플라스틱 점도라 부른다. 그림 9.14에는 σ와 $\dot{\gamma}$간의 관계를 도시하였다. 항복 스트레스를 갖는 현탁액이 흐르게 되면 입자간의 배열이 생기며 점도가 낮아지면서 점도가 전단율에 따라 감소하는 현상이 나타날 수 있는데 이러한 유체를 캐슨 유체(Casson fluid)라고 부른다. 혈액이나 식품 중에는 캐슨 유체의 특성을 가진 것이 많이 있다. 캐슨 유체는 다음과 같은 모델에 잘 맞는 것으로 알려져 있으며 그림 9.14와 같이 나타낼 수 있다.

$$\sigma^{1/2} = \sigma_y^{1/2} + C\dot{\gamma}^{1/2} \tag{9.1-16}$$

위 식에서 C는 상수이다.

제3장에서 물질이 나타내는 식스트로피(thixotropy)에 대하여 다룬바 있다. 식소트로피는 정지 상태의 현탁액에 스트레스를 가하는 경우 시간이 지남에 따라 서서히 미세구조가 형성되면서 점도가 낮아졌다가, 스트레스를 제거하면 시간이 지남에 따라 다시 원래 값을 회복하는 현상으로 정의된다. 브라운 입자의 현탁액은 입

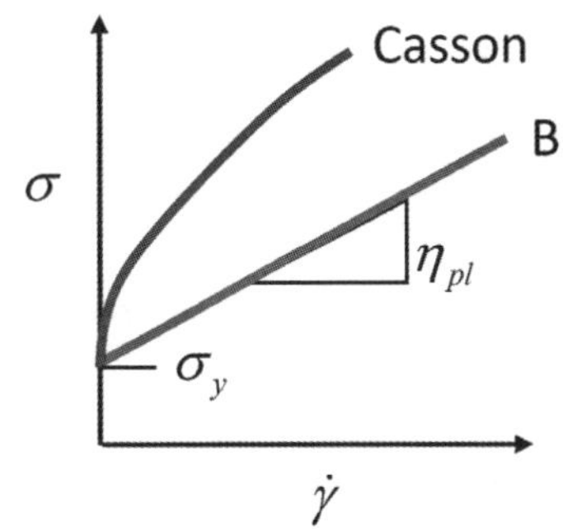

그림 9.14 항복 스트레스를 갖는 물질의 스트레스와 전단율 간의 관계. BP: 빙엄 플라스틱

자의 브라운 운동에 의하여 가해진 스트레스 수준에 따른 미세구조로 돌아가려는 특징을 가지고 있으므로 식소트로피를 보이게 된다. 식소트로피를 보이는 물질이 스트레스를 회복하는 데 걸리는 시간은 입자의 시간 상수 τ로 대표되며, 브라운 입자의 경우

$$\tau = \frac{(2a)^2}{2D} = \frac{12\pi\eta_s a^3}{kT} \tag{9.1-17}$$

가 된다. 입자의 크기가 크면 τ가 커지고, 비브라운 입자의 경우에는 이 시간이 대부분의 실험의 시간 규모인 100s보다 훨씬 더 커서 평형상태로 돌아오지 못하고 중력장 안에서 입자가 가라앉거나 뜨게 되어 현탁액의 균질성이 없어져 버린다. 예를 들어 반경이 10μm인 PMMA 입자가 상온의 물속에서 갖는 시간상수 τ는 약 104s이다. 구형입자가 중력장에서 하강하는 종단속도(terminal velocity)는

$$v_t = \frac{2a^2 g\Delta\rho}{9\eta} \tag{9.1-18}$$

으로 104s 동안 PMMA입자는 250mm 가라앉는다. 즉 이 경우에는 평형상태로 가기 전에 50mm 깊이의 용기 안에서 모두 가라앉는다.

항복 스트레스를 갖는 현탁액의 루프 시험법 결과는 그림 9.15과 같이 곡선이 닫히지 않게 된다. 또한 물질의 완화 시간(relaxation time)보다 짧은 시간 동안 시행한 루프 테스트의 경우에도 열린 곡선이 나타날 수 있다. 따라서 브라운 운동이 무

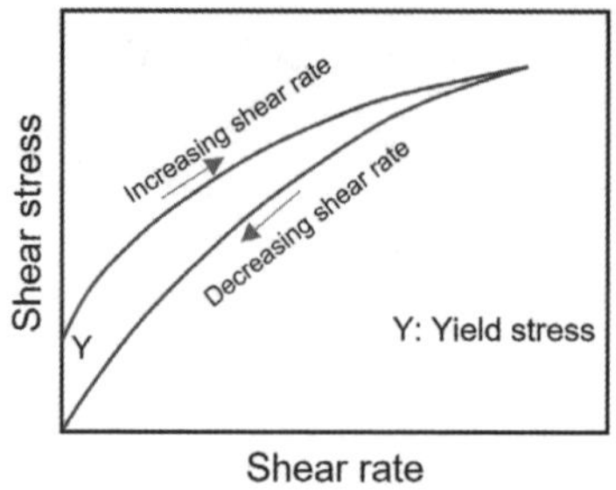

그림 9.15 항복 스트레스를 갖는 물질의 식소트로피 실험 결과의 전형적인 예. 처음 출발한 곳과 다른 곳에서 끝나면서 곡선이 닫히지 않음

시할 정도로 작은 큰 입자의 현탁액의 루프 테스트에서도 열린 곡선이 나타나게 된다.

9.1.3 입도 분포의 영향

현탁액의 점도는 최대충진비율 ϕ_{max}에 접근함에 따라 민감하게 변하므로(그림 9.2 및 식 (9.1-5) 참고) ϕ_{max}는 입자 농도가 높을 때 점도를 결정하는 중요한 요소이다. 입자가 구형이고 크기가 일정한 경우에는 입자의 크기값은 ϕ_{max}에 영향을 주지 않으며, 무작위 충진의 경우 $\phi_{max} \cong 0.64$이 되지만 입자의 크기가 일정하지 않은 경우에는 ϕ_{max}는 더 커지게 된다. 즉 큰 입자를 ϕ_{max}까지 채운 후에도 빈 공간에는 작은 입자를 더 넣을 수 있는데 이는 입자 크기에 분포가 있는 경우에는 크기가 일정

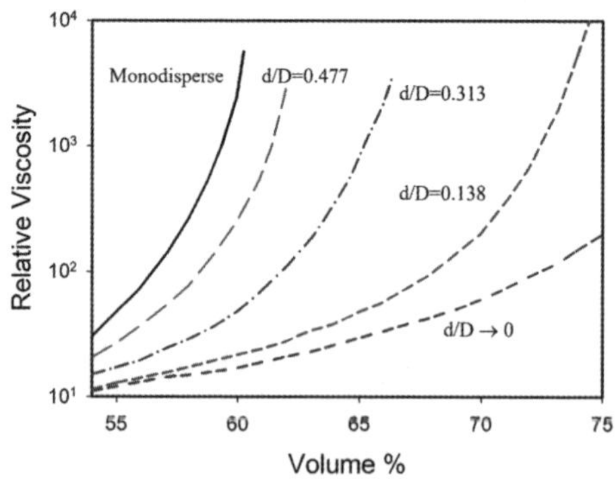

그림 9.16 크기가 다른 두 가지 입자를 분산한 현탁액의 상대 점도를 부피분율의 함수로 그림. 작은 입자의 부피분율은 0.25로 고정되어 있음. 입자 크기의 비가 0.138인 경우에는 $\phi = 0.74$ 에서도 흐를 수 있음. 파리스(Farris, 1968)의 그림을 다시 그림

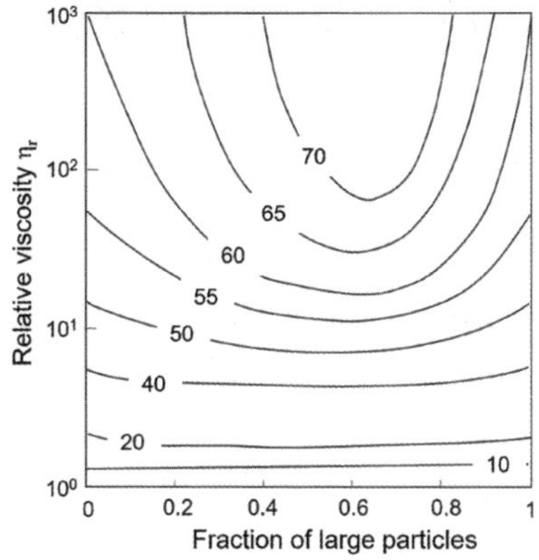

그림 9.17 크기가 비가 5:1인 두 가지 입자를 분산한 현탁액의 상대점도를 전체 부피분율을 파라미터로 하여 큰 입자의 분율의 함수로 그림. 같은 전체 분율을 갖는 곡선의 양쪽 끝은 크기가 같은 입자를 분산한 것으로 같은 값을 가짐. (파리스(Farris, 1968)의 그림을 다시 그림)

한 입자의 무작위 충진값보다 ϕ_{max}가 더 커질 수 있음을 의미한다. 또한 같은 부피분율의 현탁액의 경우에는 입도 분포에 따라서 ϕ_{max}가 달라지고, 결국 점도가 달라지는 것을 의미한다.

그림 9.16에는 입자 크기가 같은 현탁액과 입자 크기의 비가 서로 다른 현탁액의 부피분율에 따른 $\eta_r = \eta_0/\eta_s$의 변화를 도시하였다. 전체입자 중에서 작은 입자의 분율이 0.25로 고정되어 있을 때 작은 입자와 큰 입자의 반경비(그림에서 d/D)가 작을수록, η_r은 작게 나타난다. 이는 입자의 반경비가 작을수록 ϕ_{max}가 커지기 때문이다. $d/D = 1/5$의 경우인 그림 9.17을 보면 $\phi < 0.4$ 경우에는 η_r은 입도 분포의 영향을 거의 받지 않는다. ϕ가 ϕ_{max}에 가깝지 않은 경우에는 입자가 움직일 수 있는 공간이 입도 분포에 따라 민감하게 영향을 받지 않기 때문이다. 입자의 크기의 분포가 있는 현탁액의 점도는 단일입자의 최대충진 분률 ϕ_{max}=0.64 이상이 되어도 유한한 점돗값을 가지는 것으로부터 입도 분포가 있는 경우 ϕ_{max}는 더 큰 값을 가짐을 알 수 있다. ϕ가 0.5 이상에서는 큰 입자의 분율이 대략 0.6 정도에서 η_r은 최솟값이 되는데 이를 파리스(Farris) 효과라고 부른다(Barnes et al., 1989).

9.2 입자의 분산과 응집

유변학은 입자의 미세구조를 탐침하는 방법의 하나로서 현탁액 내 입자의 분산 또는 젤화의 문제를 이해하는 유용한 방법이 될 수 있다. 유변학적인 방법을 이용하여 미세구조를 파악하기 위해서는 입자 간에 작용하는 힘들을 이해할 필요가 있다. 지금까지 다룬 내용은 수력학적 힘을 제외하고는 다른 포텐셜의 영향을 받지 않는 구형입자(hard sphere)를 분산한 현탁액을 대상으로 한 것으로, 입자 간의 수력학적 상호작용과 브라운 운동만을 고려하면 되었으나 입자들, 특히 콜로이드 입자들은 수력학적 상호작용 이외에도 여러 힘이 관련된 상호작용을 하므로 이들을 적절히 고려하여야 한다.

현탁액 안에서 여러 입자들이 서로 붙으면서 덩어리로 되는 현상을 응집(flocculation)이라고 한다. 액체 안에 분산되어 있는 입자들은 반데르발스 포텐셜이나 결핍(depletion) 포텐셜에 의하여 서로 응집되려는 경향이 있다. 입자의 응집을 억제하여 분산의 안정성을 갖게 하기 위해서는 입자의 표면에 전하를 갖게 하는 방법이나 입자 표면에 고분자를 붙이는 방법 등이 있다. 응집으로 생성된 덩어리를 응집체(floc)라고 부르며, 프랙탈(fractal) 구조를 갖고 있다. 입자가 붙기 위해서는 먼저 확산 또는 전단 유동 내에서 서로 다른 속도를 가진 두 입자 간의 거리가 가까워져 충돌이 일어나야 한다. 이 절에서는 입자를 안정화 또는 응집하게 하는 포텐셜들과, 응집이 일어나는 속도에 대해 다룬다.

9.2.1 반발 포텐셜

표면 전하를 가진 입자

입자 간의 반데르발스 포텐셜에 의한 응집을 막기 위해서 입자 표면에 전하를 갖게 하여 정전기적 영향으로 입자를 가능한 대로 멀리 위치시키게 함으로써 분산을 유지시키는 방법이 있다. 그림 9.18과 같이 표면전하가 있는 입자가 전해질 용액에 분산되어 있을 때 입자 주위에는 전해질 용액 내에 있는 정전기적으로 반대 전하를 가진 이온들이 표면에 달라붙고, 그 주위에 나머지 이온들이 모이는데 입자로부터 거리가 멀어짐에 따라 이온들의 분포가 점점 전체 평균값으로 수렴하게 된

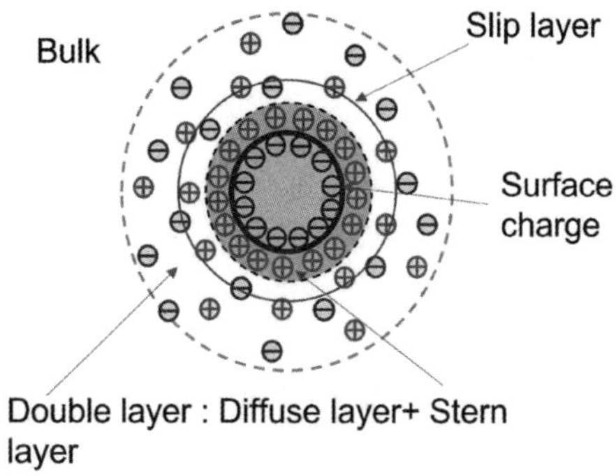

그림 9.18 전기 이중층의 개념도. 미끄러짐 층에서의 전위를 제타포텐셜이라 함

다. 이때 표면에 전하가 붙어 있는 층을 스턴 층(Stern layer)이라 하고, 스턴 층을 둘러쌓는 이온 층, 즉 스턴 층과 이온농도가 평균값과 같아진 곳 사이의 층을 확산층(diffuse layer)이라고 부르며, 스턴 층과 확산층을 합쳐서 전기 이중층(electric double layer)이라고 부른다. 전기 이중층으로 둘러싸인 입자가 액체 내에서 움직이면 입자에 붙어서 입자와 함께 움직이는 층과 나머지 부분으로 나뉘는데, 이 경계를 미끄러짐 층(slip layer)이라고 부르고, 미끄러짐 층에서의 전위를 제타 포텐셜(zeta (ζ) potential)이라고 한다. 입자 표면의 전위를 측정하는 것은 어려우므로, 실험적으로는 제타 포텐셜을 측정하여 입자 표면의 전위로 대신하여 쓴다. 전해질의 pH가 바뀌면 전기 이중층 내의 이온 분포가 바뀌고 이에 따라 제타 포텐셜이 달라지는데 제타 포텐셜이 0이 되는 pH를 등전위점(isoelectric point)이라고 부른다. 등전위점은 표면전하를 중화시키는 점(point of zero charge)과는 다른 값임을 주의하여야 한다. 실험적으로는 제타 포텐셜이 30mV 이상이면 입자의 분산이 잘 되는 것으로 알려져 있다.

두 개의 입자가 근접하여 전기 이중층이 겹치게 되면 입자 사이의 이온 농도가 높아지고, 높은 이온 농도는 삼투압(osmotic pressure)을 크게 함으로써 입자 사이로 액체를 끌어들여 두 입자를 멀어지게 하는 척력으로 작용하며, 전기장에 의한 스트레스도 척력으로 작용한다(Russel et al., 1989). 전해질 내 용질의 양이온과 음이온의 전하 수가 같고(예: NaCl; CaSO4), 두 개의 입자가 같은 크기이며, 전기적으로 같은 성질을 가질 때 최소거리가 h 인 두 입자 간 정전기적 상호작용에 의한 포텐셜은 다음 식으로 나타낼 수 있다. 전기 이중층에 대한 자세한 해석은 러셀 등(Russel et al., 1989), 헌터(Hunter, 1993), 프로브스틴(Probstein, 2003) 등을 참조할 수 있다.

$$\Phi^{ES}(h) = 32\pi a\varepsilon\varepsilon_0 \left(\frac{kT}{ze}\right)^2 \tanh^2\left(\frac{\psi_s ez}{4kT}\right)\exp(-\kappa h) \tag{9.2-1}$$

위 식에서 ε은 용매의 유전상수, $\varepsilon_0 = 8.8\times10^{-12}\ \mathrm{C^2(J.m)^{-1}}$ 은 진공의 투과율, ψ_s는 표면전위, $e = 1.6\times10^{-19}\mathrm{C}$는 전자의 전하 값 z는 전하 수를 나타낸다. 데바이 차폐거리(Debye screening length) κ^{-1}은 전기 이중층의 두께를 나타내며 다음 식으로 계산한다.

$$\kappa^2 = \frac{e^2}{\varepsilon\varepsilon_0 kT}\frac{\sum z_i^2 n_{b,i} + 3|\sigma| z\phi / ae}{1-\phi} \approx \frac{e^2}{\varepsilon\varepsilon_0 kT}\sum z_i^2 n_{b,i} \tag{9.2-2}$$

위 식에서 $n_{b,i}$와 z_i는 전해질 중 이온 i의 단위부피당 개수와 전하 수, $|\sigma|$는 입자 표면에서의 단위면적당 전하를 나타낸다. 위에서 첫 번째 등호로 된 식은 유한한 ϕ에 대하여 정밀하게 구한 것으로 ϕ가 작은 경우 두 번째 근사식으로 쓰는 것이 보통이다. 식 (9.2-1)은 언제나 "+"의 부호를 갖는데 이는 정전기적인 포텐셜에 의하여 두 입자 간에는 척력이 작용함을 의미한다. 또한 식 (9.2-1)을 보면 $h=0$일 때, 즉 두 입자가 접촉하는 경우에도 포텐셜은 발산하지 않는다. 이는 표면 전위가 일정한 경우 반발력은 전기 이중층이 겹치면서 발생하는 삼투압에 의한 것이기 때문이다. 그러나 표면 전하가 일정한 경우에는 포텐셜은 발산하게 된다(Russel et al., 1989).

전하를 띤 입자 주위에 생기는 전기 이중층에 의하여 다른 입자가 가까워지지 못하게 되면 현탁액 내 입자의 크기가 커지는 것과 같은 효과를 가지게 된다. 이때 구형입자의 경우 유효 직경 d_{eff}는 같은 전하를 띠고 있는 입자가 브라운 운동에 의하여 안으로 들어갈 수 없는 바깥 경계의 크기로서, 수학적으로는 브라운 운동의 에너지와 정전기적 포텐셜이 같은 점으로 정의되며 다음 식으로 표시된다(Russel, 1978).

$$d_{eff} = \frac{1}{\kappa}\ln\{\alpha / \ln[(\alpha / \ln(\alpha)]\}$$

$$\alpha \equiv \frac{4\pi\varepsilon\varepsilon_0\psi_s^2 a^2 \kappa \exp(2a\kappa)}{kT} \tag{9.2-3}$$

러셀(Russel, 1978)은 전하를 띤 입자가 규칙적인 구조를 갖지 않을 때 점도는 다음 식이 됨을 보였다:

$$\frac{\eta}{\eta_s} = 1 + 2.5\phi + \left[2.5 + \frac{3}{40}\left(\frac{d_{eff}}{a}\right)^5\right]\phi^2 \tag{9.2-4}$$

이 식은 농도가 묽을 때 1차항까지만 고려하면 아인슈타인 식이 되는데, 이는 전기 이중층은 입자 주위에 고정된 것이 아니라 흐를 수 있는 유체라는 것을 의미한다. 즉 유변학적으로 전기 이중층은 입자의 상호작용에만 영향을 미친다. 전해질 안에서 입자의 유효 직경으로부터 유효 부피분율 ϕ_{eff}는 다음과 같다:

$$\phi_{eff} = \phi\left(\frac{d_{eff}}{2a}\right)^3 \tag{9.2-5}$$

식 (9.2-2)에서 보면 전기 이중층의 두께 κ^{-1}은 이온농도가 낮을수록 두꺼워지므로 이온농도가 낮은 전해질 안에서는 작은 ϕ에서도 d_{eff}가 매우 커질 수 있고, ϕ_{eff}도 커진다. 따라서 작은 ϕ에서도 점돗값이 매우 커지고, 매우 작은 ϕ에서도 항복 스트레스를 보일 수 있다. 전해질의 점도는 입자를 둘러싸고 있는 유체덩어리를 구형이라 간주할 수 있으므로 $[\eta] = 2.5$로 한 크리거-도거티 식을 이용하면 구할 수 있다. 즉

$$\frac{\eta_0}{\eta_s} = \left(1 - \frac{\phi_{eff}}{\phi_{max}}\right)^{-(5/2)\phi_{max}} \tag{9.1-8}$$

이 된다. 한편 η_∞를 ϕ의 함수로 보면 다음과 같다(Banchio and Naegele, 2008).

$$\frac{\eta_\infty}{\eta_s} = 1 + 2.5\phi + 2.5\phi^2 + \cdots \tag{9.2-6}$$

위 식에서 ϕ^2의 계수가 2.5로, 수력학적 힘을 제외하고는 다른 포텐셜의 영향을 받지 않는 구형입자 경우의 값 6.2 또는 식 (9.1-9)를 전개하였을 때 ϕ^2의 계수인 5보다 작은데, 이는 전기 이중층에 의하여 입자가 접근이 어려워져서 수력학적 상호작용이 감소하기 때문이다(Mewis and Wagner, 2012).

전하를 띠는 입자로 구성된 현탁액 내에서 입자들은 결정구조를 가지므로 전하를 띠지 않는 입자의 현탁액과 미세구조가 달라 유동 특성이 정성적으로 달라진다. 결정구조는 이중층으로 둘러싸인 유체의 부피에 따라 bcc(body centered cubic) 구조에서 fcc(face centered cubic) 구조로 바뀌게 된다. 스트레스가 커지면 3차원 구조가 깨지면서 결정 구조에 결점이 있는 면을 따라 미끄러지듯이 움직이며, 점도가 전단율에 따라 감소하는 현상이 강하게 나타나기도 한다. 이온 농도가 작은 경우 점도는 급격히 증가하며, 특히 항복 스트레스를 갖게 된다. 항복 스트레스를 갖는 계는 구조적으로는 거시 결정구조를 갖고 있으며, 입자 간의 반발력이 클수록 항복 스트레스의 크기도 증가한다. 항복 스트레스 이상의 스트레스가 가해지면 3차원 구조의 콜로이드 결정은 연속적인 변형을 흡수할 수 있도록 재배치되면서 흐르게 된다(Larson, 1999).

고분자 브러시를 붙인 입자

반데르발스 인력에 의한 입자의 응집을 억제하는 방법으로 입자의 표면에 고분자를 그림 9.19a와 같이 빽빽하게 붙여 입자 표면이 가까워지는 것을 억제하는 방법이 있는데, 대부분 비수용성, 비극성 용매를 사용할 때 사용된다. 고분자의 한쪽 끝은 입자 표면에 화학적으로 붙이고 다른 끝은 액체 안쪽으로 뻗어 있게 하는 것으로 이러한 고분자를 고분자 브러시(brush)라고 부른다. 두 입자가 응집되지 않기 위해서는 무엇보다도 고분자끼리 붙지 않아야 하며, 따라서 용매는 고분자의 좋은 용매(good solvent)이어야 한다. 좋은 용매 안에서 고분자는 다른 고분자 또는 용매와 친화력이 같으므로 특별히 고분자 간에 더 강한 결합이 생기지 않기 때문이

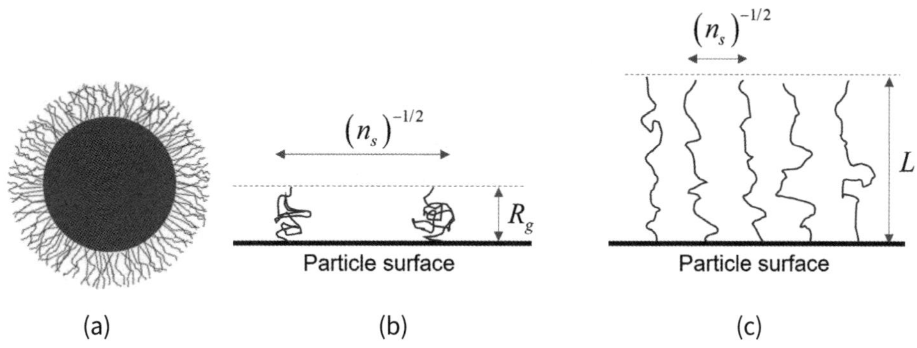

그림 9.19 (a) 고분자 브러시를 붙인 입자. (b), (c) 고분자의 좋은 용매 안에서 입자에 한쪽 끝을 붙인 고분자의 입체구조 (b) 묽은 용액에서 고분자는 R_g의 크기를 가지며, 다른 입자가 접근할 수 있음 (c) 덜 묽은 용액에서는 풀어진 입체구조(extended conformation)을 가지며 다른 입자의 접근이 억제됨

다. 또한 고분자의 분자량이 충분히 커서 브러시의 길이가 길어야 입자 간의 거리가 유지될 수 있다. 입자 표면에 붙은 고분자의 입체구조(conformation)는 고분자의 분자량, 단위면적당 붙은 고분자 사슬의 개수 n_s, 용매와의 친화성, 즉 고분자의 배제 부피(excluded volume)에 따라 달라진다. 그림 9.19b에 보인 바와 같이 표면에 붙은 고분자의 밀도가 낮으면, 즉 $n_s R_g^2 < 1$이면, 각각의 고분자 사슬은 용액 내에 자유롭게 있는 고분자와 같은 크기, 즉 R_g를 가지며, 좋은 용매 안에서 고분자 층의 두께는 $L \approx R_g \sim N_K^{3/5} l_K$이다($N_K$, l_K는 각각 쿤(Kuhn) 스텝의 개수와 쿤 스텝의 길이를 나타낸다. 제8장 참조). n_s가 커지면, 즉 $n_s R_g^2 >> 1$ 이면 옆의 고분자들과 서로 방해가 되면서 고분자는 입자 표면에서 용액 쪽으로 늘어나게 되며 $n_s l_K^2 \sim 1$이 되면 고분자는 완전히 늘어난 형태를 갖는다(Russel et al., 1989). 따라서 고분자 브러시를 이용하여 입자의 응집을 억제하기 위해서는 $n_s l_K^2 > 1$의 조건이 만족되어야 한다. 즉 쿤 길이를 사각형으로 하는 넓이에 고분자가 최소한 하나씩은 붙어 있어야 고분자가 브러시 형태를 가지면서 용매 쪽으로 뻗어 있게 되어 응집이 억제될 수 있다.

고분자의 흡착을 이용하는 방법도 있다. 고분자는 입자 표면에 한쪽 끝이 흡착되고 나머지는 그림 9.20과 같이 용액 안에 매달려 있는 형태로 있는 경우(tail/dangling ends), 양쪽 끝이 흡착되고 가운데 부분이 고리 형태로 용액에 남는 경우(loop), 고분자가 표면을 따라 긴 부분이 흡착되는 경우(train)로 나누어 볼 수 있으

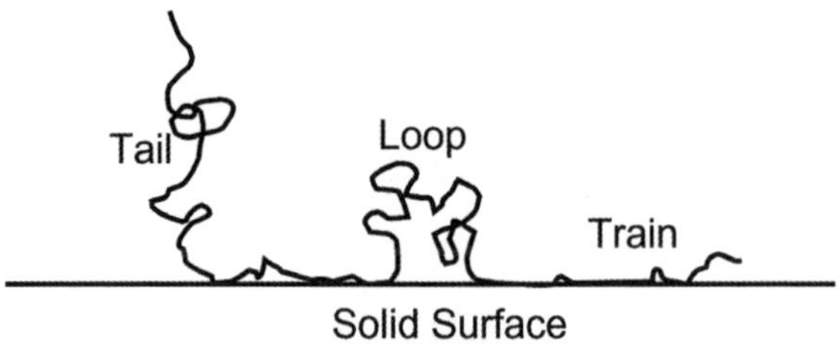

그림 9.20 흡착된 고분자의 입체구조

며, 모든 경우에 표면 전체에 흡착이 되어야 입자의 응집을 억제할 수 있다. 한편 흡착된 고분자가 차지하는 비율이 작고 하나의 고분자가 두 개 이상의 입자에 흡착이 되는 경우에는 입자가 서로 끌리면서 응집이 생길 수가 있다(Russel et al., 1989; Otsubo, 1993). 따라서 고분자의 흡착은 조건에 따라 입자가 분산 또는 응집이 될 수 있음을 주의하여야 한다.

고분자 브러시로 안정화된 현탁액의 점도는 고분자 층의 두께를 고려하여 계산된 입자의 부피분율에 따라 결정된다. 입자의 반경을 a, 고분자 브러시 층의 두께를 δ_b라고 하면 입자의 유효 반경은 $a+\delta_b$가 되므로 유효 부피분율 ϕ_{eff}는 다음 식을 만족한다.

$$\phi_{eff} = \phi\left(1+\frac{\delta_b}{a}\right)^3 \tag{9.2-7}$$

δ_b값은 고유 점도를 측정하여 구하거나, 광산란법을 이용하여 측정할 수 있다.

앞 절에서 다룬 정전기적 방법을 이용하여 안정화한 현탁액의 점도는 입자 농도가 묽은 경우 식 (9.2-4)에서 ϕ의 계수가 2.5인 것으로부터 전기 이중층의 두께에 영향을 받지 않는 것을 알 수 있다. 그러나 고분자 브러시의 경우에는 딱딱한 구형입자(hard sphere)와 같은 영향을 보인다. 이는 전기 이중층의 경우에는 미끄러짐 층 주위로 입자 주위의 유체가 흐르므로 입자 농도가 낮을 때는 전기 이중층이 흐름에 거의 영향을 주지 않는 반면, 고분자 브러시 내로는 유체가 거의 흐르지 못하기 때문이다. 입자 농도가 높아지면 전기 이중층에 의하여 입자가 가까이 접근하지 못하여 입자 간 상호 작용이 커지므로 식 (9.2-4)의 ϕ^2항의 계수는 크게 달라지는 반면 고분자 브러시를 붙인 입자의 경우에는 거의 영향이 없다. 그러나 η_∞는 딱딱한 구형입자, 전기 이중층으로 안정화된 경우, 고분자 브러시의 경우 모두 다른 물리적인 특성을 나타낸다. 딱딱한 구형입자 현탁액의 η_∞는 $\phi_{max} = 0.58$로 한 크리거-도거티 식으로 나타낼 수 있지만, 전기 이중층으로 쌓인 구형입자의 현탁액은 전기 이중층이 변형이 될 수 있어 ϕ_{max}가 커지면서 딱딱한 구형입자 보다 작은 η_∞ 값을 가지며, 고분자 브러시를 가진 구형입자도 $\dot{\gamma}$이 클 때 고분자 브러시가 변형이 되어 변형이 가능한 구형입자(soft sphere)와 같은 거동을 하므로 ϕ_{max}가 0.58 보다 더 큰 값을 가진 크리거-도거티 식을 따른다. 즉 ϕ_{max}가 커지면서 딱딱한 구형입자에 비하여 작은 η_∞ 값을 가지며, 특히 δ_b와 a 값에 따라서 식 (9.2-7)을 이용하여 계산하는 ϕ_{max}가 1보다 더 커지는 경우도 생길 수 있다(Mewis and Wagner, 2012). 즉 전기 이중층이나 고분자 브러시는 $\dot{\gamma}$이 클 때 변형이 되면서 어떤 유효 부피분율에서의 점도는 같은 부피분율을 갖는 딱딱한 구형입자 현탁액보다 낮아진다.

9.2.2 인력 포텐셜

반데르발스 포텐셜(van der Waals potential)

물질 내 분자는 시간에 따라 계속 변하는 전극쌍(dipole)을 가지며, 한 분자의 전극쌍은 다른 분자의 전극쌍을 유도하고 전극쌍 간에 순간적인 인력이 나타난다. 이러한 힘의 시간에 대한 평균은 두 분자를 서로 끌어당기는 반데르발스 인력으로 나타난다. 두 물체 간에는 이러한 분자쌍들의 인력들의 합에 의하여 총괄적인 인력이 작용한다. 반데르발스 힘은 전기적으로 중성인 헬륨과 같이 단 분자를 포함한 모든 분자 간에 작용하는 힘이다(Israelachvili, 2011). 현탁액과 같이 두 물체 사이에 액체가 존재하는 경우에는 한 물체 A와 다른 물체 B의 위치에 있는 가상의 액체 간의 인력, 물체 A 자리에 있는 가상의 액체와 물체 B 간의 인력, 그리고 A 위치의 물체와 B 위치의 가상 액체 간의 인력을 고려하여 구할 수 있다. 이러한 원리를 이용하여 액체 안에 있는 두 입자 1과 2 간의 인력 중에서 i 번째 입자에 작용하는 F_i^{vdW}는 다음 식으로 표시되는 반데르발스 포텐셜 Φ^{vdW}의 기울기로부터 구한다(Russel et al., 1989). 즉

$$\Phi^{vdW} = -\frac{A_H}{\pi^2}\int_{V_1}\int_{V_2}\frac{d\mathbf{x}_1 d\mathbf{x}_2}{r^6}, \quad r^2 = (\mathbf{x}_1 - \mathbf{x}_2)\cdot(\mathbf{x}_1 - \mathbf{x}_2) \tag{9.2-8}$$

$$F_i^{vdW} = -\nabla_i \Phi \tag{9.2-9}$$

이 되는데, ∇_i는 입자 i의 위치에 대한 반데르발스 포텐셜의 기울기를 나타낸다. 식 (9.2-8)에서 $\mathbf{x}_1, \mathbf{x}_2$와 V_1, V_2는 각각 물체 1, 2 내의 각 점과 부피를 나타낸다. 하마커 상수(Hamaker constant) A_H는 대략 $10^{-20} - 10^{-19}$J의 규모로 물질 쌍, 즉 입자와 액체의 쌍마다 다른 값을 가지며, 다음 식을 이용하여 구할 수 있다(Israelachvilli, 2011).

$$A_H = \frac{3}{4}kT\left(\frac{\varepsilon_A - \varepsilon_B}{\varepsilon_A + \varepsilon_B}\right)^2 + \frac{3h\nu_e}{16\sqrt{2}}\frac{\left(n_A^2 - n_B^2\right)^2}{\left(n_A^2 + n_B^2\right)^{3/2}} \tag{9.2-10}$$

위 식에서 ε_i, n_i는 각각 물질 i의 유전상수와 굴절률, h는 플랑크(Plank) 상수, ν_e는 자외선 흡수 진동수로 $3\times10^{-15}\mathrm{s}^{-1}$의 값을 쓴다. 식 (9.2-8)을 보면 두 입자 간의 인력에 의한 포텐셜은 두 입자와 액체의 종류에 의해서만 결정되는 A_H와 두 입자 간의 기하학적 크기와 배치에 의해서 결정되는 적분 항으로 표시된다. 식 (9.2-10)에서 보면 A_H값은 두 물질의 유전율 차이 또는 굴절률 차이가 작을수록 작은데 이는 두 물질의 이러한 성질들이 유사할수록 입자 간의 인력이 작고, 따라서 입자의 분산이 더 용이함을 뜻한다. 한편 적분항은 구를 비롯한 여러 종류의 입자 형태 및 배열에 대하여 계산되어 있다(Israelachvilli, 2011). 중심 간의 거리가 r이고 반경이 a로 같은 크기의 구의 경우에는

$$\Phi^{vdW}(r) = -\frac{A_H}{6}\left(\frac{2a^2}{r^2 - 4a^2} + \frac{2a^2}{r^2} + \ln\frac{r^2 - 4a^2}{r^2}\right) \tag{9.2-11}$$

이 된다. 특히 두 구간의 거리 $h = r - 2a$가 작아 $h \ll a$일 때는

$$\Phi^{vdW}(h) \cong -\frac{A_H a}{12h} \tag{9.2-12}$$

가 된다.

현탁액은 다양한 형태를 갖는 입자로 구성되어 있으며, 각각의 입자의 크기가 다를 수도 있고, 각 입자의 내부에는 코어-셸(core-shell) 구조와 같이 여러 층을 가질 수도 있는데 이런 입자들 간의 반데르발스 포텐셜도 식 (9.2-8)을 이용하면 모두 구할 수 있다. 반데르발스 포텐셜은 r의 모든 범위에서 "–" 부호를 가지며 두 입자 간에 인력이 있음을 의미한다.

결핍 포텐셜(Depletion potential)

마이크로미터와 나노미터 크기와 같이 두 가지의 서로 크게 다른 크기의 입자가 분산되어 있는 현탁액 내의 큰 입자 주위에는 기하학적인 이유로 작은 입자가 접근할 수 없는 영역, 즉 결핍 영역이 생기게 되고, 결핍 영역과 밖의 영역 간의 작은 입자의 농도 차이에 의한 삼투압이 생긴다. 삼투압은 입자 표면에서 반경방향으로 대칭으로 작용하므로 독립적으로 떨어져 있는 큰 입자에 대해서는 특별한 역할을 하지 않지만, 두 큰 입자가 가까워져서 각각의 입자 주위의 결핍 영역이 겹치게 되면 힘의 균형이 깨지면서 두 입자를 더 가까이하게 하는 힘으로 작용한다. 즉 두 큰 입자 사이에는 작은 입자가 들어가지 못하면서 작은 입자의 농도가 낮아지므로 바깥과의 농도 차에 의하여 삼투압이 생겨 액체를 두 입자 사이에서 빼내게 됨으로써 두 입자는 더 가까워지는 인력 포텐셜이 생긴다(Asakura and Oosawa, 1954; 1958). 브리즈(Vrij, 1976)는 작은 입자의 농도가 묽고, 두 큰 입자의 중심 간의 거리가 r일 때 결핍 포텐셜 Φ^{dep}를 다음과 같이 구하였다.

$$\Phi^{dep} = \left[-\frac{4\pi}{3}(a+L)^3 \left(1 - \frac{3r}{4(a+L)} + \frac{r^3}{16(a+L)^3} \right) \right] n_p kT \tag{9.2-13}$$

위 식에서 "–"부호는 인력(attraction)을 나타내며, n_p는 단위부피당 작은 입자의 개수, a와 L은 각각 큰 입자와 작은 입자의 반경을 나타낸다. Φ^{dep}는 그림 9.21과 같은 단조함수로 $r=2(a+L)$, 즉 두 큰 입자 사이에 작은 입자가 일직선으로 있을 때 0이며, $r=2a$, 즉 두 큰 입자가 접촉하고 있을 때 다음의 최솟값을 갖는다.

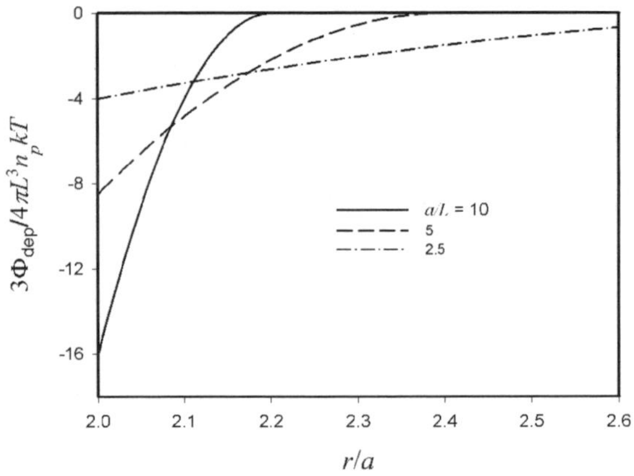

그림 9.21 식 (9.2-13)의 결핍 포텐셜을 무차원화 하여 $[3\Phi_{dep}/4\pi L^3 n_p kT]$ (r/a)의 함수로 그림

$$\Phi_{\min}^{dep} = -\frac{4\pi L^3}{3}\left(1+\frac{3a}{2L}\right)n_p kT \tag{9.2-14}$$

작은 입자의 부피 $(4\pi L^3/3)$와 삼투압 $(n_p kT)$, 그리고 입자 크기의 비 (a/L)의 함수로 표시되는 $\Phi_{\min}^{dep}$은 브라운 운동 에너지 kT보다 클 수 있으며, 큰 입자의 응집을 생기게 한다. 고분자를 회전반경(radius of gyration) R_g의 구로 가정하면 식 (9.2-13)을 쓸 수 있지만, 고분자는 딱딱한 입자가 아니므로 결핍 포텐셜을 정밀하게 구하기 위해서는 용액 내에서 고분자의 입체구조에 대한 해석이 필요하다. 제8장에서 설명한 쿤 길이가 l_k이고, 고분자 분자 개수의 밀도가 n_b인 이상 용액 내의 고분자의 경우의 결핍 포텐셜은

$$\Phi_{\min}^{dep} \sim \left[-\frac{\pi^3}{12} a l_K^2 n_b\right] kT \tag{9.2-15}$$

가 된다(Russel et al., 1989). 위 값은 $n_b l^3 \approx l/a \ll 1$인 조건을 만족할 때 $O(kT)$의 값을 가지므로 현탁액의 응집에 큰 영향을 미칠 수 있다.

9.2.3 DLVO 이론

데리야귄과 란다우(Derjaguin and Landau, 1941)와 버웨이와 오버비크(Verwey and

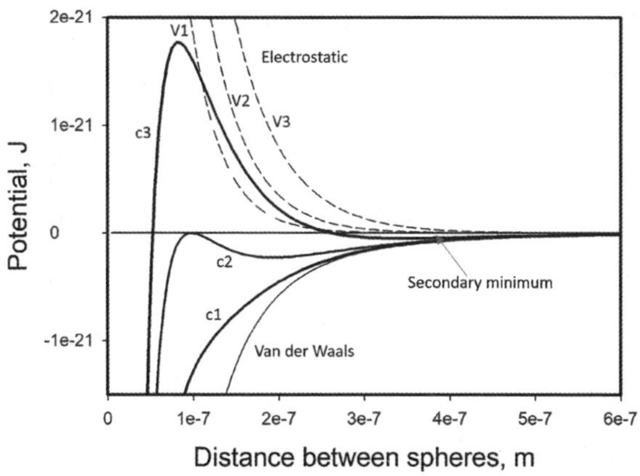

그림 9.22 서로 다른 3가지 경우의 DLVO 포텐셜. 입자반경 0.2μm, 반데르발스 포텐셜의 $A_H = 10^{-19}$J , Ψ_s = 10 mV, $\varepsilon = 80$, $z = 1$, $T = 300$ K의 조건에서 구함. V1, V2, V3는 각각 염농도 0.07, 0.0455, 0.03 mol/m³에서 구함. c1, c2, c3는 각각 V1, V2, V3에 반데르발스 포텐셜을 더하여 구함

Overbeek, 1948)는 입자 주변의 힘을 계산하기 위한 포텐셜로 척력을 나타내는 정전기(electrostatic, ES) 포텐셜과 인력을 나타내는 반데르발스 포텐셜을 더한 총괄 포텐셜을 사용하였다. 현대에는 이를 제안한 연구자들의 이름의 첫 글자를 사용하여 DLVO 포텐셜이라 한다. 즉

$$\Phi^{DLVO} = \Phi^{ES} + \Phi^{vdW} \tag{9.2-16}$$

이다. 그림 9.22에는 전형적인 DLVO 포텐셜의 특징을 도시하였다. 전해질을 첨가하면 정전기적인 포텐셜이 V3 - V2 - V1으로 감소하면서 포텐셜을 나타내는 곡선이 c3 - c2 - c1으로 변하게 된다. 식 (9.2-11)에서 두 입자가 붙어 있는 경우 ($r = 2a$, $h = 0$) 반데르발스 포텐셜은 "−"로 발산하는 반면 정전기적인 포텐셜은 식 (9.2-1)에서 보는 바와 같이 $h = 0$일 때 유한한 값을 가지므로 두 입자가 붙어 있는 경우 포텐셜은 $-\infty$가 되는데 이 위치를 1차 최솟값(primary minimum)이라 한다. 1차 최솟값에 위치한 두 입자는 분리되지 않는다. 그러나 실제 입자에는 대개의 경우 1nm 정도의 요철이 있어 수학적인 구와 같이 접촉할 수는 없으며 따라서 포텐셜이 $-\infty$가 되지는 않는다. 그림 9.22의 c1과 같이 반데르발스 포텐셜이

강하여 전 구간에서 "−"부호를 갖는 경우 가까워진 입자는 빠르게 응집된다. 정전기적인 포텐셜이 강한 경우에는 입자 간의 거리가 멀어짐에 따라 결국 정전기적인 포텐셜이 반데르발스 포텐셜을 극복하고 그림 9.22의 c3와 같이 "+" 부호의 최댓값이 존재한다. 포텐셜이 양의 값을 가지면 입자 간에는 척력이 작용하여 두 입자의 응집은 일어나지 않는다. 입자 거리가 더 멀어지면 지수형으로 감소하는 정전기 적인 포텐셜이 반데르발스 포텐셜의 절댓값보다 더 작아질 수 있는데, 이 경우에는 2차 최솟값(secondary minimum)을 가지며 입자는 이 위치에 안정하게 위치할 수 있고, 응집되었다고 한다. 2차 최솟값이 브라운 운동의 에너지 kT보다 작거나 충분히 큰 전단 스트레스가 가해지는 경우에는 최솟값의 위치로부터 쉽게 벗어나 입자가 서로 멀리 떨어지거나 1차 최솟값 쪽으로 더욱 가까이 감으로써 응집이 생기게 된다. 따라서 비교적 짧은 시간 동안에는 안정한 콜로이드도 장시간 방치해 두면 액체보다 비중이 큰 입자가 엉겨서 침전이 되거나 가벼운 입자가 위로 떠올라 뭉치는 현상이 생길 수 있다. 이와 같은 이유로 입자를 포함하고 있는 많은 상품은 유효기간(shelf life)이 있다. 2차 최솟값에서의 에너지의 절댓값이 kT보다 크면 약한 응집체(floc)가 생기면서 분산과 응집이 가역적으로 생긴다. 응집의 속도론에 대하여는 다음 절에서 다루었다.

그림 9.22의 c2 곡선은 1차 최댓값에서 응집이 일어나는 안정-불안정의 경계를 나타낸다. c2의 상황에서는 작은 양의 전해질을 첨가하여도 응집이 일어나게 된다. 특히 입자의 표면전위와 반대 부호를 갖는 염의 전하 수에 따라 민감하게 변하며, 같은 부호의 염의 전하 수나 농도에는 거의 무관한 것으로 알려져 있는데 이를 슐츠-하디 룰(Schultz-Hardy rule)이라 한다(Probstein, 2003). c2에서 안정-불안정의 경계가 되는 포텐셜의 합이 0인 지점에서는

$$\Phi^{DLVO} = \Phi^{ES} + \Phi^{vdW} = 0$$
$$\frac{d\Phi^{DLVO}}{dh} = \frac{d\Phi^{ES}}{dh} + \frac{d\Phi^{vdW}}{dh} = 0 \tag{9.2-17}$$

이다. 이 두 식은 반데르발스 포텐셜로 식 (9.2-12)를 사용하면 해석적으로 풀 수 있으며, 포텐셜의 합이 0이 되는 지점에서는 $h = \kappa^{-1}$가 되고, 이때 전해질의 임

계 응집 농도 c_{crit}(critical coagulation concentration)는

$$c_{crit} = \frac{49.6}{z^6 L_b}\left(\frac{k_B T}{A_H}\right)^2 \tanh^4\left(\frac{ez\psi_s}{4kT}\right) \tag{9.2-18}$$

가 된다. 위 식에서 $L_b = e^2/4\pi\varepsilon\varepsilon_0 kT$는 비에룸 길이(Bjerrum length)라고 불리며, 물의 경우 25°C에서 0.714nm의 값을 갖는다. 표면 전위가 높을 때, 즉 $ez\psi_s/4kT > 1$의 조건에서는 tanh 항이 1이 되어

$$c_{crit} \approx \frac{49.6}{z^6 L_b}\left(\frac{kT}{A_H}\right)^2 \tag{9.2-19}$$

이 된다. 위 식을 보면 염의 농도가 z^6에 반비례하는데, 이로부터 2가 이온을 첨가할 경우 1가 이온의 1/64의 양이면 응집을 유도할 수 있음을 알 수 있다. 반데르발스 포텐셜로 식 (9.2-12)를 쓰는 것은 계산의 편리함은 있으나 $h \ll a$조건을 만족하여야 하므로 식 (9.2-19)는 정확한 식은 아니며 참고로만 사용하여야 한다. 식 (9.2-12)는 h가 $0.01a$인 경우에도 10%의 오차가 나는 정도로 정밀하지 않기 때문이다.

DLVO 이론은 위와 같이 콜로이드의 복잡한 상거동(phase behavior) 등을 잘 설명해 주지만, DLVO 이론이 처음 보고된 이후 발견된 다른 여러 요인에 의한 포텐셜, 예를 들어 결핍 포텐셜이나 고분자 브러시에 의한 포텐셜을 포함하지 못하는 한계가 있다.

9.2.4 응집 속도론

앞에서 다룬 여러 포텐셜은 두 입자가 입자반경의 수 배 이내로 가까워져 있는 경우 응집이 일어날 것인가를 판단하는 기준으로, 응집체가 생기는 속도를 제시하지는 못한다. 입자가 안정화되어 있지 않은 경우 실제 응집체가 생기는 속도는 입자가 상대적으로 이동하여 서로 만나는 비율에 따라 달라지게 된다. 입자가 현탁액 내에서 이동하는 방법에는 브라운 운동과 외부에서 가해지는 전단 유동에 의한 것이 있다. 물론 일반적으로는 두 가지가 동시에 존재할 수 있지만 여기서는 두 경우

를 분리하여 고려한다. 브라운 운동에 의한 응집은 입자의 크기가 작고 입자의 농도가 높은 경우 주로 일어나는 현상이며, 전단 유동에 의한 응집은 입자가 커서 브라운 운동이 거의 없는 1μm 이상의 크기를 가진 입자에서 주로 일어난다. 딱딱한 구형입자 간의 충돌에 대해서는 두 경우 모두 스몰루초브스키(Smoluchowski)에 의하여 처음으로 해석되었는데(Probstein, 2003) 기본적인 물리적 현상을 이해하는 데 도움이 되므로 다음에서 다루었다. 이후 입자 간의 수력학적 상호작용이나 반데르발스 포텐셜을 고려한 입자의 충돌에 대한 연구도 많이 진행되어 왔다(Zeichner and Schowalter, 1977; Schowalter 1984; Higashitani et al., 1982).

브라운 운동에 의한 응집

정지된 현탁액 안에서 한 입자가 브라운 운동에 의하여 다른 입자와 충돌하는 비율을 생각하자. 현탁액의 입자 농도를 n_0(m^{-3})라 할 때, n_0가 충분히 작으면($4\pi n_0 a^3/3 \ll 1$) 두 개 입자의 충돌만 고려할 수 있다. 브라운 운동을 하는 반경 a를 가진 기준입자(test sphere)를 향해 브라운 운동을 하는 다른 입자가 확산해 가는 과정을 해석하기 위해 먼저 기준입자를 원점에 위치시키자. 그림 9.23에 보인 바와 같이 확산하는 입자는 원점을 중심으로 반경 $2a$의 구면에 도착하면 두 입자는 충돌한다. 입자의 확산에 의한 기준 시간은 $(D/a^2)^{-1}$으로 물속에 있는 0.1μm 입자의 경우 대략 5ms이다, 두 입자가 응집하는 시간은 입자 농도가 낮으므로 입자 간 거리가 멀어 이보다 충분히 길다. 따라서 미시적인 브라운 운동은 거시적인 확산식으로 표시할 수 있다. 즉 기준입자를 향하여 다른 입자들이 확산하는 과정은 다음과 같이 입자 농도 n에 관한 반경 방향만의 1차원적인 확산식으로 나타낼 수 있다.

$$D_2 \frac{1}{r^2}\frac{d}{dr}\left(r^2 \frac{dn}{dr}\right) = 0 \tag{9.2-20}$$

위 식에서 D_2는 기준입자와 기준입자를 향하여 확산하는 입자의 확산을 모두 고려한 확산계수로

$$D_2 = 2D = \frac{k_B T}{3\pi\eta_s a} \tag{9.2-21}$$

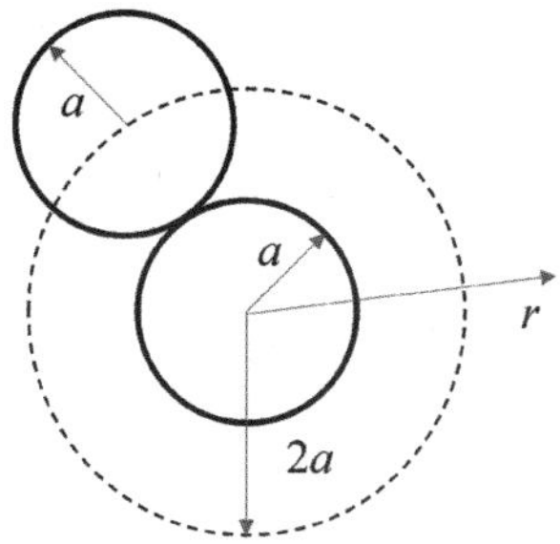

그림 9.23 하나의 입자 주변에서 다른 입자가 접근할 수 있는 영역

이다(Friedlander, 1977). 확산식의 경계조건은 기준입자로부터 무한한 멀리 떨어진 곳에서의 입자 농도가 평균 입자 농도와 같으며, 기준입자를 완전한 싱크(sink)로 가정하면 반경 $2a$에서의 입자 농도는 0이 되어 다음과 같이 쓸 수 있다:

$$r = 2a, \quad n = 0$$
$$r \to \infty, \quad n = n_0$$

위 식의 해는

$$n = n_0\left(1 - \frac{2a}{r}\right) \tag{9.2-22}$$

이며, 기준입자의 표면에 도착하는 입자의 플럭스(flux)는

$$w = D_2\left(4\pi r^2 \frac{dn}{dr}\right)_{r=2a} = 8\pi D_2 n_0 a \tag{9.2-23}$$

가 된다. 실제로는 모든 입자가 기준입자인 동시에 확산하는 입자이므로 위의 입자의 플럭스에 기준입자의 개수 n_0를 곱하고, 이중으로 계산되는 것을 고려하여 2로 나누면 현탁액 안에서 일어나는 실제 충돌 횟수가 다음과 같이 계산된다:

$$\omega = \frac{4k_B T n_0^2}{3\eta_s} \tag{9.2-24}$$

시간이 지남에 따라 응집되지 않은 입자 수는 충돌에 의하여 감소하므로 시간 t에서의 입자 수를 n이라 하면

$$\frac{dn}{dt} = -\omega = -\frac{4k_B T n^2}{3\eta_s} \tag{9.2-25}$$

로 쓸 수 있다. 이 식의 해는

$$n = n_0 \left(1 + \frac{t}{\tau}\right)^{-1} \tag{9.2-26}$$

이 된다. 위 식에서 시간 상수

$$\tau = \left(\frac{4}{3}\frac{k_B T}{\eta_s} n_0\right)^{-1} \tag{9.2-27}$$

는 응집시간으로 응집되지 않은 입자의 농도가 반으로 되는 데 걸리는 시간이다. 물론 실제로는 응집에 의하여 2개 입자가 하나의 입자쌍(doublet)으로만 만들어지는 것이 아니며 긴 시간 동안 3개, 4개가 붙는 경우도 있고, 특히 입자 농도가 높은 경우에 주로 생기는 브라운 운동에 의한 응집에서 묽은 농도를 가정하는 것도 기본적인 한계이지만 물리적인 계를 이해하고, 시스템을 대표할 수 있는 시간 상수를 유도할 수 있다는 점에서 위의 해석은 중요한 의미를 갖는다.

전단 유동에 의한 응집

현탁액이 전단 유동을 할 때 입자는 위치에 따라 서로 다른 속도로 움직이며, 중심간 거리가 충분히 가까우면 서로 충돌할 수 있다. 스몰루초브스키(1918)는 두 입자간 어떤 상호작용도 하지 않을 경우 단순 전단 유동장 안에서 두 입자가 충돌하는 경우를 가정하여 다음과 같은 속도식을 유도하였다.

먼저 그림 9.24와 같이 기준입자는 원점에 있다고 생각하며, 속도장은 $v_x = \dot{\gamma}y$로 주어진다. 입자 농도는 n_0로 묽은 영역에 있다. 입자의 중심에서 x축을 중심축으로 하여 $2a$의 반경을 가진 원통 안에 들어 있는 입자들은 궁극적으로 기준입자와 충

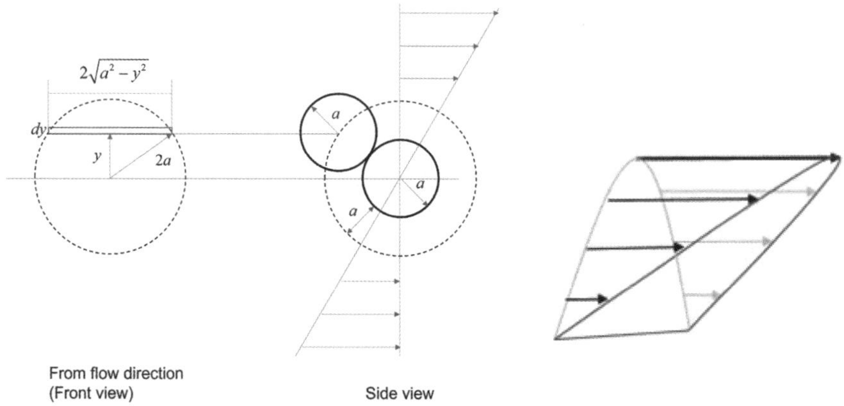

(a) (b)

그림 9.24 전단 유동 내에서 입자가 충돌하는 입자 플럭스 계산을 위한 기하학적 배치

돌하게 된다. 이 중 단위시간 동안 충돌하는 입자 수는 반경 $2a$인 원통의 y-z 평면상의 원형의 단면을 통과하는 입자의 플럭스이며, 이는 $+y$의 경우 그림 9.24b에 도시한 부피에 해당하는 유체의 부피, 즉 원기둥을 비스듬하게 자른 입체의 부피를 시간으로 나누어 구할 수 있다. $-y$의 경우에는 대칭이므로 $+y$ 방향에서 플럭스를 구한 후 2배 하면 전체 플럭스를 구할 수 있다. 그림 9.24a에서 원점에 위치하고 있는 기준입자를 향하여 접근하는 입자 중 dy의 가는 사각형을 통과하는 플럭스는

$$dn = n_0 v_x dA = n_0 \times \dot{\gamma} y \times 2\sqrt{(2a)^2 - y^2}\,dy$$

이므로 $+y$ 방향의 반경 $2a$의 반원형 단면을 통과하는 플럭스에 $-y$ 방향을 고려하여 2를 곱한 전체 플럭스 β는 다음과 같다:

$$\beta = 4\int_0^{2a} n_0 \dot{\gamma} y \sqrt{(2a)^2 - y^2}\,dy = \frac{32}{3} n_0 \dot{\gamma} a^3 \tag{9.2-28}$$

브라운 운동에 의한 응집과 같이 모든 입자가 기준입자인 동시에 이동하는 입자이므로 이중으로 계산되는 것을 고려하여 위의 값을 2로 나눈 후 전체 단위부피당 입자 수 n_0를 곱하면 단위부피당 실제 충돌 횟수 ω가 된다. 즉

$$\omega = \frac{16}{3} n_0^2 \dot{\gamma} a^3 = \frac{4}{\pi} \dot{\gamma} \phi n_0 \tag{9.2-29}$$

이다. 위 식에서 마지막 항은 입자의 부피분율 $\phi = 4\pi n_0 a^3/3$을 대입한 식이다. 입자가 충돌하여 합쳐지면 더 이상 구형이 아니며, 따라서 위의 식이 적용될 수는 없다. 또한 작은 입자와 큰 입자의 충돌은 위의 식을 바로 사용할 수도 없다(서로 다른 크기를 갖는 입자의 충돌은 식 (9.2-28)을 약간 변형하여 얻을 수 있다). 그러나 정성적인 개념만을 고려하여 충돌 후에도 평균적으로 같은 크기의 입자가 되었다고 가정할 때, 입자의 전체 분율은 충돌 후에도 변하지 않으므로 입자의 개수가 줄어드는 현상은

$$\frac{dn}{dt} = -\frac{4}{\pi} \dot{\gamma} \phi n \tag{9.2-30}$$

로 쓸 수 있다. 초기입자의 개수가 n_0 이므로 위 식의 해는

$$n = n_0 \exp\left(-\frac{t}{\tau}\right) \tag{9.2-31}$$

이고 이때 시간 상수는

$$\tau = \frac{\pi}{4\dot{\gamma}\phi} \tag{9.2-32}$$

로 속도 기울기와 입자 농도에 반비례한다.

난류 내에서도 입자의 응집이 일어날 수 있다. 입자를 용기 안에 넣고 강하게 저어 주는 경우 난류가 발생하는데 이때 생성되는 속도 기울기에 의하여 입자가 서로 만나고 응집이 될 수 있다. 이러한 현상이 생기기 위해서는 입자의 크기가 난류의 길이의 기준인 콜모고로프 길이(Kolmogorov length)

$$\lambda = \left(\frac{\nu^3}{\varepsilon}\right)^{1/4} \tag{9.2-33}$$

보다 작아야 한다(Kunsters et al., 1997). 위 식에서 ν는 액체의 동적 점도(kinematic viscosity), ε은 단위질량당 에너지 공급량이다. 액체가 물이고, 0.1watt/kg으로 저어준다고 할 때, 콜모고로프 길이는 약 56μm의 값을 가진다. 새프만과 터너(Saffman and Turner, 1956)의 선구적인 연구로 각각 반경 R_i와 R_j를 가진 두 입자가 충돌하는 속도는 다음과 같음이 알려졌다:

$$\beta = 1.294\left(\frac{\varepsilon}{\nu}\right)^{1/2}\left(R_i + R_j\right)^3 n_0^2 \qquad (9.2\text{-}34)$$

위 식의 $G = (\varepsilon/\nu)^{1/2}$ 은 부피로 평균을 낸 전단율이다. 식 (9.2-29)과 비교해 보면 단순 전단 유동에서의 소몰루초브스키 이론식과 계수만 약간 차이 날 정도로 유사함을 알 수 있다.

응집체는 유동장 안에서 만들어지기도 하지만 조건에 따라서 파괴될 수도 있다. 손탁과 러셀(Sonntag and Russel, 1986; 1987)은 프랙탈 형태의 응집체가 유동장에서 파괴되는 문제를 해석하여 응집체는 스트레스에 의하여 변형되고, 응집체의 표면에서 깨져 나갈 수 있으며, 내부 구조에 따라서도 응집체가 파괴되는 형상이 달라질 수 있음을 실험 및 이론적 해석을 통하여 밝혔다. 응집체가 생성되고 파괴되는 현상에 대해서는 현탁액 내에서 입자크기의 분포를 구하고자 하는 과정에서 필요하여 그동안 많은 연구의 대상이 되어왔으며, 아다치(Adachi, 1995), 빌러모(Villermaux, 2007) 등의 총설 논문을 참고할 수 있다.

이상에서 본 바와 같이 전단 유동장은 조건에 따라 응집체를 생성하기도 하고 응집체를 파괴하기도 한다. 따라서 입자의 기계적 분산은 한계가 있음을 주의하여야 한다. 초음파에 의하여도 응집체는 파괴되는데 이러한 현상은 초음파에 의하여 발생되는 미세한 기포(microcavity)가 수축되며 생기는 충격파와, 이에 의하여 발생되는 유동에 의한 것이기 때문에 초음파도 응집체를 완전히 분산할 수는 없다. 단일 입자로 분산하기 위해서는 적절한 화학적인 첨가제를 사용하여야 하는데, 많은 경험과 지식이 필요하다. 분산의 기술적인 내용은 콘리(Conley, 1996)를 참고할 수 있다. 한편 유변학적인 방법은 분산 상태를 평가하는 데 유용한 방법으로 사용될 수 있지만, 실제적인 분산방법을 제공하는 것은 아님을 주의하여야 한다.

9.2.5 젤의 형성과 젤의 유변 물성

콜로이드가 현탁액으로서 흐를 수 있을 때를 졸(sol)이라 하고, 응집된 것을 젤(gel)이라 하며, 젤이 되는 과정을 젤화(gelation)라고 한다. 안정한 졸이 젤로 되기 위해서는 전해질을 넣어 전기 이중층의 두께를 줄임으로써 반데르발스 힘이 두 입자를 서로 끌어당기게 하는 방법, 고분자를 용해하여 입자 사이에 결핍 포텐셜을 유도하는 방법이 있었다. 또한 고분자를 붙인 입자를 분산한 경우 온도를 변화시키면서 고분자와 액체의 친화성을 변화시켜 젤이 되는 경우도 있으며(thermo-reversible gel; Grant and Russel, 1993)), 분자량이 큰 고분자를 여러 입자에 동시에 흡착시켜 고분자에 의해 입자를 서로 끌어당기게 하는 방법도 있다(Russel et al., 1989; Otsubo, 1993). 입자 농도가 수 % 정도만 되면 젤이 될 수 있으며, 이론적으로는 입자가 서로 연결되어 하나의 덩어리가 될 수 있는데 이러한 상태를 '전체적으로 연결된 상태(percolation)'라고 부른다.

응집이 계속되면 2개의 입자로 구성된 입자쌍(doublet)뿐만 아니라 여러 개의 입자가 붙은 입자쌍들이 생기며, 결국 많은 입자를 포함하는 응집체가 만들어진다. 이때 입자들은 차곡차곡 쌓이는 형태로 만들어지는 것이 아니며 그림 9.25에 보인 바와 같이 느슨한 모양을 갖게 되는데 k개의 입자로 만들어진 응집체의 반경 a_k와 입자 반경의 비는 실험적으로 다음의 관계가 있다(Larson, 1999).

$$\frac{a_k}{a} \approx k^{1/D_f}, \quad k \approx \left(\frac{a_k}{a}\right)^{D_f} \tag{9.2-35}$$

만약 응집체가 차곡차곡 쌓인 형태로 만들어진다면 D_f값은 3이 되어야 한다. 그러나 대부분의 경우 D_f값은 3보다 훨씬 작은 값을 갖는다. 이는 응집체의 내부가 많이 비어 있고, 가지 형태로 자라는 구조라는 것을 의미한다. 즉 D_f값이 정수 3이 아닌 분숫값을 갖는데, k가 커질 때, 즉 응집이 계속될 때 같은 지숫값을 가지며 응집체의 반경이 커지는 것으로부터 프랙탈(fractal) 구조임을 알 수 있다.

응집체가 점점 커지면서 응집체 내의 입자의 분율은 점점 낮아진다. k개의 입자로 구성된 반경 a_k의 응집체 내 입자의 분율 ϕ_k는 다음 방법으로 구할 수 있다.

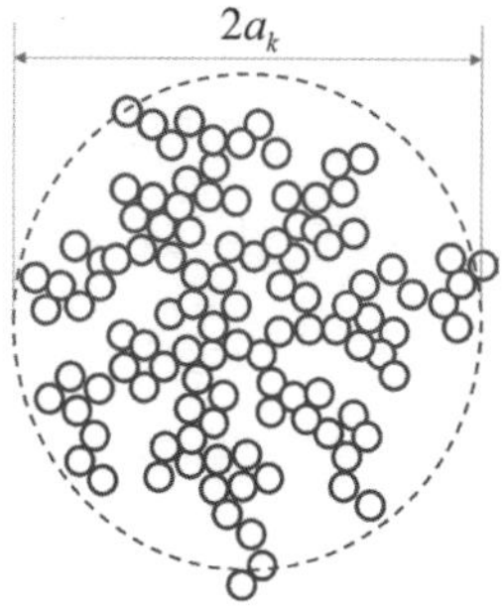

그림 9.25 젤 구조의 개념도

$$\phi_k = \frac{\text{Number of partilces} \times \text{particle volume}}{\text{Volume of floc}} = \frac{ka^3}{a_k^3} \approx k^{(D_f-3)/D_f} \tag{9.2-36}$$

응집체가 커지면서 ϕ_k와 현탁액의 입자 분율 ϕ가 같아지는 점이 생기게 된다. 이때 k를 k^*라 하면 다음과 같은 값을 갖는다.

$$k^* = \phi^{-D_f/(3-D_f)} \tag{9.2-37}$$

k^*에서는 응집체의 가운데에는 입자가 모여 있어 입자의 농도가 높고 밖으로 나갈수록 점점 입자 농도가 낮아져서 평균적으로 원래 현탁액의 농도와 같다. 응집체는 계속 커져 용기 전체가 하나의 응집체로 될 수 있으며, 이를 젤화라고 부른다. ϕ가 0.1보다 작으면 k^*는 100 정도의 값을 가지며 더 이상 커지지 않고 독립된 응집체가 된다. 이 경우 내부로 유체가 흐를 수 있어 입자가 무거운 경우 가라앉을 수 있다. 그러나 ϕ가 크면 젤화가 일어나서 한 덩어리가 되므로 침전은 일어나지 않는다.

불안정한 졸의 경우 입자, 또는 응집체가 서로 접근하면 장애(barrier)가 없어 바로 응집이 일어나며, 이 경우 D_f값은 대략 1.7 – 1.9이다. 이 값이 3보다 많이 작은 것은 응집체 내부가 많이 비어 있다는 의미를 갖는다. 이 경우 응집체의 생성속도는 얼마나 입자나 응집체가 빨리 확산되어 서로 접근하는가에 따라 결정되므로 이러한 응집을 확산 속도로 제한되는 응집(diffusion limited cluster aggregation, DLCA)이라고 부른다. + 부호의 작은 포텐셜을 가진 입자나 응집체들도 서로 접근하면 포텐셜을 극복하고 응집이 생길 수 있다. 이때는 입자나 응집체 주위로 다른 입자나 응집체가 확산되어 서로 접근하여도 입자의 포텐셜 장벽을 넘기 위해 시간을 소모하게 되므로 응집은 서서히 일어나고 응집체 내 입자의 밀도는 앞의 경우에 비해 높아진다. 이때 D_f 값은 2－2.2의 값을 가지며, 두 입자나 응집체의 상호작용에 의해 응집속도가 결정되므로 반응속도로 제한되는 응집(reaction limited cluster aggregation, RLCA)이라고 부른다.

앞에서 이야기한 열가역적(thermo-reversible) 젤은 입자 간의 인력이 크지 않아 비교적 젤의 강도가 낮으며, 이러한 젤을 약하게 응집된 젤(weakly flocculated gel)이라고 한다. 반면 전기 이중층이 얇아 인력 포텐셜의 절댓값이 큰 경우에 형성되는 젤은 강하게 응집된 젤(strongly flocculated gel)이라고 한다. 약하게 응집된 젤은 대부분 젤화되지 않은 현탁액의 점도와 비슷한 특성을 나타낸다. 즉 작은 값의 항복 스트레스를 가질 수 있으며, 낮은 전단율에서는 점도가 일정하고, 점도가 전단율에 따라 감소하는 현상이 있다. 젤 내부에서 입자가 떨어졌다 붙었다 하는 것이 가능하여 평형에 가까워질 수 있으며, 따라서 측정의 재현성은 강하게 응집된 젤에 비하여 좋은 편이다. 반면 강하게 응집된 젤은 1) 젤을 만드는 방법이나, 측정 전 변형의 과정 등에 민감하게 반응하는 등 측정의 재현성이 매우 떨어지고 2) 선형점탄성 영역의 변형값이 매우 작으며 3) 측정 장치 표면에서 젤이 미끄러지는 현상이 나타나는 특징이 있다(Larson, 1999). 강하게 응집된 젤 내부의 입자는 일단 붙은 후에는 서로 떨어지지 않으므로 젤의 구조는 만드는 방법과 측정 전의 변형의 과정에 따라 달라져 평형상태 자체가 정의되지 않기 때문이다. 따라서 평형상태로의 복귀를 의미하는 완화 시간이 측정이 불가능할 정도로 너무 길게 되어 η_0가 거의 나타나지 않게 되며, 완화 시간이 있는 경우에도 η_0가 나타나는 전단율이 기기의 한계를 넘을 정도로 작을 수가 있다. 강하게 응집된 젤은 일반적으로 항복 스트레스를 가지는데, 항복 스트레스 값을 결정하는 인자로서 입자의 크기와 입자의 부피분율도 중요하지만 수용성 용매를 기반으로 하는 젤의 경우 제타 포텐셜이 큰 역할을 하며, 제타 포텐셜을 산 또는 알칼리를 넣어 조절하는 경우 등전위점(isoelectric point)에서 만들어진 젤의 항복 스트레스가 가장 크게 나타난다. 강하게 응집된 젤은 작은 크기의 변형에도 매우 민감하게 강성률 등이 바뀌며, 약하게 응집된 젤에 비하여 더 깨지기 쉬운(brittle) 특성이 있다(Larson, 1999).

젤의 유변학적 특성은 재현성이 떨어지고 화학적 특성에 따라 매우 민감하게 변하므로 여기에는 자료를 싣지 않았다. 제한된 공간에 몇몇 선별된 자료에 의하여 젤의 일반적인 특징으로 잘못 인식될 수 있기 때문이다. 또한 자세한 화학적인 내용과 통계 역학적인 해석도 이 책의 범위를 벗어나므로 여기서는 다루지 않았다. 좀더 자세한 내용은 라슨(Larson, 1999), 또는 메비스와 와그너(Mewis and Wagner, 2012) 및 이 두 책에 인용된 논문들을 참고할 수 있다.

9.3 비구형입자 현탁액

지금까지는 기하학적으로 가장 간단한 구형입자로 이루어진 현탁액의 유변학적 현상을 다루었다. 실제 자연계에는 다양한 비구형입자가 존재하며 따라서 이러한 입자들로 이루어진 현탁액의 유변 물성에 대해서도 알아볼 필요가 있다. 비구형입자들의 현탁액의 유변 물성은 구형입자와는 다른 특성을 가지고 있으며, 이러한 특성을 갖게 하는 가장 대표적인 배경에는 입자의 회전 운동이 있다. 단일 구형입자는 전단 유동장 안에서 전단율의 1/2의 각속도로 회전을 하지만 입자가 대칭이므로 회전 후의 유동장과의 관계는 달라지지 않는다. 반면 막대형 입자나 판형 입자는 시간에 따라 유동 방향과 입자의 배치가 달라지고 이에 따라 유동 특성도 달라지게 된다. 입자 간의 충돌이나 수력학적 상호작용은 입자의 농도에 따라서 매우 달라지기도 하는데 이러한 현상도 입자의 회전과 관련이 있다. 비구형입자는 구의 형태로부터 벗어남에 따라 그 모양을 수학적으로 나타내기가 쉽지가 않으며, 따라서 대칭성이 전혀 없는 불규칙한 형태의 입자의 경우에는 해석적인 접근이 거의 불가능하다. 따라서 여기서는 축대칭을 갖는 회전타원체(spheroid)와 이에 준하는 막대형 입자 및 판형 입자를 분산한 현탁액을 중심으로 유변학적 성질에 대하여 다룬다.

축대칭을 가지고 있는 회전타원체를 형태별로 분류하면 크게 구형입자를 한 방

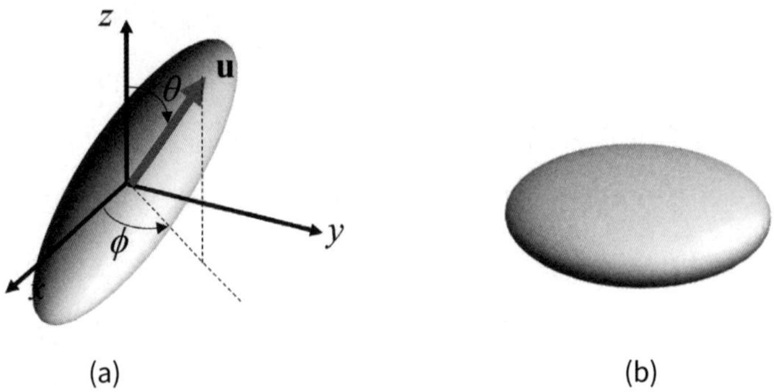

그림 9.26 (a) 긴 회전타원체와 방향 벡터 (b) 납작한 회전타원체

향으로 늘인 '긴 회전타원체(prolate spheroid)'와 두 방향으로 늘여 '납작한 회전타원체(oblate spheroid)'로 나눌 수 있다(그림 9.26 참조). 입자의 모양은 축방향의 길이를 축방향에 수직인 방향의 최대길이로 나눈 종횡비(aspect ratio) p로 표시한다. 입자들의 방향을 나타내기 위해서는 회전축 방향의 단위 벡터를 사용하며 방향벡터(orientation vector)라 부른다. 축대칭을 갖는 다른 형태의 입자, 즉 막대형 입자나 판형 입자도 같은 방법으로 방향벡터를 정의한다. 방향벡터는 크기가 항상 1이므로 구면 좌표계에서 두 개의 독립적인 각도의 함수 $\mathbf{u}(\theta,\phi)$로 표시할 수 있다.

9.3.1 비구형입자 현탁액의 전단 유동

제퍼리(Jeffery, 1922)는 단순 전단 유동장 안에서 레이놀즈 수(Reynolds number)가 0인 경우의 회전타원체 입자의 운동을 해석하여 입자의 방향벡터가 주기 운동을 하며, 이 주기는 입자의 종횡비에 의해서만 결정되고, 입자 방향의 초기 조건과는 상관이 없음을 밝혔다. 즉 방향벡터를 시간에 따라 그리면 이 주기만큼의 시간이 지난 후 다시 같은 점으로 돌아와서 닫힌 곡선이 된다. 이러한 곡선을 제퍼리 궤도(Jeffery orbit)라 하며, 주기 P는 다음과 같은 p의 함수가 된다.

$$P = \frac{2\pi}{\dot{\gamma}}\left(p + \frac{1}{p}\right) \tag{9.3-1}$$

한편 브레더턴(Bretherton, 1962)은 임의의 축대칭을 갖는 물체는 등가의 종횡비 p_e

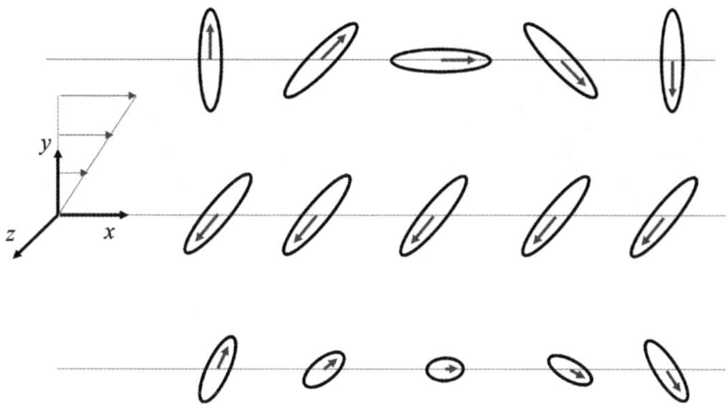

그림 9.27 전단 유동장내에서 긴 회전타원체의 반주기 동안의 회전 (위) 텀블링 (중간) 통나무 굴리기 (아래) 카약킹.

를 갖는 회전타원체와 같은 주기운동을 함을 수학적으로 증명하였다. 따라서 원통형 막대나 원판 같은 모양의 물체의 운동은 p_e를 찾아 해당하는 회전타원체의 운동을 해석하면 알 수 있다.

단순 전단 유동장 내에서의 긴 회전타원체의 운동은 크게 다음과 같이 나누어 볼 수 있다. 먼저 유체가 흐르는 방향을 x, 속도가 변하는 방향을 y, 중립 방향(vorticity direction)을 z 방향이라 하자. 그림 9.27의 위 그림과 같이 방향벡터 **u**가 x-y 평면에 있으면 계속 같은 평면에서 도는데 이를 텀블링(tumbling)이라고 한다. 중간 그림과 같이 **u**가 z 축을 향하고 있으면 계속 z 축을 향하게 되며 이를 통나무 굴리기(log rolling)라고 한다. 나머지 아래 그림의 경우에는 **u**가 카약의 노를 젓는 형태로 움직이므로 이를 카약킹(kayaking)이라고 한다. 텀블링의 경우 **u**가 y 축을 향하고 있으면 쉽게 돌아가지만 x 축을 향하고 있으면 잘 돌지 않고 오랫동안 이 위치에 머물러 있는 것같이 보이게 된다. 납작한 회전타원체의 운동은 긴 회전타원체의 운동과 유사하지만 **u**가 z 축을 향하고 있을 때 바퀴 굴리기(wheel rolling)라고 한다. 또한 **u**가 y 축을 향하고 있으면 거의 움직이지 않으며, x 축을 향하고 있으면 잘 돌게 된다.

회전타원체 입자는 이와 같이 시간에 따라 방향이 계속 바뀌므로 하나의 입자만을 생각하면 유동은 항상 비정상 상태에 있다. 현탁액의 농도가 묽을 경우 입자 간의 상호작용이 작고, 입자들은 일반적으로 유동이 시작되는 초기에는 임의

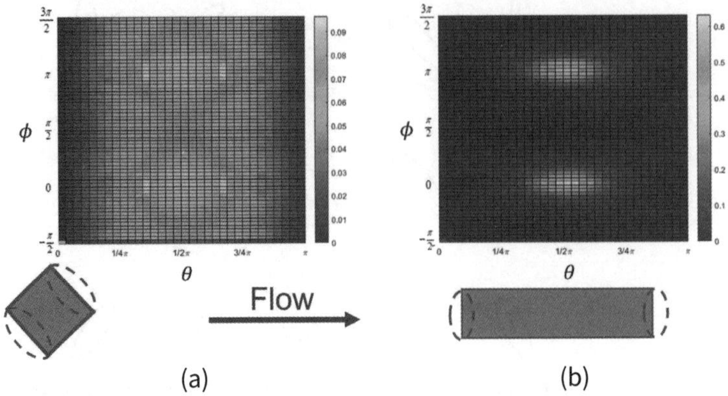

그림 9.28 짧은 막대와 긴 막대의 방향분포함수의 차이 (a) $p=1$; (b) $p=4$. 그림에서 색이 밝을수록 높은 확률을 가짐

의 방향을 가진다. 이러한 현탁액이 전단 유동으로 흐르게 되면 각 입자는 초기 방향에 따라 결정되는 제퍼리 궤도를 따라 회전을 하여 초기와는 다른 방향 분포(orientation distribution)가 생긴다. 이러한 입자의 방향분포는 현탁액의 유변학적 성질을 결정하는 중요한 요소이다. 입자의 방향분포 함수(orientation distribution function)는 방향벡터가 특정한 방향 (θ,ϕ)를 향하는 확률을 나타내는 함수로 이와 김(Lee and Kim, 2020)의 방법을 이용하여 수치적으로 구할 수 있으며, 방향분포 함수로부터 입자가 어떤 방향을 주로 향하는지 알 수 있다. 예를 들어 종횡비 p가 1인 짧은 막대는 그림 9.28a에 보인 바와 같이 45° 기울어진 배향이 가장 확률이 높다. p가 4인 경우에는 텀블링 도중 $\mathbf{u}$가 유동방향으로 향하고 있는 것이 가장 확률이 높다. 즉 $\mathbf{u}$는 x 방향 벡터를 가질 확률이 가장 높다.

비구형입자도 브라운 운동을 하며, 확산계수는 방향에 따라 다른 값을 가진다. 또한 구형입자의 경우에는 고려할 필요가 없는 회전(rotational) 브라운 운동을 추가로 고려하여야 한다. 회전 브라운 운동에 의해 방향벡터 $\mathbf{u}$는 그림 9.29에 보인 바와 같이 시간에 따라 무작위로 변한다. $\mathbf{u}$는 두 좌표 (θ,ϕ)의 함수이므로 2차원적으로 변하고 따라서 시간 t만큼 지난 후의 $\mathbf{u}$의 제곱의 평균, 즉 수많은 경우의 임의 운동(random motion)의 평균으로부터 회전 확산계수(rotational diffusivity) D_r을 정의할 수 있다. 즉

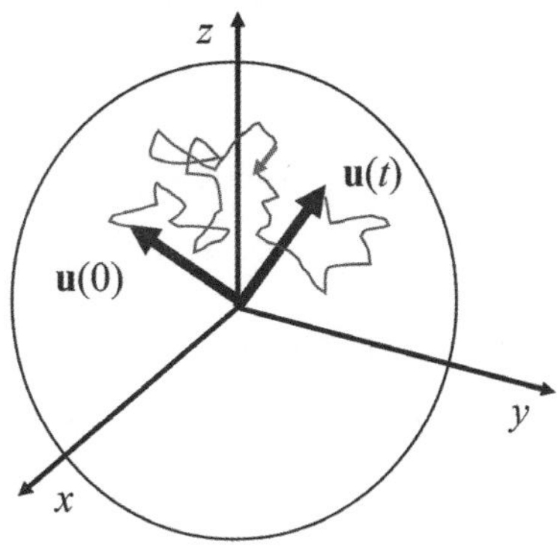

그림 9.29 회전 브라운 운동

$$\left\langle (\mathbf{u}(t)-\mathbf{u}(0)^2 \right\rangle = 4D_r t \tag{9.3-2}$$

로 정의한다. 위 식의 계수 4로부터 2차원적 확산임을 알 수 있다. D_r은 1/s의 단위를 가지며, 일반적으로 사용하는 확산계수 m^2/s와 다른 점을 주의하여야 한다. D_r은 입자의 크기, p 및 액체의 점도에 따라 달라지며 대표적인 입자 형태의 경우 다음과 같다.

길이 L, 종횡비 p의 긴 회전타원체: $D_r = \dfrac{3k_B T[\ln(2p)-0.5]}{\pi \eta_s L^3}$ (9.3-3)

길이 L, 직경 d의 막대: $D_r = \dfrac{3k_B T[\ln(L/d)-0.8]}{\pi \eta_s L^3}$ (9.3-4)

직경 d의 얇은 원판: $D_r = \dfrac{3k_B T}{4\eta_s d^3}$ (9.3-5)

회전 확산의 역할은 다음과 같이 정의되는 회전 페클레 수(Peclet number)를 구하여 보면 알 수 있다.

$$\text{Pe}_r = \frac{\dot{\gamma}}{D_r} \tag{9.3-6}$$

Pe $\gg$ 1이면 D_r이 작아 회전 브라운 운동의 역할은 무시할 정도로 작으며, Pe $\ll$ 1이면 회전 브라운 운동이 주된 역할을 한다. 식 (9.3-3)-(9.3-5)에서 보면 입자의 크기가 커지면 D_r은 작아지는데 액체가 물인 경우 입자의 크기가 10μm 이상이면 $\dot{\gamma}$ = 1에서 Pe_r>100이 되어 회전 확산은 거의 무시할 수 있다. 또한 액체의 점도가 클수록 D_r이 작아지므로 고분자 용융체 안의 입자의 회전 확산은 무시할 정도로 작다. 즉 회전 확산은 낮은 점도의 액체 안에 분산된, 긴 축의 길이가 1 μm 이하로 작고, p가 큰 입자의 경우 매우 중요하다. 이러한 특징을 갖는 계로는 나노 막대(nano-rod)나 막대형 고분자 용액을 들 수 있으며 여러 연구의 대상이 되어 왔다.

입자의 유동장에서의 배향(orientation)은 현탁액의 유변학적 성질에 큰 영향을 미치는 인자이다. 막대형 입자의 경우 입자가 유동방향으로 배향을 하면 점도 증가에 미치는 역할이 가장 작다. 회전 브라운 운동은 제퍼리 궤도에 의하여 생기는 입자의 배향을 무작위로 변하게 하여 평형상태에 이르게 하는 경향이 있으므로 회전 브라운 운동에 의하여 점도가 더 증가하며, 비구형입자 현탁액은 낮은 입자 농도, 즉 입자가 서로 부딪히지 않고 자유롭게 회전할 수 있는 농도에서도 탄성과 0이 아닌 수직 스트레스 차이를 갖는다. Pe_r이 커지면, 즉 주어진 현탁액에 대하여 $\dot{\gamma}$이 커지면 회전확산의 역할이 줄어들면서 점도와 수직 스트레스 차이도 줄어든다. 따라서 점도와 수직 스트레스 차이가 전단율에 따라 감소하는 시어 시닝 특징을 보인다. 묽은 비구형입자 현탁액의 점도, 수직 스트레스 차이에 대해서는 브레너(Brenner, 1974)의 총설 논문에 잘 나와 있다. 한편 묽은 긴 회전타원체나 막대 현탁액의 경우에는 점도에 대한 다음과 같은 근사식들이 제안되어 있다(Kuhn and Kuhn, 1945):

$$\frac{\eta_0}{\eta_s} = 1 + \phi\left[2.5 + 0.408(p-1)^{1.508}\right], \quad p < 15$$

$$\frac{\eta_0}{\eta_s} = 1 + \phi\left[1.6 + \frac{p^2}{5}\left(\frac{1}{3(\ln 2p - 1.5)} + \frac{1}{\ln 2p - 0.5}\right)\right], \quad p > 15 \tag{9.3-7}$$

막대입자 현탁액의 경우에는 p가 충분히 클 때는 다음 식을 쓰는데(Dhont et al., 2003), 식 (9.3-7)과의 차이로부터 입자 끝의 작은 변화에도 점도가 민감하게 변하는 것을 알 수 있다.

$$\frac{\eta_0}{\eta_s}=1+\alpha\phi, \quad \alpha=\frac{8p^2}{45\ln p}$$
$$\frac{\eta_\infty}{\eta_s}=1+\frac{1}{4}\alpha\phi$$
$$N_1=\eta_s\frac{1}{4}\frac{\dot{\gamma}^2}{D_r}\alpha\phi \tag{9.3-8}$$
$$N_2=-\eta_s\frac{1}{40}\frac{\dot{\gamma}^2}{D_r}\alpha\phi=-\frac{1}{10}N_1$$

식 (9.3-8)을 보면 막대형 입자 현탁액은 고분자와 같이 $N_1>0, N_2<0$의 거동을 보인다. 위의 식들은 여러 가정들이 포함된 식으로서 점근해에 기본을 두고 있으므로 사용 시 주의하여야 한다. 즉 여러 농도에 대한 조건이나 종횡비에 대한 조건 등은 돈트 등(Dhont et al., 2003)을 참고하여야 한다. 이 외에도 여러 이론식들이 존재하나 여기서는 생략한다. 좀더 자세한 내용은 라슨(Larson, 1999)이나 브레너(Brenner, 1974)를 참고할 수 있다.

앞에서 다룬 낮은 농도의 문제는 입자의 가장 큰 길이, 예를 들어 막대의 경우 축방향 길이를 L이라 할 때 단위부피당 입자의 수 ν가 다음 조건을 만족하는 경우이다.

$$\nu L^3<1 \tag{9.3-9}$$

농도가 이보다 높아지면 입자의 회전이 다른 입자의 영향을 받는 덜 묽은(semi-dilute) 영역이 되고, 더 나아가 진한 영역이 된다. 덜 묽은 영역에서의 막대형 입자 현탁액의 점도 및 수직 스트레스에 대해서는 도이와 에드워즈(Doi and Edwards, 1986)가 고분자의 튜브 이론과 같은 방법론을 이용하여 다음과 같이 유도하였다:

$$\eta_0=\frac{\nu k_BT}{10D_r}, \quad \Psi_{1,0}=\frac{\nu k_BT}{30D_r^2}, \quad \Psi_{2,0}=-\frac{\nu k_BT}{105D_r^2}, \quad D_r\approx 30\frac{D_{r0}}{(\nu L)^2} \tag{9.3-10}$$

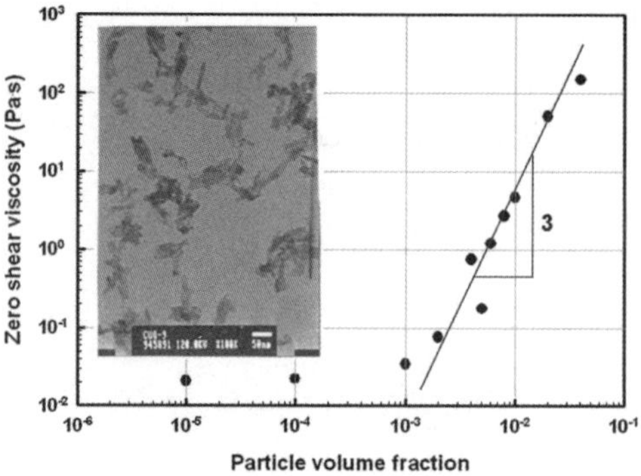

그림 9.30 Aspect ratio 3, 길이 50 – 100nm의 CuO 입자를 에틸렌글리콜에 분산한 현탁액의 점도와 부피분율의 관계 (Kwak and Kim, 2005)

위 식에서 D_r은 덜 묽은 영역에서 입자의 운동이 제한을 받을 때의 회전 확산 계수이고, D_{r0}는 앞에서 구한, 농도가 묽어 운동이 자유로울 때의 값이다. 식 (9.3-10)에 의하면

$$\eta_0 \propto \nu^3 \propto \phi^3 \tag{9.3-11}$$

이 되는데 그림 9.30과 같이 실험적으로도 확인된다.

입자 농도가 더 커지면 입자들은 무작위적으로 배치되는 것보다 액정(liquid crystal)과 같이 배열을 하는 경우가 생길 수 있다. 온사거(Onsager, 1949)는 $\phi < 3.3/p$인 경우에는 무작위적인 배열을 하고, $\phi > 4.1/p$의 영역에서는 액정 배열을 하며,

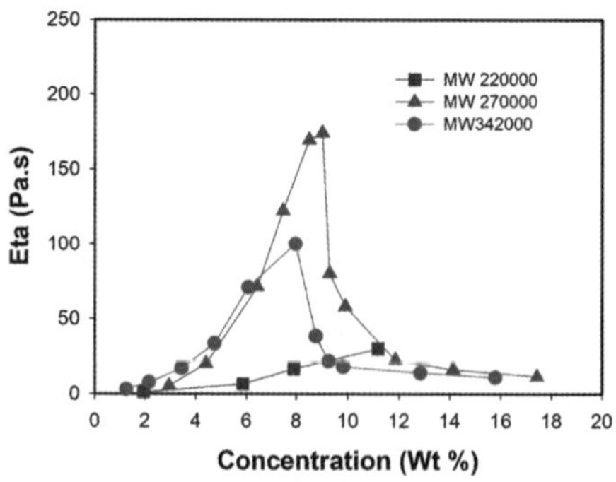

그림 9.31 막대형 고분자 용액(PBLG를 m-Cresol에 녹임)의 점도와 농도와의 관계. 허만즈(Hermans, 1962)의 데이터를 다시 그림

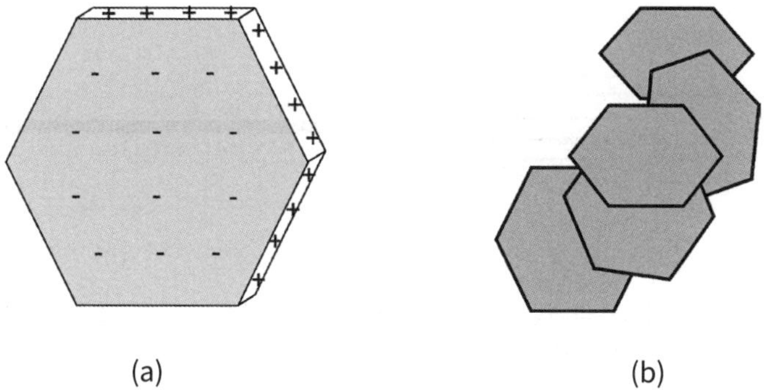

그림 9.32 (a) 물에 분산된 clay 단일 입자의 하전된 상태. (b) 반대로 하전된 모서리와 넓은 면 사이의 인력에 의하여 형성된 입자의 네트웍 구조

그 사이에서는 액정 영역과 무작위 영역이 공존함을 보고하였다. 액정 영역에서 점도는 입자 농도가 커지면서 오히려 줄어드는 현상이 생기게 된다. 입자가 액정 안에 갇혀서 회전을 하지 못하게 되면 독립적으로는 점도 증가에 기여하지 못하기 때문이다. 그림 9.31에는 분자량이 서로 다른 막대형 고분자의 농도와 점도와의 관계를 도시하였다. 그림에서 농도가 낮을 때는 농도가 커지면서 점도가 커지지만 농도가 더 커지면 오히려 감소하는 현상을 볼 수 있다.

비구형입자 현탁액의 유변 물성 중 지금까지 막대형 입자 현탁액을 중심으로 다루었다. 판형입자에 대해서는 현재까지 주로 점토 처리공정(clay processing)에서 다루어 왔다. 점토 입자들은 판형의 무기물로 물에 분산될 경우 넓은 면은 "–" 전하를, 모서리는 "+"전하를 띠게 된다. 따라서 그림 9.32에 보인 바와 같은 "카드 조립(house of cards)" 같은 네트워크 구조를 가지게 되며, 항복 스트레스가 커져 성형이 가능하게 된다.

9.3.2 막대형 입자 현탁액의 신장 유동

비구형입자는 전단 유동장에서 회전을 하면서 움직이지만 신장 유동장에서는 회전을 하지 않는다. 신장 유동 내에 회전 성분이 없기 때문이다. 막대형 입자 현탁액은 단축 신장 유동(uniaxial extensional flow)에서 늘어나는 방향으로 배향을 하며 낮은 입자 농도에서도 신장 점도를 급격하게 증가시킨다. 배첼러(Batchelor, 1971)는

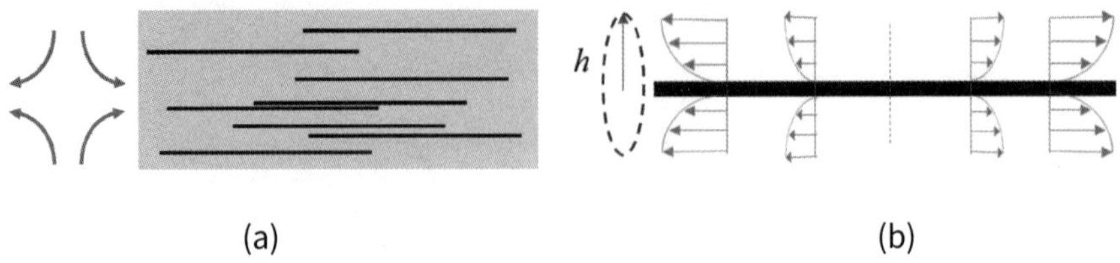

그림 9.33 (a) 신장 유동장 내에서 막대형 입자의 배열 (b) 막대 중심속도를 기준으로 할 때 막대 주변의 속도 분포. h는 입자 간 평균거리

종횡비 p가 큰(길이 $2L$, 반경 R_0) 막대형 입자가 분산된 현탁액의 신장 점도를 다음과 같이 이론적으로 구하였다. 비교적 작은 양의 입자가 분산된 경우에도 그림 9.33a와 같이 입자 간의 간격이 작지 않기 때문에 수력학적 상호작용을 고려할 때 입자 벽과 입자 간의 평균거리 h 사이에 그림 9.33b와 같은 유동이 형성된다. 입자가 작아 유동의 레이놀즈 수가 작으므로 스톡스 방정식을 풀어 작용되는 힘을 구하면 부피분율이 ϕ일 때 신장 점도는 다음과 같이 된다:

$$\eta_E = 3\eta_s\left[1+\frac{4\phi p^2}{p\ln(\pi/\phi)}\right] \tag{9.3-12}$$

이 식은 입자 간의 평균간격 $h=(2vL)^{-1/2}$(v: 단위부피당 입자 개수)이 $L >> h >> R_0$ 의 조건

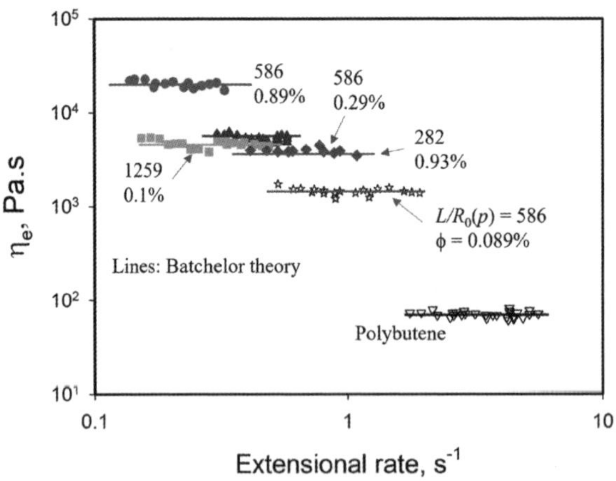

그림 9.34 p가 다른 유리섬유를 폴리부텐에 분산한 현탁액의 신장 점도와 신장률과의 관계. 실험 데이터와 이론식의 비교. 메비스와 메츠너(Mewis and Metzner, 1974)의 데이터를 이용하여 그림

을 만족할 때 사용할 수 있는 식이다. 식 (9.3-12)에 의하면 $\phi = 0.01,\ p = 1000$일 경우 막대형 입자의 신장 점도는 입자를 분산한 뉴턴성 유체의 신장 점도에 비하여 700배 이상의 값이 됨을 알 수 있다. 그림 9.34에는 메비스와 메츠너(Mewis and Metzner, 1974)의 실험 결과가 배첼러의 이론적인 식 (9.3-12)를 잘 뒷받침하는 것을 보여준다. 그림 9.33b를 참고하면 신장 점도가 크게 되는 것은 입자에 의하여 입자 주위에 새로운 전단 유동장이 형성되기 때문이다. 한편 아주 묽은 영역, 즉 입자 간의 수력학적 상호작용이 무시할 정도로 작은 경우까지 포함하는 경우 다음 식을 사용하면 된다(Batchelor, 1971):

$$\eta_E = 3\eta_s\left[\frac{4\pi/9}{\ln p - \ln\dfrac{h+2L}{h} - 1.5}\right] \tag{9.3-13}$$

베첼러의 해석은 고분자 용액의 신장 점도가 고분자의 감김-풀림 전이(coil-stretch transition)후 급격하게 증가하는 현상을 설명할 수 있다. Wi > 0.5에서 고분자의 사슬은 완전히 늘어나고, 유체가 늘어나는 방향으로 정렬을 하는데 이는 앞에서 설명한 입자의 정렬과 같은 상황이다. 따라서 고분자의 신장 점도는 급격하게 증가하게 된다.

9.4 비뉴턴성 액체에 입자를 분산한 현탁액

비뉴턴성 유체에 구형입자가 분산된 현탁액의 경우 입자 부피분율이 아주 작은 분산계의 점도는 분산매의 점도와 크게 다르지 않다. 그러나 입자 부피분율이 증가하면 전혀 다른 양상이 나타난다. 특히 입자 농도가 아주 커지면 분산매의 특성보다는 분산계의 특성이 더 강하게 나타난다. 그림 9.35에는 카본블랙(carbon black)이 분산된 폴리스타이렌의 점도특성을 도시하였다. 카본블랙의 분율이 5% 이내인 경우 약간의 점도 변화를 제외하고는 정성적으로 폴리스타이렌의 특성과 동일하다. 그러나 부피분율이 20% 이상에서는 점도가 전단율에 따라 감소하는 시어 시닝 현

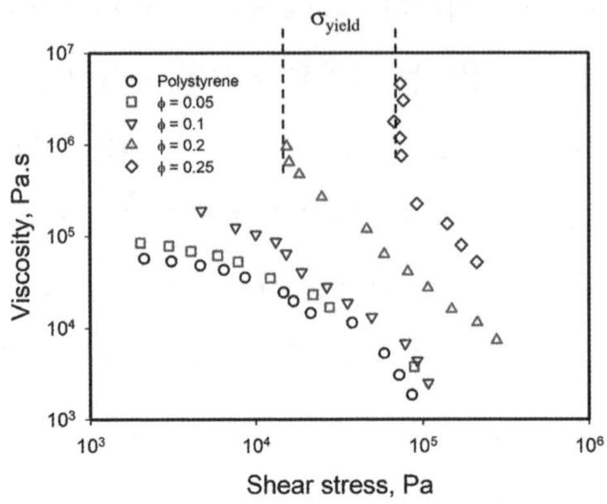

그림 9.35 분자량 214,000의 폴리스타이렌에 표면적이 124 m^2/g인 카본블랙을 분산한 현탁액의 점도 특성. 카본블랙의 부피분율을 변화하면서 측정함 로브와 화이트(Lobe and White, 1979)의 데이터를 변환하여 그림

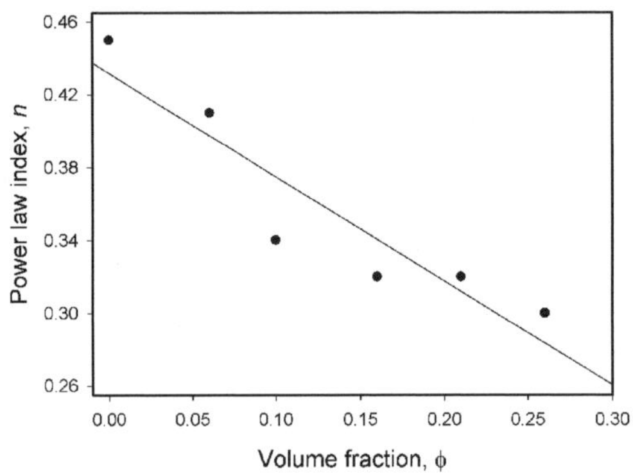

그림 9.36 유리입자를 폴리프로필렌에 분산한 현탁액 점도의 멱법칙 지수와 부피분율의 관계. 포크너와 슈미트(Faulkner and Schmidt, 1997)의 데이터를 그림

상이 매우 강할 뿐만 아니라 항복 스트레스가 생기는 것도 볼 수 있다. 포크너와 슈미트(Faulkner and Schmidt, 1997)도 유리입자를 충진한 폴리프로필렌 용융체의 점도를 $50-600s^{-1}$의 전단율 범위에서 측정하여 그림 9.36와 같이 입자의 부피분율이 커짐에 따라 멱법칙 지수가 감소하는 것을 보고하였다. 입자의 부피분율이 커지면서 점도의 시어 시닝 현상이 강하게 나타나는 이유는 두 입자 사이에서 고분자가 겉보기 전단율보다 훨씬 더 큰 전단율로 유동하기 때문이다.

고분자 용액이나 용융체와 같은 비뉴턴성 유체에 입자가 분산된 계의 유변학적

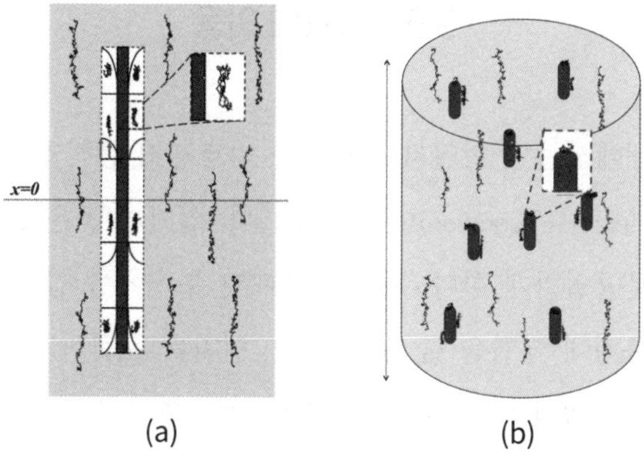

그림 9.37 (a) 막대형 입자가 분산된 고분자 용액의 신장 유동에서 막대형 입자 주변의 유동장의 변화 및 이에 따른 고분자 입체구조의 변화. 신장 유동에서 늘어나는 고분자는 전단 유동에서 다시 감기게 됨 (b) 막대형 입자 끝에서의 고분자 입체구조의 변화

성질은 분산매의 다양한 유변학적 특성과 함께 앞에서 논의된 바와 같이 다양하고 복잡한 입자분산계의 특성이 종합적으로 작용되어 매우 복잡하게 나타난다. 예를 들어 종횡비가 4.3–15.6의 FeOOH 막대형 입자를 분산한 고분자 용액(폴리아크릴아마이드를 물과 글리세린 혼합물에 용해)의 점도는 입자의 양이 늘어남에 따라 상승하지만 신장 점도는 오히려 감소하는 현상을 보인다(Han and Kim, 2015). 이러한 현상은 그림 9.37a에 보인 바와 같이 신장 유동에서 늘어난 고분자가 막대 주변의 전단 유동에 의해서 오히려 입체구조(conformation)가 바뀌어 신장 점도의 상승에 기여하지 못하기 때문이다. 물론 막대형 입자에 의하여 신장 점도가 늘어나지만, 고분자 사슬 개수가 많고 풀어진 고분자 사슬 간의 거리가 짧아 고분자의 역할이 더 크기 때문에 입자에 의하여 고분자의 역할이 줄어들게 되면 현탁액의 신장 점도는 감소한다. 입자의 종횡비가 작으면 신장 점도는 더욱 작아지는데 이는 그림 9.37b에 보인 바와 같이 입자 끝 부분의 상대적인 역할이 종횡비가 큰 입자보다 더 크기 때문이다. 이러한 결과는 구형입자가 분산된 고분자 용융체에서도 관찰된 현상이다(Le Meins et al., 2003). 또한 입자와 분산매 사이의 계면 현상도 중요한 역할을 하는 것으로 알려져 있다(Larson, 1999). 따라서 이러한 계에 대하여 자세히 다루기가 쉽지 않을 뿐만 아니라, 학문적으로도 확립되지 못한 부분이 많이 있다.

9.5 입자의 이동

유동 중인 유체 내에서는 구형입자도 유선을 가로질러 움직일 수 있는데, 이러한 현상을 입자 이동(particle migration)이라고 부른다. 입자 이동은 결과적으로 현탁액 내 입자 농도를 불균일하게 한다. 특히 고체표면 부근에서 입자의 농도를 변화시켜 유변 물성의 측정에 영향을 줄 수 있으며, 입자를 포함한 고분자의 가공 공정 등에도 영향을 줄 수 있다. 입자의 이동은 $Pe \gg 1$인 조건, 특히 입자가 커서 브라운 운동이 무시되는 경우에 나타나는 현상이다. 브라운 운동이 강한 작은 입자는 농도 기울기가 생겨도 확산, 즉 브라운 운동에 의하여 농도 기울기를 없애 주는 방향으로 입자가 이동하기 때문에 결과적으로는 농도 기울기는 발생하지 않는다.

세그리와 실버버그(Segre and Silberberg, 1961)는 처음으로 원형 관 내에서 구형입자를 미량 포함하고 있는 뉴턴성 유체가 포아제이(Poiseuille) 유동을 할 때 입자가 관의 중심에서부터 반경의 0.6배 되는 위치로 이동하는 것을 실험적으로 관찰하였다. 호와 릴(Ho and Leal, 1974)은 이러한 현상이 입자로 인하여 생기는 유동의 유선의 변화에 따르는 유체의 관성에 의한 것임을 이론적으로 밝혔다.

레이턴과 아크리보스(Leighton and Acrivos, 1987)는 입자 농도가 높은 현탁액 안에서 입자-입자 상호작용에 의해 전단율이 높은 곳에서 낮은 곳으로 입자가 이동되며, 입자이동은 확산식으로 나타낼 수 있음을 보고하였다. 이를 수력학적 확산(hydrodynamic diffusion) 혹은 전단장 유도 확산(shear induced diffusion)이라고 하며, 이때 확산 계수는 $\dot{\gamma}a^2$에 비례한다. 이후 MRI(magnetic resonance imaging)기술을 이용하여 여러 유변 물성 측정 장치 안에서의 입자 이동에 대한 실험적인 연구와 함께, 전단장 유도 확산에 대한 이론적 모델도 제시되었다. 입자는 입자 간의 상호 작용과, 농도 기울기, 전단율 기울기, 점도 기울기, 유선의 곡률 기울기 및 액체의 비뉴턴성 특성에 의해 이동되는 것이 밝혀졌다. 다음에는 입자 간의 상호작용에 의한 입자 이동의 기본 메커니즘 및 입자 이동의 물리적 현상에 대하여 직관적으로 이해하기에 비교적 간단한 필립스 등(Phillips et al., 1994)의 확산 플럭스 모델(diffusive flux model)을 이용하여 설명하였다. 입자의 이동을 설명하는 모델에는 이외에도 현탁액 온도 모델(suspension temperature model), 뷰에비치(Buyevich) 모델, 젠

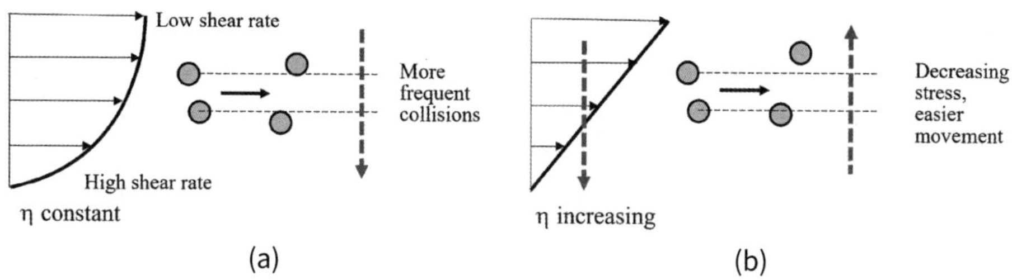

그림 9.38 (a) 전단율 기울기가 있는 경우 입자 충돌과 이에 의한 입자 이동 (b) 점도 기울기에 의한 입자 이동

킨스(Jenkins)와 맥티그(McTigue) 모델 등이 있으며 좀더 자세한 내용은 섀플리 등(Shapely et al., 2004)을 참고할 수 있다.

9.5.1 확산 플럭스 모델

현탁액 안에서 입자의 이동을 해석하기 위해 다음과 같은 계를 생각하자. 반경 a의 구형입자가 점도 η_s의 뉴턴성 유체 내에 분산되어 있다. 점도가 크고 $\dot{\gamma}$이 작아 유동의 관성은 무시할 수 있다. 또한 입자의 페클레 수($\mathrm{Pe} = \dot{\gamma}a^2/D$)가 충분히 커서 브라운 운동은 무시할 수 있도록 작다. 현탁액의 점도는 크리거-도거티 식을 따르며, 전단 스트레스는 뉴턴성 유체와 같은 형태로 주어진다. 즉

$$\eta(\phi) = \eta_s \left(1 - \frac{\phi}{\phi_{\max}}\right)^{-2.5\phi_{\max}} \tag{9.5-1}$$

$$\tau = \eta(\phi)\dot{\gamma}$$

이다. 위 식에서 입자의 이동이 생기면 위치에 따라 ϕ가 달라지므로 $\eta(\phi)$도 위치에 따라 달라지는 점을 주의하여야 한다. 현탁액의 유동이 충분히 느리면 관성이 무시되므로 압력 p, 스트레스 텐서 $\boldsymbol{\tau}$, 속도 $\mathbf{v}$ 간에 다음과 같은 운동량 및 연속 방정식을 만족한다.

$$-\nabla p + \nabla \cdot \boldsymbol{\tau} = 0$$
$$\nabla \cdot \mathbf{v} = 0 \tag{9.5-2}$$

입자 간의 상호작용에 의해 입자가 이동되는 현상을 설명하기 위해 그림 9.38a

와 같은 상황을 보면 속도가 서로 다른 유선을 따라 움직이는 두 입자는 충돌(여기서 충돌은 직접적으로 입자의 표면이 닿는 것은 아니며 수력학적으로 상호작용하는 것이다)을 하게 되며 충돌에 의해 위의 입자는 위쪽 유선으로 아래 입자는 아래쪽 유선으로 위치를 바꾸게 된다. 이러한 충돌의 횟수는 입자의 농도에 비례하며, 또한 전단율에도 비례한다(9.2.4 절의 스몰루초브스키 이론 참조). 따라서 입자의 크기에 해당하는 거리 차이에서 충돌 횟수의 차이는 $a\nabla(\dot{\gamma}\phi)$가 된다. 입자 이동 속도가 이 충돌 횟수의 차이에 비례한다고 가정하면 입자의 플럭스(flux)는 충돌 횟수의 차이에 입자의 농도를 곱한 것에 비례한다. 즉 충돌에 의한 플럭스 $\mathbf{N}_c$는 다음과 같이 쓸 수 있다(플럭스: 어떤 위치에서 단위면적당 단위시간당 흘러가는 물질의 양을 나타내는 벡터. 밀도 ρ, 속도 $\mathbf{v}$인 경우 플럭스는 $\rho\mathbf{v}$임. 입자 이동의 문제에서는 농도와 빈도를 곱하고 차원을 맞추어 표시한 것이다).

$$\mathbf{N}_c = -K_c a^2 \phi \nabla(\dot{\gamma}\phi) = -K_c a^2 \left(\phi^2 \nabla \dot{\gamma} + \phi\dot{\gamma}\nabla\phi\right) \tag{9.5-3}$$

위 식에서 K_c는 상수로 실험적으로 결정된다. 두 번째 등식을 보면 초기에 농도의 기울기 $\nabla\phi$가 0인 경우, 즉 고르게 분산이 되어 있는 경우에도 전단율의 기울기 $\nabla\dot{\gamma}$에 의해서 플럭스가 생길 수 있다. 입자가 이동되어 농도 차이가 생기면 점도도 따라서 차이가 나게 되며, 점도가 차이가 나면 충돌 후에 입자가 유선으로부터 변위되는 거리가 달라진다. 즉 그림 9.38b에 보인 바와 같이 점도가 낮은 쪽으로의 변위는 점도가 높은 쪽으로의 변위보다 커지게 되며, 이러한 현상은 입자의 플럭스로 나타난다. 입자의 크기에 해당하는 거리 간의 점도의 상대적인 차이는 $(a/\eta)\nabla\eta = (a/\eta)(d\eta/d\phi)\nabla\phi$로 입자의 이동 속도는 여기에 충돌 빈도 $\dot{\gamma}\phi$에 비례하는 값을 가진다. 따라서 점도 차이에 의한 플럭스 $\mathbf{N}_\eta$는 이동속도에 입자 농도를 곱한 값에 비례하며 비례상수 K_η를 도입하여 다음과 같이 쓸 수 있다.

$$\mathbf{N}_\eta = -K_\eta \dot{\gamma}\phi^2 \left(\frac{a^2}{\eta}\right)\frac{d\eta}{d\phi}\nabla\phi \tag{9.5-4}$$

크리슈난과 레이턴(Krishnan and Leighton, 1996)은 유선이 곡선인 경우 입자 간의 충돌은 입자를 곡률이 큰 쪽에서 곡률이 작은 쪽으로 이동하게 하는 것을 처음으로 보고하였는데 이를 곡률 유도 이동(curvature induced migration)이라고 한다. 이 경우 입자는 유선의 수직방향으로 움직이며 플럭스 $\mathbf{N}_\kappa$는 충돌 횟수, 입자 농도 및 곡률 κ에 비례한다고 가정할 때 다음과 같다.

$$\mathbf{N}_\kappa = K_\kappa \kappa a^2 \dot{\gamma}\phi^2 \tag{9.5-5}$$

위 식에서 K_κ는 상수이며, 평행원판 장치 내에서 $\phi = 0.5$일 때 입자 이동이 발생하지 않는 것으로부터 $K_c = K_\kappa$로 쓰기도 하지만 실제로는 모두 입자 농도 ϕ의 함수이다(Kim et al., 2008).

입자 이동에 대한 플럭스를 이용하여 입자 농도에 대한 지배방정식은 다음과 같이 쓸 수 있다:

$$\frac{\partial \phi}{\partial t} = -\nabla \cdot \left(\mathbf{N}_c + \mathbf{N}_\eta + \mathbf{N}_\kappa \right) \tag{9.5-6}$$

필립스 등(Phillips et al. 1994)은 벽면에서의 플럭스가 0인 조건과 입자 총량이 보존됨을 이용하여 위 식을 당시까지 발견되지 않았던 $\mathbf{N}_\kappa$가 없는 경우에 대해 해석적으로 풀어 원형관 및 넓은 간격의 쿠엣 장치 내에서의 농도를 이론식으로 구하고, MRI를 이용하여 실험적으로 농도 분포를 구하였다. 그 결과로서 이론적 모델이

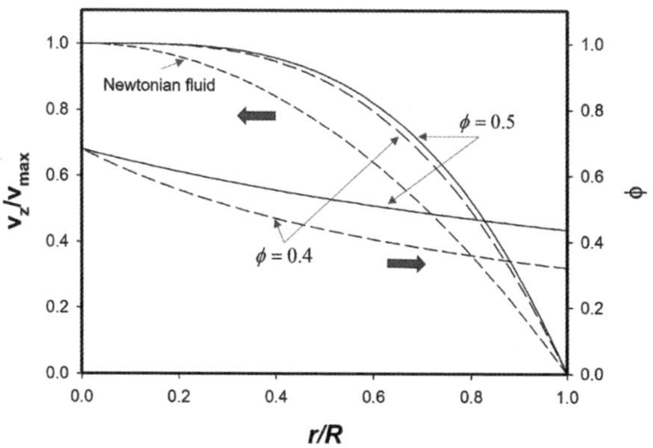

그림 9.39 평균 입자 농도 $\phi = 0.4, 0.5$ 인 경우의 입자 이동에 의한 속도 분포와 농도 분포 R은 관의 반경, $r = 0$는 관의 중심을 나타냄. 비교를 위하여 뉴턴성 유체의 포물선 속도 분포를 추가하였음

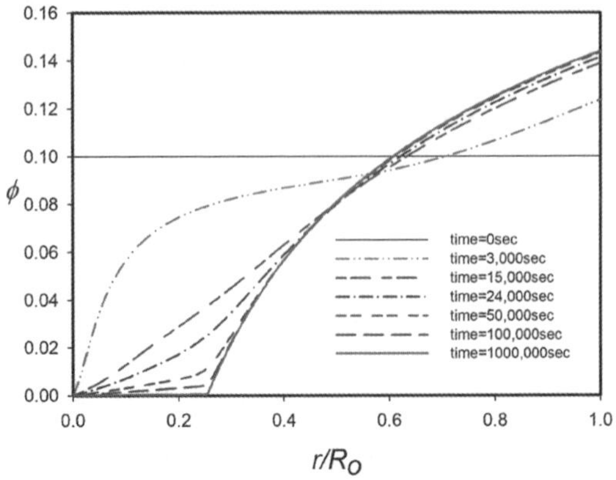

(a)

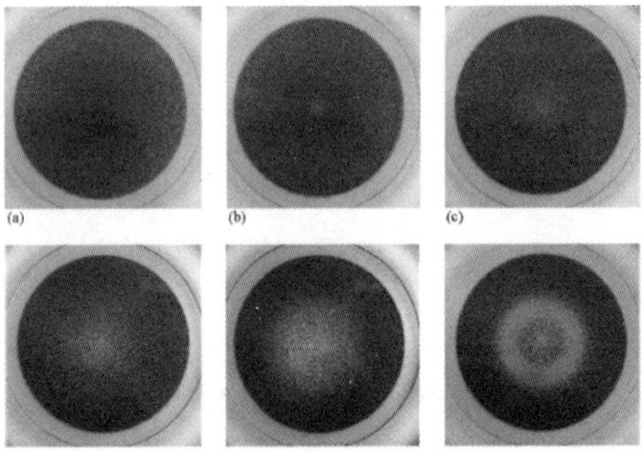

(b)

그림 9.40 165μm PMMA 입자를 밀도를 맞춘 에틸린글리콜과 글리세린의 혼합물에 분산한 현탁액의 평행원판(직경 50mm, 간격 1.6mm) 내에서 시간에 따른 입자 이동. $\dot{\gamma}$ =10s^{-1}, 입자 부피분율 = 0.15. 수치모사는 $K_\kappa = 0.308, K_c = 0.82\phi, K_\eta = 0.64$ 사용. 실험 결과는 시간 t = (a) 0 (b) 3,000 (c) 15,000 (d) 24,000 (e) 50,000 (f) 100,000s 에서 찍은 사진임. (b)에서 중앙에 입자가 줄어드는 것부터, 시간이 지나 (f)에서 가운데 입자가 모두 밖으로 이동되는 것까지 실험과 모델이 잘 맞는 것을 볼 수 있음(Kim et al., 2008)

실험 결과를 잘 설명해 주는 것을 보이고, 상숫값으로 K_c = 0.43, K_η= 0.65를 제시하였다.

필립스 등(Phillips et al. 1994)의 발표 이후 크리슈난과 레이턴(Krishnan and Leighton, 1996)에 의해 $\mathbf{N}_\kappa$가 발견되었고, 대부분의 입자 이동에 의한 농도 분포와 속도 분포를 예측할 수 있게 되었다. 그림 9.39에는 정상상태의 관 유동에서 입자의 분포와 속도 분포를 도시하였다. 입자는 전단율이 작은 관의 중앙으로 모이며, 이에 따라 점도가 커져 관 중앙에서의 속도 분포는 뭉툭하게 된다. 넓은 간격의 쿠엣장치의 경우 전단율은 안쪽 원통이 회전하는 경우 바깥쪽 원통에서의 값이 안쪽 원통 쪽보다 작으므로 입자가 바깥쪽으로 이동하는데, 여기에 더해 곡률도 작아 바깥 원통 쪽으로의 입자의 이동 속도는 더 커지게 된다. 두 평행원판 사이에서는 판의 중심 쪽이 판의 가장자리보다 전단율이 작아 중심 쪽으로의 플럭스가 생기지만 이보다 더 강한 $\mathbf{N}_\kappa$에 의하여 입자는 바깥쪽으로 이동한다. 그림 9.40에는 입자 농도 분포의 실험적 결과와 이론적 해석을 비교하였다. 앞에서도 언급하였듯이 $\phi = 0.5$의 경우 평행원판 내에서는 원판 바깥 쪽으로의 입자 이동이 관찰되지 않는다. 이러한 사실은 여러 K값들이 원래 가정과 같이 상수가 아니며 실제로는 ϕ의 함수라는 것을 의미한다.

입자의 이동은 비평형상태의 문제로서, 특히 입자의 크기가 크고, 점도가 높은 경우에 주로 관찰되는 현상이다. 수력학적 확산 계수는 $\dot{\gamma}a^2$에 비례하므로 입자의 크기가 작으면 이 값이 작고, 오히려 브라운 운동에 의한 확산계수가 커지면서 농도 기울기를 줄이는 방향, 즉 평형상태로 돌아가기 때문이다. 뉴턴성 유체 내에서의 입자 이동 정도는 전단장을 가한 시간이 아닌 γ, 즉 총 전단의 크기에 의하여 결정되는데 이는 입자의 충돌에 의하여 수력학적 확산이 생기며, 충돌 횟수는 전단의 크기에 의하여 결정되기 때문이다.

9.5.2 비뉴턴성 유체 내에서 입자의 이동

비뉴턴성 유체 내에서 입자의 이동은 전혀 다른 특징을 보이는데 이는 입자-입자 간의 상호작용이 탄성이나 수직 스트레스 차이에 의하여 크게 차이가 나기 때문이다. 비뉴턴성 유체 내에서 단일입자의 이동에 대해서도 아직 실험적으로나 이론적으로 확립되어 있지 않으므로 입자-입자 상호작용, 더 나아가 많은 입자가 분산되어 있는 경우의 문제 등은 충분히 이해되고 있지 못한 실정이다. 탄성이 있는 유체 안에서 입자는 같은 점도를 갖는 뉴턴성 유체 안에서보다 제퍼리 궤도의 주기가 줄어든다. 가늘고 긴 입자는 단순 전단 유동에서 긴 축이 중립 방향, 즉 회전(vorticity) 방향을 향하고 통나무 굴리기를 하며, 원판은 텀블링을 한다. 탄성이 매우 강한 액체 내에서 가늘고 긴 입자는 유체가 흐르는 방향을 향하기도 한다. 한편

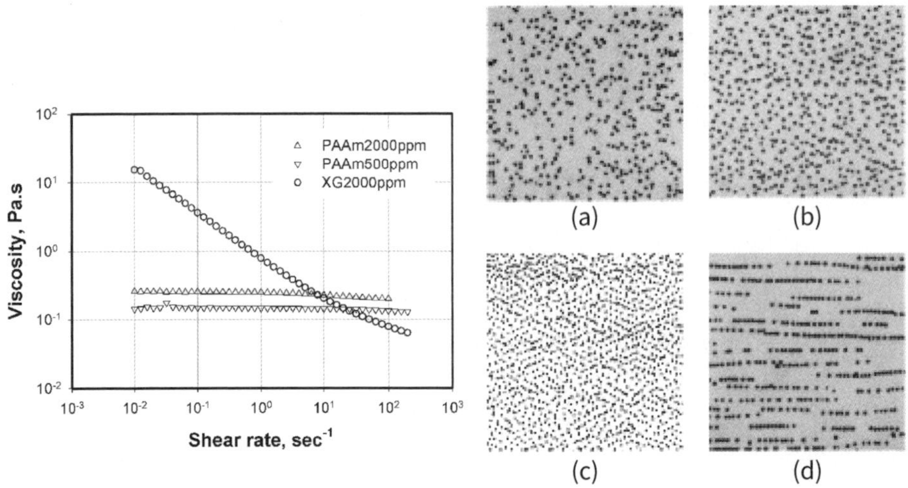

그림 9.41 입자를 분산하는 분산매의 점도와 550μm의 염색한 PMMA입자를 서로 다른 유체에 분산 후, 입자크기의 간격을 유지하는 두 유리판 사이에 채우고 하나의 판을 20mm 진폭의 왕복운동을 하며 전단을 가했을 때 발달되는 입자의 미세구조 차이. (a) 전단을 가하기 전 또는 뉴턴성 유체 내에 분산한 입자로 무작위 구조를 가지고 있음 (b) 글리세린과 에틸렌글리콜을 혼합한 용매에 2000ppm 폴리아크릴아마이드(PAAm)를 녹인 용액. 평균 $\dot{\gamma} = 85s^{-1}$, (c) 500ppm PAAm용액. 평균 $\dot{\gamma} = 90s^{-1}$ (d) 50% sucrose 수용액에 잔탄검을 2000ppm녹인 용액. 평균 $\dot{\gamma} = 45s^{-1}$(Won and Kim, 2004)

이러한 실험적인 결과는 2차유체(second-order-fluid)에서의 이론적인 해석 결과와는 다른 것으로 알려져 있다(Gunes et al., 2008).

비뉴턴성 유체 내에서 입자들은 뉴턴성 유체와는 다른 규칙적인 미세구조를 갖는 경우가 보고되고 있다. 미셸 등(Michel et al., 1977)은 두 유리판 사이에 폴리아크릴아마이드 수용액에 유리 입자를 분산한 현탁액을 넣고 유리판 사이의 간격을 조절하여 입자가 단층(monolayer)으로 퍼지게 한 후 전단 유동을 가하면 입자가 구슬목걸이 같이 연결되는 것 같은 줄(string)구조를 형성함을 처음으로 보고하였다. 원과 김(Won and Kim, 2004)은 미셸 등의 실험을 좀더 정교하게 실행하여 점도가 전단율에 따라 감소하는 고분자 용액인 경우에는 미셸 등의 결과와 같이 줄구조가 형성되지만, 점도가 거의 일정한 보거(Boger) 유체의 경우에는 입자들이 연결되지 않고 입자 사이의 거리가 유지되며, 특히 진동 유동(oscillatory flow)의 경우에는 결정성의 구조가 형성됨을 보였다(그림 9.41 참조). 한편 시로코 등(Sciroco et al., 2004)도 μm 크기의 작은 입자를 분산시킨 현탁액을 대상으로 레오미터의 측정장치(fixture)에서

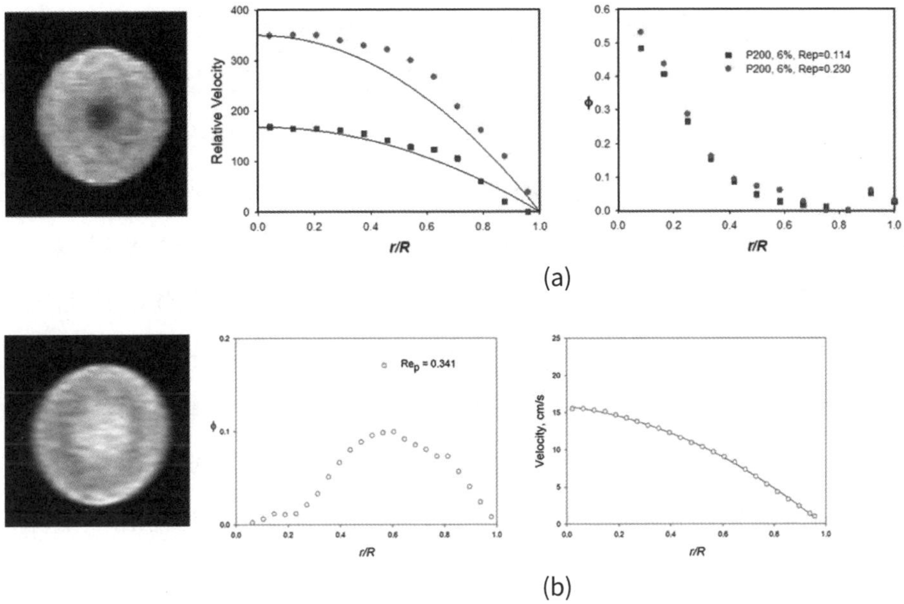

그림 9.42 위: 고분자 용액의 관 유동에서 입자의 이동과 속도 분포의 변화(Kim, 2001); 아래: 뉴턴성 유체의 관 유동(Han et al., 1999). 뉴턴성 유체와 입자는 그림 9.40의 경우와 같음. 고분자 용액은 같은 뉴턴성 유체에 분자량 5,000,000 g/mol의 폴리아크릴아마이드를 200ppm 녹인 것임. Re_p는 입자 크기 기준의 레이놀즈 수, 영상은 MRI를 이용하여 구한 것임. 어두운 부분은 입자를 밝은 부분은 액체를 나타냄. 입자 농도는 모두 6%임

실험하면서 광학 현미경 및 소각 광산란(small angle light scattering: SALS)을 이용하여 미세구조를 관찰한 결과 원과 김(Won and Kim, 2004)과 같이 점도가 일정한 유체 내에서는 비교적 입자가 고르게 분산된 구조를, 점도가 전단율에 따라 묽어지는 시어 시닝 용액 내에서는 줄구조가 형성됨을 보였다. 뉴턴성 유체 내에서는 입자가 규칙적인 구조를 갖지 않으며 점탄성 유체에서만 규칙적인 구조를 가지는 실험 결과로부터 입자의 이동은 액체의 수직 스트레스 차이에 의한 것임을 알 수 있으며, 점도의 시어 시닝 현상은 구조의 형상을 결정하는 역할을 하는 것임을 알 수 있다.

원형 관 내를 흐르는 점탄성 유체에 분산된 입자도 앞에서 다룬 뉴턴성 유체에 분산된 입자와 같이 입자-입자 상호작용에 의하여 유선에 수직 방향으로 이동을 한다. 그림 9.42에는 고분자 용액에 PMMA 입자를 분산한 현탁액의 입자 이동 특성을 뉴턴성 유체의 경우와 비교하여 도시하였다. 고분자 용액은 에틸렌글리콜과 글리세린을 혼합한 용매에 폴리아크릴아마이드를 200ppm 용해하여 제조한 것으로 점도가 거의 일정하고 탄성을 나타내는 보거 유체와 같은 특성을 갖는다. 뉴턴성 유체에 분산한 입자들은 관의 중앙에서 반경방향으로 1/2 정도 되는 위치에 모이며 속도 분포는 입자가 분산되지 않은 뉴턴성 유체와 같이 포물선 형을 따른다. 이 경우 입자의 이동은 입자 농도가 낮을 때 유체의 관성에 의하여 나타나는 세그리-실버버그 효과(Segre-Silberberg, 1961)에 의한 것이다. 입자가 들어 있지 않은 고분자 용액의 경우 속도 분포는 포물선인데 이는 고분자 용액의 점도가 전단율에 따라 감소하는 현상을 보이지 않기 때문이다. 고분자 용액에 분산된 입자들은 관의 중앙으로 이동하며, 속도 분포는 관의 중앙에서 뭉툭해진 형태가 된다. 특히 입자가 모여 있는 부분에서만 속도가 뭉툭한 것이 아니라 중앙에서 거의 1/2되는 지점까지의 속도까지 뭉툭하다. 이러한 현상은 점탄성 유체 내에서의 입자-입자 상호작용이 뉴턴성 유체 내에서보다 훨씬 강하기 때문이다.

비뉴턴성 유체 내에서의 입자 이동은 입자-입자 상호작용에 의한 수력학적 확산과 수직 스트레스 차이에 의한 이동이 중첩되어 나타나므로 뉴턴성 유체 내에서의 입자 이동에 비하여 해석하기에 훨씬 더 복잡한 문제이다. 더욱이 입자 이동과 함께 규칙적인 미세구조가 발달할 수 있고, 2개 입자 간의 입자-입자 상호 작용의 문제도 충분히 이해하지 못하고 있어 더 많은 연구가 필요한 분야이다.

9.6 현탁액 유변학의 종합 정리

현탁액은 입자를 액체에 분산한, 유변학적으로 복잡한 액체이다. 이 장에서는 현탁액이 갖는 여러 유변학적 특성과, 이러한 특성을 나타나게 하는 물리화학적 현상 및, 이들에 의한 입자-입자 상호작용에 대해 알아보았다.

입자의 부피분율이 작을 때 현탁액은 뉴턴성 유체와 거의 같은 거동을 보인다. 입자의 분율이 높아지면 점도가 전단율에 따라 감소하는 현상이 나타난다. 농도가 더 높은 현탁액의 유변학적 특성은 입자의 크기에 따라 달라진다. 브라운 운동의 역할이 거의 없는 큰 입자를 분산한 현탁액은 탄성을 가지지 않고, 모두 음의 부호의 N_1, N_2를 가진다. 브라운 운동을 하는 입자를 분산한 현탁액은 고분자 물질에 비해서는 낮은 탄성을 가지며, 0이 아닌 N_1,N_2도 갖는다. 큰 입자의 경우와 달리 N_1의 부호는 전단율에 따라 달라진다. 브라운 운동을 하는 입자의 현탁액은 입자 분율이 높은 경우 항복 스트레스와 점도가 전단율에 따라 증가하는 현상을 보인다. 식소트로피는 큰 입자 현탁액의 경우 나타나지 않는다. 브라운 운동이 약하면 평형상태로 돌아 갈 수가 없기 때문이다. 이러한 현탁액의 유변 물성 측정 시에는 재현성이 없고, 초기조건에 따라 물성이 다르게 나타나는 것이 일반적이다.

현탁액의 유변 물성은 현탁액 내 형성되는 입자의 미세구조의 차이에 의하여 결정된다. 미세구조는 입자의 모양, 크기, 부피분율에 따라 달라지며 분산매의 유변 물성에 따라서도 달라진다. 비구형입자의 경우에는 유동장 안에서 입자의 회전이 중요한 역할을 한다. 특히 회전 브라운 운동이 중요한 역할을 한다. 입자의 미세구조를 이해하기 위해서는 여러 다른 조건에서의 수력학적 및 물리화학적인 입자-입자 상호 작용의 이해가 필수적이다.

입자 간의 반데르발스 포텐셜에 의하여 응집이 생기는 경향이 있으며, 이를 극복하기 위해 입자 표면에 정전기적인 포텐셜을 갖게 하거나 입자 표면에 고분자를 붙여 두 입자의 접근을 억제하는 방법을 쓸 수 있다. 용액 내의 고분자는 결핍 포텐셜이나 서로 다른 입자에 흡착한 고분자에 의한 응집도 생길 수 있다. 이러한 현상들을 이해하기 위해서는 용액 내 고분자의 입체구조과 함께 고분자나 전해질에 의하여 생기는 입자 사이에서의 삼투압에 대한 이해도 필요하다.

전단 유동이나 브라운 운동은 입자가 응집되게 할 수 있으며, 더 나아가 젤을 형성하게 한다. 유동장 내 젤은 전단 스트레스에 의하여 파괴될 수도 있다. 따라서 교반, 초음파 진동 등으로는 입자를 완전히 분산시킬 수는 없다. 난류도 유사한 결과를 보인다.

비뉴턴성 유체 내의 입자는 수직 스트레스 차이나 탄성에 의하여 특이한 미세구조를 보일 수 있으며, 입자의 이동 특성도 달라질 수 있다. 점도가 낮은 유체 내에서 작은 입자는 브라운 운동에 의하여 이동을 억제하면서 수력학적 확산과 평형을 이루게 된다. 큰 입자의 경우 이동은 입자 농도를 크게 변화시키는 주요한 역할을 한다.

현탁액 유변 물성 측정에 관한 내용은 이 장에는 포함하지 않았다. 원뿔과 원판, 쿠엣, 평행원판, 모세관 유동 등의 기본적인 측정 방법은 어느 물질에나 공통일 뿐만 아니라, 현탁액에서 중요한 벽면 미끄러짐, 입자 이동, 침강 등의 문제는 각 현상이 나타나는 원인과 메커니즘은 물질마다 다를 수 있어도 다른 여러 종류의 물질에서 공통적으로 나타날 수 있는 현상이므로 함께 모아서 쓰는 것이 더 좋을 것으로 판단되었기 때문이다. 유변 물성 측정에 대해서는 제11장 유변 물성 측정에 정리되어 있다.

참고 문헌

Adachi Y, 1995, "Dynamic aspects of coagulation and flocculation," *Adv. Colloid Inerface Sci.* **56**, 1-31

Asakura S and F Oosawa, 1954, "On interaction between two bodies immersed in a solution of macromolecules," *J. Chem. Phys.* **22**, 1255-1256

Asakura S and F Oosawa, 1958, "Interaction between particles suspended in solutions of macromolecules," *J. Polym. Sci.* **33**, 183-192

Barnes HA, 2002, Viscosity, INNFM, Aberystwyth

Barnes HA, JF Hutton and K Walters, 1989, An Introduction to Rheology, Elsevier, Amsterdam

Banchio AJ and G Naegele, 2008, "Short-time transport properties in dense suspensions: From neutral to charge-stabilized colloidal spheres," *J. Chem. Phys.* **128**, 104903

Batchelor GK, 1971, "The stress generated in a non-dilute 현탁액 of elongated particles by pure straining motion," *J. Fluid Mech.* **46**, 813-829

Batchelor GK, 1977, "The effect of Brownian motion on the bulk stress of suspension of spherical aprticles," *J. Fluid Mech.* **83**, 97-117

Batchelor GK and JT Green, 1972, "The deformaiton of the bulk stress in a suspension of spherical particles to order c^2," *J. Fluid Mech.* **56**, 401-427

Brenner H, 1974, "Rheology of a dilute suspension of axisymmetric Brownian particles," *Int. J. Multiphase Flow* **1**, 195-341

Bretherton FP 1962, "The motion of rigid particles in a shear flow at low Reynolds number," *J. Fluid Mech.* **14**, 284-304.

Chong JS, EB Christiansen and AD Baer, 1971, "Rheology of concentrated suspensions," *J. Appl. Polym. Sci.* **15**, 2007-2021

Conley RF, 1996, Practical Dispersion: A Guide to Understanding and Formulating Slurries, Wiley, New York

Derjaguin B. and LD Landau, 1941, "Theory of the stability of strongly charged lyophobic sols and of the adhesion of strongly charged particles in solutions of electrolytes," *Acta Physicochimica U.R.S.S.* **14**, 633-662.

Dhont JKG and WJ Briels, 2003, "Viscoelasticity of suspensions of long, rigid rods," *Coll. Surf. A: Physicochem. Eng. Aspects* **213**, 131-156

Doi M and SF Edwards, 1986, "The Theory of Polymer Dynamics," Oxford Univ. Press, New York

Farris RJ, 1968, "Prediction of the viscosity of multimodal suspensions from unimodal viscosity data," *Trans. Soc. Rheol.* **12**, 281-301

Faulkner DL and LR Schmidt, 1977, "Glass bead-filled polypropylene. 1. Rheological and mechanical properties," *Polym. Eng. Sci.* **17**, 657-665

Friedlander SK, 1977, Smoke, Dust and Haze, Wiley, New York

Gunes DZ, R Scirocco, J Mewis and J Vermant, 2008, "Flow induced orientation of non-spherical particles: Effect of aspect ratio and medium rheology," *J. non-Newt. Fluid Mech.* **155**, 39-50

Han H and C Kim, 2015, "Extensional behavior of rod suspension in dilute polymer solution," *Korea-Aust. Rheol. J.* **27**, 197-206

Han M, C Kim, M Kim and S Lee, 1999, "Particle migration in tube flow of suspensions," *J. Rheol.* **43**, 1157-1174

Hermans J Jr, 1962, "The viscosity of concentrated solutions of rigid rodlike molecules (poly-γ-benzyl-L-glutamate in m-cresol," *J. Colloid Sci.* **17**, 638-648

Higashitani K, R Ogawa, G Hosokawa and Y Matsuno, 1982, "Kinetic theory of shear coagulation for particles in a viscous fluid," *J. Chem. Eng. Jap.* **15**, 299-304

Ho BP and LG Leal, 1974, "Inertial migration of rigid spheres in 2-dimensional unidirectional flows," *J. Fluid Mech.* **65**, 365-400

Hunter RJ, 1993, Introduction to Modern Colloid Science, Oxford Uni. Press, Oxford

Israelachvili JN, 2011, Intermolecular and Surface Forces, 3rd ed., Academic Press, Amsterdam

Jeffery GB, 1922, "The motion of ellipsoidal particles immersed in a viscous fluid," *Proc. Roy. Soc. Lond. Series A* **102**, 161-179

Kim C, 2001, "Migration in concentrated suspensions of spherical particles dispersed in polymer solution," *Korea-Aust. Rheol. J.* **13**, 19-27

Kim JM, SG Lee and C Kim, 2008, "Numerical simulations of particle migration in suspension flows: Frame-invariant formulation of curvature-induced migration," *J. Non-Newt. Fluid Mech.* **150**, 162-176

Kim S and SJ Karrila, 1991, Microhydrodynamics: Principles and Selected Applications, Butterworth-Heinemann, Boston

Krieger IM, 1972, "Rheology of monodisperse latices," *Adv. Coll. Inter. Sci.* **3**, 111-136

Krieger IM and TJ Dougherty, 1959, "A mechanism for non-Newtonian flow in suspension s of rigid spheres," *J. Rheol.* **3**, 137-152

Krishnan GP, S Beimfohr and DT Leighton, 1996, "Shear-induced radial segregation in bidisperse suspension s," *J. Fluid Mech.* **321**, 371-393

Kuhn W and H Kuhn, 1945, "Die Abhaengigkeit der Viskostaet vom Stroemungsgefaelle bei hochverdduennten suspensionen und Loesungen," *Helv. Chim. Acta* **28**, 97-127

Kusters KA, JG Wijers and D Thoenes, 1997, "Aggregation kinetics of small particles," *Chem. Eng. Sci.* **52**, 107-121

Kwak K and C Kim, 2005, "Viscosity and thermal conductivity of copper oxide nanofluid dispersed in ethyleneglycol," *Korea-Aust. Rheol. J.* **17**, 35-40

Ladd AJC, 1990, "Hydrodynamic transport coefficients of random dispersions of hard spheres," *J. Chem. Phys.* **93**, 3484-3494

Larson RG, 1999, The Structure and Rheology of Complex Fluids, Oxford Univ. Press, New York

Laun HM, 1984, "Rheological properties of aqueous polymer dispersions," *Angew. Makomol. Chem.* **123**, 353-359

Lee HS and C Kim, 2020, "Study on Coagulation Kinetics of Disk-like Particles under Simple Shear Flow," *Langmuir* **36**, 169-179

Lee M, M Alcoutlabi and JJ Magda, 2006, "The effect of the shear thickening transition of model colloidal spheres on the sign of N1 and on the radial pressure profile in torsional shear flows," *J. Rheol.* **50**, 293-311

Leighton D and A Acrivos, 1987, "The shear-induced migration of particles in concentrated suspension s," *J. Fluid Mech.* **181**, 415-439.

Le Meins, J.F., P. Moldenaers and J. Mewis, 2003, "suspension s of monodisperse spheres in polymer melts: particle size effects in extensional flow," *Rheol. Acta* **42**, 184-190.

Lewis J, 2000, "Colloidal processing of ceramics," *J. Am. Ceram. Soc.* **83**, 2341-2359

Lewis TB and LE Nielson, 1968, "Viscosity of dispersed and aggregated suspensions of spheres," *J. Rheol.* **12**, 421-443

Lobe VM and JL White, 1979, "Experimental study on the influence of carbon-black on the rheological properties of a polystyrene melt," *Polym. Eng. Sci.* **19**, 617-624

Mewis J and AB Metzner, 1974, "The rheological properties of suspensions of fibers in Newtonian fluids subjected to extensional deformations," *J. Fluid Mech.* **62**, 593-600

Mewis J and NJ Wagner, 2012, Colloidal Suspension Rheology, Cambridge Univ. Press, Cambridge

Michele J, R Paetzold and R Donis, 1977, "Alignment and aggregation effects in suspensions of spheres in non-Newtonian media," *Rheol. Acta* **16**, 317-321

Onsager L, 1949, "The effects of shape on the interaction of colloidal particles," *Ann. NY Acad. Sci.* **51**, 627-659

Otsubo Y, 1993, "Size effects on the shear-thickening behavior of suspensions flocculated by polymer bridging," *J. Rheol.* **37**, 799-809

Phillips RJ, RC Armstrong, RA Brown, AL Graham and JR Abbott, 1992, "A Constitutive equation for concentrated suspensions that accounts for shear-induced particle migration," *Phys. Fluids* 4, 30-40

Phung TN, JF Brady and G Bossis, 1996, "Stokesian Dynamics simulation of Brownian suspensions," *J. Fluid Mech.* **313**, 181-207

Probstein RF, 2003, Physicochemical Hydrodynamics, 2nd ed., Wiley, Hoboken

Russel WB, 1978, "The rheology of suspensions of charged rigid spheres," *J. Fluid Mech.* **85**, 209-232

Russel WB, DA Saville and WR Schowalter, 1989, Colloidal Dispersions, Cambridge Univ. Press, Cambridge

Saffman PG and JS Turner, 1956, "On the collision of drops in turbulent clouds," *J. Fluid Mech.* **1**, 16-30

Schowalter WR, 1984, "Stability and coagulation of colloid in shear flows," *Annu. Rev. Fluid Mech.* **16**, 245-261

Scirocco R, J Vermant and J Mewis, 2004, "Effect of the viscoelasticity of the suspending fluid on structure formation in suspensions," *J. Non-Newt. Fluid Mech.* **117**, 183-192

Segre G and A Silberberg, 1961, "Radial Particle Displacements in Poiseuille Flow of suspensions," *Nature* **189**, 209-210

Shapley NC, RA Brown and RC Armstrong, 2004, "Evaluation of particle migration models based on laser Doppler velocimetry measurements in concentrated suspensions," *J. Rheol.* **48**, 255-279

Shikata T and DS Pearson, 1994, "Viscoelastic behavior of concentrated spherical suspensions," *J. Rheol.* **38**, 601-616

Sierou A and JF Brady, 2002, "Rheology and microstructure in concentrated noncolloidal suspensions," *J. Rheol.* **46**, 1031-1056

Singh A and PR Nott, 2003, "Experimental measurements of the normal stresses in sheared Stokesian suspensions," *J. Fluid Mech.* **490**, 293-320

Singh V, DL Koch and AD Stroock, 2011, "Ideal rate of collision of cylinders in simple shear flow," *Langmuir,* **27**, 11813-11823

Smoluchowski M, 1918, "Versuch einer mathematischen Theorie der Koagulationskinetik kolloider Lösungen," *Zeitschrift Phys. Chem.* **92**, 129-168

Sonntag RC and WB Russel, 1986, "Structure and breakup of flocs subjected to fluid stresses," *J. Colloid Interface Sci.* **115**, 399-413

Sonntag RC and WB Russel, 1987, "Structure and breakup of flocs subjected to fluid stresses: II. Theory," *J. Colloid Interface Sci.* **115**, 378-389

Verwey EJW and JThG Overbeek, 1948, Theory of the Stability of Lyophobic Colloids, Elsevier, Amsterdam

Villermaux E, 2007, "Fragmentation," *Annu. Rev. Fluid Mech.* **39**, 419-446

Vrij A., 1976, "Polymers at interfaces and the interactions in colloidal dispersions," *Pure Appl. Chem.* **48**, 471-483

Won D and C Kim, 2004, "Alignment and aggregation of spherical particles in viscoelastic fluid under shear flow," *J. Non-Newt. Fluid Mech.* **117**, 141-146

Zarraga IE, DA Hill and DT Leighton, 2000, "The characterization of the total stress of concentrated suspensions of noncolloidal sphere in Newtonian fluids," *J. Rheol.* **44**, 185-220

Zeichner G and WR Schowalter, 1977, "Use of trajectory analysis to study stability of colloidal dispersions in flow fields," *AIChE J.* **23**, 243-254

제10장

에멀전과 계면 유변학

에멀전(emulsion)은 유탁액이라고도 불리는 액체이다. 우유와 같이 탁한 액체라는 뜻을 가지고 있다. 에멀전은 기본적으로 물과 기름과 같이 두 가지 서로 섞이지 않는 액체로 이루어지며, 하나의 상(phase)이 액적(drop)의 형태로 연속적인 다른 상에 분산되어 있다. 즉 액적 형태의 분산상이 연속상에 분산되어 있다. 액적은 대개 수 μm 정도 또는 이하의 크기를 가진다. 에멀전은 액적이 기름인지 물인지에 따라 O/W(oil-in-water)형과 W/O(water-in-oil)형 에멀전의 2가지 종류로 나눈다. 에멀전은 두 가지 섞이지 않는 액체를 강하게 교반하여 한 액체를 액적으로, 다른 액체는 연속상으로 만들어 제조할 수도 있고, UCST(upper critical solution temperature)를 갖는 액체 혼합물의 온도를 내리거나 LCST(lower critical solution temperature)를 갖는 혼합물의 온도를 올려 2개의 상으로 분리하여 제조하는 방법도 있다. 마이크로플루이딕스(microfluidics)를 이용하여 에멀전을 제조하는 방법도 개발되어 있다. 교반으로 제조한 에멀전은 대개 액적 크기가 넓게 분포하지만 액적 크기가 일정한(monodisperse) 에멀전을 제조하는 방법도 개발되어 있다(Bibette, 1991).

에멀전은 마이크로에멀전(또는 나노에멀전)과 매크로에멀전으로 분류할 수도 있다. 마이크로에멀전은 액적이 5－50nm의 크기를 가지며, 계면활성제가 계면에 빽빽하게 차 있어서 두 액체 간의 접촉이 불가하여 열역학적으로 안정하고, 액적의 크기가 가시광선의 파장보다 충분히 작아 투명한 특성이 있다. 보통 에멀전이라 할 때는 액적 크기가 0.1μm 이상으로 열역학적으로 불안정하며, 동적으로만 안정한 매크로 에멀전을 말한다. 즉 시간이 지나면 불안정하여지며 액적끼리 합쳐져 2개의 상으로 분리가 될 수 있다.

다음에는 먼저 에멀전의 유변학적 특성을 이해하는 데 기본이 되는 에멀전의 상(phase) 거동에 대하여 간단히 설명하였다. 다음으로 에멀전의 유변 물성에 대해 다루고, 마지막으로 에멀전과 에멀전의 유변 물성을 이해하는 데 필요할 뿐만 아니라 독립적으로도 중요한 계면 유변학에 대해 간단히 다루었다.

10.1 에멀전의 상 거동

에멀전은 침강이나 응집이 생기는 점에서 현탁액과 유사한 특성을 보이지만 크리밍(creaming), 액적의 변형, 액적의 결합(coalescence), 상반전(phase inversion), 오스트발트 숙성(Ostwald ripening)과 같은 에멀전에서만 나타날 수 있는 현상도 있다. (현탁액의 경우에도 입자가 액체에 녹는 경우에는 오스트발트 숙성이 나타난다). 다음에는 에멀전의 유변학적 특성을 이해하기 위해 필요한 에멀전의 상(phase)과 관련된 현상들에 대하여 간단히 설명하였다.

10.1.1 침강과 크리밍

O/W 에멀전과 같이 액적의 밀도가 연속상의 밀도보다 작으면 액적은 중력장에서 위로 움직이고, W/O 에멀전과 같이 액적의 밀도가 연속상의 밀도보다 크면 액적은 중력장에서 아래로 내려간다. 액적이 위로 모이는 현상을 크리밍, 아래로 모이는 현상을 침강이라고 한다. 대부분의 에멀전 안의 액적은 충분히 작아 브라운 운동을 하므로 크리밍의 경우와 같이 용기의 위쪽에서 액적의 농도가 높아지면 농도가 낮은 아래쪽으로 확산이 일어나며, 액적의 농도 c가 식 (10.1-1)과 같이 연속적으로 변하는 형태에서 평형이 이루어진다(그림 10.1 참고). 액적이 커서 브라운 운동의 역할이 작으면 입자는 모두 위로 모이며 액적이 빽빽하게 충전된 상과 액적이 없는 연속상이 불연속적으로 나뉘게 된다.

$$c(z) = c_0 \exp\left(\frac{m_b g}{kT} z\right) \tag{10.1-1}$$

위 식에서 c_0는 $z = 0$에서의 입자 농도, m_b는 액적의 질량에서 액적과 같은 부피의

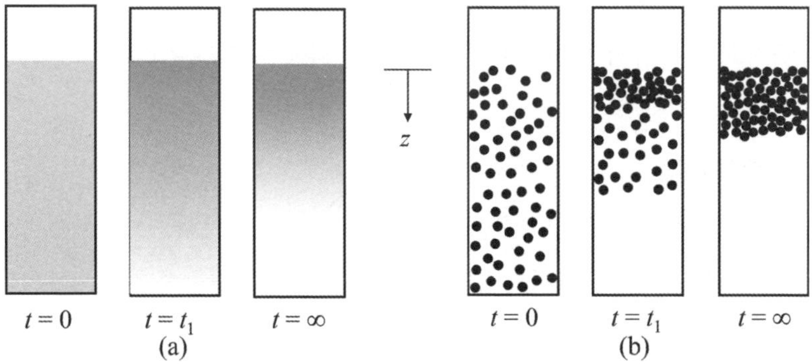

그림 10.1 (a) 콜로이드 액적의 크리밍. 균일한 농도분포가 시간이 지나면서 연속적으로 변하는 분포로 변함 (b) 큰 액적의 크리밍. 균일한 농도분포가 시간이 지나면서 불연속적인 분포(shock)를 가지며 모든 액적이 위로 모임

연속상의 질량을 뺀 양이며, k는 볼츠만(Boltzmann) 상수이다. 따라서 액적이 중력장에서 부력을 제외하고 순수하게 받는 힘은 $m_b g$가 된다. 페린(Perrin)은 높이에 따른 액적의 분포를 실험적으로 구하고, 이로부터 볼츠만 상수를 구함으로써 처음으로 아보가드로(Avogadro) 상수를 구하였고, 이 공로로 1926년 노벨 물리학상을 수상하였다(Hunter, 1993). 페린이 구한 아보가드로 상숫값은 $6.05 \times 10^{23} \mathrm{mol}^{-1}$로 현대 기술로 확립한 값과 0.5% 이하의 차이밖에 나지 않는다.

반경이 a이고, 액적과 연속상의 밀도 차이가 $\Delta\rho$인 경우 $m_b = \frac{4}{3}\pi a^3 \Delta\rho$이므로 액적의 크기가 작을수록, 밀도차이가 작을수록 높이에 따른 농도 차이는 작아진다. 한편 식 (10.1-1)은 평형상태 농도 분포로, 이러한 분포를 가지는 시간은 액적이 움직이는 속도에 따라 달라진다. 하나의 액적이 움직이는 속도는 액적 및 연속상을 이루는 유체들의 점도만이 아니라 액적 표면에 흡착되어 있는 계면활성제와 같은 물질에 따라 달라지는데 이는 10.4절에서 다루게 될 계면의 계면 유변학적 특성이 다르기 때문이다. 즉 계면 자체도 점성과 탄성을 가질 수 있으며 이러한 특성에 따라 계면에서의 경계조건이 달라지기 때문이다. 레비치(Levich, 1962)에는 이러한 경계조건의 변화에 대한 자세한 해석이 되어 있다. 액적의 속도는 연속상의 점도와 액적의 부피분율에 따라서도 달라진다. 따라서 크리밍을 억제하기 위해서 연속상에 고분자를 첨가하여 점도를 올리는 방법을 쓸 수 있다. 한편 액적의 농도가 충분히 높으면 에멀전은 항복 스트레스를 가지며 정지 상태에서 입자가 움직이지 않고, 크리밍이 억제된다. 액적의 밀도가 연속상의 밀도보다 큰 W/O 에멀전의 경우에는 액적의 움직임의 방향만이 달라지는 것 외에는 같은 원리가 적용된다.

10.1.2 액적의 결합

에멀전 내에서 두 액적이 전단 유동, 침강, 크리밍 또는 브라운 운동에 의하여 충분히 가까워지면 두 액적 사이의 연속상이 얇아지면서 결국 두 액적 사이의 필름은 터지고 두 개의 액적은 하나의 큰 액적으로 된다. 이러한 현상을 액적의 결합(drop coalescence)이라고 부른다. 두 액적이 가까워지면 계면에 요동(fluctuation)이 생기는데 이러한 요동은 파동형으로 변형이 되고, 뾰족하게 된 부분은 더 얇아져 반데르발스 포텐셜에 의해 이 부분부터 합쳐지게 된다(Binks, 1998; Tadros, 2010). 액적 사이의 필름의 불안정성과 파열 시간 등에 대해서는 많은 연구가 있으며, 샤르마와 루켄슈타인(Sharma and Ruckenstein, 1985; 1986)의 모델로 잘 설명된다. 이러한 현상은 두 개의 고체 입자가 가까워질 때 응집이 되는 것으로 그치는 것에 더하여 생기는 현상으로 현탁액에는 없는 현상이다.

두 액적이 합쳐지는 현상은 "디스조이닝 압력(disjoining pressure)"의 개념으로 설명할 수 있다. 액적이 가까워지면 두 액적 사이의 압력은 다음에 설명한 바와 같이 두 액적 간의 거리가 가까워짐에 따라 변하게 된다. 두 입자 간의 포텐셜 Ψ가 거리에 따라 달라지기 때문으로, 여러 포텐셜에 대해서는 제8장에서 설명하였다. 두 입자 간의 힘은 $-\partial\Psi/\partial h$이며, 압력은 단위면적당 힘으로부터 구할 수 있다. 두 액적이 충분히 멀리 떨어져 있을 때의 압력(P_0)과 거리 h만큼 떨어져 있을 때의 압력(P_h)의 차이를 디스조이닝 압력이라고 정의한다.

$$\pi(h) = P(h) - P_0 \tag{10.1-2}$$

반데르발스(vdW) 포텐셜은 두 액적을 끌어당기면서 압력을 높이고 정전기적 포텐셜(ES)이나 액적의 계면에 흡착되어 있는 계면활성제 등에 의한 스테릭(steric) 포텐셜(S)은 척력(repulsion)으로 작용하여 압력을 낮춘다. 각각의 포텐셜에 의한 단위면적당 힘을 각각 π_{vdW}, π_{ES}와 π_S라 하면 각각 거리 h의 서로 다른 함수이고, 이러한 포텐셜에 의한 압력의 총합이 디스조이닝 압력이다.

$$\pi(h) = \pi_{vdW} + \pi_{ES} + \pi_{S} \tag{10.1-3}$$

두 액적이 합쳐지기 위해서는 $\pi(h) > 0$의 조건이 만족되어야 한다. 즉 액적 사이의 압력이 외부 압력보다 높아 액체를 액적 간격 사이에서 밖으로 밀어내면서 액적은 가까워지고 액체 필름이 불안정하여지고 필름의 파열(film burst)이 일어나면서 하나의 액적이 된다. 액적 사이의 유체가 밖으로 밀려나가는 현상을 필름 경계액 배출(film drainage)이라고 부른다.

액적이 합쳐지는 것을 지연하기 위해서는 정전기적 또는 스테릭 포텐셜을 증가시키거나 계면활성제, 고분자, 혹은 작은 입자를 액-액 계면에 흡착시켜 액적 간의 접근을 가능한 대로 억제하고, 계면의 유변 특성을 변화시키는 것이다. 계면활성제를 물에 용해하면 계면활성제는 계면에 단분자층(monolayer)으로 흡착이 되는데 친수성인 머리(head group) 부분은 물 쪽에, 소수성인 꼬리(tail) 부분은 기름 쪽에 위치하면서 두 액적이 만나도 서로 붙지 않으면서 상이 비교적 장시간 안정하게 유지될 수 있다. 또한 계면활성제의 흡착으로 10.4절의 계면 유변학에서 설명할 깁스 탄성(Gibbs elasticity, surface dilational modulus)이 증가되면 액적 사이의 필름에 발생하는 요동을 감소시켜 액적의 결합이 억제된다. 입자를 흡착시켜 안정화한 에멀전은 피커링 에멀전(Pickering emulsion)이라고 부르며 최근 많은 연구의 대상이 되고 있다.

10.1.3 응집

에멀전 내에서의 응집(flocculation)은 액적 간의 계면에 파열이 생기지 않고 액적이 뭉치는 현상으로 액적간 거리에 따라 변하는 포텐셜이 음수가 되면 생긴다. 현탁액의 경우와 같이 포텐셜의 형태에 따라 강한 또는 약한 응집이 가능하다. 응집이 생기면 응집체들(floc)은 액적 하나보다 크기가 커서 더 빠른 속도로 크리밍이나 침강이 생기므로 에멀전을 불안정하게 한다. 물론 이때 응집체가 젤이 되는 경우에는 더 안정하게 된다.

액적이 응집체가 되는 속도는 현탁액 내에서 응집체가 형성되는 과정과 유사하며 브라운 운동에 의한 액적의 확산과 전단 유동에 의한 액적의 충돌로 8.2.4절의 스몰루초브스키(Smoluchowski)의 속도 이론(kinetics)으로 표현할 수 있다. 에멀전의 경우에는 액적이 만나서 합쳐지면 다시 하나의 액적으로 되므로 스몰루초브스키 이론으로 설명하기에 더욱 적합하다.

10.1.4 오스트발트 숙성

오스트발트 숙성은 서로 다른 크기의 액적이 섞여 있는 에멀전 내에서 큰 액적은 시간이 지남에 따라 점점 더 커지고, 작은 액적은 크기가 점점 더 줄어드는 현상이다. 이러한 현상이 일어나기 위한 기본 조건은 액적을 형성하는 물질이 연속상에 용해가 가능한 것이다. 고체 입자가 분산되어 있는 현탁액의 경우에도 고체 물질이 액체에 녹는 경우 큰 입자는 더 커지는 현상이 생기므로 결정화에서는 중요한 물리적 현상이다.

켈빈(Kelvin) 식에 의하면 반경 a의 구형의 형태를 갖는 물질의 용해도 $c(a)$[mol/mol]는 반경이 작아짐에 따라 커지며, 다음과 같은 식으로 쓸 수 있다(Binks, 1998).

$$c(a) = c(\infty)\exp\left(\frac{2\gamma V_m}{aRT}\right) \tag{10.1-4}$$

위 식에서 γ는 표면장력, V_m은 분산상(액적)의 몰당 부피, R은 기체상수, T는 온도를 나타낸다. 지수항 속의 $2\gamma V_m/RT$는 대략 1nm의 크기를 가지며, 반경 1μm인 액적의 경우 용해도는 0.1%의 차이를 보인다. 따라서 용해도가 높은 작은 액적이 녹아 연속상으로 확산되어 들어가 연속상 내 분산상 물질의 농도가 높아지면 용해도가 낮은 큰 액적이 연속상 내의 분산상 물질을 흡수하여 더 커지게 된다. 이론적으로는 오스트발트 숙성에 의하여 시간이 지남에 따라 에멀전 전체가 하나의 액적으로 성장할 수 있지만, 액적이 커지면 용해도 차이가 줄어 실제로 이러한 현상이 관찰되지는 않고, 작은 액적만 사라지게 된다.

오스트발트 숙성을 억제하기 위해서는 액적 안에 제3의 물질을 용해하여 화학 포텐셜을 낮춤으로써 용해도를 감소시키는 방법, 표면에 강하게 흡착하는 계면활성제를 이용하여 표면장력을 낮추는 방법, 계면 유변학에서 다룰 깁스 탄성을 크게 하는 방법이 있다.

10.1.5 상반전

상반전(phase inversion)은 액적을 이루는 물질이 연속상이 되고, 연속상이 액적으로 변화되는 현상이다. 상반전은 온도나 전해질의 농도를 바꾸어 친수-소수 특징을 바꿈으로써 일어나는 경우(transitional inversion)와 액적을 이루는 분산상의 양을 늘이는 방법(catastrophic inversion)으로 크게 나눌 수 있다(Binks, 1998). 또한 전단 유동에 의하여 상전환이 발생하기도 한다(Kumar et al., 2015). 상전환이 생기면 유변학적인 특성, 예를 들어 분산상의 부피분율이 ϕ에서 $1-\phi$로 바뀜에 따라 점도가 갑자기 바뀌고, 물과 같은 전도성이 있는 물질이 연속상에서 분산상으로 바뀌던지, 혹은 반대로 되면 전기전도 등도 갑자기 바뀌게 된다.

10.1.6 경계액 배출

액적의 부피분율이 큰 경우 액적과 액적의 경계는 일부가 평면의 필름으로 되며, 이러한 평면이 만나는 곳은 굽은 곡선 형태가 되는데, 이러한 부분을 플래토 경계(Plateau border)라고 부른다. 액적이 만나 생성된 필름에서는 점점 계면을 형성한 두 액적이 서로 밀면서 액체를 플래토 경계로 보낸다. 플래토 경계는 서로 연결되어 중력장에서 액체가 아래로 흐르게 되어 위쪽의 계면은 얇고, 아래쪽 계면은 두꺼워지게 되는데, 이러한 현상을 경계액 배출(film drainage)이라고 부른다. 경계액 배출은 거품의 경우 많은 연구가 되어 있다. 경계액 배출의 중요한 단계인 액면이 얇아지는 현상은 계면 유동에 의하여 생기므로 10.4절에서 다루는 계면 유변학도 영향을 미친다.

10.2 에멀전의 유변 물성과 액적의 변형

10.2.1 에멀전의 유변 물성

테일러(GI Taylor, 1932)는 처음으로 묽은 현탁액의 점도에 관한 아인슈타인의 식

(9.1-1)을 연장하여 묽은 에멀전의 점도 η가 다음 식으로 나타남을 이론적으로 밝혔다:

$$\frac{\eta}{\eta_c}=1+\frac{1+\frac{5}{2}M}{1+M}\phi \quad \left(M=\frac{\eta_d}{\eta_c}\right) \tag{10.2-1}$$

위 테일러 식(Taylor formula)에서 ϕ는 분산상, 즉 액적의 부피분율, η_c, η_d는 각각 연속상과 분산상의 점도를 나타낸다. M이 큰 경우 즉 액적의 점도가 충분히 커지면 식 (10.2-1)은 아인슈타인 식이 되며, M이 충분히 작은 경우, 즉 기포가 분산되어 있는 경우에는 식 (10.2-1)은 $1+\phi$가 된다. 같은 ϕ에서 에멀전의 점도가 현탁액의 점도와 달라지는 것은 액적 주위로 유체가 흐를 때 고체 입자와는 달리 액적 안의 유체의 유동이 가능하므로 액-액 계면이 움직여 전단 유동에 의한 총 에너지 소산이 줄어들기 때문이다. 식 (10.2-1)이 적용되기 위해서는 액적의 형태가 구형을 유지해야 한다. 정지된 상태에서 최소의 면적을 가지는 액적은 구형이지만 전단 유동이 가해지면 액적은 변형을 하면서 표면적이 늘어나게 되며, 표면장력은 늘어난 표면적을 줄이는 방향으로 힘을 작용하여, 평형으로 돌아가려는 성질, 즉 탄성을 나타낸다. 전단 스트레스($\approx\eta_c\dot{\gamma}$)는 액적을 변형시키지만 10.4절에서 좀더 자세히 설명한 표면장력(γ)에 의한 스트레스($\approx\gamma/a$)는 구형을 유지하려고 하므로 두 힘 간에 평형이 이루어지도록 액적의 모양은 결정된다. 이 두 스트레스 간의 비를 캐필러리 수(capillary number, Ca)라고 부른다.

$$\mathrm{Ca}=\frac{\eta_c\dot{\gamma}a}{\gamma} \tag{10.2-2}$$

따라서 액적의 모양은 Ca에 따라서 달라진다. 이 문제에 대해서는 10.2.2절에 다루었다.

올드로이드(Oldroyd, 1953)는 구형에서 많이 벗어나지 않는 경우에 대한 이론적인 해석을 하여 충분히 묽은 농도의 에멀전은 식 (10.2-3)과 같은 점도 η를 가지며, 식 (4.3-20)과 같이 완화 시간(relaxation time, τ_M)과 지연 시간(retardation time, τ_J)을 갖는 제퍼리 모델(Jefferey model)을 따름을 보였다. 주의할 점은 아래 식으로 표현되는 탄성은 표면장력에 의해서만 나타나는 것으로 브라운 운동에 의한 탄성과는 독립적으로 작용하는 점이다. 따라서 실제 에멀전의 탄성은 브라운 운동에 의한 탄성을 더 고려하여야 한다.

$$\frac{\eta}{\eta_c} = 1 + \phi\frac{(5M+2)}{2(M+1)}\left[1 + \phi\frac{(5M+2)}{5(M+1)}\right]$$
$$\tau_M = \tau_0\left(1 + H(M)\phi\right)$$
$$\tau_J = \tau_0\left(1 + \frac{3}{2}H(M)\phi\right)$$
$$H(M) = \frac{(19M+16)}{5(M+1)(2M+3)}, \quad \tau_0 = \frac{(19M+16)(2M+3)}{40(M+1)}\frac{\eta_c a}{\gamma} \tag{10.2-3}$$

식 (4.3-20)의 구성방정식을 갖는 선형 점탄성 모델은 다음과 같은 G'와 G''를 갖는다.

$$G' = \frac{\eta}{\tau_M}\left(1 - \frac{\tau_J}{\tau_M}\right)\frac{\omega^2\tau_M^2}{1+\omega^2\tau_M^2}$$
$$G'' = \eta\omega\frac{\tau_J}{\tau_M} + \frac{\eta}{\tau_M}\left(1 - \frac{\tau_J}{\tau_M}\right)\frac{\omega\tau_M}{1+\omega^2\tau_M^2} \tag{10.2-4}$$

식 (10.2-3)에서 완화 시간을 결정하는 가장 큰 요소는 τ_0에 포함되어 있는 시간의 척도 $\eta_c a/\gamma$이다(10장에서 나오는 γ는 모두 표면장력으로 변형이 아니며, $\dot{\gamma}$은 표면장력의 시간에 대한 미분이 아니라 전단율을 나타낸다). 연속상의 점도가 1mPa.s이고, 액적의 반경이 1μm, γ = 0.01Nm^{-1}인 경우 $\eta_c a/\gamma \sim 10^{-7}$로 매우 작은 값을 가지며, 연속상의 점도가 1Pa.s이고, 액적의 반경이 10μm, γ = 0.01Nm^{-1}인 경우에도 이 값은 1ms 정도로 작다. 따라서 대부분의 묽은 에멀전의 탄성은 표면장력의 영향으로는 크게 나타나지 않는다. 그러나 10.3절에 설명한 바와 같이 액적의 부피분율이 1에 가까워질 경우에는 표면장력의 역할은 매우 크게 나타나게 된다.

액적의 부피분율이 큰 에멀전의 점도도 묽은 에멀전의 경우와 같이 현탁액의 점도에 관한 식에 점도비 M의 함수를 추가하여 나타낼 수 있다. 또한 최대 충진분

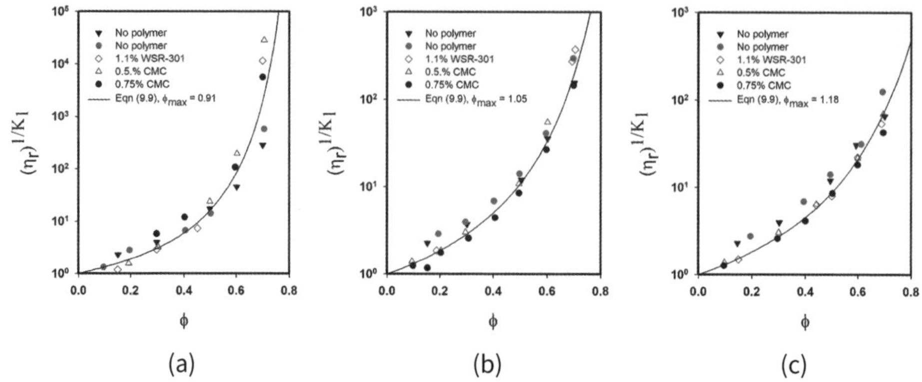

그림 10.2 점도 6.4 mPa.s의 페트롤리움 오일(petroleum oil) 액적을 물 또는 고분자 용액에 분산한 에멀전의 점도와 액적의 부피분율의 관계. 각 그래프에서 서로 다른 ϕ_m을 사용하여 맞춤 식을 그림. (a) 영점 전단율 점도, $\phi_m = 0.91$ (b) $\dot{\gamma} = 10s^{-1}$, $\phi_m = 1.05$ (c) $\dot{\gamma} = 100s^{-1}$, $\phi_m = 1.18$. 에멀전을 안정화하는 계면활성제는 트리튼(Triton) X-100사용. 폴리옥스(Polyox, WSR-301)의 분자량은 200kg/mol. CMC는 'carboxymethyl cellulose'임. 팰(Pal, 1992)의 데이터를 다시 그림

율 ϕ_m을 다음 식과 같이 전단율의 함수로 나타내면 점도가 시어 시닝한 것까지 표현할 수 있다 (Pal, 1992).

$$\left(\frac{\eta(\phi,\dot{\gamma})}{\eta_c}\right)^{1/K} = \exp\left(\frac{2.5\phi}{1-\phi/\phi_m(\dot{\gamma})}\right), \quad K = \left(\frac{0.4+M}{1+M}\right) \tag{10.2-5}$$

그림 10.2에는 위 식과 실험 결과들을 비교하였다. 그림에서 전단율이 0, 10, 100으로 변함에 따라 $\phi_m = 0.91, 1.05, 1.18$을 사용하면 여러 다른 종류의 에멀전에 대한 실험 결과와 식 (10.2-5)가 잘 맞는 것을 볼 수 있다. ϕ_m이 전단율의 함수인 것은 ϕ_m이 실제 물리적인 의미를 갖기보다는 맞춤 파라미터(fitting parameter)로 사용되는 것임을 알 수 있다. 위 식은 실험적으로 $\phi < 0.6$의 범위에서 적용되는 식이다. , 또한 전단율이 더 크거나, 액적의 크기가 큰 경우에는 다음에 설명하는 것과 같이 현탁액과는 정성적으로 다른 물리적인 현상들이 생길 수 있어서 위 식을 사용하는 데는 주의가 필요하다.

ϕ가 더 커지면 에멀전은 강한 시어 시닝을 나타낸다. 그림 10.3에는 O/W 에멀

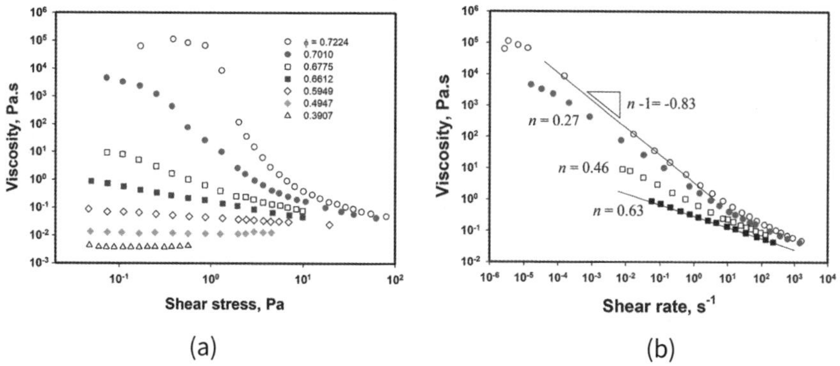

그림 10.3 그림 10.2와 같은 시료의 전단율에 따른 에멀전의 점도 특성 차이. ϕ가 0.4947까지 점도는 $\dot{\gamma}$에 따라 거의 일정하지만 ϕ가 0.66 이상에서는 시어 시닝이 강하게 나타남. 오른쪽 그림은 점도와 전단율을 그린 그림임. 팰(Pal, 2000)의 데이터를 다시 그림

전의 점도를 전단 스트레스의 함수로 도시하였다. $\phi = 0.6612$에서는 시어 시닝 현상을 보이며, 이때 멱법칙 지수(power law index) $n = 0.63$, $\phi = 0.7010$에서는 $n = 0.27$, $\phi = 0.7224$에서는 $n = 0.17$의 값을 갖는다. 특히 $\phi = 0.7224$의 경우 전단 스트레스가 1.3Pa에서 2.0Pa로 변할 때 점도는 1/72로 급격히 감소한다.

액적의 크기도 에멀전의 점도에 영향을 미치는데 이러한 영향은 브라운 운동의

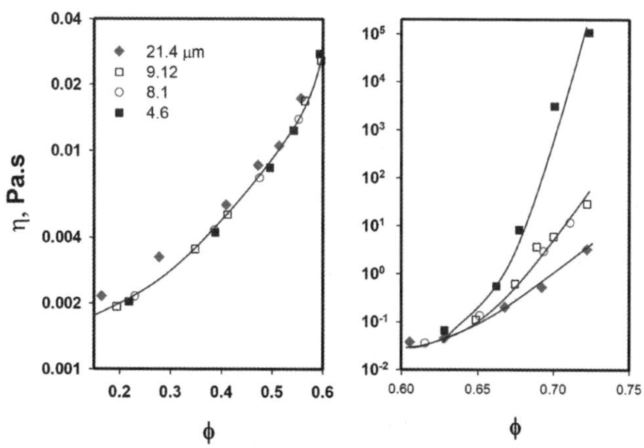

그림 10.4 그림 10.2와 같은 시료의 액적 크기(21.4, 9.12, 8.1, 4.6 μm)에 따른 에멀전의 점도 특성 차이. 전단 스트레스 0.1137 Pa에서 측정. 액적의 크기가 에멀전의 점도에 미치는 영향은 액적의 부피분율에 따라 달라짐. $\phi < 0.6$에서는 차이가 나지 않지만 $\phi > 0.6$이상에서는 액적의 평균 크기가 작을수록 점도 변화가 커짐. 팰(Pal, 2000)의 데이터를 다시 그림

영향을 무시할 수 있는 큰 액적으로 이루어진 에멀전에서 나타난다. 따라서 이러한 액적 크기의 영향은 현탁액의 경우에는 1μm 이하 입자에서 브라운 운동에 의하여 달라지는 현상과는 다른 것이다. 그림 10.4에는 액적의 평균 크기가 4.6, 8.1, 9.12, 21.4μm인 에멀전의 η_0와 ϕ의 관계를 도시하였다. 그림에서 $\phi < 0.6$에서는 η_0이 액적의 크기와 무관하지만 $\phi > 0.6$에서는 액적의 크기가 작을수록 점도는 더 커진다. 이러한 현상은 액적이 클수록 전단 스트레스에 의하여 액적의 변형이 크고, 따라서 더 많은 양의 액적을 에멀전 안에 포함시킬 수 있어 ϕ_m이 커지는 효과를 가지기 때문이다.

일반적으로 에멀전 내의 액적은 크기가 일정하지 않고 액적의 크기의 분포가 넓어 ϕ_m이 0.64보다 크지만 액적의 크기가 일정한 경우에도 ϕ_m이 0.9 이상으로 크게 될 수 있다. 액적의 형태가 구형으로부터 변형이 가능하기 때문이다. 이러한 내용은 10.3절에서 더 자세히 다룬다.

10.2.2 액적의 변형

유동장 안에서 액적은 수력학적인 스트레스에 의해 변형이 된다. 액적이 변형이 되면 표면적이 늘어나고, 표면장력은 표면적을 줄이는 방향으로 작용하여 두 힘 간의 균형에 의하여 액적의 형태가 평형상태를 갖게 된다. 전단 유동장 내에서 액적의 변형은 그림 10.5와 같이 전단 유동의 주축 방향인 45° 기울어진 축방향으로의 압축과 인장에 의하여 일어나는데, 늘어난 액적은 전단 유동장 안에서 시계방향으로 돌아가는 힘을 받지만, 액적 내부의 유동에 의하여 고체 입자와는 달리 평형위치를 갖는다. 신장 유동장 내에서 액적은 신장 방향으로 늘어나며, 회전을 하지 않는다. 신장 유동에는 회전 성분이 없기 때문이다. 수력학적 스트레스가 큰 경우에는 액적의 변형이 커지면서 액적이 파열되는데 액적의 가운데서 잘라지기도 하고, 끝에서 아주 작은 액적이 떨어져 나가기도 한다(그림 10.6 참고).

테일러(GI Taylor, 1934)는 액적의 변형에 대하여 가장 선구적인 연구를 수행하였다. 유동에 의해 늘어난 액적의 최대와 최소 길이를 각각 L,B라 할 때 액적의 변형 D는 변형이 크지 않은 경우

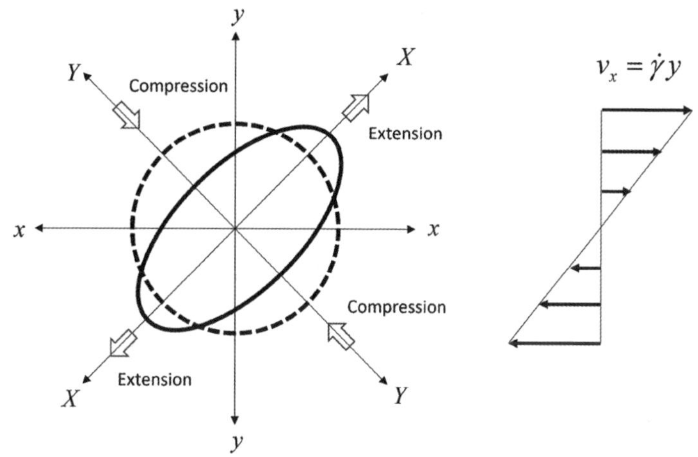

그림 10.5 전단 유동장 안에서 액적이 받는 힘에 의한 구형 액적(점선)의 변형(실선). *X-X* 방향 (*x-x*를 반시계방향으로 45° 회전한 축)으로는 신장, *Y-Y* 방향으로는 압축이 되면서 액적이 변형됨

$$D \equiv \frac{L-B}{L+B} = \text{Ca}\frac{19M+16}{16(M+1)} \tag{10.2-6}$$

이 됨을 예측하였다. 이 식은 전단 유동뿐만 아니라 신장 유동에서도 식 (10.2-2)를 이용하여 Ca를 계산할 때 $\dot{\gamma}$대신 $2\dot{\varepsilon}$을 대입하면 쓸 수 있다. 테일러는 액적과 연속상의 유체의 점도가 같을 경우 Ca$\approx$0.5에서 액적이 파열되고, 이 값은 점도비에 따라 달라짐을 보였다. 특히 액적의 점도가 큰 경우 ($M>20$) 신장 유동에서는 Ca$=$0.28에서 파열이 되지만 전단 유동에서는 전단율이 충분히 커져도 파열이 되지 않고 $D=1.25M$에 접근함을 보고하였다. 테일러의 연구는 4개의 회전하는 원통 시스템(four roll mill)과 사진용 셀룰로이드 판을 기계적으로 돌리면서 실험한 것으로 사진을 찍을 수 있도록 액적을 적절히 위치시킨 점만이 아니라 당시 점도나 표면장력의 측정의 어려움 등을 고려할 때 매우 정교하게 수행된 것으로 평가되고 있다.

문헌에는 테일러의 연구를 보완하여 넓은 범위의 M에 대한 D값과 액적이 파열되는 D값의 경계 및 정지상태에서 유동이 가해지는 경우 시간에 따라 액적의 형태가 변화하는 과정에 대해 보고되어 있다(Rumscheidt and Mason, 1961; Grace, 1982; Bentley and Leal, 1986). 그림 10.6에는 액적의 형태가 시간에 따라 달라지는 과정을 도시하였다. 이러한 내용은 모두 단일 액적에 대한 이론 연구로서 에멀전 내의 액

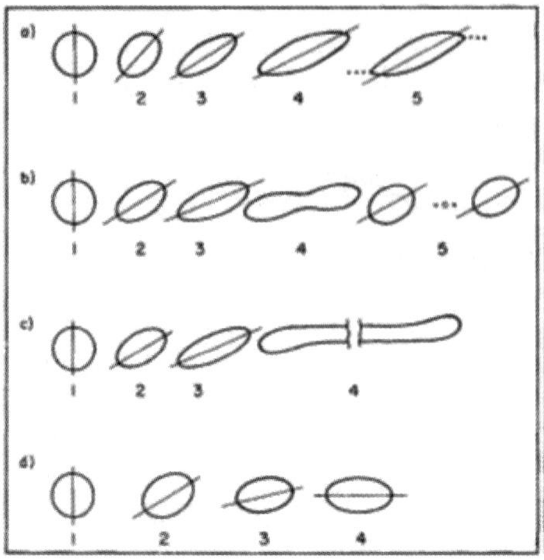

그림 10.6 서로 다른 M값에서 전단율 증가에 따른 액적 형태와 기울어진 각도의 변화. 오른쪽으로 갈수록 전단율이 커짐 (a) $M = 2\times10^{-4}$ (b) $M = 1$ (c) $M = 0.7$ (d) $M = 6$ (Rumscheidt and Mason, 1961)

적의 형태와 일치하지는 않지만 에멀전 내에서 액적의 형태에 대한 이해에 도움이 된다. 에멀전 내에서 액적의 변형에 대하여 최와 쇼월터(Choi and Schowalter, 1975)는 하나의 액적이 평균 물성을 갖는 에멀전 내의 셀(cell) 안에 있다는 가정을 바탕으로 한 셀모델을 이용하여 D가 다음과 같은 ϕ의 함수가 되며, 이러한 변형에 의하여 0이 아닌 $N_1(>0)$과 $N_2(<0)$를 가지는 것을 보였다.

$$D = \mathrm{Ca}\left[\frac{19M+16}{16(M+1)}\right]\left[1+\frac{5(2+5M)}{4(M+1)}\phi\right] \tag{10.2-7}$$

카서타 등(Caserta et al., 2007)은 Ca를 계산할 때 연속상의 점도를 사용하지 않고 에멀전의 점도를 사용하면 그림 10.7과 같이 테일러의 식에 잘 맞음을 보였다. 즉 하나의 액적이 에멀전의 점도에 해당하는 균일한 액체로 구성된 연속상에 있는 것과 같은 상황으로 표현한 것으로(현탁액에서도 같은 유효매질 이론을 사용. 8.1.1절 참고) ϕ = 0.1까지 비교적 정확히 예측이 된다. 진첸코와 데이비스(Zinchenko and Davis, 2002)는 액적의 분율이 높은 에멀전 내의 액적의 변형에 대한 수치적인 연구를 수행하여 그림 10.8에 보인 바와 같이 에멀전 내의 액적이 단일 액적과 유사하게 한 방향으로

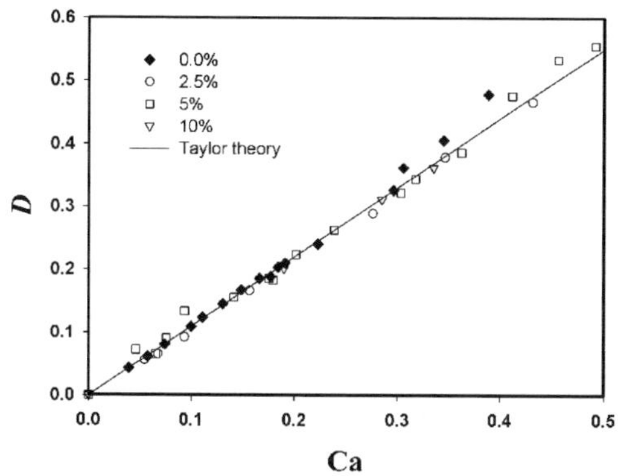

그림 10.7 액적의 변형 파라메터 D와 유효매질 기준의 캐필러리 수(mean field capillary number)의 관계. 테일러 이론 식에 잘 맞는 것을 볼 수 있음. 카서타 등(Caserta et al., 2007)의 결과를 다시 그림

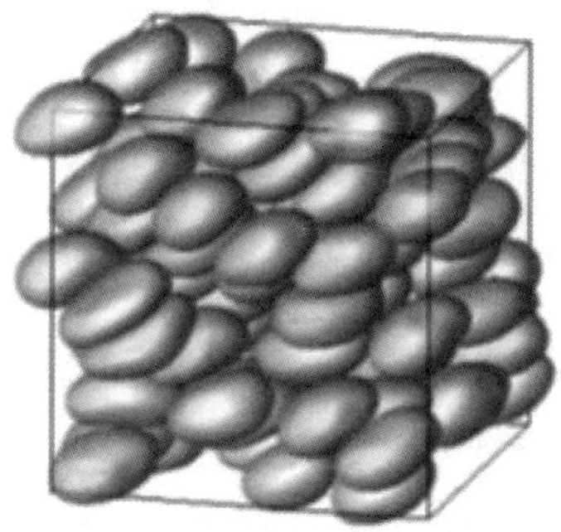

그림 10.8 $\phi = 0.55, M = 3, \mathrm{Ca} = 0.1$일 때 에멀전 내 액적의 변형(Zinchenko and Davis, 2002)

늘어나며 전단 유동에서의 유동방향과 각도를 이루며 흐르는 것을 밝혔다. 또한 $\phi = 0.1, \mathrm{Ca} = 0 \sim 0.5, M = 1$인 경우 $N_1 > 0, N_2 < 0$이고, $|N_1/N_2| \approx 0.3 \sim 0.5$임을 보였는데 이러한 결과는 고분자 물질의 경우와 유사한 것이다. 이는 액적의 변형으로부터 고분자의 변형을 유추할 수 있음을 암시한다. 액적의 변형에 대해서는 이론적으로나 실험적으로 많은 연구가 있으며, 고분자 블렌드와 관련한 연구도 많이 보고되고 있다. 팔리어렌(Palierene, 1990)은 올드로이드(Oldroyd, 1953)의 이론을 일반화하여 액적과 연속상이 모두 점탄성을 가진 유체인 경우 G^*를 다음과 같이 구하였다.

$$G_b^* = G_c^* \left(1 + \frac{3}{2}\phi \frac{E}{D}\right)\left(1 - \phi \frac{E}{D}\right)^{-1}$$

$$E = 2(G_d^* - G_c^*)(19G_d^* + 16G_c^*) + \frac{8\gamma}{a}(5G_d^* + 2G_c^*)$$

$$D = 2(G_d^* + 3G_c^*)(19G_d^* + 16G_c^*) + \frac{40\gamma}{a}(G_d^* + G_c^*) \quad (10.2\text{-}8)$$

위 식에서 G_b^*, G_c^*, G_d^*는 각각 블렌드, 연속상, 액적의 복소 모듈러스를 나타낸다. 이 식은 G_d^*/G_c^*의 크기가 1에 가까울 경우 다음과 같은 선형적인 혼합관계식(mixing rule)이 성립한다:

$$G_b^* \approx (1-\phi)G_c^* + \phi G_d^* \quad (10.2\text{-}9)$$

10.2.3 난류 내에서의 액적의 형성

에멀전을 균질화장치(homogenizer)를 이용하여 제조하는 경우 강한 난류가 형성되는데, 이때 대략 400×10^6W/kg 규모의 에너지가 공급된다. 터빈 임펠러(Turbine impeller)의 경우에도 6×10^3W/kg의 규모의 에너지가 공급되어 난류가 형성된다(Davies, 1985). 난류를 이용하여 에멀전을 제조하는 과정에 대해서는 콜모고로프(Komogorov)와 힌즈(Hinze)의 고전적인 해석이 있다(Vankova et al., 2007). 이 이론에서는 제8장에서 소개한 콜모고로프 길이(Kolmogorov length scale, $\lambda = \left(\nu^3/\varepsilon\right)^{1/4}$)와 액적 크기를 비교할 때 액적이 큰 경우를 난류의 관성 영역(turbulent inertial regime), 액적이 작은 경우를 난류의 점성 영역(turbulent viscous regime)이라고 구분하여 생각한다. 이러한 이론들을 근본부터 이해하기 위해서는 난류에 대한 지식이 필요하여 여기서는 이론 해석의 결과만 설명한다.

난류의 관성 영역에서는 관성에 의한 스트레스와 액적의 표면장력에 의한 압력(capillary pressure, ΔP)이 균형을 이룬다. 표면장력에 의한 압력에 대한 자세한 내용은 식 (10.4-13)을 참조할 수 있으며, 여기서는 우선 결과만을 사용한다. 즉

$$\langle \Delta P(d) \rangle = \langle 4\gamma / d \rangle \sim C_1 \rho_c \langle U^2 \rangle = C_1 C_2 \rho_c (\varepsilon d)^{2/3} \quad (10.2\text{-}10)$$

으로 쓸 수 있다. 위 식에서 $\langle \cdot \rangle$은 난류임을 고려하여 평균값을 의미하며, d는 액적의 최대 직경, $\langle U^2 \rangle = C_2(\varepsilon d)^{2/3}$는 난류의 임의로 진동하는 속도(fluctuation velocity)의 제곱의 평균, ρ_c는 연속상의 밀도, ε은 단위질량당 에너지 소산량을 나타낸다. 식 (10.2-10)을 d에 대하여 정리하면

$$d = d_{KH} = A_1 \varepsilon^{-2/5} \gamma^{3/5} \rho_c^{-3/5} = A_1 d_{KI} \tag{10.2-11}$$

이 된다. 위 식에서 A_1은 O(1)의 상수로 밴코바 등(Vankova et al., 2007)은 실험적으로 $A_1 \approx 0.86$임을 보고하였다. 난류의 점성 영역에서는 점성에 의한 스트레스(τ_c)와 표면장력에 의한 압력의 균형에 의하여 액적이 형성되며 난류 이론으로부터 $\tau_c \sim (\varepsilon \rho_c \eta_c)^{1/2}$임을 알면

$$\tau_c \sim (\varepsilon \rho_c \eta_c)^{1/2} \sim 4\gamma / d \tag{10.2-12}$$

가 되어

$$d = d_{KV} = A_2 \varepsilon^{-1/2} \eta_c^{-1/2} \rho_c^{-1/2} \gamma \tag{10.2-13}$$

가 된다. 위 식에서 η_c는 연속상의 점도이며, A_2는 대략 4이다. 한편 식 (10.2-13)은 액적의 점도가 낮은 경우에 적용되는 것으로 데이비스(Davies, 1985)는 액적의 점도를 고려하여 다음과 같은 식을 유도하였다:

$$d = d_D = A_3 \left(1 + A_4 \frac{\eta_D \varepsilon^{1/3} d_D^3}{\gamma} \right)^{3/5} d_{KI} \tag{10.2-14}$$

위 식에서 η_d는 액적의 점도이며, $A_3 \approx 1.0$, $A_4 \approx 0.35$의 상수이다.

에멀전을 제조하는 과정이 어떤 영역에 해당할 것인지, 따라서 실제 얻어지는 액적의 크기는 어떻게 될 것인지는 다음과 같은 방법을 사용한다(Vankova et al., 2007). 액적이 되는 액체의 점도와 연속상의 점도가 비슷한 경우에는 먼저 식

(10.2-11)과 (10.2-13)을 이용하여 d_{KH}와 d_{KV}를 구한 다음 콜모고로프 길이 λ와 비교한다. 이때 $d_{KH} > \lambda$이면 에멀전은 관성 영역에서 생성되며, $d_{KV} < \lambda$이면 점성 영역에서 생성된다. 만약 $d_{KH} \approx d_{KV} \approx \lambda$이면 두 영역의 전이 영역에 있으며, 액적의 크기는 λ가 된다. 액적이 되는 액체의 점도가 높은 경우에는 식 (10.2-11) 대신 식 (10.2-14)를 이용하여 위의 방법을 쓴다. 이때 $d_{KV} > d_D > \lambda$이면 관성 영역이며, $d_{KV} < \lambda$이면 점성 영역에서 생성된다. $d_D > d_{KV} > \lambda$인 경우에는 명확히 구분이 가지는 않지만 관성 영역이 되는 것으로 보고되었다(Vankova et al., 2007).

10.3 HIPES

액적의 크기가 일정하지 않고 분포가 넓은 에멀전의 경우 액적의 최대 부피 분율은 대략 0.75 정도이며, 이 값보다 ϕ가 더 커지면 상전환(phase inversion)이 생기면서 액적은 연속상으로 연속상은 액적이 된다. 그러나 계면활성제를 이용하여 액적을 안정화시키면 액적의 ϕ는 더 커져 거의 1까지 되게 할 수도 있다. 이러한 에멀전을 HIPES(high-internal-phase-emulsions)이라고 부른다. HIPES 내 액적은 정지 상태에서도 구형으로부터 변형이 되어 그림 10.9에 보인 바와 같이 다면체의 형태를 띠면서 꽉 끼어 있는 형태가 된다(Masalova et al. 2018). 즉 액적은 연속상의 액면 사이에 갇히고 전체적으로는 거품과 같은 형태가 된다. HIPES는 원심분리나 투석(dialysis)방법으로 얻을 수 있으며, 화장품, 식품, 액체 폭약 등에 사용되고 있다. HIPES는 거의 고체와 같은 특이한 유변 물성을 보이므로 다른 에멀전과는 별도로 다룰 필요가 있다.

HIPES의 특성을 이해하기 위해서 먼저 HIPES의 삼투압에 대한 이해가 필요하다. 프린센(Princen, 1986)은 "생각실험(thought experiment)"을 이용하여 삼투압과 액적의 변형에 대한 관계를 구하였다. 진한 에멀전의 경우 액적의 부피분율이 0.74를 넘으면 액적의 형태는 더 이상 구형이 아니며 액적끼리 만난 면이 납작해지면서 다면체 형태로 변하게 되는데 이로 인하여 표면이 갖는 자유 에너지, 즉 화학 포텐셜이 증가하게 된다. 에멀전 계와 삼투압과의 관계를 이해하기 위해 그림

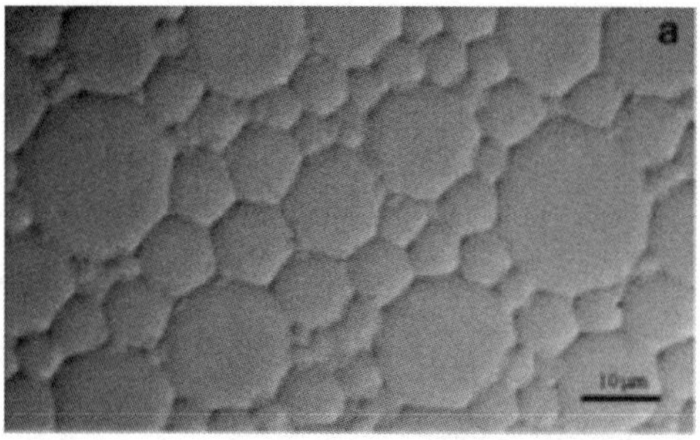

그림 10.9 W/O 에멀전, $\phi = 0.86$인 HIPES의 현미경 사진. 기름상(Oil phase)은 해바라기 기름이며 폴리이소부틸렌 석씨닉 안하이드라이드와 모노에타놀아민(polyisobutylene succinic anhydride and monoethanolamine)을 반응시킨 분자량 1109g/mol의 계면활성제 사용(Masalova et al., 2018)

10.10과 같은 장치를 생각하자. 연속상은 자유롭게 통과되지만 액적은 통과될 수 없는 반투과막(semipermeable membrane)을 중심으로 아래쪽에는 에멀전을, 위쪽에는 연속상을 넣을 때 에멀전 내 액적의 분율이 높아 정지상태에서도 액적이 구형으로부터 벗어나 있으면 막 반대쪽의 연속상은 막을 통과하여 에멀전 쪽으로 움직이고 표면장력에 의하여 표면에너지를 감소시키며 구형으로 돌아가게 할 것이다. 따라서 에멀전의 부피는 연속상이 움직인 만큼 증가하게 된다. 이러한 변형을 억제하기 위해서 Π 크기의 압력을 막에 가하면 액적은 원래의 상태를 유지하게 된다. 이때의 Π가 삼투압으로 에멀전은 단위면적당 Π의 크기로 대항하는 힘을 작용한다. Π와 시스템을 구성하는 변수와의 관계는 다음에 설명한 방법으로 구할 수 있다.

그림 10.10과 같이 부피가 V로 일정한 용기에 연속상과 에멀전이 움직일 수 있는 반투막의 피스톤으로 나뉘어져 있는 상황을 생각하자. 또한 중력은 무시할 수 있다고 가정하자. 평형을 유지하기 위해서는 Π의 압력을 반투막에 가하고 있어야 한다. 다음으로 반투막을 충분히 작은 부피 dV만큼 에멀전 쪽으로 밀면 에멀전 내의 연속상은 dV만큼 위쪽으로 반투막을 통해 빠져나가고 액적의 모양이 변하면서 dS만큼의 계면의 넓이가 늘어나게 된다. 따라서 이 가역적인 과정에서 에멀전이 얻은 자유에너지의 양은 표면장력의 정의로부터(자세한 내용은 식 (10.4-1) 참조) γdS이고, 피스톤을 밀며 하는 일은 $-\Pi dV$이다. 즉 다음 관계가 성립한다.

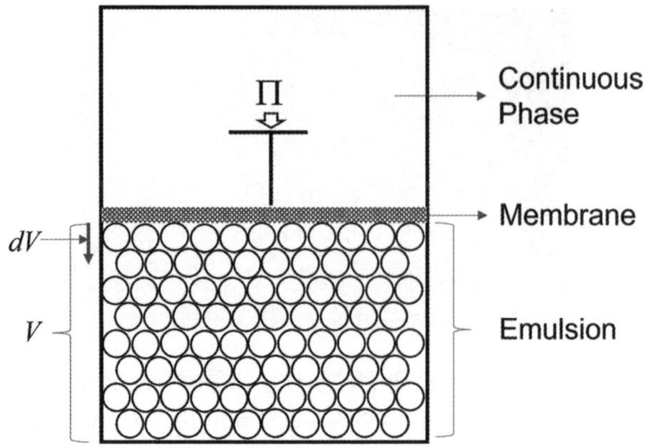

그림 10.10 반투과막이 에멀전과 연속상을 분리하는 가상계(Princen, 1986)

$$-\Pi dV = \gamma dS \tag{10.3-1}$$

V_1과 V_2를 각각 에멀전 내에서 액적 전체의 부피와 연속상의 부피라 하면

$$\phi = \frac{V_1}{V_1 + V_2} \quad (V_1 = \text{constant}) \tag{10.3-2}$$

이고 $dV = dV_2 = -V_1 d\phi / \phi^2$이므로

$$\Pi = \gamma \phi^2 \frac{d(S / V_1)}{d\phi} \tag{10.3-3}$$

가 된다. 즉 삼투압을 액적의 부피분율과 이에 따라 변하는 액적의 단위부피당 표면적(S/V_1)의 변화로부터 구할 수 있다. 액적의 표면적의 넓이는 액적의 형태에 따라 달라지며 정12면체(dodecahedron, 모든 면이 정오각형인 정다면체)의 경우

$$\frac{\Pi}{\gamma / R} = 0.5842\phi^{1/3} \frac{\left[1 - 1.892(1-\phi)^{1/2}\right]^2}{(1-\phi)^{1/2}}, \quad \phi \to 1 \tag{10.3-4}$$

이 된다. 즉 액적의 변형 전 반경 R, 표면장력 γ와 액적의 부피분율 ϕ를 알면 삼투압은 계산할 수 있다. 다른 다면체형을 갖는 액적의 경우에도 식 (10.3-4)와 같

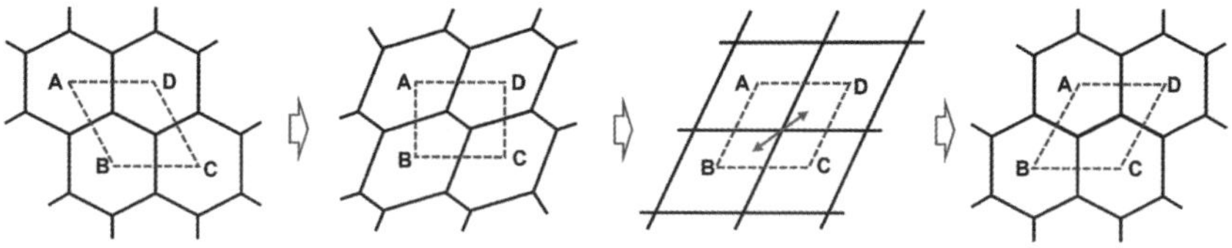

그림 10.11 $\phi \rightarrow 1$인 HIPES의 2차원 유동 모델. B의 왼쪽에 있던 A가 유동 후 오른쪽으로 움직임. 평행사변형 ABCD의 변형을 보면 cell의 흐름을 이해할 수 있음. 3번째와 4번째 사이에서는 3번째 그림의 가운데 교차점이 늘어나면서 새로운 면이 생김. 프린센(Princen, 1983)의 그림을 다시 그림

은 관계를 구할 수 있다(Princen, 1986). 실제 에멀전의 경우 액적의 크기가 일정할 수는 없으며 실험적으로 구하여야 한다.

삼투압에 의하여 액적이 변형되면서 표면에너지로 저장된 자유에너지는 HIPES의 탄성이 생기는 근본적인 원인이 된다. 삼투압과 표면에너지 간에 평형을 이루고 있는 에멀전에 전단 스트레스가 가해지면 액적은 더 변형이 되고 표면에너지는 더 증가하게 되며 에멀전은 전단 모듈러스, 즉 탄성을 갖게 된다. HIPES에 연속상을 넣어 묽혀 삼투압을 라플라스 압력(Laplace pressure, $2\gamma/R$) 이하로 만들면 유체와 같이 쉽게 흐른다.

프린센(Princen, 1986)은 액적이 원통형이라 가정하고 이 원통을 차곡차곡 쌓은 2차원의 에멀전 또는 거품에 대해 전단 스트레스를 가할 때의 과정을 해석하였다. 특히 $\phi \rightarrow 1$, 즉 액적이 경계면(Plateau border)으로 이루어진 상태를 그림 10.11과 같이 모델화하고 연속상이 표면장력에 의하여 늘어나는 힘을 계산하여 항복 스트레스와 전단 모듈러스를 유도하였고, 프린센과 키스(Princen and Kiss, 1989)는 2차원적인 모델에 대한 이론이 3차원에서도 연장되어 적용될 것으로 가정하여 식을 유도한 후, 실제 에멀전을 이용한 실험을 통하여 필요한 상수를 결정함으로써 작은 변형에서의 전단 모듈러스(G), 항복 스트레스(τ_y) 및 전단 점도를 다음과 같이 구하였다.

$$G = 1.769(\gamma / R_{32})\phi^{1/3}(\phi - 0.712) \quad (\phi > 0.712) \tag{10.3-5}$$

$$\tau_y = \gamma \phi^{1/3}[-0.080 - 0.114\log(1-\phi)] / R_{32} \tag{10.3-6}$$

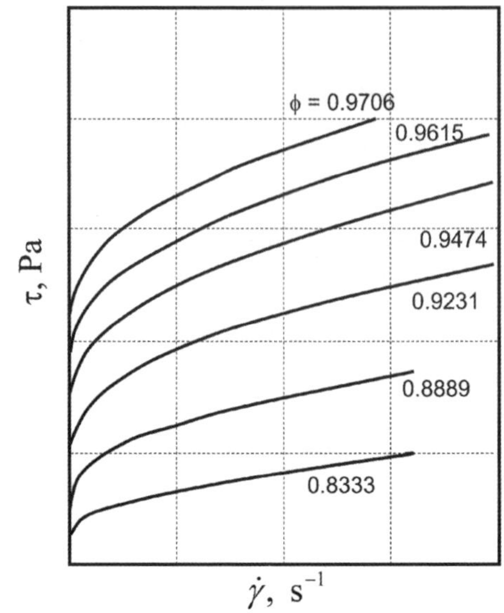

그림 10.12 HIPES의 전단스트레스와 전단율의 관계. 액적은 10% Neodol 25-3S+2% Neodol 25-9 수용액 (밀도 1000.54kg/m^3, 점도 1.53 mPa.s); 연속상은 파라핀 오일(밀도 862.3kg/m^3, 점도 49 mPa.s). 프린센과 키스(Princen and Kiss, 1989)의 데이터를 다시 그림

$$\eta = \tau_y / \dot{\gamma} + 32(\phi - 0.73)\eta_c \mathrm{Ca}^{-1/2}, \quad \tau = \tau_y + C\dot{\gamma}^{1/2}, \ \mathrm{Ca} = \eta_c R_{32}\dot{\gamma} / \gamma \qquad (10.3\text{-}7)$$

위 식들에서 R_{32}는 표면적과 부피의 비로부터 구한 평균 반경이며, Ca는 무차원인 캐필러리 수이다. 그림 10.12의 ϕ값의 변화에 따른 스트레스와 $\dot{\gamma}$ 간의 프린센과 키스(Princen and Kiss, 1989)의 실험적인 측정결과는 식 (10.3-7)과 잘 일치한다.

그림 10.13에는 W/O HIPES의 점탄성 특성을 보였다(Tripathi et al., 2017). 그림에서 G^*는 스트레스가 어떤 임곗값을 가질 때까지 일정한 값을 보이다가 급격히 감소하며, tan δ는 스트레스가 일정한 구간에서는 작은 값을 갖다가 G^*가 급격히 감소할 때 상승한다. 이러한 결과는 HIPES는 어떤 임계 스트레스값을 가질 때 까지는 탄성만을 가진 물질의 거동을 보이지만, 임곗값 이상에서는 유체와 같이 흐르는 물질이 되는 것을 의미한다. 따라서 이러한 임곗값은 항복 스트레스임을 알 수 있다. 이러한 임곗값은 ϕ가 커지면서 점점 더 커진다. 이러한 특성은 프린센과 키스(Princen and Kiss, 1989)의 이론식들과 일치하는 것이다.

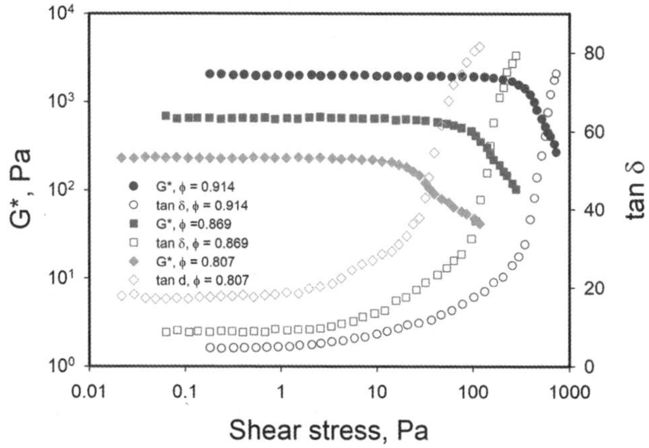

그림 10.13 부피분율(ϕ)에 따른 W/O HIPES의 점탄성 특성. (a) 복소 모듈러스(b) 손실 탄젠트. 오일 상: 카놀라오일과 Exxol D130; 수용성 상: 암모늄염 45% 수용액. 문헌(Tripathi et al., 2017)의 데이터를 이용하여 환산한 값을 그림

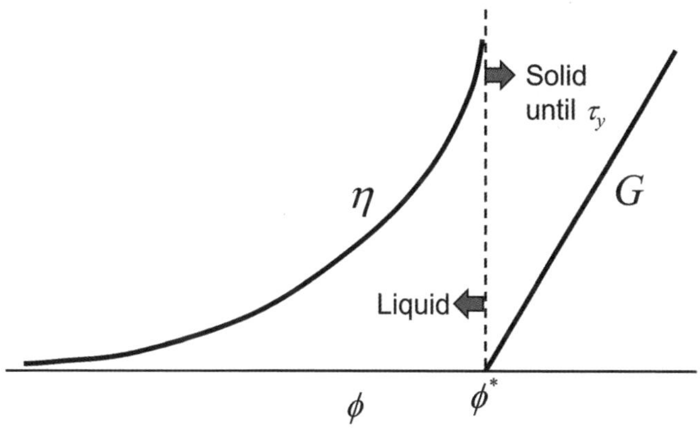

그림 10.14 에멀전은 액적의 부피분율(ϕ)이 커짐에 따라 점도가 커지다가 ϕ^*에 이르면 더 이상 흐르지 않음. ϕ^*이후에는 작은 변형에는 고체의 성질을 보임. 항복 스트레스 (τ_y)이후에는 유체와 같이 흐름

지금까지 다룬 에멀전의 유변 물성에 대한 내용을 정리하면 액적의 부피분율이 묽은 경우($\phi \rightarrow 0$)부터 진한 경우($\phi \rightarrow 1$)까지 변할 때 에멀전은 점탄성 유체에서 탄성물질로 전이하며, 따라서 측정되는 물성은 개략적으로 그림 10.14와 같이 변한다. 이러한 전이는 점탄성을 가진 고분자나 현탁액이 젤이 되는 과정과 유사함을 볼 수 있다. HIPES는 실제로 젤 에멀전이라고도 불린다.

10.4 계면 유변학의 역할

테일러(GI Taylor)가 구한 묽은 에멀전의 점도식 (10.2-1)은 한 유체로 이루어진 액적이 서로 섞이지 않는 다른 유체 내에 분산되어 있는 경우를 가정하여 유도한 식이다. 이 경우 에멀전이 유동을 하면 액적과 연속상의 계면에서 두 유체는 같은 속도로 움직이며 연속상의 운동량을 액적으로 전달하여 액적 내에서도 유동이 생기게 된다. 그러나 이러한 에멀전은 실제로 장시간 동안 존재할 수가 없다. 예를 들어 기름 액적을 계면 활성제 없이 바로 물에 분산한 에멀전의 경우, 액적의 크기가 충분히 작아 가라앉거나 뜨지 않아도 브라운 운동이나 유동에 의하여 액적끼리 만나면 바로 붙어 하나의 액적으로 되고, 이러한 현상이 계속되어 상분리가 일어나기 때문이다. 에멀전 내 액적의 결합을 억제하기 위해서는 계면활성제 등을 첨가하여 계면을 안정화시켜야 한다. 계면활성제가 계면에 흡착하여 단분자 층을 형성하게 되면 계면의 기계적 특성이 달라지므로 액적 내의 유동과 액적 바깥쪽의 유동 상태가 달라지고 점도는 더 이상 식 (10.2-1)로 표시될 수 없다.

계면활성제, 고분자, 단백질, 콜로이드입자 등이 섞이지 않는 두 유체의 계면에 걸쳐서 모이면 물질의 종류에 따라 다른 미세구조를 가지게 되며, 이 미세구조는 측정 가능한 크기의 기계적 강도를 가지면서 계면의 유동과 변형에 영향을 준다. 계면 유변학(Interfacial rheology)은 이러한 계면의 유동과 변형특성에 관한 학문이다. 계면 유변학적 특성은 에멀전이나 거품의 안정성과 관계되며 나아가 이러한 물질들의 유변학적 특성에도 영향을 미친다. 이러한 중요성에도 불구하고 계면의 유동을 유체의 유동으로부터 분리하는 문제를 극복해야 하는 어려움 등으로 인하여 계면 유변학적 특성은 아직까지 측정이 많이 되고 있지 못하며, 더 많은 연구가 필요한 상황이다. 계면 현상은 주로 생물이나 의학적인 현상과 관련하여 발전하였지만 이러한 내용은 이 책의 범위를 넘어가므로 여기서는 다루지 않고 에멀전과 관계된 현상을 중심으로 확립된 내용만을 간단히 다루다.

10.4.1 표면장력과 표면농도

표면장력(surface tension, γ)은 다음과 같이 표면이 갖는 단위면적당 깁스(Gibbs)에너

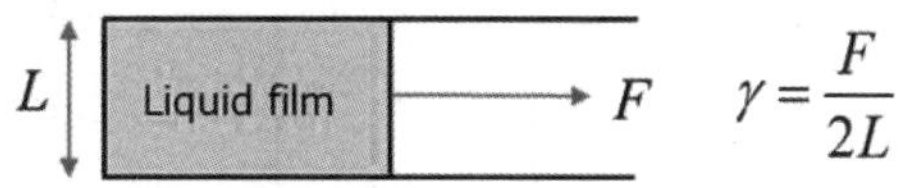

그림 10.15 표면장력에 의한 힘. 가하는 앞뒤 면에 작용하는 힘의 합이 F이면 거리 dx 만큼 움직이는 데 Fdx 만큼의 일을 해 주어야 함. 단위면적 변화당 일은 $W = Fdx/(2Ldx) = \gamma$가 됨

지로 정의된다.

$$\gamma = \left(\frac{\partial G}{\partial A}\right)_{T,p} \tag{10.4-1}$$

열역학적으로 표면장력은 새로운 계면을 만드는 데 필요한 자유에너지, 즉 일(work)이며, 역학적으로는 표면장력은 표면적을 줄이도록 끌어당기는 힘이다. 그림 10.15에서 액막은 깁스에너지를 최소화하기 위해 자발적으로 줄어드는 경향이 있으며 면의 크기를 유지하기 위해서는 단위길이당 2γ 크기의 힘을 작용해 주어야 한다. γ는 N/m의 단위를 갖는다. γ는 온도의 함수이며, 혼합물의 경우 농도의 함수가 된다. 20°C에서 물의 γ는 72.8 mN/m이며, 에탄올의 γ는 22.0 mN/m, 수은의 γ는 486.5 mN/m이다. 계면활성제 용액의 γ는 계면활성제의 농도가 증가함에 따라 감소하며, 수용액의 경우 5 mN/m 이하까지 줄어들 수 있다. 식 (10.4-1)에 의하면 표면을 늘이기 위해서는 깁스에너지가 늘어나는 만큼의 일(work)을 해 주어야 한다. 예를 들어 분무기로 물을 분사하여 작은 액적으로 만들기 위해서 압축 공기를 쓰는데 압축되어 있던 공기가 팽창하면서 일을 함으로써 액적을 분리한다. 계면활성제가 들어 있는 물을 액적으로 만드는 경우 계면활성제에 의하여 표면장력이 감소되므로 액적의 크기가 같을 경우 공급해 주어야 하는 일의 크기가 줄어들며, 같은 양의 일이 공급되면 액적의 크기가 작아진다.

깁스는 액체 내의 농도 c와 농도에 따른 γ의 변화를 이용하여 표면 농도(surface concentration) Γ를 다음과 같이 정의하였다. 이 정의는 알코올이나 계면활성제와 같이 용매에 녹는 물질의 경우 의미를 가진다.

$$\Gamma = -\frac{1}{kT}\frac{\partial \gamma}{\partial \ln c} \tag{10.4-2}$$

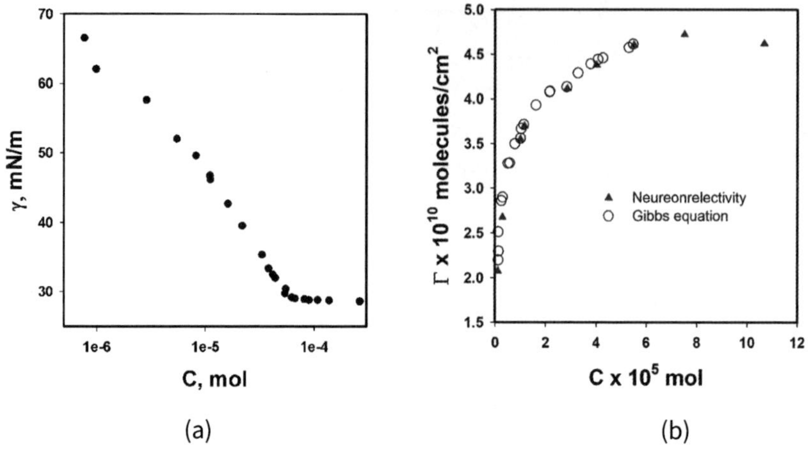

그림 10.16 (a) 트리에틸렌글리콜모노도데실에테르(triethylene glycol monododecyl ether) 수용액의 농도에 따른 표면장력 변화 (b) 표면농도와 수용액의 농도와의 관계(두 가지 방법으로 측정함) 루 등(Lu et al., 1993)의 데이터를 다시 그림

녹지 않는 물질의 경우에는 랭뮈어 필름(Langmuir film)이 형성되며, 다양한 상 거동이 관찰된다. 한편 랭뮈어 필름을 연구하기 위해서는 계면의 넓이를 조절하기에 용이하게 설계된 랭뮈어 수조(Langmuir trough)를 사용한다.

계면활성제 용액(bulk phase)의 농도와 Γ의 관계로는 대표적으로 다음과 같은 프럼킨 등온 흡착식(Frumkin adsorption isotherm)이 쓰인다(Stenvot and Langevin, 1988).

$$\frac{\Gamma/\Gamma_\infty}{1-\Gamma/\Gamma_\infty}=\frac{c}{a}\exp\left(\frac{2H}{RT}\frac{\Gamma}{\Gamma_\infty}\right) \tag{10.4-3}$$

위 식에서 Γ_∞는 Γ의 최댓값, c는 용액의 농도, a는 물질에 따라 결정되는 시즈코프스키(Szyszkowski) 농도, H는 비이상성을 나타내는 파라메터로 대략 $O(RT)$의 값을 갖는다. Γ에 따라 γ가 변하게 되며 다음과 같은 관계로 표시할 수 있다(Stenvot and Langevin, 1988).

$$\gamma_0-\gamma=\Pi=-RT\Gamma_\infty\left[\ln\left(1-\frac{\Gamma}{\Gamma_\infty}\right)+\frac{H}{RT}\left(\frac{\Gamma}{\Gamma_\infty}\right)^2\right] \tag{10.4-4}$$

그림 10.16에는 용액의 농도에 따라 변하는 γ와 Γ의 전형적인 예를 도시하였

다(Lu et al., 1993). γ는 농도에 따라 급격히 변하다가 변화가 거의 나타나지 않게 되는데 이러한 경계를 임계 마이셀 농도(critical micelle concentration, CMC)라고 한다. CMC 이상의 농도에서 계면활성제 수용액 내에는 구형의 마이셀(micelle)이 생성이 되고, 농도가 더 커지면 실린더형 마이셀(cylindrical micelle), 이중층(bilayer) 등의 상 변화가 생기게 된다. 실린더형 마이셀 용액의 유변학적 특성은 이미 제8장에서 다룬 바 있다. Γ는 농도가 낮은 값에서는 급격히 변하지만 대략 CMC 이상에서는 값이 포화되면서 Γ_∞에 접근한다.

10.4.2 계면에서의 스트레스 균형식

표면장력이 있는 계면에서의 스트레스 관계(stress balance)는 일반적으로 계면이 곡면이므로 매우 복잡하다. 먼저 그림 10.17에 보인 바와 같이 시간 t에서 두 가지의 서로 섞이지 않는 유체 1과 유체 2 사이에서 면적 S_I를 가진 계면을 중심으로 두께 2ℓ을 가진 계면의 표면적 $S(t)$, $S(t)$의 둘레 곡선 $C(t)$가 포함되는 부피 $V(t)$의 컨트롤 부피(CV)를 생각하자. 이 CV에 운동량의 보존에 관한 식을 세우면

$$\int_{V(t)} \rho \frac{D\mathbf{v}}{Dt} dV = \int_{V(t)} \rho \mathbf{g} dV + \int_{S(t)} \mathbf{t} dS + \int_{C(t)} \gamma \mathbf{u}_t dC \tag{10.4-5}$$

이 된다. 위 식에서 $\mathbf{t}$는 $S(t)$에 작용하는 단위면적당 힘(traction)을 나타내며, $\mathbf{u}_t$는 계면 S_I를 둘러싸는 곡선 $C(t)$를 따라 S_I에의 접선방향 단위벡터(unit tangent)를 나타낸다. 위 식의 마지막 항은 곡선 $C(t)$를 따라 CV의 바깥쪽의 계면이 S_I를 잡아당

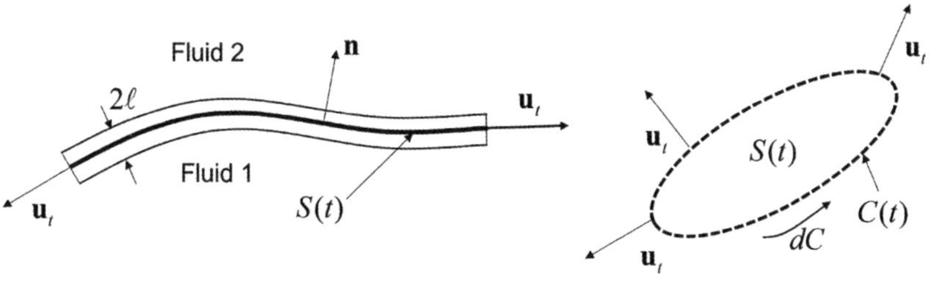

그림 10.17 서로 섞이지 않는 유체 1과 유체 2 사이의 계면의 일부를 둘러 쌓는 두께 2ℓ의 컨트롤 부피와 계면을 위에서 본 그림. 점선으로 표시된 계면의 둘레를 따라 $\mathbf{u}_t$가 변함

기는 표면장력에 의한 힘이다. 따라서 위 식의 좌변은 질량과 가속도를 곱한 항이며, 우변은 힘의 합력으로 각각 중력, 표면에 작용하는 힘 및 면의 둘레를 따라 작용하는 힘을 나타낸다. $2\ell \to 0$인 극한을 생각하면 $V(t) \to 0$이므로 부피적분은 모두 0이 되어 다음과 같이 쓸 수 있다.

$$\int_{S(t)} \left[\mathbf{t(n)}\big|_2 - \mathbf{t(n)}\big|_1 \right] dS + \int_{C(t)} \gamma \mathbf{u}_t dC = 0 \tag{10.4-6}$$

곡선 $C(t)$에서의 선적분(contour integral)은 S_I에서의 면적분(surface integral)으로 바꾸어 쓸 수 있다. 즉

$$\int_{C(t)} \gamma \mathbf{u}_t dC = \int_{S(t)} \left(\nabla_s \gamma + 2H\, \mathbf{n}\gamma \right) dS \tag{10.4-7}$$

이 된다. 위 식에서 H는 곡면의 한 점에서의 평균 곡률로 아래에서 좀더 자세히 설명하였다. 따라서 식 (10.4-6)은

$$\int_{S(t)} \left\{ \left[\mathbf{t(n)}\big|_2 - \mathbf{t(n)}\big|_1 \right] + \left(\nabla_s \gamma + 2H\, \mathbf{n}\gamma \right) \right\} dS = 0 \tag{10.4-8}$$

이 되며, $S_I \to 0$의 극한에서는

$$\left[\mathbf{t(n)}\big|_2 - \mathbf{t(n)}\big|_1 \right] + \left(\nabla_s \gamma + 2H\, \mathbf{n}\gamma \right) = 0 \tag{10.4-9}$$

이 된다. 위 식의 면의 접선 및 수직 방향 성분은 각각 다음과 같다.

$$\tau_{nt}\big|_2 - \tau_{nt}\big|_1 + \mathbf{u}_t \cdot \nabla_s \gamma = 0 \tag{10.4-10}$$

$$p_1 - p_2 + \tau_{nn}\big|_2 - \tau_{nn}\big|_1 + 2H\gamma = 0 \tag{10.4-11}$$

식 (10.4-10)을 보면 표면장력의 기울기는 스트레스를 생성시킬 수 있는데 이러

한 유동을 마랑고니 유동(Marangoni flow)이라 한다. 마랑고니 유동의 예로 와인의 눈물(tears of wine)을 들 수 있다. 와인은 유리면에서의 접촉각(contact angle)이 작아 유리잔 벽을 타고 올라가게 된다. 벽을 따라 올라간 와인 내의 물과 알코올은 공기 중으로 증발하는데 알코올은 물보다 증기압이 높아 더 쉽게 증발하고 나머지 유체는 와인보다 알코올의 농도가 낮아지게 된다. 알코올의 농도가 낮으면 표면장력이 커서 밑의 와인을 더 끌어온다. 즉 다음에 정의한 표면 압력(surface pressure) 기울기에 의하여 표면이 움직이면 표면과 함께 표면을 만든 유체 덩어리가 따라서 움직이게 된다. 끌려온 유체의 양이 많아지면 중력에 의하여 다시 아래로 흘러내려가게 되는데 이를 와인의 눈물이라 부른다.

식 (10.4-11)에서 정지상태에서는 $\tau_{nn}=0$이므로 곡면의 양쪽의 압력의 차이는 평균 곡률에 비례하여 다음과 같은 영-라플라스 식(Young and Laplace equation)으로 표시된다.

$$\Delta p=\gamma\left(\frac{1}{R_1}+\frac{1}{R_2}\right)=2H\gamma \tag{10.4-12}$$

위 식에서 R_1과 R_2는 그림 10.18에 보인 바와 같이 각각 최대 및 최소 곡률반경으로 휘어진 안쪽 면에서 측정한 값이며, H는 평균 곡률이라 불린다. R_1과 R_2 중 하나는 “−” 값을 가질 수 있으며, 이때 계면은 말 안장과 같은 형태를 가진다. R_1과 R_2가 같은 경우, 즉 반경이 R인 구면의 경우에는

$$\Delta p=\frac{2\gamma}{R}=\Pi_L \tag{10.4-13}$$

이 되며, Π_L은 라플라스 압력(Laplace pressure)이라고 부른다. 한편 평균 곡률(H)은 곡면의 법선벡터 $\mathbf{n}$과 $2H=-\nabla\cdot\mathbf{n}$의 관계가 있으며, R_1과 R_2를 보이는 곡면상의 곡선들은 미분기하의 이론에 의하면 서로 수직으로 교차한다.

식 (10.4-10)과 (10.4-11)은 두 가지 서로 섞이지 않는 물질의 계면에서의 역학적인 관계를 충분히 설명할 수 있지만 계면에 계면활성제와 같은 물질이 흡착을 하게 되면 계면의 역학적인 현상이 설명이 되지 않는다. 따라서 이 경우에는 계

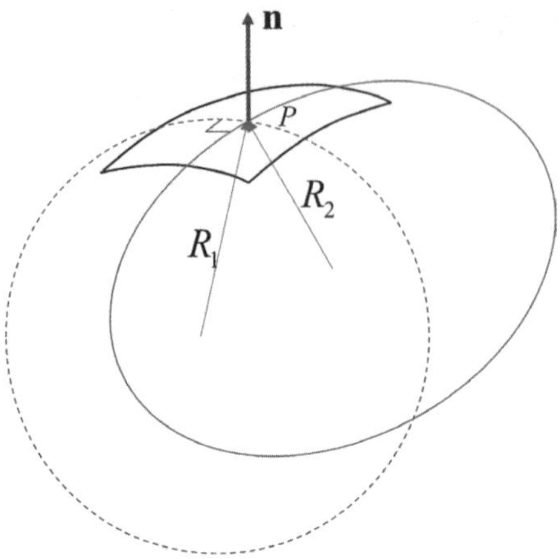

그림 10.18 면의 한 점에서의 곡률반경. P점에 접하는 원들 중에서 곡률반경이 가장 큰 원과 가장 작은 원은 서로 수직으로 만남. 각각의 반경을 R_1, R_2라 함

면을 2차원의 유체로 생각하여 표면장력만이 아니라 2차원 점도를 고려하여야 한다. 또한 계면은 탄성을 가진 점탄성 물질일 수도 있다. 계면 유변학은 이러한 현상을 다루는 학문이다.

10.4.3 계면 유변학적 변수와 물성

표면 압력(surface pressure) π는 계면활성제와 같이 계면 특성을 변화시키는 물질이 첨가되기 전의 표면장력(γ_0)과 첨가 후 감소된 표면장력(γ)과의 차이로 정의된다.

$$\pi = \gamma_0 - \gamma \tag{10.4-14}$$

π는 필름이 압축되면 증가하며, 표면의 미세구조가 바뀌는 경우 기울기가 갑자기 바뀌거나 값이 포화되면서 더 이상 변하지 않는 현상이 관찰된다. π는 계면에 유동이 생기게 하는 항으로 표면 압력의 기울기는 마랑고니 유동의 원인인 것과 같이 유체 유동에서 압력 기울기와 유사한 역할을 한다. 표면 압력은 표면장력에 의하여 정의되는 열역학적인 변수이다. 다음에는 동적 변수인 점도 및 모듈러스에 대하여 정의하였다.

뉴턴성 유체 유동에 대한 구성방정식, 즉 스트레스와 스트레인 간의 관계는 다음 식과 같다.

$$\mathbf{T}=\left(-p+\left(\kappa-\frac{2}{3}\eta\right)\nabla\cdot\mathbf{v}\right)\mathbf{I}+2\eta\mathbf{D},\quad 2\mathbf{D}=\nabla\mathbf{v}+(\nabla\mathbf{v})^{T} \tag{10.4-15}$$

위 식에서 p는 압력, κ, η는 각각 벌크 점도(bulk viscosity, 또는 확장 점도[dilational viscosity]), 전단 점도라 부른다. 비압축성 액체의 경우 $\nabla\cdot\mathbf{v}=0$이므로

$$\mathbf{T}=-p\mathbf{I}+2\eta\mathbf{D} \tag{10.4-16}$$

가 되어 전단 점도만 관계된다. 일반적으로는 $\nabla\cdot\mathbf{v}\neq 0$이므로 벌크 점도도 관계가 있으나 η에 비하여 매우 작은 것으로 알려져 있다. 뉴턴성 유체의 구성방정식을 계면 유동에 적용하면 계면이 갖는 스트레스 $\mathbf{T}_s$와 계면의 변형과의 관계를 텐서식으로 표시할 수 있다. 스크리븐(Scriven, 1960)은 이러한 관계식을 다음과 같이 유도하고 계면상태에서의 뉴턴성 유체라고 불렀다.

$$\mathbf{T}_s=\left(\gamma+(\kappa_s-\eta_s)\nabla_s\cdot\mathbf{v}_s\right)\mathbf{P}+2\eta_s\mathbf{D}_s,\quad 2\mathbf{D}_s=\nabla_s\mathbf{v}_s+(\nabla_s\mathbf{v}_s)^{T} \tag{10.4-17}$$

위 식에서 표면 스트레스는 표면장력 γ와 표면 유동을 나타내는 $\mathbf{v}_s$가 변수가 되며, 물성으로는 표면 확장 점도(surface dilational viscosity) κ_s, 표면 점도(surface viscosity) η_s가 관계된다. 위 식에서 $\mathbf{P}$는 3차원 벡터를 계면에 접하는 면의 성분으로 변환시켜주는 투사텐서(projection tensor)로 xyz 좌표에서는 2차원 단위행렬이 되며, $\mathbf{T}_s$, $\mathbf{v}_s$, $\mathbf{D}_s$, ∇_s는 모두 2차원에서 계산하는 값이다. 표면 유동의 경우 일반적으로 $\nabla_s\cdot\mathbf{v}_s\neq 0$이고, κ_s도 뉴턴성 유체와는 달리 큰 값을 가지므로 표면 유동에서 중요한 역할을 한다. 또한 식 (10.4-15)에서 3차원 유동식에서의 $\eta\nabla\cdot\mathbf{v}$의 계수 2/3는 2차원 유동이 되면 2/2가 되어 1이 된다.

계면이 탄성체인 경우에는 유체의 물성인 η_s와 κ_s에 대응하는 표면 전단 모듈러스(surface shear modulus) G_s와 표면 확장 모듈러스(surface dilational modulus) E_s를 정의할 수 있으며, 계면이 뉴턴성 유체가 아닌 점탄성을 갖는 유체인 경우에는 복소

확장 모듈러스 E_s^*와 복소 전단 모듈러스 G_s^*를 정의하여 쓴다. 계면과 관계된 물성의 중요성은 오래전부터 알려져 왔으나 측정상의 어려움으로 아직까지 잘 정립되어 있지 못하다. 다음에는 계면이 가지는 특성인 κ_s, η_s, E_s^*, G_s^*를 설명하고, 에멀전의 유동이나 안정성 등과의 관계에 대해서 설명하였다. 이러한 물성들은 계면이 늘어나고 줄어듦에 따라서 변하는 계면에서의 물질의 농도에 따라 변하며, 계면의 농도는 용액 내에서의 물질의 확산과 계면에의 흡착에 의하여도 영향을 받는다. 따라서 많은 경우에 물성들은 계면이 만들어진 후부터 시작하는 시간의 함수로 표시하게 된다.

10.4.4 표면 점도 및 표면의 전단 모듈러스

표면 점도, 즉 표면 점단 점도와 전단 모듈러스는 계면에 흡착되어 있는 계면활성제 농도가 일정한 상태에서 일어나는 표면 전단 유동(surface shear flow)이나 표면 전단 변형(surface shear deformation)과 관계된 물성이다. 반면 다음 절에서 다룰 표면 확장 물성(surface dilational property)은 표면이 늘어나거나 줄어들면서 계면에 흡착되어 있는 계면활성제가 용액 안으로 이동되거나 계면으로 이동되어 흡착하는 현상이 수반되는 현상과 관계된 물성으로 전단 유동의 물성과는 전혀 다른 특성을 보인다.

전단 물성을 측정하기 위한 장치로는 랭뮈어 수조에서의 좁은 폭 유동(channel flow, Schwartz et al., 1994; Stone, 1995), 이중원뿔(bicone) 장치 (Erni et al., 2003), 이중벽 고리(double wall ring) 및 자석을 이용한 계면 레오미터(magnetic trap interfacial rod rheometer)등이 개발되어 있다(Jaensson and Vermant, 2018). 이러한 장치들은 이미 상업화되어 있으며, 특히 기존의 레오미터에 장치되어 사용할 수 있다. 계면 유변학적 물성의 측정에는 필연적으로 계면에 이웃하는 액체의 간섭을 받게 된다. 다음 식으로 정의되는 부시네스크 수(Boussinesque number, Bo)는 점도의 측정 시 벌크 상(bulk phase)에 의한 영향을 판단하는 기준이 된다.

$$\mathrm{Bo} = \frac{\eta_s}{(\eta_1 + \eta_2)L} \tag{10.4-18}$$

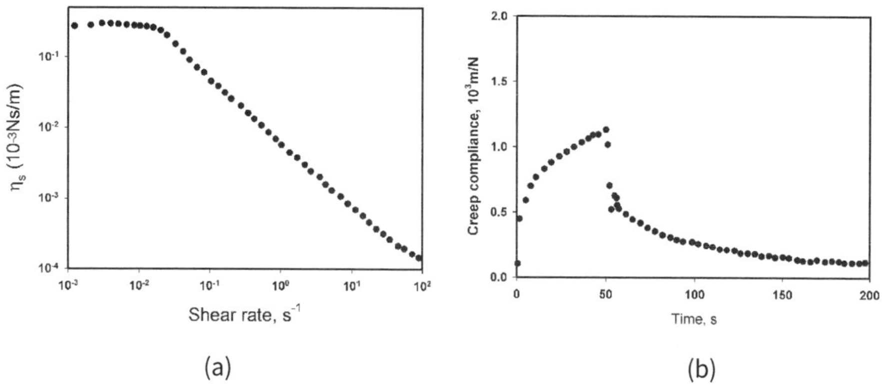

그림 10.19 인산 완충용액과 폴리-1-데켄 오일의 계면에 흡착된 오발부민의 전단율에 따른 표면 점도와 크리프 후 완화 실험 결과. 어니 등(Erni et al., 2003)의 데이터를 다시 그림

위 식에서 η_1 , η_2는 계면을 형성하게 하는 두 유체의 점도이며, L은 측정장치의 대표 길이이다. Bo $\rightarrow \infty$이면, 즉 η_s가 충분히 크면 계면 유동은 벌크 상의 유동에 영향을 받지 않는, 독립적인 2차원 유동이 된다. 반면 Bo $\rightarrow$ 0이면 벌크 상 유동이 크고 계면 유동의 역할이 무시할 정도로 작아진다. Bo가 클수록 정밀한 측정이 가능하며, 측정 장치에 따라 다르지만 기본적으로 Bo $\approx O(1)$ 이상이 되어야 측정이 가능하다.

계면(interface)을 형성하는 물질로는 계면활성제, 고분자, 단백질, 나노입자 등이 있는데 고분자나 현탁액보다 종류가 비교할 수 없을 정도로 많을 뿐만 아니라 벌크 상태의 농도가 새로운 변수로 추가되기 때문에 경우의 수가 너무 많다. 또한 벌크 상의 물성을 측정하는 장치에 비하여 계면 물성을 측정하는 장치는 비교적 최근에 상업화되었고 그동안 발표된 많은 문헌의 결과들은 서로 다른 원리와 장치들로 측정이 되어 비교하기에 어려운 점이 많다. 이러한 결과의 물리적인 해석도 유변학적인 현상만이 아니라 여러 물리화학적 현상을 이해하여야 하는 경우가 대부분으로 이 책의 범위를 넘게 되어 여기서는 몇 가지 결과만을 보이고자 한다.

그림 10.19a에는 달걀 흰자로부터 얻은 분자량 45,000의 단백질인 오발부민(ovalbumin)을 pH 6.9, 점도 1mPa.s의 인산 완충용액에 100mg/l의 농도로 용해한 용액과 점도 27.5mPa.s의 폴리-1-데켄 오일(poly-1-decene oil)의 계면의 점도 특성

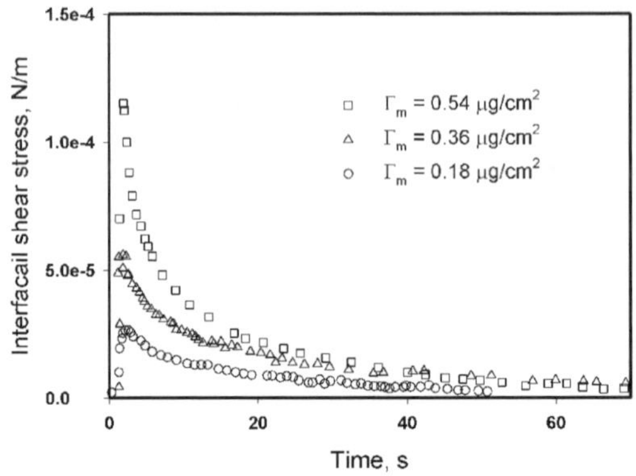

(a)

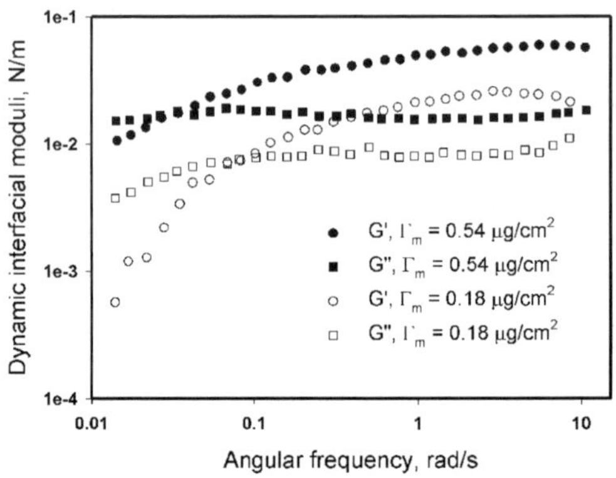

(b)

그림 10.20 공기와 물의 계면에 흡착된 솔비탄 트리 스티어레이트(sorbitan tristearate)의 서로 다른 표면 농도(Γ_m)에서의 스트레스 완화와 선형 점탄성 특성. 어니 등(Erni et al., 2003)의 데이터를 다시 그림

을 도시하였다(Erni et al., 2003). 용해된 오발부민은 계면에 흡착하여 계면 특성을 바꾸고, 이에 따라 η_s가 크게 나타난다. 한편 계면에 흡착된 오발부민 필름은 시간에 따라 노화(aging)하므로 그림 10.19a에는 오발부민 필름을 전단율 0.01s^{-1}에서 5분간 전단(preshear)을 가한 후 실험한 결과를 도시하였다. 이 계면의 η_s는 $\dot{\gamma} < 0.2$ s^{-1}에서 0.34 mPa.m.s의 값을 가지며 $\dot{\gamma} > 0.2$ s^{-1}에서는 강한 시어 시닝 현상을 보인다. 이러한 변화는 오발부민이 흡착된 계면구조의 변화를 의미한다. 그림 10.19b에는 크리프 후 회복(creep and recovery) 실험의 결과를 도시하였다. 50초간 표면 스트레

스 $\tau_s = 1.2\times10^{-4}$ N/m를 가하고, 이후 스트레스를 제거하는 실험 결과, 오발부민 필름은 전형적인 점탄성 특징을 가지는 것을 볼 수 있다. 그림 10.20(a)에는 공기와 물의 계면에 위치한 솔비탄 트리아세테이트(sorbitan triacetate, trioctadecanyl ester of sorbic acid)의 불용성 필름(insoluble film, 클로로포름에 녹인 후 물 위에 옮긴다)의 스트레스 완화 실험 및 진동 실험 결과를 도시하였다(Erni et al., 2003). 서로 다른 계면 농도에 대하여 실험한 결과 계면 농도에 비례하는 초기 계면 스트레스(interfacial stress)를 보인 후 스트레스를 완화하며, 완화 시간은 대략 20s이다. 그림 10.20(b)에는 계면 G_s', G_s''을 도시하였다. 측정 영역에서 농도가 높은 경우에는 G_s'이 진동수가 변하여도 거의 일정한 전형적인 탄성체의 특징을 보인다. 반면 낮은 농도에서는 낮은 진동수에서 G_s'의 기울기는 2, G_s''의 기울기는 1인 전형적인 점탄성 물질의 특징을 나타낸다. 이상의 결과로 볼 때 계면은 벌크 유체와 유사하게 시어 시닝하기도 하며, 점탄성을 가지는 것을 알 수 있다. 물론 모듈러스 값이나, 점돗값들은 고분자나 현탁액 등과 마찬가지로 넓은 범위의 값을 가질 수 있다. 공기와 접하는 계면활성제 수용액의 경우 η_s는 대략 1μPa.m.s의 규모의 값을 가진다(Langevin, 2014).

10.4.5 표면 점도의 역할

올드로이드(1955)는 계면의 스트레스가 식 (10.4-17)로 표현되는 경우에 에멀전의 점도를 다음과 같이 구하였다.

$$\frac{\eta}{\eta_c} = 1 + \frac{1 + \frac{5}{2}M + N}{1 + M + \frac{2}{5}N}\phi, \quad M = \frac{\eta_d}{\eta_c}, N = \frac{2\eta_s + 3\kappa_s}{\eta_c a} \tag{10.4-19}$$

위 식을 보면 η_s와 κ_s에 의하여 에멀전의 점도가 변하는 것을 알 수 있다. 특히 액적의 반경 a가 작을수록 N값이 커지면서 더 큰 영향을 받으며 $N\to\infty$의 경우 액적은 딱딱한 구형입자와 같은 역할을 하여 점도는 아인슈타인 식과 같이 된다. 올드로이드(1955)는 또한 계면이 탄성체인 경우 점도는 아인슈타인 식과 같으며, 에멀전의 점탄성 특성도 η_s, κ_s 및 확장 모듈러스(dilational modulus) 및 전단 모듈러스에 따라 변하는 것을 보였다. 이들의 함수 관계가 매우 복잡하여 여기에는 싣지 않았다. 자세한 내용은 올드로이드(Oldroyd, 1955)를 참조할 수 있다. 올드로이드의 이론 해석 결과로부터 계면 유변 특성은 에멀전의 유변 물성을 변하게 함을 알 수 있다. 에멀전의 ϕ가 커지면 이론적인 해석이 어려우므로 실험에 의존하게 된다. 또한 계면 유변 물성은 에멀전의 유변 물성만을 변하게 하는 것이 아니라 에멀전의 안정성에도 영향을 미친다.

10.4.6 깁스 탄성

표면확장 모듈러스(surface dilational modulus) E는 다음과 같이 표면장력과 면적변화의 관계로부터 구할 수 있다(Langevin, 2014). 이 값은 깁스 탄성(Gibbs elasticity)이라고도 불린다:

$$E = \frac{d\gamma}{d\ln A}\left(= -\frac{d\gamma}{d\ln\Gamma}\right) \qquad (10.4\text{-}20)$$

불용성 단분자층(Insoluble monolayer)이 아닌 계면활성제와 같이 용해되어 계면에 흡착하는 물질 계면의 E를 구하기 위해서 필요한 γ와 Γ의 관계는 γ를 농도 c의 함수로 측정하면 알 수 있다. 식 (10.4-2)의 깁스의 Γ에 관한 정의에서 Γ는 γ를 농도의 함수로 측정하면 구할 수 있기 때문이다. 표면의 넓이가 시간에 따라 변하는 경우 E는 시간의 함수가 된다. E를 시간의 함수로 구하기 위해 그림 10.21과 같은 상황을 생각하자. 직사각형 형태의 계면의 한쪽($x = L$)은 고정되어 있고, 반대쪽 면($x = 0$)은 계면에 수직인 방향으로 경계벽(barrier)이 장치되어 진폭 ξ_B로 x방향으로 $e^{i\omega t}$의 진동을 한다. 위치 x에서의 진폭 ξ는 경계벽에서 멀어질수록 줄어들며 시간에 따라 다음 식으로 표시된다.

$$\xi = \xi_B \frac{L - x}{L} e^{i\omega t} \qquad (10.4\text{-}21)$$

계면의 넓이도 시간에 따라 진동하며 단위면적당 변화는

$$\frac{\Delta A}{A} = \frac{\partial\xi}{\partial x} = -\frac{\xi_B}{L} e^{i\omega t} \qquad (10.4\text{-}22)$$

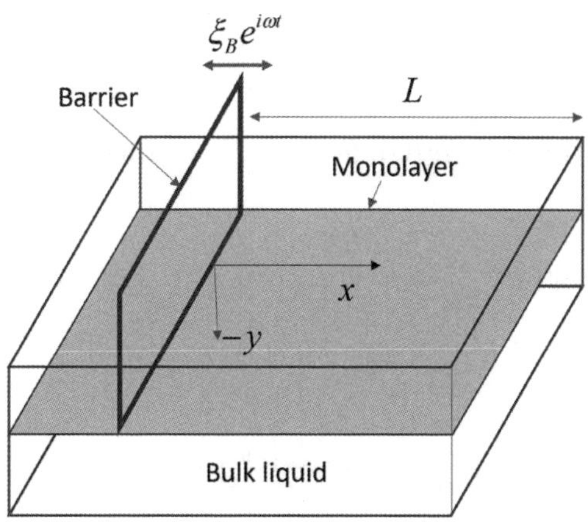

그림 10.21 경계벽에 의한 계면의 수축과 팽창

으로 거리 x에 따라 일정하다. 한편 식 (10.4-20)에서 ΔA가 충분히 작으면

$$E = \frac{A\Delta\gamma}{\Delta A} \tag{10.4-23}$$

가 된다.

$\Delta A < 0$이면, 즉 계면의 면적이 줄면 계면에 흡착되어 있는 계면활성제의 밀도(Γ)가 증가하므로 γ는 줄게 되며 계면에 흡착되어 있던 계면활성제의 일부는 벌크 상으로 녹아들어 가면서 Γ를 줄여 새로운 평형상태를 찾는다. 반대로 $\Delta A > 0$이면 Γ가 감소하므로 γ는 증가하며 벌크 상의 계면활성제가 계면으로 확산되며 흡착하여 새로운 평형을 이룬다. 완전 탄성 계면(perfectly elastic interface)은 평형상태에 있던 계면의 크기가 감소할 때 시간 지연 없이 γ가 바로 평형값을 회복하는 면으로 정의한다. 즉 계면에서 계면활성제의 농도가 높아지면 바로 계면에서 벌크 상으로 이동되는 경우이다. 이러한 계면은 반대로 계면이 넓어지면 바로 계면으로부터 계면활성제가 이동되어 평형으로 돌아간다. 계면활성제가 계면으로 이동하거나 계면으로부터 이동되는 과정은 평형으로 돌아가는 과정이며 따라서 완화 과정이라고 불린다. 이러한 완화 과정에 유한한 시간이 필요한 경우 계면은 점탄성 계면(viscoelastic surface)이라고 부른다. 이 경우에는 ΔA의 변화와 $\Delta\gamma$ 간의 변화에는 ω에 따라 다른 위상 차이(phase lag, θ)가 생긴다. 따라서 식 (10.4-23)의 E는 복소

수가 되며, 다음 식으로 쓸 수 있다.

$$E^*(\omega) = E_0(\omega)\cos\theta(\omega) + i\,E_0(\omega)\sin\theta(\omega) \tag{10.4-24}$$

위 식에서 허수부는 에너지 소산과 관련된 항으로 표면 확장 점도(surface dilational viscosity)와 다음의 관계가 있으며, $\omega \to 0$일 때 η_d는 κ_s가 된다.

$$\eta_d(\omega) = \frac{E_0(\omega)\sin\theta(\omega)}{\omega} \tag{10.4-25}$$

표면의 넓이가 변할 때 계면활성제의 농도 변화는 계면활성제의 흡착 및 탈착, 그리고 벌크 상의 계면활성제의 확산에 의하여 결정된다. 여기서는 계면활성제의 흡착과 탈착이 충분히 빨라 계면과 접한 액체와 계면은 ω^{-1}보다 충분히 짧은 시간 안에 평형에 이르고 계면활성제의 벌크 상에서의 확산이 속도를 결정하는 경우에 대하여 생각하자.

계면활성제의 표면 부근에서의 확산에 따른 계면에 수직한 y 방향의 농도(c)변화는 다음과 같은 확산식을 만족한다. 계면의 위치는 그림 10.21에 보인 바와 같이 $y=0$이고, 벌크 상은 충분히 깊은 경우를 생각한다.

$$\frac{\partial c}{\partial t} = D\frac{\partial^2 c}{\partial y^2} \tag{10.4-26}$$

위 식에서 D는 계면활성제의 벌크 상에서의 확산 계수이다. 위 식은 다음과 같은 변수 분리 해를 갖는다:

$$c = c_\infty + b\,e^{ny}\,e^{i\omega t}, \quad n = (1+i)\sqrt{\frac{\omega}{2D}} \tag{10.4-27}$$

이 농도 변화와 E의 관계는 다음 방법으로 구한다. 먼저 E를 다음과 같이 변형하여 쓴다.

$$E^* = \frac{d\gamma}{d\ln\Gamma} \cdot \frac{d\ln\Gamma}{d\ln A} \tag{10.4-28}$$

위 식의 오른쪽 첫 항은 계면의 평형식으로 예를 들어 식 (10.4-4)와 같은 식을 사용할 수 있다. 두 번째 항은 면적 변화에 따른 계면 농도의 변화로 다음과 같은 방법으로 구한다. 계면에 흡착되어 있는 계면활성제는 다음과 같은 보존식을 따른다. 즉 면적 A의 계면에 있는 계면활성제의 양은 ΓA이고, 이 양이 단위면적당 시간에 따라 증가하는 양 $[d(\Gamma A)/dt]/A$은 벌크 상으로부터 계면에 확산되어 들어오는 양과 같다.

$$\frac{1}{A}\frac{d(\Gamma A)}{dt} = -D\left(\frac{\partial c}{\partial y}\right)_{y=0} \tag{10.4-29}$$

위 식은 다음과 같이 변형하여 쓸 수 있다.

$$\frac{d\ln A}{d\ln\Gamma} = -1 - \frac{D(\partial c/\partial y)_{y=0}}{\partial\Gamma/\partial t} \tag{10.4-30}$$

한편 $y=0$에서는 흡착과 탈착이 빨라 벌크 상과 계면은 평형상태에 있으므로 Γ는 c만의 함수가 되어

$$\frac{\partial\Gamma}{\partial t} = \frac{d\Gamma}{dc}\left(\frac{\partial c}{\partial t}\right)_{y=0} \tag{10.4-31}$$

가 된다. 따라서

$$\frac{d\ln\Gamma}{d\ln A} = -\left[1 + D\frac{dc}{d\Gamma}\frac{(\partial c/\partial y)_{y=0}}{(\partial c/\partial t)_{y=0}}\right]^{-1} \tag{10.4-32}$$

이다. 이 식에 식 (10.4-27)의 c의 해를 대입하여 정리하면 E^*는 다음 식이 된다.

$$E^* = E_0\frac{1+\zeta+i\zeta}{1+2\zeta+2\zeta^2}, \quad \zeta = \frac{dc}{d\Gamma}\sqrt{\frac{D}{2\omega}}, \quad E_0 = -\frac{d\gamma}{d\ln\Gamma} \tag{10.4-33}$$

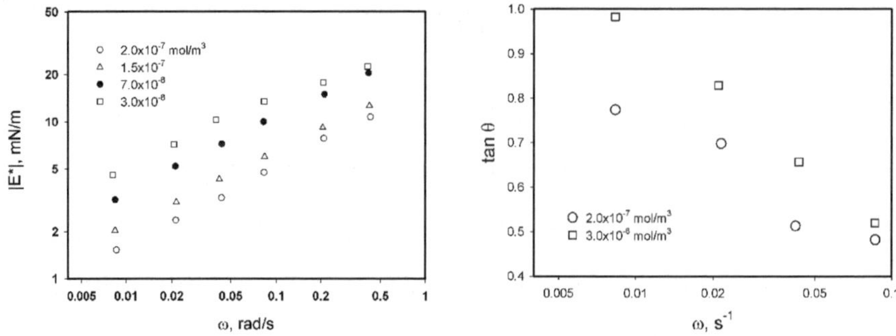

(a) (b)

그림 10.22 데카노익 산 수용액의 농도 변화에 따른 표면 확장 모듈러스의 절댓값과 $\tan\theta$ 값. 루카센과 반 덴템펠(Lucassen and van den Tempel, 1972)의 데이터를 다시 그림(좌); 데이터를 이용하여 계산한 결과(우)

위 식에서 E^*를 결정하는 무차원 파라메터 ζ는 실험의 시간 규모와 확산의 시간 규모에 비례하는 항$(D/\omega)^{1/2}$과 평형식$(d\Gamma/dc)$으로 결정됨을 볼 수 있다. 낮은 농도에서는 $d\Gamma/dc$가 커서(그림 10.16(b) 참고) ζ는 작은 값을 가지는 반면, 높은 농도에서는 벌크 상의 농도가 커져도 표면 농도가 커지지 않아 $d\Gamma/dc$가 작고, 따라서 ζ는 큰 값을 갖는다. D가 작고, ω가 큰 경우 즉 확산이 느린 반면 면적 변화가 빠른 경우에도 ζ는 작은 값을 가진다. E^*의 크기와 손실 탄젠트는 각각 다음과 같다.

$$\left|E^*\right| = \frac{E_0}{(1+2\zeta+2\zeta^2)^{1/2}}$$
$$\tan\theta = \frac{\zeta}{1+\zeta} \tag{10.4-34}$$

$0<\zeta<\infty$ 이므로 $0<\tan\theta<1$이고, 따라서 위상각은 $0\le\theta<\pi/4$가 된다. $\zeta\ll 1$이면, 즉 농도가 낮거나 ω가 큰 경우에는 실수부는 $\approx E_0$, 허수부는 ≈ 0이 되면서 계면은 진동수와 관계없이 탄성 계면(elastic surface)의 거동을 보인다. 즉 짧은 한 주기 동안 확산은 거의 무시될 정도로 작으면서 계면은 불용성 물질로 덮인 것과 같은 거동을 보인다. $\zeta\gg 1$이면, 즉 농도가 높거나 ω가 작은 경우에는

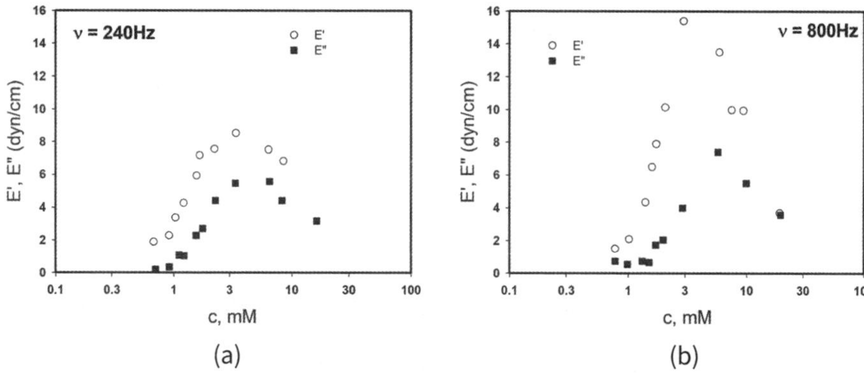

그림 10.23 DTAB(Dodecyltrimethylammonium bromide) 수용액의 두 진동수에서 E*의 실수부와 허수부 변화. 스텐봇과 랑주뱅(Stenvot and Langevin, 1988)의 데이터를 다시 그림

$$|E^*| \approx \frac{\sqrt{2}E_0}{2}\frac{1}{\zeta} = -\Gamma\frac{d\gamma}{dc}\sqrt{\frac{\omega}{D}} \tag{10.4-35}$$

이 되어 $|E^*|$값이 작아진다. 이는 농도가 높거나 ω가 작은 경우 계면은 벌크 상과 평형을 이루어 A의 변화에 대한 저항이 무시할 정도로 작기 때문이다.

그림 10.22에는 확장 모듈러스와 손실 탄젠트($\tan\theta$)의 예를 도시하였다. 그림에서 $|E^*|$는 ω가 증가함에 따라, 즉 ζ가 감소함에 따라 증가하며, 데카노익(decanoic) 용액의 농도가 3.0×10^{-8} mol/cm^{3}의 경우 증가가 포화되어가는 것을 볼 수 있다. 이는 식 (10.4-34)에서 $\zeta=0$일 때 $|E^*|$의 최댓값이 E_0가 되면서 더 이상 증가하지 않는 것에 기인한다. 또한 $\tan\theta$ 값은 ω가 작은 경우, 즉 ζ가 커지면 1에 접근하여 간다. 즉 식 (10.4-34)에 접근하는 것을 볼 수 있다. 이러한 E^*의 측정 결과는 계면과 벌크 상 간의 확산모델이 적절함을 잘 보여 준다. 그림 10.22에서 같은 ω 값의 $|E^*|$값은 계면활성제의 농도가 증가함에 따라 감소하는 것을 볼 수 있다. 이는 농도가 높아지면 $dc/d\Gamma$가 커서 ζ가 커지므로 $|E^*|$가 작아지는 것을 의미한다. 농도가 낮은 경우에는 $dc/d\Gamma$가 작지만 $E_0 = -d\gamma/d\ln\Gamma = -\Gamma d\gamma/d\Gamma$에서 작은 Γ값이 곱해져서 E_0값이 작기 때문에 E'와 E''가 모두 작게 나타난다. 이러한 추론은 그림 10.23의 특정 주파수에서 측정한 넓은 농도 범위의 실험 결과에서 확인할 수 있다. 즉 E'와 E''는 농도가 증가함에 따라 증가하다가 다시 감소한다.

10.4.7 에멀전 안정성과 깁스 탄성의 관계

에멀전은 오스트발트 숙성과 액적의 결합 등에 의하여 불안정하여진다. 즉 에멀전을 제조하였을 때의 액적 크기의 분포와 비교하여 액적이 점점 더 커지게 되면서 침강이나 크리밍이 쉽게 생기고 상이 분리된다.

앞에서 오스트발트 숙성은 식 (10.1-4)와 같이 액적의 크기에 따라 용해도가 달라지는 현상에 기인함을 설명하였다. 오스트발트 숙성에 관한 LSW 이론(Lifshitz-Slyzov-Wagner theory)은 에멀전뿐만 아니라 현탁액 등 여러 경우에도 적용되는 이론이지만 여기서는 에멀전만을 대상으로 설명하며, 특히 표면 확장 모듈러스가 오스트발트 숙성 또는 액적의 결합에 미치는 영향에 대해 다룬다.

표면 확장 모듈러스의 영향을 이해하기 위해서는 먼저 오스트발트 숙성에 관하여 이해하여야 할 필요가 있다. 따라서 다음에는 LSW의 기본 이론에 대하여 설명하였다 (Binks, 1998; Kavalnov and Shchukin, 1992). LSW 이론은 다음과 같은 가정을 기본으로 하고 있다. 구형의 액적이 액체(이를 분산매라 하자)에 분산되어 있고, 액적의 부피분율이 낮아 액적 간의 거리가 액적의 반경보다 충분히 큰 경우를 생각하자. 분산매 내 액적 물질의 농도는 액적 부근의 액적의 크기와 같은 규모의 두께 a 크기의 얇은 층을 제외하고는 일정하며, 물질전달은 확산에 의하여 일어난다고 가정한다. 액적의 크기는 일정하지 않으며 분포를 가지고 있다. $f(a,t)\,da$를 에멀전 단위 부피당 들어 있는 크기 a 와 $a+da$ 사이를 가진 액적의 개수라 하면 $f(a,t)$는 다음과 같은 크기에 관한 연속 방정식을 만족한다.

$$\frac{\partial f}{\partial t}+\frac{\partial}{\partial a}(\dot{a}f)=0 \tag{10.4-36}$$

위 식에서 $\dot{a}$은 속도 개념을 갖는 것을 볼 수 있다.

액적 크기의 변화율은 물질의 확산 속도에 따라 결정되며 다음 식을 만족한다.

$$\frac{d}{dt}\left(\frac{4\pi\rho_d}{3}a^3(t)\right)=4\pi a^2\left[-D\frac{c(a)-c_m(t)}{a}\right]=4\pi Da\left(c_m(t)-c(a)\right) \tag{10.4-37}$$

위 식에서 ρ_d는 액적 물질의 단위부피당 몰수, [ ] 안의 항은 농도 차이에 의한 확산 플럭스를 나타낸다. 식 (10.4-37)을 정리하면

$$\frac{da}{dt}=\frac{D}{a}\left[c_m(t)-c(a)\right] \tag{10.4-38}$$

이 된다. 분산매의 농도를 다음 식과 같이 무차원화하고, α를 적절히 정의하면

$$\theta(t)=\frac{c_m(t)-c(\infty)}{c(\infty)} \tag{10.4-39}$$

$$\frac{da}{dt}=\frac{Dc(\infty)}{a}\left(\theta(t)-\frac{\alpha}{a}\right)=\frac{Dc(\infty)\alpha}{a^2}\left(\frac{a}{a_c}-1\right) \tag{10.4-40}$$

이 된다. 위 식에서 $a_c=\frac{\alpha}{\theta(t)}=\frac{2\gamma V_m}{RT}\frac{c_m(t)-c(\infty)}{c(\infty)}$ 이며, $a>a_c$인 경우 $da/dt>0$ 이므로 액적은 시간이 지남에 따라 성장하고, $a<a_c$이면 액적의 크기는 시간이 지남에 따라 감소한다.

분산매 내의 액적 물질의 농도 $c_m(t)$은 시간에 따라 변하지만, 에멀전 내에 있는 액적 물질의 총량, 즉 분산매에 녹아 있는 액적 물질의 양과 액적의 양의 합은 일정하며, 이러한 관계는 다음 식으로 쓸 수 있다:

$$\frac{d}{dt}\left[c_m(t)+\frac{4\pi}{3}\int_0^\infty \rho_d f(a,t)a^3da\right]=0 \tag{10.4-41}$$

이 식을 적분한 후 정리하면

$$\theta(t)+\frac{4\pi\rho_d}{3c(\infty)}\int_0^\infty f(a,t)a^3da=\theta(0) \tag{10.4-42}$$

이 된다. 미분-적분 방정식으로 된 식 (10.4-36), (10.4-40), (10.4-42)를 풀면 시간에 따른 액적 크기의 변화를 구할 수 있다. 그러나 아직까지 완전한 해는 발견되지 않았다. 그러나 시간이 충분히 지난 후의 액적 크기 분포는 다음과 같은 점근해가 됨이 알려져 있다.

$$\lim_{t\to\infty} f(a,t) = n(t)P_\infty\left(\frac{a}{a_c(t)}\right)\frac{1}{a_c(t)}, \quad n(t) = \int_0^\infty f(a,t)da \qquad (10.4\text{-}43)$$

위 식에서 $n(t)$는 모든 액적의 개수이다. 또한 위의 점근해와 함께 $n(t)$, $P_\infty(t)$, $a_c(t)$는 구체적인 함수로 알려져 있다. 특히 $P_\infty(t)$는 다음과 같이 $u=a/a_c(t)$만의 함수로 표시되며

$$\begin{aligned} P_\infty(u) &= \frac{81eu^2\exp[1/(2u/3-1)]}{\sqrt[3]{32}(u+3)^{7/3}(1.5-u)^{11/3}}, \quad 0 \le u \le 1.5 \\ P_\infty(u) &= 0, \quad u > 0 \end{aligned} \qquad (10.4\text{-}44)$$

$P_\infty(t)$를 이용하여 구한 평균 액적 크기는 바로 $a_c(t)$와 같다. 또한 $a_c(t)$는 다음 관계를 만족한다.

$$\omega = \frac{da_c^3}{dt} = \frac{8c(\infty)\gamma V_m D}{9RT} \qquad (10.4\text{-}45)$$

위 식의 ω는 오스트발트 숙성의 속도라 부른다. ω가 크면 $a_c(t)$가 빠르게 성장하면서 이 a_c보다 작은 액적은 크기가 감소하여 결국 소멸하며, a_c보다 큰 액적은 성장한다. 그러나 a_c자체가 커지므로 성장하던 액적도 더 빠르게 성장하는 a_c보다 작아지게 되면 결국에는 크기가 감소한다. 즉 액적의 평균크기가 커지면서 결국은 불안정하게 된다.

오스트발트 숙성이 진행되면 작은 액적은 더 작게 된다. 따라서 표면이 줄어들게 되며, 이에 따라 계면활성제의 계면 농도가 높아져 표면에 흡착되어 있던 계면활성제는 탈착을 하여야 한다. 반대로 큰 액적의 경우에는 표면적이 더 커지면서 계면활성제의 계면 농도가 낮아지고 벌크 상에서 새로운 계면활성제가 이동되어 흡착되어야 한다. 따라서 표면적의 변화와 함께 표면장력의 변화가 생김으로써 깁스 탄성이 역할을 한다. 식 (10.4-45)에서 보면 ω는 γ에 비례하므로 γ가 작을수록 오스트발트 숙성은 속도가 느려진다. 식 (10.4-20)의 깁스 탄성의 정의를 보면 같은 면적의 감소에 대하여 깁스 탄성이 클 때 작은 액적이 크기가 줄어드는 경

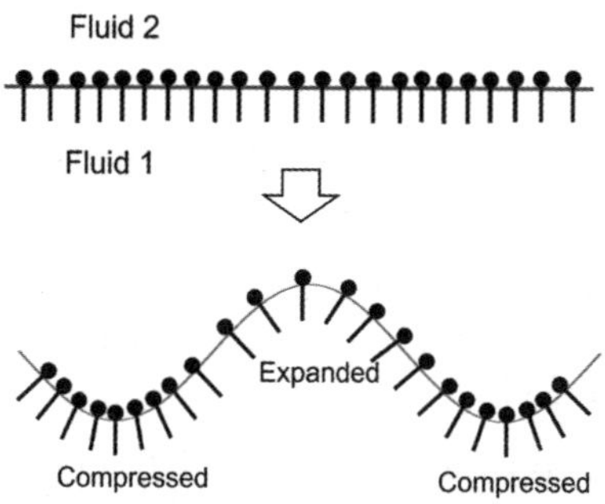

그림 10.24 표면의 변형에 의한 계면 활성제 표면 농도의 부분적 변화. 계면이 평면일 때 거의 균일한 분포를 갖고 있다가 계면에 요철이 생기면 늘어난 부분의 표면 농도는 감소하고, 줄어든 부분의 농도는 증가함

우 γ의 감소가 크므로 작은 액적의 γ값은 더 작아지고 따라서 ω가 더 감소하여 오스트발트 숙성 속도가 늦춰지게 된다. 작은 액적의 크기가 감소하는 양만큼 큰 액적의 크기가 커진다고 할 때 큰 입자의 표면적 변화는 작은 입자의 면적 변화보다 작으며 따라서 γ의 증가도 작다. 따라서 큰 입자의 성장 속도는 크게 증가하지 않는다. 따라서 깁스 탄성이 크면 전체적으로 오스트발트 숙성의 속도는 느려지게 된다.

깁스 탄성은 액적의 결합을 억제하는 역할도 한다. 앞에서 다룬 바와 같이 액적 결합의 마지막 단계에서는 마주보는 두 면에 파동형의 요동(fluctuation)이 생기며, 요동이 생기면 그림 10.24에 보인 바와 같이 계면의 넓이가 늘어나는 부분과 줄어드는 부분이 생기고 이에 따라 계면활성제의 농도 기울기가 생기게 되며, 농도 기울기는 표면장력의 차이를 생기게 한다. 계면의 E가 크면 동일한 면적 변화에 대하여 γ의 변화가 큰 것으로, 이는 계면활성제의 표면 농도 변화가 큰 것을 의미한다. 계면활성제의 표면 농도가 변하기 위해서는 계면활성제가 계면에서 흡착, 혹은 탈착이 되고 용액 내부로의 확산이 자유로워야 하는데 이러한 과정에서의 저항으로 계면활성제의 표면 농도 변화가 억제될 수밖에 없으며, 이는 면적 변화가 억제되는 것을 의미한다. 따라서 요동이 작게 되어 액적의 결합이 억제됨을 알 수 있다. 즉 깁스 탄성(dilational modulus)이 크면 액적의 결합을 억제한다.

참고 문헌

Adamson, AW and AP Gast, 1997, Physical Chemistry of Surfaces, 6th ed., John Wiley and Sons Inc., New York

Bentley BJ and LG Leal, 1986, "An experimental investigation of drop deformation and breakup in steady, two-dimensional linear flow," *J. Fluid Mech.* **167**, 241-283

Bibette J, 1991, "Depletion interactions and fractionated crystallization for polydisperse emulsion purification," *J. Coll. Inter. Sci.* **147**, 474-478

Binks BP, 1998, Modern Aspects of Emulsion Science, Roy. Soc. Chem., Cambridge

Caserta S, S Reynaud, M Simeone and S Guido, 2007, "Drop deformation in sheared polymer blends," *J. Rheol.* **51**, 761-774

Choi SJ and WR Schowlater, 1975, "Rheological properties of nondilute suspensions of deformable particles," *Phys. Fluids* **18**, 420-427

Davies JT, 1985, "Drop sizes of emulsions related to turbulent energy dissipation rates," *Chem. Eng. Sci.* **40**, 839-842

Deen WM., 1998, Analysis of Transport Phenomena, Oxford Univ. Press, Oxford

Erni P, P Fisher, EJ Windhab, V Kusnezov, H Stettin and J Laeuger, 2003, "Stress- and strain-controlled measurements of interfacial shear viscosity and viscoelasticity at liquid/liquid and gas/liquid interfaces," *Rev. Sci. Instrum.* **74**, 4916-4924

Grace HP, 1982, "Dispersion phenomena in high viscosity immiscible fluid systems and application of static mixers as dispersion devices in such systems," *Chem. Eng. Commu.* **14**, 225-227

Hunter RJ, 1993, Introduction to Modern Colloid Science, Oxford Univ. Press, Oxford

Jaensson N and J Vermant, 2018, "Tensiometry and rheology of complex interfaces," *Curr. Opin. Colloid Inter. Sci.* **37**, 136-150

Jager-Lezer N, J-F Tranchant, V Alard, A Vu, PC Tchoreloff and J-L Grossiord, 1998, "Rheological analysis of highly concentrated w/o emulsions," *Rheol. Acta* **37**, 129-138

Kavalnov AS and ED Shchukin, 1992, "Ostwald ripening theory: Application to fluorocarbon emulsion stability," *Adv. Coll. Inter. Sci.* **38**, 69-97

Kumar A, S Li, CM Cheng and D Lee, 2015, "Recent Developments in Phase Inversion Emulsification," *I&EC Res.* **54**, 8375-8396

Langevin D, 2013, "Rheology of adsorbed surfactant monolayers at fluid surfaces," *Annu. Rev. Fluid Mech.* **46**,47-65

Levich VG, 1962, Physicochemical Hydrodynamics, Prentice Hall, Englewood Cliffs

Lu JR, M Thomas, RK Penfold and Flitsch SL, 1993, "Direct determination by neutron reflection of the structure of triethylene glycol monododecyl ether layers at the air/water interface," *Langmuir* **9**, 1352-1360

Lucassen J and M van den Tempel, 1972, "Dynamic measurements of dilational properties of a liquid surface," *Chem. Eng. Sci.* **27**, 1283-1291

Masalova I, KK Fabrice, NN Tshilumbu, N George and AY Malkin, 2018, "Emulsification of highly concentrated emulsions – A criterion of stability," *J. Rheol.* **62**, 781-790

Oldroyd JG, 1953, "The elastic and viscous properties of emulsions and suspensions," *Proc. Roy. Soc. Lond. A* **218**, 122-132

Oldroyd JG, 1955, "The effect of interfacial stabilizing films on the elastic and viscous properties of emulsions," *Proc. Roy. Soc. Lond. A* **232**, 567-577

Pal R, 1992, "Rheology of polymer-thickened emulsions," *J. Rheol.* **36**, 1245-1259

Pal R, 2000, "Shear viscosity behavior of emulsions of two immiscible liquids," *J. Coll. Inter. Sci.* **225**, 359-366

Palierene JF, 1990, "Linear rheology of viscoelastic emulsions with interfacial tension," *Rheol. Acta* **29**, 204-214

Princen HM, 1983, "Rheology of Foams and Highly Concentrated emulsions I. Elastic Properties and Yield Stress of a Cylindrical Model System," *J. Coll. Inter. Sci.* **91**, 160-175

Princen HM, 1986, "Osmotic pressure of foams and highly concentrated emulsions. 1. Theoretical considerations," *Langmuir* **2**, 519-524

Princen HM and AD Kiss, 1989, "Rheology of foams and highly concentrated emulsions IV. An experimental study of the shear viscosity and yield stress of concentrated emulsions," *J. Coll. Inter. Sci.* **128**, 176-187

Rumscheidt FD and SG Mason, 1961, "Particle motions in sheared suspensions XII. Deformation and Burst of fluid drops in shear and hyperbolic flow," *J. Coll. Sci.* **16**, 238-261

Schwartz DK, CM Knobler and R Bruinsma, 1994, "Direct observation of Langmuir monolayer flow through a channel," *Phys. Rev. Lett.* **73**, 2841-2844

Scriven LE, 1960, "Dynamics of a fluid interface. Equation of motion for Newtonian surface fluids," *Chem. Eng. Sci.* **12**, 98-108

Sharma A and E Ruckenstein, 1985, "An analytical nonlinear theory of thin film rupture and its application to wetting films," *J. Colloid Inter. Sci.* **113**, 456-478

Sharma A and E Ruckenstein, 1986, "Finite-amplitude instability of thin free and wetting films: Prediction of lifetimes," *Langmuir* **2**, 480-494

Stenvot C and D Langevin, 1988, "Study of viscoelasticity of soluble monolayers using analysis of propagation of excited capillary waves," *Langmuir* **4**, 1179-1183

Stone HA, 1995, "Fluid motion of monomolecular films in a channel geometry," *Phys. Fluids* **7**, 2931-2937

Tadros TF, 2010, Rheology of Dispersions, Wiley-VCH Verlag, Weinheim

Taylor GI, 1932, "The formation of emulsions in definable fields of flow," *Proc. Roy. Soc. Lond. A* **146**, 501-523

Taylor GI, 1934, "The viscosity of a fluid containing small drops of another fluid," *Proc. Roy. Soc. Lond. A* **138**, 41-48

Tripathi S, A Bhattacharya, R Singh and RF Tabor, 2017, "Rheological behavior of high internal phase water-in-oil emulsions: Effects of droplet size, phase mass fractions, salt concentration and aging," *Chem. Eng. Sci.* **174**, 290-301

Vankova N, S Tcholakova, ND Denkov, IB Ivanov, VD Vulchev and T Danner, 2007, "Emulsification in turbulent flow 1. Meanand maximum drop diameters in inertial and viscous regimes," *J. Coll. Inter. Sci.* **312**, 363-380

Zinchenko AZ and RH Davis, 2002, "Shear flow of highly concentrated emulsions of deformable drops by numerical simulations," *J. Fluid Mech.* **455**, 21-62

제11장

유변 물성 측정

점도는 물질이 가지는 유변 물성 중에서도 가장 핵심적인 물성의 하나이다. 제3장에서는 점도를 측정하는 장치에 대해서만 간단히 설명하였으므로 여기서는 좀 더 구체적으로 압력차이에 의한 유동을 이용하여 점도를 측정하는 모세관 레오미터(capillary rheometer)와 드래그 유동(drag flow)을 이용하여 점도, 수직 스트레스 차이 및 점탄성을 측정하는 회전형 레오미터(rotational rheometer)의 측정 원리 및 측정 시 고려하여야 할 문제를 중심으로 다룬다. 마지막 절에는 입자의 브라운 운동을 이용하여 유변 물성을 측정할 수 있는 마이크로레올로지(microrheology)에 대하여 기본원리와 측정 범위 등을 소개한다.

점도 측정 유동(viscometric flow)은 이름 그대로 유변학적으로 복잡한 유체의 점도를 측정할 수 있는 유동으로서 '유동장 안의 임의의 유체 입자가 받는 전단 스트레스가 시간에 따라 변하지 않는 유동'으로 정의된다. 예를 들어 단순 전단 유동의 경우 임의의 유체 입자는 유선을 따라 움직일 때 같은 전단 스트레스를 받는다. 따라서 점도 측정 유동이다. 모든 유체 입자가 같은 스트레스를 받을 필요는 없으며, 서로 다른 위치에 있는 유체 입자는 다른 스트레스를 받을 수 있다. 예를 들어 압력차에 의한 모세관 유동에서 모세관 내의 유체 입자 중 관벽에 가까운 입자는 관 중앙에 가까운 입자에 비하여 더 큰 스트레스를 받는다. 반경방향의 위치가 다를 때 스트레스 값은 달라도 유체 입자는 유선을 따라 가면서 같은 스트레스를 받으므로 이 경우도 점도 측정 유동이다. 전단 점도나 수직 스트레스 차이 계수는 점도 측정 유동을 이용하여 측정하여야 한다. 유동장 안의 유체 입자가 시간이 지나면서 다른 스트레스를 받으면 점탄성 유체의 경우 변형이 시간에 따라 달라지는 문제가 생기기 때문이다. 일반적으로 점도 측정 유동을 이용하여 유변 물성을 측정하는 장치를 레오미터(rheometer)라고 한다. 점도는 여러 다른 방법으로 측정할 수 있지만 점도 측정 유동을 이용하여 측정하지 않는 경우 인덱서(indexer)라고 부른다.

점도 측정 유동은 이론적으로는 관성의 역할이 없는 유동이다. 그러나 실제로는 레오미터 내의 유동에는 작은 관성의 역할로 인하여 뉴턴성 유체의 경우에도 2차 유동(secondary flow)이 기본 유동에 겹쳐져 발생할 수 있으며, 유동 속도가 빨라지면 유동이 불안정하여지면서 속도장에 큰 변화가 생기기도 하므로 이러한 점을 인지하고 있어야 한다. 유변학적으로 복잡한 유체는 관성과는 별도로 수직 스트레스 차이 등에 의하여 2차 유동이 발생되는 문제도 고려하여야 한다.

현재 모든 상업적인 레오미터는 측정된 자료를 유변 물성으로 변환하여 주는 소프트웨어를 제공하므로 대부분의 경우 측정의 원리에 대한 자세하고 깊은 지식이 필요하지는 않을 수 있다. 따라서 역학적인 문제에 대한 중간의 전개 과정에 대해서는 그대로 받아들이더라도 결과 및 측정과 관련된 여러 사항들, 예를 들어 벽면 미끄러짐(wall slip)이나 2차 유동, 유동 불안정성(flow instability), 열 발생 등과 같은 현상에 대한 물리적인 이해는 필요하다. 측정 시 예상되지 않던 현상이 나타나는 경우에는 결과 해석에 있어서 측정과 관련한 여러 기초 지식이 필요할 수도 있기 때문이다.

11.1 코시의 운동량 보존식

레오미터의 측정 원리는 다음과 같은 코시(Cauchy)의 운동량 보존식과 물질 보존에 관한 연속 방정식을 기초로 하고 있다.

$$\rho \frac{D\mathbf{v}}{Dt} = -\nabla p + \nabla \cdot \boldsymbol{\tau} + \rho \mathbf{g} \tag{11.1-1}$$

$$\frac{D\rho}{Dt} = -\rho \nabla \cdot \mathbf{v} \tag{11.1-2}$$

유변학에서는 주로 액체만을 다루므로 물질이 비압축성이라 가정하면, 즉 밀도가 상수인 경우에는 식 (11.1-2)에서 밀도의 시간에 대한 미분이 0이 되어

$$\nabla \cdot \mathbf{v} = 0 \tag{11.1-3}$$

이 된다. 일반적으로 레오미터 내에서 벽면에서 유체는 미끄러지지 않고, 온도는 일정하다는 가정하에 식 (11.1-1)과 (11.1-3)으로부터 필요한 관계식을 유도한다. 따라서 이러한 가정이 성립하지 않는 경우, 즉 측정 중 열 발생으로 인하여 온도가 균일하지 않거나 벽면 미끄러짐 현상이 있는 경우에는 이러한 문제를 적절히 고려하여야 한다.

레오미터의 각 측정 장치(geometry 또는 fixture) 내에서의 유동에 관한 식을 유도하기 위해서는, 즉 모세관 레오미터의 경우 유량과 압력 차이의 관계, 회전형 레오미터의 경우 스트레스와 회전에 필요한 토크(torque) 간의 관계를 찾아내는 것은 유체역학에 관한 배경지식이 필요하다. 여기서는 유체역학의 기초지식이 있는 것을 가정하고 이러한 관계를 유도하는 과정은 가능한 대로 간단하게 설명하였다. 더 자세한 유도 과정은 버드 등(Bird et al., 1987) 또는 마코스코(Macosko, 1994)를 참조할 수 있다.

11.2 모세관 레오미터

모세관 레오미터는 그림 11.1과 같은 반경 R(0.5 mm내외), 길이 L (수십 mm)의 모세관을 통해 물질을 유량 Q로 밀어낼 때 발생하는 압력손실 Δp $(= -p_c < 0)$와 유량 Q의 관계로부터 점도와 전단율 간의 관계를 계산해 내는 방법을 사용하는데 모세관 내에서 반경방향의 위치에 따라 전단율이 다르므로 단순 전단 유동이 아니다. 따라서 점도를 전단율의 함수로 구하기 위해서 다음과 같은 방법을 사용한다. 먼저 11.1절의 가정을 기본으로 하고, 속도는 r 방향만의 함수이며, 완전 발달된 정상상태의 층류라고 가정하면 z 방향의 코시의 방정식은 다음과 같이 간단하게 된다.

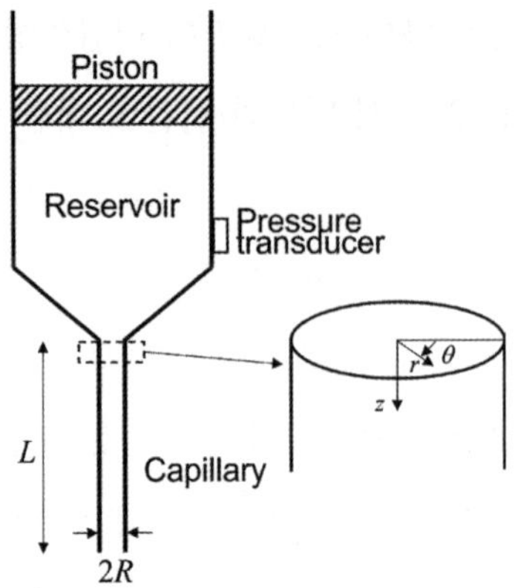

그림 11.1 모세관 레오미터의 개념도. 모세관 끝의 중심을 원점으로 한 원통 좌표계를 사용함

$$\frac{\partial p}{\partial z} = \frac{1}{r}\frac{\partial}{\partial r}\left(r\tau_{rz}\right) = -\frac{p_c}{L} \tag{11.2-1}$$

위 식에서 p_c는 압력센서(pressure transducer)에서 측정하는 게이지 압력으로 완전 발달된 층류의 경우 상수이다. 위 식을 적분하면

$$\tau_{rz} = -\frac{r}{2}\frac{p_c}{L} \tag{11.2-2}$$

가 된다. 따라서 모세관의 벽에서의 스트레스 (τ_w)는

$$\tau_w(Q) = -R\,p_c(Q)/(2L) \tag{11.2-3}$$

이 되므로, 식 (11.2-2)는

$$\tau_{rz} = \frac{r}{R}\tau_w \tag{11.2-4}$$

로 쓸 수 있다. 한편 유량 Q는 z 방향의 속도와 다음의 관계가 있다.

$$Q=\int_0^R 2\pi v_z(r)rdr=-\pi\int_0^R r^2\frac{dv_z}{dr}dr \tag{11.2-5}$$

위 식의 2번째 등호의 오른쪽은 부분 적분으로 구한 것이다. 식 (11.2-4)에서 $dr = (R/\tau_w)d\tau_{rz}$이므로 위 식을 치환 적분하면 다음과 같이 된다.

$$\frac{Q\tau_w^3}{\pi R^3}=-\int_0^{\tau_w}\tau_{rz}^2\left(\frac{dv_r}{dr}\right)d\tau_{rz} \tag{11.2-6}$$

양변을 τ_w로 미분한 후(오른쪽 항은 라이프니츠 공식[Leibnitz rule]을 사용한다) 정리하면

$$-\left.\frac{dv_z}{dr}\right|_{\tau_w}=-\dot{\gamma}_w=\frac{Q}{\pi R^3}\left[3+\frac{d\ln Q}{d\ln p_c}\right] \tag{11.2-7}$$

가 된다. 위 식은 유량이 Q일 때 벽면에서의 전단율을 계산하는 식으로 래비노비츠 식(Rabinowitz equation)이라고 부른다. 식 (11.2-3)과 (11.2-7)을 이용하면 다음과 같은 방법으로 점도를 전단율의 함수로 구할 수 있다. 먼저 Q를 변화시키면서 실험하여 각 Q에서 p_c 값을 구한다. 여러 Q에서 구한 실험치로부터 수치 미분을 이용하여 $d\ln Q/d\ln p_c$를 Q의 함수로 구하여 해당하는 Q값에서의 $\dot{\gamma}_w$를 구한다. 점도는 같은 Q값에서의 τ_w와 $\dot{\gamma}_w$의 비로부터 구한다(이 경우 τ_w와 $\dot{\gamma}_w$는 모두 음수가 나오는데 통상적으로는 숫자 부분만 표기하기도 한다). 즉

$$\eta(\dot{\gamma}_w)=\frac{\tau_w}{\dot{\gamma}_w} \tag{11.2-8}$$

이다. 내삽법을 이용하면 실험에서 수행한 Q값만이 아니라 점도를 $\dot{\gamma}_w$의 연속적인 함수로 구할 수 있다. 이러한 방법은 수치 미분을 포함하기 때문에 오차를 크게 할 수 있으므로 오차를 작게 하려면 가능한 대로 여러 Q 값에서 측정을 하여야 한다.

실험적으로 $0.2 < d\ln Q/d\ln p_c < 1.3$인 유체에 대해서는

$$\eta(\dot{\gamma})=\eta_a(\dot{\gamma}_a)\pm 2\%,\quad \dot{\gamma}=0.83\dot{\gamma}_a \tag{11.2-9}$$

으로 한 번의 측정으로 하나의 전단율 값에서의 점도를 얻을 수 있다(Macosko, 1994). 위 식에서

$$\eta_a(\dot{\gamma}_a) = \frac{\pi R^4 p_c}{8QL}, \quad \dot{\gamma}_a = \frac{4Q}{\pi R^3} \tag{11.2-10}$$

는 유량이 Q일 때 점도가 전단율에 따라 변하지 않는 뉴턴성 유체를 가정하여 구한 값들이다.

지금까지의 해석은 모세관 내의 유동이 완전히 발달된 유동(fully developed flow)이라는 가정을 바탕으로 하고 있다. 그러나 실제로는 모세관 입구에서의 영향(entrance effect)과 출구에서의 영향(exit effect)을 무시할 수 없다. 바글리(Bagley, 1957)는 입구 및 출구에서의 영향이 모세관의 직경에 비례한다고 가정하고 길이가 다른 모세관 내에서 완전 발달된 유동에서의 압력손실을 다음과 같이 표현하였다.

$$\left| \left(\frac{dp}{dz} \right)_{Fully\ Developed} \right| = K = \frac{|\Delta p|}{L + nD} \tag{11.2-11}$$

위 식에서 n은 직경은 같지만 길이가 달라 완전히 발달된 영역에서의 전단율이 같은 여러 모세관에서의 실험을 통하여 얻을 수 있다. 전단율을 같게 하려면 같은 유량에서 실험하면 된다. 식 (11.2-11)을 변형하면

$$|\Delta p| = KD\left[\frac{L}{D} + n\right] \tag{11.2-12}$$

이 되는데 K, D는 상수이고, L이 변수이므로 $|\Delta p|$를 L/D의 함수로 그리면 그림 11.2에 보인 바와 같이 기울기 KD, x축의 절편이 $-n$인 직선이 나온다. 따라서 x 절편으로부터 n값을 구할 수 있다. n값은 일반적으로 전단율에 따라 다른 값을 가진다. 이러한 방법을 바글리 보정(Bagley correction)이라고 부른다. 바글리 보정을 이용하여 각 유량에서 모세관 끝에서의 영향(end effect)이 보정된 압력손실의 기울기가 구해지면, 이 값을 이용하여 앞의 식 (11.2-3)과 (11.2-7)을 이용하는 과

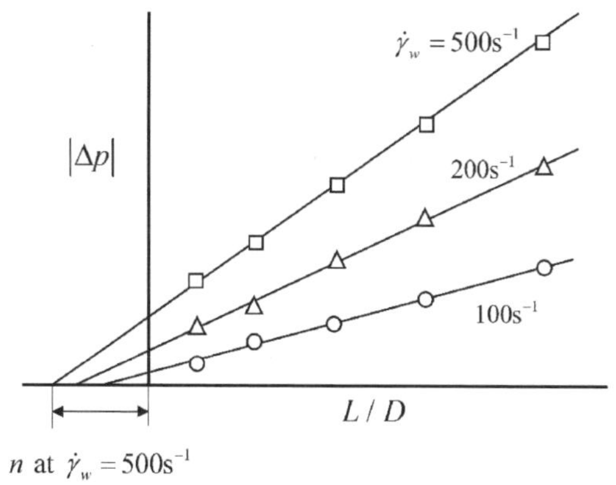

그림 11.2 같은 $\dot{\gamma}_w$ 를 갖고 L/D가 다른 모세관을 사용한 바글리 보정의 계산

정으로 보다 정확한 점도를 구할 수 있다.

11.3 회전형 레오미터

회전형 레오미터(rotational rheometer)는 크게 스트레스 레오미터와 스트레인 레오미터로 나뉜다. 스트레스 레오미터는 전기적인 방법으로 토크를 생성시켜 측정 장치(fixture)면을 통해 물질에 스트레스를 가할 때 측정 장치가 회전하는 각속도를 측정해 전단율을 계산하고 토크와 전단율의 관계로부터 전단 점도 등을 계산한다. 따라서 토크를 가하는 장치가 회전도 함으로써, 기계적인 구성이 스트레인 레오미터에 비하여 간단한 편이다. 스트레스 스윕(sweep)에 의한 측정에 더 적합하지만, 현대 장비들은 적절한 제어 기술을 이용하여 전단율을 일정하게 유지하는 스트레인 조절(strain control) 실험을 할 수도 있다. 그러나 전단율이 계속적으로 변하게 하는 식소트로피(thixotropy) 실험에서는 제어가 어려운 문제가 있다. 반면 일정한 스트레스를 오랜 시간 가하여야 하는 크리프 실험에서는 더 자연스러운 장점이 있다. 스트레인 조절 레오미터는 전단을 가하는 모터와 연결된 장치와 토크를 측정하는 장치가 서로 다르게 구성되어 있다. 모터는 정밀 제어되면서 독립적으로 회전하고, 토크를 측정하는 장치는 고정되어 있다. 스트레인 조절 레오미터를 이용하여 스트레스 조절 실험을 하는 경우에는 토크를 일정하게 유지할 수 있도록 모터의 회전이 제어에 의하여 바뀌게 된다. 스트레인 조절 레오미터는 스트레스 조절 레오미터와는 반대로 식소트로피 실험에 유리한 장점이 있다. 회전형 레오미터에는 쿠엣(Couette), 평행원판(parallel plates), 원뿔과 원판(cone-and-plate)의 3가지 장치 중 하나를 장착하여 측정한다. 항복 스트레스를 측정하기 위한 장치로 컵과 날개형 장치(vane fixture)를 사용하는 경우도 있다.

회전형 레오미터는 전단율이 클 때 원심력에 의하여 내부에 2차 유동이 생길 수 있으며, 더 나아가 시료가 밖으로 빠져나올 수도 있다. 따라서 대부분의 경우 측정 가능한 최대 전단율은 100 – 500 s^{-1} 정도이다. 낮은 전단율에서는 토크 측정의 한계로 측정이 어려울 수 있으며, 묽은 용액의 경우에는 특히 낮은 전단율에서의 측정이 어렵다. 앞에서 다룬 모세관 레오미터의 경우에는 낮은 전단율에서의 측정이 어렵고 대부분 100 s^{-1} 이상에서 사용하므로 두 방법으로 측정 후 적절히 겹쳐서 쓰기도 한다.

11.3.1 원뿔과 원판(Cone-and-plate, CP) 장치

CP 장치는 그림 11.3과 같이 10 – 25 mm 정도 크기의 같은 반경을 갖는 원뿔과 원판으로 구성되어 있다. 원뿔과 원판과의 사이의 각도 β는 1~2°의 값을 갖는다. 원뿔과 원판 사이에 시료를 채우고 원판 또는 원뿔 중의 하나를 Ω의 각속도로 돌리면서 이때 필요한 토크 M을 측정하는 장치이다. 원뿔과 원판의 끝에서 시료는 원뿔의 반경과 같은 반경의 구면을 이루고 있다고 가정한다. 원판의 가장자리에서 원뿔과 원판 사이의 간격은 2mm 이내로 고분자 용융체와 같이 점도가 큰 물질은 점성에 의하여, 묽은 시료는 표면장력에 의하여 회전 시에 밖으로 빠져나오지 않는다. 원뿔과 원판 사이에서 시료는 위치에 관계없이 균일한 전단율로 유동을 하므로 점도는 물론 N_1의 측정이 가능하다. 또한 두 면 사이의 간격이 작아 시료의 온도가 비교적 일정하게 유지되는 장점이 있다.

CP 안에서의 유동을 해석하기 위해서는 그림11.3과 같이 원뿔과 원판이 만나는 점을 원점으로 한 구면 좌표계를 쓰면 편리하다. 정상상태에서의 속도는 v_ϕ성분을 제외하고 나머지는 모두 0이 되며, 유체가 흐르는 1 방향은 ϕ, 속도가 변하는 2

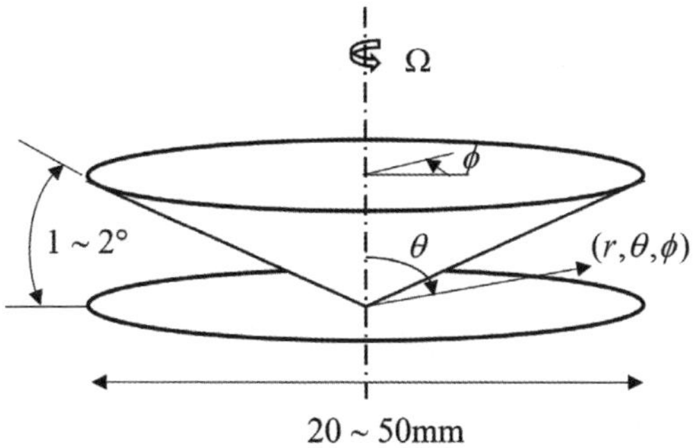

그림 11.3 원뿔과 원판 장치의 개념도와 원뿔의 꼭짓점을 원점으로 하는 구면 좌표계

방향은 θ, 보티시티, 즉 3 방향은 r이 된다. 따라서 전단 스트레스는 $\tau_{12} = \tau_{\phi\theta}$, 수직 응력차이 $N_1 = T_{11} - T_{22} = \tau_{\phi\phi} - \tau_{\theta\theta}$, $N_2 = T_{22} - T_{33} = \tau_{\theta\theta} - \tau_{rr}$이 된다. 구면 좌표계에서 v_ϕ만이 0이 아닌 경우 코시의 운동량 식은 다음과 같다:

$$\frac{\rho v_\phi^2}{r} = \frac{1}{r^2}\frac{\partial}{\partial r}\left(r^2 \tau_{rr}\right) - \frac{\tau_{\theta\theta} + \tau_{\phi\phi}}{r} \tag{11.3-1}$$

$$0 = \frac{1}{r\sin\theta}\frac{\partial(\tau_{\theta\theta}\sin\theta)}{\partial\theta} - \frac{\cot\theta\tau_{\theta\theta}}{r} \tag{11.3-2}$$

$$0 = \frac{1}{r}\frac{\partial\tau_{\theta\phi}}{\partial\theta} + \frac{2\cot\theta\tau_{\theta\phi}}{r} \tag{11.3-3}$$

먼저 전단 스트레스에 관한 식 (11.3-3)을 풀면

$$\tau_{\theta\phi} = \frac{C_1}{\sin^2\theta} \cong C_1 \tag{11.3-4}$$

이 된다. 위 식에서 C_1은 임의 상수이며, 원뿔의 사이각이 1~2°이므로 θ = 88 ~ 90°이고 sin θ = 1로 쓸 때 최대 오차는 0.02% 수준이다. 즉 전단 스트레스는 거의 일정한 값을 갖는데 이는 CP 유동이 갖는 중요한 특성이다. 원뿔을 일정 각속도로 회전하기 위한 토크 M은 θ 방향에 수직한 면에 ϕ 방향의 전단 스트레스를 가하여 생성시키므로

$$M = \int r\tau_{\theta\phi} dA = \int_0^R 2\pi r^2 \, \tau_{\theta\phi}\Big|_{\theta=\pi/2} dr = \frac{2\pi R^3}{3} \tau_{\theta\phi}\Big|_{\theta=\pi/2} \tag{11.3-5}$$

가 되어

$$\tau_{\theta\phi} = \frac{3M}{2\pi R^3 \sin^2\theta} \cong \frac{3M}{2\pi R^3} \tag{11.3-6}$$

으로 토크와 전단 스트레스의 관계를 얻을 수 있다. 전단 스트레스가 일정하면 전단율도 일정하여야 한다. 구면 좌표계에서 $\dot{\gamma}_{\theta\phi}$는 $v_\theta = 0$인 CP 유동의 경우 다음 식이 된다(Bird et al., 1987).

$$\dot{\gamma}_{\theta\phi} = \frac{\sin\theta}{r} \frac{\partial}{\partial\theta}\left(\frac{v_\phi}{\sin\theta}\right) \cong \text{const} \tag{11.3-7}$$

한편 원뿔이 회전하는 경우 원뿔과 원판에서의 속도는 각각 다음과 같다.

$$v_\phi\Big|_{\theta=\pi/2-\beta} = \Omega r \sin\left(\frac{\pi}{2} - \beta\right), \quad v_\phi\Big|_{\theta=\pi/2} = 0 \tag{11.3-8}$$

$\sin\theta \cong 1$과 위의 경계조건을 이용하여 v_ϕ에 관한 식 (11.3-7)을 풀면

$$v_\phi = \Omega r \frac{(\pi/2) - \theta}{\beta} \tag{11.3-9}$$

이고, 전단율은

$$\dot{\gamma} \cong \frac{\Omega}{\beta} \tag{11.3-10}$$

로 일정한 값을 갖는다. 따라서 측정된 토크 값 M과 각속도 Ω값에서 전단 스트레스와 전단율을 구할 수 있고, 두 값의 비로부터 점도를 구할 수 있다.

제1 수직 스트레스 차이는 다음과 같은 방법으로 구한다. 식 (11.3-1)에서 원

심력 항인 $\rho v_\phi^2/r$이 무시되는 경우, 드래그 유동(drag flow)에서는 압력이 상수이므로 $\partial\tau_{rr}/\partial r = \partial T_{rr}/\partial r$ 이 되어 식 (11.3-1)을 정리하면

$$\frac{\partial T_{rr}}{\partial r} = \frac{\tau_{\phi\phi} + \tau_{\theta\theta} - 2\tau_{rr}}{r} = \frac{N_1 + 2N_2}{r} \tag{11.3-11}$$

이 된다. 한편 CP 장치 내부 유체는 균일한 전단율로 유동하고 있고, N_2는 전단율만의 함수이므로 위치에 대한 미분은 0이 된다. 즉

$$\frac{\partial N_2}{\partial r} = \frac{\partial \tau_{\theta\theta}}{\partial r} - \frac{\partial \tau_{rr}}{\partial r} = \frac{\partial T_{\theta\theta}}{\partial r} - \frac{\partial T_{rr}}{\partial r} = 0 \tag{11.3-12}$$

이 되어 식 (11.3-11)은 다음과 같이 쓸 수 있다.

$$\frac{\partial T_{rr}}{\partial \ln r} = \frac{\partial T_{\theta\theta}}{\partial \ln r} = N_1 + 2N_2 = \text{constant} \tag{11.3-13}$$

원판이 유체에 가해 주어야 할 힘 F_θ는 θ방향에 수직한 면에 θ방향의 힘이므로

$$F_\theta = \int \mathbf{n}\cdot\mathbf{T}\cdot\mathbf{n}dA = \int T_{\theta\theta}dA = \int_0^R (-p + \tau_{\theta\theta})2\pi r\, dr\,,\ \ \mathbf{n} = (n_r\ n_\theta\ n_\phi) = (0\,1\,0) \tag{11.3-14}$$

이다. 한편 $r=R$, 즉 원뿔의 가장자리 자유 계면에서 표면장력의 역할을 무시하면(구면의 반경이 크므로 무시할 수 있다고 가정할 수 있다) 구면 내부와 바깥에서 작용하는 수직방향 스트레스는 같다. 구면의 외부에서 구면에 수직방향으로 작용하는 힘은 바로 압력이고 이 힘은 내부에서 작용하는 힘과 같기 때문에 $T_{rr} = -p + \tau_{rr} = p_{atm}$이다. ($p_{atm}$은 대기압을 뜻한다) 여기서 $p = p_{atm}$을 가정하면(이 가정은 정확히 맞는 것은 아니지만 두 값은 실제로 충분히 가깝다) $\tau_{rr} = 0$이 되며

$$N_2(R) = \tau_{\theta\theta}(R) - \tau_{rr}(R) = \tau_{\theta\theta}(R) \tag{11.3-15}$$

이 된다. 식 (11.3-13)을 적분하면 임의 상수 C_2를 써서

$$T_{\theta\theta} = (N_1 + 2N_2)\ln(r/R) + C_2 \tag{11.3-16}$$

가 되는데 $r = R$에서는 $T_{\theta\theta}(R) = -p_{atm} + \tau_{\theta\theta}(R) = -p_{atm} + N_2(R) = -p_{atm} + N_2$이므로 $C_2 = -p_{atm} + N_2$가 된다. 따라서

$$F_\theta = \int T_{\theta\theta} dA = \int_0^R [(N_1 + 2N_2)\ln(r/R) + N_2 - p_{atm}] 2\pi r\, dr = \left(\frac{1}{2}N_1 - p_{atm}\right)\pi R^2 \tag{11.3-17}$$

이 된다. 원판 또는 원뿔의 반대쪽 면에서도 대기압이 작용하고 있으므로 실제로 측정되는 힘은 p_{atm}의 항을 제외한 힘이다. 따라서 다음과 같이 N_1을 얻을 수 있다.

$$N_1 = \frac{2F_\theta}{\pi R^2} \tag{11.3-18}$$

즉 수직방향으로 작용하는 힘으로부터 N_1을 구할 수 있다.

11.3.2 평행원판 장치

평행원판 장치(PP fixture)는 그림 11.4와 같이 대략 직경 20－50mm의 두 평행한 원판 사이에 시료를 채우고 위 또는 아래 판 중의 하나를 Ω의 각속도로 돌리면서 이때 필요한 토크 M을 측정하는 장치이다. 두 원판 사이의 간격은 2mm 이내로 CP 장치의 경우와 같이 회전 시에 시료가 밖으로 빠져나오지 않는다. 두 원판 사이에서 시료는 반경방향에 따라 전단율이 달라지므로 점도를 구하기 위해서는 11.2절에서 래비노비츠 식을 유도한 방법과 유사한 방법을 사용하여야 한다. PP 장치를 이용하면 CP 장치로부터 구한 N_1을 함께 이용하여 N_2의 측정이 가능하다. CP의 경우와 같이 두 면 사이의 간격이 작아 시료의 온도가 비교적 일정하게 유지되는 장점이 있다.

PP 안에서의 유동을 해석하기 위해서는 그림 11.4와 같이 아래 원판의 중

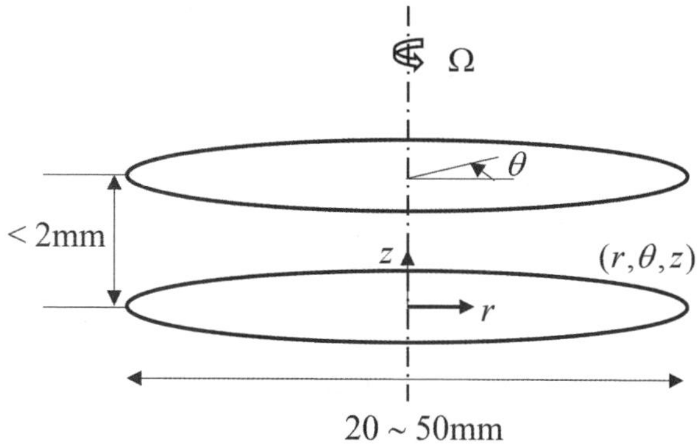

그림 11.4 평행원판 장치의 개념도와 아래 판의 중심을 원점으로 하는 원통 좌표계

심을 원점으로 한 원통 좌표계를 쓰면 편리하다. 시료가 등온이고, 관성이 없을 때 정상상태에서 속도는 v_θ 성분을 제외하고 나머지는 모두 0이 되며, 유체가 흐르는 1 방향은 θ, 속도가 변하는 2 방향은 z, 보티시티, 즉 3 방향은 r이 된다. 따라서 전단 스트레스는 $\tau_{12} = \tau_{\theta z}$, 수직응력 차이는 $N_1 = T_{11} - T_{22} = \tau_{\theta\theta} - \tau_{zz}$, $N_2 = T_{22} - T_{33} = \tau_{zz} - \tau_{rr}$이 된다. 한편 대칭성으로부터 모든 변수는 θ방향의 함수가 아니다. 코시의 운동량식은

$$r\frac{\partial \tau_{\theta z}}{\partial z} = 0 \tag{11.3-19}$$

$$\frac{\partial \tau_{zz}}{\partial z} = 0 \tag{11.3-20}$$

$$-\rho\frac{v_\theta^2}{r} = -\frac{\partial p}{\partial r} + \frac{1}{r}\frac{\partial}{\partial r}\left(r\tau_{rr}\right) - \frac{\tau_{\theta\theta}}{r} \tag{11.3-21}$$

이 된다. 식 (11.3-19)에서 $\tau_{\theta z}$는 z의 함수가 아니고, 또 회전방향으로는 같아야 하므로, 즉 θ의 함수도 아니므로 $\tau_{\theta z} = f(r)$이 되어야 한다. 아래 판에서는 $v_\theta = 0$이고 위 판에서는 $v_\theta = r\Omega$이며, 두 판 간의 거리가 매우 작으므로

$$v_\theta = v_\theta(r,z) = r\,\omega(z) \tag{11.3-22}$$

로 가정할 수 있다. $\tau_{\theta z}$는 전단율 $\dot{\gamma}_{\theta z} = \partial v_\theta / \partial z = r\omega'(z)$의 함수로 $\tau_{\theta z} = f(r)$이므로 $\omega'(z) = C_1$, $\omega(z) = C_1 z + C_2$가 되어야 한다(C_1, C_2는 임의상수이다). 속도의 경계조건으로부터 $\omega(z) = \Omega z/h$, 즉

$$v_\theta = \frac{\Omega rz}{h} \tag{11.3-23}$$

$$\dot{\gamma}_{\theta z} = \frac{\partial v_\theta}{\partial z} = \frac{\Omega r}{h} \tag{11.3-24}$$

이 된다. 따라서 전단율은 위치에 따라 다르며, 이론적으로 1점(point) 측정으로는 점도를 측정할 수 없다. 따라서 점도를 다음과 같은 방법으로 계산한다.

그림 11.4의 위 판이 일정 각속도 Ω로 회전하기 위해서 가해 주어야 할 토크 M은 z 방향에 수직한 면에 θ 방향의 스트레스를 주어 생성시키므로

$$M = \int r\tau_{z\theta} dA = 2\pi \int_0^R r^2 \tau_{z\theta} dr \tag{11.3-25}$$

이 된다. 식 (11.3-24)에서 원판의 끝에서의 전단율 $\dot{\gamma}_R = \Omega R/h$, $dr = hd\dot{\gamma}/\Omega$이므로 M은 치환 적분하면

$$M = 2\pi \int_0^{\dot{\gamma}_R} \left(\frac{R}{\dot{\gamma}_R} \right)^3 \dot{\gamma}^2 \tau_{z\theta} d\dot{\gamma} \tag{11.3-26}$$

으로 쓸 수 있다. 식 (11.10)의 래비노비츠 식을 유도할 때와 유사하게 양변을 $\dot{\gamma}_R$로 미분한 후 정리하면

$$\tau_{z\theta}(R) = \frac{M}{2\pi R^3} \left[3 + \frac{d \ln M}{d \ln \dot{\gamma}_R} \right] \tag{11.3-27}$$

을 얻는다. 위 식은 토크가 M일 때 원판의 끝에서의 전단 스트레스다. 점도와 전단율 간의 관계를 구하기 위해서는 다음의 방법을 사용한다. 먼저 여러 $\dot{\gamma}_R$, 즉 Ω를 변화시키면서 측정하여 M을 $\dot{\gamma}_R$의 함수로 구한다. 수치 미분으로 원하는 $\dot{\gamma}_R$에서

$d\ln M/d\ln\dot{\gamma}_R$을 구하여 식 (11.3-27)로 전단 스트레스 $\tau_{\theta z}$를 구한 후 $\dot{\gamma}_R$로 나누면 전단율 $\dot{\gamma}_R$에서의 점도 $\eta(\dot{\gamma}_R)$이 구해진다.

뉴턴성 유체의 경우에는 $d\ln M/d\ln\dot{\gamma}_R = 1$이 되어

$$\tau_a(R) = \frac{2M}{\pi R^3} \tag{11.3-28}$$

이 된다. 이 값을 임의의 유체에 대해서는 겉보기(apparent) 전단 스트레스라고 정의하면

$$\eta(\tau_{z\theta}) = \eta_a(\tau_a) = \tau_a / \dot{\gamma}_R \pm 2\%, \quad \tau_{rz} = 0.76\tau_a \tag{11.3-29}$$

로 $d\ln M/d\ln\dot{\gamma}_R < 1.4$의 조건을 만족할 때는 한 번의 측정으로 하나의 전단율 값에서의 점도를 얻을 수 있다(Macosko, 1994).

PP 장치를 이용하면 CP 장치의 측정 데이터를 함께 이용하여 N_2를 구할 수 있다. 식 (11.3-21)에서 관성의 항이 충분히 작다고 가정하면 식 (11.3-21)은 다음과 같이 쓸 수 있다:

$$\frac{dT_{zz}}{dr} = \frac{dN_2}{dr} + \frac{N_1 + N_2}{r} \tag{11.3-30}$$

위 식을 r에서 R까지 적분하면

$$T_{zz}(R) - T_{zz}(r) = N_2(R) - N_2(r) + \int_r^R \frac{N_1 + N_2}{\xi} d\xi \tag{11.3-31}$$

가 된다. 위 식에서 $r = R$에서의 압력 p가 p_{atm}과 같다고 가정하면 $\tau_{rr}(R) = 0$이 되어

$$T_{zz}(R) - N_2(R) = T_{zz}(R) - (T_{zz}(R) - T_{rr}(R)) = -p_{atm} + \tau_{rr}(R) = -p_{atm} \tag{11.3-32}$$

이고, 따라서 식 (11.3-31)은

$$T_{zz}(r) = -p_{atm} + N_2(r) - \int_r^R \frac{N_1 + N_2}{\xi} d\xi \tag{11.3-33}$$

가 된다. 양변에 $2\pi R$을 곱하여 $r = 0$에서부터 $r = R$까지 적분할 때 좌변은 z방향에 수직인 면에 z방향으로 작용하는 힘의 합이므로 두 판의 간격을 h로 유지하기 위해 원판에 작용하는 전체 힘 F_z^{Total}가 되며, 우변을 계산하면 다음과 같이 비교적 간단한 식이 된다.

$$\begin{aligned} F_z^{Total} &= \int_0^R 2\pi T_{zz} r dr = -\int_0^R 2\pi p_{atm} r dr + \int_0^R 2\pi N_2(r) r dr - \int_0^R 2\pi r \left[\int_r^R \frac{N_1 + N_2}{\xi} d\xi \right] dr \\ &= -(\pi R^2) p_{atm} - \pi \int_0^R r(N_1 - N_2) dr \end{aligned} \tag{11.3-34}$$

위 식에서 $-(\pi R^2)p_{atm}$항은 대기압에 의한 것으로 원판의 반대면에도 같은 크기의 힘이 반대방향으로 작용하므로 실제 측정하는 힘 F_z는 다음과 같다.

$$F_z = -\pi \int_0^R r(N_1 - N_2) dr \tag{11.3-35}$$

식 (11.3-24)로부터 원판의 끝에서의 전단율 $\dot{\gamma}_R = R\Omega/h$이므로 $r = h\dot{\gamma}/\Omega = R\dot{\gamma}/\dot{\gamma}_R$이 되어 이 r을 식 (11.3-35)에 대입하여 $\dot{\gamma}$에 관한 적분으로 정리하면

$$F_z = -\pi \int_0^{\dot{\gamma}_R} \left(\frac{R}{\dot{\gamma}_R} \right)^2 (N_1 - N_2) \dot{\gamma} \, d\dot{\gamma} \tag{11.3-36}$$

이 된다. 양변을 $\dot{\gamma}_R$로 미분하여 정리하면

$$N_2 - N_1 \big|_{\dot{\gamma}_R} = \frac{2F_z(\dot{\gamma}_R)}{\pi R^2} + \frac{\dot{\gamma}_R}{\pi R^2} \frac{dF_z}{d\dot{\gamma}_R} \tag{11.3-37}$$

을 얻는다. $N_2 - N_1$을 실험적으로 얻기 위해서는 $\dot{\gamma}_R$을 바꾸면서, 즉 같은 장치의 같은 h를 유지하면서 Ω를 바꾸면서 실험하여 F_z를 $\dot{\gamma}_R$의 함수로 구한 후 수치 미분

을 이용하여 $dF_z/d\dot{\gamma}_R$를 구하면 $\dot{\gamma}_R$에서의 N_2-N_1를 계산할 수 있다. 따라서 CP 장치를 이용하여 N_1값을 실험적으로 $\dot{\gamma}_R$의 함수로 구하면 N_2를 구할 수 있다. 이러한 과정에는 몇 가지 가정이나 수치 미분, 비슷한 크기의 N_1-N_2와 N_1의 차이를 내는 과정 등을 거쳐야 하므로 N_2의 측정에는 많은 오차를 포함하게 되는 문제가 있다.

11.3.3 쿠엣 장치

쿠엣 장치(Couette fixture)는 그림 11.5와 같이 두 개의 동심 원통 사이에 유체를 채우고 하나의 원통을 일정 각속도 Ω로 돌리는 데 필요한 토크로부터 점도를 측정하는 장치이다. 바닥면에서 발생하는 토크를 최소화하기 위해서 밑면과 바닥 사이에는 빈 공간을 만들어 둔다. 즉 바깥 원통을 이루는 컵에 시료를 채우고 바닥을 오목하게 깎은 내통을 밀어 넣으면 공기가 갇히게 되어(air bubble) 바닥에서의 토크는 무시할 정도로 작게 할 수 있다. 일부 장치는 원통 사이에서의 전단율과 같은 전단율을 갖도록 원뿔형으로 만들어 사용하기도 한다. 물론 이 경우에는 원뿔의 끝과 바닥과의 거리를 맞추어야 한다. 다음에는 바닥에서의 문제를 제외하고 원통 사이의 틈(gap) 내의 유동에 대해서만 해석하였다.

쿠엣 장치 안에서의 유동을 해석하기 위해서는 그림 11.5와 같이 내부 원통바닥의 중심을 원점으로 한 원통 좌표계를 쓰면 편리하다. 정상상태에서 속도는 v_θ성분

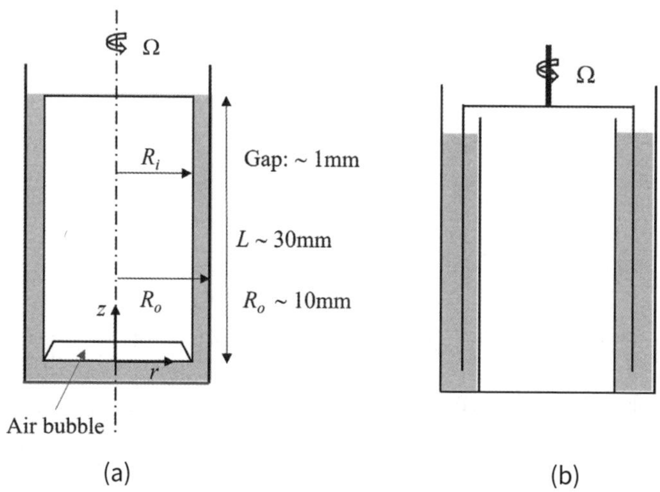

그림 11.5 (a) 쿠엣 장치의 개념도와 원통 좌표계. θ 방향은 돌아가는 방향임 (b) 이중 쿠엣 장치

을 제외하고 나머지는 모두 0이 되며, 유체가 흐르는 1 방향은 θ, 속도가 변하는 2 방향은 r, 보티시티, 즉 3 방향은 z가 된다. 따라서 전단 스트레스는 $\tau_{12} = \tau_{\theta r}$, 수직 스트레스 차이는 각각 $N_1 = T_{11} - T_{22} = \tau_{\theta\theta} - \tau_{rr}$, $N_2 = T_{22} - T_{33} = \tau_{rr} - \tau_{zz}$가 된다. 쿠엣 장치로는 수직 스트레스 차이를 직접적으로 측정할 수는 없다. 한편 대칭성으로부터 모든 변수는 θ 방향의 함수가 아니다. 코시의 운동량식은

$$-\rho \frac{v_\theta^2}{r} = -\frac{\partial p}{\partial r} + \frac{1}{r}\frac{\partial}{\partial r}\left(r\tau_{rr}\right) - \frac{\tau_{\theta\theta}}{r} \tag{11.3-38}$$

$$0 = \frac{\partial}{\partial r}\left(r^2 \tau_{\theta r}\right) \tag{11.3-39}$$

$$0 = \frac{\partial p}{\partial z} \tag{11.3-40}$$

이 된다. 식 (11.3-39)를 적분하면

$$\tau_{\theta r} = C_1 / r^2$$

이 된다. 이때 내통에서 가하여야 할 토크 M은 $M = R_i \tau_{\theta r}(2\pi R_i L)$이므로

$$\tau_{\theta r} = \frac{M}{2\pi R_i^2 L} \tag{11.3-41}$$

이 된다. 전단율은

$$\dot{\gamma}_{\theta r} = r\frac{\partial}{\partial r}\left(\frac{v_\theta}{r}\right) = r\frac{\partial \Omega}{\partial r} \tag{11.3-42}$$

인데 뉴턴성 유체의 경우에도 이 값은 상수가 아니며, 간격 크기가 큰 경우 반경방향의 위치 r에 따라 많이 달라질 수 있다. 멱급수 유체(Power law fluid)의 경우에는 전단율에 대한 해석적인 해가 가능하지만 일반적으로는 가능하지 않으며 오차를 최소화하기 위해서는 간격을 충분히 작게 하여야 한다. 원통의 반경에 비하여 간

격이 작은 경우 전단율은

$$\dot{\gamma}_{\theta r} = \frac{\Omega R_{avg}}{R_o - R_i}, \quad R_{avg} = \frac{R_i + R_o}{2} \tag{11.3-43}$$

이 되어 점도는

$$\eta = \tau_{\theta r} / \dot{\gamma}_{\theta r} \tag{11.3-44}$$

로 구할 수 있다.

쿠엣 장치는 원통의 표면적이 CP나 PP 장치보다 넓고, 전단 스트레스가 작용되는 면과 중심축 간의 거리가 커서 토크가 커져 점도가 낮은 유체의 점도 측정에 유리하다. 또한 시료를 간격 사이에 기포의 유입 없이 채우기도 쉬우며, 높은 전단율 측정 시에도 유체가 밖으로 빠져나가지 않는 장점도 있다. 이러한 장점을 살려 그림 11.5와 같은 3중 원통의 이중 쿠엣 장치를 사용하기도 한다. 이때 유체가 채워지는 두 부분의 전단율이 같도록 반경을 조절하여야 한다.

11.3.4 점탄성의 측정

회전형 레오미터의 가장 중요한 특성은 점탄성 특성을 측정할 수 있는 점이다. 앞 절들에서는 토크와 전단율이 시간에 따라 변하지 않는 경우를 생각하여 전단 스트레스와 전단율 간의 관계를 구하고 이로부터 점도를 계산하였다. 점탄성 물질은 전단 스트레스와 전단율 두 변수가 모두 시간의 함수이므로 이 두 변수를 시간의 함수로 측정하면 점탄성 특성을 얻을 수 있다. 시간에 따라 일정하다는 앞의 가정이 가정상상태(pseudo-steady state)에서는 성립하므로 앞에서 유도한 식을 바로 이용할 수 있다. 반대로 가정상상태가 성립하지 않는 경우에는 물론 측정이 불가하다. 예를 들어서 진동 실험의 경우 진동수가 너무 큰 경우에는 유체의 관성이 너무 커서 가정상상태 가정이 성립하지 않고, 따라서 회전형 레오미터의 장치로는 측정이 어렵다. 물론 이 경우에는 장치 자체의 관성도 커서 측정이 어려운 문제도 있다. 11.6.4절에서 다룰 DWS(diffusive wave spectroscopy)는 이러한 문제없이 선형 점탄성 특성을 측정할 수 있다. 진동 실험에서 위상각은 스트레스와 스트레인 간의 코릴레이션(correlation)을 구하고, 이 값이 최댓값이 되는 각도로부터 정확히 계산할 수 있다. 코릴레이션은 디지털 푸리어 변환(digital Fourier transform)으로 쉽게 계산이 가능하다.

11.3.5 안정성과 2차 유동

관성에 의한 2차 유동과 불안정성

회전형 유변 물성 측정장치의 기본 가정은 관성의 효과가 무시할 정도로 작은 것이다. 즉 관성의 항을 무시하고 전단율과 전단 스트레스 간의 관계를 구한 식을 이용하므로 관성의 효과가 생기면 측정에 오류가 생긴다. 유동 형태에 따라 관성은 다른 경로로 작용한다.

내부 원통이 회전하는 쿠엣 장치의 경우 회전 속도가 낮을 때는 관성의 영향이 없다. 속도가 빨라지면 빠른 속도를 갖는 내통 쪽의 유체는 원심력에 의하여 외통 방향으로 힘을 받는데 점성은 이러한 힘에 대항하여 유동을 안정화함으로써 원형의 유선을 유지한다. 회전 속도가 빨라지면서 원심력이 커지면 유동이 불안정해지면서 결국 그림 11.6과 같은 와류가 생긴다. 이러한 와류는 테일러(Taylor, 1923)에 의하여 처음으로 발견되어 테일러 와류(Taylor vortex)라고 부른다. 테일러 와류가 발생하는 시점은 레이놀즈 수와 원통의 반경, 원통 간의 간격에 의하여 결정되는 다음과 같은 임계 테일러 수(Taylor number) Ta_c에 의하여 결정된다.

$$\mathrm{Ta}_c = \frac{2\Omega^2 R_1 \left(R_1 - R_2\right)^3}{\eta^2} \approx 3400 \qquad (11.3\text{-}45)$$

외통이 회전하는 스트레인 조정 레오미터의 경우에는 와류가 쉽게 생기지는 않지만 회전 속도가 빨라지면 유동이 갑자기 불안정해질 수 있다.

한편 유체가 갖는 제1 수직 스트레스 차이(N_1)는 유동을 더 불안하게 한다 (Yi and Kim, 1997). 이러한 불안정성은 다음에서 다룬 점도가 높고 N_1이 있는 유체의 경우 발생하는 탄성 불안정성(elastic instability)과는 다른 현상이다. 즉 테일러 불안정성은 묽은 점도의 유체에서 기본적으로 유체의 관성에 의하여 나타나는 현상이며 탄

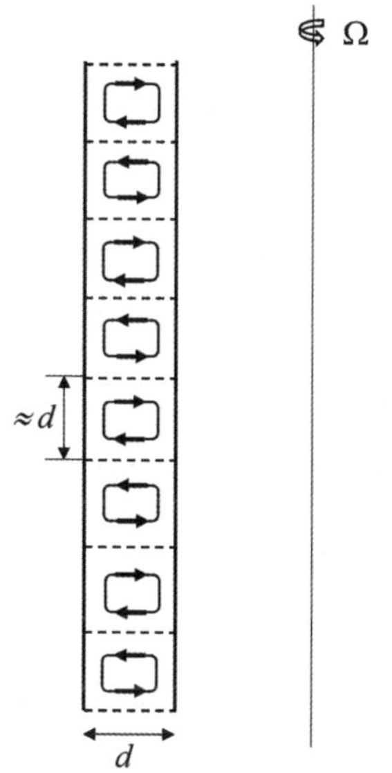

그림 11.6 테일러 와류. 반대 방향으로 도는 토로이드형 와류(toroidal vortex)가 번갈아 형성됨. 발달된 테일러 와류의 높이는 원통 사이 간격의 크기와 1% 내로 같음

성이 없는 유체에서도 나타나지만, 탄성이 있는 묽은 점도의 유체의 경우에는 N_1에 의하여 더 낮은 테일러 수에서 유동이 불안정해진다.

평행원판이나 원뿔과 원판 장치에서는 쿠엣 장치에서와는 달리 유동의 불안정성과는 관계없이 관성의 역할이 나타난다. 그림 11.7에 보인 바와 같은 평행원판 장치의 경우 하나의 판이 회전을 하면 원심력에 의하여 회전하는 판 쪽의 유체는 반경이 큰 방향으로 움직이려고 한다. 두 판의 가장자리는 유체벽으로 유체가 표

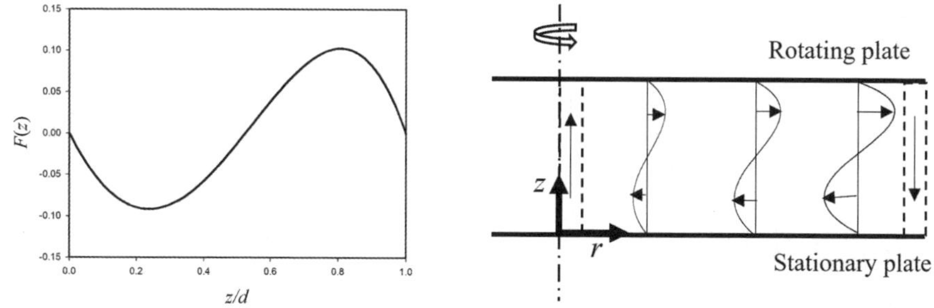

그림 11.7 (a) 식 (11.3-46)의 함수 $F(z)$. $z=0$이 정지된 바닥 원판임. (b) 2차 유동의 속도 분포의 개략도. 중심에서 멀어질수록 반경방향 유동이 커지며, 중앙과 원판의 끝(rim) 근처에서는 z 방향의 유동이 생성됨

면장력으로 잡혀 있어서 빠져나갈 수가 없으므로 유체는 판 끝이 가까워지면 위로 올라가고 결국 정지된 판 쪽에서 다시 안으로 들어가는 2차 유동이 발생하게 된다.

새빈스와 메츠너(Savins and Metzner, 1970)는 평행원판 내에 발생되는 관성에 의한 2차 유동에 대한 이론적인 해석을 수행하였다. 두 판 사이의 간격이 작으므로 판에 수직인 방향으로의 압력 변화는 없다고 가정하고 반경방향의 평균 압력 기울기를 두 판 사이의 기본 유동을 이용하여 구하고 뉴턴성 유체에 대한 2차 유동의 r 방향 속도의 분포를 다음과 같이 구하였다.

$$v_r(r,z)=\frac{\rho\Omega^2 d^2 rF(z)}{12\eta}, F(z)=1.8(z/d)^2-(z/d)^4-0.8(z/d) \quad (11.3\text{-}46)$$

이 식으로부터 r 방향 속도의 최댓값은

$$v_{r,\max}=\frac{-0.09165\rho\Omega^2 d^2 r}{12\eta} \quad (11.3\text{-}47)$$

이 된다. 한편 식 (11.3-46)의 함수 $F(z)$는 그림 11.7과 같은 형태가 된다. 주 유동(primary flow)에 의한 전단율은

$$\dot{\gamma}_{prime}=\frac{\partial v_\theta}{\partial z}=\frac{\Omega r}{d} \quad (11.3\text{-}48)$$

이고 2차 유동에 의한 최대 전단율은

$$\dot{\gamma}_2=\left.\frac{\partial v_r}{\partial z}\right|_{z/d=1}=\frac{-\rho\Omega^2 dr}{10\eta} \quad (11.3\text{-}49)$$

이 되며, 이 두 값의 비는

$$\left|\frac{\dot{\gamma}_2}{\dot{\gamma}_1}\right|=\frac{\rho\Omega d^2}{10\eta}=\frac{\text{Re}}{10} \quad (11.3\text{-}50)$$

로 두 판 사이의 거리를 사용하여 계산한 레이놀즈 수의 1/10이 된다. 따라서 5%의 정확도를 원하는 측정에서는 Re < 0.5의 조건이 성립하여야 한다. 반경 20mm의 평행원판을 이용하여 밀도가 물과 같고, 0.01Pa.s의 점도를 갖는 액체를 대상으로 $\dot{\gamma}_1 = R\Omega/d = 100\text{s}^{-1}$에서 측정을 한다면 5% 이내의 오차를 갖게 하기 위해서 d는 1mm 이내가 되어야 하며, 1% 이내의 오차 범위를 유지하려면 판 사이의 거리는 0.58mm 이내이어야 한다. 그러나 이러한 해석은 전단율에 따라 점도가 변하지 않는 뉴턴성 유체의 경우에 적용되는 것이다. 전단율에 따라 점도가 변하는 유체는 2차 유동에 의하여 전단율도 변하기 때문에 토크 측정에 발생하는 오차와 함께 전단율이 변하는 문제가 중첩됨으로써 오차는 더 커질 수 있다.

원뿔과 원판 계에서도 관성에 의한 2차 유동이 생긴다. 호이저와 크라우스(Heuser and Krause, 1979)는 뉴턴성 유체에 대하여 식 (11.3-1)의 관성의 항을 포함한 내부에서의 유동에 대한 해석적인 해를 내부 해(inner solution)라 명명하고 반경방향 속도에 대하여 다음과 같은 해석해를 구하였다.

$$v_r(r,\vartheta) = \left(\frac{\rho R^2 \Omega \beta^2}{\eta}\right)\left(\frac{r}{R}\right)^3 \left(\frac{1}{10}\vartheta - \frac{7}{20}\vartheta^2 + \frac{1}{3}\vartheta^3 - \frac{1}{12}\vartheta^4\right) R\Omega \tag{11.3-51}$$

위 식에서 $\vartheta = 1 + (\theta - \pi/2)/\beta$로 원판에서는 1, 원뿔에서는 0이 되는 무차원 각도이다. 그림 11.8에는 ϑ의 함수 부분의 속도 분포를 도시하였다. 자유계면 부근에서는 자유계면을 통해서 유체가 나갈 수가 없다는 경계조건으로 해를 구하여 외부 해(outer solution)라고 명명하고 변수분리해를 구하였다. 외부 해는 토크에는 큰 영향을 미치지 않지만 경계조건을 만족하기 위하여 필요하다. 관성에 의하여 발생하는 반경방향의 속도는 반경이 커짐에 따라 증가하다가 자유계면 부근에서 급격하게 감소하면서 아래 식과 같이 토크를 증가시키며, 유체가 밖으로 빠져나가려는 경향에 의하여 원뿔과 원판을 가깝게 하는 방향으로 힘을 작용함으로써 (−)의 수직 스트레스 차이가 있는 것과 같은 효과를 나타낸다.

$$\frac{M_{WI}}{M} = 1 + 6.0969\times10^{-4}\,\text{Re}^2 + 4.18421\times10^{-5}\,\text{Re}^4 + \cdots \tag{11.3-52}$$

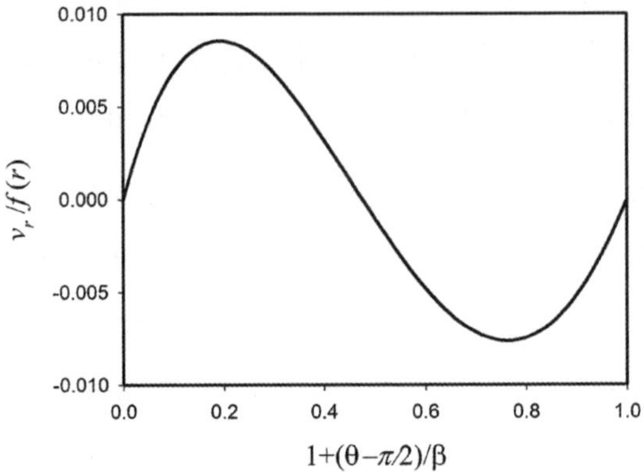

그림 11.8 CP 내에서 반경방향 속도 분포 중 ϑ의 함수 부분

$$N_1 = (-0.15 + 3.82915 \times 10^{-4}\,\mathrm{Re}^2 \cdots)\rho\Omega^2 R^2 \tag{11.3-53}$$

식 (11.3-52)에서 M_{WI}는 관성의 역할을 포함하는 경우(with inertial effect)의 토크를 나타낸다.

이상의 결과는 뉴턴성 유체 내에 발생하는 2차 유동에 관한 것으로 주 흐름에 더하여 1개의 와류가 2차 유동(secondary flow)으로서 발생하지만 비뉴턴성 유체의 경우에는 여러 개의 와류가 나타날 수도 있음이 보고되었다(Griffith and Walters, 1970). 이들의 결과는 원뿔의 각도가 실제 측정에 사용하는 원뿔에 비하여 훨씬 작은, 즉 사이각이 훨씬 큰 것을 사용하였고, 유체를 큰 용기에 담아 실험하였으므로 실제 이러한 2차 유동이 유변 물성 측정장치 내에서도 나타날지에 대해서는 검증되지 않았지만 비뉴턴성 유체의 경우 뉴턴성 유체에 비하여 더 복잡한 2차 유동이 발생할 가능성은 있다.

지금까지의 결과를 종합하면 회전형 레오미터에서의 원심력, 즉 관성에 의한 2차 유동은 토크를 증가시키고, 제1 수직 스트레스 차이는 감소된 값으로 측정되는 오차를 생기게 한다. 더욱이 비뉴턴성 유체의 경우에는 유체의 변형을 변화시킴으로써 측정 오류가 생기게 된다.

한편 표면장력도 PP나 CP를 이용한 측정에 영향을 줄 수 있다. 고분자 용융체

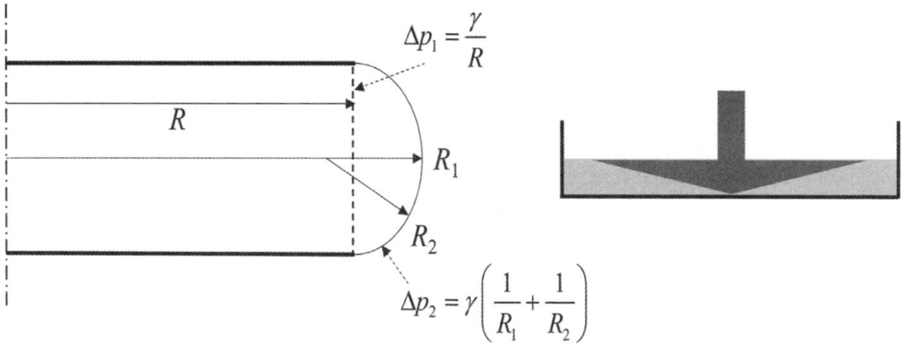

그림 11.9 (a) PP 장치에서 표면장력에 의한 내부 압력 변화. 그림에서 시료가 점선으로 채워질(load) 때와 볼록하게 되었을 때의 압력 차이는 $\approx \gamma/R_2$가 됨($R \approx R_2$). $R_2 \approx 1$ mm, $\gamma = 0.05$N/m, 일 경우 표면장력에 의한 압력 증가는 50Pa이며, 50mm 원판의 경우 F_z는 0.1N에 이를 수 있음

의 경우에는 표면장력이 작을 뿐만 아니라 전단 스트레스나 수직 스트레스가 커서 표면장력에 의한 영향이 대개 크지 않지만 묽은 고분자 용액이나 현탁액의 경우에는 크게 영향을 미칠 수 있다. PP의 경우 자유계면의 모양은 원판의 반경과 같은 반경의 원통을 가정하여 식을 유도하지만 실제로는 정확히 맞추기가 어려울 뿐만 아니라 회전하면서 제2 수직 스트레스 차이 등에 의하여 표면 형태가 변할 수도 있다. 만약 유체가 더 많이 채워지게(load) 되어 그림 11.9와 같이 되면 표면장력에 의하여 안쪽 압력이 커짐으로써 두 판을 서로 밀어내는 힘으로 작용되며, 이러한 축방향 힘(axial force)은 수직 스트레스 차이 측정에 영향을 준다. 또한 반대로 부족하게 채워지게 되면 반대 부호의 축방향 힘이 작게 됨으로써 영향을 미친다. CP의 경우에도 자유계면의 모양이 원판의 반경과 같은 반경의 구면을 가정하여 유도한 식이며, 이 구면에서 벗어나면 PP의 경우와 같이 영향을 미친다. 이러한 표면장력의 영향을 최소화하기 위해서 그림 11.9(b)와 같이 위 판이나 원뿔을 시료에 담그는 방법으로, 즉 아래 판을 컵으로 하여 수직 스트레스 차이를 측정하는 경우도 있다. 물론 이러한 장치에서 점도는 측정할 수 없다.

탄성 불안정성

5.2절에서 $N_1 > 0$ 인 유체가 굽은 유선의 유동을 할 때 유선이 휘어진 안쪽 방향으로 힘이 작용됨을 설명하였다. 따라서 (+)부호의 N_1 은 축을 향하여 반경 방향

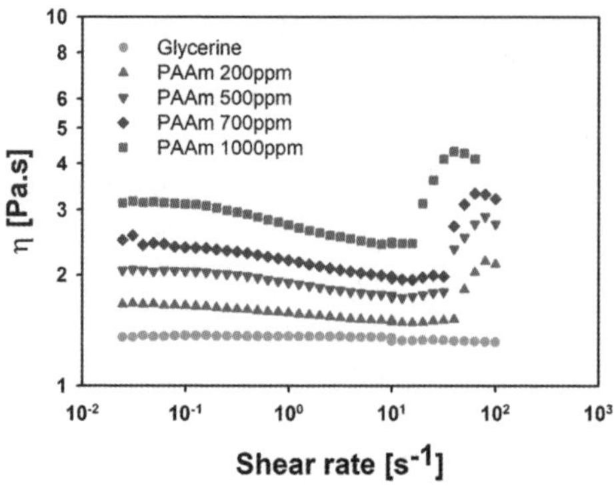

그림 11.10 제1 수직 스트레스 차이가 큰 고분자 용액의 점도 측정 시 전단율이 커지면 유동이 불안정해지고 점도가 증가하는 것 같은 현상으로 나타남(Lee et al., 2003)

으로 유체를 미는, 즉 유체를 가운데로 짜내는 역할을 함으로써 유동을 불안정하게 한다. 즉 고분자 유체의 탄성은 유동을 불안하게 하여 2차원의 원형 유선이 열리며 유체는 3차원 운동을 하게 되고, 전단 유동은 더 많은 에너지를 소모함으로써 점도가 더 커지는 것과 같이 나타나게 된다. 탄성 불안정성은 CP, PP, 쿠엣(Couette) 장치 모두에서 나타나는데, 이러한 불안정성이 발생하는 시점에서의 전단율은 유동형태, 즉 장치에 따라 조금씩 다르다. 그림 11.10에는 글리세린에 분자량 6000kg/mole의 폴리아크릴아마이드를 용해한 고분자 용액의 쿠엣 장치를 이용한 점도 측정 결과를 도시하였다. 그림에서 전단율 10s^{-1} 이상에서 나타나는 급격한 점도 증가는 시어 시크닝(shear thickening) 현상이 아니며, 탄성에 의한 불안정성의 문제이다. 이러한 불안정성은 측정정치를 바꾸거나, PP의 경우 원판 간의 간격을 바꾸면 유동이 불안정해지는 임계 전단율이 달라지는 것으로부터 시어 시크닝 현상이 아닌 것을 확인할 수 있다. 이러한 탄성에 의한 불안정성에 대한 자세한 내용은 문헌(Larson, 1992; Shaqfeh, 1996)에 잘 정리되어 있다.

11.4 열 발생 문제

3.3절에서 설명한 바와 같이 전단 유동 내에서는 가해 주는 스트레스에 의하여 열

이 발생하며 이 열에 의하여 측정하는 시료의 온도가 올라간다. 점도는 온도에 민감한 물성이므로 전단 유동이 지속되는 경우에는 시료 내부의 온도와 온도를 측정하는 센서 위치(대부분 벽)에서의 온도에 큰 차이가 생길 수 있다. 이러한 경우 점도는 낮게 측정되며 전단율이 클수록 온도 증가폭이 크므로 시어 시닝(shear thinning)한 특성이 더 크게 나타난다. 일반적으로 높은 전단율에서 점도가 큰 고분자 물질의 점도를 측정하는 모세관 레오미터의 경우 이러한 현상이 크게 나타날 수 있다. 비교적 낮은 전단율에서의 점도를 측정하는 회전형 레오미터의 경우에도 시료에 장시간 전단을 가하면 온도가 상승할 수 있다. PP 장치의 경우에는 간격 크기를 가능한 대로 작게 함으로써 문제를 최소화할 수 있다.

반경 R의 모세관 내의 유동의 경우에는 열 발생의 문제의 중요성은 다음과 같은 나메 수(Nahme number, Na 혹은 Nahme-Griffith number)의 크기로 판단한다. 즉 Na가 0.1보다 크면 열 발생 문제로 측정에 10%의 오차가 있을 수 있음을 뜻한다.

$$\mathrm{Na} \equiv \frac{\Delta\eta}{\eta} \sim \frac{\partial\eta}{\partial T}\Delta T \Big/ \eta \xrightarrow{\text{Capillary flow}} \frac{\beta\eta\dot{\gamma}^2 R^2}{4k} \tag{11.4-1}$$

위 식에서 β는 점도를 다음과 같은 온도의 함수로 표시할 때 나타나는 상수이며, k는 물질의 열전도도이다.

$$\eta = \eta_0 e^{\beta(T-T_0)} \tag{11.4-2}$$

위 식에서 온도 T_0에서의 점도는 η_0임을 볼 수 있다.

11.5 벽면 미끄러짐 이론

벽면 미끄러짐(wall slip)은 고분자와 같이 분자 크기가 크거나 현탁액, 에멀전 등과 같이 2개 이상의 상(phase)으로 구성된 여러 종류의 물질에서 관찰되는 현상으로 고분자 용융체의 경우와 같이 실제로 물질이 고체벽에서 미끄러지는 실제 벽면 미

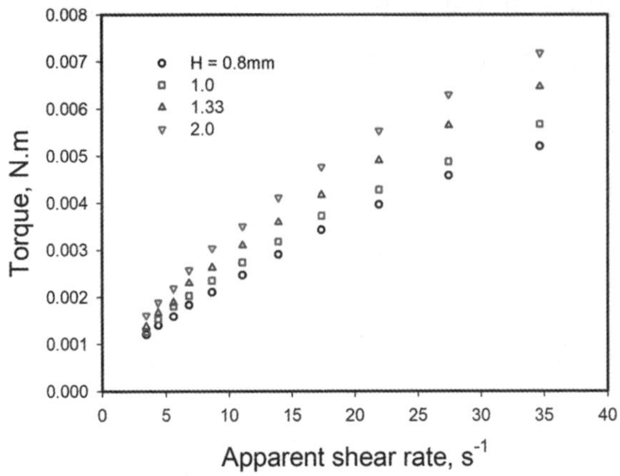

그림 11.11 50mm PP 장치의 간격의 크기에 따라 달라지는 토크 특성. 평균 직경 100μm의 PMMA입자를 입자 부피분율 50%로 점도 1 Pa.s의 글리세린에 분산한 현탁액 사용. 박상현(1999)의 데이터를 다시 그림

끄러짐(true wall slip, 제8장 참조)과 현탁액이나 고분자용액과 같이 액체 내에 분산되어 있는 물질이 벽으로부터 멀어지면서 벽 근처에 묽은 액체층이 생겨 겉보기에 벽면 미끄러짐과 같이 보이는 겉보기 벽면 미끄러짐(apparent wall slip)으로 나뉠 수 있다. 현탁액의 겉보기 벽면 미끄러짐은 9.5절에 설명한 입자의 이동(migration)에 의한 원인과, 입자의 크기가 유한하므로 입자가 벽으로부터 기하학적으로 배제되는 현상에 따라 발생한다. 또한 고분자 용액 내의 고분자의 탄성도 고분자를 벽으로부터 멀어지게 하는데 이러한 현상에 의해서도 겉보기 벽면 미끄러짐이 발생한다 (Fang et al., 2005; Ma and Graham, 2005). 벽면 미끄러짐 속도는 벽면 미끄러짐의 생성 원인과, 가해지는 벽에서의 전단 스트레스에 의하여 결정된다. 벽면 미끄러짐이 생기면 측정되는 압력손실이나 토크가 벽면 미끄러짐이 없는 경우보다 작게 나타나게 된다. 물성 측정 시 벽면 미끄러짐을 억제하기 위하여 레오미터 장치면에 사포(sandpaper)를 붙이기도 하며, 표면을 거칠게 만든 장치(serrated plate)를 사용하기도 한다.

그림 11.11에는 현탁액 시료를 대상으로 PP 장치로 간격을 달리하면서 토크를 겉보기 전단율의 함수로 측정한 결과를 도시하였다. 원판 사이의 간격이 작아지면 같은 겉보기 전단율에서 토크가 작아지는 경향을 볼 수 있는데 이는 벽면 미끄러

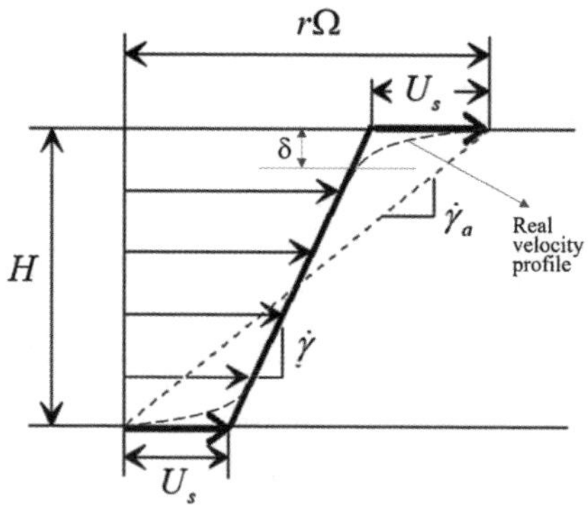

그림 11.12 벽면 미끄러짐이 있는 경우의 속도 분포의 변화. 겉보기 속도 분포는 점선으로 그린 직선과 같지만 실제 미끄러짐이 있는 경우의 속도 분포는 굵은 직선으로 그린 것과 같음. 겉보기 벽면 미끄러짐이 있는 경우의 실제 속도 분포는 곡선으로 표시된 것과 같지만 실제 미끄러짐이 있는 것과 같은 속도 분포를 가정하여 해석함. 미끄러짐 속도에 의하여 실제 전단율은 줄어들게 됨. 겉보기 벽면 미끄러짐이 있는 경우에는 벽 근처에 입자가 없는(depleted) 얇은 유체층이 생기게 됨

짐에 의한 현상이다. 간격의 크기에 따라 물성이 달라질 수 없기 때문이다.

벽면 미끄러짐 속도를 유변학적으로 측정하는 방법으로는 PP 장치를 이용하는 방법과 모세관 레오미터를 이용하는 방법이 있다. PP 장치를 이용하여 측정하는 방법(Yoshimura and Prud'homme, 1988)은 다음과 같다. 먼저 벽면 미끄러짐 속도를 U_s라 하고, 주어진 표면에서의 U_s는 전단 스트레스만의 함수라고 가정하자. PP 장치의 위 판과 아래 판의 표면특성이 같은 경우 같은 반경에 해당하는 위치에서는 전단 스트레스가 같으므로 같은 U_s를 보인다. 그림 11.12에는 벽면 미끄러짐이 있는 경우 겉보기 전단율 $\dot{\gamma}_a$와 실제 전단율 $\dot{\gamma}$의 기하학적 관계를 도시하였다. 그림에서 반경 r의 위치에서 위 판과 아래 판의 겉보기 속도차이는 $r\Omega$이므로 $\dot{\gamma}_a = r\Omega/H$이며, 실제 속도차이는 양면에서의 벽면 미끄러짐 속도 U_s를 빼고 계산하여야 하므로 $\dot{\gamma} = (r\Omega - 2U_s)/H$가 된다. U_s가 전단 스트레스의 함수이면 같은 $\dot{\gamma}_a$에서는 $\dot{\gamma}$도 전단 스트레스의 함수가 되며, 따라서

$$\dot{\gamma}_a = \dot{\gamma}(\tau) + \frac{2U_s(\tau)}{H} \tag{11.5-1}$$

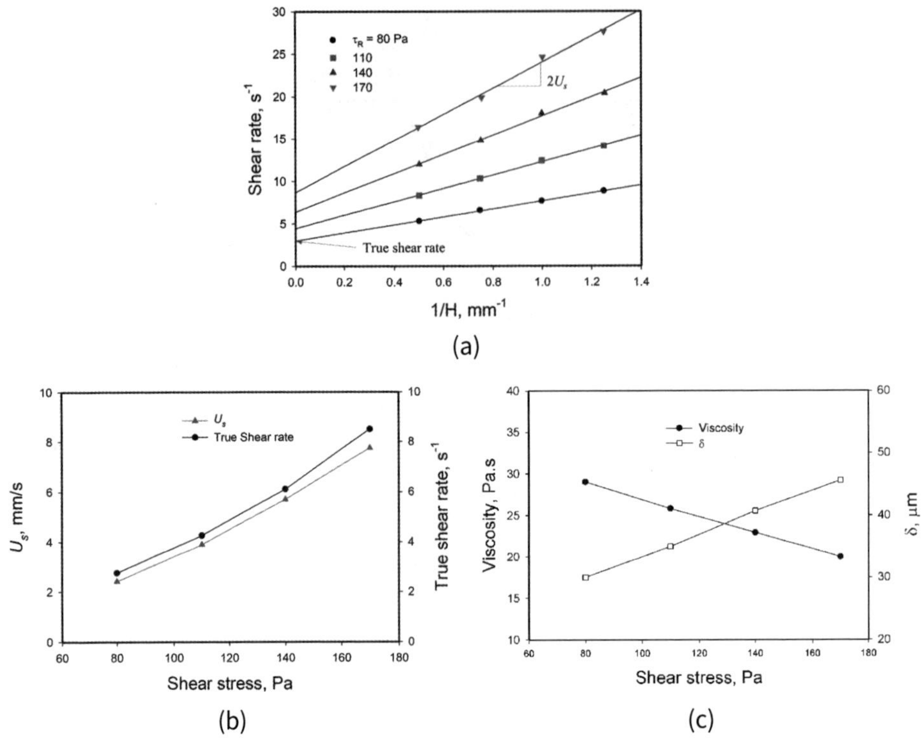

그림 11.13 (a)두 판 사이의 간격을 변화시키면서 일정 전단 스트레스에서 겉보기 전단율을 그리면 식 (11.5-2)와 같이 직선이 나옴. 이때 기울기는 $2U_s$, y 축의 절편은 실제 전단율이 됨. (b) 전단 스트레스에 따라 변하는 미끄러짐 속도와 실제 전단율 (c) 실제 점도와 미끄러짐 두께. 그림 11.11의 데이터를 이용하여 해석함

로 쓸 수 있다. 한편 식 (11.3-27)을 이용하면 반경 R 위치의 벽면에서의 전단 스트레스 τ_R을 반경 R에서의 겉보기 전단율 $\dot{\gamma}_{aR}$의 함수로 구할 수 있다. 식 (11.5-1)은 반경 R에서

$$\dot{\gamma}_{aR} = \dot{\gamma}(\tau_R) + \frac{2U_s(\tau_R)}{H} \tag{11.5-2}$$

이므로 서로 다른 H에서 얻은 같은 τ_R을 갖는 $\dot{\gamma}_{aR}$을 세로축으로, $1/H$를 가로축으로 그리면 그림 11.13a와 같이 기울기 $2U_s$, 절편 $\dot{\gamma}(\tau_R)$의 직선이 나오게 된다. 따라서 기울기 값으로부터 벽면 미끄러짐 속도를, 절편으로부터 실제 전단율을 구할 수 있다. 점도는 전단 스트레스를 실제 전단율로 나누어 구한다. 또한 입자의 이동

에 의하여 생기는 겉보기 미끄러짐의 경우 현탁액의 점도가 분산매의 점도보다 충분히 크다고 가정할 때 미끄러짐 두께(slip thickness) δ, 즉 입자가 없는 층의 유효두께는 벽에서의 전단 스트레스, 미끄러짐 속도와 입자가 없는 순수 유체의 점도 η_s와 다음과 같은 관계가 있다:

$$\tau_w = \eta_s \frac{U_s}{\delta} \tag{11.5-3}$$

그림 11.13(b)에는 그림 11.13(a)의 데이터를 이용하여 구한 벽면 미끄러짐 속도와 실제 전단율을 도시하였다. 원판 사이의 간격 1mm에서 겉보기 전단율이 20s^{-1}이면 선속도는 20mm/s이고 미끄러짐 속도는 5mm/s 수준으로 양면을 고려하면 실제 속도는 절반 수준인 10mm/s이다. 즉 벽면 미끄러짐은 상당한 영향을 주는 것임을 볼 수 있다. 이에 따라 점도는 2배 정도 차이가 나게 된다. 그림 11.13(c)에는 실제 점도와 미끄러짐 두께를 전단 스트레스의 함수로 도시하였다. 이 경우의 미끄러짐 두께는 입자 직경의 대략 1/3 정도이며, 스트레스가 커지면서 더 커지는 것은 전단 스트레스가 커지면서 입자의 이동 등에 의해 입자가 벽에서 더 멀어지기 때문이다.

모세관 레오미터 또는 실험실에서 제작한 유리 모세관 점도계를 이용하여 점도를 측정하는 경우 서로 다른 직경을 갖는 여러 모세관을 사용하면 모세관 벽에서 발생하는 벽면 미끄러짐 속도를 측정할 수 있다. 모세관 내에서 벽면 미끄러짐 속도가 U_s이면 벽면 미끄러짐에 의하여 $\pi D^2 U_s/4$ (D는 모세관의 직경)만큼 유량이 증가한다. 따라서 식 (11.2-6)을 벽면 미끄러짐을 고려하여 쓰면

$$\frac{32Q}{\pi D^3} = -\frac{4}{\tau_w^3}\int_0^{\tau_w} \tau_{rz}^2 \left(\frac{dv_z}{dr}\right) d\tau_{rz} + \frac{8U_s}{D} \tag{11.5-4}$$

이 된다. 위 식을 벽면에서의 전단 스트레스 값이 같을 때 $1/D$로 미분하면 같은 벽면에서의 전단 스트레스에서 적분항과 U_s는 D에 따라 변하지 않는 상수이므로 다음의 관계를 얻는다:

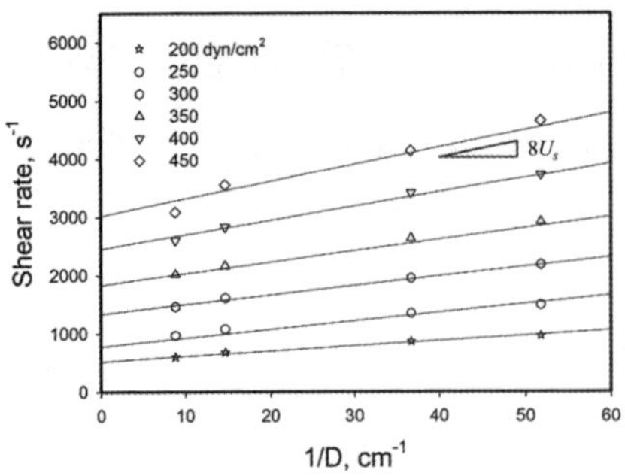

(a)

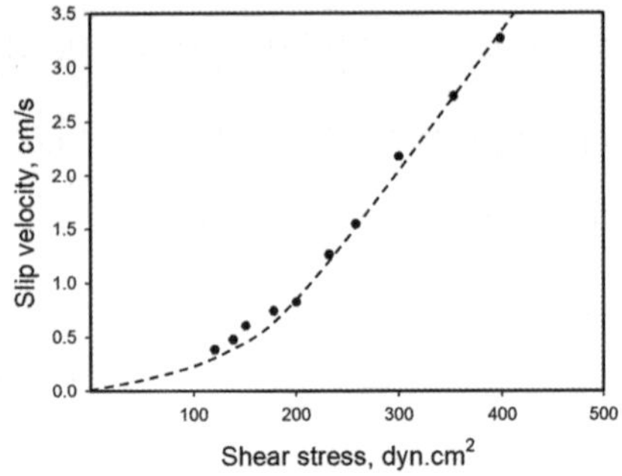

(b)

그림 11.14 세파란 AP30의 벽면 미끄러짐 실험 결과 (a) 모세관의 직경을 변화시키면서 일정 전단 스트레스에서 겉보기 전단율을 그리면 직선이 나옴. 이때 기울기는 $8U_s$, y 축의 절편은 실제 전단율이 됨. (b) 벽면에서의 전단 스트레스에 따른 미끄러짐 속도 U_s의 변화. 코헨과 메츠너(Cohen and Metzner, 1985)의 결과를 다시 그림

$$\left.\frac{\partial(32Q/\pi D^3)}{\partial(1/D)}\right|_{\tau_w} = 8U_s \tag{11.5-5}$$

따라서 서로 다른 D값을 갖는 모세관을 이용하여 같은 τ_w에서 유량을 측정하여 $32Q/\pi D^3$과 $1/D$를 그리면 직선의 기울기로부터 벽면 미끄러짐 속도를 얻을 수 있다. 다른 직경을 갖는 모세관에서 벽에서의 전단 스트레스가 같은 값을 갖게 하려면 식 (11.2-3)의 관계를 이용하여 모세관의 주어진 직경과 길이에서 적절한 압력손실을 갖도록 조절하면서 측정하거나 압력손실값을 연속적으로 변화시키면서 측정 후에 필요한 값을 내삽법으로 구하면 된다. 그림 11.14에는 4개의 서로 다른 직경을 갖는 모세관을 이용하여 말단 간 거리(end-to-end 길이)가 236nm인 폴리아크릴아마이드(상품명 Separan AP30, Dow Chem. Co.) 0.47% 수용액의 벽면 미끄러짐 측정 결과를 도시하였다. 그림 11.14a의 세로축은 $32Q/\pi D^3$로 겉보기 전단율이다. 각 직선이 $1/D$가 0이 되는 곳에서 만나는 점, 즉 y-절편은 각 벽면에서의 스트레스에서의 실제 전단율이 되므로 각 스트레스 값을 실제 전단율로 나누면 실제 점도, 즉 벽면 미끄러짐이 없을 때의 물질의 실제 점도가 된다. 실험 결과를 보면 식 (11.5-5)와 잘 부합되며, 그림 11.14b에서 벽면 미끄러짐은 스트레스가 충분히

작은, 그림의 경우 100dyn/cm^2(10 Pa) 이하에서도 일어나는 것을 볼 수 있다.

11.6 마이크로레올로지

물질 내에 콜로이드 크기의 입자를 분산한 후 시간에 따른 입자들의 평균 이동거리를 측정하여 보면 물질의 유변학적 특성에 따라 다른 결과를 얻게 된다. 점도가 낮은 유체 안에서는 입자들이 평균적으로 긴 거리를 이동하여 있는 반면 점도가 높은 유체 안에서는 짧은 거리를 이동하여 있다. 점탄성이 있는 유체 내에서의 움직임은 점성만 있는 유체와는 다른 특성을 나타낸다. 마이크로레올로지(microrheology)는 입자들이 시간에 따라 움직이는 특성을 직접 비디오로 관찰하거나 광산란법으로 측정하여 유변 물성을 측정하는 기술이다. 마이크로레올로지를 이용하는 방법에는 입자의 브라운 운동만을 이용하여 측정하는 수동적(passive) 마이크로레올로지 방법과 입자를 외부의 힘으로 움직여서 운동을 측정하는 능동적(active) 마이크로레올로지 방법이 있지만 여기서는 수동적 마이크로레올로지 방법만을 소개한다. 마이크로레올로지는 기존의 기계적인 방법을 이용하여 유변 물성을 측정하는 방법에 비하여 여러 장점을 가지고 있다. 입자의 움직임을 현미경 하에서 비디오로 관찰하는 입자추적 방법(particle tracking method)을 쓰면 비교적 쉽게 장치를 설치할 수 있으며 작은 부피의 시료만 있으면 된다. 광산란법을 쓰면 기존의 기계적인 방법으로는 측정하기 거의 불가능한 높은 진동수에서의 측정도 가능하다. 마이크로레올로지는 선형 점탄성을 측정하는 장치로서 수직 스트레스 차이의 측정이 불가능한 한계 등이 있지만 대부분의 경우 기계적인 측정과 상호 보완적인 역할을 할 수 있다.

11.6.1 GSER

마이크로레올로지의 기본원리에 관한 식들을 유도하기 위해서는 통계역학적인 방법론을 사용하여야 한다. 따라서 여기서는 중간 과정은 대부분 생략하고 주요 개념과 함께 실제 유변 물성을 측정하는 데 필요한 결과 식들을 중심으로 설명한다.

자세한 중간 과정은 인용해 놓은 문헌을 참고할 수 있다. 먼저 유체 내에 분산된 반경 a의 콜로이드 입자를 생각하자. 모든 입자에 1부터 번호를 붙이면 전체 N개의 입자들은 고유 번호를 갖게 된다. 모든 입자들은 브라운 운동에 의하여 끊임없이 위치를 바꾼다. 이 중 i번째 입자를 대상으로 시간 t에 따라 변하는 x방향의 위치 $x_i(t)$를 기록한다고 할 때 초기, 즉 시간 $t=0$에서의 위치 $x_i(0)$로부터 벗어난 거리를 $\Delta x_i = x_i(t) - x_i(0)$라 하면, 이 값은 양수일 수도 있고 음수일 수도 있다. 이러한 기록을 모든 N개의 입자에 대해 시행한 후, 제곱의 평균 $\langle\cdot\rangle$을 구하고 이 값을 변위의 제곱의 평균(mean square displacement, MSD)이라고 부른다.

$$\text{MSD:} \quad \left\langle \Delta x^2(t) \right\rangle = \frac{1}{N}\sum_{i=1}^{N}\left(x_i(t) - x_i(0)\right)^2 \tag{11.6-1}$$

앞에서 이야기한 대로 MSD는 유체의 유변학적 특성에 따라 변할 것임을 쉽게 생각할 수 있다. 입자의 브라운 운동은 확산의 형태로 나타나며 1차원 운동의 경우 통계역학적으로 다음 관계가 성립한다.

$$\left\langle \Delta x^2(t) \right\rangle = 2Dt \tag{11.6-2}$$

위 식에서 $D = \int_0^\infty \langle \dot{x}(t)\dot{x}(0) \rangle dt$는 상수로 확산계수(diffusivity)라 불린다. MSD는 2차원, 3차원으로 확장하여 쓸 수 있으며, 2, 3차원의 경우 식 (11.6-2)의 왼쪽 항은 각 차원에서의 변위의 합을 써야 하며, 오른쪽 항에는 차원 수(N_D)를 곱해 주어야 한다.

MSD로부터 유체의 점탄성 특성을 구하기 위하여 먼저 점도만이 있는 뉴턴성 유체의 경우를 생각하자. 유체 내의 구형입자는 충분히 작으므로 입자에 작용되는 힘에 의하여 입자가 유체 내에서 움직일 때 작용되는 힘 $\mathbf{F}$는 속도 $\mathbf{U}$에 비례한다. 즉

$$\mathbf{U} = M\mathbf{F} \tag{11.6-3}$$

로 쓸 수 있으며, M을 수력학적 이동도(hydrodynamic mobility)라고 부른다. 반경 a의

구의 경우

$$M = \frac{1}{\zeta} = \frac{1}{6\pi\eta a} \tag{11.6-4}$$

임은 스톡스(Stokes) 해로부터 잘 알려져 있다. 위 식의 ζ는 저항도(resistivity)라고 부른다.

다음으로 계가 평형상태에 있는 경우, 즉 물질의 플럭스 $\mathbf{j} = 0$인 경우를 생각하자. 포텐셜 Φ인 공간 내에서 입자가 받는 힘은 $\mathbf{F} = -\nabla\Phi$이므로 입자의 속도는 $\mathbf{U} = -M\nabla\Phi$가 된다. 한편 입자에 대한 확률밀도 함수(probability density function) P의 보존식은 다음과 같다.

$$\mathbf{j} = -D\nabla P + P\mathbf{U} = -D\nabla P - (M\nabla\Phi)P = 0 \tag{11.6-5}$$

P는 어떤 공간에서 입자가 존재할 확률로 농도에 비례하는 변수로서, 위 식의 $-D\nabla P$는 입자의 확산에 의한 플럭스를, $P\mathbf{U}$는 흐름(convection)에 의한 플럭스 임을 의미한다. 따라서 위 식은 포텐셜 Φ에 의하여 발생된 입자이동에 의한 농도 기울기는 확산에 의하여 상쇄된다는 의미를 갖는다. 포텐셜이 Φ인 경우 평형상태에서 P는 다음과 같은 볼츠만 분포(Boltzmann distribution)

$$P = P_0 \exp\left(-\Phi / kT\right) \tag{11.6-6}$$

를 갖는다 (P_0는 상수). 이 P를 식 (11.6-5)에 대입하면

$$D = kTM = \frac{kT}{6\pi\eta a} \tag{11.6-7}$$

이 된다. 이 관계는 아인슈타인이 1905년에 처음으로 유도하였으며, 뉴턴성 유체에 대한 스톡스-아인슈타인 관계(Stokes-Einstein relation)라 부른다. 이 식은 점도를 구하는 데 사용될 수 있다. 즉 실험적으로 측정된 식 (11.6-1)의 MSD와 식 (11.6-2)를 이용하여 D를 구하면 식 (11.6-7)로부터 점도 η를 구할 수 있다.

뉴턴성 유체의 경우에는 MSD와 시간 t가 비례하므로 기울기를 알면 바로 D를 구할 수 있지만 점탄성 유체의 경우에는 이러한 직선 관계가 성립하지 않는다. 점탄성 물질의 경우에는 MSD뿐만 아니라 이동도도 시간의 함수가 되기 때문이다 (힘이 시간에 따라 달라지는 것이 점탄성 물질의 특징임은 제4장 점탄성을 참고하기 바란다). 메이슨과 웨이츠(Mason and Weitz, 1995)는 뉴턴성 유체에 대한 스톡스-아인슈타인 식을 일반화하여 입자가 점탄성 유체 내에서 브라운 운동을 할 때 다음과 같은 라플라스 변환이 된 MSD와 이동도 간의 관계를 구하였으며, 이를 일반화된 스톡스-아인슈타인 관계(Generalizes Stokes-Einstein Relation, GSER)라고 부른다.

$$\left\langle \Delta\tilde{\mathbf{r}}^2(s) \right\rangle = \frac{2N_D k_B T}{s^2}\widetilde{M}(s) \tag{11.6-8}$$

위 식에서 N_D는 MSD를 측정하는 차원의 수로서 뒤에 나오는 PTM(Particle tracking method)에서는 2차원, DLS (Dynamic light scattering)나 DWS (Diffusive wave spectroscopy)의 경우에는 3차원이고, ~는 라플라스 변환이 된 변수를 의미한다. 식 (11.6-8)에서 반경 a의 구의 경우 $\widetilde{M}(s) = 1/6\pi\eta(s)a$이므로(일반적으로는 $\eta = \eta(t)$이므로 식 (11.6-4)의 양변을 라플라스 변환한다)

$$\left\langle \Delta\tilde{\mathbf{r}}^2(s) \right\rangle = \frac{N_D k_B T}{3\pi a\eta(s)s^2} \tag{11.6-9}$$

가 된다. 메이슨과 웨이츠(Mason과 Weitz, 1995)는 위 식의 라플라스 변환 변수 s를 푸리어 변환 변수 $i\omega$로 바꾸어 $\eta^*(i\omega)$를 구하고 선형 점탄성 식의 하나인 $G^*(i\omega) = i\omega\,\eta^*(i\omega)$의 관계로부터 다음과 같이 G^*를 유도하였다.

$$G^*(\omega) = \frac{N_D k_B T}{3\pi a(i\omega)\left(\Delta\tilde{\mathbf{r}}^2(i\omega)\right)} \tag{11.6-10}$$

GSER은 엄밀하게는 수학적으로 증명된 식이 아니며, 가정이라고 할 수 있다. 그러나 지금까지 여러 물질에 대해 MSD를 실험적으로 구한 후 GSER에 의하여 계산된 유변 물성과 기계적인 방법으로 측정된 결과는 일치되기 때문에 GSER을 유도하는 과정에서 도입한 여러 가정들에서 벗어나지 않는 경우에는 사용 가능한 식으로 받아들여지고 있다. GSER의 유도는 앞에서 이야기한 바와 같이 통계역학적인 지식이 필요하여 여기서는 다루지 않았다. 자세한 내용은 메이슨과 웨이츠(Mason and Weitz, 1995), 스콰이어즈와 메이슨(Squires and Mason, 2010) 및 안에 인용된 문헌들, 퍼스트와 스콰이어즈(Furst and Squires, 2017) 등을 참고할 수 있다.

식 (11.6-10)을 바탕으로 유변 물성을 구하려면 실험적으로 MSD를 구하여야 한다. MSD를 구하는 실험적인 방법으로는 PTM(particle tracking method), 동적 광산란법(dynamic light scattering, DLS), DWS(diffusive wave spectroscopy)를 들 수 있다. 각 실험 방법에서의 마이크로레올로지의 기본 및 수치적인 문제, 정확도, 오차의 문제 등 자세한 내용은 퍼스트와 스콰이어즈(Furst and Squires, 2017)에 자세히 기술되어 있으므로 실제 마이크로레올로지를 이용하고자 하는 경우에는 이 책을 참고하는 것이 좋다.

11.6.2 모델 MSD

실험적인 방법으로 MSD를 구하는 방법을 설명하기 전에 몇 가지 선형 점탄성 모델의 경우 MSD가 어떤 형태를 갖게 되는지에 대하여 생각하자. 식 (11.6-10)에서 푸리어 변환의 $i\omega$를 라플라스 변환의 변수 s로 치환하면

$$G(s) = \frac{N_D k_B T}{3\pi a s\left(\Delta\tilde{\mathbf{r}}^2(s)\right)} \qquad (11.6\text{-}11)$$

가 된다. 점성이 없는 젤과 같은 고체의 경우 $G^* = G + 0i$이므로 $G(s) = G$가 되어 $\Delta\tilde{\mathbf{r}}^2(s) = \frac{N_D k_B T}{3\pi a G s}$ 가 된다. 따라서 역(inverse) 라플라스 변환을 구하면

$$\left\langle \Delta r^2(t) \right\rangle = \frac{N_D k_B T}{3\pi a G} = \text{constant} \qquad (11.6\text{-}12)$$

가 된다. 즉 시간에 따라 MSD가 변하지 않는다. 뉴턴성 유체의 경우 $G^* = i\omega\eta$이므로 $G(s) = \eta s$가 된다. 따라서

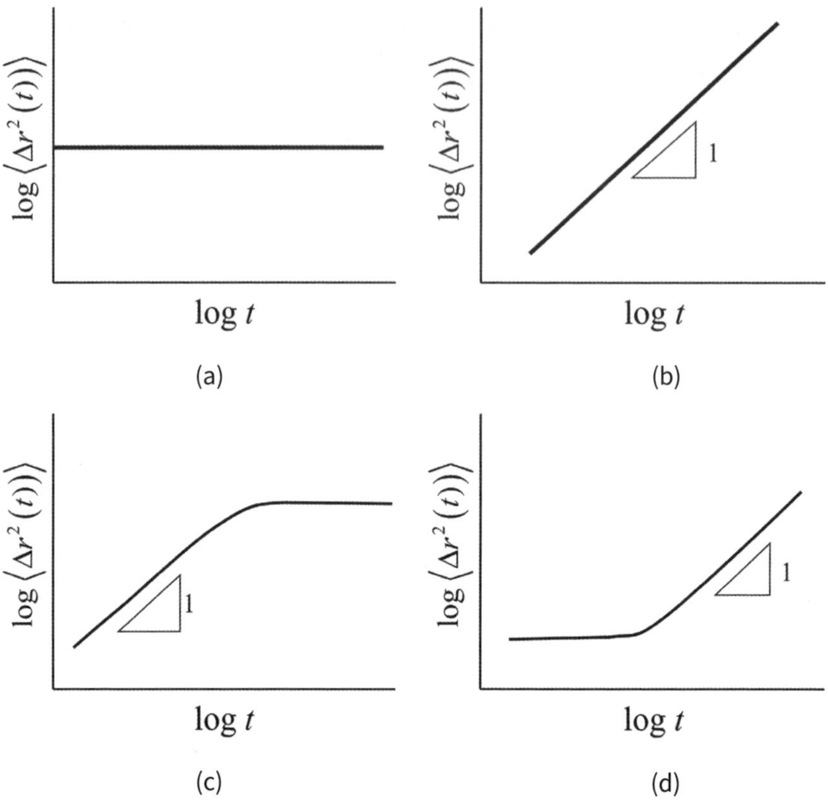

그림 11.15 4가지 서로 다른 model의 G^*와 MSD (a) 후크 고체 (b) 뉴턴성 유체 (c) 켈빈 모델 (d) 맥스웰 모델

$$\left\langle \Delta r^2(t) \right\rangle = \frac{N_D k_B T}{3\pi a \eta} t \tag{11.6-13}$$

와 같이 직선적으로 변한다. 맥스웰 모델의 경우에는 $G^* = G(i\omega)\tau / (1+(i\omega)\tau)$ 이므로 $G(s) = Gs\tau / (1+\tau s)$가 되어 $\tilde{\Delta \mathbf{r}}^2(s) = \frac{N_D k_B T}{3\pi a G}\left(\frac{1}{s^2}+\frac{\tau}{s}\right)$가 된다. 역변환하면

$$\left\langle \Delta r^2(t) \right\rangle = \frac{N_D k_B T}{3\pi a G} \left(1+\frac{t}{\tau}\right) \tag{11.6-14}$$

가 된다. 따라서 t가 작을 때는 일정한 값을 갖다가 t가 커지면 직선적으로 증가한다. 켈빈 모델의 경우 $G^* = G(1+i\omega\eta)$이므로 $G(s) = G(1+\tau s)$가 된다. 따라서

$$\left\langle \Delta r^2(t) \right\rangle = \frac{N_D k_B T}{3\pi a G}\left(1 - e^{-t/\tau}\right) \tag{11.6-15}$$

임을 알 수 있다. 이 경우에는 작은 t에서는 시간에 따라 증가하지만 시간이 충분히 커지면 일정한 값에 수렴한다. 그림 11.15에는 각각 모델의 MSD를 비교하였다.

11.6.3 PTM

PTM 방법에서는 그림 11.16a에 보인 바와 같이 현미경용의 슬라이드 글라스와 커버슬립(cover slip) 사이에 커버 슬립 두께 수준(약 100 - 200μm)으로 콜로이드 입자를 분산한 시료를 채워 넣고, 도립 현미경(inverted microscope)으로 입자들의 움직임을 관찰하면서 장착된 CCD 카메라로 적절한 시간 동안 기록한 후 입자들의 위치를 추적하는 방법으로 MSD를 구한다. 이 경우 입자의 평면적인 이동만을 관찰할 수 있으므로 식 (11.6-8)에서 $N_D = 2$가 된다. CCD 카메라의 프레임 속도가 점탄성을 측정할 수 있는 최대 진동수가 된다. 필요한 경우 ITO(indium tin oxide) 글라스를 이용하여 온도 조절을 할 수도 있다. 그림 11.16b에는 전형적인 현미경 사진의 일부를 도시하였다. 각 프레임에 대하여 필요한 경우 화상 처리(image processing)를 거친 후 입자들의 위치를 계산한다. 입자는 그림 11.16c와 같이 여러 픽셀에 걸쳐 있으므로 중심의 정확한 위치는 서브픽셀(subpixel) 단위까지 계산하여야 유변 물성의 정밀도를 높일 수 있다.

시간에 따라 촬영한 비디오의 처음 프레임에서 입자에 번호를 부여하고, 각 입자의 위치를 서브픽셀 단위로 정확히 계산하면서 초기 위치부터 변위가 바뀌고, 입자가 현미경 시야(window)에서 사라지거나 새로 나타나는 과정 등의 기록은 크로커 그룹(Crocker group)이 개발한 크로커 알고리듬(Crocker algorithm)으로 구할 수 있다(Crocker and Grier, 1996). MSD를 수치적으로 구한 후에는 대부분 곡선형태로 맞춤식을 구하고(curve fitting), 맞춰진 자료를 수치적으로 라플라스 변환하거나 1방향 $(0 \le \omega < \infty)$ 푸리어 변환한 후 식 (11.6-10)을 이용하여 G^*를 구한다.

PTM 방법에서는 시료 유체의 층이 얇아 현미경을 통해 입자의 운동을 볼 수 있으므로 대부분의 시료를 대상으로 측정할 수 있다. 측정 가능한 진동수 범위가

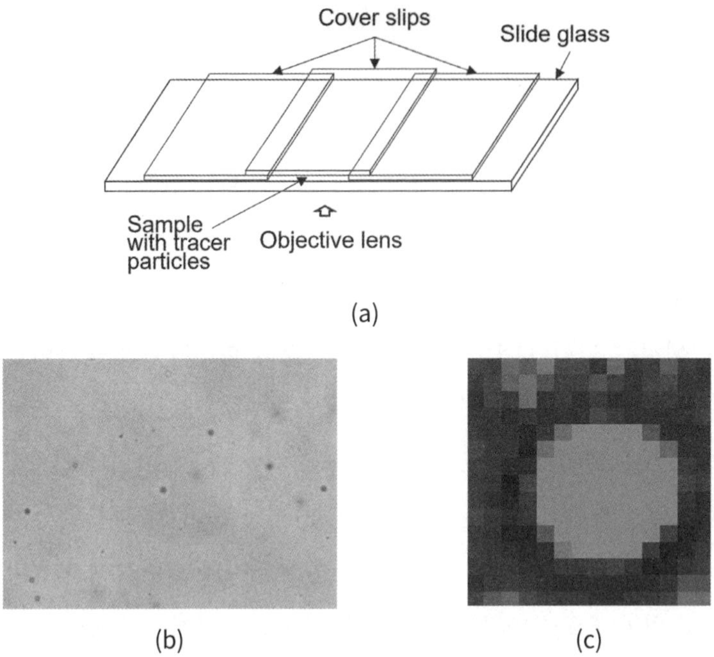

그림 11.16 (a) PTM을 사용하기 위한 슬라이드 글라스 배치 (b) 1.5μm 입자를 추적(tracer) 입자로 사용하는 경우 현미경 사진의 일부. 여기서는 약 10개 정도가 보이지만 대부분 100개 이내의 입자를 추적하는 것이 보통임. (c) 입자 사진의 확대. 입자는 여러 픽셀에 걸쳐 있으며, gray level의 분포를 이용하여 중심을 정확히 계산함

기계적인 유변 물성 측정장치 내에 있는 한계가 있지만 기계적 장치에서는 측정이 어려운, 점도가 물과 같이 작은 액체의 점탄성을 측정할 수 있는 장점이 있다.

11.6. 광산란 마이크로레올로지

빛은 굴절률이 다른 매질을 만나면 산란이 된다. 브라운 운동을 하는 입자에 단색광을 비추면 입자의 위치가 끊임없이 변하는 특성 때문에, 어떤 특정 위치에서 빛의 강도를 측정하면 끊임없는 변함, 즉 요동(fluctuation)이 생긴다. 광산란(Light scattering) 방법에서는 요동치는 빛의 양을 시간에 따라 측정하고 이로부터 입자의 MSD를 구한다. 광산란 방법을 이용하기 위해서는 요동으로부터 필요한 정보를 추출해 내는 오토코릴레이션 함수(autocorrelation function)에 대한 이해가 필요하다. 이 절에서는 퍼스트와 스콰이어스(Furst and Squires, 2017)를 주로 참고하여 오토코릴레

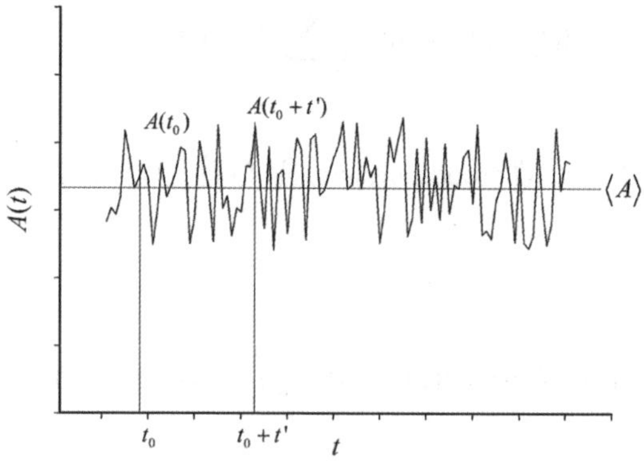

그림 11.17 요동치는 함수 $A(t)$

이션 및 필요한 용어들을 정의하고 이후 마이크로레올로지에의 적용에 대하여 기술하였다.

그림 11.17과 같이 요동을 하는 어떤 시간의 함수 $A(t)$의 시간 평균 코릴레이션 함수(autocorrelation 함수)는 다음과 같이 정의된다.

$$C_{AA}(t;t_0) = \lim_{T\to\infty}\frac{1}{T}\int_{t_0}^{t_0+T} A(t')A(t'+t)dt' \tag{11.6-16}$$

위 식에서 t_0, T, t는 각각 초기 시간, 평균을 계산하는 전체 시간, 지연(delay) 시간을 나타낸다. 일반적으로 T가 커지면 초기시간 t_0에는 무관하게 될 것을 예상할 수 있다. 다음으로 앙상블 평균(ensemble average)은 다음과 같이 정의된다. 앙상블 평균은 같은 계에 대하여 N (>>1)번 실험을 반복한 후 j번째 실험에서 시간 t_0의 값 $A_j(t_0)$과 시간 t_0+t의 값 $A_j(t_0+t)$로부터 다음과 같은 평균을 구한 값이다.

$$\langle A(t_0)A(t_0+t)\rangle = \lim_{N\to\infty}\frac{1}{N}\sum_{j=1}^{N} A_j(t_0)A_j(t_0+t) \tag{11.6-17}$$

시간에 따라 변하는 계의 경우 앙상블 평균은 일반적으로 t_0에 따라 달라진다. 그러나 어떤 계가 통계적으로 시간에 따라 변하지 않고 정적이면(stationary) 앙상블 평균은 t_0에 따라 변하지 않으며

$$\langle A(t_0)A(t_0+t)\rangle = \lim_{N\to\infty}\frac{1}{N}\sum_{j=1}^{N}A_j(0)A_j(t) \tag{11.6-18}$$

가 성립한다. 어고딕 시스템(ergodic system)은 시간 평균과 앙상블 평균이 같은 계로 정의된다. 즉

$$C_{AA}(t) = \langle A(0)A(t)\rangle = \lim_{T\to\infty}\frac{1}{T}\int_0^T A'(t)A(t'+t)dt' \tag{11.6-19}$$

이 성립되는 계이다. 기체의 압력은 입자가 벽에 충돌하는 힘에 의하여 나타난다. 가능한 모든 기체 입자의 위치와 운동량 분포를 가진 계에 대하여 계산한 값의 평균값과(생각은 할 수 있지만 구현할 수는 없다), 한 계에서 시간을 두고 기다리면서 시간에 따라 변하는 값의 평균을 구하면 같은 값이 나오는데 이러한 계는 어고딕 시스템의 하나이다. 마이크로레올로지에서는 입자가 어고딕 시스템이라는 가정을 바탕으로 한다. 즉 수많은 입자의 평균을 구할 수는 없으므로 정해진 입자를 충분히 긴 시간에 따라 추적하면 같은 결과가 나온다는 가정을 바탕으로 한다.

오토코릴레이션 함수는 정의로부터 다음과 같은 성질을 갖는 것을 알 수 있다.

$$\left\langle |A(0)|^2 \right\rangle \ge \langle A(0)A(t)\rangle \tag{11.6-20}$$

$$\lim_{t\to\infty} C_{AA} = |\langle A\rangle|^2 \tag{11.6-21}$$

식 (11.6-21)은 오토코릴레이션 함수를 계산하는 시간이 충분히 커지면 함숫값이 평균의 제곱에 비례함을 말한다. 많은 경우에 오토코릴레이션 함수는 다음 식과 같이 지수함수적으로 감소한다.

$$\langle A(0)A(t)\rangle = \langle A\rangle^2 + \left[\langle A^2\rangle - \langle A\rangle^2\right]\exp(-t/\tau) \tag{11.6-22}$$

위 식의 τ는 완화 시간(relaxation time)이라 부른다. 한편 정적인 과정(stationary process)의 경우 시간 코릴레이션 함수의 푸리어 변환을 스펙트럴 덴시티(spectral density)라 부른다.

$$I_{AA}(\omega)=\left\langle\left|A(\omega)\right|^2\right\rangle=\int_{-\infty}^{\infty}\left\langle A(0)A(t)\right\rangle e^{-i\omega t}dt \tag{11.6-23}$$

$$\left\langle\left|A\right|^2\right\rangle=\left\langle\left|A(0)\right|^2\right\rangle=\int_{-\infty}^{\infty}I_{AA}(\omega)d\omega \tag{11.6-24}$$

식 (11.6-23)과 (11.6-24)로부터 $I_{AA}(\omega)d\omega$는 주파수 $(\omega,\ \omega+d\omega)$범위에서 $|A|^2$이 기여하는 부분임을 알 수 있다.

동적 광산란

동적 광산란(dynamic light scattering, DLS)의 기본 개념도는 그림 11.18에 도시하였다. 레이저 광원에서 투사되는 파장 λ의 단색광이 입자가 묽게 분산된 시료를 만나면 대부분의 빛은 직진하지만 입자와 상호작용을 한 빛은 산란된다. 이때 입자 농도가 충분히 낮아 한번 산란된 빛은 다른 입자를 만나지 않고 산란된 방향으로 직진한다고 가정한다. 산란된 빛의 일부는 검출기를 향하게 된다. 시료 내에서 빛이 지나는 영역과 산란된 빛 중에서 검출기 쪽으로 향하는 부분이 겹치는 영역을 산란 부피(scattering volume)라고 한다.

검출기에 도달하는 빛의 전기장의 세기는 산란 부피 내에 있는 각 입자에 의하

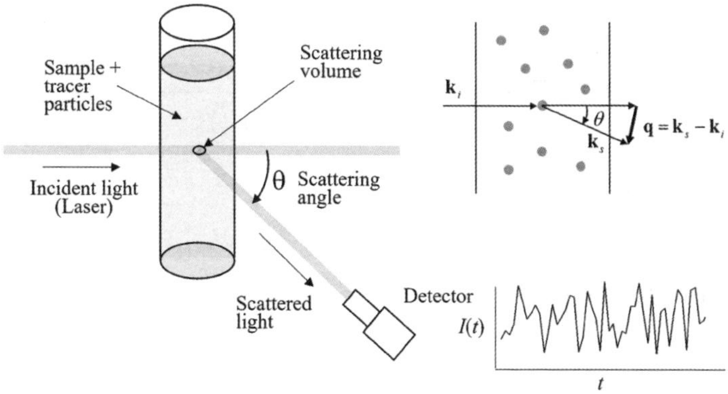

그림 11.18 동적 광산란(DLS)의 개념도 및 산란 벡터 **q**의 정의. 한번 산란된 빛은 다른 입자와 만나지 않고 직진함. 산란은 모든 방향으로 생기지만 여기서는 탐지기로 들어가는 부분만 표시하였음

여 산란된 빛의 전기장 세기의 간섭 후의 합으로 구해지며 다음 식이 된다. 여기서 광학적인 내용은 이 책의 범위를 넘어가므로 생략한다. 자세한 내용은 문헌(Sivia, 2011, Berne and Pecora, 2000)을 참고할 수 있다.

$$E(t)=\sum_{i=1}^{N}E_i\exp\left[i\mathbf{q}\cdot\mathbf{r}_i(t)\right] \tag{11.6-25}$$

위 식에서 $\mathbf{q}=\mathbf{k}_s-\mathbf{k}_i$는 산란 벡터(scattering vector, $\mathbf{k}_i$와 $\mathbf{k}_s$는 그림 11.18에 보인 바와 같이 크기가 $2\pi n/\lambda$이고 각각 투사방향 및 산란 부피로부터 검출기 쪽으로 향하는 벡터이며, n은 액체의 굴절률이다)로 투사방향과 검출기 방향의 사이각이 θ 이면

$$q=|\mathbf{q}|=\frac{4\pi n}{\lambda}\sin\frac{\theta}{2} \tag{11.6-26}$$

의 크기를 갖는다.

입자에 의한 빛의 산란과 빛의 요동을 연관시키기 위하여 어고딕 시스템에 대하여 다음과 같은 요동을 하는 전기장의 오토코릴레이션 함수를 정의하자.

$$g_{(1)}(t)=\frac{\langle E(t)E^*(0)\rangle}{\langle |E(t)|^2\rangle} \tag{11.6-27}$$

위 식에 식 (11.6-25)의 $E(t)$를 대입하면

$$g_{(1)}(t)=\frac{\sum_{i=1}^{N}\sum_{j=1}^{N}\left\langle E_iE_j^*\exp\left[i\mathbf{q}\cdot[\mathbf{r}_i(0)-\mathbf{r}_j(t)]\right]\right\rangle}{\sum_{i=1}^{N}\sum_{j=1}^{N}\left\langle E_iE_j^*\right\rangle} \tag{11.6-28}$$

가 되며, 입자 농도가 충분히 묽어 서로 상호작용을 하지 않는 경우에는 $i\neq j$인 경우의 항은 0이 되어 다음 식이 된다.

$$g_{(1)}(t)=\exp\left(-q^2\left\langle \Delta r^2(t)\right\rangle/6\right) \tag{11.6-29}$$

시간이 지날수록 $\langle \Delta r^2(t) \rangle$(MSD)는 커지므로 오토코릴레이션 함수 $g_{(1)}(t)$는 시간에 따라 감소한다. 한편 뉴턴성 유체의 경우 $\langle \Delta r^2(t) \rangle = 6Dt$이므로

$$g_{(1)}(t) = \exp(-t/\tau), \quad \tau = 6\pi\eta a / q^2 k_B T \tag{11.6-30}$$

가 된다.

실제 DLS 장치의 검출기는 전기장을 직접 측정하는 것이 아니라 빛의 강도인 $I = E^*E$를 측정하는 장치이므로 I와의 관계를 구하기 위하여 강도(intensity)의 오토코릴레이션 함수에 관한 함수 $g_{(2)}(t)$를 다음과 같이 정의한다.

$$g_{(2)}(t) = \frac{\langle I(t_0) I(t_0 + t) \rangle}{\langle I \rangle^2} = 1 + \left| g_{(1)}(t) \right|^2 \tag{11.6-31}$$

위 식에서 $\langle I \rangle$는 I의 평균으로 베이스라인(baseline) 강도라 불리며, 2번째 등호는 지거트 관계(Siegert relation)이다(Siegert, 1943; Furst and Squires, 2017). 마지막으로 식 (11.6-29)과 (11.6-31)을 정리하면 MSD를 얻을 수 있다.

$$\langle \Delta r^2(t) \rangle = \frac{3}{q^2} \left(\ln\left[g_{(2)}(0) - 1 \right] - \ln\left[g_{(2)}(t) - 1 \right] \right) \tag{11.6-32}$$

즉 MSD를 산란된 빛의 강도의 오토코릴레이션 함수로부터 얻을 수 있다. DLS 방법으로 측정하는 진동수 범위는 기계적인 측정 방법에서 얻을 수 있는 진동수 범위와 대략 겹치지만 기계적으로는 측정하기 어려운, 점도가 작은 물질의 경우 유용하게 쓰인다.

DWS(Diffusing wave spectroscopy)

DLS 방법은 기본적으로 입자 농도가 충분히 묽어 하나의 입자를 만난 후 산란된 빛은 이후 직진한다는 가정을 기본으로 하고 있다. 반면 DWS 방법은 입자 농도가 충분히 높아서 산란각(scattering angle)이 정해지지 않는 경우에 사용하는 방법이다. 입자 농도가 높아 매우 탁한 물질의 경우 투사된 빛은 입자를 만나면 산란되고 다

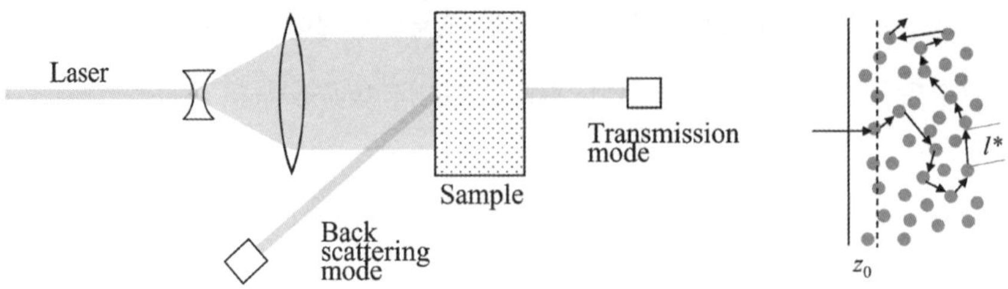

그림 11.19 DWS(diffusive wave spectroscopy)의 개념도. 투사된 빛은 평균 z_0만큼 이동 후 처음 입자와 만나 산란되고 평균 l^*만큼 거리를 이동 후 다른 입자를 만나서 다시 산란되는 과정이 계속되다 샘플을 빠져나오게 됨

시 다른 입자를 만나 산란되는 과정을 마치 임의보행 과정처럼 거친 후 검출기에 도착하게 된다. 그림 11.19와 같이 투사방향으로 통과되는 빛을 측정하는 투과법(transmission mode)과 투사 방향의 반대 방향으로 돌아 나오는 빛을 측정하는 후방산란법(back scattering mode)의 2가지가 사용될 수 있다. DWS 이론에 의하면

$$g_{(1)}(t)=\frac{\exp\left[-\frac{z_0}{l^*}\sqrt{(2\pi n/\lambda)\left\langle \Delta r^2(t)\right\rangle}\right]}{1+\frac{2}{3}\sqrt{(2\pi n/\lambda)\left\langle \Delta r^2(t)\right\rangle}} \qquad (11.6\text{-}33)$$

가 된다. 위 식에서 z_0는 시료로 투사된 빛이 처음으로 입자와 부딪힐 때까지의 거리이며, l^*는 산란된 빛이 다른 입자와 부딪히지 않고 이동하는 평균거리로 분자운동론에서 평균 자유 행로와 같은 의미를 갖는다. 일반적으로 $z_0/l^*\approx 1.13$으로 알려져 있다. DWS 기반의 마이크로레올로지는 수 나노미터 수준의 입자의 짧은 이동에 민감하며, 따라서 측정되는 진동수는 10^1–$10^6 s^{-1}$ 수준으로 기계적인 측정방법으로는 접근하기 거의 불가한 영역에서 측정할 수 있다.

그림 11.20a에는 PTM 마이크로레올로지를 이용하여 측정한 예를 도시하였다(김종엽, 2010). 시료는 알루미나 입자(Sasol Dispal X0, 직경/길이 10/50 nm)를 이온제거수(deionized water)에 2% 분산한 현탁액으로 1.5μm의 PS입자를 트레이서 입자로 분산한 것이다. 점도가 물과 거의 같은 영역에 있어서 기계적인 방법으로는 탄성을 측정하기 어렵지만 마이크로레올로지 방법으로는 4번의 반복 실험이 비교적 재현성 있는 결과를 보여 준다. 그림 11.20b에는 DWS를 이용하여 얻은 고진동수에서

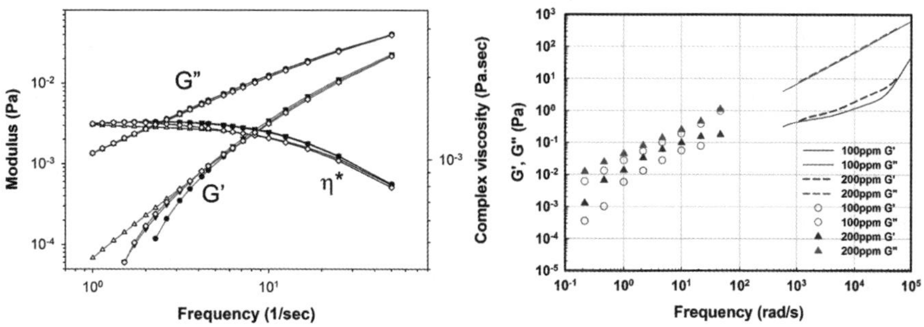

(a) (b)

그림 11.20 (a) PTM 마이크로레올로지를 이용하여 측정한 예 (김종엽, 2010). 시료는 알루미나 입자 (Sasol Dispal X0, 직경/길이 10/50 nm)를 탈이온수에 2% 분산한 현탁액이며, tracer 입자는 1.5μm의 폴리스타이렌 구형입자임 (b) 잔탄검을 물과 글리세린을 혼합한 점도 16.5mPa.s의 용매에 용해한 고분자 용액의 점탄성 특성. 기계적 측정과 DWS 측정은 다른 주파수 범위에서 상호 보완적인 역할을 함(Yoo and Kim, 2013)

의 선형 점탄성을 측정한 결과를 도시하였다(Yoo and Kim, 2013). 이온제거수와 글리세린을 혼합하여 점도가 16.5mPa.s인 용매에 잔탄검을 100 또는 200 ppm 용해한 고분자 용액의 선형 점탄성을 기계적 방법으로 주파수 20 – 50s^{-1} 범위에서 측정한 결과와 DWS를 이용하여 주파수 700s^{-1} 이상 범위에서 측정한 결과는 서로 잘 연결되는 것을 볼 수 있다. DWS는 이와 같이 고주파수에서의 점탄성을 측정하는 유용한 방법이다.

11.7 유변 물성 측정 전략

11.7.1 측정 시 주의사항

지금까지 이 장에서 다룬 내용은 어떤 특정 조건에서 유변 물성을 측정하는 원리와 측정에 수반될 수 있는 문제들에 대한 것이다. 일반적으로 어떤 장치의 원리를 따라 유변 물성을 측정하고 계산하는 과정은 현재 시판 중인 레오미터의 운용 소프트웨어에 다 설치되어 있으므로 측정값을 얻어내는 과정은 비교적 단순한 편이며, 초보자라고 하여도 대부분 약간의 훈련으로 쉽게 적응할 수 있다. 그러나 시료마다 다를 수 있는 여러 문제들은 장치의 측정원리와 이와 관련된 부수적인 문제의 이해 없이는 해결이 불가능하다. 이러한 문제를 제대로 파악하지 못하면 어떤 측정값이 실제 물질의 유변학적 특성인지, 아니면 다른 현상에 의하여 발생된 잘못된 결과인지 판단할 수가 없다. 측정 시에 발생할 수 있는 문제에 대하여 앞 절들에서 소개하였지만 일부 정성적인 설명, 예를 들어서 기기의 관성의 문제 등에 대한 내용의 정량적인 해석은 문헌(Ewoldt et al., 2015)을 참고할 수 있다. 그러나 대부분의 경우 정량적인 해석이 어렵거나 장치 공급자가 제공하는 장비에 대한 정보가 부족하여 이러한 계산이 불가능한 경우도 많이 있다. 어떤 측정값이 장비의 측정 범위 내에서 얻어진 것인가를 비교적 간단하게 검증하기 위해서는 다음의 몇 가지 방법을 고려할 수 있다:

1) 측정 샘플의 관성이 아닌 장비의 관성에 의한 문제는 먼저 샘플을 채우지 않은 상태에서 샘플의 물성을 측정하는 방법과 같은 과정으로 측정하면서 영점(baseline)이 오차범위 내에 있는지 확인 필요
2) 측정 샘플의 점도나 모듈러스가 너무 작아 측정범위 밖을 넘어간 것인가도 위의 방법으로 간접적인 확인이 가능함
3) 어떤 측정값이 장치의 종류, PP의 경우 간격의 크기, 모세관 레오미터의 경우 모세관의 반경이나 길이 등에 따라 달라지면 물질의 고유 성질에 의한 것이 아님. 이러한 문제는 2차 유동, 관성, 끝 문제(end effect), 유동 불안정성, 탄성 불안정성, 비등온, 표면장력, 벽면 미끄러짐 등에 기인한 문제일 가능성이 있으며, 이러한 문제의 해석은 측정자의 직접적인 해석이 필요함.
4) 회전형 레오미터 장치(fixture)의 경우 서로 다른 축, 예를 들어 쿠엣 장치에서 컵의 회전축과 돌아가는 원통(bob)의 축이 일치하지 않는 경우 데이터에 진동이 생기며, 원판이나 원뿔의 축이 정확히 다른 원판에 수직이 아닐 경우에도 유사한 진동이 발생함. 이러한 문제는 간격크기를 변화하면서 실험할 수 있는 평행원판 장치의 경우 간격이 작아지면서 더 크게 나타날 수 있음. 두 개의 원판 또는 원판과 원뿔의 축이 일치하지 않는 경우(일치하는 경우 진직이라고 한다)에도 유체는 진동 모드와 유사한 변형이 생기는 문제가 있음. 이러한 문

제를 방지하기 위하여 주기적으로 축의 정렬을 확인하여야 함. 또한 주기적으로 토크센서나 회전 속도에 대한 보정(calibration)을 실시하면서 측정값을 신뢰할 수 있도록 기기를 운용하여야 함

샘플의 상태에 대하여도 주의를 기울일 필요가 있다. 제2 수직 스트레스 차이에 의하여 CP나 PP의 끝에서 시료의 표면이 변형이 되고 결국 빠져나오기까지 하므로 주의하여야 한다. 또한 CP나 PP 사이에 비교적 묽은 액체를 채우는 과정에서 공기방울이 포함되기 쉬우므로 주의하여야 한다. 일단 기포가 포함되면 시간이 지남에 따라 늘어나고 반경방향으로 움직이기도 하는데 투명한 원판을 사용하여 보기 전에는 확인할 수가 없다. 시료를 채우는 과정에서 기포가 포함되지 않게 하기 위해서는 먼저 아래 판에 시료를 놓고, 위 판이나 위쪽 원뿔의 가운데에 같은 시료를 한 방울 붙인 후 두 판 간격을 서서히 좁히는 방법을 쓸 수 있다. 유체가 판을 적시면서 밀려가므로 기포가 포함되지 않게 된다. 이때 시료는 과량을 넣어 밖으로 넘치게 한 후 넘친 부분을 제거(trim)하여야 두 판 사이의 시료가 균일하게 된다. 자유계면의 끝에는 입자 등이 모여 농도가 불균일하여 지기 때문이다.

11.7.2 공정해석과 유변 물성 측정

어떤 물질을 다루는 적절한 공정조건을 찾기 위해서 유변학적 물성에 대한 자세한 정보가 필요한 경우가 많이 있다. 유변학적 물성은 전단율, 온도 등의 함수이므로 어떤 유변 물성을 어떤 범위에서 측정하여 활용할 것인가는 먼저 공정 조건의 해석이 우선되어야 한다. 예를 들어서 스크린 프린팅 공정에서 원하는 인쇄 품질을 얻기 위해서는 공정조건에서의 스크린 프린팅용 잉크의 유변학적 물성의 측정이 필요하게 된다. 스크린 프린팅은 종이나 옷감에 이미지를 인쇄하기 위하여 개발되어 현재는 태양전지 패널과 같은 전자회로를 구성하는 공정 등에서도 사용되고 있다. 전자 산업의 경우 회로의 선폭을 관리하기 위해 정밀한 인쇄를 필요로 하고 있으며, 이 경우 인쇄용 잉크의 젖음성(wetting)과 함께 유변학적 물성도 중요한 역할을 한다. 스크린 프린팅 장치는 그림 11.21(a)의 개략도와 같이 구성되어 있으며, 인쇄할 패턴이 그려져 있는 마스크, 잉크 흐름을 조절하는 스크린, 인쇄될 기

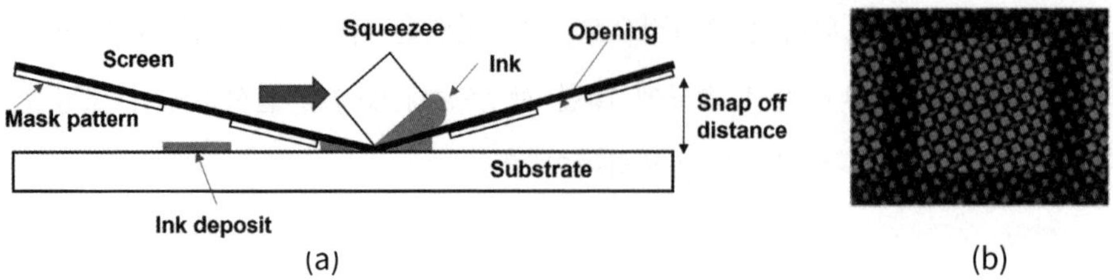

그림 11.21 (a) 스크린 프린팅 개념도. (b)와 같은 구멍이 있는 스크린을 패턴이 있는 마스크 위에 설치한 후 잉크를 스퀴지로 밀어내면 마스크 패턴에 따라 잉크가 기제(substrate) 위에 얹혀짐. 스퀴지가 움직임에 따라 마스크는 들려 올려지며 이때 스크린 쪽의 잉크와 기제에 붙은 잉크가 분리됨. (b) 구멍(작은 사각형)크기 50μm의 폴리에스터 스크린. 뒤쪽으로 보이는 큰 정사각형은 마스크 패턴임

제(substrate)는 모두 일반적으로 평면으로 되어 있고, 스퀴지(squeezee)를 이용하여 잉크를 적절한 압력으로 스크린 사이로 밀어내면 마스크의 패턴을 통과한 잉크가 기제에 패턴대로 인쇄되는 장치이다. 잉크는 금속 또는 세라믹 입자를 바인더를 포함한 휘발성 용매에 분산한 현탁액이다. 스크린 인쇄에서는 그림 11.21(b)에 보인 바와 같이 메시의 크기가 대략 50μm 정도 되는 폴리에스터 또는 금속 스크린의 구멍(opening) 사이로 잉크가 빠져나간 후 기제(substrate)에 얹혀지고 이후 접촉선(contact line)이 움직이면서 동시에 평탄화가 이루어지는 과정을 거치며, 마지막으로 잉크 내의 용매가 마르면서 원하는 패턴이 만들어진다. 이와 같은 과정에서 필요한 물성에 대하여 생각하여 보자.

먼저 잉크를 제조한 후 장시간 동안 보관을 하여야 하며, 이 과정 중에 용매에 분산된 입자는 가라앉지 않아야 한다. 침강을 억제하기 위해서는 영점 전단율 점도를 가능한 대로 높게 유지하는 것이 유리하다. 항복 스트레스가 있는 경우 더 안정될 수 있다. 다음으로 잉크를 스크린 위에 놓고 스퀴지로 밀게 되는데 잉크를 스퀴지로 밀기 전에 스크린 사이로 잉크가 저절로 흘러 나가면 곤란하다. 따라서 이 경우에도 항복 스트레스가 있거나 영점 전단율 점도가 높은 것이 필요하다. 스퀴지로 밀면 잉크가 스크린 구멍 사이로 빠져나가는데 이 경우 전단율은 대략 100–1000s^{-1} 정도가 된다. 따라서 이 과정 중에는 잉크 내의 입자가 갖고 있던 평형상태의 미세구조가 파괴된다. 잉크를 기제에 옮긴 후에는 스크린은 1초 이내의 빠른 속도로 들어 올려지는데(snap off) 이때 스크린 쪽 잉크와 기제에 붙은 잉크가 분리

된다. 분리가 쉽게 되기 위해서는 적당한 수준의 탄성을 갖고 있어야 한다. 탄성이 너무 약한 경우에는 잉크가 길게 늘어나면서 실같이 늘어난 잉크(ligament)가 기제의 원하지 않는 부분에 얹혀져 불량이 생기게 된다. 스크린 사이로 빠져나간 잉크가 기제에 얹혀진 후 잉크가 표면에 잘 적셔지는 경우(wetting) 접촉선이 움직이면서 패턴의 크기가 커질 수 있다. 이러한 현상을 점 확장(dot gain)이라 하고, 잘 적셔지지 않는 경우에는 패턴의 크기가 줄어들기도 하는데 이를 점 축소(dot loss)라고 부른다. 시간이 지나면 접촉선부터 용매가 건조되어 접촉선이 움직이지 않게 되고 이 과정 중에 스크린의 구멍보다 인쇄면이 넓어 생기는 불균일한 자유계면 높이는 평탄화가 이루어지고 인쇄된 패턴이 고르게 된다. 이러한 평탄화는 낮은 전단율에서 일어나는 현상으로 표면장력과 영점 전단율 점도에 의하여 결정되는데, 영점 전단율 점도가 낮아야 건조가 되기 전에 평탄화가 이루어질 수 있다. 따라서 항복 스트레스를 갖지 않아야 한다. 또한 이 과정 중에 잉크가 스크린의 구멍을 빠져나오는 과정에서 파괴되었던 미세구조가 다시 평형상태로 회복되게 된다. 점 축소나 확장의 문제는 잉크의 젖음성의 문제이기 때문에 유변학적 특성과는 직접적인 관계가 없을 것으로 생각하기 쉽지만, 실제로는 잉크의 유변학적 특성도 역할을 한다. 즉 패턴의 테두리의 모양과 크기를 결정하는 접촉선(contact line)이 정지하는 위치는 접촉각(contact angle)에 의하여 결정되지만, 접촉선이 움직이는 속도는 잉크의 유변학적 특성에 의하여 결정되기 때문이다. 잉크는 대부분 고분자나 계면활성제를 포함하고 있으며 이러한 물질에 의하여 점탄성과 함께 제1, 2 수직 스트레스 차이가 나타난다. 제1 수직 스트레스 차이는 접촉선이 움직이는 속도를 더 빠르게 하며, 제2 수직 스트레스 차이는 그 값이 작을 뿐만 아니라 접촉선의 속도에 영향을 미치지 않는다(Han and Kim, 2014).

위와 같은 스크린 프린팅 공정을 최적화하기 위해서는 잉크의 유변 물성 중 영점 전단율 점도, 항복 스트레스, 전단율 100-1000 s^{-1} 범위에서의 점도, 스크린을 들어올리는 시간 규모에서의 점탄성, 및 접촉선 부근에서의 제1 수직 스트레스 차이임을 알 수 있다. 또한 스크린의 구멍을 빠져나온 후 미세구조가 다시 회복되는데 걸리는 시간도 측정하여야 한다. 따라서 회전형 레오미터를 이용하여 낮은 전단율에서의 점도를 측정하면서 항복 스트레스의 존재를 확인하여야 한다. 항복 스트레스는 잉크 안정성 등에는 도움이 되지만 평탄화에 문제점을 야기하므로 실제로는 항복 스트레스가 없어야 하며, 따라서 점도를 스트레스를 가로축으로 그리면서 항복 스트레스의 존재 여부를 확인하여야 한다. 전단율 100-1000s^{-1} 범위에서 회전형 레오미터를 이용하여 점도를 측정하는 것은 쉽지 않으나 평행원판 사이의 간격을 충분히 작게 하면 가능할 수도 있다. 물론 이 경우에는 현탁액에서 생기는 벽면 미끄러짐의 문제가 있는지 평행원판 간격을 변화시키면서 측정하여 차이가 있는지 확인하여야 한다. 스크린을 들어 올릴 때 적절한 액짤림을 위해서 갖게 하는 탄성은 tan δ 값이 대략 0.5－1.5 사이로 하는 것이 좋으며, 이때 주파수는 대략 공정 시간 1s의 역수인 0.1-10s^{-1} 범위에서 정하면 된다. 즉 너무 넓은 범위를 측정할 필요는 없다. 일반적으로 접촉선 부근에서의 전단율은 매우 크므로 수직 스트레스는 가능한 대로 전단율이 큰 값에서 필요로 하지만 측정은 쉽지 않을 수 있고, 실제로 이 값을 잉크의 성분을 조절함으로써 바꾸기는 쉽지 않으므로 측정이 된다고 하여도 크게 도움이 되지 않을 수는 있다. 마지막으로 스크린 구멍을 빠져나온 잉크가 미세구조를 다시 회복하는 데 걸리는 시간을 측정하기 위해서는 장치 내에서 전단율이 일정한 원뿔과 원판(잉크의 경우 입자가 작아 이 장치 이용에 문제가 없을 것이다), 또는 쿠엣 장치에서 프리시어(preshear)로 100-1000s^{-1} 크기의 전단 유동을 가한 후 전단율을 급격히 감소시키고 영점 전단 점도가 시간에 따라 증가하는 과정을 측정하면 회복 시간을 얻을 수 있다.

위의 예에서 본 바와 같이 물질의 유변특성을 이해하기 위해서는 미리 계획된 측정 전략이 필요하다. 먼저 공정을 정량적으로 이해하는 과정이 필수이며, 실제 공정을 닮은 측정 과정(protocol)을 설정하고, 이에 따라 관계된 유변 물성을 정해진 범위에서 측정하여야 한다. 실제로 필요하지만 측정이 어려운 경우 대체 방법을 찾아야 할 수도 있다. 측정은 가능하지만 실제로 이용할 수 없는 경우도 있을 수 있으므로 어떤 물성을 어떤 범위에서 측정할지를 결정할 때 고려하여야 한다.

참고 문헌

Bagley EB, 1957, "End Corrections in the Capillary Flow of Polyethylene," *J. Appl. Phys.* **28**, 624-627

Bataineh KM, 2014, "Numerical investigation of secondary flow effect in cone-plate viscometer," *Comp. Fluids* **101**, 105-113

Bird RB, RC Armstrong and O Hassager, 1987, Dynamics of Polymeric Liquids. Vol 1. Fluid Mechanics, 2nd ed., John Wiley, New York

Cohen Y and Metzner AB, 1985, "Apparent slip flow of polymer solutions," *J. Rheol.* **29**, 67-102

Crocker JC and DG Grier, 1996, "Methods of digital video microscopy for colloidal studies," *J. Coll. Inter. Sci.* **179**, 298-310

Ewoldt RH, MT Johnston and LM Caretta, 2015, "Chapter 6 Experimental challenges of shear rheology: How to avoid bad data," in 'Complex fluids in biological systems (SE Spagnolie, ed.), Springer, New York

Fang L, H Hu and RG Larson RG, 2005, "DNA configurations and concentration in shearing flow near a glass surface in a microchannel," *J. Rheol.* **49**, 127-138

Furst EM and TM Squires, 2017, Microrheology, Oxford Univ. Press, New York

Griffiths DF and K Walters, 1970, "On edge effects in rheometry,", *J. Fluid Mech.* **42**, 379-399

Han JI and C Kim, 2014, "Theoretical and experimental studies on the contact line motion of second-order fluid," *Rheol. Acta* **53**, 55-66

Larson RG, 1992, "Instabilities in viscoelastic flows," *Rheol. Acta* **31**, 213-263

Ma HB and MD Graham, 2005, "Theory of shear-induced migration in dilute polymer solutions near solid boundaries," *Phys. Fluids* **17**, 083103

Macosko CW, 1994, Rheology. Principles, Measurements, and Applications, VCH, New York

Mason TG and DA Weitz, 1995, "Optical measurements of frequency-dependent linear viscoelastic moduli of complex fluids," *Phys. Rev. Lett.* **74**, 1250-1253

Savins JG and AB Metzner, 1970, "Radial (secondary) flows in rheogoniometric devices," *Rheol. Acta* **9**, 365-373

Shaqfeh ESG, 1996, "Purely elastic instabilities in viscometric flows," *Annu. Rev. Fluid Mech.* **28**, 129-185

Siegert AJF, 1943, "On the fluctuations in signals returned by many independently moving scatterers," Report No. 465, Radiation laboratory, Massachusetts Institute of Technology

Taylor GI, 1923, "VIII. Stability of a Viscous Liquid contained between Two Rotating Cylinders," *Philos. Trans. Royal Soc. A* **223**, 605-615

Yi MK and C Kim, 1997, "Experimental studies on the Taylor instability of dilute polymer Solutions," *J. Non-Newt. Fl. Mech.* **72**, 113-139

Yoshimura A and RK Prud'homme, 1988, "Wall slip corrections for Couette and parallel disk viscometers," *J. Rheol.* **32**, 53-67

Yoo H and C Kim, 2013, "Generation of inkjet droplet of non-Newtonian fluid," *Rheol. Acta* **52**, 313-325

김종엽, 2010, "에너지효율의 혁신적 향상을 위한 첨단 나노유체 제조기술 개발," 지식경제부 보고서

박상현, 1999, 구형입자가 분산된 현탁액의 벽면 미끄러짐에 관한 연구, MSE Thesis, 충남대학교

그림 출처*

제3장	3.1b	Rheol. Acta
	3.1c	Angew. Makomol. Chem.
	3.3b	Rheol. Acta
	3.3c	Angew. Makomol. Chem.
제4장	4.26	J. non-Newt. Fluid Mech.
	4.27	Prog. Polym. Sci.
	4.28	Korea-Australia Rheology Journal
	4.29	Macromolecules
제5장	5.6	J. Non-Newt. Fluid Mech.
제6장	6.4a	J. Non-Newt. Fluid Mech.
	6.4b	J. Non-Newt. Fluid Mech.
	6.5b	J. Rheology
	6.6	J. Rheology
	6.9	Korea-Australia Rheology J.
제8장	8.9	Polymer Letters
	8.11	Soft Matter
	8.12	Macromolecules
	8.13	J. Polym. Sci., Part B: Polym. Phy.
	8.14a, b	J. Rheology
	8.14c	J. Rheology
	8.17	Macromolecules
	8.23	J. Non-Newt. Fluid Mech.
	8.24	J. Non-Newt. Fluid Mech.
	8.25	J. Non-Newt. Fluid Mech.

* 이 목록의 그림들은 판권을 가진 저널로부터 직접 이용 허락을 받아 수록하였다.

	8.26	J. Non-Newt. Fluid Mech.
	8.27	Polymer J.
	8.31	Advances in Polymer Science
	8.32	Macromolecules
	8.33	Macromolecules
	8.34	J. Rheology
	8.38	Macromolecules
	8.39	J. Rheology
	8.40	Macromolecules
	8.43	Rheologica Acta
	8.44	Macromolecules
	8.46	Macromolecules
	8.48	J. Rheology
	8.50	Rheologica Acta
	8.52	J. Rheology
	8.53	J. Rheology
	8.54	J. Rheology
	8.55	J. Rheology
	8.56	Macromolecules
	8.57	Rheologica Acta
	8.58	RSC Advances
	8.59	J. Rheology
	8.61	J. Rheology
	8.62	J. Rheology
	8.64	ACS Symposium
	8.66	ACS Symposium
	8.68	J. Rheology
	8.71	Progress in Polymer Science
	8.72	J. Rheology
	8.73a, b	J. Rheology
	8.73c	J. Rheology
	8.73d	J. Rheology
제9장	9.1a	J. Rheology
	9.1b	Angew. Makomol. Chem.
	9.2	J. Rheology

	9.7a, b	J. Rheology
	9.9a	Adv. Coll. Inter. Sci.
	9.11	J. Fluid Mech.
	9.12	J. Rheology
	9.13	J. Rheology
	9.16	J. Rheology
	9.17	J. Rheology
	9.30	Korea Australia Rheology J.
	9.31	J. Coll. Inter. Sci.
	9.40	J. non-Newt. Fl. Mech.
	9.41b	J. non-Newt. Fl. Mech.
	9.41c	J. non-Newt. Fl. Mech.
	9.41d	J. non-Newt. Fl. Mech.
	9.43 Upper	Korea Australia Rheology J.
	9.43 Lower	J. Rheology
제10장	10.2	J. Rheology
	10.3	J. Colloid Interface Sci.
	10.4	J. Colloid Interface Sci.
	10.6	J. Colloid Interface Sci.
	10.7	J. Rheology
	10.8	J. Fluid Mechanics
	10.9	J. Rheology
	10.10	Langmuir
	10.11	J. Colloid Interface Sci.
	10.12	J. Colloid Interface Sci.
	10.16	Langmuir
	10.19	Rev. Sci. Instrum.
	10.20	Rev. Sci. Instrum.
	10.22a	Chem. Eng. Sci.
	10.23	Langmuir
제11장	11.10	J. non-Newt. Fluid Mech.
	11.14	J. Rhology
	11.20b	Rheologica Acta

찾아보기

ㅇ

ㅈ

ㅍ

ㅎ

유변학

초판 발행 2023년 11월 30일
초판 2쇄 2024년 10월 30일

지은이 김종엽 · 박승준
펴낸곳 고려대학교출판문화원
www.kupress.com
kupress@korea.ac.kr
(02841) 서울특별시 성북구 안암로 145
Tel 02-3290-4230, 4232
Fax 02-923-6311
찍은곳 네오프린텍(주)

ISBN 979-11-6956-046-7 93570

값 38,000원
※ 잘못 만들어진 책은 바꿔 드립니다.